DE
L'UNIFICATION DE LA COMPTABILITÉ

OU

RÉSUMÉ DES TRAVAUX

DU

COMITÉ D'INITIATIVE D'UN PROJET DE CONGRÈS DES COMPTABLES

RÉDIGÉS ET COORDONNÉS

Par A. GAGEY

D'après les Procès-Verbaux de ses Séances tenues en 1879 et 1880
à l'Hôtel de l'Union nationale des Chambres syndicales, 10, rue de Lancry, à Paris

PREMIER CONGRÈS

DES

COMPTABLES FRANÇAIS

D'après le Compte rendu sténographique

LA REVUE DE LA COMPTABILITÉ·

DU Nº 1 AU Nº 30

ANNÉES 1880 & 1881

Paris, 7, rue Barbette

DE
L'UNIFICATION DE LA COMPTABILITÉ

OU

RÉSUMÉ DES TRAVAUX

DU

COMITÉ D'INITIATIVE D'UN PROJET DE CONGRÈS DES COMPTABLES

RÉDIGÉS ET COORDONNÉS

Par A. GAGEY

D'après les Procès-Verbaux de ses Séances tenues en 1879 et 1880
à l'Hôtel de l'Union nationale des Chambres syndicales, 10, rue de Lancry, à Paris

---

PREMIER CONGRÈS

DES

COMPTABLES FRANÇAIS

D'après le Compte rendu sténographique

LA REVUE DE LA COMPTABILITÉ

DU N° 1 AU N° 30

ANNÉES 1880 & 1881

Paris, 7, rue Barbette.

SOUSCRIPTEURS

AUX TROIS OUVRAGES :

DE L'UNIFICATION DE LA COMPTABILITÉ
COMPTE RENDU DU 1ᵉʳ CONGRÈS DES COMPTABLES
REVUE DE LA COMPTABILITÉ 1880-1881

à Armentières (Nord),	MM. Ad. WATTEZ.
à Douai (Nord),	LUPART.
à Issy (Seine),	COUCHOT.
à Lille (Nord),	POLLET.
—	TAFFIN, directeur du *Petit Nord*.
à Lyon (Rhône),	ANGELOT.
au Mans (Sarthe),	CHARNASSÉ.
à Melun (S.-et-M.),	A. LAMY.
à Messigny (Côte-d'Or),	MONTASSUT.
à Montpellier (Hérault),	VOULLAND.
à Nancy (Meuthe-et-Moselle)	MUNIER.
à Paris,	BONNARD.
—	BONNEVAL.
—	BOURGUIGNON.
—	CERCLE DES COMPTABLES.
—	CHAMBRE SYNDICALE DES COMPTABLES.
—	A. GAGEY.
—	MAILLEY.
—	LAMY.
—	E. LÉAUTEY.
—	PIGIER.
—	PORAIN.
—	PUNOY.
—	ROGEUX.
—	THULOT.
—	TIMOY.
—	VALORI.
—	VOUQUET.
à Roubaix (Nord),	VAN DE BEULQUE.
à Saint-Mandé (Seine),	GROS.
à Tourcoing (Nord),	MILLESCAMPS.
à Villefranche (Rhône),	GIBIER FILS.

DE L'UNIFICATION DE LA COMPTABILITÉ

RÉSUMÉ DES TRAVAUX

DU

Comité d'Initiative d'un Projet de Congrès des Comptables.

ORIGINE DU COMITÉ

Le 24 avril 1879, M. Auguste Beauchery, Expert-comptable, auteur d'un ouvrage intitulé : *Révolution dans la Comptabilité ou Comptabilité de l'Avenir*, paru en 1865, et qui donna lieu à cette époque à une polémique ardente et passionnée, fit à l'hôtel de l'Union nationale des Chambres syndicales, rue de Lancry, n° 10, à Paris, une conférence sur

« l'Unification de la Comptabilité »

Cette conférence, qui eut lieu sous les auspices de M. Havard, chevalier de la Légion d'honneur, Président de la Chambre syndicale du papier et des industries qui s'y rattachent, assisté de M. Dujarrier, Membre du Conseil municipal de la ville de Paris et de M. Pinet, négociant manufacturier, Président de la Chambre syndicale de la chaussure, comme membres du bureau, avait attiré un nombreux auditoire, composé en grande partie de commerçants et de comptables.

M. Beauchery s'est appliqué à démontrer les inconvénients de la multiplicité des systèmes et des méthodes de comptabilité.

Il a fait ressortir combien les définitions données par les auteurs, sont souvent insuffisantes ou contradictoires et combien ces divergences obscurcissent les questions au lieu de les éclaircir.

Il a émis l'opinion, que la réunion d'un Congrès de comptables expérimentés, serait d'une grande utilité pour fixer les véritables principes et mettre un terme à la confusion qu'il a signalée.

L'honorable M. Havard, appuyant l'opinion exprimée par le conférencier, a fait connaître à l'Assemblée que, d'après les communications qui lui étaient parvenues, la question de la Comptabilité était à l'ordre du jour aux États-Unis, et que d'un autre côté, en Italie, on s'occupait aussi de la réunion d'un Congrès.

La France, s'est-il écrié, dans un élan patriotique qui lui fait le plus grand honneur, ne peut rester en arrière de ce mouvement !

M. Havard a proposé ensuite de former dans l'auditoire un Comité d'initiative, pour examiner le projet de M. Beauchery.

Cette proposition a été accueillie avec une très grande faveur, et à la fin de la séance un grand nombre des membres de la réunion se sont fait inscrire.

Le Comité, après s'être constitué provisoirement, a délibéré sur l'utilité et les avantages qu'offrirait un Congrès ayant pour but l'Unification de la Comptabilité.

Le Comité a été d'avis que le nombre des systèmes et des méthodes, la divergence des opinions mêmes, existant entre la généralité des auteurs et des praticiens, était une preuve que le problème n'avait pas encore reçu de solution satisfaisante.

Qu'il était incontestablement nécessaire de dégager les vrais principes de l'étude des faits ; de s'assurer si, parmi les systèmes connus, il s'en trouvait un propre à être adopté comme type ; et, dans la négative, qu'il y aurait lieu de le créer, en ramenant la Comptabilité aux règles les plus simples, les plus claires, les plus concises et les plus complètes.

Une telle solution est désirable, non seulement au point de vue des droits de la science et de la logique, mais encore au point de vue de l'économie, l'application d'un tel système devant avoir pour conséquence et pour résultat une abréviation de travail qui se traduira immédiatement par une économie de temps et d'argent.

La question intéresse donc en général tous ceux qui sont dans l'Administration, la Banque, la Finance, l'Agriculture, l'Industrie, le Commerce, le Corps enseignant, etc., etc., enfin tous ceux qui ont pour mission d'enseigner ou de pratiquer la Comptabilité.

Le Comité a fait appel au concours de tous pour assurer le succès du Congrès et de son œuvre.

Le caractère d'intérêt général de cette entreprise fait espérer au Comité d'initiative que ce concours ne lui fera pas défaut, et lui permettra de rallier dans un commun effort un grand nombre d'adhérents.

C'est animé de ces sentiments que le Comité s'est mis résolûment à l'œuvre et qu'il poursuit sans relâche ses études et ses travaux depuis plus d'une année déjà !

Afin de mettre tous les intéressés à même d'étudier la question sous toutes ses faces, de façon à ce que la plus grande lumière soit faite, et de suivre avec intérêt et en toute connaissance de cause les travaux du Congrès, dont la date est fixée au mois de septembre 1880, le Comité a décidé, dans l'une de ses dernières séances de publier le résumé de ses travaux, dont il a confié la rédaction à M. Gagey.

Dès son entrée en matière, le Comité crut utile de faire une étude rétrospective sur la tenue des livres, et d'examiner rapidement les diverses phases qu'avait traversées la science professionnelle depuis tantôt quatre siècles.

Le Comité a été amené à reconnaître tout d'abord que les méthodes de tenue des livres créées successivement et généralement pratiquées, étaient les suivantes :

1° La méthode de tenue des livres en « *partie simple* : »
2° Celle en « *partie double* ; »
3° Le système « *journal grand-livre.* »

Le Comité a résolu d'examiner successivement ces trois systèmes de comptabilité, qui sont en effet les plus en usage dans la pratique, et dont s'occupe plus spécialement l'Enseignement commercial.

Au cours de cette première classification de nos études, un débat a été soulevé sur la question de savoir si le système « *Journal Grand-Livre* » devait être considéré comme l'une des trois grandes branches de la comptabilité ou seulement comme un perfectionnement de la méthode en partie double.

Le Comité a décidé, vu l'importance actuelle des applications de ce système, de l'étudier en séance générale comme la partie simple et la partie double, sauf à faire ressortir dans le débat des points communs pouvant le rattacher à l'une ou à l'autre de ces deux méthodes.

Il a été décidé aussi que l'examen des ouvrages d'un emploi moins général et d'une introduction plus récente qui pourraient être soumis au Comité, serait confié à des Commissions spéciales au sein desquelles l'auteur pourrait être entendu et consulté.

I.

ÉTUDES SUR LA PARTIE SIMPLE

Le Comité s'est alors livré à l'étude de la tenue des livres en partie simple : la discussion a occupé environ trois séances.

Presque tous les membres présents ont pris part à cette discussion, notamment M. Beauchery, qui s'est exprimé en ces termes :

« Que reprochez-vous à la partie simple ? l'absence de contrôle
« des écritures portées au Grand-Livre ? l'impuissance de rensei-
« gnements généraux dont ne peut se passer le négociant aujour-
« d'hui et que procurent les systèmes de la partie double et du
« journal grand-livre ? »

« Par l'intelligente utilisation distinguée des deux colonnes qui
« se trouvent sur tout journal, ce contrôle du grand-livre est abso-
« lument et entièrement obtenu. En effet, qu'une de ces deux
« colonnes contienne toutes les sommes des articles du journal,
« créant tels ou tels *débiteurs ;* que l'autre colonne contienne toutes
« les sommes du journal créant tels ou tels *créanciers* et ainsi, et
« instantanément on obtient les mêmes chiffres que les *débits* et les
« *crédits* des comptes du grand-livre totalisés, ou leur contrôle. »

Cette méthode réunit encore quelques partisans, mais presque tous proposant d'y faire des modifications, constituant, pour ainsi dire, tout autant de méthodes spéciales, le Comité a décidé que l'étude de ces perfectionnements revenait aux Commissions créées dans le but unique d'examiner les travaux des auteurs modernes.

Plusieurs autres membres proposèrent alors de rayer le mode de comptabilité en partie simple du programme du Comité ; ce système primitif n'étant plus en rapport avec le progrès et les développements si considérables du commerce et de l'industrie actuels.

M. Beauchery répliqua, déclarant que la partie simple devait conserver sa qualification originaire ; il cita à l'appui de sa déclaration divers auteurs très anciens et autres modernes, sur son existence et celle de divers livres auxiliaires ainsi que sur leur utilité, comme représentation des comptes généraux de la partie double.

Le projet de vote suivant fut alors présenté et adopté :

**« La tenue des livres en partie simple, telle qu'elle a été
« généralement pratiquée jusqu'à présent, ne donnant aucun**

« contrôle des écritures portées au Grand-Livre et au Journal,
« ne donnant pas aux intéressés des renseignements et mou-
« vements de valeurs dont ils ont besoin pour une bonne
« gestion, le Comité d'initiative pense qu'il n'y a pas lieu de
« tenir compte de ce système. »

Ce vote émis, M. Beauchery requit l'insertion au procès-verbal de ses réserves personnelles, sur la discussion à intervenir de la méthode progressive ou modifiée de la tenue des livres en partie simple, comme nouveau système, déclarant que toute amélioration d'un système quelconque ne lui retire pas son origine.

II.

ÉTUDES SUR LA PARTIE DOUBLE

La discussion sur le système de tenue des livres en partie double, a été ensuite entamée.

Le débat a été circonscrit à l'étude de la partie double ancienne, actuellement et généralement pratiquée, sans tenir compte des modifications à y apporter, cette importante question a occupé trois séances.

Presque tous les membres du Comité ont émis leur avis au sujet de ce système si répandu dans la pratique.

Les principaux arguments présentés pour combattre son adoption comme type de comptabilité sont : la bizarrerie du langage employé dans la passation des écritures et le manque de logique qui semble exister dans la substitution des comptes généraux aux lieu et place du négociant et dans le jeu de ces comptes au moment de l'inventaire.

Les comptes généraux étant personnifiés par les opérations qu'on leur attribue, l'enseignement rencontre une grande difficulté à initier l'élève à ces mouvements fictifs de valeurs.

Au point de vue du contrôle et des renseignements à obtenir, le système de partie double a soulevé peu d'objections.

Les balances que permet d'obtenir ce mode de comptabilité, sont un sûr garant de l'exactitude des écritures et donnent un contrôle qui ne peut, que dans des cas fort peu fréquents, laisser une erreur se glisser lorsqu'elle s'est produite simultanément pour une même somme au débit et au crédit (erreur dite de compensation).

Plusieurs projets de vote ont été soumis après la clôture de la discussion, en voici la teneur :

PROPOSITION BEAUCHERY.

« La tenue des livres en partie double, pratiquée jusqu'à ce jour
« présentant un contrôle et des résultats généraux que n'offre pas
« la partie simple, le Comité la déclare supérieure à la première
« sans rien préjuger sur ce qui pourra se présenter ultérieurement. »

PROPOSITION CROIZÉ.

« Après examen de la partie double, considérant que cette mé-
« thode donne des renseignements qui font défaut dans la partie
« simple, le Comité lui donne l'avantage sur cette dernière. »

PROPOSITION COLOMBET.

« Le Comité, après examen sommaire de la tenue des livres en
« partie double, déclare que ce système lui paraît être le meilleur
« de ceux qui ont été pratiqués jusqu'à ce jour et passe à l'examen
« des diverses méthodes qui lui sont soumises. »

PROPOSITION CARDONNET.

« Considérant le vote précédemment émis sur le prétendu

« système de comptabilité en partie simple, le Comité après un
« examen suffisamment approfondi du système de comptabilité en
« partie double, déclare que les principes sur lesquels ce dernier
« repose sont les seuls qui peuvent convenir à la comptabilité en
« général, mais sans préjudice des perfectionnements dont il peut
« être susceptible et passe à l'ordre du jour. »

PROPOSITION GAGEY

« Le Comité, reconnaissant que dans toute opération quel-
« conque la dualité existe, qu'elle existe même dans l'application de
« la partie simple qui peut constater cette dualité d'une façon **une**
« sur les livres, avec les mêmes moyens de contrôle, passe à l'ordre
« du jour. »

PROPOSITION MOURRE

« Le principe de la dualité étant incontestablement admis comme
« base de toute bonne comptabilité, le Comité déclare la discussion
« close sur ce point et passe à l'examen des méthodes, systèmes et
« applications de ce principe, sans préjuger le titre qui sera adopté
« ultérieurement pour sa dénomination. »

Après une longue et intéressante discussion sur ces propositions
de vote, la proposition de M. Beauchery a été adoptée à l'unanimité.

Le Président du Comité,

A. GAGEY.

(*A suivre.*)

DE L'UNIFICATION DE LA COMPTABILITÉ

RÉSUMÉ DES TRAVAUX

DU

Comité d'Initiative d'un Projet de Congrès des Comptables

Suite

III

ÉTUDES SUR LE JOURNAL GRAND-LIVRE

La discussion a été ensuite entamée sur le Journal Grand-Livre; elle a occupé quatre séances.

La généralité des Membres du Comité émet l'avis que le Journal Grand-Livre tel qu'il est encore généralement pratiqué n'est point, à proprement parler, une méthode ou un système spécial complètement distinct de la partie double ; il offre assurément un grand avantage, celui d'une balance perpétuelle et partant d'une situation d'écritures continuellement à jour, mais au prix de quel labeur ! que d'additions ! que de chiffres ! quel monument !

2ᵉ FASCICULE.

M. Beauchery s'est exprimé de la façon suivante à son sujet :

« Le Journal Grand-Livre, tel qu'il est enseigné et pratiqué, mérite
« l'éloignement que les teneurs de livres ont pour lui ; mais, qu'on
« sépare la partie Grand-Livre de la partie Journal, ainsi qu'il se
« pratique en Belgique, et les diatribes tombent à l'état de lettre
« morte.

« Évidemment, ce qui allonge à l'infini les colonnes de la partie
« Grand-Livre, ses additions, et nécessite leurs reports sempiternels,
« c'est son accolement à la partie Journal, qu'elle accompagne dans
« son développement, et qu'elle subit, page par page, page à page.

« Mais, séparée, elle permet d'éviter les blancs, sans utilisation, et
« UNE LIGNE par jour suffit à consigner les chiffres des opérations
« dans des colonnes *ad hoc* ; donc UNE PAGE PAR MOIS.

« Je trouve que c'est un système spécial parce qu'il renferme un
« point de vue nouveau.

« Le système de la *partie simple* était d'avoir les comptes des
« PERSONNES ; celui de la *partie double*, d'avoir les comptes des PER-
« SONNES et des CHOSES ; celui du Journal Grand-Livre, est d'avoir les
« comptes que fournissait la partie simple (sur le Grand-Livre), et,
« ailleurs, dans des colonnes spéciales, le résultat des anciens comp-
« tes acceptés pour les *choses*.

« Le Journal Grand-Livre vient donc ainsi faire échec au sys-
« tème de la partie double ; il ébauche la première attaque qu'il
« devait subir ; il démontre, en un mot, que ces « *comptes dou-*
« *bles* » ne sont pas la loi des lois, des saints et des prophètes ! il
« ouvre un horizon insoupçonné et fécond !!!

« On objectera peut-être que sa contexture ne permet pas la mul-
« tiplicité des classifications ?

« — C'est là en quoi surtout il est supérieur ? Il s'oppose aux
« fantaisies de la partie double, en enseignant que les grandes caté-
« gories sociales et comptables sont restreintes et limitées, et qu'il
« faut apprendre à s'y conformer, à s'y renfermer, à les constater, à
« les enseigner.

« Que si des subdivisions sont urgentes, les livres auxiliaires
« peuvent et doivent les développer, en se conformant, en se servant
« surtout du procédé divisionnaire par colonnes, inauguré par la
« création du Journal Grand-Livre;

« Qu'on pénètre dans la comptabilité des chemins de fer, des
« voies navigables, dans les administrations de l'État, de même que
« dans ces grandes centralisations commerciales, « les magasins de
« nouveautés, » et partout on reconnaîtra que ces agglomérations
« gigantesques ne sortent de la peine qu'à l'aide des procédés mul-
« tiples et variés de l'idée-mère :

« LE JOURNAL GRAND-LIVRE ! »

Un certain nombre de Membres présents protestèrent alors contre
cette sorte d'apothéose du Journal Grand-Livre, et, la discussion close,
six projets de vote furent déposés; en voici le teneur :

PROPOSITION GAGEY.

« Le Comité, appelé à voter sur la question de savoir si la mé-
« thode du « *Journal Grand-Livre* » est un troisième système dont
« celle dite « *partie simple* » serait le premier, et celle dite « *partie*
« *double* » serait le deuxième, en observant l'ordre de leur création.

« Considérant qu'il ressort des opinions développées et des débats
« contradictoires, auxquels leur émission a donné lieu, que le Jour-
« nal Grand-Livre n'est qu'un progrès dans l'application du système
« de la partie double, lui confirme ce caractère et passe à l'ordre
« du jour. »

PROPOSITION CROIZÉ.

« Le Comité, après avoir examiné le système de comptabilité dit
« *Journal Grand-Livre,* » porte le jugement suivant :

« Le système Journal Grand-Livre reposant sur les mêmes prin-
« cipes que la partie double est par cela même supérieur à la partie

« simple en tant que cette dernière est considérée comme ne don-
« nant de renseignements que sur les comptes personnels.

« Mais il est inférieur à la partie double pour deux raisons prin-
« cipales :

« 1o Parce que les renseignements qu'il présente sont limités au
« nombre forcément restreint de ses colonnes ;

« 2o Parce que cette limitation de colonnes force le Journal Grand-
« Livre à mélanger certains éléments qui, de même nature ou non,
« ont besoin d'être connus particulièrement et partant présentés
« isolément.

« Il est juste cependant d'ajouter que l'intention de ses auteurs, de
« limiter la recherche d'erreurs à chaque page et de présenter les
« opérations synoptiquement, doit être prise en considération. »

PROPOSITION LIBERA.

« Le Comité appelé à se prononcer sur le Journal Grand-Livre
« reconnaît, après débats contradictoires, qu'il n'a ni principes, ni
« règles qui lui sont propres, mais qu'il a les mêmes règles et les
« mêmes principes que la partie simple et la partie double selon le
« caprice du comptable, et déclare ne pouvoir le qualifier de système
« de comptabilité, n'étant qu'un résumé synoptique des deux sys-
« tèmes ci-dessus, qu'un tableau de commodité du comptable et de
« l'administré, et ne devrait être considéré que comme un livre de
« balance. »

PROPOSITION CARDONNET.

« Le Comité, après avoir examiné pendant trois séances le système
« du *Journal Grand-Livre*, reconnaît sa supériorité sur la partie
« simple et la partie double et passe à l'ordre du jour. »

PROPOSITION BONNEVAL.

« Considérant qu'il ressort de la discussion sur la méthode dite
« *Journal Grand-Livre* » que cette méthode telle qu'elle a été pra-
« tiquée jusqu'à ce jour ne donne pas satisfaction au point de vue
« pratique, le Comité passe à l'ordre du jour. »

PROPOSITION BEAUCHERY.

« Le système Journal Grand-Livre procurant :

« 1° L'application rigoureuse et complète du principe non absolu
« en la tenue des livres en partie double, « tout compte qui *reçoit,
« doit,* » puisqu'il n'y a plus au Grand-Livre que des comptes de
« *personnes ;*

« 2° Permettant de ne pas subjectiver des valeurs, des choses, en
« transformant les comptes généraux et particuliers du Grand-Livre
« de la tenue des livres en partie double sur le Journal et dans des
« colonnes, qui peuvent alors recevoir les classifications d'entrée, de
« sortie, de passif, d'actif, de perte, de profit, puisque ce ne sont
« plus des comptes; »

« 3° Ne souffrant aucune gêne de la suppression des formules du
« Journal et de la tenue des livres en partie double, arbitraires sur
« le Journal puisque instantanément les opérations peuvent être
« transcrites dans les colonnes spéciales et accolées au Journal en
« regard avec en-têtes explicatifs;

« 4° Satisfaisant davantage à la loi que le système de tenue de
« livres dit en « partie double, » lequel ne permet que d'inscrire
« jour par jour au Journal les opérations, alors que la loi veut que
« celui-ci présente jour par jour ces opérations, ce que le tableau
« synoptique du système Journal Grand-Livre permet seul.

« Le Comité déclare que ce système, conçu, du reste, ultérieure-

« ment au système partie double est supérieur à celui-ci en théorie
« et en pratique. »

Vu l'importance et le grand développement donné à cette étude,
après une longue discussion sur toutes ces propositions, il a été procédé au scrutin secret et la proposition de vote de M. Bonneval a été
adoptée à la majorité.

IV

CONSTITUTION DES COMMISSIONS D'EXAMEN
DES MÉTHODES

Depuis l'origine de nos travaux, un grand nombre d'auteurs nous
avaient adressé leurs ouvrages.

Le Comité crut devoir se diviser en quatre Commissions, qui furent
chargées de les examiner et de présenter ultérieurement un rapport
sur chacune d'elles. (Le nombre de ces Commissions fut, plus tard,
porté à cinq.)

Une difficulté s'éleva sur le mode de classification de ces ouvrages:
M. Beauchery proposa de les grouper par système, soit :

1° Les ouvrages traitant de la méthode en partie simple ;

2° Ceux traitant de la méthode en partie double ;

3° Ceux traitant du système Journal Grand-Livre.

Cette proposition fut repoussée, sur l'observation présentée par
quelques Membres, à savoir, que tous ces ouvrages traitant, en général, chacun des trois systèmes à la fois, il n'était pas pratique d'employer ce mode de procéder.

Il fut alors procédé au tirage au sort.

Nous publierons dans la suite de notre résumé, les rapports présentés par chacune des Commissions.

V.

DE LA TENUE DU LIVRE JOURNAL, AU POINT DE VUE LÉGAL; DE LA COTE, DU PARAPHE ET DU VISA DES LIVRES DE COMMERCE.

Sur la proposition de M. Gagey, appuyée par plusieurs autres Membres, le Comité se livre ensuite à l'étude de la question légale, concernant les livres de commerce.

Le Comité a touché là une des plus intéressantes questions, qui concerne la comptabilité.

La campagne généreuse entreprise par un négociant de Paris, M. Laplacette, pour la réforme de la loi sur les faillites, et à laquelle l'honorable M. Pascal Duprat, député de la Seine a donné un si grand retentissement, par les intéressantes conférences qu'il a faites à ce sujet au théâtre de la Gaîté, a contribué beaucoup à attirer l'attention du Comité sur cette importante question.

Puis, qu'on nous permette de le dire ici, les encouragements ne nous manquèrent point; de toutes parts, les personnes que notre œuvre intéressait, se mirent en relations suivies avec notre groupe, et elles continuent, chaque jour, de nous adresser de tous les coins de la France et même de l'étranger, notamment d'Italie, les témoignages les plus sincères d'une vive sympathie.

La presse française, de son côté, nous a prêté son bienveillant concours; l'un de ses organes les plus répandus, le journal « l'*Événement* », a contribué pour une très large part à répandre nos idées et à provoquer un grand nombre d'adhésions au Comité, en prenant en mains la cause de notre science professionnelle et celle de la corporation des comptables, si délaissées jusqu'alors, intéressant ainsi l'opinion publique à nos travaux, par les remarquables articles de son éminent chroniqueur M. Eugène Léautey, qui sont aujourd'hui dans toutes les mains.

Il est de notre devoir, avant de poursuivre notre historique, d'exprimer à tous, au nom du Comité, l'expression de notre sincère reconnaissance !

Nous ne voulons certainement pas hâter le jour de la récolte, dans la crainte de recueillir des fruits sans maturité. On ne transforme pas du jour au lendemain dans un pays comme le nôtre des habitudes et des convictions respectables. On ne fait sur ce terrain que de lentes conquêtes. Les abus, les coutumes et la routine qui ont été créés par le temps ne peuvent être détruits ni modifiés sans lui.

Il faut donc se faire un peu modeste devant ce grand travailleur qui a établi si laborieusement tant de choses et lui demander humblement son concours.

Le Comité d'initiative ne saurait suffire à cette tâche : l'avenir décidera !

Mais du moins nous avons la ferme conviction que le Congrès qui va s'ouvrir au mois de septembre prochain marquera la première étape du progrès dans la Comptabilité, qui est restée en arrière depuis tant d'années !

Nous allons maintenant faire connaître au lecteur les opinions diverses émises contradictoirement par les différents orateurs de notre groupe qui ont pris la parole au cours de l'étude de la question légale.

A. GAGEY.

(*A suivre.*)

DE L'UNIFICATION DE LA COMPTABILITÉ

RÉSUMÉ DES TRAVAUX

DU

Comité d'Initiative d'un Projet de Congrès des Comptables

V.

DE LA TENUE DU LIVRE JOURNAL, AU POINT DE VUE LÉGAL ; DE LA COTE, DU PARAPHE ET DU VISA DES LIVRES DE COMMERCE.

(Suite)

M. Gagey.

Messieurs,

Dans quel sens doit-on interpréter la loi sur les livres de commerce, tant au point de vue de l'obligation qu'à celui de la preuve à faire en justice ?

Entend-on qu'on puisse supprimer le *Livre-Journal unique* et le remplacer par des *Journaux spéciaux* propres à chaque nature générale d'opération ?

Ou bien entend-on tenir des journaux spéciaux et les récapituler par un journal centralisateur, rédigé d'une façon sommaire ?

Et dans ce dernier cas, qu'entend-on par une rédaction sommaire ? Quelles en doivent être les limites ?

3ᵉ FASCICULE.

Donnera-t-on pleine et entière satisfaction à la loi, alors même qu'on réduira cette rédaction sommaire au cadre restreint d'un tableau synoptique ne contenant que des chiffres, c'est-à-dire des dates et des sommes ou totaux, classés par colonnes représentant chaque nature générale d'opération ?

Quelques-uns d'entre nous sont d'avis qu'on peut supprimer radicalement le journal unique et ne tenir que des journaux spéciaux, malgré l'avis de la généralité des auteurs, jurisconsultes et comptables.

L'importance actuelle de certaines industries et commerces démontre pratiquement que la tenue d'un livre-journal unique est impraticable, en ce qu'elle entraverait la prompte expédition des écritures quotidiennes.

Le législateur a entendu que le Journal contienne tous les renseignements propres à éclairer la religion du juge appelé à connaître d'un cas litigieux quelconque en matière commerciale. Le Journal est considéré par lui comme une sorte de registre-archive pouvant, au besoin, permettre de reconstituer à lui seul toute la comptabilité du commerçant si tous ses autres livres venaient à disparaître.

La situation n'est plus la même aujourd'hui, le commerce et l'industrie se sont développés ; certaines comptabilités sont devenues très importantes ;

Or, le législateur ne pouvait prévoir ces développements au moment de la promulgation de la loi, c'est-à-dire au commencement du dix-neuvième siècle.

Il faut donc, aujourd'hui, admettre forcément que, suivant la nécessité, suivant l'importance de la comptabilité surtout, le Journal (qu'il soit unique ou centralisateur, peu importe ici sa forme), donnera satisfaction à la loi, quoique rédigé sommairement, mais à la condition que les énonciations qu'il contiendra seront suffisamment claires et précises pour ne laisser aucun doute sur la nature et les conditions des opérations effectuées qu'il constate ; car, avant tout, la loi doit être tutélaire, c'est-à-dire protectrice des intérêts de tous.

Au respect de la loi actuelle, ce qu'il faut indispensablement, c'est que le Livre-Journal contenant toutes les opérations, toute la situation du commerçant existe !

Voici le texte de l'article 8 :

« Tout commerçant est tenu d'avoir un livre-journal qui présente,
« jour par jour, ses dettes actives et passives, les opérations de son
« commerce, ses négociations, acceptations ou endossements d'effets,
« et généralement tout ce qu'il reçoit et paye, à quelque titre que ce
« soit; et qui énonce, mois par mois, les sommes employées à la dé-
« pense de sa maison; le tout indépendamment des autres livres
« usités dans le commerce, mais qui ne sont pas indispensables. Il
« est tenu de mettre en liasse les lettres missives qu'il reçoit, et de
« copier sur un registre celles qu'il envoie..... »

On est amené facilement à reconnaitre que le législateur a paru désirer que le Journal soit rédigé avec le plus de détails possible; en présence du soin qu'il a pris de préciser, avec une minutie qu'on ne rencontre pas toujours dans nos textes de lois, toutes les énoncia- tions qu'il devait contenir et qui embrassent l'universalité dés opé- rations du commerçant.

Au point de vue du détail des écritures au journal, le jurisconsulte BÉDARRIDE s'exprime ainsi, page 325, n° 206, de son *Traité de Droit Commercial* :

« L'obligation que fait l'article 8 d'inscrire toutes les opérations
« du commerce, tout ce que le négociant perçoit et paie chaque jour
« doit être sainement entendu et se régler sur la nature et le genre
« du commerce. Ainsi le marchand en gros peut bien inscrire une
« à une chaque opération qu'il réalise; mais astreindre le détaillant
« à cette forme, ce serait le condamner à l'impossibilité et rendre la
« loi inexécutable. Pour celui-ci, il y aura donc accomplissement de
« son obligation légale, si jour par jour il porte sur son journal le
« total de la recette qu'il a opérée dans la journée, soit au comptant,
« soit à terme. »

Devilleneuve et Gilbert, dans leur *Recueil de Jurisprudence*, page 200, et avec eux, Pardessus, dans son *Traité de Droit commercial*, n° 86, disent également :

« La loi n'exige pas que celui qui tient un menu détail inscrive
« sur son journal, article par article, tout ce qu'il reçoit et paie ; il
« suffit qu'il l'énonce en bloc, à la fin de chaque jour. »

Cependant le législateur a généralisé l'obligation, car, dit encore Bédarride, page 323 :

« Ce que doit renfermer *le* livre-journal, ce n'est pas seulement *le*
« *détail* des opérations relatives au commerce, c'est *le tableau com-*
« *plet de la position du négociant et la relation de tout ce qui se*
« *réfère à ses ressources pécuniaires, à sa fortune*. »

Bravard-Veyrières dit aussi dans son *Manuel de Droit commercial*, édition de 1840 :

« *Le principal livre*, c'est *le* journal, qui est le procès-verbal quo-
« tidien de la vie commerciale du négociant. »

Satayra, dans son édition de 1833, s'exprime ainsi :

« *Le* livre-journal est *impérieusement exigé*. Tout doit y être
« inscrit. »

Bœuf, dans son édition de 1871, page 24, dit aussi :

« *Le* journal étant un livre essentiel *pourrait* suffire *à la*
« *rigueur*. »

Lyon-Cahen, dans son édition de 1876, page 104, s'exprime ainsi :

« L'article 8 est absolu, *le* livre-journal doit tout contenir. »

Blanqui aîné, dans son *Dictionnaire du Commerce*, dit aussi :

« Le livre essentiel, c'est *le* livre-journal. »

Delanoue, dans son édition de 1860, dit également :

« Le commerçant *ne peut se dispenser du* livre-journal. »

Hocquart, comptable, dans son *Traité de Tenue de Livres*, page 13, dit :

« La loi ne prescrit aucun mode particulier de tenir les livres, mais
« elle impose à toute personne faisant le commerce la tenue régulière
« et suivie de trois livres principaux qui sont : *le journal*, le copie
« de lettres et le livre des inventaires. »

Bédarride dit encore, page 333, n° 213 :

« En résumé, tout commerçant est tenu d'avoir *un* livre-journal,
« un registre copie de lettres et un registre d'inventaire. La destination
« de chacun d'eux est nettement indiquée. Le commerçant n'a donc
« rempli son obligation que lorsqu'il a exactement accompli les pres-
« criptions de la loi sous ce rapport. »

Rivière s'exprime ainsi dans son *Traité de Droit commercial*,
édition 1865, page 47 :

« Les commerçants tiennent souvent, selon leurs besoins, d'autres
« livres qui ne sont pas exigés par la loi. Les plus connus sont : le
« livre-brouillard, le grand-livre, le livre de caisse, de copies des
« traites ou billets, des frais généraux, d'échéances, d'entrée et de
« sortie des magasins, d'achats et ventes, de profits et pertes. »

« Ces livres ne sont, en général, que des suppléments *du* livre-jour-
« nal, dont ils développent ou corroborent les énonciations; mais *ils*
« *ne dispensent pas de la tenue des trois livres exigés par la loi.* »

Dans l'ancien Droit, on regardait la tenue *du* livre-journal comme
tellement essentielle, qu'un arrêt du Conseil, du 3 avril 1674, avait
ordonné de l'écrire sur papier timbré.

Cet arrêt, il est vrai, est bientôt tombé en désuétude.

Regnault de Saint-Jean d'Angely s'exprimait ainsi au sein de
la Commission préparatoire :

« Le marchand a également d'autres registres renfermant le relevé
« partiel de *son* livre-journal; mais la section a pensé qu'il ne fallait
« faire porter l'obligation que sur *le* livre-journal, c'est-à-dire sur *le*

« *livre général* qui présente *l'universalité des opérations* et qui est
« *indispensable* dans toutes les maisons de commerce. »

On a aussi opposé sur *l'unité* du journal les termes de l'ordonnance de mars 1673, dans laquelle on constatait l'existence de plusieurs journaux.

En effet, les articles suivants de ladite ordonnance commencent par ces mots :

L'art. 3 : *Les livres* seront signés.....

L'art. 5 : *Les journaux* seront écrits.....

L'art. 9 : La représentation ou communication *des journaux*.....

Dans ces articles, la pluralité vise celle des commerçants et non celle des registres d'un commerçant.

Mais il faut aussi remarquer dans quels termes, peut-être plus absolus que ceux de l'article 8, est rédigé l'article 1er de ladite ordonnance de mars 1673 ; il est ainsi conçu :

« Les négociants et marchands, tant en gros qu'en détail, auront UN LIVRE qui contiendra TOUT leur négoce..... »

Ces expressions : « UN LIVRE, TOUT leur négoce, » ne laissent aucun doute sur l'intention du législateur.

Enfin BÉDARRIDE dit encore, page 323 :

« Le caractère de véracité et de loyauté des énonciations des livres
« de commerce ne saurait résulter que de la franche exécution de
« la loi. »

Au point de vue de la preuve à faire en justice à l'aide des livres de commerce, on a dit qu'en général le juge ne puisait ses renseignements que dans les livres auxiliaires.

Le fait est exact ; en matière de contestations, le juge peut agir de cette façon; mais cela ne détruit pas l'obligation de tenir *un journal*. Cette façon de procéder est un droit acquis pour le juge qui instruit une affaire.

En matière commerciale, toute espèce de preuve est admise, même la preuve testimoniale ; ce, par extension de l'article 109 du code de commerce spécial aux achats et ventes, et dont le § 6 indique que cette preuve peut être faite au moyen des livres des parties.

Or, le juge est ainsi à l'aise pour puiser ses renseignements, et en agissant de cette façon dans son instruction, il ne fait d'ailleurs qu'appliquer l'article 12 du code de commerce qui est ainsi conçu :

Art. 12.

« Les livres de commerce, régulièrement tenus, peuvent être
« admis par le juge pour faire preuve entre commerçants pour faits
« de commerce. »

Comme on le voit, l'article 12 admet la production de tous les livres de commerce indistinctement.

Mais cette production est immédiatement restreinte et réglementée pour ainsi dire par l'article 13 qui est ainsi conçu :

Art. 13.

« Les livres que les individus faisant le commerce sont obligés de
« tenir, et pour lesquels ils n'auront pas observé les formalités ci-
« dessus prescrites, ne pourront être représentés ni faire foi en jus-
« tice au profit de ceux qui les auront tenus, sans préjudice de ce
« qui sera réglé au livre des faillites et banqueroutes. »

L'article 13 distingue donc, il écarte la production des livres dans le cas où ils sont *invoqués par celui qui les a tenus et à son profit*, alors *qu'ils ne sont point ceux que les individus faisant le commerce sont obligés de tenir et que ces livres n'ont pas été revêtus des formalités prescrites* par les articles 10 et 11 au sujet du visa, de la cote et du paraphe.

Voici à ce sujet l'opinion de divers auteurs. On trouve dans DE VILLENEUVE et GILBERT, édition de 1852. — (MASSÉ, tome 6, n° 147. — DELAMARRE et LEPOITEVIN, tome 1er n° 287. — PARDESSUS, n°s 87 et 268. — TOULIER, tome 8, n° 366, et dans le contrat de LOCRÉ :)

« Les livres auxiliaires des commerçants peuvent faire preuve con-
« tre leurs autres livres, mais seulement lorsqu'ils sont réguliers et
« que les livres indispensables existent. S'il n'y a pas de livres indis-
« pensables, les livres auxiliaires ne peuvent y suppléer.

« Ils peuvent en développer ou corroborer les énonciations, mais
« ils ne peuvent jamais les contredire.

« Ainsi, un commerçant ne peut être admis à présenter ses livres
« auxiliaires pour faire preuve d'un fait qu'il aurait omis de consi-
« gner sur *le* Livre-Journal. »

On trouve encore dans DE VILLENEUVE; édition 1865, page 514 :

« Dans le cas de contestation entre le demandeur et le défendeur
« sur la généralité des livres produits, *c'est* LE *Livre-Journal qui*
« *fait foi.* »

Et dans MASSÉ, tome 2, page 294.

« Les livres ne peuvent être représentés ni faire foi en justice que
« lorsqu'ils sont réguliers.

« Ainsi, des livres de commerce qui n'ont été ni visés, ni para-
« phés, conformément à la loi, ne peuvent être admis entre négo-
« ciants pour faire preuve. »

Cette opinion est confirmée par un arrêt de la Cour de Rennes, du
23 avril 1821.

BÉDARRIDE dit aussi, page 373 :

« Les livres auxiliaires peuvent donc aussi être invoqués par le
« commerçant *dont les livres obligatoires sont régulièrement tenus.*
« Il est vrai que les premiers ne sont soumis à aucune des forma-
« lités garantissant la loyauté de ces derniers ; mais leur régularité
« est une conséquence forcée de celle *du* Journal.

A. GAGEY.

(*A suivre.*)

Paris. — Imprimerie Grandremy et Henon, 28, quai de la Rapée.

DE L'UNIFICATION DE LA COMPTABILITÉ

RÉSUMÉ DES TRAVAUX

DU

Comité d'Initiative d'un Projet de Congrès des Comptables

V.

DE LA TENUE DU LIVRE JOURNAL, AU POINT DE VUE LÉGAL ; DE LA COTE, DU PARAPHE ET DU VISA DES LIVRES DE COMMERCE.

(Suite)

« Elle est donc incontestable lorsqu'ils ne font que répéter et con-
« firmer les indications de celui-ci.

« Ce n'est même qu'à cette condition que les Livres Auxiliaires ont
« une valeur quelconque ; s'il existe une différence entre eux et *le*
« Journal, *c'est à celui-ci qu'on devrait exclusivement ajouter foi.* »

Puis, plus loin, page 469, où il résume ce qu'il a dit précédemment, il s'exprime ainsi — (n° 309) :

« En thèse ordinaire : les Livres dont on peut demander ou ordon-

« ner la représentation se réduisent aux trois registres dont la loi a
« rendu la tenue obligatoire, à savoir: *le* Journal, le Copie de Lettres,
« le Livre des Inventaires. »

Quant à la façon de procéder du juge pour s'entourer des renseignements propres à éclairer et déterminer son jugement, c'est, en ce qui le concerne, *ad libitum*.

TOULIER, tome 8, n° 368, PARDESSUS, n° 258, MASSÉ, *Contrat de Commission*, n° 13, disent à ce sujet :

« Les juges ne sont jamais tenus d'admettre la preuve résultant
« des Livres : ils en ont seulement la faculté.

« Jugé en ce sens, que la loi laisse au pouvoir discrétionnaire des
« juges d'ordonner ou de ne pas ordonner l'apport ou la représen-
« tation des Livres que les commerçants sont obligés de tenir, leur
« décision à cet égard est à l'abri de la cassation. »

Cette opinion a été confirmée par un arrêt de la Cour d'Aix du 8 décembre 1820 et un arrêt de la Cour de cassation du 12 décembre 1827.

Est-ce qu'en présence de l'opinion si clairement exprimée par les auteurs que je viens de citer, on a le droit de soutenir qu'on puisse supprimer le *Livre-Journal Unique* ou *Centralisateur* et de le remplacer par des Journaux Spéciaux, sans modifier la loi?

A-t-on davantage le droit de soutenir qu'on peut réduire la teneur du Journal au-cadre restreint d'un tableau synoptique ne contenant que des chiffres, alors même que ces chiffres sont sanctionnés, contrôlés et corroborés par des totaux spéciaux?

Je ne le crois pas!

Voici cependant quelques opinions tant soit peu contraires à celles précédemment citées, qu'il est utile et loyal d'exposer, car je dois développer la discussion sur ce sujet, comme sur tous les autres, de la façon la plus large possible.

L'éminent comptable Guilbault, dans son édition de 1865, dit aussi, en parlant du Journal :

« Le code de commerce *n'ordonne et n'admet que celui-là*. Néan-
« moins, dans les grandes comptabilités, on doit avoir un Journal
« *Spécial par genre d'opération.* »

Enfin, le comptable Tresy, dans son Manuel pratique de Tenue des
Livres, édition de 1874, s'exprime ainsi, pages 24 et 28 :

« Nos divergences d'interprétation et d'application avec quelques
« auteurs portent seulement sur les articles 8, 10, 11, (premier
« alinéa) 12 et 13.

« Le Livre-Journal, au dire de ces auteurs, doit être *un* pour ré-
« pondre aux vœux de l'article 8, et ils donnent à l'appui de cette
« opinion les termes mêmes de cet article, premier paragraphe, *in*
« *fine*.

« Or, nous soutenons que le Livre-Journal ne peut pas être un
« seul Livre, et que telle n'a pas été la pensée du législateur, puis-
« qu'il a pris soin d'indiquer avec précision les documents que le
« commerçant devait toujours être en état de produire à la réquisi-
« tion de la loi, sans dire : un seul Livre-Journal ou un Livre-Jour-
« nal Unique. »

(La citation du Manuel de M. Tresy contenant plusieurs pages,
nous y renvoyons le lecteur pour la continuation des développe-
ments qui sont très remarquables.)

Je termine en citant M. Beauchery. Il s'exprime ainsi, page 103 de
son livre : La Comptabilité de l'avenir :

« Quant au vœu journalier de la loi à satisfaire, chaque livre de-
« venant un Journal, ce vœu est rempli, DÉPASSÉ, les opérations étant
« transcrites à la minute même où elles s'effectuent. »

Cette opinion est trop absolue, en raison de ce qui précède; elle
paraît même contraire aux prescriptions de l'article 8.

Maintenant, devons-nous prendre un parti immédiatement et tran-
cher nous-mêmes la question?

Nous n'aurions alors, en tenant compte de la majorité des auteurs précités, qu'à nous rallier à la modification déjà formulée par M. Beauchery et qui se résume ainsi:

Art. 8, au lieu de :

« Tout commerçant est tenu d'avoir un Livre-Journal, l'article
« énoncerait : *un ou des Livres-Journaux.* »

Je dépose une proposition de vote en ce sens.

M. CARDONNET.

La comptabilité est régie, ou réglementée si vous préférez, par quelques articles du Code de commerce dont l'origine remonte au commencement du siècle.

Toutes les lois qui sont d'essence humaine sont foncièrement perfectibles. Quand les articles dont il est question ont été établis, ils pouvaient répondre aux nécessités du moment. Mais peut-il en être de même aujourd'hui? Je ne le pense pas. Aussi, vais-je vous dire immédiatement les modifications dont ils me paraissent susceptibles en tenant compte des exigences et des besoins de notre époque.

Les articles qui font l'objet de mon appréciation, notamment l'article 8, laissent à désirer par une lacune très importante et sont, le plus souvent, sans effet pratique, principalement en ce qui concerne le paraphe, dont on se passe aisément ou auquel, par contre, on tient beaucoup quand on veut refaire des écritures pour en dénaturer l'exactitude et la sincérité.

Et qu'on ne vienne pas me dire que le cas ne s'est pas présenté ; je ne voudrais pas avoir sur ma conscience toutes les fraudes qui ont été commises sous le couvert du paraphe.

Je demanderai donc que, vu son inefficacité, le paraphe auquel certains livres sont soumis cesse d'être une obligation pour le commerçant qui le considère depuis longtemps comme lettre morte, et cela fort heureusement dans l'intérêt des personnes ayant qualité pour le donner.

En effet, le nombre des Livres qui sont présentés au paraphe est très restreint, comparativement au nombre si grand de ceux qui devraient être revêtus de cette formalité.

Je pourrais dire, en ce qui me concerne, que, depuis vingt-cinq ans que j'exerce la profession de comptable, il m'est arrivé une seule fois de travailler sur des registres paraphés !....

D'autre part, se rend-on compte du travail colossal qui incomberait aux personnes désignées à l'effet de parapher les Livres de commerce si la loi était strictement observée par tout le monde. Il faudrait nécessairement créer des emplois spéciaux, les multiplier à l'infini, ce qui coûterait fort cher sans compensation pratique vraiment utile, car le paraphe n'est pas une garantie absolue puisqu'il sert quelquefois au mensonge et au dol.

Sans le paraphe, peut-on admettre qu'on apporterait moins de sincérité, moins d'ordre à l'enregistrement des affaires et que, par suite, on créerait un péril social ?

Il faut croire que non, car dans un pays voisin que M. Corrompt nous a cité dernièrement, l'ALLEMAGNE, pays où l'on ne s'aventure pas plus qu'en France, le paraphe n'est pas exigé par la loi.

Et si, en dernier lieu, on veut tenir compte de la perte de temps et de la vexation que comporte en elle-même la formalité du paraphe, on ne peut faire autrement — en raison des motifs ci-dessus développés — que d'en désirer la suppression légale, afin de mettre tout le monde d'accord, et de faire disparaître cette menace qui, comme une épée de Damoclès, est toujours suspendue sur la tête des faillis, mais dont fort heureusement on ne coupe jamais, ou presque jamais le fil.

Avant de pousser plus avant les diverses questions que je me propose de développer et de soutenir ensuite si besoin est, je m'en tiendrai, pour aujourd'hui, à celle que je viens de vous soumettre, appelant sur elle la discussion et vous faisant observer préalablement que je commence par une œuvre d'édification, ce qui me paraît rationnel.

M. Corrompt

Je demande que le paraphe exigé par la loi soit obligatoire, non-seulement pour le Journal, le Copie de Lettres et le Livre des Inventaires, mais pour tous les Livres du commerçant sans exception, quels que soient les frais d'administration qui en pourraient résulter et les inconvénients pour ceux qui devraient s'y soumettre ; voilà comment j'entends l'application de la loi sur le paraphe.

M. Libera

En Allemagne, le paraphe n'est pas exigé ; on le considère comme une chose inutile.

M. Bonneval

Nous devons examiner si le paraphe est utile ou inutile pour garantir la sincérité des Livres. J'ai remarqué que le paraphe sert ordinairement à couvrir la fraude.

M. Cardonnet

Depuis vingt-cinq ans que je fais de la comptabilité, je n'ai rencontré qu'une seule maison ayant fait usage du paraphe et j'ai pu me convaincre aussi que les maisons qui attachent une grande importance à cette prescription de la loi ne s'y soumettaient que parce qu'elles espéraient, par cette apparence de régularité, obtenir plus facilement gain de cause devant les tribunaux,

M. Maurel

Je suis d'un avis contraire, et je trouve qu'il faut se soumettre à cette obligation de la loi qui offre des garanties. On a vu des comptables, d'accord avec des chefs de maisons, enlever des feuillets et refaire des Écritures sans laisser la moindre trace de délit dans les registres qui avaient subi cette opération. Si les Livres avaient été paraphés cette opération eût été impossible.

Les comptables devraient s'entendre entre eux pour refuser d'écrire sur des Livres non paraphés.

Un Membre

Les employés qui tenteraient d'organiser cette manifestation ne trouveraient plus à se placer, parce qu'il n'y a pas cinq maisons sur cent qui fassent parapher leurs Livres.

M. Bonneval

Aujourd'hui les affaires nécessitent des Livres nombreux et ne permettent plus l'application du paraphe sur le Livre-Journal qui est divisé en plusieurs Journaliers ou Mains Courantes. Les affaires commandent et la loi ne vient qu'après pour régler et assurer sa protection. On ne fait donc pas des affaires pour se soumettre à une loi qui a été praticable à l'époque de sa promulgation, mais qui ne l'est plus aujourd'hui.
Je demande la suppression du paraphe.

M.ᵉ Maurel

Je suis convaincu que le législateur ne changera rien à la loi et que les comptables resteront sans influence, quelles que soient leurs démonstrations et leurs discussions.

M. Bonneval

Je ne suis pas de cet avis. Je crois au contraire que par des travaux suivis, exposant de bonnes raisons pour démontrer l'impraticabilité du Journal unique, généralement abandonné depuis longtemps déjà, nous obtiendrons un bon résultat. En tous cas nous devons faire tous nos efforts, par nos études et nos démonstrations, pour obtenir la modification de la loi dans le sens d'une bonne comptabilité.

M. Cardonnet

Je trouve que nous devons supprimer d'abord et remplacer ensuite. Le paraphe n'est employé que pour couvrir la fraude ; par conséquent nous devons en demander la suppression.

M. Le Duc

J'ai fait de la comptabilité depuis bientôt quarante ans ; j'ai pratiqué dans bien des maisons, mais je n'en ai rencontré que deux qui se conformaient à l'obligation du paraphe et dans l'une d'elles, au bout d'un mois, j'y ai trouvé des choses si étonnantes que j'ai dû m'enfuir.

M. Bonneaud

Je ferai remarquer à M. Maurel qu'assistant pour la première fois à nos discussions, il ignore que nos démonstrations ne se bornent pas à de simples discussions ; mais qu'il y a eu depuis plusieurs mois quatre commissions nommées pour étudier les ouvrages que les auteurs ont consenti à soumettre à l'examen du comité ; chaque semaine il en arrive d'autres qui sont répartis dans ces commissions.

A. GAGEY.

(*A suivre.*)

Paris. — Imprimerie Grandremy et Henon, 28, quai de la Rapée.

DE L'UNIFICATION DE LA COMPTABILITÉ

RÉSUMÉ DES TRAVAUX

DU

Comité d'Initiative d'un Projet de Congrès des Comptables.

V.

DE LA TENUE DU LIVRE JOURNAL, AU POINT DE VUE LÉGAL; DE LA COTE, DU PARAPHE ET DU VISA DES LIVRES DE COMMERCE.

(Suite).

Les auteurs y sont appelés pour donner des renseignements ou des explications sur les améliorations promises dans les méthodes et qui ne paraissent pas toujours aussi utiles aux membres de la commission que l'auteur veut bien l'affirmer. Les membres des commissions prennent des notes et préparent des rapports qui seront publiés plus tard et serviront d'introduction aux travaux du Congrès; ces notes servent d'abord à fournir les premiers éléments de nos discussions courantes du lundi. M. Maurel devrait donc chercher à faire partie d'une commission, de celle qui peut l'intéresser le plus par

5ᵉ FASCICULE.

la nature de son travail. Il pourra se rendre compte de notre point
de départ, de nos premiers tâtonnements, du chemin parcouru et
enfin du but que nous voulons atteindre.

M. Libera

J'ajouterai que ceux qui veulent prendre part à nos discussions,
soit pour s'éclairer sur la marche de nos travaux, soit pour nous
apporter le concours de leurs connaissances et de leur expérience,
seront toujours les bienvenus parmi nous. Mais nous devons les
avertir qu'il y a un point de départ qui a servi de base, non-seulement à nos premières discussions, mais qui nous a aidé à dégager
les premières difficultés de notre marche et à tracer les grandes lignes
du programme qui va se développer dans la suite.

Ce programme, parfaitement défini, quant aux principes à faire
appliquer et au but que les comptables veulent atteindre, sera exposé prochainement d'une façon plus complète. Il est donc absolument nécessaire que les nouveaux adhérents se mettent d'abord au
courant de ce qui a été fait et de ce qui a été dit dans le Journal
l'*Union Nationale*, qui reproduit le compte-rendu de nos discussions, et qui reproduira les propositions et les votes émis sur chacune
d'elles. Les nouveaux collaborateurs comprendront sans difficulté
que si nous leur infligeons cette tâche, ce n'est point pour notre agré-
ment, mais bien pour qu'ils entrent le plus promptement possible
dans la marche adoptée et ne nous fassent pas perdre du temps par
des explications nouvelles et des redites qui absorberaient le temps
déjà si limité pour la discussion.

Pour revenir à là question, je demande qu'en présence du
progrès et du développement des affaires, les comptables démontrent
eux-mêmes l'impossibilité matérielle de suivre aujourd'hui les prescriptions de la loi.

Les Codes de commerce français, italien et allemand imposent aux
commerçants l'obligation d'avoir des Livres, mais ils ne concordent

pas entièrement en les précisant, ni dans la manière dont ces livres doivent être tenus.

Le Code allemand-autrichien ordonne au commerçant de tenir *des Livres* desquels on puisse relever complètement ses affaires de commerce et l'état de son patrimoine. Il prescrit, en outre, de copier toutes les lettres qu'il adresse à ses correspondants, de dresser au commencement de l'exercice et tous les ans exactement l'inventaire de ses biens mobiliers et immobiliers, formant partie du capital, de ses dettes actives et passives d'après la valeur qui leur sera reconnue à cette époque et d'établir un arrêté de compte établissant les rapports existant entre son avoir et son passif.

Les créances douteuses seront indiquées selon leur valeur vraisemblable ; les créances irrecouvrables doivent être rayées.

Avec de telles prescriptions, le dit Code autrichien-allemand ordonne simplement la tenue de Livres de première écriture et de coordination ou classification systématique, parce que, sans la tenue de ces deux sortes de Livres, le commerçant se trouve dans l'impossibilité de relever complètement ses affaires de commerce et sa situation.

A l'exception du Copie de Lettres et des Inventaires, le Code susmentionné ne fait pas la désignation des Livres à tenir, parce qu'à la loi, il importe peu que ces Livres s'appellent Journaux, Brouillard ou Grand-Livre, que le négociant en ait un seul ou plusieurs.

Ce qu'il importe à la loi, et par conséquent ce qu'elle exige, c'est que ces Livres soient tenus régulièrement, que le commerçant y fasse usage d'une *langue vivante* et de signes usuels d'écriture.

Tous les Livres doivent être reliés et chaque feuille marquée par des chiffres formant des séries de nombres.

Dans les passages où l'on doit écrire sur la réglure, aucun interligne ne saurait être permis. Il est défendu de rendre illisible en le biffant ou de toute autre manière, le libellé original d'un article. Il est également défendu de raturer ou de se permettre des changements qui, par leur nature, rendraient douteux le point de savoir si les rectifications ont été faites en même temps que le libellé original ou seulement plus tard.

A l'exception du Copie de Lettres, le Code allemand-autrichien ne mentionne pas que les Livres soient tenus par ordre de date. Non plus que l'on ne puisse pas faire d'annotations en marge, parce que ces annotations peuvent être réclamées par la nature même des choses et peuvent servir d'éclaircissement. Il n'impose pas non plus le paraphe ni le visa.

Quant à la force, le Code déclare que les Livres tenus avec ordre fournissent, en cas de contestation, une preuve incomplète, laquelle peut être rendue complète par le serment. Cependant il remet au juge, après examen des circonstances, de décider, selon son appréciation, si au contenu des Livres on doit attribuer plus ou moins de valeur ou si ce moyen doit être entièrement écarté, et dans le cas qu'ils ne s'accordent pas, on doit accepter comme moyen de preuve les Livres d'une partie, de préférence à ceux de l'autre.

Il dispose en outre que les Livres du commerçant dont la tenue sera reconnue irrégulière ne seront admis que si, par l'importance et la qualité de l'irrégularité et par les conditions de la chose même, on croit utile de le faire.

Dans l'esprit du législateur, la Tenue des Livres devrait être une garantie pour la société, pour les tiers et pour les négociants.

Pour la société, en cas de faillite, elle fournit le moyen de reconnaître si le commerçant est un débiteur malheureux ou de mauvaise foi.

Pour les tiers, elle fournit la mention régulière et constante de toutes les opérations du négociant et un grand motif de sûreté de leurs créances.

Pour le négociant, elle est le moyen de connaître l'état et la marche de ses affaires, de justifier ses demandes en justice et de repousser celles qui seraient témérairement formées contre lui.

La législation autrichienne arrive à l'accomplissement de ce triple but; voyons si la nôtre l'atteint aussi.

Le Code de commerce français prescrit au commerçant le Livre de

Copie de Lettres, ordonne de faire tous les ans, sous seing privé, un Inventaire et de le copier sur un registre spécial à ce destiné, et exige la tenue du Journal sur lequel il doit inscrire jour par jour toutes les opérations de son commerce, négociations, acceptations, etc., et énoncer, mois par mois, les sommes employées à la dépense de sa maison.

La forme de ces Livres importe peu à la loi, pourvu qu'ils contiennent tout ce qu'elle exige ; peu importe au législateur que le Livre-journal soit en un ou plusieurs volumes et que les feuilles aient ou non des colonnes.

L'inscription sur le Journal de toutes les opérations est une règle absolue pour le négociant ; les Livres de commerce régulièrement tenus peuvent être admis pour faire preuve entre commerçants pour fait de commerce.

Pour donner une certaine autorité aux Livres comme preuve en Justice, soit en demandant, soit en défendant, la loi a cru bien faire en prenant des précautions contre les fraudes.

Ainsi, elle a voulu, non-seulement que les Livres fussent tenus par ordre de date, sans blanc, ni lacune, ni transport en marge, mais encore qu'ils fussent paraphés et visés ; le but de cette formalité est d'interdire toute annotation, soustraction ou substitution de feuilles ou même du registre.

En pratique, l'article 11 est généralement observé, mais l'article 10, qui impose le paraphe et le visa tous les ans, ne l'est presque jamais.

Il importe aux tribunaux de commerce de faire observer cette disposition de la loi, en se montrant dans les contestations qui leur sont soumises, et surtout dans les faillites, très sévères lorsqu'une pareille absence se vérifierait. La Tenue des Livres serait alors pratiquée avec plus d'ordre et de soin. Le Livre d'Inventaire, si important, ne serait jamais falsifié en vue d'une faillite déclarée ou prête à se manifester, il ne serait pas possible au négociant d'en dissimuler le caractère.

Tous les Livres, quoique régulièrement tenus, ne répondent pas à l'esprit de la loi. Observons avant tout que la tenue légale de ces Livres ne donne pas la connaissance de l'état et de la direction des affaires du négociant; il n'y a qu'un moyen pour y arriver, la Tenue du Grand-Livre dont la loi ne fait aucune mention et qu'elle ne prescrit ni explicitement ni implicitement. Ainsi, le négociant qui a légalement et régulièrement tenu le Journal, le Livre des Inventaires et le Copie de Lettres, ne peut le faire que par un travail fort long et souvent très coûteux. Mais le temps qu'il consacrerait à cette besogne lui permettrait de s'arrêter au moment opportun dans ses opérations.

Examinons le système de la loi.

Le livre du Copie de Lettres donne des notices sur telle ou telle convention, mais quelle lumière peut-il donner sur l'ensemble des opérations commerciales?

Le Journal n'est que la mention écrite de tous les actes de commerce; mais ces actes sont écrits au fur et à mesure qu'ils se sont produits et par conséquent sans aucun lien entre l'acte qui précède et celui qui suit : comment peuvent-ils éclairer le commerçant sur la position générale?

Le Livre des Inventaires n'est que la situation active et passive à un moment donné et par périodes annuelles, mais dans l'intervalle d'un inventaire à l'autre comment le commerçant peut-il s'éclairer?

Le commerçant, disons-le, n'étant jamais éclairé par sa comptabilité sur ses actes, marche pendant un an dans les ténèbres, avant de pouvoir se rendre compte de la direction qu'il donne à ses affaires.

Si, à la fin de l'exercice, l'ensemble des existences actives dépassent celles passives, le commerçant pense avoir fait de son mieux ; mais si un vice compromet l'existence de son commerce, il ne s'en aperçoit qu'imparfaitement; au milieu de la contractation de ses affaires, il ne le reconnaît que difficilement et il continue jusqu'au moment où des pertes énormes lui révèlent la fausse direction que ses affaires ont prise et il arrive même quelquefois à une catastrophe.

Mais pourquoi ne pas exiger que l'énonciation des faits sur le

Journal soit suivie de la classification et la coordination selon leur nature ?

Cette classification permettrait au commerçant de connaître la marche, le résultat de ses affaires et l'état de son capital.

Si un désordre modifiait ses opérations, ou si une entreprise était plus nuisible qu'utile, la comptabilité le lui montrerait immédiatement, ou si seulement un rouage de son administration est trop coûteux ou improductif, la comptabilité le préviendrait à temps pour réparer le mal partiel sans attendre qu'en grandissant il puisse compromettre l'entreprise entière.

Les dispositions relatives à notre loi sur la comptabilité sont donc insuffisantes, une réforme est absolument nécessaire. C'est aux comptables de la provoquer, parce que personne mieux que le comptable n'est à même de dire et de prouver que si la mauvaise foi se rencontre dans quelques faillites, la *fausse appréciation* des situations et des ressources financières *se révèle* presque dans toutes.

Une bonne comptabilité imposée par le Code de commerce, comme l'impose la législation allemande, empêcherait des entreprises folles et beaucoup de faillites ; elle serait en maintes circonstances une loi humanitaire d'un grand intérêt public. Je termine en proposant l'examen des questions suivantes :

Questions à examiner.

Capital social, lorsqu'il y a des pertes.
Inventaire, bilan.
Classification des comptes.
Prix de revient et prix d'inventaire.
Des contrats au point de vue comptable.
Comptable et Teneur de Livres.
Qualité d'une bonne comptabilité.
Compte du propriétaire.
Balance de vérification.

M. CARDONNET

J'ai eu l'honneur de vous démontrer l'inefficacité et par suite, l'inutilité du paraphe et du visa de certains Livres de commerce exigés par l'article 8 du Code.

Un seul d'entre nous a essayé de me contredire et s'est prononcé en faveur du paraphe et du visa, il a même poussé son puritanisme jusqu'à déclarer que nous devrions, nous comptables, nous refuser absolument à faire des écritures sur des registres non préalablement soumis à cette formalité prescrite par le Code de commerce à l'égard de quelques Livres.

Vous voudrez bien me permettre, messieurs, de répondre en quelques mots à mon contradicteur.

Nous ne pouvons pas nous suicider nous-mêmes, s'il est vrai que le suicide est une lâcheté. Nous ne pouvons pas condamner nos femmes et nos enfants à mourir de faim, pour la seule satisfaction de notre conscience alors que ceux qui sont directement intéressés à respecter la loi passent outre et que ceux qui sont tenus de la faire respecter en font autant.

Il y a un proverbe qui dit qu'il ne faut pas être plus royaliste que le roi; le proverbe est très vrai, car les excès de zèle sont souvent nuisibles à ceux qui les commettent; il y a en toutes choses un juste milieu qu'il faut avoir l'intelligence de ne point dépasser.

Mon contradicteur, ou pour mieux dire notre contradicteur, s'est en outre effrayé du mot de suppression dont je me suis servi en terminant les quelques lignes que je vous ai lues lundi dernier.

Il ne vous échappera pas, messieurs, que ce mot n'a rien d'anormal ni de révolutionnaire, car tous les jours, dans l'ordre matériel de toutes choses on agit de la même manière.

A. GAGEY.

(*A suivre.*)

Paris.— Imp. GRANDREMY et HENON, 28, quai de la Rapée.

DE L'UNIFICATION DE LA COMPTABILITÉ

RÉSUMÉ DES TRAVAUX

DU

Comité d'Initiative d'un Projet de Congrès des Comptables

V.

DE LA TENUE DU LIVRE JOURNAL, AU POINT DE VUE LÉGAL ; DE LA COTE, DU PARAPHE ET DU VISA DES LIVRES DE COMMERCE.

M. CARDONNET (*Suite*)

En effet, ne procède-t-on pas toujours par voie de suppression ou de démolition avant de reconstruire ou de réédifier?

Dans la plupart des cas il existe, en même temps que la démolition s'opère, un projet de reconstruction ou de réédification, par question d'alignement ou d'hygiène.

En vous exposant mes vues sur les principes fondamentaux et gé- néraux de la comptabilité, j'entends traiter la question surtout au point de vue pratique et je pense ne pas sortir du cercle des choses justes et vraies.

Si donc je crois que le Code de Commerce, en certaines obligations qu'il fait à toute personne qui se livre aux affaires, est nuisible au développement des transactions commerciales, j'en souhaiterai la suppression pure et simple, sans penser le moins du monde à substituer d'autres obligations à celles actuellement existantes. C'est, dans ce cas, la question d'alignement ou d'hygiène, ou, autrement dit, l'élargissement des voies et moyens laissés au Commerce pour la plus grande facilité des transactions, comme l'élargissement d'une rue ou d'une voie quelconque est fait pour la plus grande facilité de la circulation.

Mais là où je croirais qu'il y a une lacune, un vide à combler, comme c'est le cas dans l'article 8 du Code de Commerce, je constaterai cette lacune, ce vide ; j'en parlerai avant de procéder au remplacement ou à la modification de cet article, afin que cette omission ne se renouvelle pas.

Je ne crois donc pas m'égarer — avant de discuter sur le fond des articles du Code de Commerce — en démontrant l'inutilité de l'obligation du visa et en constatant certaine omission.

J'ai déjà parlé d'une lacune importante de l'article 8, en ce qui concerne les livres qu'il exige, et vous savez que j'ai voulu désigner le Grand-Livre.

Cette lacune ne peut trouver d'excuse en quoi que ce soit ; car quand le Code a été établi, quelques restreintes que fussent les affaires commerciales, du moment que l'article 8 faisait une obligation à tout commerçant d'avoir un Livre d'Inventaire paraphé et visé, il fallait que ce même article 8 fît également une obligation à tout commerçant de tenir paraphé et visé le Livre par lequel on doit arriver à établir cet inventaire annuel exigé par la loi.

En effet, comment avec l'aide seul du Journal et du Copie de Lettres, si on veut en parler, peut-on établir la situation active et passive d'une maison et connaître d'une manière individuelle ce qu'on doit aux uns, ce que les autres vous doivent ?

Si on croyait l'article 8 et si on l'observait à la lettre on ne pourrait, quelque minime que soit l'importance d'une Maison, que se trouver et demeurer constamment dans l'obscurité la plus grande à l'égard des dettes actives et passives qu'on a pourtant un besoin si réel de connaître à tout instant; et lorsqu'il s'agit de faire l'inventaire annuel, prescrit par la loi, il faudrait donc procéder, au moyen de feuilles volantes, à l'établissement du compte de chacun, ou autrement dit, à faire le Grand-Livre, non comme registre, mais comme document indispensable, inévitable, pour arriver à l'Inventaire, mieux désigné sous le nom de Bilan.

Donc, Messieurs, si le Code de Commerce doit être révisé plus ou moins tard et que le législateur croie absolument nécessaire de déterminer un certain nombre de Livres à la tenue desquels tout commerçant sera obligé, il faudra que le Grand-Livre, ou au moins un Livre de Comptes Courants, soit au nombre de ces livres.

Admettant d'une manière générale que, quelles que soient les récriminations qu'on peut faire contre la société tout entière, le nombre des gens honnêtes est de beaucoup supérieur au nombre des gens malhonnêtes, je désirerais donc que la liberté la plus grande fût laissée aux commerçants à l'égard de leurs Livres; je voudrais un article ainsi conçu :

« Tous les Livres de Commerce indistinctement *font foi en justice;*
« en conséquence, il est de l'intérêt de tout commerçant de tenir
« tous ceux qu'il croit utiles pour se renseigner sur ses affaires et
« éclairer les juges qui, au besoin, en requerraient l'examen. »

Il me semble qu'ainsi rédigé, cet article démontrerait mieux aux Commerçants que l'article 8 actuel, la nécessité dans laquelle ils sont, dans leur propre intérêt, d'avoir tous les Livres qui leur sont indispensables pour la bonne gestion de leurs affaires et, pour, en cas de besoin, ester en justice, tant au demandant qu'au défendant; les juges auraient de meilleurs éléments d'appréciation et quand du fait de ces jugements plus sainement rendus, le monde des affaires aurait appris à connaître toute l'importance d'une Comptabilité régulièrement tenue, notre cause serait gagnée aux yeux des personnes qui doutent encore des services que nous rendons et de ceux que nous pouvons rendre encore par l'accomplissement entier de nos devoirs.

De ce que je viens de dire et de ce que j'ai dit précédemment, il est facile de déduire que j'aime les écritures qui sont faites pour tout le monde et non pas seulement pour celui qui les fait.

La Comptabilité est, si l'on veut, une langue, et quand nous nous sommes constitués en Comité dans le but d'en chercher l'unification, nous avons pensé que ce but ne saurait être au-dessus de notre intelligence, je crois donc que tous nos efforts tendront à atteindre le résultat que nous nous sommes promis, moins pour notre propre satisfaction que dans l'intérêt du monde en général.

Mais il ne faut ni obstination, ni parti pris, nous sommes maintenant entrés dans une bonne voie, sachons nous y maintenir et poursuivre notre chemin jusqu'au bout, avec ordre et réflexion.

Permettez-moi de vous dire que, personnellement, je crois à la possibilité d'unifier la comptabilité, quant aux principes qui doivent en être la base fondamentale, comme je crois à la possibilité de l'unification de toutes choses avec l'aide du temps et par l'effet du besoin qui s'impose aux nations de mieux défendre leurs intérêts en se comprenant mieux.

Bien des réformes que nous n'aurons pas le bonheur de connaître s'accomplissent avec le temps, mais puisqu'il nous est permis du moins de réaliser un progrès immense dans notre profession, attachons-nous à sa réalisation et poursuivons-le avec discernement et intelligence.

Messieurs, notre vieille expérience nous a démontré depuis longtemps qu'une comptabilité n'est sérieuse qu'à la condition de reposer sur des éléments d'ordre et de contrôle qui permettent, non pas d'éviter les erreurs qu'on commettra toujours, mais de les reconnaître immédiatement, et par conséquent, de ne pas les laisser subsister indéfiniment.

Les éléments d'ordre de la Comptabilité sont : le Livre sur lequel les opérations doivent être écrites chronologiquement, jour par jour, et pour ainsi dire au fur et à mesure qu'elles se présentent ; le Livre sur lequel le transport de ces opérations est fait pour connaître les positions actives et passives de la maison ; le Copie de Lettres, les Archives et le Livre d'Inventaire, ou autrement dit de Bilan.

Les éléments de contrôle sont tous les Livres qu'on connaît sous la désignation d'auxiliaires et dont le rôle doit être de contrôler les Comptes de Raison, ou autrement dits Généraux.

La plupart des auteurs qui ont fait des traités de Comptabilité, ont préalablement parlé d'un Livre que l'article 8 du Code de Commerce ne mentionne pas et qui est au Journal ce qu'est à une lettre qu'on désire bien écrite, la minute qu'on fait avant. Ce Livre, les uns l'appellent Main-Courante, les autres Brouillard.

Veuillez me permettre de vous déclarer que dans mes *vingt-cinq années* de pratique, je ne me suis jamais servi de Main-Courante ou Brouillard qu'ici à Paris ; j'ai toujours passé directement les écritures au Journal avec les pièces justificatives en main.

Cette manière de faire les écritures est plus rationnelle que celle de les passer d'après un Brouillard ou Main-Courante sur lequel on oublie toujours quelque chose ; c'est encore à l'égard du Comptable une marque d'estime et de confiance à laquelle il a droit en raison de la responsabilité qui pèse sur lui d'après l'article du Code de Commerce.

Cette responsabilité, nous la comprenons tous, aussi nous attachons-nous à nos devoirs autant qu'il nous est possible de le faire.

Dans tous les cas, le Brouillard ou Main-Courante n'a sa raison d'être que pour arriver au Journal qui est le Livre sur lequel toute la Comptabilité d'une Maison doit reposer.

M. Maurel

Je maintiens mon opinion première que, tant que la loi existera, nous lui devons l'obéissance et le respect le plus absolu.

L'article 10 du Code de Commerce oblige le Journal au paraphe, les commerçants doivent s'y conformer, et les Comptables dignes de ce nom doivent engager leurs Patrons à obéir aux prescriptions de la loi.

La loi est tutélaire, elle a voulu protéger le commerçant contre lui-même, en le forçant à avoir un Registre-Journal coté et paraphé, qui lui enlève la possibilité de soustraire ou de changer certaines écritures de ses opérations ; et si cet article n'existait pas, le législateur devrait, à mon avis, l'introduire dans le Code. Je combats formellement l'opinion qui a été émise que le Livre-Journal est une inutilité. C'est que la plupart des Comptables ne savent ni s'en servir, ni en tirer tout le parti et tous les renseignements qu'il doit donner et qu'il donne effectivement, s'il est tenu conformément aux prescriptions de la loi qui dit :

Art. 8. — « Tout Commerçant est tenu d'avoir un *Livre-Journal*
» qui présente jour par jour ses dettes passives et actives, les opéra-
» tions de son commerce, ses négociations, acceptations ou endosse-
» ments d'effets, et généralement tout ce qu'il reçoit et paie, à quel-
» que titre que ce soit, et qui énonce mois par mois les sommes
» employées à la dépense de sa maison, le tout indépendamment
» des autres Livres, etc., etc. »

La Comptabilité doit et peut se plier aux prescriptions de la loi. Je me réserve de le démontrer par l'absurde, comme en mathémati-que, la comptabilité étant une science exacte comme les mathémati-ques, dont elle dérive.

Beaucoup de gens se croient Comptables ou Teneurs de Livres, qui ne comprennent nullement le mécanisme ni les applications de la Comptabilité.

On peut formuler la Comptabilité en quelques axiomes, qui sont absolus et qui permettent, par le raisonnement et la logique, de les appliquer à toutes les Tenues deLivres, à quelques professions qu'elles appartiennent. Donc l'unification de la Comptabilité est faite et parfaite.

M. CARDONNET

Messieurs, précédemment je crois vous avoir suffisamment démontré qu'après le Journal le livre le plus indispensable c'est le Grand-Livre, car sans le Grand-Livre il est de toute impossibilité de dresser un bilan ; j'ajouterai à ce que j'ai déjà dit que, si le Journal pouvait être supprimé, le Grand-Livre deviendrait par cela même, de tous les livres de commerce, le plus indispensable, et si le visa, la cote et le paraphe devaient être maintenus, il faudrait qu'ils le fussent pour le Grand-Livre seulement, parce que le Grand-Livre est l'élément essentiel du bilan et que c'est ce livre qui fait plutôt foi en justice que tout autre, attendu que, quelle que soit la méthode de Comptabilité employée, les opérations, de quelque nature qu'elles soient, sont inscrites au compte particulier de chacun dans un ordre plus ou moins chronologique et plus ou moins parfait.

Il est sans contredit que le juge qui aura besoin de s'éclairer sur une affaire, consultera au Grand-Livre de chacune des parties en cause la véracité de leurs opérations et ne recourra au Journal que pour en vérifier l'exactitude.

A la rigueur, on pourrait donc se passer du Journal. Mais serait-il raisonnable de le faire ? Je ne le pense pas.

Je ne vous rééditerai pas à l'appui de mon affirmation les opinions si nombreuses et si favorables de tous les Jurisconsultes qui ont commenté le Code de Commerce. Notre collègue, M. Gagey, vous les a fait connaître surabondamment et son travail me paraît si complet que je ne pense pas qu'à cet égard il y ait quelque chose à ajouter.

Bien que quelques divergences se soient montrées dans notre comité à l'égard de l'indispensabilité ou de la non-indispensabilité du Journal, je crois que sur le principe même nous sommes unanimement d'accord ; seulement quelques-uns prétendent que le Journal est impossible à tenir dans certaines Maisons en raison de la multiplicité de leurs affaires. Ce motif n'est que spécieux parce que les lois ne sont jamais à prendre à la lettre, et qu'il y a toujours à tenir compte, dans leur application, de leur esprit et de l'époque où l'on vit.

C'est ce que font, avec infiniment de raison et de justice, les Juges ayant qualité pour connaître des affaires et des litiges commerciaux.

Mais malheureusement nous n'agissons pas de même et nous perdons beaucoup de temps à jouer sur les mots.

En effet, à propos de l'article 8 du Code de Commerce qui dit : « Tout Commerçant est tenu d'avoir un Livre-Journal, » quelques-uns d'entre nous, se renfermant dans cette énonciation, ont prétendu que, dans des cas relativement nombreux, la loi était impossible à observer.

Sans doute, si l'article 8 du Code de Commerce devait être observé à la lettre, il serait par cela même limitatif des affaires d'une Maison dont l'importance pourrait dépendre du plus ou moins d'activité et de sûreté du travail du Comptable. Mais cet article n'a jamais eu cette intention et je crois qu'on n'est seulement dans le vrai que quand on le considère comme un principe dont l'application a pour but et conséquence d'établir la loyauté qui doit présider à la tenue des Écritures commerciales.

Dès lors que le travail possible d'un Comptable est insuffisant pour enregistrer quotidiennement les opérations d'une Maison, on est forcément obligé de recourir au travail de plusieurs Comptables.

A. GAGEY.

(*A suivre.*)

DE L'UNIFICATION DE LA COMPTABILITÉ

RÉSUMÉ DES TRAVAUX

DU

Comité d'Initiative d'un Projet de Congrès des Comptables

V.

DE LA TENUE DU LIVRE JOURNAL, AU POINT DE VUE LÉGAL ; DE LA COTE, DU PARAPHE ET DU VISA DES LIVRES DE COMMERCE.

M. CARDONNET (*Suite*)

Dans ce cas, la Loi peut-elle exiger plus que ne peut produire le plus expéditif de tous les Comptables? Assurément non.

Est-ce donc à dire, parce qu'on ne pourra, à la lettre, obéir à la Loi, qu'on lui désobéisse encore dans son esprit? Ce serait déraisonnable.

En effet, il y a presque toujours moyen de se conformer à l'esprit des lois.

Dans le cas qui nous occupe, ce n'est qu'une question d'organisation, de division du travail, car là où le travail d'un Comptable est insuffisant pour tenir à jour le Journal et le Grand-Livre, il faut employer plusieurs Comptables et diviser nécessairement leur besogne.

Cette division ne peut être faite qu'au moyen de plusieurs Journaux et plusieurs Grands-Livres. Mais, de ce que dans une maison, par suite de la multiplicité des affaires, on sera obligé de tenir plu-

7º FASCICULE.

sieurs Journaux et plusieurs Grands-Livres, s'en suit-il qu'on désobéisse à l'article 8 du Code de Commerce? Non, parce que, si l'on n'a que deux Journaux, on pourra, aux additions journalières de l'un ajouter successivement les additions journalières de l'autre pour avoir les additions générales sur chacun d'eux, lesquelles devront être en parfaite concordance.

Il pourrait en être de même, quel que soit le nombre des Journaux nécessaires à une Maison par rapport à la multiplicité de ses affaires. Pour le bon ordre et pour la bonne règle, il faudrait encore procéder de la même manière et ajouter successivement aux additions d'un Journal les additions quotidiennes de chacun des autres Journaux pour avoir en fait l'unité de Journal suivant la lettre de l'article 8 du Code de Commerce.

Mais on m'objectera peut-être que ce serait un travail assez long que ce report d'additions d'un Journal à l'autre.

Je répondrai à cette objection que rien ne se fait sans la somme de travail nécessaire et je ne comprends pas que nous-mêmes nous soyons les premiers à prêter la main à une diminution de travail qui est presque toujours contraire aux intérêts de nos Patrons et aux nôtres propres, car il est très vrai que dans bien des cas, par le défaut de contrôle, nous nous trouvons obligés à des recherches qui nous font perdre beaucoup plus de temps que nous n'en aurions mis à faire tout le travail que le bon ordre des Écritures réclame et nous n'aurions pas eu ces écritures erronées contre lesquelles les Patrons peuvent s'élever en nous accusant à bon droit de compromettre leurs intérêts par notre négligence.

Je sais d'avance que cette manière d'avoir un Journal en plusieurs Journaux ne sera pas du goût de tout le monde, notamment de ceux, dont le nombre est heureusement fort petit, qui veulent supprimer le Journal parce qu'ils le considèrent comme inutile.

Mais nous espérons que, se voyant isolés, ils se rallieront à ceux qui, en nombre de beaucoup plus supérieur, affirment l'indispensabilité du Journal et le reconnaissent comme le livre primordial de toute comptabilité, duquel tous les autres livres découlent, ou le contrôlent ou le représentent partiellement, dans un ordre qui ne peut pas être le même pour tous.

Étant admis que tout le monde est d'accord sur la possibilité de satisfaire à l'article 8 du Code de Commerce par la division du Journal en plusieurs Journaux; étant démontré que chacun des Journaux, quel qu'en soit le nombre, peut donner respectivement les additions totales générales, il y a lieu de mettre en évidence un autre moyen d'avoir ces additions totales générales.

Ce moyen consiste à avoir une feuille volante pour chaque Journal ayant une colonne pour les dates, et autant de colonnes nécessaires, suivant la méthode de comptabilité employée, pour porter les sommes quotidiennes en regard de leurs dates respectives et les transporter ensuite sur un Journal résumé, centralisant d'une manière générale et seulement par des sommes totales les affaires de chaque jour. On a donc encore de cette manière un Journal qui serait le Journal-Résumé, ou autrement dit Centralisateur de tous les autres Journaux quel qu'en soit le nombre.

Après ces explications, je pense qu'il m'est permis de croire que j'ai élucidé la question du Journal au point de vue de son unité par rapport à l'article 8 du Code de Commerce.

Sans doute, il était utile de donner ces explications, mais si on veut bien considérer le nombre infiniment petit, quoique relativement grand, des maisons qui sont obligées, en raison de la multiplicité de leurs affaires, de diviser leur Journal en plusieurs Journaux, on sera évidemment amené à conclure que cette question a été traitée par rapport à quelques cas particuliers, au lieu d'être examinée à un point de vue beaucoup plus général.

En effet, dans quelle proportion ces grandes Maisons existent-elles comparativement au nombre infiniment plus grand de ces autres Maisons de tous ordres, auxquelles le travail d'un seul Comptable suffit et qui, par conséquent, ne pensent pas à tenir ou faire tenir plusieurs Journaux-Résumés en un Journal Centralisateur ?

La réponse est péremptoire :

Donc, si le nombre de ces Maisons d'un ordre plus ou moins inférieur est de beaucoup plus supérieur au nombre des Maisons d'une certaine importance, il est vrai de dire que l'article 8 du Code de Commerce n'est pas précisément encore tombé en désuétude par rapport au Journal dont il prescrit la tenue, prescription qui, dans quelques cas particuliers, peut parfaitement être comprise de la manière que j'ai expliquée plus haut, sans déroger à la loi.

Néanmoins, l'article 8 en question ne me plait pas tel qu'il est. Je vous ai donné lundi dernier, une autre formule qui, en rendant le Commerçant entièrement libre de tenir ses écritures plus ou moins régulièrement au moyen de tous les livres dont il croira avoir besoin, l'obligerait par cela même à se tenir sur la défensive, par rapport aux causes qui pourraient le faire aller ou le faire se présenter devant les Juges Consulaires, qui chercheraient, dès lors, la vérité dans tous les livres indistinctement et ne pourraient la trouver que dans ceux existants ou dans ceux le plus régulièrement tenus.

L'expérience ne serait pas longue et il suffirait de quelques jugements bien rendus pour avoir une meilleure compréhension de ses intérêts ; en conséquence, le Commerçant serait mieux avisé et il ferait de sa propre volonté ce que la loi est impuissante à lui faire faire.

Il va sans dire qu'à l'égard des Commerçants de mauvaise foi, la Loi doit rester armée pour protéger les honnêtes gens.

Les gens honnêtes pourront tout d'abord donner une nouvelle preuve de leur bonne foi par la production du Journal, c'est-à-dire de ce livre qui relate, jour par jour, toutes les opérations commerciales de quelque nature que ce soit.

Le Commerçant a donc un intérêt réel à tenir un Journal.

Susceptible d'être aux prises avec un coquin ou d'être malheureux en affaires, il faut d'abord qu'il fournisse une preuve de son ordre en présentant un Journal très bien ordonné et très régulièrement tenu. Dans ce cas, les autres Livres seront à l'avenant.

En cas d'incendie, s'il y a impossibilité à sauver tous les Livres, on fera en sorte d'en sauver le plus possible, en ayant soin de commencer par le Journal, quand faire se pourra, parce qu'avec le Journal on peut rétablir les autres Livres. Le Journal, par ses additions, est le contrôle de la balance.

Le Journal, en un mot, est la relation chronologique et historique des affaires, qu'il est bon et utile de connaître dans leur ordre successif et dans leur ensemble, d'examiner sérieusement et de comparer aussi par périodes correspondantes.

La Loi n'a pas dit et elle se gardera bien de dire la forme du Journal, dont elle fait une obligation à tout Commerçant, parce qu'elle ne peut pas tout prévoir.

De même il nous serait bien difficile, pour ne pas dire impossible, de créer une forme de Journal-Universel, s'adaptant à tous les commerces, à toutes les industries, car, ce qui est indispensable aux uns n'est pas nécessaire aux autres.

Mais ce n'est pas une raison pour ne pas admettre qu'en principe le Journal, qu'on pourrait qualifier d'Universel, ne soit pas introuvable.

En effet, dans toutes les opérations et transactions, la personne du Commerçant est directement en jeu avec un tiers qui est fournisseur, client ou correspondant ; il n'y a guère d'exception que pour les virements de compte.

Il y a un principe de comptabilité, depuis longtemps admis et que personne n'osera contester, qui consiste à faire représenter le Commerçant dans ses propres écritures sous diverses rubriques, se rapportant à la nature des opérations, au lieu de le désigner nommément pour un seul compte dans lequel toutes ses affaires se trouvent confondues.

Ces divers comptes sont ceux auxquels on a donné le qualificatif de « Généraux » et que j'appelle de « Raison » parce qu'ils sont rationnels et qu'ils appartiennent à la Raison Sociale.

Or, dans toutes les opérations ou transactions commerciales il y a toujours un ou plusieurs de ces comptes de Raison en jeu avec le compte d'un tiers, Fournisseur, Client ou Correspondant.

Donc le Journal qui pourrait être appelé Universel, en raison des principes sur lesquels il devrait reposer, est un Journal qui doit revêtir la forme déjà connue du Journal Grand-Livre.

Le Journal Grand-Livre, je le sais, a ses détracteurs, et nous en comptons même au sein de notre Comité qui prétendent qu'il ne peut pas être d'une application générale.

A ces collègues qui sont en opposition avec ma manière de voir je n'ai qu'une seule chose à leur demander : c'est de me permettre de voir leur comptabilité et je me fais fort de la leur établir, quelle qu'elle soit, d'après le Journal Grand-Livre.

Je tiens à la méthode qu'emploie le Journal Grand-Livre parce qu'elle offre des avantages importants et qu'elle est seule susceptible, avec des modifications, bien entendu, de devenir la Méthode Universelle ou Unique que nous cherchons.

Ces modifications, je ne crains pas de l'affirmer, je les ai introduites dans cette méthode et je crois pouvoir vous donner la certitude que rien de plus simple en comptabilité, rien de plus sûr et rien de plus précis ne pourra dépasser le mérite de la méthode rationnelle et synoptique que j'ai eu l'honneur de présenter à l'Exposition Universelle de 1878 et qui m'a valu une médaille de bronze, la plus haute récompense accordée à cette partie de l'enseignement.

M. Perrot.

La question actuellement à l'ordre du jour de nos travaux, la question capitale, celle du Journal, doit être de notre part l'objet d'une étude approfondie; vous le comprenez tous et je n'ai pas besoin de vous le démontrer. Je ne m'arrêterai donc pas aux affirmations de ceux qui pensent que la Comptabilité étant arrivée à la perfection, il n'y a plus rien à faire dans cet ordre d'idées. Cela dit, j'aborde la question du Journal.

La première idée qui vient immédiatement à l'esprit, lorsque l'on se livre à des opérations de commerce, est celle-ci : enregistrer toutes les opérations, et cela jour par jour, dans un livre dont la copie au net est le Journal.

A première vue, cela paraît simple et naturel et c'est sans doute pénétré de cette idée que le législateur a rédigé l'article 8 du Code de Commerce, dans les termes que vous connaissez.

Mais la pratique, et surtout l'extension des affaires, ont fait comprendre plus tard que cet enregistrement chronologique des opérations dans un seul livre ne remplissait qu'imparfaitement le but que l'on s'était proposé. Il est arrivé enfin un moment où ce système est devenu tout à fait impraticable dans beaucoup de Maisons de Commerce. Il en est résulté que cette idée, simple en apparence, d'enregistrer les opérations dans un Journal Unique, a fait place à une autre, seule vraie, seule bonne, seule rationnelle et plus simple encore, qui consiste à classer les opérations par nature dans des livres que l'on a appelés Livres Auxiliaires, qualification impropre selon moi, attendu que ces livres contiennent les écritures d'origine. Ce sont des livres de fondation qui vont simplifier considérablement notre travail. M. Achille Le Duc, dans sa méthode, les intitule : *Journaux Spéciaux*, et je crois que ce titre est le vrai.

C'est ici le moment d'aller au devant d'une objection que vous avez pressentie et qui se traduit par cette question : Que faites-vous de la Loi ?

Si vous me le permettez, Messieurs, je vais y répondre immédiatement.

D'abord les Journaux Spéciaux ne sont pas tout le Journal ; ensuite, et malgré cela, vous reconnaîtrez avec moi que, seuls, ils offrent plus de garanties contre la fraude que le Journal Unique. En effet, les écritures y sont portées en partie double dans leur ordre de date, chacun d'eux se contrôlant par un autre ou plusieurs autres. Dans ces conditions, la fraude peut paraître déjà bien difficile, mais ce n'est pas tout : ces livres sont récapitulés dans un Journal Unique, que M. Achille Le Duc appelle Journal-Centralisateur et que l'on pourrait également appeler Journal-Récapitulatif. La première dénomination est assurément la meilleure.

Voilà donc un Journal qui se compose de deux sortes d'éléments : Journaux Spéciaux et Journal Unique, Centralisateur dérivant des premiers. Rédigé de cette manière, avec autant de garanties contre la fraude, avec autant de preuves de bonne foi et de sincérité, ce Journal, je le pense, doit satisfaire aux exigences de la loi.

Il me reste à vous parler, Messieurs, d'un Journal-Centralisateur tout à fait spécial, tout à fait nouveau. Je le nomme ainsi pour un instant, car il justifie parfaitement ce titre, attendu que toutes les écritures y sont reportées jour par jour, et à leur date. Les libellés, tels que ceux-ci : *Caisse à Divers, Divers à Caisse*, etc., etc., qui sont l'objet de critiques nombreuses, en sont bannis, et personne ne s'en plaindra. S'il présente les opérations de manière à ce qu'il soit tout à la fois un Journal, des Balances Cumulées et un Grand-Livre, si, à peine connu, il a déjà reçu l'approbation de quelques-uns de nos collègues qui font autorité, c'est une raison de plus, Messieurs, pour que j'attire sur lui votre attention et je vous demande la permission de vous en entretenir encore quelques instants.

Ce Journal-Centralisateur est établi naturellement avec les éléments fournis par les Journaux Spéciaux où, chaque jour, les totaux quotidiens du débit ressortent en noir, et ceux du crédit en rouge. Ces totaux reportés au Journal-Centralisateur, débits et crédits dans la même colonne, ceux-là en noir et ceux-ci en rouge, établissent la Balance.

A? GAGEY.

(*A suivre.*)

Paris. — Imprimerie Grandremy et Henon, 28, quai de la Rapée.

DE L'UNIFICATION DE LA COMPTABILITÉ

RÉSUMÉ DES TRAVAUX

DU

Comité d'Initiative d'un Projet de Congrès des Comptables.

V.

DE LA TENUE DU LIVRE JOURNAL, AU POINT DE VUE LÉGAL ; DE LA COTE, DU PARAPHE ET DU VISA DES LIVRES DE COMMERCE.

M. PERROT (*Suite*).

Ces Balances Cumulées constituent un triple contrôle :

1° Les additions en long des balances prouvent que chaque jour les écritures ont été passées, et qu'il n'existe aucune erreur matérielle ;

2° Les additions en travers établissent le contrôle de chacun des Journaux Spéciaux en particulier ;

3° Enfin la concordance de l'addition de la dernière colonne en long avec celle de la dernière colonne en travers, établit à chaque page le contrôle d'ensemble de tous les livres.

Vous avez compris, Messieurs, que ce nouveau Journal-Centralisateur n'est autre chose que le *Carnet du Négociant* qui, en constituant le contrôle perpétuel de vos écritures, vous épargne la peine d'établir les balances périodiques de vérification qui sont devenues inutiles. Il vous dispense également du Journal-Centralisateur dont je vous ai entretenu en commençant.

Permettez-moi, Messieurs, d'ajouter deux remarques à ce qui précède au sujet de la pratique à suivre :

PREMIÈRE REMARQUE

Au sujet du Journal Spécial des comptes courants et pour répondre au désir de quelques-uns de nos honorables Collègues qui m'ont prié de vouloir bien leur indiquer la marche à suivre pour établir les éléments des balances quotidiennes en ce qui concerne les comptes personnels, lesquels sont compris au Carnet du Négociant sous le seul titre Divers, voici comment je conseille d'opérer :

Avant de faire le report des écritures au Grand-Livre j'inscris au Journal Spécial des comptes courants la date au milieu.

Au-dessous de cette date, les noms de tous les clients qui doivent être débités ou crédités à cette même date. Ces noms sont précédés selon le cas des mots Doit ou Avoir et suivis des numéros de folio du Grand-Livre, où se trouvent les comptes à débiter ou à créditer.

Ce petit travail préparatoire étant terminé, je procède au report des écritures au Grand-Livre et, au fur et à mesure, sans aucune espèce de détail, j'inscris les sommes au Journal vis-à-vis des noms, les débits à gauche et les crédits à droite, puis je fais ressortir dans la dernière colonne, le total des débits en noir, et au-dessous celui des crédits en rouge. Voilà les éléments qui vont terminer la Balance.

On verra plus loin que ce Journal Spécial des comptes courants est encore d'une autre utilité.

DEUXIÈME REMARQUE

Au sujet des Journaux Spéciaux il est à remarquer qu'un certain nombre de comptes donnent lieu à fort peu d'opérations. Ces comptes peuvent être compris, séparés les uns des autres, dans un seul livre que l'on pourrait intituler Journal Collectif ; un Répertoire indiquerait les folios de ce Journal où se trouvent les comptes spéciaux qu'il contient. C'est d'ailleurs au Comptable de régler ces petits détails selon les circonstances.

RÉSUMÉ

De ce qui précède se dégage ce fait que les écritures qui constituent la comptabilité nécessitent les livres suivants indispensables :

1° Les Journaux Spéciaux par nature d'opération, écritures d'origine, faisant ressortir pour chaque jour le total du débit en noir et celui du crédit en rouge ;

2° Le Carnet du Négociant, contrôle perpétuel où sont établies les Balances quotidiennes cumulées, Journal Centralisateur dérivant directement des Journaux Spéciaux ;

3° Le Grand-Livre comprenant les comptes courants et, au moyen d'écritures sommaires, les comptes généraux.

REMARQUE ESSENTIELLE

J'avais pensé qu'il suffirait de reporter au Grand-Livre seulement les comptes personnels et qu'il était inutile d'y faire figurer les comptes généraux suffisamment détaillés dans les Journaux Spéciaux, mais d'après la remarque qu'a bien voulu me faire un de nos collègues très expérimenté, je comprends qu'il peut être utile de reporter également ces comptes au Grand-Livre à la fin de chaque mois, en une ligne d'écriture pour chacun d'eux. Cette précaution peut avoir des conséquences très appréciables en cas d'incendie.

En effet, en étant éloignés les uns des autres les trois éléments qui constituent ce système de comptabilité, si deux d'entre eux venaient à disparaître, celui qui resterait, n'importe lequel, suffirait pour reconstruire toute la comptabilité, car ce système présente les écritures triples,

CONCLUSION

Un de nos collègues disait avec raison que ce qui constitue la comptabilité, c'est le Journal, le Grand-Livre et la Balance. Je propose de modifier la formule et de la remplacer par celle-ci : Journaux Spéciaux, Carnet du Négociant, Grand-Livre. L'une et l'autre conduisent au même résultat, la première par des chemins encombrés d'obstacles, la seconde par une voie large et spacieuse dégagée de toute entrave : c'est celle de l'avenir.

M. Libera.

Presque tous les auteurs de traités de Tenue de Livres, et beaucoup de praticiens routiniers, disent et soutiennent que le Journal est le pivot, le centre de toute comptabilité, vu l'article de la loi qui l'impose.

Cela pourrait être vrai pour une comptabilité de peu d'importance, mais dans une grande administration, où plusieurs employés sont attachés à cet important service, où la division du travail et la multiplicité des livres est nécessaire, le Journal ne joue qu'un rôle secondaire dans la comptabilité générale. Souvent en retard des écritures, rarement consulté, les opérations n'y sont inscrites qu'en bloc (et il serait impossible d'agir autrement), résumées par semaines, quinzaines et même par mois, en les relevant des registres spéciaux auxiliaires.

Malgré cela, la comptabilité n'en marche pas moins bien et les opérations ne subissent aucune entrave.

Permettez-moi qu'en m'adressant aux Comptables, je leur demande si, lorsque nous avons besoin d'un renseignement nous nous reportons au Journal? Non! presque jamais, sauf de très rares exceptions.

Le Journal, presque toujours, ne sert que pour coordonner et distribuer les différentes opérations sur le Grand-Livre et avoir le contrôle du report des écritures, et encore pour les maisons seulement qui, par le petit nombre de comptes, ne tiennent pas de livres des comptes courants, elles n'ont que le Grand-Livre sur lequel se trouvent ouverts les Comptes Généraux et Personnels.

Ce contrôle, nous pouvons facilement l'obtenir par d'autres moyens plus simples, plus pratiques et plus sûrs, car la tenue du Journal n'évite pas les erreurs et si, dans les écritures du Journal, des erreurs se sont glissées, ce livre est incapable de nous les indiquer.

Le Journal, recevant toutes les opérations par ordre de date, est peut être un moyen que quelqu'un admettra comme bon, mais personne, écartant les dispositions du Code, ne me soutiendra qu'on doit le considérer comme le seul nécessaire, l'indispensable pour le Commerçant, son rôle n'étant que celui de donner, suivant certaines règles et par ordre de date, les opérations déjà inscrites dans d'autres registres.

Il ne peut à lui seul servir pour une tenue de livres ; bien que le Code n'ordonne et n'admette que lui, le Journal est d'une insuffisance complète et le Négociant, comme je l'ai dit dans la précédente séance, pour avoir un renseignement, devrait à chaque instant le feuilleter pour le moindre décompte à faire.

Il faudrait, pour connaître la situation d'un compte, le relire en entier, ce qui causerait une peine extrême et une perte de temps considérable ; il serait une source continuelle d'erreurs. Tel est aussi l'avis de plusieurs érudits professeurs et comptables français et étrangers compétents dans la matière.

Le Journal à lui seul ne suffit pas. Il est donc nécessaire d'avoir à côté de lui un livre spécial qui tienne les dépouillements tout préparés.

Je ne suis pas de l'avis de certains auteurs qui, jouant souvent sur les mots et possédés de la manie de tout critiquer, tout détruire sans refaire, répandent aux quatre vents qu'ils ont trouvé et même inventé le moyen de faciliter et abréger en même temps le travail et éviter les erreurs, et ils arrivent à un résultat contraire : à compliquer la besogne, à rendre la comptabilité rebutante et incompréhensible; à la fin, ils tombent dans les mêmes défauts; après l'avoir supprimé, pour obéir à la loi dans la crainte d'y porter atteinte ils finissent tous au Journal.

La faute n'est due qu'à la loi, les auteurs sont entravés dans leurs études, dans leurs perfectionnements par cette muraille gigantesque que l'on appelle l'art. 8 du Code de Commerce.

Il faut que tout en restant pratiques, nous soyons logiques et qu'une bonne fois nous nous décidions à nous écarter de la routine.

Le Journal comme il est compris, appliqué, disposé et adopté présentement est-il absolument nécessaire au Négociant ?

Je ne le pense pas et pour ce motif il ne faut pas que le législateur en fasse une obligation.

La loi pour être tutélaire, efficace, pour sauvegarder les intérêts du commerçant, de l'industriel et des tiers, doit être réformée; c'est la loi qui doit suivre le progrès et non pas ce dernier qui doit suivre la loi. Les lois se modifient tous les jours an fur et à mesure que la nécessité en est démontrée. Une loi qu'on est forcé de violer n'a aucune raison d'être.

Combien de désastres on aurait évité si le Commerçant avait tenu ses Livres selon les besoins de son commerce ! La tenue du Journal ne l'a pas arrêté dans sa débâcle, ne l'a pas empêché de se ruiner. Les renseignements lui faisant défaut et ne pouvant immédiatement se rendre compte de la marche de ses affaires, il n'a pu y apporter un remède efficace et il a fallu tomber.

Il faut que le Législateur s'inspire du besoin du commerce, et pour l'aider il ne doit pas lui imposer des obligations qui ne font que l'entraver dans ses opérations, le surcharger d'une besogne très pénible, très coûteuse qui en échange ne peut rien lui rapporter.

Tous les Livres du Commerçant sont aussi utiles les uns que les autres, et si la loi, par un sentiment humanitaire, veut intervenir, elle doit le faire d'une manière aussi complète que possible. Ces prescriptions doivent s'étendre indistinctement à tous les Livres sans aucune exception. Une grande lacune existe dans notre législation et il serait urgent d'y pourvoir.

Le Législateur imposant la tenue du Journal arrive-t-il à supprimer la fraude? Suffit-il qu'une opération y soit inscrite pour qu'elle devienne irréfutable devant les tribunaux?

Il serait curieux que, par la raison qu'un article est inscrit au Journal, il devienne pour le correspondant obligatoire de le payer! Que d'écritures fausses ne pourrait-on pas alors inscrire au Journal?

Si avec le Journal on pouvait connaître, en un temps bien plus court, le montant du capital, la position du Commerçant vis-à-vis de ses agents et correspondants, en un mot sa situation économique et financière sans avoir recours à des calculs très longs et très pénibles, non exempts d'erreurs, je m'empresserais de l'adopter et d'en réclamer sa tenue obligatoire; là serait le centre de toutes les opérations et il serait absolument la base, le vrai pivot de toute Comptabilité. Sur lui j'appellerais l'attention de tous les auteurs, des Praticiens et des Commerçants. Ce serait le Livre le plus utile, le plus indispensable pour le Commerçant, dans lequel il pourrait puiser tous les renseignements désirables, ainsi que pour le Comptable qui aurait, par ce Livre, un contrôle efficace de toutes ses Écritures.

Rien n'est impossible; jusqu'à présent on s'est trop occupé de la possibilité de se maintenir dans l'esprit de la Loi par la tenue du Journal unique, sans jamais se préoccuper de le rendre utile.

Nos voisins d'Italie, en ont fait l'objet principal de leurs études, et, après bien des années, sont parvenus à obtenir ce Journal unique, réunissant les conditions ci-dessus. Il est déjà appliqué dans différentes administrations, notamment celle de l'État.

Avant de se prononcer d'une manière définitive sur la modification de l'article 8, ne serait-il pas préférable de chercher à modifier la tenue du Journal de façon, au moins, à le rendre utile, sinon indispensable ?

A mon avis, c'est là le point de départ de l'*Unification de la Comptabilité;* c'est sur lui que nous devrions concentrer nos études.

M. GAGEY.

I.

Messieurs,

J'étais absent quand la discussion a été ouverte sur le « *paraphe obligatoire.* »

J'ai quelques observations à présenter sur cette matière.

J'embrasse dans mon étude les trois formalités de la cote, du paraphe et du visa, qui ont un seul et même objet, une seule et même conséquence.

J'ai lu attentivement le compte rendu de cette séance dans l'*Union nationale* des Chambres Syndicales.

J'ai été surpris de rencontrer, chez la plupart des orateurs qui ont pris la parole, les mêmes expressions et d'un accord parfait dans les conclusions, à savoir :

« *Le paraphe couvre la fraude.* »

« *Je demande la suppression du paraphe.* »

Je suis d'un avis contraire.

Étant donnée la modification de l'article 8 telle que je la demande, j'entends que les Journaux Spéciaux doivent être cotés, paraphés et visés.

A. GAGEY.

(*A suivre.*)

Paris.— Imp. GRANDREMY et HENON, 28, quai de la Rapée.

DE L'UNIFICATION DE LA COMPTABILITÉ

RÉSUMÉ DES TRAVAUX

DU

Comité d'Initiative d'un Projet de Congrès des Comptables.

V.

DE LA TENUE DU LIVRE JOURNAL, AU POINT DE VUE LÉGAL ; DE LA COTE, DU PARAPHE ET DU VISA DES LIVRES DE COMMERCE.

M. GAGEY (*Suite*).

C'est là, pour moi, une garantie sérieuse qu'on ne saurait méconnaître ; elle s'impose à la nécessité ; ces formalités donnent aux Livres obligatoires le caractère solennel de l'authenticité ; elles les munissent de l'autorité publique et juridique qui leur est indispensable pour faire preuve et foi en justice, étant entendu que ces Registres sont, d'autre part, tenus dans les formes prescrites, c'est-à-dire « *par ordre de date, sans blancs, lacunes, ni transports en marge, etc.* »

Je dis plus, au lieu de « *couvrir la fraude* » comme on l'a dit à tort, ces formalités, quand elles sont remplies, permettent au contraire de la « *découvrir* » si elle existe, en assurant l'inviolabilité des Livres.

9° FASCICULE.

Je reconnais, à la vérité, que l'extension de ces formalités à *tous* les livres usités, quels qu'ils soient, proposée par notre ami Corrompt, si elle n'était impraticable, pourrait du moins rencontrer des difficultés dans l'application.

Mais les formalités prescrites par la loi pour la cote, le paraphe et le visa ne peuvent être atteintes par la critique des précédents orateurs et l'argument se retourne forcément contre eux.

Mes collègues reconnaissent que de nombreuses fraudes se commettent sur les livres paraphés.

Je suis loin de dire le contraire : je l'ai constaté comme eux.

Mais ces formalités n'ont pas pour conséquence immédiate d'empêcher la fraude de se produire, surtout dans les écritures originaires.

Comment voulez-vous qu'il en soit ainsi.

Les Livres sont cotés et paraphés alors qu'ils sont en blanc, c'est-à-dire vierges de toute Écriture.

Et le visa annuel est apposé sans que le magistrat ait à se préoccuper de leur rédaction.

Il n'a pas mandat d'exercer aucun contrôle.

Mais si la fraude est commise, il faut désormais qu'elle subsiste, ce qui est écrit est écrit, et les Écritures ne peuvent être dénaturées à peine de perdre leur caractère d'authenticité.

N'est-ce pas là une considération qui a sa valeur en faveur des formalités prescrites ?

Notre ami Maurel vous a fait à ce sujet une excellente remarque ; il vous a présenté un cas possible, très souvent pratiqué, hélas ! par les gens exercés à la falsification des Livres.

Et ce cas suffit à lui seul pour démontrer que loin de couvrir la fraude, les formalités remplies l'écartent radicalement dans cette espèce particulière qui a son importance.

Notre collègue est tout à fait d'accord avec le jurisconsulte Rivière qui s'exprime ainsi, page 47 de son Traité de droit commercial :

«.... Les Livres doivent être cotés.... le législateur a voulu empê-

» cher toute addition ou tout retranchement de feuillets et toute
» substitution de feuillets à d'autres. »

Donc, pourquoi conclure à la suppression de ces formalités?

Voulez-vous laisser toute liberté de transformer les Livres et les Écritures à volonté?

Voulez-vous laisser le champ libre au dol et aux irrégularités de toute nature?

Persistez dans vos conclusions!

Vous vous plaignez que la fraude existe malgré le paraphe; eh bien! quand ces formalités seront supprimées, vous verrez quelle tour de Babel vous aurez créée pour la Comptabilité et quels résultats en recueilleront les intéressés!

Mais vous êtes trop compétents pour ne pas comprendre l'importance de la cote, du paraphe et du visa.

Vous êtes trop souvent en présence du corps du délit pour ne pas vous en être rendu compte, et j'ai pleine confiance dans votre appréciation définitive.

II

Je prendrai maintenant la liberté de réfuter plus particulièrement quelques-uns des arguments présentés par notre ami Cardonnet, et notamment les expressions dont il s'est servi pour critiquer la loi.

L'orateur vous a dit:

« *Le paraphe dont on se passe* AISÉMENT. »

Messieurs, nous sommes ici sur un terrain purement juridique; il ne faut pas traiter la question tout à fait fait comme s'il s'agissait d'un principe de comptabilité.

Assurément le Négociant qui est sincère dans ses Livres ne sera jamais aux prises avec la loi, sa conscience lui dicte son devoir.

Mais il y a obligation de faire et mieux encore il y a intérêt pour tout Commerçant à remplir les formalités prescrites, puisque sans cela, dit l'article 13, il ne pourrait invoquer ses Livres en sa faveur.

Donc dire qu'on peut AISÉMENT se passer du paraphe, c'est être inexact et l'argument n'est pas sérieux.

L'orateur continue :

«... Ou auquel, par contre on tient beaucoup quand on veut refaire « des Écritures pour en dénaturer l'exactitude et la sincérité. »

Je regrette que notre ami Cardonnet n'ait pas développé sa pensée et qu'il n'ait pas démontré de quelle façon, à l'aide du paraphe, on peut changer les Écritures passées sur des registres revêtus de cette formalité.

Aucun des feuillets de ces Livres ne peut être altéré, supprimé ou remplacé.

Fera-t-on parapher deux registres pour la même destination.

Cela est inadmissible, l'intention frauduleuse serait trop évidente.

Encore faudrait-il les faire parapher à des dates différentes, car, vous le savez, il est dressé en tête du registre un procès-verbal de constat qui contient l'énonciation du nombre des feuillets dont le registre est composé; les nom, prénoms, profession et domicile du Négociant auquel le registre va servir; la destination du Livre et surtout la date de la cote.

De plus, chacun des feuillets est coté et paraphé et revêtu de la griffe du Tribunal de Commerce.

Or, par conséquent, comment s'y prendrait-on, par exemple, pour passer des écritures en date du 15 juillet 1878 sur un registre coté le 15 janvier 1879.

Puis, il y a aussi le visa annuel et Rivière nous apprend quel est son objet; il s'exprime ainsi :

« ..... Ce visa a pour objet d'empêcher qu'un Commerçant ne » puisse se servir d'un registre coté et paraphé à l'avance et con- » servé en blanc pour y faire de nouvelles écritures adoptées à la » position dans laquelle il voudrait se placer à la veille d'une fail- » lite. »

Vous le voyez, Messieurs, cet argument n'est pas plus sérieux que l'autre, et l'observation est sans fondement,

L'orateur nous déclare ensuite :

« *Qu'il ne voudrait pas avoir sur la conscience toutes les fraudes*
» *qui ont été commises* SOUS LE COUVERT *du paraphe.* »

Notre ami Cardonnet a raison de ne pas vouloir ainsi charger sa
conscience; mais pour être vrai, il aurait dû dire : « *Les fraudes qui*
» *ont été commises* MALGRÉ *le paraphe.* »

Je le répète, le paraphe ne protège point la fraude, il permet de la
découvrir et de la constater quand elle existe.

Mais où je ne comprends plus l'orateur, c'est quand il nous dit :

« *Le paraphe est considéré par le Commerce comme lettre morte,*
» ET CELA FORT HEUREUSEMENT DANS L'INTÉRÊT DES PERSONNES
» AYANT QUALITÉ POUR LE DONNER. »

Que le Commerce considère le paraphe comme lettre morte,
cela est exact malheureusement, et à ce sujet j'ouvre une parenthèse.

Il est regrettable que les Tribunaux Consulaires n'aient pas jugé
utile de créer un service d'inscription des Livres de commerce,
comme il en fonctionne avec succès pour le contrôle des poids et
mesures, et celui de la bonne qualité des denrées alimentaires, afin
de rappeler le Commerçant au respect de la loi qui est un devoir d'où
découlent pour lui les avantages précieux que j'ai indiqués; mais on
a craint, sans doute, de porter atteinte à la liberté commerciale.

Mais, quant à ce que le magistrat, chargé d'apposer le paraphe,
trouve un intérêt quelconque à la violation de la loi, j'avoue que je
ne puis m'en rendre compte, cela demande explication.

Je crois de mon devoir de protester contre ces expressions, et je
supplie mon collègue de les retirer ainsi que les suivantes :

« *Le paraphe n'est pas une garantie absolue puisqu'il sert quel-*
quefois au mensonge et au dol. »

Ces dernières expressions sont tout à fait inexactes, je vous ai dit
pourquoi plus haut, et je n'y reviens pas.

Ces paroles contiennent aussi, pour les Commerçants, un reproche bien amer, et en tous cas, il est fait dans des termes beaucoup trop vifs.

L'orateur dit aussi que remplir les formalités, c'est une *vexation*. Il est encore à côté de la question. On ne peut être vexé d'accomplir son devoir, de respecter la loi, surtout quand on en retire des avantages incontestables.

L'orateur nous dit plus loin :

« ..... *Il faut faire disparaître cette menace qui, comme une épée*
» *de Damoclès, est toujours suspendue sur la tête des faillis, mais*
» DONT FORT HEUREUSEMENT ON NE COUPE JAMAIS OU PRESQUE
» JAMAIS LE FIL. »

Messieurs, c'est au contraire un frein très sûr, quoi qu'en dise mon ami Cardonnet, aux débordements et aux irrégularités qui peuvent se produire en pareil cas.

Et quant à « *couper le fil*, » on le coupe très souvent, au contraire, quand l'exactitude des Écritures n'est pas reconnue, quand le failli ne représente pas les Livres obligatoires et qu'il existe une présomption de fraude contre lui, ou bien encore quand il n'a pas tenu de Livres ou qu'il les a falsifiés. Je vous ai cité divers arrêts à l'appui de mon dire, je n'insiste pas.

D'ailleurs, notre ami Cardonnet a-t-il donc oublié les prescriptions sévères de la loi à cet égard; elles sont contenues dans les articles 586, 591 et 593 du Code de Commerce, lesquels articles renvoient aux articles 402 et 403 du Code Pénal pour les pénalités.

L'article 586 surtout est assez explicite cependant; il est ainsi conçu :

« Sera déclaré *banqueroutier simple*, tout Commerçant failli qui se
» trouvera dans un des cas suivants : « ..... 6° S'il n'a pas tenu
» de Livres et fait exactement Inventaire; si ses Livres ou Inventaires
» sont incomplets ou IRRÉGULIÈREMENT TENUS, ou s'ils n'offrent pas
» sa véritable situation active et passive, sans néanmoins qu'il y ait
» fraude... »

Enfin, Messieurs, l'orateur est plus précis encore en terminant, quand il dit :

« *Le paraphe* N'EST USITÉ *que pour couvrir la fraude.* »

Ces mots « *n'est usité* » ne laissent aucun doute, la pensée de l'orateur est celle-ci :

« On ne se sert du paraphe que quand on a une fraude à couvrir. »

Autrement dit :

« Le paraphe est un agent frauduleux. »

Je proteste plus énergiquement encore contre les expressions dont s'est servi ici mon ami Cardonnet et je le supplie de les retirer éga-ment.

M. Cardonnet

Je n'ai nullement l'intention de rouvrir la discussion sur la proposition de M. Gagey, puisque vous avez décidé la clôture de cette discussion ; mais je crois devoir appeler votre attention sur l'importance du vote que nous allons émettre, par rapport aux conséquences que ce vote pourra avoir par la suite.

M. Gagey nous a lu un travail très complet, auquel il a dû passer des heures nombreuses, pour nous éclairer sur la relation qui doit exister entre la Comptabilité, mise en pratique, et les prescriptions du Code de Commerce au point de vue des Livres qu'il exige, comme étant indispensables, et la valeur de tous les Livres de commerce en justice.

M. Gagey nous a cité un assez grand nombre de Jurisconsultes et nous a lu quelques fragments de leurs écrits se rapportant à la question qui nous occupe en ce moment.

Ces Jurisconsultes, il est vrai, ne sont pas des Comptables dans l'acception propre du mot, parce qu'ils n'exercent pas comme nous la profession ; mais ils ont un autre genre de pratique à eux qui, au point de vue le plus important du but en vue duquel la Comptabilité est d'une impérieuse nécessité, leur permet de mieux apprécier quels sont les Livres indispensables à tout Commerçant.

Je vous ferai remarquer, Messieurs, que dans les nombreuses citations que M. Gagey nous a faites, il n'a pu que nous apporter la preuve écrite, par tous les auteurs jurisconsultes auxquels il a emprunté ces citations, de l'indispensabilité du Livre-Journal. S'il a nommé quelques auteurs, réclamant des Journaux, ces auteurs sont des Comptables et non des Jurisconsultes, qui basent leur opinion sur des cas spéciaux, fort peu nombreux comparativement au nombre si grand des Maisons auxquelles le travail d'un seul Comptable suffit.

Je ne crois pas me tromper en affirmant que nous nous sommes proposé de travailler dans l'intérêt de la généralité de la masse des Commerçants et non de quelques-uns seulement, qui sont une infime minorité. A l'égard de ceux-ci, la loi saura toujours tenir compte des impossibilités matérielles dans lesquelles ils pourront se trouver, et il leur sera facultatif de diviser le Livre-Journal tout en respectant l'unité du Journal qui est implicitement énoncée dans l'article 8 du Code de Commerce.

Je crains, d'un autre côté, que nous ne nous entendions pas tous bien sur ces appellations de Journal et Journaux. Si je ne me trompe, un certain nombre d'entre nous entendent ou veulent entendre par Journaux les Livres que l'article 8 dit ne pas être indispensables et qu'on désigne sous le qualificatif d'auxiliaires. Ces Livres, en devenant des Journaux, ne pourraient être que des Journaux Spéciaux. Or, si vous supprimez le Journal Général, le Journal unique susceptible d'être divisé et résumé un un Journal centralisateur ou synoptique, n'imposez-vous pas par cela même à tout Commerçant de tenir tous les Journaux nécessaires à la tenue rigoureusement complète des Écritures?

A. GAGEY.

(*A suivre.*)

Paris. — Imp. GRANDREMY et HENON, 28, quai de la Rapée.

DE L'UNIFICATION DE LA COMPTABILITÉ

RÉSUMÉ DES TRAVAUX

DU

COMITÉ D'INITIATIVE D'UN PROJET DE CONGRÈS DES COMPTABLES

V

**De la tenue du Livre-Journal, au point de vue légal;
de la Cote, du Paraphe et du Visa des Livres de Commerce**

M. Cardonnet (*Suite*).

A l'heure actuelle, il y a des Commerçants qui se passent même de Livre de Caisse. Combien y en a-t-il qui ne font pas usage de Livres d'Achats, d'Effets à Recevoir et à Payer, de Frais Généraux, de Pertes et Profits, etc.

Obtiendrez-vous de tous les Commerçants qu'ils tiennent tous ces Journaux, sans exception? S'ils s'imaginent d'en laisser un seul de côté, la Comptabilité ne sera ni complète, ni juste. C'est ce qui arriverait dans la plupart des cas.

Mais indépendamment de ce motif, capable à lui seul de vous faire rejeter la proposition de M. Gagey, telle qu'il nous la présente, n'avons-nous pas à examiner l'accueil qu'il lui serait fait au sein d'une assemblée législative.

10° FASCICULE.

Il résulte du travail même que M. Gagey nous a lu, que tous les Jurisconsultes qui se sont occupés de la question l'ont unanimement résolue en faveur de l'unité de Journal. Leur avis ne changera certainement pas parce que quelques auteurs comptables auront plaidé les circonstances atténuantes en faveur de quelques cas spéciaux, du reste assez faciles à satisfaire

Donc, je ne pense pas qu'un vœu émis dans le sens de celui que M. Gagey nous propose d'émettre, ait quelque chance d'être favorablement accueilli du Législateur.

Le Commerçant n'en voudra pas davantage, parce qu'il trouve toujours que la Comptabilité lui coûte trop et qu'elle est toujours trop compliquée. Que serait-elle, à ses yeux, avec tous les livres auxiliaires devenus des Journaux spéciaux indispensables ?

S'il y a eu une règlementation à faire à l'égard des Livres de commerce, il la faut générale et obligatoire dans un sens et facultative dans l'autre ; c'est-à-dire que, comme le dit l'article 8, tout Commerçant doit avoir un Livre-Journal, indépendamment des autres Livres usités dans le commerce, mais qui ne sont pas indispensables.

La règle générale est obligatoire, c'est le Journal Général unique, pouvant être divisé en plusieurs Journaux Généraux dont les totaux seraient résumés en un Journal Centralisateur ou synoptique.

La règle facultative vise tous les Livres usités dans le Commerce comme Livres auxiliaires, ou, pour mieux dire, de contrôle, mais ne les impose pas.

A mon avis, si l'article 8 doit être révisé, c'est pour y introduire l'obligation à l'égard du Grand-Livre, dont il ne fait pas mention ; et, cependant, ainsi que je crois vous l'avoir suffisamment démontré, le Grand Livre est, en pratique, de tous les Livres celui qui est le plus indispensable parce que sans lui il n'y a pas d'Inventaire, ou autrement dit de Bilan possible.

Mais ne pouvant pas préjuger quel sera le résultat pratique, final de nos travaux, et du Congrès que nous avons en projet, il me paraît que l'émission d'un vœu quelconque à l'égard des Livres de commerce n'étant pas encore connue, la méthode de comptabilité que nous créerons, ou celle à laquelle nous accorderons notre préférence serait prématurée. C'est pourquoi je demande le renvoi du vote réclamé par M. Gagey à une époque ultérieure, alors que nous nous serons prononcé sur la méthode qui nous paraîtra le plus propre à satisfaire de la manière la plus générale les besoins du Commerce.

Car, si notre Comité et après lui le Congrès donnaient leur adhésion pleine et entière à une méthode qui reposerait sur le Journal-Grand-Livre, la proposition de M. Gagey n'aurait plus sa raison d'être et nous serions quelque peu en contradiction avec nous-mêmes.

Permettez-moi, Messieurs, en terminant de vous rappeler que M. Gagey réclame le paraphe, la cote et le visa pour tous les Livres de commerce.

Je suis diamétralement opposé, quant à ces questions, à M. Gagey, parce que de mes travaux pratiques de vingt-cinq ans, il résulte que je crois le Journal absolument nécessaire, et qu'il n'y a guère que les Commerçants mal intentionnés qui se font une obligation du paraphe, de la cote et du visa.

Comme conséquence de ce qui précède il s'ensuit que tous les Livres de commerce, sans exception, devraient être admis à faire foi en justice.

Actuellement ils le sont, mais leur production est laissée au pouvoir discrétionnaire des Juges Consulaires et il n'y aurait peut-être pas erreur à dire que des Livres non paraphés, non cotés et non visés que, même de simples Livres auxiliaires, ont fait la preuve indéniable contre d'autres Livres revêtus de toutes les formalités légales.

Pourquoi ces décisions, ces jugements, pour ainsi dire illégaux ? c'est qu'il y a une puissance plus grande que celle de la légalité ; cette puissance est celle de la vérité qui éclaire les consciences et fait appliquer la justice vraie qui est toute de fond, au lieu de la justice légale qui, trop souvent, n'est que le complice involontaire des gens habiles et de mauvaise foi.

M. Mourre. — Avant de clore la discussion sur l'article 8, je demanderai à ajouter quelques mots au sujet du paraphe exigé par la loi pour le Livre-Journal. Je me joins aux orateurs qui m'ont précédé et qui ont émis l'avis que cette formalité était inutile, tant au point de vue de la sincérité des opérations, qu'à celui de la régularité des Écritures, et que cette obligation devrait être supprimée dans la loi ; en effet, puisqu'aux termes mêmes de cette loi : *Le Journal doit contenir toutes les opérations du Commerçant, ses dettes actives et passives, indépendamment des autres Livres usités dans le Commerce, mais qui ne sont pas indispensables.* Qu'arrive-t-il aujourd'hui ? C'est que ces Livres déclarés n'être pas indispensables, sont précisément ceux qui le sont plus ; en effet, étant reconnu l'impossibilité d'écrire immédiatement sur le Journal toutes vos opérations, au moment même où elles se produisent, comment feriez-vous ce Journal sans les autres Livres auxiliaires, que la loi ne reconnaît pas, ne juge pas indispensables et qui sont cependant la vraie source des documents qui doivent servir à la confection de votre Journal, que vous ne pourriez pas faire sans eux et sur lequel vous ne classez réellement vos opérations que plus tard, ainsi que l'on vous l'a déjà dit, avec ordre et méthodiquement, sans pour cela déroger à la loi qui l'admet, du reste, puisqu'elle dit : que *le Commerçant détaillant n'est pas tenu d'inscrire ses ventes à mesure qu'elles sont faites* mais seulement le résultat à la fin de chaque jour.

Qui empêche donc alors le Commerçant qui veut frauder ou dénaturer ses opérations de le faire à ce moment, puisque la loi n'exige pas de contrôle et couvre de son sceau tout ce qu'il lui plaît d'écrire, lequel sceau n'est pas donné comme une approbation après vérificacation, comme cela se pratique en toute chose, mais par anticipation, comme un blanc-seing, sans savoir ce que vous mettrez sous son couvert, et lui accorde toute autorité, ce qui, à mon avis, est un abus, et tandis qu'elle n'accorde en cas de divergence entre les Livres auxiliaires et le Journal d'autorité qu'à ce dernier, moi je donnerais la préférence aux premiers, c'est-à-dire à ceux qui sont créés au moment même où

le fait se produit, dans le but seul de le consigner. et avant que la réflexion ait fait naître l'idée de la falsification des écritures ; je voudrais
que cette prescription de la loi fut supprimée et remplacée par une
autre rédigée dans ce sens : *Que les énonciations inscrites dans le
Journal ne seront admises à faire foi en justice, en cas de contestation
tion entre Commerçants, que lorsqu'elles se trouveraient en concordance parfaite avec ses Livres auxiliaires. En cas de divergences entre eux, ni l'un ni l'autre ne seraient admis comme preuve,* ce serait-
là une prescreption vraiment pratique et conforme à l'équité.

Du reste, cette obligation du paraphe est tellement peu observée
aujourd'hui que, même en cas de faillite, jamais l'absence de cette formalité n'a de conséquence fâcheuse pour le Commerçant et, que l'absence même du Journal obligatoire (ce qui est cependant plus grave)
est tolérée la plupart du temps, lorsque tous les autres documents ou
Livres auxiliaires du Commerçant sont régulièrement tenus, à moins
qu'il ne s'agisse d'une maison ou société représentant des intérêts
nombreux, dans quels cas la loi est rigoureusement appliquée, malgré
son efficacité à empêcher la fraude et la duplicité.

Je conclus donc en émettant l'avis que l'obligation du paraphe
sur le Livre-Journal est inutile et sans effet; que, de plus, le Journal
lui-même n'est pas absolument obligatoire s'il est remplacé par d'autres Livres atteignant le même but et donnant les mêmes résultats,
puisqu'il n'est qu'une compilation des autres et non la source des documents servant à établir la situation du Commerçant, qui est *l'esprit
de la loi,*

A la suite de cet intéressant débat sur la question légale le Comité a cru devoir ajourner sa décision sur la proposition de modification de l'article 8, modification visant la pluralité *facultative* des
Livres-Journaux, présentée par M. Beauchery au cours de ses observations, à laquelle M. Gagey s'est rallié en déposant une proposition
de vote dans ce sens.

VI

Etudes sur les principes fondamentaux de la comptabilité
Questionnaire

Le Comité d'initiative, après s'être livré pendant plusieurs mois à une étude rétrospective sur la matière et à une discussion générale sur l'ensemble de la question, discussion dans laquelle les articles 8 à 17 ont été tour à tour commentés en tous sens, et dont l'UNITÉ *du Livre-Journal* et son importance légale actuelle forment le point central le plus vivement discuté et le plus controversé ; le Comité, disons-nous, comprit qu'il ne pouvait, sinon résoudre le problème, du moins faire connaître son opinion et indiquer ses tendances d'une façon suffisamment claire et précise, qu'en organisant ses travaux sur une nouvelle base.

Au début de ses études, suivant d'ailleurs l'impulsion première donnée aux débats par M. Beauchery, alors président, ce Comité avait paru devoir se renfermer étroitement dans l'examen sérieux et approfondi de tous les ouvrages qui lui avaient été soumis ou qu'il aurait cru devoir se procurer.

Mais, en raison du développement considérable donné à la discussion, il sentit bientôt la nécessité d'agrandir son horizon et de faire une œuvre sérieuse, dégagée de toute espèce de considération personnelle.

Le Comité résolut alors d'aborder l'étude des principes au moyen d'un Questionnaire, dont il confia la rédaction à une Commission spéciale prise dans son sein.

Nous allons reproduire successivement toutes les réponses qui ont été faites aux questions posées.

Mais nous devons, auparavant, publier la proposition présentée par notre sympathique collègue M. Bonnaud, traçant un canevas des travaux de la Commission du Questionnaire, laquelle proposition contient nombre de considérants dignes du plus grand intérêt.

Indications relatives au Questionnaire à établir et à débattre présentées par M. Bonnaud.

DÉFINITION

I. COMPTABILITÉ. — C'est la science qui a pour objet d'établir la statistique des quantités ou des valeurs formant le capital de l'industriel, du commerçant, du financier, etc.; de consigner avec coordination le mouvement successif des divers éléments qui concourent à l'action de l'échange ou de la transformation, de manière à pouvoir présenter rapidement, soit sous un point de vue d'ensemble, leurs situations respectives, ainsi que celles des correspondants; soit sous un point de vue particulier, l'état de chaque compte; enfin de déduire le résultat des opérations auxquelles ce mouvement a donné lieu.

PRINCIPES. — THÉORIE. — SYSTÈME

II. BALANCE. — Équation ou dualité des articles. C'est le fondement de toute vraie comptabilité.

III. — PARTIE SIMPLE. — Système incomplet, faux par conséquent, dans lequel on négligeait d'utiliser les comptes dits généraux, ce qui, à défaut de balance, empêchait tout contrôle sérieux.

IV. PARTIE DOUBLE. — Vraie, — *et seule vraie,* — *en tant que système* basé sur le caractère de réciprocité des opérations, et formant contrôle par la balance qui doit en résulter; abusive quant à l'application qui en a été faite pendant longtemps comme méthode, notamment à cause de ses répétitions ou transcriptions inutiles, de ses formules tout aussi superflues, de la méconnaissance du salutaire principe de la division du travail.

MÉTHODES. — PROCÉDÉS. — ART

S'il n'y a ou ne peut y avoir qu'un seul système, il y a plusieurs méthodes ou procédés d'application, qui ont varié dans la pratique, suivant la nature de la comptabilité à tenir, l'importance des opérations à consigner, mais qui tendent de plus en plus à s'unifier, dans une large mesure, par la simplification des rouages.

V. Méthode élémentaire. — Celle qui consiste à écriturer isolément les articles de forme double. — Ne peut guère être utilisée que comme démonstration pour l'enseignement rudimentaire.

VI. Méthode abrégée. — C'est-à-dire abrégée comparativement à la méthode élémentaire ci-dessus mentionnée, sur laquelle elle est en progrès. Elle se tient en articles résumés par nature de comptes généraux. soit par jour, soit par semaine. soit par mois, etc. Mais elle suppose un Brouillard (brouillard, mémorial, main-courante), ou des registres spéciaux sur lesquels a lieu le premier jet des écritures, qu'elle ne fait que récapituler au Journal.

VII. Méthode américaine ou du journal-grand-livre. — Consiste à reproduire sur la page droite du Journal les sommes de gauche, en les distribuant dans autant de colonnes. *débit* et *crédit*, qu'il y a de principaux comptes généraux, plus une, destinée aux comptes correspondants, etc. Ce procédé, adopté par quelques-uns comme une amélioration sur ce qu'on peut appeler maintenant l'ancienne partie double, est à peu près abandonnée dans cette forme, c'est-à-dire pour le Journal général, soit à cause de l'insuffisante division des colonnes, soit à cause du travail fastidieux des additions, multipliées sans grande utilité pratique. Mais il peut être appliqué avec avantage aux Journaux spéciaux (à quelques-uns, du moins), tenus d'après la méthode directe dont il est question ci-après.

(A suivre.)   A. Gagey.

Paris. — Imprimerie E. Perreau, 58, rue Grenéta.

DE L'UNIFICATION DE LA COMPTABILITÉ

RÉSUMÉ DES TRAVAUX

COMITÉ D'INITIATIVE D'UN PROJET DE CONGRÈS DES COMPTABLES

V

De la tenue du Livre-Journal au point de vue légal; de la Cote, du Paraphe et du Visa des Livres de Commerce

VIII. MÉTHODE DIRECTE

C'est l'utilisation, comme Journaux particuliers et dans la forme convenable, des livres dits jusqu'ici auxiliaires, dont l'ensemble forme le Journal général, ou plutôt c'est ce livre même, partagé en sections correspondant à la division générale de la comptabilité établie d'après cette donnée.

Cette quatrième méthode, simple, rationnelle, qui réduit la comptabilité à sa plus brève expression, permet de consulter avec la plus grande facilité tous les détails sur les livres premiers transformés en Journaux, et en même temps de simplifier le jeu des principaux comptes généraux, avec lesquels ces livres se trouvent identifiés.

Naturellement, le report des comptes personnels et des comptes d'ordre au Grand-Livre ou aux Comptes-Courants se fait directement article par article. En ce qui concerne les totaux, généralement mensuels, qui contre-balancent tous les comptes particuliers compris dans la période, leur report peut être facultatif; il est néanmoins préférable de les faire figurer au Grand-Livre, comme mesure d'ensemble.

PRESCRIPTIONS LÉGALES

IX. — CONFORMITÉ DE LA MÉTHODE DIRECTE AVEC LA LOI

L'apparente contradiction qui existe entre la méthode directe, basée sur la tenue de plusieurs Journaux, et l'article 8 du Code commerce, qui stipule l'obligation d'un Journal, cette prétendue opposition se dissipe au premier examen sérieux du titre II, pris dans sa totalité. Et, d'ailleurs, l'impossibilité d'un véritable Journal unique dans la plupart des maisons est tellement évidente, que si la prescription de la loi allait jusqu'à exclure l'usage du Journal multiple, elle devrait être considérée comme tombée en désuétude, plus encore que la formalité de la cote, du visa et du paraphe, ce monument de ridicule méfiance, si éloigné des mœurs de notre époque.

DÉNOMINATION PROFESSIONNELLE

X. — COMPTABLE. — TENEUR DE LIVRES

La distinction qu'on a cherché à établir entre *comptable* et *teneur de livres* ne repose sur aucune explication valable. En l'espèce, organiser et tenir des *comptes* ou des *livres*, n'est-ce pas exactement la même chose? C'est indubitable, puisque l'une ou l'autre de ces deux dénominations implique la connaissance et la pratique de la comptabilité générale, sans pouvoir être appliqué à l'agent dont le savoir ou l'occupation ne se rapporte qu'à un travail partiel si important qu'il soit.

Pour simplifier, donnons la préférence à la qualification de comptable.

La proposition de notre collègue, M. Bonnaud ne fut pas prise en considération par la Commission du Questionnaire, qui, tout en reconnaissant la valeur des arguments présentés par l'orateur, préféra se renfermer purement et simplement dans le mandat qu'elle avait reçu du Comité d'initiative ; à savoir : la rédaction de questions à poser au groupe, à titre d'études et de travaux préparatoires.

Ces questions furent successivement soumises à l'approbation du Comité, réuni en séance, et il fut convenu que chacun de ses membres aurait le devoir d'y répondre par écrit, afin de conserver autant que possible dans les archives de la corporation la mémoire impérissable de nos premières tentatives de progrès dans notre science professionnelle.

Voici la nomenclature de ces questions :

1° Qu'est-ce que la Comptabilité ?

2° Peut-on arriver à l'Unification de la Comptabilité ? Si oui, sur quelles bases pourrait-on l'établir ?

3° Sur quelles bases doit-on établir la Comptabilité ?

4° Quel rôle joue ou doit jouer la pièce justificative au point de vue comptable, et quels sont les moyens pratiques d'en généraliser l'emploi.

5° Quelle est la manière équitable et vraie de dresser l'inventaire, et comment doit-on établir l'évaluation ?

6° Comment doit-on présenter le Bilan ?

7° Y a-t-il lieu de provoquer des réformes légales concernant la Comptabilité ? Si oui, quelles sont-elles ?

8° Y a-t-il lieu de provoquer des réformes dans l'application des principes ? Si oui, quelles sont-elles ?

Les réponses ne se firent pas attendre ; elles nous parvinrent bientôt de tous les points de la France et même de l'étranger, notamment de l'Italie.

En voici la réproduction *in extenso.*

RÉPONSES A LA PREMIÈRE QUESTION

Qu'est-ce que la Comptabilité?

M. P....

Au sujet de la définition de la comptabilité, j'estime qu'il faut :

1° Que cette définition, sans être trop longue, embrasse néanmoins *tout le sujet*, mais *rien que le sujet*;

2° Qu'elle puisse convenir au commerce, à l'industrie et à *toutes les administrations*;

3° Qu'elle vise d'abord *le but à atteindre*;

4° Enfin qu'elle vise également *les moyens* à employer pour atteindre ce but.

PROJET DE DÉFINITION

La Comptabilité est une science qui a pour but de mettre jour par jour en évidence les modifications apportées au capital par suite des opérations effectuées, en tenant écritures de ces opérations dans un ordre méthodique en conformité avec la loi et de manière à donner constamment, avec la situation, la balance des comptes.

M. GAGEY

La Comptabilité est la science des comptes, comme l'arithmétique, dont elle découle, est la science des nombres.

La Comptabilité, prise dans un sens général, doit se diviser en deux parties bien distinctes, quoique connexes, qui sont:

1° La Comptabilité proprement dite;

2° La tenue des livres.

1. *La Comptabilité proprement dite* comprend principalement

l'ensemble de l'organisation, de la direction, du contrôle et de la centralisation des services administratifs de toute exploitation quelconque, ou de toute administration publique, de l'Etat ou autre, au point de vue comptable.

La Comptabilité doit s'entendre encore, des calculs, de la **vérification**, de la détermination et de la réduction arithmétique des opérations effectuées ou à effectuer, qu'elle a mission de constater et de contrôler

2. *La tenue des livres*, au contraire, est l'art d'inscrire toutes les opérations déterminées par la Comptabilité sur des registres dont la forme et la tenue sont consacrées par l'usage et la méthode, et qui sont le plus souvent créés d'après les besoins, l'intelligence et l'expérience du comptable.

Il résulte des définitions qui précèdent qu'il y a une différence assez sensible entre la Comptabilité et la tenue des livres, partant entre le comptable et le teneur des livres, c'est-à-dire entre l'esprit qui conçoit et qui dirige et la main qui exécute.

En effet, il suffit, pour être un bon teneur de livres, de posséder à fond la connaissance des principes méthodiques ; mais, pour faire un bon comptable, il faut ajouter à ces connaisances pratiques l'esprit d'initiative, la compétence et l'expérience indispensables à un bon administrateur.

Le comptable donne en outre, aux travaux qu'il dirige, un caractère véritablement artistique, par le groupement intelligent des chiffres, dans l'établissement des tableaux synoptiques ou récapitulatifs, destinés à présenter la situation générale au point de vue d'ensemble, et par l'établissement régulier des tableaux de classification générale dans la Comptabilité qu'il organise.

La résolution de cette première question m'en suggère une deuxième, que je crois devoir placer avant la seconde posée par la commission du questionnaire.

Voici quel est cette question :

Qu'est-ce que l'unification de la Comptabilité ?

Par l'UNIFICATION DE LA COMPTABILITÉ, il faut entendre la démarcation des principes généraux et fondamentaux de la science professionnelle, lesquels principes doivent présider à l'établissement et au fonctionnement immuable de toute administration régulière.

On est forcément amené à se poser cette autre question :

Quels sont donc ces principes ?

Il serait trop long de les énumérer ici; je ne le puis pas en ce moment et je ne le dois pas non plus, car ce serait empiéter sur les droits et les devoirs de la commission du questionnaire, qui à la mission de diriger nos études sur ce point.

Permettez-moi seulement un exemple pour bien faire comprendre ma pensée.

Nous sommes dans le vif de la question.

Exemple :

Toute écriture quelconque, passée sur tel registre employé, doit-elle être, DANS TOUS LES CAS, *accompagnée d'une pièce comptable à l'appui ?*

Voilà une véritable question de principe général et fondamental, dégagée de toute espèce de considération méthodique.

Je n'ai pas, je le répète, à résoudre ici cette question, la solution en sera donnée, comme à toutes autres, en son temps et à son heure.

J'ai seulement voulu faire comprendre ce que j'entendais par principes généraux et fondamentaux de comptabilité.

M. BAUDRAN

La comptabilité est la science des comptes ; elle est aussi l'art de réunir et de grouper les chiffres établissant l'origine et la transformation du *capital*, le mouvement et l'état des valeurs, la situation des comptes particuliers, l'ensemble des frais et dépenses et le résultat des opérations du commerçant.

M. Achille LE DUC, de Puteaux (Seine).

La comptabilité est l'art de régler et d'établir sur des registres spéciaux les écritures d'une maison de commerce, d'industrie ou de banque. En un mot, la comptabilité est l'ensemble des livres et des comptes non-seulement de *toutes* les administrations, mais aussi du commerce en général.

La comptabilité est donc *indispensable* pour connaître le résultat réel ou définitif de quelque genre d'exploitation ou d'opération que ce soit.

A la nécessité d'avoir des écritures *très régulièrement* tenues s'ajoute l'obéissance à la loi qui oblige tout commerçant à avoir des livres présentant, jour par jour, la *parfaite exactitude* de *toutes* ses opérations.

M. ROURA, de Marseille (Bouches-du-Rhône).

La comptabilité est, en général, l'art de rendre les comptes sous des formes claires et abréviatives et suivant des méthodes connues.

On peut diviser la comptabilité en deux branches : la comptabilité administrative et la comptabilité commerciale.

La comptabilité administrative n'est soumise à aucune règle précise, sa base doit être la clarté et la simplicité.

La comptabilité commerciale comprend trois branches :

La branche commerciale ;
La branche industrielle ;
La branche agricole.

La tenue des livres en partie double est la méthode qui s'adapte le mieux pour obtenir la clarté, la célérité et le contrôle des écritures.

M. Lefebvre

La comptabilité est l'art de tenir des comptes en règle, de dresser un budget, de faire un compte de revient, etc.

Par extension, la tenue de livres est aussi de la comptabilité ; car elle n'est autre chose que le relevé des comptes et des opérations commerciales, industrielles ou de change. Elle seule fait connaître le résultat final par le bilan.

Si la comptabilité est la science du calcul, la tenue de livres est la transcription des faits accomplis.

M. Lamy

Au point de vue général, la comptabilité est l'art de classer et d'enregistrer la valeur des produits pour indiquer leur emploi et fixer leur plus-value.

Les produits peuvent se classer en produits moraux, scientifiques et matériels. Leur évaluation générale et particulière peut toujours se chiffrer directement ou indirectement. La comptabilité constate aussi leurs progrès et leurs développements. L'ensemble de ces produits, dans le présent, constitue, par rapport au passé, la plus-value du perfectionnement et de la richesse.

La comptabilité fixe les intérêts et les rapports des hommes entre eux.

Elle seule peut déterminer d'une façon équitable et précise la répartition à faire entre le capital et le travail de la plus-value produite en commun par ces deux facteurs.

Elle seule, en un mot, sert de base à toute administration. Par conséquent, une bonne comptabilité est la base d'une bonne administration, comme une bonne administration est la base d'une bonne politique.

(A suivre.) A. Gagey.

Paris. — Imprimerie E. Perreau, 58, rue Greneta.

DE L'UNIFICATION DE LA COMPTABILITÉ

RÉSUMÉ DES TRAVAUX

DU

COMITÉ D'INITIATIVE D'UN PROJET DE CONGRÈS DES COMPTABLES

RÉPONSES A LA PREMIÈRE QUESTION

Qu'est-ce que la Comptabilité?

M. Lamy (*suite*)

Au point de vue particulier du commerce et de l'industrie, la comptabilité est l'art d'enregistrer méthodiquement, et dans un ordre chronologique, les opérations qui se classent dans des comptes pour déterminer en dernier lieu la plus-value ou la moins-value à porter au capital.

Cet enregistrement est indispensable au commerçant pour bien connaître ses affaires et entretenir de bons rapports avec ses correspondants.

La comptabilité est une science quand le classement est fait avec ordre et méthode, et que, depuis la première jusqu'à la dernière, les opérations, justifiées par des pièces, permettent de suivre, sans en omettre aucune, les transformations diverses et successives du capital.

Elle devient un art, quand le groupement des comptes et la

12ᵉ FASCICULE.

classification des chiffres qui les composent font ressortir avec certitude et clarté la direction bonne ou mauvaise d'une administration en en présentant le résultat.

Elle doit avoir pour but d'éclairer et de guider le commerçant dans la direction de ses affaires.

Elle doit être, par conséquent, sincère, complète et aussi détaillée que possible dans ses écritures premières, à moins que le détail ne soit contenu dans la pièce justificative qui doit toujours être conservée, et la division des comptes doit être établie avec méthode, de manière à faciliter les groupements, les classements et les catégories pour pouvoir dresser promptement des tableaux synoptiques et statistiques.

Enfin, la comptabilité étant l'art d'administrer correctement, elle doit prouver l'intégrité du commerçant dans ses rapports avec les tiers.

M. BONNAUD

La comptabilité est la science qui a pour objet :

1° D'établir la statistique des quantités ou des valeurs formant le capital de l'industriel, du commerçant, du financier, etc. ;

2° De consigner, avec coordination, le mouvement successif des divers éléments qui concourent à l'action de l'échange ou de la transformation, de manière à pouvoir présenter rapidement, soit sous un point de vue d'ensemble, leurs situations respectives, ainsi que celle des correspondants, soit sous un point de vue particulier, l'état de chaque compte ;

3° Enfin, de déduire le résultat des opérations auxquelles ce mouvement a donné lieu.

M. GOLDSCHMIDT

La comptabilité est la science de la conception des comptes, de leurs attributions ou destinations et de leur classification.

La comptabilité est le thermomètre du négociant, elle lui indique aussi souvent qu'il le désire la situation de son capital et de ses affaires, ainsi que l'état de ses rapports avec ses correspondants.

Une bonne comptabilité est la sauvegarde des intérêts de chacun et, par conséquent, un sûr garant de la fortune publique.

Bien des désastres auraient pu être évités si toutes les maisons de commerce et de banque avaient eu des livres régulièrement et consciencieusement tenus.

Pour engager le petit et le moyen commerce à tenir une comptabilité régulière, il faudrait lui donner un mode simple et facile, sans toutefois que le caractère de clarté et de précision eût à en souffrir.

M. GROS

La comptabilité est la science des comptes, c'est-à-dire l'organisation et la gestion des comptes d'une maison de commerce, de banque, d'administration et de fabrique.

La tenue des livres (partie pratique de la comptabilité) est l'art de décrire, sur des registres appropriés, toutes les opérations commerciales ou administratives, d'une manière claire et succincte, qui permette de pouvoir instantanément se rendre compte de *tout* ce qu'on désire

Une bonne tenue des livres doit être basée sur la *dualité*; c'est-à-dire que toutes opérations se composant d'un *Doit* et d'un *Avoir*, d'une *Entrée* et d'une *Sortie*, sont *doubles* et opposent un contrôle incessant qui en donne le raisonnement et la preuve.

M. VAUDIER

La Comptabilité est le corollaire des opérations commerciales faites par un commerçant, une société, etc.. etc.

Elle est le moyen évident pour tout commerçant de se rendre compte, chaque année, de l'état de ses affaires, pour savoir s'il y a bénéfice ou perte; et d'arriver à prouver à ses créanciers qu'il n'a pas prévariqué et que le résultat de ses pertes. s'il y en a, n'a été que la suite d'opérations malheureuses.

A ce titre, la Comptabilité est une question précieuse pour le commerce et l'industrie, parce que sans elle tout commerce honnête devient impossible et que tout commerçant pourrait arguer des pertes qui n'existeraient pas.

Il ne peut donc pas y avoir de commerce réel et sérieux sans comptabilité.

M. Géat, de Ville-sur-Saulx (Meuse)

La Comptabilité est une science qui a pour objet de **reproduire** d'une manière très scrupuleuse les opérations d'une maison de commerce et qui permet au commerçant de connaître. quand il le juge à propos, la situation exacte de ses affaires. Elle est l'âme du commerce et sans elle que ferions-nous? et où irions-nous? Nous ne pourrions rien, car c'est elle qui, par son organisation et sa clarté dirige nos opérations et nous conseille ou nous arrête dans nos affaires.

M. J. Badoux

Avant de demander : qu'est-ce que la Comptabilité ? on aurait dû adresser cette question : qu'est-ce que le Commerce?

Sur la définition donnée à ce terme, on serait forcément venu à s'adresser, entr'autres questions, celle-ci : qu'est-ce que la Comptabilité.

Le Commerce étant, à un point de vue, comparé à un voyage d'exploration, quatre conditions sont essentielles pour que le voyage puisse produire les résultats attendus :

1° Un bon navire solidement construit   *Capital ;*
2° Un bon capitaine. . . , ...   *Chef de maison;*
3° Une bonne boussole. . . . .   *La Comptabilité;*
4° Un bon équipage . . . .   *Les Employés.*

La *Comptabilité* est donc la *boussole* du commerçant.

De cette définition, qui n'est pas académique, puisque je ne considère pas la comptabilité comme une science, il s'ouvre naturellement un champ très vaste d'études intéressantes, que je voudrais pouvoir traiter si le temps me le permettait.

En d'autres termes, au point de vue pratique, la comptabilité est l'histoire détaillée, au jour le jour, d'une maison commerciale.

Pour que le capitaine puisse s'orienter selon son histoire, il faut qu'elle soit écrite avec simplicité de langage, avec une grande clarté dans l'énonciation des faits et qu'elle renferme, comme classés dans des compartiments, tout, jusqu'aux plus petits détails de son commerce.

M. Emmanuel Pisani, professeur de Comptabilité
à l'Institut Royal de Modica (Sicile)

La Comptabilité, cette branche de la science de l'administration, a pour but l'exposition des faits administratifs, de sorte qu'on puisse connaître, à tout moment, les conditions de « *l'Asienda* » mettant en rapport l'état primitif du patrimoine, les modifications subies pendant la gestion et les résultats finals.

M. A^{te} Perdreau, de Lille

A la première question. *Qu'est-ce que la Comptabilité?* Je réponds ceci : Elle n'est pas une science dans l'application pratique qui en a été presque généralement faite jusqu'à présent, mais elle devra l'être, et l'est déjà, si nous prenons à part ce que renferme de vrai et de logique les œuvres de nos divers auteurs contemporains qui ont traité de la science des comptes, de la tenue des livres, tous sont à citer, depuis de La Porte 1793, Bouché, 1806, Desplanques, Monginot, Valentin Poitrat, Pigier, Auguste Beauchery, Vannier, Wargnies, Hulot et P. Paquier et tous nos auteurs, italiens, hollandais : ces derniers depuis 1700 n'ont cessé d'apporter à l'œuvre commune leur contingent de lumières, et combien d'autres j'oublie.

P. C. L. Vautro (1829. Œuvres traduites de l'Anglais et de l'Alle-

mand.) conclue, en disant : « Malgré Nepper, Descartes, Lebnitz.
« Newton et tant d'autres grands hommes qui ont reculé d'autant les
« limites des sciences, la Tenue des Livres est encore de nos jours
« (1829) dans les tombeaux du seizième siècle, exhumée de temps en
« temps par de scrupuleux antiquaires qui tremblent d'en altérer ou
« l'esprit ou la forme, et même les fragiles dépouilles de son cadavre
« en squelette. »

Dix lustres ont passé depuis et cet état de chose n'est pas assez
sensiblement modifié. La comptabilité sera une science quand sa reconnaissance en sera faite officiellement par le concours de tous les
auteurs et de tous les comptables, mais sans parti pris ; il faut qu'elle
soit appuyée, *édifiée*, sur une base solide, résultant de raisonnements
logiques indiscutables; que, bien mieux que l'arithmétique qui dit que
2 et 2 font 4, elle prouve, elle la science nouvelle, que 2 volumes et 2
encriers, ne font ni 4 volumes ni 4 encriers.

En un mot, il faut pour trouver la science, démontrer, analyser les
éléments qui concourent à son existence, connaître les liens qui les
unissent entre eux, pour au besoin les séparer, connaître la règle de
la dualité qui les réunit en un tout ; les éléments qui constituent une
science, sont, pour l'Arithmétique et pour la Géométrie, au nombre
de quatre.

L'Arithmétique a ses quatre règles : addition, multiplication, soustraction, division.

La Géométrie a ses quatre bases : le point, la ligne, la surface, le
cube.

La Comptabilité, elle, a aussi : le doit, l'avoir, l'entrée, la sortie.

Le *doit* et l'*avoir* pour les personnes. L'*entrée* et la *sortie* pour les
choses. L'équilibre raisonné et mathématique de l'avoir et du doit des
comptes des personnes, se contrôle par celui de l'avoir et du doit de
l'entrée et de la sortie, constatés sur les livres des choses. Au figuré,
c'est une balance à deux plateaux : dans l'un, les choses (leur valeur
chiffrée), entrée et sortie; dans l'autre, le compte des personnes (leur
valeur chiffrée), débit et crédit, et la différence entre les entrées

et les sorties d'une part, doit être égale à celle existante entre les débits et les crédits d'une autre part. Equilibre, égalité, justice, par la dualité différentielle que forme la balance mathématique, raisonnée et comptable de tous les faits *commerciaux*, de tous les actes des *commerçants*, qu'il ne faut pas confondre à l'avenir.

Ceci est très bien démontré dans la *Révolution dans la comptabilité*, par A. Bauchery, tenue de livres que j'ai appliquée depuis 1867, 1er janvier.

La comptabilité est une science, elle a sa logicité dans son application par la tenue des livres, à laquelle elle est liée; un teneur de livres ne doit pas plus ignorer cette science, qu'un arpenteur ignorer la géométrie.

L'électricité et la vapeur appliquées aux arts, aux sciences et à nos transports, nous convient à une réforme urgente; il nous faut, par la promptitude des écritures, rivaliser avec les pays d'outre-mer.

La comptabilité est en tout, elle s'étend des plus petits aux plus grands et dans tous les actes de notre organisation sociale.

M. VOULLAND, de Montpellier

L'ensemble des comptes d'une maison de commerce et l'art de les établir se nomme COMPTABILITÉ.

La Comptabilité a pour objet :

1° De mentionner sur des livres spéciaux les opérations commerciales de toute nature;

2° De déterminer d'une manière rigoureusement exacte le résultat de ces opérations, soit le *profit* ou la *perte;*

3° De donner, à un moment déterminé, l'état non moins rigoureusement exact, des créances *actives* et *passives;* et, par suite, la *situation générale* d'un commerçant.

La Comptabilité a pour base la science du calcul.

Tous les arts dérivent d'une science qui leur sert de fondement ou de base et se subdivisent en *théorie* et en *pratique*.

La théorie enseigne les principes invariables donnés par la science ; la pratique, les moyens de les mettre en œuvre.

La preuve mathématique de l'exactitude de la méthode des *parties doubles* (concordance des additions du journal avec celles du grand livre) doit la faire adopter comme *théorie de la Comptabilité*.

Toute autre méthode, basée sur des principes différents, ne pourrait prévaloir, parce que, dès que la vraie route est trouvée, on ne peut que se fourvoyer en s'en écartant.

Des moyens plus ou moins ingénieux, peuvent être imaginés pour mettre les principes en évidence; la *forme* est susceptible de modification; mais, les principes eux-mêmes, le *fond* est inaltérable.

M. François, de Lyon

On peut définir la Comptabilité : une science qui enseigne à établir, suivant des principes généraux, communs à toutes les industries, les livres et comptes nécessaires à une industrie déterminée ; et, à extraire des documents, se rapportant à cette industrie, ce qui est utile pour arriver à une situation exacte à tous les points de vue.

M. Guillay, de Tours

La Comptabilité n'est autre chose que le compte-rendu du mouvement des biens, meubles et immeubles qui ont cours dans nos sociétés.

Ces biens meubles et immeubles ont un auteur commun et universel qui représente leur valeur, c'est le capital.

Sans le capital, hélas ! nul ne peut posséder ni biens meubles, ni biens immeubles !

De nos jours, le capital a ses temples, où l'on trafique sur la variation des monnaies, de l'escompte, etc. Dans un passé bien reculé, il a eu ces adorateurs; nous en parlerons plus tard.

(A suivre.)   A. GAGEY.

Publié par la Revue de la Comptabilité, 7, *rue Barbette, Paris.*

Paris. — Imprimerie E. Perreau, 58, rue Grenéta.

DE L'UNIFICATION DE LA COMPTABILITÉ

RÉSUMÉ DES TRAVAUX

DU

COMITÉ D'INITIATIVE D'UN PROJET DE CONGRÈS DES COMPTABLES

RÉPONSES A LA DEUXIÈME QUESTION

Peut-on arriver à l'Unification de la Comptabilité ?

Si oui, sur quelles bases pourrait-on l'établir ?

M. PERROT

Pour résoudre le problème de l'Unification de la Comptabilité il faut bien se pénétrer de cette vérité, que la Comptabilité est une science qui a beaucoup d'analogie avec la science de la mécanique.

En effet, Messieurs, toutes ces machines dues au génie des inventeurs et qui produisent tant de merveilles si différentes les unes des autres, objet de notre admiration, ne sont-elles pas conçues d'après certaines règles qui leur sont communes? Toutes ne sont-elles pas munies d'une roue motrice qui commande le mouvement à la machine tout entière? Chacune d'elles ne possède-t-elle pas un Balancier ou régulateur qui en règle les mouvements?

Mais aussi toutes ces machines diffèrent entre elles dans les détails de leur construction suivant les produits qu'elles doivent mettre au jour.

La Comptabilité, Messieurs, est aussi un mécanisme qui a sa force motrice, laquelle est l'intelligence du Comptable ; elle a également sa roue motrice qui commande le mouvement à tout le mécanisme, c'est le Journal, enfin elle a son Balancier ou régulateur qui doit fonctionner sans interruption tant que la machine est en mouvement.

Comme tout mécanisme, la Comptabilité doit différer dans les détails de son organisation selon que l'on doit l'appliquer à tel ou tel commerce, à telle ou telle industrie, à telle ou telle administration, ainsi que l'a fort bien écrit notre honorable collègue M. Léautey, dans son article inséré dans l'*Evénement* du 11 octobre dernier; mais il n'en est pas moins vrai que pour tous les cas, il existe une base immuable et commune à tous, de laquelle on ne peut pas impunément s'écarter.

Cette base se compose de trois éléments indispensables qui sont : le Journal, le Grand-Livre et la Balance.

Pour mener à bonne fin la tâche si utile que nous avons entreprise, toute notre attention, Messieurs, doit s'appliquer à bien établir ces trois éléments, qui constituent la base de toute Comptabilité.

Et pour ne pas faire fausse route dans nos recherches, il faut toujours avoir présent à l'esprit que chacun des éléments qui doivent concourir à établir cette base doit présenter par lui-même, sans le secours de l'un ou de l'autre, un caractère d'utilité incontestable, visible à première vue et à un degré égal pour chacun d'eux.

Passons donc en revue, si vous le voulez bien, chacun de ces trois éléments.

Du Journal. — Le Journal unique remplit-il les conditions d'utilité que je viens d'indiquer ? Non, assurément ; c'est notre conviction à tous ou à presque tous, et je craindrais d'abuser de votre patience en perdant mon temps à vous le démontrer.

Comment donc et par quoi remplacer le Journal unique ?

Nos discussions précédentes ont établi avec évidence, je crois, la preuve que la grande majorité d'entre nous est d'avis que le Journal doit être divisé en Journaux spéciaux où les opérations doivent être classées suivant leur nature. J'ajoute, pour mon propre compte, que les totaux quotidiens, débits et crédits, de chacun de ces Journaux spéciaux, où les écritures sont portées en Partie Double, doivent toujours ressortir afin de donner libre jeu au mouvement du *Balancier*. J'emploie à dessein ce terme de mécanique parce qu'il rend nettement ma pensée et qu'il fait fort bien ressortir l'importance que j'attache aux Balances quotidiennes.

Il suffit de fixer un moment son attention sur les Journaux spéciaux, tels que je viens d'essayer de les décrire, pour être convaincu que chacun d'eux possède le caractère d'utilité signalé plus haut.

Passons au second des éléments qui constituent la base de l'Unification de la comptabilité.

Du Grand-Livre. — Le Grand-Livre présente-t-il par lui-même un caractère d'utilité incontestable ?

Oui, certainement, et, ainsi que l'a dit M. Cardonnet, c'est dans les conditions actuelles de la Comptabilité, l'élément qui présente le plus haut degré d'utilité, et il ressort de sa démonstration que, sous ce rapport, le Journal unique est loin d'offrir cet avantage.

Le Grand-Livre, néanmoins, peut recevoir quelques perfectionnements ; une innovation heureuse que M. Achille Le Duc a introduite dans sa méthode, et qui consiste à faire ressortir le solde de chaque opération, en ce qui concerne les comptes courants, mérite, à mon avis, d'être recommandée.

De la Balance. — Les Balances périodiques offrent-elles comme les Journaux spéciaux et le Grand-Livre perfectionné ce caractère d'utilité incontestable qu'elles devraient offrir ?

Poser la question, c'est la résoudre. En effet, qu'est-ce que la Balance ? N'est-ce pas le régulateur de tout le mécanisme ? Est-ce que son action peut être un seul instant suspendue ?

Je le demande à tous les Comptables qui sont ici et je voudrais pouvoir m'adresser également à tous ceux du dehors pour leur dire ceci :

Voilà un Teneur de livres qui vient de terminer la Balance arrêtée au dernier jour du mois. Quelque habile que soit ce Teneur de livres on peut bien supposer qu'il a pu mettre au moins deux ou trois jours pour la terminer et peut-être davantage. Cette Balance est juste, mais il n'est pas moins vrai qu'elle ne présente plus la situation actuelle, le mécanisme ayant continué de fonctionner ; cette incertitude sur la situation continuera jusqu'a ce qu'une nouvelle Balance soit établie. De plus, il n'est pas défendu de supposer que cette Balance a fait reconnaître que des erreurs ont été commises ; de là la nécessité de pointer toutes les écritures. Que de temps employé et quel travail pour obtenir un si mince résultat.

Je n'ai pas besoin d'insister davantage devant des Comptables expérimentés comme vous l'êtes, messieurs, pour montrer l'insuffisance des Balances périodiques. D'ailleurs, soyons logiques, les Balances sont-elles, oui ou non, une partie essentielle de la Comptabilité ? Si oui, elles doivent être quotidiennes comme le sont les écritures des journaux spéciaux, comme le sont celles du Grand-Livre, comme le sont toutes les écritures. Établies jour par jour, ces Balances n'exigent qu'un travail minime, et elles offrent au Comptable, en échange de ce travail, une précieuse satisfaction, celle de savoir ses écritures tenues constamment avec la plus parfaite régularité.

Le Négociant y trouve un avantage non moins précieux, celui de pouvoir embrasser d'un coup d'œil, dans un tableau synoptique, le détail et l'ensemble de toutes ses opérations et d'y envisager constamment sa situation.

Résumé. — Les trois sortes d'éléments qui doivent établir la base de l'Unification de la Comptabilité, sont :

1º Les Journaux spéciaux qui donnent le détail, l'ensemble et la situation de chacun des Comptes Généraux ;

2º Le Grand-Livre où se trouve établie la situation de chacun des

Comptes Personnels, et, au moyen d'écritures sommaires, tous les Comptes Généraux.

3° Enfin les Balances quotidiennes cumulées, Carnet du Négociant, vrai tableau synoptique présentant constamment la situation, régulateur des Journaux spéciaux et du Grand-Livre, miroir des affaires toujours utile à consulter par les Chefs de maison, surtout aux époques critiques suivant l'expression de notre confrère M. Blanchard,

J'ai essayé, Messieurs, dans cet exposé, de tracer les grandes lignes de l'Unification de la Comptabilité, C'est en abordant les détails que nous allons mieux être convaincus que nous sommes enfin entrés dans la bonne voie.

M. GAGEY

Je n'hésite pas à répondre, oui l'*Unification de la Comptabilité est possible !* elle est même nécessaire et indispensable.

La tâche est assurément fort lourde et laborieuse, mais plus grand sera l'honneur si nos efforts sont couronnés de succès, et permettez-moi de croire qu'elle n'est pas au-dessus des forces humaines, encore moins de la compétence des Comptables exprimentés qui composent notre groupe.

Mais pour résoudre cette haute question d'intérêt général, qui a su mériter nos sympathies, il faut la dégager des points de détail, abandonner la routine méthodique dans laquelle nous restons stagnants depuis bien des années, et faire planer nos vues au-dessus de la situation actuelle, pour ne nous occuper d'abord que des besoins à satisfaire (et ils sont nombreux), auxquels a donné naissance le développement considérable des affaires, depuis l'apparition des premiers ouvrages règlemantant la science professionnelle, et depuis l'origine de la législation qui régit la matière et qui remonte à l'ordonnance de Colbert.

Il faut donc avant tout procéder à la codification des principes généraux et fondamentaux, par la confection d'un règlement immuable qui puisse servir de base à la méthode.

Assurément, cette codification de principes aura pour conséquence forcée et immédiate, l'*uniformité*, dans la mesure du possible, des principes méthodiques dérivant des premiers qui leur sont supérieurs, de façon à simplifier l'enseignement et la pratique de la Comptabilité et de la Tenue des livres.

Il faut donc nous mettre à l'œuvre, avec dévouement et en hommes convaincus de l'utilité de nos travaux.

Il faut examiner avec soin la situation, les faits accomplis, commenter la loi sur les Livres de commerce, provoquer sa modification là où elle est nécessaire, car la science professionnelle ne peut être en opposition avec la législation qui la régit, afin d'en rendre l'accomplissement facile, sans nuire aux avantages qu'on doit recueillir de son exécution.

M. Baudran

La Comptabilité peut et doit être unifiée en adoptant des principes généraux auxquels peuvent se rattacher les différents modes de Tenue de livres qui varient, s'étendent et se restreignent selon les besoins, les exigences et la nature des affaires.

Ces principes doivent constater :

1° La composition d'un capital quel qu'il soit, sa destination et ses métamorphoses ;

2° L'entrée et la sortie des valeurs qui font naître des dettes et des créances quand les achats et les ventes ne sont pas payées comptant, c'est-à-dire en espèces ;

3° Leur acquittement et leur encaissement ;

4° Le renouvellement des opérations, achats et ventes, les frais généraux de toutes sortes et ceux de ports, droits, manutention de la marchandise, l'acquisition d'outillage, matériel et frais de fabrication ou main-d'œuvre concourant à l'établissement d'un prix de revient ;

5° La constatation du résultat et l'accroissement du capital en fin d'exercice, ou son amoindrissement selon qu'il y a eu gain ou perte;

6° La constitution d'une réserve pour parer aux éventualités et faire retour au capital ou aux intéressés, s'il y a lieu, et selon le cas.

M. Le Duc, de Puteaux

L'Unification de la Comptabilité n'est plus à chercher; le problème a été résolu au treizième siècle et l'honneur en revient aux Italiens, qui, par la découverte de la *partie double*, ont ainsi *unifié* la Comptabilité.

Le vœu de l'*Unification* de la Comptabilité correspondrait au vœu de l'*uniformité* des poids et mesures entre tous les pays, c'est-à-dire qu'il importerait d'avoir une méthode de Comptabilité qui pût être adoptée par tous. Or, il est un principe sur lequel doit reposer la Comptabilité, c'est celui de la Partie Double.

Il s'agirait maintenant de découvrir une méthode en Partie Double qui réunit le suffrage de tous les hommes compétents.

Comparons donc entre elles les méthodes existantes, françaises, anglaises, allemandes, italiennes, américaines, etc., etc.

En conséquence, je renouvelle la déclaration suivante que je fis à notre Comité le 16 juin 1879 :

L'*unique* manière de tenir les livres est la *Partie Double*.

La Partie Double a deux propriétés *essentielles :*

1° De désigner simultanément le compte débiteur et le compte créditeur;

2° De fournir le contrôle *incessant de toutes* les écritures.

Et c'est dans l'*application* RATIONNELLE du système de la *Partie Double* que l'on trouvera les *bases certaines* d'une *bonne* et *définitiv*⁻ méthode de Comptabilité.

Cette application *rationnelle* de la Partie Double est des plus faciles à saisir ; il suffit de poser le principe suivant : *tout Livre produisant des articles de Comptabilité présente* IMPLICITEMENT *ces articles sous la forme de la Partie Double.*

M ROURA, de Marseille (Bouches-du-Rhône)

Avant de pouvoir répondre d'une manière exacte à cette question, il serait nécessaire de bien comprendre la pensée de la circulaire et ce qu'elle entend par Unification.

Nous supposons que l'on n'a ici en vue que la Comptabilité commerciale, industrielle et agricole, car pour ce qui est de la Comptabilité administrative, n'étant elle-même soumise à aucune règle bien définie, il serait simplement oiseux de vouloir imaginer une méthode uniforme.

Nous supposons, en conséquence, que la question peut être présentée sous cette autre forme :

Est-il possible d'adopter pour le commerce et l'industrie un système de Comptabilité unique ?

A cette question, nous répondons : non.

L'Unification dans ce sens entraînerait une nouvelle perturbation dans le monde des affaires et l'essai ne saurait être un bien, car il nous paraît clair, tout d'abord que le résultat serait pleinement négatif.

Nous sommes déjà portés à critiquer les prescriptions du titre II du livre 1er du Code de commerce traitant des Livres de commerce.

L'article 8 a la prétention, lui aussi, de tendre à une unification : « Tout Commerçant, dit-il, est tenu d'avoir un Livre-Journal qui présente, jour par jour, ses dettes actives et passives, les opérations de son commerce, etc., le tout indépendamment des autres Livres usités dans le commerce. »

On voit, en effet, que le législateur commence par indiquer comme obligatoire, l'existence d'un seul livre, le Journal.

(A suivre.)   A. GAGEY.

Publié par la REVUE DE LA COMPTABILITÉ, 7, *rue Barbette, Paris.*

Paris. — Imprimerie E. Perreau, 58, rue Grenéta.

DE L'UNIFICATION DE LA COMPTABILITÉ

RÉSUMÉ DES TRAVAUX

DU

COMITÉ D'INITIATIVE D'UN PROJET DE CONGRÈS DES COMPTABLES

RÉPONSES A LA DEUXIÈME QUESTION

**Peut-on arriver à l'Unification de la Comptabilité ?
Si oui, sur quelles bases pourrait-on l'établir ?**

M. Roura (*Suite*)

Nous ne citons l'exemple de cette disposition du Code de commerce que pour indiquer l'erreur générale de vouloir unifier ; car, pour ce qui est des changements qu'il y aurait lieu d'apporter à la législation, nous sommes en ce moment très sérieusement occupé à approfondir le fond de cette question et nous devons, sous peu, faire paraître un mémoire qui traitera de ces importantes réformes et qui conclura par un projet de loi.

Cependant, pour répondre d'une manière générale à la pensée du Comité d'initiative, nous tenons à nous expliquer sur une certaine unification en vue d'arriver à des règles fixes et invariables pour la pratique de la Comptabilité.

14ᵉ FASCICULE.

Nous déclarons, d'abord, qu'il ne faut point sortir du système de la Partie-Double se résumant par le *Livre-Journal* et le *Grand-Livre* indépendants l'un de l'autre.

Nous avons voulu, poussé par une certaine curiosité, étudier tous ces systèmes plus ou moins heureux, plus ou moins connus, sous des noms plus ou moins exacts et qui, presque tous, de près ou de loin, se rattachent au système américain du Journal-Grand-Livre.

Tous ces systèmes, nous les condamnons comme peu pratiques, manquant de logique, multipliant les écritures, avec la prétention de les abréger, et méritant surtout ce reproche, auquel ils ne pourront jamais se soustraire, de multiplier les méthodes et d'arriver ainsi, dans le but de l'*Unification*, à diviser entre eux les Commerçants et les Industriels.

Il convient de ne pas oublier un point de fait très important : La Comptabilité en partie double localisée dans un Journal et un Grand-Livre indépendants est généralement, adoptée dans l'Europe entière et dans les autres parties du monde qui ont des rapports d'affaires avec notre continent.

Ce système de la Partie Double, représenté par les deux registres en question, est donc aujourd'hui universellement employé.

Nous sommes, par suite, d'avis de ne rien toucher à cette base, et si nous voulons unifier dans le but de simplifier et dans l'intérêt surtout des Commerçants et des Industriels, cela ne peut être que dans les détails.

Nous entendons par *détails* de la Comptabilité en partie double, les Livres *auxiliaires*, lesquels, quoi qu'en dise le Code de commerce, *sont plus nécessaires* au Commerçant que le Livre-Journal, dont l'obligation mal comprise n'est qu'un sujet de fraude pour la plupart de ces hommes malheureux qui sont obligés de déposer leur bilan.

En conséquence, nous émettons notre opinion en déclarant que la Comptabilité *Commerciale, Industrielle et Agricole* doit être invariablement soumise au système de la Partie Double, sur les bases d'un Journal et d'un Grand-Livre indépendants l'un de l'autre.

Que l'on peut arriver à l'unification de la Comptabilité sur les détails ou les Livres auxiliaires en tenant compte des nécessités et des exigences réclamées par chaque catégorie de Commerce et d'Industrie.

Nous ignorons si nous devons, dans cette courte esquisse, entrer dans le vif de la question et indiquer les bases pour la confection et la tenue des livres auxiliaires. Nous craindrions cependant que nos développements manquassent d'opportunité et devinssent stériles par le manque de discussion ; du reste, il conviendrait d'abord de s'entendre sur la liste des catégories des diverses branches, Commerciale, Industrielle et Agricole.

Nous croyons devoir arrêter là notre réponse, déclarant à ceux qui nous ont fait l'honneur de nous consulter, que nous nous mettons entièrement à leur disposition pour étudier avec eux toutes ces diverses questions de comptabilité, auxquelles, depuis de longues années, nous nous sommes exclusivement voué.

M. Lefebvre

La Comptabilité est une et n'a plus à être unifiée ; attendu que, quelles que soient ses nombreuses applications, elle se traduit par un compte qui reçoit ce qu'un ou plusieurs comptes donnent. En d'autres termes, il y a toujours un débit en regard d'un crédit.

Inutile de chercher d'autres formules que celles qui existent, et qui sont aussi claires que possible. Les méthodes seules doivent être unifiées, et avoir pour bases principales :

1° Le respect absolu de la loi ;

2° La clarté et la précision ;

3° Un contrôle prompt et facile.

M. Gros

Une bonne comptabilité ne pouvant être que double pour donner la preuve de sa bonne confection, doit encore, pour satisfaire la loi, être claire et simple et donner sur le Journal un contrôle permanent et une position générale instantanée des mouvements de tous Débits et Crédits, d'Entrées et Sorties.

Malheureusement, aujourd'hui les moyens employés pour faire la comptabilité sont trop abstraits et ne permettent pas d'arriver à la solution désirable.

Selon moi, la Tenue des Livres doit être faite avec des expressions claires, simples, naturelles et faciles à être comprises de tout le monde. Soit :

Doit un Tel, Avoir un Tel ; ou même seulement un Tel (pour Doit) et à un Tel (pour Avoir).

Le Journal, disposé en quatre colonnes, y recevrait les opérations débitrices et créditrices des débiteurs et créditeurs, ainsi que celles d'Entrée et Sortie. Pertes et bénéfices des Comptes Généraux.

Ces quatre colonnes, additionnées chaque jour, donneraient une situation générale des écritures, et leurs totaux devraient être semblables à ceux de la Balance journalière ou mensuelle, à volonté.

Le Journal peut-être fait de plusieurs manières, soit toutes opérations inscrites et détaillées, soit seulement les opérations détaillées des Débiteurs et Créditeurs de Valeurs, laissant sur les Livres auxiliaires, organisés exprès, le détail des écritures des Débiteurs et Créditeurs de Marchandises, souvent composées de plusieurs sujets donnant cours à des répétitions inutiles, surtout dans des maisons importantes, où l'ouvrage est toujours trop lourd, et ne peut souvent être terminé en temps voulu. :

Ces registres auxiliaires qui sont les livres de Caisse et d'Effets, entrés et sortis, seraient additionnés dans leurs opérations dont on en reporterait les montants chaque jour, à la fin de la journée sur le Journal et en bloc.

La Balance journalière, exigible pour la bonne gestion des écritures, est faite par le report des 7 Comptes généraux *Débiteurs, Créditeurs, Marchandises, Effets, Espèces, Frais généraux* et *Pertes et Profits* sur un registre appelé *Livre de contrôles*, ces divers comptes figurent dans les quatre colonnes du Journal; il n'y a qu'à les dépouiller pour faire cette Balance de chaque jour, dont les totaux doivent être en tout semblables à ceux du Journal.

Cette manière de faire les écritures est simple et infaillible en ce que les énoncés sont à la portée de tout le monde et qu'il est impossible d'omettre un contrôle quelconque sans en être averti, même avant de passer les écritures sur le Grand Livre et sur le Livre de contrôles.

D'autres méthodes ou systèmes sont certainement logiques et bons, tels que le système des Journaux auxiliaires, ayant, il est vrai, la qualité d'éviter les répétitions continuelles des écritures au Journal et aux Livres Auxiliaires, mais ayant aussi le défaut de ne pouvoir connaitre si une écriture est passée entièrement, à moins de grande attention et de beaucoup de capacité du Comptable — chose qui, malheureusement, n'arrive pas toujours, ces Journaux auxiliaires étant tenus par des employés souvent peu ferrés sur la Tenue des Livres.

Quand même le Comptable lui-même passerait les écritures sur tous les registres, malgré les points ou remarques qu'il pourrait faire, il ne serait pas plus certain que tout autre.

Ce système a encore du mauvais en ce que les écritures de réglements, passées sur plusieurs Journaux, exigent des raisonnements parfaits; si non, les soldes du Grand-Livre sont très-difficiles à faire.

Pour conclure, je trouve que la loi est sage en exigeant un Journal détaillé de toutes les opérations commerciales, pourvu que l'ouvrage ne nuise pas aux intérêts de la maison qui l'emploie.

S'il en était autrement, il vaudrait mieux prendre le système du détail sur les deux registres Effets à Recevoir et Caisse, sur lesquels on porterait les escomptes, ainsi que cela se fait aujourd'hui dans les maisons importantes, additionner ces deux registres chaque soir et en porter les montants à la fin de la journée sur le Journal.

Je blâme complétement le système des Livres-Journaux, ainsi que je l'ai dit, et suis entièrement de l'avis de notre honoré collègue, M. Léautey, article, 25 août, du Journal *l'Événement.*

M. Geat, de Ville-sur-Saulx (Meuse)

Je crois l'unification de la Comptabilité possible, mais il faudra du temps et travailler beaucoup pour y arriver.

Le moyen que se propose le Comité est excellent; en ce sens qu'il groupera autour de lui toutes les sommités commerciales et en tenant fréquemment des séances qui auront pour objet d'élucider bien des questions restées jusqu'ici dans l'obscurité, on pourra j'en suis certain, arriver à cette unification qui sera l'œuvre du Comité et dont les membres pourront être fiers.

M. Guillay à Tours, répondant aux mêmes questions, renvoie à son livre de Comptabilité, comme répondant de la manière la plus formelle aux questions posées, et ajoute :

« Je n'ai donc plus rien à dire, mon livre a charge et pouvoirs de répondre pour moi. »

«Vous me demandez, si l'unification de la Comptabilité est possible, comment elle peut se faire ?

» Je ne pense pas que l'on doive faire de la Comptabilité un lit de Procuste.

» A part le compte de Capital, qui est l'actif et le passif d'une Maison, et le compte de Caisse, chargé de recevoir et de distribuer le numéraire, tous les autres comptes doivent être abandonnés aux grés et aux besoins de chacun, et certes, la variété du commerce, des industries et des intelligences est grande !

»Attachons-nous aux vrais principes qui, au moyen du Capital et de la double partie du Doit et de l'Avoir, démontrent que la Comptabilité commerciale n'est que la solution du problème d'arithmétique que *chaque Commerçant doit se poser et résoudre* lui-même, sauf les cas fortuits qui anéantissent les fortunes de tous et de chacun.

»Je ne puis, Messieurs, rien de plus. Mon livre, soumis à la discussion dans le journal *le Comptable* m'obligera sans doute à donner des explications.

»Je les donnerai dans la mesure de mes moyens, mais toujours d'après les principes que les grandes Maisons de Commerce et de Finance ont adoptés sans restriction, parce qu'ils sont l'expression de la VÉRITÉ. »

M. BADOUX.

La rectitude nous répond affirmativement et d'autres avant elle l'ont dit.

M. ÉMMANUEL PISANI, professeur de comptabilité
à l'Institut Royal de Modica (Sicile)

On peut parvenir à unifier la Comptabilité sur les bases suivantes :

1° Que l'écriture soit tenue *par balance ;*
2° Que la forme en soit *descreptivo-statistique ;*
3° Que l'on ait une addition de compte *continuelle et synthétique,* qui se rapporte à des tableaux, qui contiennent les *développements analytiques.*

Pour le développement de mes idées, j'envoie au Comité mon livre intitulé :

« *Rendiconto dei fetti amministrativi per bilanci sintetico analitici.*

M. PERDREAU, de Lille

Etant donné que la Comptabilité est une science, elle entraîne avec elle tout naturellement son Unification, mais pour établir cette unification dans l'enseignement, dans la pratique par la Tenue des Livres il faut:

1° Pour l'enseignement, faire reconnaître la science par nos corps académiques, publier des ouvrages classiques, par 1re, 2e, 3e années, faire recommander son enseignement dans toutes nos écoles, depuis celles du hameau jusqu'à celles de la capitale, rendre obligatoire l'instruction comptable pour l'obtention de tous les Brevets, Diplômes, etc..... former des professeurs pour le service de toutes nos écoles industrielles, etc., etc.

2° Pour obtenir l'unification dans la pratique, j'entends dire l'unication du principe scientifique, il faut l'attendre du temps, du progrès qui brisent les routines, il faut encore plus l'attendre du bon vouloir de nos législateurs, qui ont à réformer notre Code de commerce, lequel renferme des articles tous vermoulus et broyés par la locomotive, effacés par la lumière électrique, et qui bientôt seront, tout respectables qu'ils sont, relégués aux greniers des vieilleries sur lesquels, aujourd'hui, vilains et seigneurs marchent à pieds-joints. Tout s'use avec le temps, mais je me plais toujours à reconnaître la prévoyance de notre législation actuelle pour les garanties sociales qu'elle comporte, elle oblige :

Le Commerçant, à avoir son Compte, un livre d'*Inventaire*,

Le Commerce, à avoir son *Journal*.

La Société, elle, a sa *Correspondance* et *le copie de lettres* (GRAND-LIVRE).

Trois livres devant être conservés 10 années, pour au besoin être produits en justice et y faire foi.

M. GOLDSCHMIDT

On peut unifier la Comptabilité dans ses principes généraux, mais je crois qu'on ne l'unifiera jamais jusque dans ses détails.

Les exigences des différents commerces sont trop diverses pour que la même méthode puisse être appliquée à tous.

J'estime que l'on pourrait considérer ce grand problème comme résolu, si tous les négociants avaient les mêmes livres principaux et y passaient leurs différentes opérations d'après une marche qui serait reconnue la seule vraie pour obtenir un résultat clair, concis et complet.

(A suivre.)   A. GAGEY.

Publié par la REVUE DE LA COMPTABILITÉ, 7, *rue Barbette, Paris.*

Paris. — Imprimerie E. Perreau, 58, rue Grenéta.

DE L'UNIFICATION DE LA COMPTABILITÉ

RÉSUMÉ DES TRAVAUX

DU

COMITÉ D'INITIATIVE D'UN PROJET DE CONGRÈS DES COMPTABLES

RÉPONSES A LA DEUXIÈME QUESTION

Peut-on arriver à l'Unification de la Comptabilité ?

Si oui, sur quelles bases pourrait-on l'établir ?

M. GOLSCHMIDT (*suite*).

Ce que je viens de dire vise la théorie plutôt que la pratique, car pour cette dernière il faut compter avec la routine, cette ennemie de tout progrès, et beaucoup de négociants continueront longtemps encore à garder leur ancien système de Comptabilité, quand bien même ils auraient été convaincus de la supériorité d'une méthode nouvelle, leur offrant des avantages sérieux.

Je ne veux pour preuve de la difficulté que l'on a de déraciner des vieux usages que le système décimal et le système métrique qui, malgré les facilités qu'ils donnent aux transactions n'ont pas encore été adoptés par toutes les nations de l'Europe.

15ᵉ FASCICULE.

On ne peut donc espérer que les négociants adhèrent tous à l'idée nouvelle et transforment leurs comptabilités pour adopter un système répondant à tous les besoins et qui, alors, deviendrait unique : lorsque des gouvernements n'ont ou pas voulu ou pas osé prendre une déci-sion qui eût rendu de si grands services à l'État tant dans son commerce intérieur que pour ses relations extérieures.

Je conclus donc à la possibilité de l'unification théorique de la Comptabilité dans ses principes généraux ; les avantages que présentera le système désigné le fera admettre graduellement et, dans un temps plus ou moins long, il sera assez généralement employé pour que l'on puisse dire, une fois de plus, que les exceptions confirment la règle.

M. VOULLAND, de Montpellier.

Les principes sur lesquels est fondé le système des *Parties doubles*, bien que partout les mêmes, sont diversement appliqués par ceux qui le pratiquent.

Pour arriver à l'Unification de la Comptabilité, il faudrait définir ces principes d'une manière précise et claire, ne pouvant donner lieu à des interprétations différentes et en faire découler les opéra'ions commerciales, dans leur ordre logique.

De là naîtrait le classement méthodique des Articles du Journal et des Comptes du Grand-Livre, laissé jusqu'ici à l'arbitraire.

Cette Unification aurait pour avantage de rendre identique la Comptabilité des maisons faisant le même genre d'affaires. De sorte que, les Patrons habitués à lire les Livres de Commerce tenus d'une certaine manière, ne seraient pas tout-à-coup désorientés l'orsqu'ils changeraient de Comptables, et ceux-ci pourraient se suppléer mutuellement sans altérer ni modifier la marche du travail.

M. GUILLAY, de Tours.

Dès l'instant que le Capital est le principe de la possession des biens meubles et immeubles, la Comptabilité se trouve unifiée dans son essence même.

Le Capital représenté par les biens meubles et immeubles est dans un mouvement perpétuel causé par l'échange incessant des valeurs mobilières et immobilières.

M. François, de Lyon.

L'unification de la Comptabilité, considérée comme devant permettre d'établir des comptabilités spéciales, découlant logiquement des mêmes principes, se rattachant toutes à une même loi primordiale, est certainement possible.

Toute Comptabilité rationnelle n'étant que l'application des principes généraux à des cas déterminés, l'élucidation théorique complète de ces principes, doit former la base de la Comptabilité

Il y a donc lieu d'étudier, au point de vue économique, légal et industriel, les questions se rattachant à l'apport des capitaux et à l'utilisation de ces capitaux, faits qui, étant pris dans le sens le plus général, résument les opérations de l'industrie.

L'apport des capitaux donne lieu aux questions d'apports individuels ou sociétaires, sous leurs différentes formes — d'apports dotaux — des emprunts de toute nature et à certains égards des comptes de participation.

L'utilisation des capitaux peut-être envisagée à deux points de vue différents, suivant qu'il s'agit de capitaux immobilisés au mobilisés.

Du premier cas découlent les questions d'immeubles, de machines de navires, d'intérêts ou commandites directes, etc.

Du second cas, les questions : de Marchandises, brutes et ouvrées. — Matériaux. — Valeurs diverses. — Comptes de Personnes — pris dans l'un et l'autre cas ; Salaires, Transports, ou plus simplement Frais Généraux, Bénéfices ou Pertes.

Toutes ces questions peuvent et doivent être résolues théoriquement. Leur application à une industrie conduit ensuite à la recherche de la méthode la plus prompte, la plus simple et la plus exacte, pour obtenir le résultat voulu par la théorie.

RÉPONSES A LA 3ᵉ QUESTION

Sur quelles bases doit-on établir la Comptabilité ?

M. Gagey

Au point de vue général, la Comptabilité doit avoir pour base l'INTÉGRITÉ.

Le qualificatif est universel. Il comprend la *sincérité*, l'*exactitude*, le *contrôle*.

Au point de vue de l'application, la Comptabilité doit avoir pour base l'INVENTAIRE.

L'Inventaire doit être fait au moins une fois par an; il est même préférable de le faire tous les semestres.

Il doit contenir, tant à l'ouverture du commerce, qu'à la clôture des écritures en fin d'exercice, l'énonciation claire et précise de l'universalité des valeurs composant l'*Actif* du commerçant et des dettes ou *Passif*, grévant cet Actif, sans en rien excepter ni réserver.

Au cours des opérations commerciales, toute écriture de commerce doit être justifiée par une pièce régulière et par conséquent indéniable. Nous appelons sur ce dernier point l'attention du Comité d'une façon toute particulière, car c'est là une question très intéressante à résoudre pour atteindre le but que nous poursuivons.

Comment doit être établie cette pièce ?

Quel est le rôle (important selon nous) qu'elle doit jouer dans la Comptabilité ?

Nous attendons que cette question nous soit posée par la Commission du Questionnaire, pour développer notre opinion et y répondre d'une façon précise.

M. Achille Le Duc, de Puteaux (Seine).

La Comptabilité étant l'ensemble des Livres et des Comptes qui *établissent, règlent* et *expliquent* toutes les écritures des diverses opérations commerciales, administratives ou autres, doit être établie sur une *base inébranlable*.

Cette *base* doit s'appuyer sur le système qui donne *un contrôle effectif et incessant* de toutes les opérations.

Le *seul système* qui donne un contrôle effectif et incessant de toutes les opérations, c'est la *Partie double*.

Le *système* de la *Partie double* est donc la *base inébranlable* sur laquelle doit reposer la Comptabilité.

La Tenue des Livres est une branche importante de la *bonne Comptabilité*.

Mais, pour qu'une Comptabilité soit bonne, il faut qu'elle soit *intégrale*.

Or, le *Compte de Revient* est une des parties essentielles de la Comptabilité.

Donc, toute Comptabilité établie sans le concours des Comptes de Revient est une *Comptabilité vicieuse*.

En effet, nul ne peut contester la formule *générale* suivante :

Le prix de revient est la cheville ouvrière de toute entreprise, commerciale, industrielle ou agricole.

Il est indéniable qu'aucune opération ne pourra sérieusement être tentée, sans qu'on ait préalablement établi des Comptes de Revient *bien exacts*; comptes dont les formules *particulières* varient à l'infini.

L'établissement des Comptes de Revient rentre entièrement dans les attributions du Comptable qui, plus que tout autre, doit posséder, et les connaissances pratiques et les matériaux indispensables à la formation de ces sortes de Comptes.

Pour me résumer, je déclare *que l'application du système de la Partie double et l'établissement des Comptes de Revient sont les* véritables *bases de la Comptabilité.*

Voulland de Montpellier (Hérault).

La Comptabilité doit s'établir sur les opérations commerciales qui l'engendrent.

Ces opérations se réduisent :

A *Vendre* et *Acheter.*

A *Recouvrer* et *Payer.*

Les ventes et les achats se pratiquent de trois manières .

Au *Comptant.*

A *Terme déterminé.*

A *Terme indéterminé* ou *Valeur en compte.*

Les recouvrements et les payements s'effectuent de deux manières :

Directement par Caisse.

A distance par Mandats.

Ces données contiennent l'objet et les moyens de la Comptabilité en ajoutant la mise en œuvre et le résultat des opérations commerciales, on possède l'ensemble des comptes nécessaires pour les mentionner, ou la base.

En effet :

A l'*Objet* correspond le compte de *Marchandises Générales.*

Aux *Moyens* : *Caisse.*

    »   ·   *Effets à Recevoir.*

    »   »   *Effets à Payer.*

    »   ·   *Personnel.*

A la *Mise en œuvre et résultats* : { *Frais Généraux.* *Profits et Pertes.* *Capital.*

M. Guillay de Tours.

Le Capital se transforme en biens meubles et immeubles; il crée un actif, il en reste donc créancier sous le nom de passif, *en la personne de son heureux possesseur,* jusqu'à ce que les mêmes meubles et immeubles soient de nouveau convertis en Capital. Dans la vie privée, les biens meubles et immeubles doivent, par leur location, donner un revenu qui puisse faire vivre le possesseur, ou bien tous les jours ce dernier vivrait de son Capital dont la fin serait marquée d'avance. Dans la vie commerciale, c'est le Capital même, transformé en objets d'un trafic quelconque qui laisse à celui qui le fournit des bénéfices ou des pertes.

La base de la Comptabilité a donc une pierre fondamentale et universelle, le *Capital*. Le mouvement de ce dernier, nous ne saurions trop le redire, crée à chaque instant un actif et un passif dont l'existence et la constatation sont indivisibles. En conséquence, l'unification de la Comptabilité et de ses Comptes, ne sont point une invention moderne. Elles découlent d'un principe immuable que l'on est tout étonné de voir si peu compris de nos jours.

Le Législateur de 1807 a certainement obéi à ce principe en obligeant le commerçant à constater dans un Journal ses dettes actives et passives, son *Doit* et son *Avoir*.

Défenseur de la loi française, nous avons, dans un opuscule purement technique et calqué sur les expressions de l'article 8 du Code de Commerce, démontré l'uniformité pratique des Comptes qui composent la Comptabilité en raison de son principe unique, le *Capital*.

Nous ne pouvons reproduire ici des développements qui ne peuvent trouver place que dans un livre. Toutefois, pour les résumer dans leur ensemble, et s'il nous était permis de légiférer, voici comment nous établirions la base de la Comptabilité commerciale. La Loi, dans un intérêt social, peut et doit imposer des règles à quiconque veut se livrer au commerce :

Modification de l'article 8 du Code de Commerce.

« L'article 8 du Code de Commerce est modifié et remplacé par les « injonctions suivantes :

« La Tenue des Livres de commerce en Double Partie de Doit et « d'Avoir, est et demeure obligatoire pour tous les commerçants, les « industriels, et les sociétés commerciales.

« Ils seront tenus, avant toute opération, de constater l'Actif repré-
« sentant le Capital qu'ils engagent, et dont ils restent créditeurs sous
« le nom de Passif, afin de faire connaître si le capital a été réellement
« réalisé en espèces ou en tous autres biens meubles et immeubles
« portés à l'Actif.

« Les Comptes personnels que crée le Capital pour les opérations
« professionnelles du commerçant, de l'industriel et des sociétés com-
« merciales, seront établis dans des Livres dont le nombre est subor-
« donné aux besoins de chacun.

« Si le commerce se fait à terme, le Doit et l'Avoir qui s'établit à
« chaque instant, et alternativement entre le commerçant et ses
« clients, seront inscrits simultanément dans les comptes personnels
« à une maison, et ceux de ses clients débiteurs à terme, par une
« double écriture d'Actif et de Passif, de Doit et d'Avoir, attendu que
« l'un procède de l'autre, et qu'ils sont indivisibles.

« Un Livre-Journal spécial donnera tous les jours, soit avec détail,
« soit sommairement au gré de chacun, la situation active et passive,
« c'est-à-dire le Bilan journalier du commerçant, relevé sur les Livres
« formant la base de la Comptabilité professionnelle de chacun.

« Si le commerçant préfère, au Journal centralisateur, un *Grand-*
» *Livre* où tous les Comptes sont reportés en Doit et Avoir d'après un
« relevé journalier fait sur les Livres qui constatent les opérations de
« chaque jour, ledit commerçant sera tenu de faire au moins tous les
« mois la balance de l'actif et du passif relevé dans ce Grand-livre.

« En outre, le commerçant est tenu d'énoncer dans ses Livres, mois
« par mois, les dépenses de sa maison, et, jour par jour, les paiements
« et les recettes constituant ses dettes actives et passives.

« Il est également tenu de mettre en liasse les lettres missives qu'il
« reçoit, et de garder dans un Livre spécial la copie de celles QU'IL
« ENVOIE. »

(a suivre) A. GAGEY.

Publié par la REVUE DE LA COMPTABILITÉ, 7, *rue Barbette, Paris.*

Paris. — Imprimerie E. Perreau, 58, rue Grenéta.

DE L'UNIFICATION DE LA COMPTABILITÉ

RÉSUMÉ DES TRAVAUX

DU

COMITÉ D'INITIATIVE D'UN PROJET DE CONGRÈS DES COMPTABLES

RÉPONSES A LA QUATRIÈME QUESTION

Quel rôle joue ou doit jouer la pièce justificative au point de vue comptable, et quels sont les moyens pratiques d'en généraliser l'emploi ?

M. Gros

Pour la Pièce justificative (Pièce comptable), elle a toujours existé, selon moi, dans toutes les opérations commerciales comme preuve matérielle et contrôle de tous faits et actes.

Ce sont les correspondances, les notes de commissions ou leurs numéros, les lettres de voitures, les reçus donnés par la maison qui reçoit les factures, etc.

Pour les ventes au comptant, elles sont toujours inscrites en détail ou en bloc sur le livre de Débit ou un livre spécial, par le *Tribun*, puis sur le livre de Caisse par le Caissier.

Au cas où le même employé fait les deux opérations, le vendeur peut inscrire sur un papier le montant net de sa vente, en le datant, et en le mettant dans une boîte attachée à côté de la Caisse, qu'on ouvrirait tous les soirs pour contrôler.

Pour l'achat au comptant, la facture ou le papier sont là. (Même moyen ou la boîte.)

Quand aux paiements des clients, la lettre du règlement reçu par la poste fait pièce justificative.

Si un paiement est fait à la maison par un client, il faut avoir deux employés dont l'un vérifie le compte, en passe écriture au Journal, met : Bon à recevoir, et l'autre reçoit et porte l'article sur son livre de Caisse et donne l'acquit.

M. Baudran

En principe, le mérite de la pièce justificative ne peut être méconnu, mais le résultat qu'on en attend, est-il réalisable ? je dis non ! et je vais essayer de le prouver.

Prenons des exemples dans l'Administration, où, mieux qu'ailleurs, on peut la prescrire et l'exiger ; et voyons ce qui s'y passe.

Si, des Contributions, on reçoit un avis de venir payer, on s'y rend, on verse une somme quelconque, en échange d'un reçu que l'on emporte ; que reste-il au Percepteur ? l'argent, et son livre sur lequel il a inscrit la recette. Mais où est la *pièce justificative* émanant du Contribuable, comme on l'entendrait, ce qui est impossible. Lorsqu'on paie au lieu de recevoir, c'est différent ; on peut, dans la plupart des cas, obtenir une pièce signée qui reste à la Caisse : Reçu, Effet ou Facture acquittée.

Dans l'administration privée, nous avons déjà cité les voitures. Où est, là encore, la *pièce justificative* attestant et garantissant l'intégralité de la recette ? La feuille du cocher, me dira-t-on ; je ne l'admet pas, car elle peut être fausse ou erronée ; et cela est si fréquent, que les entreprises doivent imposer la *moyenne* des recettes au cocher, qui s'y soumet avec assez de docilité, y trouvant encore son compte ; mais c'est un arrangement, une transaction qui n'est pas d'accord avec la vérité. Depuis 25 ans, on cherche, sans l'avoir trouvé, un moyen de contrôler mécaniquement le travail effectif, et la recette réelle ; le service de surveillance tel qu'il est organisé n'aboutit pas mieux ; donc, il n'y a pas là non plus de *pièce justificative* qui serait fournie par le voyageur, et produite par le cocher ; c'est de toute impossibilité.

Dans le Commerce, où l'on voudrait en introduire ou plutôt en étendre l'usage, l'application, la *généralisation de la pièce justificative,* est non moins impossible ; et tous, nous avons pu être témoins de l'empressement que met le Commerçant lui-même à refuser, parfois, un reçu qui lui est offert par un Client ou Correspondant à qui il verse des espèces ; et dans ce cas, le caissier se contente d'énoncer sur son livre, en regard de la somme payée : *sans reçu*. Et il en est presque toujours ainsi pour les prélèvements du Patron ou des Associés, et même pour les appointements des Employés ou la paie des Ouvriers, etc., et pourtant, ici, il s'agit de paiements et non de recettes.

Ah ! si l'efficacité de la *pièce justificative* était mieux démontrée, on pourrait avec succès en préconiser l'emploi d'abord, pour le généraliser ensuite ; mais elle nous paraît tout-à-fait vaine, puisque, dans les Administrations où elle règne en souveraine, le désordre et les abus n'en existent que mieux ; les faits révélés chaque jour en sont la preuve ; et tous ceux qui ne sont pas divulgués !

Avec la *pièce justificative*, il est vrai, on procure de l'occupation, on crée des emplois, on consomme des formules imprimées, et tout cela alimente certains intérêts contraires à ceux de l'Administration ou de l'entreprise.

Mais dans le Commerce et l'Industrie, où il doit y avoir plus d'économie, ce qu'il faut, c'est une Tenue de Livres tellement simple, claire et facile, qu'on puisse l'y faire adopter et suivre sans répugnance ; avec confiance, au contraire, s'il en ressort des éléments reconnus utiles par le Commerçant, et indispensable pour l'employé, afin de pouvoir constituer une Comptabilité dans laquelle chacun trouvera les indications et les renseignements qu'on éprouve le besoin ou le désir de posséder. Quand ce progrès sera accompli, on aura trouvé ce qu'on cherche.

Et pour compléter le système comptable, lui donner plus d'autorité, il convient d'organiser et d'exercer le contrôle au moyen d'un résumé des écritures dans lesquelles on devrait pouvoir lire comme on lit dans un livre ordinaire ; car il faut en arriver à ce que l'un énonce d'une façon lucide et compréhensible, ce qui sera interprété par l'autre dans le même sens.

Avec le compte de Marchandises rigoureusement observé dans ses deux parties, entrée et sortie, c'est-à-dire Achats et Ventes ; avec le Compte Profits et Pertes, ses subdivisions, ou Comptes similaires, classés et catégorisés avec ordre et méthode, et dont les colonnes seront sévèrement inspectées ; on aura, je le promets, un moyen infaillible de Contrôle, sans qu'il y ait à s'étendre sur une infinité de Comptes, ce qui le rendrait matériellement impossible.

La *pièce justificative*, pourrait-elle assurer ces avantages ? Non ! puisque, je le maintiens, dans l'Etat et partout, on a, bien qu'elle existe, à constater des fraudes, des vols et dilapidations.

Je conclus en déclarant que *son rôle étendu à la généralité des cas est impraticable* ; et que ce serait ajouter une complication mal accueillie du Commerçant qui déjà se plaint d'avoir à tenir ou faire tenir régulièrement et complétement des livres.

Notre infatigable collègue M. Guyard, que nous estimons tous, a fini par faire une large concession sur ses idées, en convenant dans une de nos dernières séances, que *ce serait au point de vue de la commodité, pour ne pas déplacer les livres.* En se retranchant dans ce prétexte, il abandonne lui-même, en quelque sorte, le principe de la *pièce justificative*, puisqu'il reconnaît qu'on ne peut pas toujours l'obtenir ; et qu'*il faut la créer, dans ce cas.* Donc, 1° on ne peut l'exiger, et 2° ce n'est plus une pièce justificative ; mais une reproduction volante des livres, c'est à dire une répétition, un surcroît de travail, sans aucune compensation.

Conservons la *pièce justificative* dans le cas où elle est actuellement en usage : les paiements en espèces ; démontrons son utilité pour toutes les dépenses ; mais ne cherchons pas à la rendre obligatoire et universelle, car ce serait effrayer ceux qu'on doit rassurer.

M. BOULLEAUD

La pièce justificative joue un grand rôle dans les affaires, attendu que, non seulement elle constitue la régularité des écritures formant la comptabilité, mais encore, elle sauvegarde les intérêts communs. Pour la généraliser, cela devient très difficile, pour ne pas dire impossible.

Que faudrait-il faire pour généraliser la pièce justificative ? Changer les lois et usages existants. Pour arriver à ce résultat, vous vous trouverez en présence d'écueils contre lesquels vous ne pouvez lutter ; attendu, que dans les affaires, commerciales surtout, c'est la bonne foi, la sincérité, qui les font ; c'est une habitude qui fait presque loi, et Messieurs les juges du Tribuual de Commerce, tous anciens Commerçants, s'ils ne le sont encore, considèrent, à juste titre, que le Commerçant est obligé de se plier aux exigences de sa clientèle, et ne peut en bien des cas, exiger les pièces justifiant ses opérations sans compromettre ses intérêts.

La pièce justificative ne serait pas seulement nécessaire pour justifier les entrées et sorties de Caisse ; elle le serait également, pour tout ce qui donne naissance à une affaire quelconque, et particulièrement pour les Achats et Ventes sur place. Dans ces deux derniers cas, j'en considère la pratique impossible.

Le moyen que nous indiquait, à la dernière séance, l'honorable M. Guyard, président de la Commission du Questionnaire, ne me paraît pas remplir le but que l'on veut atteindre, attendu que, la pièce justificative est un titre authentique, et que si le Commerçant la crée lui-même, ou la fait créer par son Caissier, elle ne peut être valable, puisqu'elle n'est pas sanctionnée par le visa de la tierce personne intéressée.

Pour la Comptabilité de l'Etat, nous n'avons pas à nous en préoccuper, en ce qui touche cette question, puisqu'aucune opération ne peut être traitée sans elle.

Je conclus donc, en disant, que la pièce justificative joue un grand rôle dans la Comptabilité, mais qu'elle ne peut se généraliser, puisque vous ne pouvez, ou plutôt n'osez exiger la pièce justificative, sans exposer le Commerçant à être abandonné de sa clientèle, dont la plus grande partie se froisserait de ses exigences.

M. Harang

La Pièce justificative émanant d'une Personne étrangère à l'Etablissement Commercial et la Pièce Comptable, ou mieux la Pièce à l'appui, qui peuvent être la Base de la Comptabilité de quelques grands Etablissements dont l'énumération tiendrait dans une page ne peuvent l'être pour celle des autres Etablissements dont le nombre est si grand qu'un Bottin ou les contient par tous.

L'empêchement, c'est qu'un Négociant ne perdra pas son temps ni celui de son Personnel à faire fonctionner un Mécanisme qui n'apporterait absolument aucune amélioration dans la gestion de ses affaires.

Pour tout Commerçant, pour tout Comptable, un article passé à sa date sur l'un des Livres-Journaux, reporté (également à sa date) aux Comptes de Divers (*Fournisseurs* et *Clients*) et aux Comptes généraux, le tout corroboré par une Balance-Mensuelle, justifie pleinement une Opération.

Le Commerçant retirerait-il quelque chose de plus d'une pièce détachée parce qu'elle serait signée de son Caissier et de son Comptable, de son Magasinier et de son Chef de comptoir ? Non, il ne sentira pas le besoin de cette Complication, il se servira des Pièces justificatives et de Pièces-à-l'appui dans la mesure du possible : *les Acquits*, *les Factures*, *les Lettres*, *les Récépissés*, *etc.*, *etc.*, toutes Pièces courantes, journalières. connues et justement appréciées.

Un mot sur ces Pièces : Malgré les plus grandes précautions pour leur classement on ne les retrouve pas toujours immédiatement à leur place ; c'est parce que précisément ce sont des Pièces détachées. Et lorsque — avec assez de peine — on trouve la Pièce cherchée il faut généralement se reporter au Livre où l'article a été passé. Or, la recherche du dit article sur un Livre répertorié est cent fois plus facile et plus prompte.

De ce qui précède je conclus :

1º La Pièce-justificative et la Pièce-à-l'appui ne peuvent servir de Base à la Comptabilité Commerciale du plus grand nombre des Commerçants.

2º La Base de la Comptabilité Commerciale est l'Article, l'Article passé à sa date sur l'un des Livres-Journaux et reporté (également à sa date) aux Comptes de Divers (*Fournisseurs* et *Clients*) et aux Comptes Généraux, le tout corroboré par une Balance Mensuelle.

M. Guyard

. . . .

. . . .

(L'orateur s'est refusé à la reproduction de son discours).

M. Lefebre

Je viens répondre au savant discours de M. Guyard. Je ne suivrai pas notre honorable Collègue sur le terrain de la théorie. Je préfère le terre-à-terre, c'est-à-dire la pratique, pour exposer mes idées me souvenant de ce vieil adage : *Les paroles intéressent, les faits persuadent.*

M. Guyard nous a dit que la principale base de la Comptabilité, comme il la comprend, est la Pièce justificative. Il nous a montré cette Pièce comme l'élément sans lequel la Comptabilité ne saurait s'établir.

Cette théorie qui est celle de la Comptabilité administrative, où les formalités sont tout, peut-elle vraiment s'appliquer à la Comptabilité Commerciale ?

M. Guyard nous a dit que toute valeur représentée par la Pièce justificative devait toujours être traduite en argent. C'est encore une question à résoudre.

Qu'est-ce que la Pièce justification ?

C'est le Certificat d'entrée ou de sortie des matières, c'est-à-dire la Pièce de constatation.

Voyons maintenant si toutes les opérations du Commerce peuvent être constatées par une Pièce justificative.

Prenons pour exemple, si vous le voulez bien, le capital et ses nombreuses modifications dans les Affaires commerciales.

Le Négociant à son début forme son capital par un apport de fonds ou de valeurs. Où est la Pièce justificative de cet apport, en dehors de son inscription sur les livres ?

Passons aux actes de Commerce proprement dits. Je les résume en 5 termes généraux :

Achats, Payements, Ventes, Recettes, Inventaire.

Pour constater l'achat, il existe une Pièce justificative, c'est la Facture du vendeur ; bien, voici la marchandise entrée en magasin.

Que se passe-t-il alors ?

Le Commerçant établit son prix de revient, c'est-à-dire compte à quel prix il devra vendre sa marchandise pour couvrir ses frais généraux et avoir un bénéfice.

Cette première modification dans la valeur de la marchandise a-t-elle, peut-elle avoir une Pièce justificative ? Je ne le crois pas. La Pièce justificative du reste, même si elle existait pour établir le changement dans le prix de la marchandise, ne servirait à rien dans beaucoup de cas ; car le prix de vente n'est pas toujours fixe, et peut varier d'un moment à l'autre.

La deuxième opération du Commerçant je l'ai déjà appelée payement.

Là, nous avons la Pièce justificative dans l'acquit de la facture.

La troisième opération est la Vente. Elle se fait à terme, ou au comptant. Dans l'un et l'autre cas, on inscrit la Vente sur des registres spéciaux, et on en délivre facture. Quelle Pièce justificative reste au vendeur de cette opération ? Aucune. Et cependant vous admettez que l'opération, a été bien faite, et qu'en cas de contestation, les écritures feraient foi.

Comme quatrième opération principale du Commerçant, j'ai nommé les Recettes. Pour moi, c'est l'opération qui aurait le plus besoin de pièce justificative, surtout pour contrôler les Débits de caisse. Eh bien, vous savez comment cela se passe. Le Commerçant acquitte sa facture, et ne conserve aucune pièce justificative de son encaissement.

Quant à l'Inventaire que j'ai appelé la cinquième principale opération du Commerçant, comment se fait-il ? Prend-on les valeurs du portefeuille et les sommes des comptes débiteurs au Grand Livre pour la somme inscrite ?

La réponse à ces questions est sur vos lèvres.

On commence par éliminer tous les comptes considérés comme non-valeurs ; on diminue la valeur des créances douteuses ; en un mot, on réduit l'actif au chiffre réel autant que possible.

(A suivre.)   A. GAGEY.

Revue de la REVUE DE LA COMPTABILITÉ, 7, *rue Barbette, Paris.*

Paris. — Imprimerie Wattier et Cie, 4, rue des Déchargeurs.

DE L'UNIFICATION DE LA COMPTABILITE

RÉSUMÉ DES TRAVAUX

DU

COMITÉ D'INITIATIVE D'UN PROJET DE CONGRÈS DES COMPTABLES

RÉPONSES A LA QUATRIÈME QUESTION

Quel rôle joue ou doit jouer la pièce justificative au point de vue comptable, et quels sont les moyens pratiques d'en généraliser l'emploi ?

M. Lefebre (*Suite*).

Ces modifications sont faites suivant les règles de la bonne Comptabilité. Est-il besoin de pièces justificatives pour le contrôle ?

Je conclus en vous demandant si vous pensez que la pièce justificative soit essentiellement indispensable, et doive servir de base à la Comptabilité en général.

Vous connaissez mon opinion à cet égard. Il me reste à proposer à vos délibérations que les bases de la Comptabilité en général sont :

1º La sincérité dans l'inventaire ;

2º Ce principe, que tout compte qui reçoit doit être débité, tout compte qui fournit doit être crédité ;

3º La Balance des écritures pour contrôler les Comptes.

M. Bimont.

J'estime que la Comptabilité en partie double repose sur une base fixe, que rien ne peut la suppléer ni la remplacer, que toutes passations d'écritures qui se trouveraient subordonnées à l'existence de pièces justificatives, ne feraient qu'accroître les difficultés déjà si grandes des transactions commerciales.

Ce moyen est impraticable par la raison qu'il ne peut être appliqué à tous les genres d'industrie. On s'en est bien rendu compte puisqu'on nous l'avait présenté comme devant être exigible sans aucune restriction, et que peu à peu on en a éliminé certaines branches du Commerce. On ne comprendrait pas que ce qui serait nécessaire pour les uns ne le fût pas pour les autres.

La chose serait-elle possible pour tous, sans exception aucune, elle ne serait qu'un vain mot si la partie double ne venait corroborer la pièce authentique ; c'est ce qui a malheureusement lieu en ce moment dans une Administration qui a pratiqué le système dont il est question sans aucun souci de la Comptabilité en partie double ; ce qui fait que cette Administration s'occupe actuellement de faire changer l'un par l'autre. ·

Je ne dis pas pour cela qu'on doive se priver de la pièce justificative. J'engage au contraire à la dénommer dans les écritures ainsi qu'on l'a toujours fait du reste.

M. Gagey.

Toute opération commerciale est l'exécution d'un Contrat intervenu entre deux ou plusieurs intéressés.

Je me place à un point de vue tout à fait général.

Les Contrats commerciaux sont *verbaux* ou *écrits*.

Les Contrats *écrits* ne sont rien autre chose que des « *pièces justificatives* » garantissant la responsabilité respective des contractants, des tiers et du Comptable.

Il y a donc toujours, quel que soit le cas, un grand avantage à ce que le Contrat soit *écrit*, à ce que la pièce justificative existe ; puisque, dans ce cas, l'opération effectuée est constatée par la dite pièce, qui en énonce d'une façon plus ou moins sommaire l'importance, la nature et les conditions ; alors, si l'écriture qui relate l'opération effectuée sur les livres, quand il y a lieu, est irrégulièrement passée, il est facile de redresser l'erreur, si elle existe, en toute connaissance de cause, en recourant à la pièce justificative.

Au contraire, lorsque le Contrat est *verbal*, l'opération qui en est la conséquence, s'effectue simplement « *de confiance* » ; il n'existe, dans ce cas, aucune garantie, aucun moyen de contrôle sérieux de l'opération ; il y a par conséquent, le plus souvent, impossibilité de redresser l'erreur, sans donner prise à la contestation.

Cette situation peut donner naissance au désaccord, à la discussion, voire même aux procès.

Le Comptable ne reste pas toujours étranger à ces litiges ; sa profession le met souvent forcément en cause ; on le rend parfois responsable d'une erreur commise, moralement tout au moins, quelquefois à tort.

Il est donc utile de rechercher les moyens de remédier à un tel état de choses.

On nous a dit que dans certains cas les Livres de commerce sont de véritables pièces justificatives ; qu'ils sont même les meilleures ! je repousse, en principe, cette argumentation, puisque les écritures que ces registres contiennent ne doivent être confectionnées qu'à aide des dites pièces.

De plus, il est constant, au respect de la Législation commerciale actuelle, que les registres de Commerce, en matière de preuve à faire en justice (point important) ne jouissent pas des mêmes avantages que les pièces justificatives.

Ainsi, la représentation ou la communication des livres de commerce ne peut avoir lieu, hors des cas prévus par les articles 14 à 17 du Code de Commerce qui réglementent ces formalités ;

Au contraire, les tribunaux consulaires peuvent toujours juger sur le vu des Pièces Justificatives.

Je considère bien, comme presque tous les orateurs qui m'ont précédé, mais subsidiairement seulement, qu'il est un très grand nombre d'opérations commerciales qui, à raison de leur nature, de leur peu d'importance, et surtout des conditions dans lequelles elles s'effectuent, ne peuvent donner lieu à l'établissement d'aucune pièce justificative : telles sont certaines ventes au comptant, certains faits administratifs intérieurs, etc., etc., etc. ; mais il n'en est pas moins vrai, qu'il est aussi nombre de cas où nous serions tous heureux, Comptables comme Commerçants de posséder des pièces régulières en justification d'opérations effectuées qui donnent lieu à contestations, et sur lesquelles il est complètement impossible de faire la lumière en l'absence d'aucun écrit.

Je proposerai donc à ce sujet les cinq résolutions suivantes au Comité en vue de réglementer légalement l'existence de Pièces Justificatives et d'en vulgariser l'emploi dans la mesure du possible.

1° La Pièce Justificative est la base de la Comptabilité ;

    L'emploi de livres à souches, desquelles elles doivent être détachées, doit être vulgarisé, cette façon de procéder, quand faire se peut, permettant à chacune des parties contractantes de conserver par devers elle, à titre de garantie et comme pièce comptable un document commercialement authenthique, constatant ce fait accompli, l'opération effectuée ;

2° La Loi doit rendre la Pièce Justificative obligatoire pour tous, *toutes les fois qu'elle peut être établie* ;

3° La Loi doit en déterminer la teneur d'une facon générale, mais précise ;

4° La Loi doit en prescrire la représentation et la communication partout et dans tous les cas où la mesure est reconnue nécessaire, attendu qu'une pièce peut toujours être momentanément déplacée et qu'il n'en est pas de même d'un registre de commerce ;

5° La Loi doit rendre passible d'une pénalité quelconque sa non-existence, dans tous les cas ou cette dernière est reconnue possible, ainsi que son irrégularité,

M. Lamy.

La Pièce Justificative représente le contrat ou la convention arrêtée entre deux correspondants au sujet d'une opération commune.

Aucune opération ne doit être faite par un Commerçant ou un industriel sans être enregistrée sur ses livres.

Aucune écriture ne doit être passée sans être justifiée par un titre ou par une pièce qui fournit tous les renseignements à l'appui de l'opération faite ou à faire.

Ces renseignements doivent être suffisamment clairs et détaillés pour que toute personne, même étrangère à l'opération, puisse la vérifier et constater la régularité et l'exactitude des conditions mentionnées.

Au point de vue comptable, la Pièce Justificative est donc la base de toute écriture.

Le Comptable doit transcrire sur le registre les mêmes conditions que celles mentionnées dans la Pièce.

Les Pièces Justificatives peuvent se diviser en deux catégories, celles qui servent aux opérations à terme, et celles qui servent aux règlements des affaires au comptant ; les unes et les autres ont la même base.

Elles sont, entre les parties contractantes, la preuve qui établit l'accord et l'acceptation réciproque des conditions stipulées, et à ce titre, la Pièce et le Registre doivent contenir identiquement les mêmes renseignements.

La Pièce Justificative étant la copie de l'Expéditeur et en même temps la reproduction du livre du Destinataire qui a du la transcrire en la recevant, il s'ensuit qu'elle est la Pièce authenthique par excellence entre les deux correspondants et la preuve qui doit éclairer la justice.

Elles doit donc être prescrite par le Législateur et sanctionnée par une spécialité qui en rende l'usage absolu *toutes les fois qu'elle peut être exigée.*

M. ROURA, DE MARSEILLE.

Toute Pièce Justificative a sa valeur réelle, sa valeur propre et peut, à un moment donné, être d'une importance capitale.

Je divise les Pièces Justificatives en trois catégories :

1º Les titres de Caisse ;

2º La Correspondance reçue ;

3º Tous les documents quelconques non compris dans les deux premières catégories.

Nous n'avons rien à dire au point de vue de l'ordre et de l'arrangement que l'on doit donner aux Pièces Justificatives ; la Comptabilité doit seulement veiller à ce que les recherches des pièces de

Caisse puissent se faire avec méthode et célérité : une colonne de numéros d'ordre, à gauche de la somme du Crédit de la Caisse, est le moyen le plus sûr de rechercher les pièces de la première catégorie.

Notre opinion est donc, qu'alors même que la Comptabilité (Journal et Grand Livre) serait tenue avec le plus grand soin et le plus de méthode, rien ne doit être négligé pour que la Pièce Justificative puisse, à un moment donné, servir de contrôle et de preuve à l'affirmation d'un article de Comptabilité.

M. GOLDSCHMIDT.

Tout acte d'administration, toute transaction commerciale doit se confirmer par un écrit quelconque ; dès longtemps l'on a reconnu la nécessité de ne pas se confier à la mémoire et à la bonne foi des parties contractantes.

La Pièce Justificative est née spontanément des besoins créés par les progrès du Commerce, de l'Industrie, et de la nécessité, où se sont vues les Administrations tant publiques que privées, de rendre des comptes avec pièces à l'appui de leur sincérité, soit à leurs Commanditaires, Actionnaires, Administrateurs ou Commissaires ; soit pour les Administrations publiques au Gouvernement, qui lui-même est responsable devant la Nation de ses actes et de la bonne question des deniers publics.

En restreignant la question au point de vue du Commerce, l'Industriel devenant Commerçant lorsqu'il s'occupe du négoce des produits de son Industrie, je crois qu'il est hors de doute que la Pièce Justificative existe toujours, ou peut toujours être créée.

Je n'entends parler que des opérations à terme, les ventes au comptant ont aussi leurs Pièces Justificatives ; mais dans ce cas leur valeur est bien amoindrie, les espèces reçues compensant la sortie des marchandises.

La Pièce Justificative ne peut être astreinte à aucun type de forme ni de libellé, je lui impose une seule condition que je considère comme primordiale : elle doit émaner d'un tiers et ne peut, dans aucun cas, être signée par le Comptable, quand bien même, hypothèse possible, il ait été obligé de la rédiger et de l'écrire.

Elle est toujours représentable, pour avérer les écritures, auxquelles elle a donné lieu, toute transaction demandant le concours de deux personnalités, souvent l'une d'elles possède seule l'original de la pièce créée, en cas de contestation entre les contractants ; pour établir un contrôle des écritures lorsqu'un Négociant soupçonne des falsifications dans ses Livres, ou lorsqu'un tiers se trouve lésé par l'opération conclue, on pourra toujours en requérir la présentation au détenteur.

Je ne vois aucune difficulté à prendre la Pièce Justificative comme base des écritures commerciales, je verrais, au contraire, un danger à vouloir l'éliminer ; car, sans que l'on y ait ajouté jusqu'aujourd'hui une grande importance, elle existe dans presque tous les cas. Il suffit d'en généraliser l'emploi et d'en faire connaître la portée, certains Négociants se demandant encore si la Comptabilité elle-même est indispensable à la réussite de leur entreprise.

Au point de vue purement industriel, la Pièce Justificative, se présentant à un autre moment et formant un double contrôle, demande à être étudiée d'une manière spéciale.

Dans ce cas, la matière entrant aux Magasins en sort transformée et se présente à la vente chargée de divers frais qui en ont augmenté sensiblement la valeur, la question se complique et une première fois la Pièce Justificative doit être établie à l'entrée des Magasins de vente.

Elle est alors créée par un des Agents surveillant la fabrication, elle justifie l'emploi des matières premières, elle charge l'objet des frais de Main-d'Œuvre qu'il a occasionnés et arrivant au Magasinier préposé à la vente, celui-ci fait supporter au produit sa part des Frais Généraux et le bénéfice que l'on est en droit de réclamer comme compensation des capitaux engagés et des soins que l'on apporte à toute gérance.

A partir de ce moment, l'objet fabriqué devient un article de commerce qui, vis-à-vis de la Pièce Justificative, doit remplir les mêmes conditions que toute Marchandise offerte à la vente ; il reste à en établir la sortie.

Il me semble inopportun de disséquer ici la charpente d'une Comptabilité complète pour faire voir que dans tous les cas la Pièce

Justificative se produit pour ainsi dire d'elle-même, réclamée qu'elle est par l'une ou l'autre des parties intéressées.

J'éloigne du sujet la Pièce Justificative de la Comptabilité d'une Administration publique, car dans l'espèce elle est surabondante : chacun sait toutes les formalités écrites que l'on doit remplir lorsque l'on a affaire aux préposés de l'Etat.

Les grandes Administrations privées sont dans le même cas et là, il n'y a qu'un vœu à exprimer, c'est que les entraves existant dans les relations soient supprimées et les formalités réduites au simple établissement d'une Pièce Justificative unique pour chaque transaction spéciale ?

Il reste à examiner la seconde partie de la question proposée : Quels sont les moyens de généraliser l'emploi de la Pièce Justificative ?

La réponse me semble facile, quoique je sois convaincu, que la pratique n'adopte pas les conclusions dictées par une sage théorie.

La routine est d'un exercice trop commode pour que beaucoup prêtent leur concours au fonctionnement de l'idée nouvelle ou mieux nouvellement émise.

Il faudrait pouvoir prouver à chacun selon les conditions spéciales où il se trouve tous les avantages à retirer d'un engin qu'il a sous la main ou qu'il peut obtenir sans froisser, ni ses intérêts, ni ceux de ses correspondants.

La Loi, faite pour sauvegarder la sincérité des opérations commerciales quelconques, devait ajouter à son Code comme complément des articles imposant les livres et les écritures en règle au Négociant : que celui-ci pourrait être appelé à les justifier au moyen de preuves écrites émanant des tiers avec lesquels il a traité.

(A suivre.)   A. Gagey.

Paris. — Imprimerie Wattier et Cie, 4, rue des Déchargeurs.

DE L'UNIFICATION DE LA COMPTABILITE

RÉSUMÉ DES TRAVAUX

DU

COMITÉ D'INITIATIVE D'UN PROJET DE CONGRÈS DES COMPTABLES

RÉPONSES A LA QUATRIÈME QUESTION

Quel rôle joue ou doit jouer la pièce justificative au point de vue comptable, et quels sont les moyens pratiques d'en généraliser l'emploi ?

M. GOLDSCHMIDT *(Suite)*.

Je conclus : Au point de vue comptable, la Pièce Justificative est la base de tout article inscrit dans les Livres de commerce, elle sauvegarde la responsabilité du Comptable ou du Teneur de livres, mettant en ses lieux et place celui qui l'a créée.

Elle évite toute contestation entre Négociants ou du moins elle éclaire de suite les parties sur leurs droits respectifs.

Au point de vue des tiers intéressés, elle est un document qu'ils sont en droit de se faire produire chaque fois qu'ils le croient urgent.

Devant la Justice elle est un auxiliaire précieux qui fixe la conscience du Juge et sert de point de départ à ses arrêts.

Mettant en jeu l'Unification de la comptabilité, est-il une base plus sérieuse à lui donner que la Pièce Justificative, qui devrait s'appeler la pièce comptable, puisqu'elle établit la responsabilité et l'assigne à celui qui doit l'assumer.

L'adoption de cette assise sera une première pierre posée à la formation des éléments qui nous serviront de gradius pour arriver à la réalisation de cette vaste idée, digne d'un siècle de progrès industriel et commercial :

l'Unification de la Comptabilité.

M. GUILLAY, de Tours.

L'uniformité dans les Comptes d'actif créés par le Capital répond à cette question.

Le compte de Caisse, celui de Portefeuille ou Effets à Recevoir qui n'est qu'une Caisse d'attente ; le compte de Matériel, Meubles et Immeubles sont communs à toutes les Comptabilités commerciales tenues en double partie ; les comptes des opérations professionnelles changent seuls de nom, suivant l'immense variété des Commerces et des Industries ; mais en fait et en raison, la Pièce Justificative, au point de vue comptable, est et sera toujours représentée par tous les Livres, quelqu'en soit le nombre, formant l'ensemble d'une Comptabilité commerciale. Le Juge ne doit-il pas demander la production du Livre qui, selon lui, doit éclairer sa conscience dans le litige qui lui est soumis ?

Les Livres à souche, dont une portion reste à une Maison de commerce, tandis que l'autre portion est délivrée à un Client débiteur ou créditeur, sont les moyens vraiment pratiques qui réalisent à la lettre la Pièce Justificative, au point de vue comptable.

Qu'il s'agisse d'une entrée ou d'une sortie de marchandises, d'une quittance de libération, ou de tout autre acte commercial, les Livres à souche, qui ont constaté ces faits, ne sont-ils pas là pour témoigner pour ou contre le Commerçant ?

M. VOULLAND, de Montpellier.

La Pièce Justificative au point de vue Comptable, doit démontrer :

Le mouvement des affaires. — La situation générale. — La preuve de l'exactitude des écritures,

Ces résultats s'obtiennent, par une Balance de Situation et de Vérification.

Le moyen de généraliser l'emploi de cette Balance, consiste à simplifier les écritures en réduisant le nombre des Comptes personnels du Grand-Livre. Quelques auteurs ont déjà porté leur attention sur ce point ; les méthodes qu'ils ont mises au jour abrègent les écritures du Journal et les reports au Grand-Livre. Quelques unes même suppriment les Comptes Généraux ; mais toutes laissent subsister dans leur intégralité, les Comptes Personnels.

C'est cependant ceux-ci qu'il faut réduire ; car, nul comptable n'ignore que leur trop grand nombre est un obstacle sérieux à l'exécution des Balances.

Pour avoir la certitude absolue que nulle erreur n'existe dans les comptes, et que conséquemment la Balance est mathématiquement exacte, il faut que les additions du Journal soient égales à celles des Débits et des Crédits des Comptes du Grand-Livre, pris isolément.

Or, si ce dernier contient trois ou quatre mille comptes, ce travail ne peut se faire fréquemment ; il est dans tous les cas long et très pénible. Ces raisons le font négliger, ou pratiquer d'une manière imparfaite en opérant sur les soldes ou avec les données seules du Journal.

En réfléchissant sur la nature des opérations commerciales, on s'aperçoit qu'il y a similitude complète, entre :

Les Ventes et Achats au comptant et les Ventes et Achats à terme déterminé.

Dans l'un et l'autre cas, l'échange des marchandises contre espèces, peut avoir lieu instantanément.

Dès lors, pourquoi ne pas opérer au point de vue des écritures, pour les ventes et achats à terme déterminé, ainsi que l'on opère pour les achats au comptant ? Si l'on admet qu'elles sont similaires, rien ne s'oppose à ce que ces deux opérations commerciales soient traitées de même : c'est-à-dire, mentionnées aux Comptes Généraux seulement, sans ouvrir au Grand-Livre des Comptes Personnels.

Les comptes « Effets à Payer » et « Effets à Recevoir », tiennent lieu de comptes personnels pour les ventes et achats à terme déterminé, de même que le compte « Caisse » remplit le même rôle pour les ventes et achats au comptant.

En procédant d'après les principes ci-dessus, on élimine du Grand-Livre la majeure partie des comptes personnels, et on amène celui-ci à ne contenir que ceux de ces comptes qui offrent le plus d'intérêt. Par suite l'exécution des Balances est facile et fréquemment praticable ; car, pour si importante que soit une Maison de commerce, le nombre des Comptes personnels réduit aux Valeurs en compte ne peut être bien considérable.

Notre estimable collègue, M. Vouland nous ayant adressé, postérieusement à la réponse qu'on vient de lire, une note rectificative, nous l'insérons à la suite de sa réponse ; en voici la teneur :

. . . . . J'ai donné à la quatrième question une interprétation qui n'est pas celle adoptée par le Comité ; cependant, comme l'ensemble de mon travail repose sur la théorie que je développe dans ma réponse à cette question, je ne crois pas devoir la modifier. — Qu'il me soit permis de faire remarquer que la finale de cette question ne porte pas à la comprendre dans le sens que lui a donné le Comité. — En effet, il est demandé quels sont les moyens pratiques de généraliser l'emploi de la Pièce Justificative au point de vue comptable. S'il s'agit de factures, lettres de commerce, ordres d'achats, reçus, quittances, etc., je ne vois pas trop ce que l'on peut répondre . . . . L'usage de ces pièces que je nomme « documents authentiques », n'est-il donc pas général ?

Peut-on admettre :

Une expédition de marchandises sans lettre de commande ?

Une réception de marchandises sans facture ?

Un paiement sans un reçu ?

Une recette sans une quittance ? Et ainsi des autres opérations, qui toutes prennent leur origine et ont leur raison d'être dans ces documents ! . . . Evidemment non ; or, l'évidence ne se démontrant pas, voilà pourquoi j'ai donné à cette question un sens plus large, et cherché à démontrer dans ma réponse que la Pièce Justificative était en comptabilité ce que celle-ci est aux documents authentiques. — En d'autres termes, les documents constituent l'analyse de la Comptabilité, la Pièce Justificative en est la synthèse.

Le Comité a consacré plusieurs séances consécutives à l'étude de cette intéressante question.

Depuis la nouvelle organisation de ses travaux, basée sur le

Questionnaire adopté, le Comité s'était contenté de répondre individuellement aux questions posées, sans émettre de vote sur aucune des réponses faites.

La discussion close, plusieurs propositions de vote furent déposées au bureau. En voici la teneur :

PROPOSITION DE M. COROMPT.

Considérant que la Pièce Justificative est la base fondamentale de la Tenue des Livres et que ses inscriptions répétées aux Livres, Brouillard ou Journal, ne lui donnent ou ne lui enlèvent rien de sa valeur ;

Considérant d'autre part qu'en lui adjoignant un Livre de Comptes (Grand-Livre) on possède tous les éléments nécessaires pour une bonne Comptabilité ;

Par ces motifs, le Comité adopte la Pièce Justificative pour première base de l'Unification.

PROPOSITION DE M. MOURRE.

Le Comité, tout en reconnaissant l'utilité incontestable de la Pièce Justificative, comme mesure d'ordre et pouvant donner un contrôle certain, ne croit pas néanmoins qu'elle puisse toujours et dans tous les cas s'obtenir, avec toute l'autorité qu'elle doit avoir ; aussi tout en engageant les Commerçants et les Comptables à en faire l'application le plus possible, il ne juge pas cependant pouvoir en faire un principe absolu, la base et la condition *sine qua non* d'une Comptabilité régulière, dans la crainte que cette exigence n'augmente encore la difficulté et le nombre déjà si grand des réfractaires à ce devoir, que commande cependant la Loi, la raison et l'intérêt de tout commerçant ;

Par ces motifs, déclare la discussion close sur ce point et passe à l'ordre du jour.

PROPOSITION DE M. PERROT.

La Pièce Justificative est une des bases essentielles de la Comptabilité.

Proposition de M. Barbier.

La Pièce Justificative doit être admise et devenir la base de l'Unification de la Comptabilité.

Nous n'avons pas ici à voir qui l'établira, ni qui nous la fournira, cette condition étant l'affaire d'un règlement d'application.

Nous devons donc émettre le vœu que cette pièce soit *obligatoire*.

Proposition de M. Baudran.

Reconnaissant, d'une part, l'importance et le mérite de la Pièce Justificative au point de vue comptable ;

Considérant, d'autre part, que tout ce qui a été exposé, soutenu et combattu, ne pourrait qu'être répété inutilement, en continuant la discussion qui a occupé et rempli de nombreuses séances dans lesquelles se sont produit le pour et le contre de la question ;

Considérant en outre que les partisans de la Pièce Justificative manquant de fixité dans leur principe, en la faisant tantôt dépendre des Livres auxiliaires dont elle serait une copie, tantôt commander à ces mêmes livres qui n'en seraient que la reproduction ;

Que ne pouvant remplacer entièrement les Livres auxiliaires elle ne fait qu'ajouter une complication en s'établissant de pair avec eux, quant au contraire ils peuvent seuls suffire à une comptabilité régulière et complète ;

Par ces motifs, je rejette la Pièce Justificative comme base essentielle de la Comptabilité, mais sans en contester l'utilité comme document de contrôle ; et admet les Livres auxiliaires comme la base fondamentale de l'Unification de la Comptabilité.

Le bureau, dans le but de résumer les différentes propositions déposées, crut devoir présenter collectivement les résolutions suivantes :

« 1º La Pièce Justificative est considérée comme la base essentielle de la Comptabilité ;

« 2º La Loi doit rendre la Pièce Justificative obligatoire pour tous, d'une façon absolue, *toutes les fois qu'elle peut être établie* ;

« 3º La Loi doit ordonner la communication et la représentation de la Pièce Justificative, partout et dans tous les cas où la mesure est reconnue nécessaire ;

« La Loi doit également en déterminer la teneur d'une façon générale, mais précise ;

« 4º La Loi doit frapper d'une pénalité quelconque, la non-existence de la Pièce Justificative, *quand elle a pu être établie*, ainsi que son irrégularité. »

Le Comité, écartant toutes les précédentes propositions, décida tout d'abord de statuer sur la proposition du Bureau, par paragraphe.

Le Comité statuant sur le premier paragraphe le modifia en ce sens :

« LA PIÈCE JUSTIFICATIVE EST LA BASE DE LA COMPTABILITÉ » et adopta cette rédaction à une très grande majorité.

Le Comité passa ensuite à l'ordre du jour sur les trois autres paragraphes.

Après le vote, M. Gagey déposa la protestation suivante :

« Considérant que, pour répondre d'une façon *complète* à la « quatrième question posée par la Commission du questionnaire et dont « les termes ont été régulièrement adoptés en séance, par le Comité, « laquelle question est ainsi conçue :

« *Quel* ROLE *joue ou doit jouer la Pièce Justificative au point de vue* « *comptable et quels sont les* MOYENS PRATIQUES D'EN GÉNÉRALISER L'EM- « PLOI ?

« Le Comité avait à délibérer sur deux points bien distincts, « quoique connexes, qui sont :

« 1º LE ROLE *de la Pièce Justificative dans la Comptabilité* ;

« 2º *Les* MOYENS *pratiques d'en généraliser l'emploi*

« Que, par l'adoption *unique* du 1er paragraphe de la proposition « du bureau modifiée en ce sens :

« LA PIÈCE JUSTIFICATIVE EST LA BASE DE LA COMPTABILITÉ. »

« Affirmant ainsi, d'une façon plus absolue encore que la propo- « sition du bureau, qui est d'ailleurs identique à la mienne, *toute*

« *l'importance de la Pièce Justificative dans la Comptabilité*, le Comité
« a *incomplétement* répondu à la question qu'il avait lui-même
« posée ;

« Que, d'ailleurs, qui veut la fin veut les moyens !

« Qu'en déclarant que tel est le rôle de la Pièce Justificative dans
« la Comptabilité, le Comité avait forcément le devoir de formuler
« son opinion sur les moyens pratiques à employer pour en généra-
« liser l'emploi ;

« Que, d'autre part, la Législation commerciale actuellement en
« vigueur ne contient aucune disposition spéciale concernant l'obli-
« gation de constater les opérations commerciales au moyen de
« Pièces Justificatives en énonçant l'importance et les conditions,
« non plus qu'aucune disposition n'ordonnant leur communication
« ou représentation dans tous les cas où cette mesure est nécessaire ;

« Qu'il n'existe aucune pénalité applicable à la non existence des
« dites pièces ou à leur irrégularité ;

« Que c'est là une lacune importante à combler dans la Loi, dans
« l'intérêt de la régularité des écritures de commerce, des Commer-
« çants et des Comptables ;

« Le soussigné proteste contre le vote émis par le Comité sur la
« Pièce Justificative, non contre les termes modifiés de sa proposi-
« tion, modification qu'il accepte dans tout son contenu, mais seule-
« ment contre ce que ce vote a d'*incomplet*.

« Le soussigné maintient, en conséquence ses conclusions con-
« tenues dans les trois derniers paragraphes de la proposition du
« Bureau et il requère l'insertion de la présente protestation au
« Procès-verbal.

« A Paris, en séance du Comité, le 14 juin 1880. »

Signé : A. Gagey.

M. Lamy nous prie de faire l'*erratum* suivant :

Page 133, vingt-deuxième ligne du 17° fascicule, au lieu de ..... « spécialité »,
lire « *pénalité* ».

(A suivre.) A. Gagey.

DE L'UNIFICATION DE LA COMPTABILITÉ

RÉSUMÉ DES TRAVAUX

DU

COMITÉ D'INITIATIVE D'UN PROJET DE CONGRÈS DES COMPTABLES

RÉPONSES A LA CINQUIÈME QUESTION

Quelle est la manière équitable et vraie de dresser l'Inventaire, et comment doit-on établir l'évaluation ?

M. Gros.

La Manière vraie et équitable d'établir un Inventaire est de mettre à l'Actif :

Les Débiteurs restant

    soit en Marchandises d'abord,
    soit en Valeurs ensuite ;

Les Valeurs diverses que vous possédez, mais au cours du jour ;

Les Marchandises en magasin estimées au cours d'achat, date du Jour de l'Inventaire ;

Les Effets à Recevoir restant en portefeuille.

Les Espèces en Caisse, billets de banque, or et monnaie.

Les Matériel et Mobilier estimés avec une réduction de 5 ou 10 0/0, jugée par le chef de maison ;

Le Loyer d'Avance, en créditant ce compte du Loyer dû à l'Inventaire, afin d'avoir ses Frais généraux bien complets ;

19e FASCICULE.

Et en général tout ce que l'on possède bien et dûment, réellement.

On met ensuite au Passif :

Les Créditeurs en Marchandises ;
Les Créditeurs en Valeurs ;

Les Effets à payer, promesses ou engagements, non encore soldés.

Dès que toutes les sommes constituant votre position commerciale sont bien inscrites, on fait les additions de l'Actif et du Passif et la différence représente un bénéfice quand l'Actif est plus fort et une perte quand c'est le Passif, parce que l'on doit plus qu'on ne possède.

M. PERDREAU, DE LILLE.

L'Inventaire doit être établi dans la même forme qu'un compte — par doit et avoir : le *doit* pour le *Passif*, l'*avoir* pour l'*Actif* (je possède).

L'inscription doit se faire dans l'ordre suivant :

Marchandises — frais généraux, de fabrication, ceux restant — Effets à Recevoir — Espèces — Effets à Payer —inscrire les détails pour les marchandises ; rappeler le nombre d'effets en Portefeuille, leur donner des numéros d'Inventaire sur le livre d'*Entrée* des dits Effets à Recevoir ; pour la Caisse par un bordereau de la nature des Espèces existantes ; pour les Effets à Payer en circulation, indiquer le nombre et leur donner un numéro d'ordre d'Inventaire sur le livre des Effets à Payer *à la sortie*.

Pour les évaluations, je n'en admets que pour les marchandises en tant qu'il s'agisse d'un Inventaire de commerce ou de fabrication. Si j'ai des Marchandises achetées 100 fr., le cours étant à mon Inventaire à 110 fr., je les reprendrai à mon Inventaire au prix de 100 fr.; je ne veux pas escompter l'avenir ; et, si le cours était à 90 fr., je les reprendrais à ce dernier prix, afin de ne pas me tromper, m'illusionner.

Mon Inventaire comprendra encore les Immeubles industriels,

le matériel, outillage, après avoir fait leur amortissement à tant 0/0.

Puis suivront les noms des clients achetèurs, les sommes à leur débit, celles à leur crédit totalisées spécialement.

Les noms de mes vendeurs, Débit, Crédit ou le Doit et l'Avoir trouvé à leurs comptes. J'en ferai un total spécial.

Une autre série de comptes doit se tenir séparément, c'est celle des fournisseurs ; pour les Espèces les Banquiers ; les clients qui vous livrent le matériel, l'outillage, dont les débits à leurs comptes ne sauraient être de même nature que les débits des comptes des acheteurs. Exemple : je commande une machine de 300,000 fr. à condition de payer 1/3 à la commande, 1/3 à la livraison, 1/3 à la bonne marche ; à l'époque de mon Inventaire, j'ai déjà payé 200,000 francs que me doit mon constructeur de machines. Cette somme, valeur *active* est grevée d'une convention qui la frappe d'inertie ; elle est active et je n'en puis rien faire, comment je me tromperais si je ne la distinguais pas dans un Capital actif de 400,000 fr. ? à quoi m'exposerais-je, si fort de moi je traitais une affaire d'achat de 300,000 francs, parce que jeme serais dit : j'ai 400,000 *francs à re-cevoir*, suivant mon inventaire, il faut donc distinguer.

Quant à la clôture d'un Inventaire, elle se fait comme celle d'un compte de client ordinaire, la Balance ou différence entre le Passif et l'Actif est un solde dénommé Capital, s'il est plus fort que le Capital du précédent Inventaire il y a *Bénéfice* ; s'il est moins élevé, il y a *Perte,* s'il est égal, il n'y a ni l'un, ni l'autre.

La méthode Beauchery permet l'écriture d'un Inventaire sans pages blanches — dernièrement j'avais en mains un Inventaire avec Passif sur une page, Actif sur l'autre, et il comprenait 47 pages de Passif non utilisées et des additions ou reports inutiles à chaque page, jusqu'à la dernière.

M. Nasse.

L'Inventaire dont le Bilan est le résumé, doit être la résultante des diverses opérations effectuées dans le cours d'un exercice.

Il convient donc que l'Inventaire présente une énumération

exacte des articles qui doivent le composer, et que la valeur donnée à ces différents articles soit facilement réalisable.

En ce qui concerne l'Actif il doit, le cas échéant, se diviser en 5 parties :

1° Les Immeubles, l'Outillage, le Mobilier ;

2° Les Matières Premières, les Produits fabriqués ou Marchandises restant en magasin au jour de l'Inventaire ;

3° Les Valeurs mobilières ou de Placement ;

4° Les Valeurs de Portefeuille ou Effets actifs ;

5° Les soldes de Compte des Divers Débiteurs.

Les *Immeubles* devront figurer à l'Inventaire pour le prix d'achat si ce prix n'a pas varié ; mais si la valeur courante des Terrains et des Constructions a varié en plus ou en moins, les Immeubles figureront à l'Inventaire dans le sens de ces variations.

L'estimation de l'*Outillage* devra être représentée par la valeur exacte de l'Outillage neuf ou en cours de service.

Le *Mobilier* devra figurer pour sa valeur d'achat, déduction faite du service rendu pendant les exercices écoulés.

Quand aux Matières Premières, Produits Fabriqués ou Marchandises existant en Magasin, on ne devra pas nécessairement les estimer au prix d'achat ou au prix de revient. Ces existences en magasin devront être estimées à un prix tel que, si au jour de l'Inventaire, on venait à les réaliser, les Matières Premières pourraient être vendues au cours d'estimation ; et les Produits fabriqués vendus à un prix se composant du cours d'estimation augmenté du bénéfice habituel.

Les *Valeurs Mobilières* devront être évaluées d'après le cours en bourse du jour de l'Inventaire.

Les Valeurs de Portefeuille ou Effets actifs doivent être compris non pas pour leur valeur nominale, mais bien pour leur valeur effective au jour de l'Inventaire.

Enfin les soldes de Compte des *Divers Débiteurs* devront indiquer ce que l'on serait en droit d'exiger de ces correspondants si ces soldes avaient pour échéance le jour de l'Inventaire.

C'est en agissant de même pour ce qui concerne le Passif sur les *Effets de Commerce à Payer* et les soldes de Compte des *Divers Créditeurs* que l'on obtiendra un Inventaire équitable, vrai et facilement réalisable.

L'établissement du Bilan en sera devenu d'une grande facilité et d'une rigoureuse exactitue, et le Commerçant, en se rendant compte avec certitude de sa position réelle, se sera conformé aux prescriptions de l'article 9 du Code de Commerce.

M. ROURA, DE MARSEILLE.

Nous savons que cette question est des plus controversées.

Les Comptables et les Chefs de maisons industrielles sont souvent en désaccord sur le point de savoir quelle est la base d'évaluation que l'on doit donner aux existences de valeurs ou de marchandises.

Trois méthodes sont employées :

La première consiste à donner comme évaluation d'Inventaire le prix d'Achat ;

La deuxième à évaluer les marchandises au cours du jour ;

La troisième est mixte. Des comptables se croient obligés d'évaluer au prix d'achat les marchandises qui ont subi de la hausse et au cours du jour celles qui ont subi de la baisse.

Quant à notre opinion, la voici :

Evaluer les marchandises au cours du jour moins la valeur du bénéfice ordinaire. Exemple :

J'ai acheté la charge de blé à raison de 38 fr.

J'évaluerai la charge à 40 fr. moins 0 fr. 50 c. de bénéfice, soit à 39 fr. 50 c.

M. GUILLAY, DE TOURS.

L'Inventaire est la constatation de l'Actif et du Passif du négociant. Les règles à suivre pour cette constatation, sont aussi simples qu'équitables et vraies, au moyen des comptes uniformes employées dans la Comptabilité en double partie.

Actif.

L'Actif se compose de deux portions bien distinctes. L'une comprend le solde de tous les Comptes des clients débiteurs à terme. Ce solde réuni dans un seul et même chiffre forme le premier article de l'Actif d'une maison.

L'autre portion de cet actif se compose des soldes débiteurs des comptes personnels à une maison. Ces principaux comptes sont au nombre de quatre : *La Caisse, le Portefeuille, le Compte d'opérations professionnelles, et le Compte de Matériel meuble et immeuble.* Ces comptes peuvent subir de nombreuses subdivisions.

Mais, quel que soit le nombre de tous ces comptes d'actif, tous, sauf la Caisse, doivent être discutés dans leur *solvabilité actuelle et future*, au moment solennel de l'Inventaire.

Art. 1er

La solvabilité de tous les débiteurs à terme, ne doit présenter aucun doute. Tout client à qui on accorde trois mois de crédit, et qui se trouve en retard d'un an, ne peut être considéré comme bon. On ne doit pas faire figurer à l'Actif d'une maison une portion de capital qui peut ne pas rentrer. Il est permis d'échelonner cette perte, sur plusieurs années à courir, suivant l'importance de la perte à subir, et des bénéfices réalisés chaque année.

Art. 2.

Vient en second lieu la discussion des comptes personnels à une maison de commerce.

Le compte de opérations professionnelles doit subir le premier examen.

1° Règle générale : à l'Inventaire, les marchandises en magasin doivent y figurer pour leur prix d'achat, augmenté du transport et de la manutention rigoureusement calculés.

Cette règle est sujette à de nombreuses exceptions. Un commerçant peut trouver dans son actif des valeurs ou des marchandises affectées d'une hausse ou d'une baisse sensibles. Que doit-il faire en pareil cas !

Il doit écouter les conseils de la raison, si les valeurs ou marchandises subissent une baisse au-dessous du prix de leur achat, on doit les porter à l'Inventaire au cours de cette baisse, et les écouler lentement s'il y a chance de hausse.

Mais si les valeurs, et marchandises, au moment de l'Inventaire ont subi une hausse majeure, il paraît rationnel de les admettre pour leur prix d'achat. La fluctuation dans des cours qui peuvent baisser aussi rapidement qu'ils ont monté, ne doit point avoir d'influence sur un Actif représentant le capital ?

Toutefois, nous ajoutons ceci : Si la hausse mérite une réalisation de valeurs, que l'on s'empresse de faire cette réalisation au profit du capital, en pesant bien la chance d'un placement ultérieur pouvant faire disparaître les bénéfices d'un jour.

Nous tombons ici forcément dans des appréciations personnelles que nous donnons sous toutes réserves, et que nous abandonnons à la sagesse de chacun.

2° Le Débit de la Caisse qui constate la portion du capital disponible, est toujours favorablement accueilli à l'Actif, il n'est l'objet d'aucune discussion.

3° Le Compte de Portefeuille ou d'effets à recevoir ne peut faire connaître le degré de solvabilité des valeurs, qu'au moment de leur paiement, a moins de cas imprévus.

4° Enfin, le Matériel meuble et immeuble qui forme le dernier des comptes personnels d'une Maison à son actif, doit être l'objet d'un amortissement annuel, ou d'un fonds de réserve, *ad libitum.* L'évaluation de cet amortissement chaque année, est subordonné au genre de matériel. Certains matériels peuvent subir à la cessation d'une maison de commerce, une perte de moitié et même des trois quarts de leur valeur et de leur installation première. Il faut, dans un temps donné, arriver à combler cette perte par des bénéfices laissés dans la maison.

Cette évaluation est comme les précédentes recommandée à la sagesse d'un commerçant ou d'un industriel. Le danger est signalé, que chacun le conjure dans la mesure du possible.

Passif.

Le Passif qui dans la tenue des livres en partie double représenter exactement le capital engagé dans l'Actif par un commerçant et ses clients créditeurs, ne peut donner lieu à aucune discussion.

Toutefois, nous devons mentionner ici pour mémoire le compte des Pertes et Profits généralement admis au Passif dans la tenue des livres en double partie.

. Ce compte représente l'accroissement ou la diminution du compte de capital que l'on pourrait mettre directement en jeu.

Jusqu'à l'inventaire, le débit et le crédit du compte des Pertes et Profits représentent les deux plateaux de la balance chargée de faire connaître lequel des deux plateaux, celui du bénéfice ou celui de la perte, l'importe sur l'autre pendant le cours d'une année.

Dans les banques et quelques maisons commerciales, le compte enregistre les bénéfices et les frais de chaque jour. Dans la généralité des commerces et des industries, la chose est impossible.

M. Gagey.

L'*Inventaire* est, comme la Pièce justificative, une des bases essentielles de la Comptabilité.

C'est l'un des actes les plus importants de la vie commerciale : le plus grand soin doit être apporté à son établissement.

L'Inventaire doit contenir et énoncer d'une façon suffisamment claire et précise, sans qu'il soit besoin pour en comprendre les termes d'être initié à la science professionnelle ; l'universalité de l'*Actif* et du *Passif* du négociant.

Toutes les valeurs, de quelque nature qu'elles soient, doivent y figurer, sans exception ni réserve.

(A suivre.)   A. Gagey.

Paris. — Imprimerie Wattier et Cie, 4, rue des Déchargeurs.

DE L'UNIFICATION DE LA COMPTABILITE

RÉSUMÉ DES TRAVAUX

DU

COMITÉ D'INITIATIVE D'UN PROJET DE CONGRÈS DES COMPTABLES

RÉPONSES A LA CINQUIÈME QUESTION

Quelle est la manière équitable et vraie de dresser l'Inventaire, et comment doit-on établir l'évaluation ?

M. Gagey (*Suite*)

Tout ce qui se réfère aux ressources, à la fortune même du commerçant, doit y être énoncé.

L'Inventaire doit être dressé en tous détails : la désignation des valeurs et des dettes doit être absolument complète.

Enfin, le Capital (ou excédant de l'Actif sur le Passif) doit y être nettement déterminé.

L'Inventaire devrait même contenir la nomenclature des principaux registres employés dans la Comptabilité.

Nous pensons que cette dernière mention qui peut paraître bien minutieuse au premier abord, rendrait de réels services et faciliterait beaucoup la vérification des écritures des société.

L'évaluation des valeurs doit être faite avec prudence et en toute compétence professionnelle.

Cette opération n'est pas absolument du ressort du comptable.

Il doit y concourir ; il y est professionnellement intéressé dans une large proportion ; il guide, par les renseignements précis que lui seul est à même de fournir, les chefs de maison ou les experts ;

20ᵉ FASCICULE.

mais, en cette occurence, le comptable n'a pas une mission prépondérante.

La façon d'établir l'évaluation est essentiellement *variable*, suivant les circonstances, la nature des valeurs, les conditions dans lesquelles les acquisitions ont été faites ; celles dans lesquelles les transactions peuvent avoir lieu, etc., etc.

Déclarer, d'une façon *absolue*, que l'ÉVALUATION à l'Inventaire doit toujours être faite, quel que soit le cas, au PRIX DE REVIENT, serait commettre une inexactitude, du moins en partie.

En principe, on doit faire l'évaluation au prix auquel on pourrait opérer, en toute sécurité, la liquidation le lendemain de l'Inventaire.

Il peut du reste à cet égard, se présenter nombre de difficultés.

Citons quelques exemples :

S'agit-il d'*immeubles*, de terrains ou de constructions ?

Le prix de revient doit entrer ici pour base principale de l'évaluation.

Cependant, si cet Actif a largement augmenté réellement, on doit pour l'évaluer, s'entourer de tous les renseignements nécessaires et coter prudemment à un prix moyen et raisonnable, auquel on pourrait aisément réaliser de suite, s'il y avait nécessité, quoique ce prix d'évaluation soit plus élevé que le prix d'acquisition.

S'agit-il d'évaluer des *œuvres d'art* ? (tableaux, meubles de luxes, produits artistiques quelconques, etc.) la détermination de la valeur de ces objets étant soumise à la faveur dont ils peuvent jouir auprès de l'acheteur, on agira sagement en les évaluant au prix de revient, même diminué d'une dépréciation bien calculée, basée sur l'intérêt du prix, la détérioration, le long emmagasinement, etc., etc.

S'agit-il de *valeurs cotées*? (marchandises, matières d'or et d'argent, métaux précieux, valeurs de Bourse et de Banque, etc.) lorsque ces valeurs ont un cours sérieux, normal, qui n'est pas le résultat d'agiotage ; lorsqu'on peut écouler ou transférer ces valeurs facilement, couramment, elles doivent être évaluées *au cours du jour de l'Inventaire*.

Cependant pour celles de ces valeurs qui subissent journellement et continuellement des écarts considérables dans les cours, on doit baser leur évaluation sur le cours moyen de l'année.

En somme, on peut donc dire avec justesse que le mode d'évaluation à l'Inventaire ne peut pas reposer sur des bases uniques.

M. PERROT.

L'évaluation des valeurs qui doivent figurer à l'Actif de l'Inventaire, est un sujet sur lequel les opinions sont le plus partagées.
Vos précédentes discussions m'ont suggéré à cet égard quelques
idées que je vous demande la permission de soumettre à votre appréciation.

Un grand nombre d'entre nous veulent prendre pour base de
l'évaluation le prix d'achat ou de revient ; d'autres, au contraire,
prétendent que le cours du jour des valeurs et des marchandises
doit être le seul guide: enfin d'autres encore estiment que l'évaluation doit être établie d'après des cours moyens.

J'écarte tout d'abord ce dernier système pour ne m'occuper que
des deux premiers ; on verra tout-à-l'heure pourquoi.

Et pour mieux me faire comprendre, raisonnons dans l'hypothèse suivante qui a été déjà examinée et discutée par vous.

Je possède un terrain de 1,000 mètres que j'ai payé à raison de
6 francs le mètre, soit 6,000 francs.

Au moment de mon inventaire, je pourrais revendre ce terrain
10 fr. le mètre, soit 10,000 fr., et réaliser ainsi un bénéfice certain
de 4,000 francs.

Dois-je faire figurer ce terrain à mon inventaire pour 6,000 fr.,
prix de revient, ou pour 10,000 francs, valeur réalisable actuellement ?

Les partisans de l'estimation au prix d'achat disent avec raison
que rien au monde ne peut faire que j'aie payé un prix autre que
6,000 fr. le terrain que j'ai acheté, que, par conséquent, jusqu'au
moment où j'en aurai effectué la vente, ce prix ne pourra être modifié dans mes écritures, toute modification devant être la conséquence
d'une opération commerciale accomplie d'une manière effective.

De leur coté les partisans des cours du jour raisonnent ainsi:

Puisque par suite de l'élévation du cours le terrain qui a été payé 6.000 fr., pourrait être vendu 10,000 et procurer par conséquent un bénéfice de 4,000 fr., il y a donc réellement augmentation de capital, et avec une apparence de raison, ils tirent cette conséquence que le terrain doit figurer à l'Inventaire pour 10,000 fr.

Comme on le voit, chacun de ces deux systèmes peut être soutenu en l'appuyant d'excellentes raisons. Néanmoins s'il s'agissait de faire un choix, je me prononcerais pour le premier, par cette raison que l'inventaire n'est nullement une opération de commerce ; en conséquence, il ne peut avoir pour effet de modifier des chiffres qui doivent rester au point de départ. Ces chiffres sont en quelque sorte comme des jalons placés pour indiquer la route déjà parcourue ; il ne faut pas les déplacer ni en changer la couleur, c'est-à-dire qu'ils ne doivent subir aucun changement.

Mais je m'empresse d'ajouter qu'il n'est pas nécessaire de choisir l'un de ces deux systèmes à l'exclusion de l'autre. Je pense, au contraire, qu'ils peuvent être employés simultanément, au grand profit du Négociant et à la satisfaction du Comptable.

Voici, je crois, comment on pourrait procéder :

Etablir l'Inventaire tel qu'il résulte des écritures en prenant pour base le prix d'achat ou de revient.

Ensuite, pour donner satisfaction aux partisans des cours du jour, on a soin de ménager à la droite de la colonne de l'Actif une double colonne pour recevoir les variations qui sont la conséquence des cours du jour ; l'une contiendra les *plus values réalisables* et l'autre les *moins values*.

Vous avez déjà compris le rôle important que vont jouer ces deux colonnes. Leur solde, qu'il soit en faveur des *plus values* ou des *moins values*, lorsqu'il sera mis en regard du capital net de l'Inventaire, présentera aux partisans des cours du jour le capital réalisable. Les deux systèmes se trouvent ainsi appliqués simultanément, mais le premier devra toujours rester le nouveau point de départ.

Voici un spécimen d'Inventaire dressé comme il vient d'être dit

BALANCE DE L'INVENTAIRE

ACTIF	COMPOSITION DE L'ACTIF d'après les prix de revient	PLUS OU MOINS VALUES d'après LES COURS DU JOUR		PASSIF	SOMMES composant le PASSIF
		Plus values réalisables	Moins value		
Espèces en caisse............	20.000 »			Effets à Payer....................	10.000 »
Effets à recevoir.............	16.000 »			Créanciers par compte..........	17.000 »
Terrain de 1,000 mètres à 10 fr. le mètre..................	6.000 »				27.000 »
10 pièces de vin à 200 fr. la pièce.....................	2.000 »				
Mobilier industriel...........	3.000 »				
Débiteurs divers.............	12.000 »				
Plus-value de mon terrain, 4 fr le mètre..................	....	4.000 »			
Plus-value de mes 10 pièces de vin, 50 fr. l'une............	....	500 »			
Moins value de mon mobilier...	....	....	200 »	CAPITAL NET.........	32.000 »
	59.000 »	4.500 »	200 »		59.000 »
		Net des plus values, 4,300ᶠ			

NOTA. — Capital net, d'après les prix de revient....... 32.000 »

Balance en faveur des plus values......... 4.300 »

CAPITAL RÉALISABLE..... 36.300 »

CERTIFIÉ :

Paris, le   188 .

M. Lamy.

L'Inventaire est la base fondamentale de toute Comptabilité.

Il doit contenir, sans réserve aucune, l'universalité de l'Actif et du Passif du Commerçant, énoncé d'une façon claire et précise, de manière à pouvoir être contrôlé par une tierce personne dans tous ses détails, calculs et estimations.

L'excédant entre l'Actif et le Passif doit établir nettement le montant du Capital ou des Dettes.

Le montant de cet excédant doit concorder avec celui du Grand-Livre.

Quant à l'évaluation :

Pour éviter les déceptions dans la suite, et parfois de tristes résultats, toutes les aquisitions doivent être inventoriées au prix d'achat ou de revient quand elles ont conservé leur valeur.

La plus value ne doit jamais figurer dans un Inventaire quand elle n'a pas été réalisée.

Cette règle doit être d'une application absolue, surtout lorsqu'il y a des associés et des intéressés, lors même que le revenu d'une propriété aurait doublé, triplé et décuplé.

Il en est de même pour toutes les valeurs mobilières, de quelque nature qu'elles soient.

La plus value admise dans l'Inventaire est le premier pas, inconscient ou voulu, dans la voie de la faillite ou de la banqueroute frauduleuse.

S'il est inconscient, la plus value présente au commerçant un bénéfice illusoire qui devient un sujet de tentation pour lui et l'autorise souvent à des dépenses, dont la marche ascendante finit généralement par jeter le trouble dans ses affaires et enfin par les arrêter

Nombre de faillites n'ont pas d'autres causes que les Inventaires mal faits.

Si ce premier pas est voulu, le commerçant organise et classe ses plus values en leur donnant, d'année en année, le chiffre le plus élevé possible ; il maintient leurs prix aux marchandises hors cours ou invendables ; il écarte avec soin les moins values, mêmes celles qui portent sur les dépréciations usuelles induscutables ; puis, après avoir grandi les bénéfices, il grandit ses prélèvemnts et se fait une réserve secrète ; il ouvre des comptes à des insolvables, d'accord avec eux, ou à des hommes qu'on ne retrouve jamais au moment de la liquidation ; un intérêt même est ajouté à ces comptes ; il prête à des *amis gênés*, ou à des familles dans l'embarras qu'il ne veut pas humilier en livrant leur nom, et qu'il n'a pas eu le courage de poursuivre (il a si bon cœur !) Puis, quand tous ces procédés et d'autres sont épuisés, il achète un immeuble qu'il fait couvrir d'hypothèques par un compère, de manière à en rendre la vente impossible, et enfin, il dépose son Bilan, quand le moment lui paraît propice. Le voilà au terme de sa carrière.

Il obtient bientôt son concordat, reprend ensuite de *modestes affaires* qui lui permettent de faire de *modestes bénéfices* (revenus du capital détourné) *et de vivre honnêtement comme un bon père de famille !...*

Il a eu du savoir faire, et toujours dans la légalité ! toujours Messieurs !...

La plus value non réalisée est donc un danger, quand elle n'est pas le premier degré du crime, il faut la proscrire de l'Inventaire d'une manière absolue. Elle ne doit figurer que lorsqu'elle est *en caisse* ou *en portefeuille* : un commerçant honnête ne cherche jamais à se faire des illusions à lui-même.

Par contre, on doit TOUJOURS mentionner la moins value, et les acquisitions, de tout genre, ne doivent être évaluées qu'au prix d'une réalisation possible au moment de l'Inventaire.

Les immeubles et les terrains n'ont que bien rarement à subir une dépréciation ; cependant elle doit être mentionnée quand cette dépréciation résulte d'un fait qui ne peut plus être modifié, comme, par exemple, la disparition d'une industrie ou la création d'une industrie nouvelle, le percement ou la clôture d'une voie de communication, etc.

Le matériel, l'outillage et le mobilier doivent subir la dépréciation qui résulte de leur usage. On doit même, en vue des inventions nouvelles, en établir l'amortissement dans le plus bref délai. La moyenne ordinaire s'établit par comparaison et estimation.

Les produits fabriqués ainsi que les matières premières, sont sujets à des dépréciations dont l'usage et l'expérience déterminent la moyenne annuelle dans chaque industrie.

Il en est de même pour les soldes de comptes des Débiteurs indépendamment de l'estimation particulière pour chacun d'eux.

Dans une Comptabilité bien tenue, un Comptable suffisamment au courant des affaires d'une Maison, doit être en mesure, plus que le Chef lui-même, de déterminer les appréciations annuelles, comme il appartient plus particulièrement au propriétaire de déterminer la moins value spéciale sur telle ou telle marchandise.

Un état descriptif de tous les registres qui ont servi à l'établissement de l'Inventaire devrait être ajouté, après chaque exercice, à la suite du Bilan sur le livre des Inventaires, au moins dans les sociétés.

Cette obligation a surtout sa raison d'être dans les sociétés où il y a plusieurs intéressés, car avec le développement progressif des affaires, qui impose de plus en plus la subdivision du Journal, et même celle du Grand-Livre, ainsi que la création et la subdivision d'autres livres, la Comptabilité se trouve toute fractionnée. Il est facile alors à une administration, dans son intérêt particulier, de faire disparaître ou refaire des registres pour répondre ou échapper, suivant le cas, à certaines nécessités ; et cela, sans qu'on puisse en trouver trace dans le reste de la Comptabilité pour établir la preuve du préjudice causé ; on en a des exemples !

M. Lefebre.

L'Inventaire est l'état de fortune d'un particulier ou d'un commerçant, dressé de la manière la plus exacte possible. C'est pour le commerçant l'estimation de toutes ses dettes passives et actives.

L'Inventaire est fait par le commerçant pour connaître les résultats de ses opérations commerciales pendant le dernier exercice.

(A suivre.)   A. Gagey.

Paris. — Imprimerie Wattier et Cie, 4, rue des Déchargeurs.

DE L'UNIFICATION DE LA COMPTABILITE

RÉPONSES A LA CINQUIÈME QUESTION

Quelle est la manière équitable et vraie de dresser l'Inventaire, et comment doit-on établir l'évaluation ?

M. Lefebvre (*Suite*).

L'Inventaire, étant le point de départ et la base des écritures pour un nouvel exercice, doit être fait avec le plus grand soin. Il doit être sincère et véritable, c'est-à-dire que tout ce qui compose l'Actif doit être pris à sa juste valeur.

L'Actif se divise en sept comptes diversement sujets aux variations d'estimation.

1º Les Immeubles — terrains et constructions.

2º Le Matériel — outillage et mobilier industriel.

3º Les valeurs mobilières — les espèces en caisse, les titres de rente.

4º Les Effets en portefeuille.

5º Les Marchandises — celles en fabrication, celles en magasin.

6º Les Créances — inscrites au Grand-Livre.

7º Le Fonds de commerce.

1º Les Immeubles, terrains et constructions, n'étant pas considérés comme des marchandises, leur prix d'achat doit servir de base pour leur estimation à l'Inventaire jusqu'à la liquidation.

2º Le Matériel, outillage et mobilier industriel doit être inventorié au prix coûtant ; mais, suivant le cas, il sera créé un compte d'amortissement pour que la dépréciation totale soit faite en un temps déterminé.

3º Les valeurs mobilières, espèces en caisse et les titres de rentes, devront être estimés au cours du jour.

4º Les Effets de commerce en portefeuille. Ces effets sont pris à leur valeur nominale, dont on fait le décompte au jour de l'Inventaire. Dans le nombre de ces effets en portefeuille, il en est dont la rentrée est au moins douteuse. Pour ceux-ci, on créera un compte de pertes présumées qui contrebalance la perte supposée sur ces créances.

5° Les Marchandises. Celles en fabrication seront inventoriées au prix coûtant de la matière première, augmenté des frais de main-d'œuvre, jusqu'au jour de l'Inventaire.

Les Marchandises en magasin sont de deux sortes : 1° celles qui sont cotées et réalisables à volonté, ces marchandises seront inventoriées au cours du jour, qu'il y ait hausse ou baisse ; 2° les Marchandises susceptibles de dépréciation telles que les nouveautés, les fantaisies et même les marchandises classiques, mais dont la vente est sujette aux fluctuations du commerce. Ces marchandises seront dépréciées le plus possible, suivant leur nature. Il n'y a jamais danger de les estimer bas, le bénéfice se retrouve plus tard s'il y en a. Du reste, cette expertise est l'affaire des chefs de maison.

6° Les Créances au Grand-Livre. Comme pour les Effets en portefeuille, dont la rentrée peut-être douteuse, on doit faire la part des pertes éventuelles sur telles créances douteuses par un compte de Pertes Présumées, et par un compte de Pertes et Profits, on doit ramener toutes les créances, valeur nette, au jour de l'Inventaire.

7° Le Fonds de commerce doit être inventorié au prix payé et sans variation jusqu'à la liquidation.

M. BOULLEAUD.

L'établissement d'un Inventaire est un point très important, très délicat, sur lequel nous devons porter toute notre attention, quoique les évaluations qui en sont la base, soient du ressort du chef de maison. Si l'on nous demande notre appréciation, nous la donnons, laissant à qui de droit le soin d'en faire tel usage qui lui conviendra.

Je ne crois pas qu'il soit possible d'adopter un mode unique de dresser un Inventaire ; toutefois, il n'est pas impossible d'en généraliser les bases principales, afin que toutes les branches commerciales, industrielles et financières puissent s'appuyer sur les mêmes principes

Le point essentiel et à bien définir est de savoir comment

seront faites les évaluations, tant des Immeubles, Fonds de Commerce, Marchandises, Portefeuille, etc., etc.

Le moyen le plus équitable serait, je crois, l'évaluation au cours du jour, en ayant soin d'ouvrir un Compte de Dépréciations annuelles, qui réduirait, selon le cas, l'importance des diverses évaluations, afin que les prélèvements faits sur les bénéfices que présenterait cet Inventaire, ne viennent pas absorber une partie du Capital.

Je ne considère pas le prix coûtant comme pouvant rendre équitables et vraies les évaluations d'un Inventaire ; attendu, que dans beaucoup de cas, vous aurez telle ou telle marchandise qui vous aura coûté 100 fr., je suppose, et peut au jour de votre Inventaire ne valoir que 20 fr. ; or, si ces marchandises sont inventoriées à leur prix d'achat, vous faites ressortir des bénéfices fictifs que vous ne seriez pas à même de réaliser. On serait en droit de croire à la mauvaise foi de la part du Commerçant qui évaluerait de la sorte, ou tout au moins à une ignorance préjudiciable à tous les points de vue.

C'est donc être prudent et sincère que de faire les évaluations au cours du jour, et de déprécier encore ces dites évaluations. Cette dépréciation passant au Compte spécial, constitue une réserve et fait ressortir dans l'exercice suivant, la plus ou moins value des bénéfices réalisés sur les marchandises écoulées. Ce Compte se solderait comme tous les Comptes-courants à la fin de l'exercice.

Les Valeurs en portefeuille comportent deux catégories :

1º Les Valeurs d'un Recouvrement certain ;
2º   id.   id.   douteux.

La première catégorie aurait à subir la dépréciation qu'occasionnerait leur négociation.

La seconde, celle du Pour cent supposé irréalisable.

Les Comptes-courants débiteurs, doivent être également l'objet de deux catégories, comme les valeurs en portefeuille.

Celle d'un Recouvrement certain doit figurer pour son chiffre net, les débits devant être reportés aux Comptes-courants, escompte déduit.

Celle d'un Recouvrement douteux doit figurer, moins le Pour cent supposé irréalisable.

Les Comptes-courants créditeurs doivent être pris pour leur valeur effective, les écritures ayant été, dans l'un comme dans l'autre cas, c'est-à-dire tant au Débit qu'au Crédit, reportés pour leur montant net.

Le fonds de Commerce ne saurait, à mon point de vue, être évalué à un autre chiffre que son prix d'achat, attendu qu'il y a là une partie du Capital engagé dans les affaires et qui doit toujours être représenté pour sa valeur intrinsèque. Je n'admettrais pas qu'on lui donnât une plus-value, par suite de l'extension de la Clientèle ; ce serait retomber dans le fictif, celle-ci ne pouvant à aucun titre être considérée comme un actif sérieux. Ce serait, en d'autres termes, escompter l'avenir.

Les Immeubles sont dans le même cas que le Fonds de Commerce, et doivent figurer à l'Inventaire pour leur prix d'achat. Ce n'est qu'au moment de la Liquidation que ces deux parties d'une Maison de Commerce donnent des bénéfices ou des pertes.

Je conclus donc en disant que l'Inventaire, établi par l'évaluation au cours du jour, serait équitable et vrai ; qu'en outre, le Commerçant ne pourrait jamais être suspecté, attendu que tout le monde pourrait se rendre facilement compte de la véracité des chiffres de son Inventaire ; que la passassion au Compte-spécial des dépréciations des diverses catégories composant l'Inventaire, serait, indépendamment d'une mesure de prudence pour le Commerçant, la constitution d'un Fonds de Réserve, dont il ne pourrait avoir qu'à se louer.

Quant au Bilan, il est la reproduction résumée de l'Inventaire, par des chiffres groupés intelligemment et présentant d'une manière claire et précise le Passif et l'Actif du Commerçant. La différence existant entre l'un et l'autre, est le Capital ou le Déficit.

M. BAUDRAN.

Généralement, on précède à l'Inventaire à la fin de l'année, ou lors de la dissolution d'une Sociéte, donnant lieu à une liquidation. Dans ce dernier cas, il est d'autant plus onéreux que la période d'exploitation est courte. La perte est moins sensible, au contraire, quand la liquidation vient après un long cours d'opérations, et que par des réserves successives, ménagées en vue de parer à ses conséquences, on a suffisamment amorti certaines valeurs et créances dont la réalisation, pour une somme ainsi amoindrie, ne peut plus causer de mécompte.

Il est aussi important d'établir rigoureusement pour soi un inventaire vrai, comme on le ferait s'il s'agissait d'une Société présentant des intérêts variés et opposés.

On doit donc attribuer aux marchandises et aux créances une valeur facilement et sûrement réalisable, et en considérer la plus ou moins value qu'on leur fait subir, comme un gain ou comme une perte.

La principale préoccupation dans un travail d'Inventaire est du côté des Marchandises et du Matériel auxquels il faut appliquer un chiffre aussi exact que possible, en se désintéressant en quelque sorte dans cette évaluation. Il faut donc se tenir ce raisonnement : Combien serais-je décidé à les payer actuellement, si on me les offrait, et si j'en avais besoin ? ou : Quel prix en obtiendrais-je, s'il me fallait les vendre en ce moment, ne m'étant plus nécessaires ? Et se placer pour déterminer un prix, entre les données qui peuvent se rapprocher ou s'écarter plus ou moins dans ce double rôle.

Pour les Marchandises du magasin, on est également influencé par le prix de revient et le prix de vente. Lequel faut-il adopter ? On peut employer l'un ou l'autre, en restant dans une certaine réserve.

Il est certain que le prix coûtant ou prix de revient qui comprend le prix d'achat et les frais accessoires de toutes sortes : ports, octrois, main d'œuvre ou manutention, part de frais généraux, etc., scrupuleusement appliqués, présente le prix des marchandises qu'on a à inventorier. Que si, au lieu de les avoir achetées, on avait gardé en caisse l'argent dont elles ont occasionné la dépense, on aurait de plus en espèces, et figurant au compte de caisse, ce qu'il est naturel et logique de retrouver en magasin, sous forme de marchandises ; car il faut admettre qu'on n'a payé raisonnablement que ce qu'elles valaient et méritaient, et valent encore, sans tenir compte des cours actuels ou ultérieurs réservés pour le moment de leur réalisation lors de la vente effective.

Si on considère, au contraire le prix de vente, il faut appliquer aux marchandises de l'inventaire, le prix minimum susceptible d'être réalisé et diminué du rendement moyen obtenu sur les ventes de l'exercice précédent, afin de réserver ce gain pour l'exercice suivant, au début ou aux cours duquel la marchandise sera vendue et fournira une valeur fixe, en espèces, effets ou créances. Car si l'on maintenait intégralement à l'Inventaire le prix de vente, on aurait lors de l'opération un résultat nul, puisque ce dernier prix serait le même que celui passé à l'Inventaire, et qu'il ne laisserait aucun excédant pour représenter le gain ou bénéfice, comme les autres ventes de marchandises achetées, entrées pour un prix moindre : le vrai prix coûtant, et sorties pour un prix supérieur : le prix de vente.

M. Voulland, de Montpellier.

L'Inventaire étant le dénombrement des valeurs commerciales et des dettes Actives et Passives, la manière équitable et vraie de le dresser consiste à détailler les articles faisant l'objet des Comptes impersonnels, et à mentionner les créances Actives et Passives telles qu'elles sont données par le relevé des Comptes personnels du Grand-Livre.

Il faut avoir soin de classer sous un Titre de Compte particulier, tel que « Litiges, Clients douteux » toutes celles de ces créances qui paraissent devoir être difficilement réalisées.

L'évaluation des valeurs commerciales doit être établie à leur prix d'achat ; sans tenir compte des variations qu'elles peuvent subir, parce qu'elles n'en sont réellement affectées qu'au moment de leur vente. Ce moment ne pouvant pas être rigoureusement déterminé, le gain ou la perte résultant de ces variations, est purement illusoire.

Ceci s'applique à celles de ces valeurs qui sont de vente courante ; mais il en est d'autres, telles que : Immeubles, Fonds de Commerce, Machines, Ustensiles, etc. qui doivent être évaluées différemment.

Les Immeubles servant à l'exploitation d'une industrie ou d'un commerce, augmentent généralement de valeur plutôt que de décroître : à leur prix d'achat il faut ajouter tous les frais d'entretien dont ils sont susceptibles.

Le Fonds de Commerce, Machines, Ustensiles, etc. sont assimilables aux frais d'installation : leur prix d'achat doit être annuellement diminué d'un tant pour cent proportionné à leur importance, afin de l'éteindre au bout d'un certain nombre d'années.

Cette manière de procéder est à la fois prudente et logique, car il faut toujours se garder d'escompter l'avenir. A la cessation d'un Commerce, mais alors seulement, les valeurs ci-dessus décrites sont réalisées suivant estimation du Cédant et du Prenant. Si elles ne figurent plus à l'Actif du premier, la transaction est bien facilitée, leur produit étant tout en gain.

REPONSES A LA SIXIÈME QUESTION

Comment doit-on présenter le Bilan ?

M. Gros.

Un Bilan doit être fait et présenté d'une manière claire, lucide, donnant bien correctement la position véritable et vraie du Chef de maison, et non embrouillée par des Comptes généraux qui, à cette époque, doivent être entièrement soldés et ne doivent pas être mis à l'Actif pour l'augmenter et former par là un capital fictif qui trompe l'œil et la bonne foi des intéressés.

Cette manière d'opérer, outre qu'elle est déloyale, donne encore plus de travail à la comptabilité, en ce sens que les opérations de l'année suivante sont augmentées des chiffres de l'Inventaire dernier mis en trop.

Loin de nous donc tous ces subterfuges employés par des gens de mauvaise foi !

M. Roura, de Marseille.

Nous craignons de ne pas bien saisir la portée de la question.

Le Bilan est composé de deux parties : l'Actif et le Passif.

La méthode la plus rationnelle est de présenter le Bilan sous forme de tableau, l'Actif à gauche, le Passif à droite.

L'Actif est composé de toutes les valeurs qui sont entre les mains du négociant et du solde de tous les comptes débiteurs, sauf ceux de Frais généraux et de ses subdivisions.

Le Passif est composé de trois parties : 1º les Comptes créanciers ; 2º le Capital primitif ; 3º le Bénéfice de l'exercice.

Le système qui consiste à fondre le Bénéfice dans le Capital avant de dresser le Bilan est défectueux.

On peut dresser le Bilan en faisant suivre les articles, comme au journal ; ce système est surtout employé dans les dépôts de Bilan en matière de faillite ; mais, comme nous l'avons dit plus haut, nous préférons le système sous forme de tableau : l'Actif et le Passif en regard.

M. GUILLAY, de Tours.

Il est difficile de répondre à cette question, en raison de son laconisme.

De quel Bilan veut-on parler ? Dans le langage usuel et commercial, un Bilan est la situation active et passive d'un Commerçant. La Banque de France livre à la publicité des Bilans mensuels. Ces sortes de Bilans, s'ils ne sont pas précédés d'Inventaire, n'ont de conclusion que pour ceux qui en possèdent les secrets.

S'il s'agit du Bilan d'un Commerçant arrêté dans la marche de ses affaires, parce qu'il ne peut faire face à ses engagements, le Bilan est bien simple. Il n'y a plus d'Actif, ou presque plus, mais la dette des fournisseurs et des créditeurs à tous les titres subsiste dans son intégralité. .

Ici, la loi est intervenue dans sa sagesse. Elle dit au Commerçant en défaillance : Justifiez d'une tenue de livres régulière ; démontrez, pour le passé et pour le présent, vos pertes dans l'abaissement du prix de vos marchandises invendues, ou dans leur placement malheureux ; enfin, prouvez que votre impuissance provient de causes indépendantes de votre volonté !

Ce Bilan présente des aspects si divers, qu'il est impossible de les aborder ici.

Les questions auxquelles nous venons de répondre ont pour corollaire obligé les *desiderata* suivants :

(A suivre.)   A. GAGEY.

DE L'UNIFICATION DE LA COMPTABILITE

REPONSES A LA SIXIÈME QUESTION

Comment doit-on présenter le Bilan ?

M. Guillay, de Tours (Suite).

Les questions auxquelles nous venons de répondre, répétons le,
en nous plaçant seulement au point de vue des principes, sans des
cendre aux détails qui pourraient en faciliter l'intelligence, ont pour
corrollaire obligé les *desiderata* suivants :

« Que la loi Française qui impose virtuellement au commerçant,
« mais en termes douteux, la Comptabilité du *Doit* et de l'*Avoir* se
« contrôlant l'un l'autre, la décrète et l'impose d'une manière for-
« melle et expresse.

« Que jusqu'à la promulgation de cette loi, le Comité des Comp-
« tables de France, réuni rue de Lancry, inscrive en tête de sa doc-
« trine la tenue des livres commerciaux en double partie. Qu'il la
« vulgarise en la rendant obligatoire, il aura fait une œuvre méri-
« toire et d'un grand avenir.

« L'Agriculture, l'Industrie et le Commerce de la France qui
« sont entrés dans une ère nouvelle et progressive, depuis l'établis-
« sement des voies ferrées, demandent une Comptabilité bien com-
« prise et donnant des résultats d'une exactitude mathématique.
« N'est-ce pas le cas de la Comptabilité en double partie ?

« N'est-il pas temps enfin que, par l'éducation primaire et élé-
« mentaire, chacun puisse comprendre le rôle que joue le Capital
« dans la fortune commerciale et privée. »

Nous avons dit en commençant que le Capital avait eu ses
autels et ses adorateurs ; nous en trouvons la preuve dans l'histoire
du peuple juif.

Pendant que Moïse, au sommet de la montagne, recevait les
Commandements de l'Eternel, son peuple dans la plaine érigeait la

statue du Veau-d'Or, et lui adressait ses adorations. Une hécatombe humaine formidable fut la peine de ce péché d'idolâtrie. Que dirait Moïse, s'il revenait à la vie ?

Avec nous, sans doute, il dirait : le Royaume depuis si longtemps désiré par les enfants d'Israel est proche, les prophéties vont s'accomplir !

Comme nous aussi, il sourirait en entendant les attaques violentes dont le capital est l'objet, et il se joindrait à nous pour dire :

Oui, le Capital a été, il est et sera bien longtemps encore la base universelle et commune des fortunes commerciales et privées, tout en demeurant la conquête obligée de l'intelligence du travail et de l'épargne?

M. Gagey.

Le Bilan est la récapitulation sommaire de l'*Inventaire*.

Comme l'Inventaire, le Bilan doit être clair, précis, complet et intelligible pour tous.

Dans le dressé de certains Bilans, comme dans celui de certains Etats de situation périodiques (nous en trouvons maints exemples dans ceux livrés à la publicité), il est facile de reconnaître que, prenant pour base la Balance générale des écritures, on se préoccupe peut-être un peu trop du soin de présenter en regard deux totaux égaux, au préjudice du classement régulier des valeurs et sommes qui figurent dans ces Bilans.

C'est ainsi, qu'au respect de l'équation constante de la Partie Double, confondant tant à l'Actif qu'au Passif les valeurs effectives et les écritures « *d'ordre* », on voit figurer, à l'Actif : « les *Frais généraux*, ceux de 1er *Etablissement*, les *Pertes*, etc., etc. » ; et, au Passif : « les *Bénéfices*, le *Capital*, etc.

Si cette façon de présenter la situation n'est pas imparfaite, on conviendra sans peine qu'elle est tout au moins confuse et parfois incompréhensible pour le commun des mortels.

Peut-on supprimer les Comptes généraux au Grand-Livre qui deviendrait ainsi le véritable registre des Comptes courants personnels ?

Est-il possible de diviser les opérations de toute exploitation quelconque par catégories générales, représentées chacune par un Journal spécial, ayant, au verso le libellé, et au recto en regard un tableau synopthique ou à colonnes représentant les subdivisions de la nature générale d'opérations dénommée par le titre du Journal spécial ?

Peut-on, en arrêtant chaque jour les écritures de chacun des Journaux spéciaux, récapituler les totaux de leurs colonnes subdivisionnaires en un tableau synoptique mensuel semblable aux précédents et lorsqu'il y a nécessité cumuler ces totaux, en doublant les colonnes du récapitulatif, et en inscrivant chaque jour, dans chacune des colonnes dites de « cumul » le total général des opérations au jour où on passe l'écriture au moyen d'une addition composée de deux chiffres, celui du cumul de la veille joint au total quotidien du lendemain ?

Soit douze tableaux semblables pour l'année et un treizième pour les récapituler.

Peut-on établir sur les mêmes bases des tableaux synoptiques centraliseurs, dont chaque colonne aurait pour titre celui de chaque Journal spécial ?

Peut-on faciliter ainsi, en fin d'année, le compte-rendu des résultats d'un exercice, par la contradiction ou les différences existant entre les récapitulatifs constatant les *Entrées*, et ceux constatant les *Sorties*, le Journal de Capital étant ensuite rédigé et complété au moyen des résultats obtenus ?

Cette façon de procéder laisserait bien entendu au Journal d'Inventaire tout son caractère de Procès-verbal de constat de la situation au moment de l'Inventaire.

Quant à la Balance, il est facile de se rendre compte qu'elle peut être faite tous les jours ; qu'elle est supérieure ici à celle de la Méthode de Tenue des Livres en Partie Double, en ce qu'elle est plus rapidement faite et, que, lorsqu'il existe des erreurs, elles sont vite trouvées ; en effet, ce ne peut être que telle ou telle colonne du récapitulatif qui ne balance pas avec celle du Journal spécial qui a servi à son établissement.

Je n'ai pas la prétention de présenter ainsi une nouvelle méthode dont je serais l'auteur ; d'ailleurs cette façon de procéder serait-elle applicable dans toutes les Comptabilités quelconques ? — Je l'ignore, n'étant pas le comptable universel, tant s'en faut, mais je crois que les observations que je viens de présenter sous forme de questions pourraient être considérées comme un sujet d'études intéressant au point de vue de l'unification méthodique.

Ne serait-il pas préférable que ces Etats de situation dont quelques-uns portent le nom de « Bilans » et dont la plupart sont dressés sous les rubriques Actif et Passif soient dénommés « Balance des Écritures », que les expressions Actif et Passif soient remplacées par celles « Débit et Crédit et que leurs totaux respectifs soient précédés de cette mention en regard « Balance : Total du Crédit ou Solde débiteur ou créditeur », suivant cas?

Mais, ce qui parait surtout nécessaire et indispensable, c'est que les « Bilans d'Inventaire » portent bien distinctement l'indication précise des totaux réels de l'Actif et du Passif, ainsi que celui du Capital, afin que tout intéressé quelconque puisse, à première vue, se rendre compte de la situation de l'entreprise à laquelle il a confié ses capitaux.

Méthodiquement, je préfère le dressé du Bilan dans la forme d'un compte ouvert au Grand-Livre, c'est-à-dire l'Actif et le Passif en regard l'un de l'autre.

Comme l'Inventaire, le Bilan, quand il en est séparé, doit être daté, certifié véritable et signé par les intéressés responsables.

M. LEFEBVRE.

Le Bilan n'est autre chose que le tableau de tout ce qui compose l'Actif et le Passif d'une Maison de commerce.

Il doit être exact et sincère.

L'Actif se compose de tout ce qui existe dans la Caisse, le Portefeuille, les Biens meubles et immeubles, le Matériel, les Marchandises inventoriées, les Créances et le prix du Fonds de commerce.

Le Passif se compose de ce qui est dû par le Commerçant.

La différence entre l'Actif et le Passif représente le Capital.

M. BAUDRAN.

Quand les écritures sont passées des Livres auxiliaires au Journal, puis reportées au Grand-Livre, on établit mensuellement, trimestriellement ou au moins annuellement le Relevé des Comptes, pour faire ce qu'on nomme la Balance.

Pour que ce document ait l'utilité qu'on en attend, il faut qu'il se résume en un nombre restreint de comptes, par suite du groupement en un seul. de tous ceux d'une même catégorie : Fournisseurs, Clients, qui sont alors considérés en bloc comme ne faisant plus qu'un, et comme s'il y avait communauté et solidarité entre eux.

Le Bilan résulte de ce résumé de la Balance, avec cette différence que l'une, la Balance, produit les chiffres présentant le mouvement des Comptes et Valeurs tant au Débit qu'au Crédit, ainsi que le solde ou différence entre ces deux parties ; tandis que l'autre, le Bilan — à la suite de quelques écritures passées dans le but de transférer ou fusionner certains Comptes ayant un solde qui ne représente aucune valeur réalisable — présente à l'Actif les Soldes débiteurs, et au Passif les Soldes créditeurs. De l'Actif dont on déduit le Passif, se dégage naturellement le Capital indiquant la fortune commerciale du Marchand ou du Négociant.

Et en comparant ce chiffre final au Capital du chiffre initial du même exercice, on peut voir et connaître sa progression ou sa décroissance, c'est-à-dire le résultat, en bénéfice ou en perte (en tenant compte toutefois des Dépenses personnelles).

Mais cette simple comparaison ne suffit pas toujours ; il faut que les chiffres soient expliqués et justifiés par le:

COMPTE DE MARCHANDISES

QUI PRÉSENTE :

Au Débit, l'Apport ou le Solde de l'exercice précédent ;	Au Crédit, les Ventes ;
Les Achats et Frais accessoires : et le Produit brut des Ventes, (à passer au Crédit du Compte suivant.)	(Le gain ou bénéfice en est retranché par sa passation au Débit.) Le montant des Marchandises inventoriées et constituant la Balance.

PROFITS ET PERTES

dont le Débit comprend : Agios, Intérêts, sur Capital ; Escomptes et Rabais accordés, etc. ; Solde du Compte Frais Généraux. Il se balance par une somme indiquant le Bénéfice net à répartir ou à passer au Crédit du Compte Capital.	dont le Crédit comprend Escomptes et Rabais obtenus, etc. ; Produit brut des Ventes.

CAPITAL

Il prend à sa charge le Compte personnel pour dépenses de Maison, etc.	Ce Compte avait au Crédit...	F.	C.
	A ajouter pour Intérêts......	»	»
	— pour bénéfice net...	»	»
	Il balance à nouveau par.....	»	»

Cette Balance doit se rapporter exactement à celle du Bilan.

Tel est le résultat qu'on obtient avec une Comptabilité bien ordonnée, correcte et régulière. Si l'on n'arrive pas à ce point, c'est que les moyens que l'on emploie sont défectueux et incomplets.

Le Bilan doit donc être la reproduction exacte de la situation du Commerçant ; il faut éviter de conserver à l'Actif des comptes qui ne représentent pas une valeur vraie ; ou qu'ils l'indiquent sous un titre qui ne dissimule point la vérité ; comme aussi on ne doit pas écarter du Passif, ni les atténuer, des charges plus ou moins apparentes, mais qui pèsent réellement sur l'Actif qui devra servir à les liquider.

En un mot, le Bilan devrait être vraiment et immédiatement réalisable.

M. Voulland, de Montpellier.

Le Bilan est le résumé de l'Inventaire, il doit par conséquent être présenté sans les détails de celui-ci, et affecter la forme des Balances. En dehors des cas où le Bilan est d'une nécessité absolue, il convient de le faire figurer au Journal annuellement.

M. Lamy

Le Bilan est le résumé sommaire de l'Inventaire, et il est en même temps la représentation du Solde de tous les comptes au Grand-Livre. Il représente par conséquent la situation active et passive du Commerçant, en faisant ressortir exactement le montant de son Capital.

L'identité de ces totaux est la preuve que la Comptabilité est régulière, et que l'Inventaire a été établi conformément aux principes de la partie double. Cette identité doit donc exister absolument ; hors de là, pas de certitude, pas de garantie.

Si le Bilan n'est d'accord qu'avec les Soldes du Grand-Livre, l'Inventaire est faux.

Par contre, si le Bilan n'est d'accord qu'avec l'Inventaire, la Comptabilité est fausse, les écritures sont irrégulières, elles sont mal tenues ; il faut chercher et rétablir l'accord.

La Comptabilité reposant essentiellement sur le bon sens, il est facile de se rendre compte, avec un peu de réflexion, combien est absurde, pour un Comptable surtout, le principe du maintien à l'Actif du Bilan, des Frais généraux, des débiteurs insolvables et des Pertes de toute nature que l'on rencontre notamment dans les Bilans de sociétés par actions.

Pour être correct, il faudrait ouvrir un compte de *Pertes* quand il y en a, mais on s'en garderait bien ; d'ailleurs le bon sens indique aussi qu'on n'ouvre pas des Comptes à des choses qui n'existent pas. Comment alors représenter la perte à l'Actif de l'Inventaire ? Car ne l'oublions pas : l'Actif de l'Inventaire doit représenter effectivement EN VALEURS RÉELLES l'Actif du Bilan du Grand-Livre.

En examinant avec sincérité un Bilan vous devez reconnaître, Messieurs, que — lorsque vous dressez l'Inventaire d'un Commerçant — vous diminuez le montant de son capital quand le résultat de l'Exercice produit une perte ; et que, pour le même cas, si vous ne le diminuez pas, lorsqu'il s'agit d'une société, vous devez reconnaître aussi que vous aidez à tromper les Actionnaires, de complicité avec le Conseil d'administration. Ici, au point de vue professionnel, vous êtes coupables et par conséquent responsables ; mais comme la pénalité n'existe pas, il y en a qui continuent à faire du gachis en toute sécurité.

Le Bilan doit, en principe, servir à la clôture et à la réouverture des écritures du Journal ; mais on renonce généralement aujourd'hui aux anciennes formules de Balance de Sortie et Balance d'Entrée *qui ne sont d'aucune utilité dans la pratique* et font, par conséquent, perdre du temps. Les comptes sont simplement soldés au Grand-Livre et rouverts à nouveau sans écriture au Journal, sauf pour l'écriture de rentrée qui est représentée par le Bilan avec la formule Actif et Passif, bien préférable à celle de Divers à Divers *qui devrait être proscrite de toutes les Comptabilités*, sous telle forme qu'on la présente, parce qu'elle est obscure et ne dit rien, ou dit tout ce qu'on veut en brisant le contrôle et en faisant disparaître les éléments de classification qui servent à l'établissement des tableaux synoptiques.

Quelques Comptables, pour abréger davantage, se contentent même de rouvrir les écritures au Journal avec cette formule bien plus simple encore :

Réouverture des écritures ; montant du Bilan, Fr.... et la somme totale portée dans la colonne en dehors afin de pouvoir faire l'addition mensuelle du Journal qui doit concorder avec la Balance du Grand-Livre.

Cette méthode sténographique parait un peu abrégée, et cependant *elle est suffisante* quand l'Inventaire et le Bilan se trouvent sur un autre registre, avec tous les détails qu'ils comportent.

La Comptabilité est comme une horloge dont tous les rouages fonctionnent dans un mouvement méthodique et régulier qui a pour but d'indiquer l'heure. Ici, l'heure c'est le Bilan ; les rouages sont les Comptes. Il faut donc que tous les Comptes qui ont fonctionné pendant l'Exercice soient représentés à l'Inventaire pour établir avec précision le Bilan.

Cette représentation se fait par quatre colonnes verticales de la manière suivante : les deux premières Doit et Avoir contiennent le montant de tous les comptes du Grand-Livre dont les totaux sont égaux entre eux, comme ils sont égaux au total additionné du Journal ; et en regard, parallèlement, deux autres colonnes représentent chacune le Solde de ces mêmes Comptes, dont les totaux du Débit sont égaux à ceux du Crédit et ne peuvent être qu'égaux, à moins d'erreur ou d'omission.

Ces deux dernières colonnes nous donnent le Bilan.

C'est cette Balance FORCÉE et OBLIGATOIRE, indépendante de la volonté du Comptable et du Chef de Maison, qui fait la sécurité de la partie double et la rend infaillible dans son résultat.

C'EST LA SEULE MANIÈRE D'ÉTABLIR CORRECTEMENT UN BILAN.

Toute autre méthode de partie double, est sans garantie et ne peut être que de la fantaisie, lors même que le Bilan serait exact, sans préjuger cependant des méthodes que nous réserve l'avenir.

(A suivre.)   A. GAGEY.

DE L'UNIFICATION DE LA COMPTABILITE

REPONSES A LA SIXIÈME QUESTION

Comment doit-on présenter le Bilan ?

M. Lamy

Le Bilan est donc la clef de voûte de la Comptabilité ; lui seul, établi de cette manière, peut faire connaître avec certitude la position du Commerçant et le résultat vrai de ses affaires.

C'est sur ce point que les Comptables doivent porter d'abord toute leur attention et tous leurs efforts. Il doivent se donner pour mission de rétablir les vrais principes de la *Partie double,* partout où ils sont attaqués dans leur fonctionnement. C'est en rétablissant l'*unification du Bilan* qu'ils auront l'unification des principes, et par conséquent la base indispensable pour l'unification d'un système ou d'une méthode appropriée plus généralement aux affaires de notre époque ; et c'est aussi par ce moyen qu'ils contribueront à réduire le nombre des faillites *dont une grande partie ne sont que des banqueroutes frauduleuses.*

Les écritures d'une maison ne doivent contenir aucune obscurité, aucun secret, aucun mystère ; les Employés de la Maison doivent pouvoir examiner, vérifier et se rendre compte de toutes les opérations ; les affaires avouables se font au grand jour. C'est le meilleur moyen d'avoir des Employés intelligents et dévoués, et de mériter la confiance des tiers.

C'est le meilleur moyen de former le jugement d'un personnel, dont le commerçant est moralement responsable devant la société, et dont il est du reste le premier à bénéficier.

Plus le personnel est au courant des affaires d'une maison, plus ce personnel s'y intéresse. On ne s'intéresse bien à une affaire que lorsqu'on la comprend et qu'on peut contribuer à son amélioration et à son développement.

23e FASCICULE.

Le Chef de Maison qui possède assez de bon sens pour comprendre ce principe, ne cache rien à des Employés, au contraire, il les tient au courant de ses affaires et des améliorations qu'il projette, il les consulte même et tient compte de leur avis.

Et si le sentiment d'équité est assez fortement prononcé en lui, pour lui conseiller l'application d'une participation aux bénéfices créés en commun, il s'aperçoit bientôt, par l'amélioration annuelle de son Bilan, que la JUSTICE et le BON SENS sont les meilleurs bases pour développer la prospérité d'une Maison.

REPONSES A LA 7ᵐᴱ QUESTION

Y a-t-il lieu de provoquer des réformes légales concernant la Comptabilité ? — Si oui, quelles sont-elles ?

M. GAGEY.

Permettez-moi tout d'abord, Messieurs, de vous remercier de l'empressement que vous avez mis à adopter la rédaction des deux questions qui terminent notre Questionnaire.

Vous avez parfaitement compris que c'était là le couronnement de l'édifice et qu'il était nécessaire d'indiquer au Congrès qui va s'ouvrir prochainement, nos tendances personnelles sur chacun des points saillants que nous avons relevés au cours de nos laborieuses études, auxquelles vous vous êtes livrés avec un dévouement sans bornes, qui vous donne droit à la reconnaissance de tous.

Il s'agit, en effet, de résumer notre opinion tant au point de vue légal qu'au point de vue pratique, sur les réformes possibles à introduire dans la Loi qui régit la matière et dans l'application des principes fondamentaux de notre science professionnelle.

Je réponds aujourd'hui à la 7ᵉ question, concernant les réformes légales.

Traitant des bases fondamentales de la Comptabilité, je m'exprimais ainsi dans le Journal *le Comptable* du 29 février 1880 :

« La Comptabilité doit avoir pour base fondamentale l'INTÉGRITÉ.

Le qualificatif est universel, il comprend la *sincérité*, l'*exactitude*, le contrôle.

« Ces principes sont autant d'axiomes, partout ils sont indiscutables : ils doivent être sanctionnés dans les lois du pays. »

Mon opinion n'a point varié depuis cette époque. N'avez-vous donc pas remarqué que la désuétude dans laquelle sont tombés les articles 8 à 11 du Code de Commerce et les interprétations différentes qu'on peut faire des art. 12 à 17 inclus ne sont, pour la majeure partie, que la conséquence forcée de l'absence de sanction pénale des obligations qu'ils contiennent ?

Quand ces obligations ne sont point remplies, ou qu'elles le sont irrégulièrement, au mépris des intérêts de tous, les Tribunaux consulaires sont désarmés pour sévir.

Il n'existe que la *déchéance de production* des livres irréguliers (art. 13) et il faut voir quelle en est l'application dans la pratique. Alors surtout que le magistrat est en présence de la revendication des droits éventuels contenus dans l'art. 12, restreint et presque annulé par les termes de l'art. 13.

Il y a bien encore la déclaration de *banqueroutier simple*, applicable seulement aux *faillis* (§ 6 de l'art. 586).

Cette législation est assurément insuffisante pour réprimer les désordres sans nombre qui existent dans certaines Comptabilités et pour prévenir les faillites qui en sont la conséquence forcée. Une sanction pénale est donc nécessaire et il est désirable qu'elle soit applicable surtout dans les cas suivants :

1º Lorsque tout Commerçant, QUELLE QUE SOIT SA SITUATION, n'aura pas tenu de Livres ;

2º Lorsque ses Livres ne contiendront pas sa véritable situation, l'historique fidèle de ses opérations ; en un mot, la relation complète de tout ce qui se réfère à son commerce, à sa fortune, sans en rien excepter ni réserver.

En ce qui concerne la Loi existante, personne ici ne songe assurément à son abrogation radicale.

Aux termes de l'art. 8, la Loi ne reconnaît comme *Journal* qu'un registre *unique*, tenu dans les conditions prescrites, c'est-à-dire, énonçant d'une façon suffisamment claire et précise toutes les opérations, afin qu'il ne reste aucun doute au lecteur sur leur nature et les conditions dans lesquelles elles se sont effectuées.

Je ne me livrerai pas sur ce point à des redites inutiles, tous les Jurisconsultes autorisés que j'ai eu l'honneur de vous citer précédemment, sont unanimes à reconnaître l'unité du Livre-Journal.

Or, il est pratiquement démontré, qu'aussitôt que la Comptabilité prend quelque importance, étant donné que la première et la plus élémentaire condition d'une bonne Comptabilité, c'est d'avoir, autant que possible, les écritures constamment à jour, on est obligé de recourir à l'emploi des *Journaux spéciaux* avec report direct au Grand-Livre. Cette initiative intelligente, nécessaire, indispensable suivant cas, est en violation flagrante de l'art. 8 et je repousse absolument cette allégation subtile, à savoir, qu'un journal en plusieurs volumes remplit le vœu de la Loi !

Laisserons-nous donc plus longtemps notre science professionnelle en contradiction avec la Législation qui devrait sanctionner ses principes ?

Laisserons-nous plus longtemps toute Comptabilité régulière au point de vue professionnel et qui rend ainsi tous les services qu'on est en droit d'attendre d'elle, exposée à être frappée de la *déchéance de production* au point de vue de la preuve à faire en justice, dans le cas où la Loi viendrait tout-à-coup à être appliquée à la lettre, alors que le Journal *unique* en serait absent ?

Cette situation suffit à elle seule pour prouver la caducité, pour partie, de l'art. 8, et l'intérêt du Commerçant commande d'en provoquer la modification.

Cette modification est bien simple ; M. Beauchery l'a indiquée avant moi : c'est la *pluralité facultative des Journaux.*

L'art. 9 concerne l'Inventaire.

Il est désirable également que la Loi soit plus précise à cet égard et qu'elle oblige à la détermination des totaux de l'*Actif*, du *Passif* et du *Capital*, aussi bien pour l'*Inventaire* que pour le *Bilan* ; ce, dans le but de faire disparaître au plus tôt ces Etats de situation fantaisistes qui, contenant un certain nombre d'écritures *d'ordre* confondues avec les valeurs effectives, sont dressés avec un tel art et une telle habileté, qu'il est souvent presque impossible, même à un Comptable expérimenté de déterminer le montant réel de l'Actif et du Passif, ainsi exposés, sans se livrer à un travail laborieux et à une étude approfondie, qui restent quelque fois sans résultat.

Prenant pour base la Balance générale des écritures, on s'occupe beaucoup trop, en général, dans le dressé du Bilan, de présenter deux totaux égaux Actif et Passif au préjudice de la clarté de ces comptes rendus qui doivent être intelligibles pour tous

Et, ainsi que je l'ai exprimé, répondant aux questions posées sur l'Inventaire et le Bilan, c'est la confusion même pour le commun des mortels que de voir figurer dans ces états, sous la rubrique : ACTIF, les *Frais de premier établissement*, les *Frais généraux*, les *Pertes*, etc., et sous la rubrique PASSIF, les *Bénéfices*, le *Capital* etc.

Il est désirable également que la Loi oblige le Commerçant à dater, certifier et signer l'Inventaire et le Bilan.

Ces états doivent être certifiés et signés de la main même du Commerçant ; pour les Sociétés en nom collectif, par tous les Associés ; pour les Sociétés en commandite simple, par le ou les Associés en nom ; pour les Sociétés en commandite par actions, par le Directeur-Gérant ; pour les Sociétés anonymes, par le Directeur et le Président du Conseil d'Administration.

Les Inventaires et les Bilans de toutes les Sociétés par actions, doivent en outre être *visés* par les Présidents des Conseils de Surveillance ou les Commissaires-Censeurs.

Ces formalités doivent être légalement obligatoires.

Les articles 10 et 11, concernent les formalités de la cote, du paraphe et du visa, tant critiquées par la majeure partie de nos collègues.

Je me suis prononcé précédemment pour leur maintien et je crois avoir démontré que, loin de favoriser la fraude, comme on l'a prétendu à tort ; si elles ne la prévenait pas absolument, du moins elles servaient dans certains cas à la faire découvrir, par l'authenticité qu'elles donnaient aux écritures de commerce en les sanctionnant, quelle qu'en soit la qualité.

Néanmoins, je reconnais avec le publiciste de l'Evènement, que si ces formalités étaient actuellement remplies par l'universalité des Commerçants, leur exécution pourrait donner à réfléchir au Tribunal de Commerce.

Mais, est-ce que lorsqu'une loi est édictée, on peut se retrancher derrière la difficulté d'application?

Cependant, estimant que le maintien, la modification ou la suppression de ces formalités est soumise aux décisions à prendre au point de vue méthodique, je crois qu'il y a lieu d'ajourner à statuer sur ce point, tout en faisant remarquer que l'extension de ces formalités aux registres des Procès-verbaux des Assemblées générales d'Actionnaires, des réunions des Conseils de Surveillance et d'Administration, serait une mesure sage, prudente et nécessaire.

Un dernier point me reste à examiner, c'est la preuve à faire en justice réglementée par les articles 12 à 17 inclus du Code de Commerce.

La « PIÈCE JUSTIFICATIVE » que le Comité dans l'une de ces dernières séances, a déclaré, très justement, être la *base de la Comptabilité* est appelée à jouer ici un très grand rôle ; vous connaissez mon opinion sur ce point et je n'abuserai pas de votre bienveillante attention.

Il me paraît indispensable que la Loi en rende l'existence obligatoire pour tous, *toutes les fois qu'elle peut être établie*, et qu'elle en ordonne la communication et la représentation, ainsi que les Livres de commerce, dans tous les cas où la mesure est reconnue nécessaire, et n'est point préjudiciable aux intérêts généraux des parties, en dehors du fait à établir ou à prouver.

La Loi doit également en déterminer la teneur d'une façon générale mais précise ; le tout dans le but, de mettre à néant toute entrave à la lumière, afin que la vérité puisse se faire jour et triompher de l'erreur.

Les articles 12 et 17 doivent donc être révisés et refondus entièrement.

En résumé, la Loi doit sanctionner les principes fondamentaux de la Comptabilité, la rendre obligatoire par tous les Commerçants, exiger qu'elle soit, sincère, exacte et complète, et prescrire les pénalités nécessaires pour réprimer tout écart de ces principes.

Au Congrès, il appartiendra de se prononcer sur toutes ces questions et de provoquer des réformes dans la Législation s'il le juge nécessaire et s'il en a la facilité et les moyens, afin que les principes fondamentaux de notre science professionnelle soient enfin sanctionnés par une Loi en rapport avec les besoins actuels.

M. BAUDRAN.

Le Législateur de 1807, en déterminant et en imposant au Commerçant certains Livres pour y inscrire « toutes ses opérations », n'avait pas une idée exacte des besoins du Commerce ni du mécanisme des écritures, non plus qu'il n'avait en vue le développement prodigieux des affaires, et l'importance comme les difficultés de la Comptabilité.

Il a cru que le Commerçant pouvait par lui même pourvoir et suffire à tout : acheter, vendre, recevoir, payer, correspondre, régler, etc., etc., et consigner en même temps tous ces faits sur un Livre-Journal.

La rédaction des articles du Code relatifs aux Livres de Commerce démontre que l'auteur restreignait l'ensemble des affaires d'un Commerçant dans des limites rendant possible d'en effectuer l'enregistrement sous toutes les formes et avec tous les détails nécessaires. La raison et le bon sens régnaient assurément dans son esprit, mais aujourd'hui il ne saurait en être ainsi ; et si l'on peut s'arrêter dans une marche effrénée ou la ralentir, on ne peut rétrograder.

Pour satisfaire aux besoins actuels, il conviendrait d'introduire dans la Loi que le Journal pourra n'être que le résumé sommaire, mais exact et complet des Livres dits auxiliaires considérés comme Journaux spéciaux pour chacune des valeurs marchandises, espèces et effets, et présentant leur mouvement par entrée et sortie sur un ou deux volumes ; et que les chiffres totaux de ces livres, relevés par jour ou par mois, réunis et combinés dans le Journal authentique seraient suffisamment consacrés pour y ajouter foi, comme si le détail en était reproduit en entier sur le dit Journal.

En cas de contestation, la Loi devrait frapper d'une **pénalité** sérieuse le Commerçant dont les livres, soumis à l'examen d'experts compétents, ne rempliraient pas les conditions d'ordre et de sécurité. Qu'on ne se récrie pas sur ce point : il y va de la moralité du Commerce.

Et puis, est-ce qu'on n'est pas tous les jours, à chaque instant. sous le coup des amendes fiscales pour les timbres, quittances, dont la quotité de l'amende est de 59,900 0/0 des droits, ce qui serait la ruine de certaines maisons, si on l'appliquait. Donc, en élargissant les dispositions de la Loi pour faciliter le travail matériel des écritures du Commerçant, il faut en assurer l'observation, par une pénalité juste et sévère.

M. Roura, de Marseille.

La Loi qui régit la matière se trouve indiquée dans le titre II du Code de Commerce, de l'art. 8 à l'art. 11.

L'art. 8 recommande le Livre-Journal, déclare qu'il doit être tenu jour par jour, et désigne en même temps le Copie de lettres comme Livre obligatoire.

L'art. 9 concerne le Livre des Inventaires.

Les art. 10 et 11 se préoccupent du paragraphe du Livre-Journal et du Livre des Inventaires et terminent cette série d'obligations en prescrivant au Négociant de conserver dix ans sa Comptabilité.

Il y a longtemps que le Commerce sent le besoin de la révision de cette jurisprudence et l'on comprend très bien en lisant le texte des dix articles que le Législateur était peu au courant des matières commerciales et encore moins des principes de la Comptabilité.

L'erreur première des obligations prescrites par le Code, est dans le début de l'art. 8 : « *Tout Commerçant est tenu d'avoir un Livre-Journal* ».

Pourquoi un Livre-Journal? C'est, dira-t-on, que ce Livre est destiné à contenir « *jour par jour ses dettes actives et passives, les opérations de son commerce, ses négociations, acceptations ou endossements d'effets et généralement tout ce qu'il reçoit et paye à quelque titre que ce soit* ».

<table>
<tr><td>(A suivre.)</td><td></td><td>A. Gagey.</td></tr>
</table>

Paris. — Imprimerie Wattier et Cie, 4, rue des Déchargeurs.

DE L'UNIFICATION DE LA COMPTABILITE

REPONSES A LA 7ᵐᴱ QUESTION

Comment doit-on présenter le Bilan ?

M. ROURA, de Marseille (*Suite*).

Il est regrettable de ne voir dans l'art. 8 aucune distinction entre le Commerçant dont les opérations ont une certaine importance et le petit Marchand qui, tout en ayant le titre de Commerçant, ne se livre qu'à la vente au détail ; soumettre ces deux classes de Commerçants aux mêmes exigences de Livres, c'est certainement manquer le but proposé.

Cet article dit trop et pas assez. Trop, pour le détaillant, celui-ci ne comprendra jamais le pourquoi d'un Livre-Journal ; aucun ou presque aucun ne se soumet à cette obligation et lorsqu'arrive l'époque malheureuse de la cessation de paiements, poussé par la crainte de la déclaration de faillite et effrayé par les menaces des art. 585 et 586 du Code de Commerce, le petit Commerçant chargera un Comptable plus ou moins adroit de lui confectionner un Livre-Journal.

Ce qui serait plus logique pour le petit Commerçant, ce serait de le mettre dans l'obligation de tenir un Livre de Caisse sur lequel, jour par jour, il inscrirait ses recettes et ses dépenses.

Quant au Commerçant ou Industriel qui se livre à l'achat et à la vente en gros des marchandises, au commerce d'exportation ou à la fabrication, la Loi devrait l'obliger à tenir les Livres de Caisse, Echéances, Factures, Comptes-Courants, Traites et Remises, Copie de lettres, le tout résumé ensuite sur un Livre-Journal et un Grand-Livre, tenus par le système de la Partie Double.

La novation que nous apportons dans cet article est, comme on le voit, l'introduction du système de la Partie Double ; en faire une obligation, c'est mettre le Négociant à même d'avoir dans sa Comptabilité le contrôle qu'il n'obtiendra jamais de tout autre système.

L'art. 9 est parfait dans son esprit, mais sa terminaison est complètement inutile. Nous comprenons très bien que le Négociant sera *tenu de faire tous les ans un Inventaire, sous seing-privé, de ses effets mobiliers et immobiliers et de ses dettes actives et passives*, mais nous supprimons *et de le copier, année par année, sur un registre spécial à ce destiné.*

En effet, il serait préférable d'exiger que le dit Inventaire fut trancrit sur le Livre-Journal pour servir à fermer les comptes d'un exercice écoulé et à ouvrir ceux d'un nouvel exercice.

Ce serait ainsi le moyen de supprimer le Livre des Inventaires qui n'est tenu que dans quelques grandes Sociétés, Maisons de banque ou de commerce importantes, la plupart des Maisons qui emploient la Partie Double, ayant les Inventaires transcrits sur le Livre-Journal et le Grand-Livre.

Les art. 10 et 11 qui ont la prétention d'imposer, pour les Livres de commerce, le paraphe et le visa sous certaines formes prescrites, font complètement fausse route, car il y a dans cette obligation une lacune des plus regrettables et qui a dû, déjà depuis longtemps, sauter aux yeux de ceux qui ont étudié la question.

En effet, à quoi sert de faire viser et de parapher le Livre-Journal et le Livre des Inventaires, soit par un Juge des Tribunaux de Commerce, soit par le Maire dans les villes où il n'y a pas de tribunaux, s'il n'est pas tenu compte dans les Greffes et les Mairies, des Livres qui sont soumis à cette formalité ?

Si tout Négociant doit faire coter et parapher son Livre-Journal, rien n'empêcherait qu'il en fasse viser deux, trois, quatre ; quelle garantie voit-on là pour les intéressés, si on ne peut contrôler les Livres produits au moment d'une faillite, par un Commerçant, avec ceux qu'il a pu présenter au visa du Juge ?

L'expérience nous a démontré que ce sont surtout les Négociants faillis ou banqueroutiers qui ont des Livres soumis à cette formalité.

Pourquoi ne soumettrait-on pas les Livres de commerce à des droits d'enregistrement ; mais tous les Livres sans exception : en dehors des avantages de garanties, cela produirait un impôt dont la répartition serait des plus équitables.

Toutes ces réflexions doivent être mûrement étudiées par ceux qui ont eu l'idée d'essayer de l'Unification de la Comptabilité, pour rendre cette science plus populaire et plus efficace.

M. BIVONT.

Puisque nous abordons maintenant l'examen de la Comptabilité pratique, je viens vous apporter mon contingent d'idées à ce sujet.

Tous nous reconnaissons que l'art. 8 du Code de Commerce doit être réformé, mais il ne faudrait cependant pas exagérer la portée de celui qui nous régit.

Ainsi, par son art. 8, en disant que « Tout Commerçant est tenu d'avoir un Livre-Journal qui présente, jour par jour, ses dettes actives et passives, les opérations de son Commerce, ses négociations, acceptations ou endossements d'effets, et généralement tout ce qu'il reçoit et paie, à quelque titre que ce soit, etc., etc. » Le Législateur a bien compris que cette seule exécution ne le renseignerait pas sur la situation liquide du Commerçant et qu'à côté de cela il y avait autre chose à exiger ; c'est pourquoi il a ajouté son art. 9 prescrivant l'Inventaire annuel.

Maintenant, en ce qui regarde les besoins de la Comptabilité, besoins causés par l'étendue des affaires actuelles, doit-on demander un changement à l'art. 8 ou du moins un paragraphe additionnel destiné à permettre d'établir seulement un résumé succint journalier des opérations effectuées. Certainement. Mais la chose est-elle possible ? Pour moi, oui, puisqu'il y a longtemps qu'on en agit ainsi, sans porter préjudice aux écritures, au contraire. C'est ce que je fais pour ma part. Sans doute, on objectera que j'ai violé la Loi ! c'est vrai, mais c'est avec connaissance de cause et en ce faisant, je me suis reposé sur les Jugements rendus.

La pratique me permet donc de vous dire que la chose est faisable et je vais vous le prouver en abordant le domaine de la démonstration au point de vue du mouvement des Comptes.

Je pourrais vous entretenir de ce qui se passe dans la Maison où je me trouve actuellement ; mais la marche observée par moi se trouvant idendique à celle d'une Maison de Commerce, je préfère m'étendre sur cette dernière pensant que la plus grande partie de nos Collègues ont plutôt travaillé dans cette catégorie.

Dans une Maison de Commerce tenant sa Comptabilité au moyen des Journaux spéciaux, on peut adopter ceux-ci ; c'est le moins que l'on puisse faire :

1° Journal de Caisse ; 2° Journal des Marchandises (Achats) ;
3° Journal des Marchandises (Ventes) ; 4° Journal du Portefeuille ;
5° Journal des Acceptations et Billets à Payer ; 6° Journal des Opérations annexées (ou écritures à transporter à divers Comptes, mais
qui ne peuvent, par leur nature, trouver place sur les autres Journaux spéciaux).

Ici je me vois obligé d'ouvrir une parenthèse et de déclarer que
l'établissement des Journaux spéciaux par jours pairs et jours impairs est indispensable, du moins dans les Maisons où le mouvement
les rend nécessaire. On ne peut pas s'y soustraire. Nous ne pouvous
rester ici que dans la pratique et mettre de côté tout ce qui peut
être admis en théorie ou pour les besoins du développement, mais
qui ne se justifie plus dès qu'on aborde le travail manuel.

Vous savez très bien comment cela se passe pour le report des
écritures, soit aux Comptes courants, soit au Grand-Livre. Vous
retirez le Journal des Débits des mains du Tribun ou du Facturier.
Avant d'en faire le report aux Comptes, vous vérifiez les calculs ;
car je ne suppose pas que vous ayez l'intention d'y glisser les erreurs
qui ont pu être commises. Vous me direz que les Maisons de Commerce importantes ont deux Tribuns coopérant aux débits et aux
factures et se vérifiant entre eux. C'est vrai, mais nous ne pouvons
nous arrêter à ces exceptions, parce que nous sommes forcés de
descendre aux petites Maisons qui ne peuvent se payer ces Employés
et nous donnons alors forcément raison à notre collègue Foucault et
conséquemment tort à M. Guyard qui prétend qu'il faut de préférence s'occuper de la Comptabilité des grandes Maisons, attendu
qu'il est toujours facile de faire petitement. Je crois que c'est une
erreur et que nous devons rester dans un juste milieu ; car si la
Comptabilité doit être identique au fond, elle varie dans la forme et
à mesure qu'elle est plus mouvementée, parce que les grandes
Maisons peuvent s'offrir tout ce qu'il faut pour l'entretenir, en
prenant pour la diriger des gens capables que leurs moyens permettent de rétribuer convenablement, ce qui n'est pas permis aux
modestes Maisons qui sont dans l'obligation de prendre des personnes qui, moins expérimentées, sont généralement moins exi-
geantes.

Pour qu'il n'y ait dans notre profession que des hommes capables,
il faudrait qu'on introduisît l'enseignement de la Comptabilité dans

toutes les écoles. Il faudrait songer à cela, s'y préparer et surtout ne confier cet enseignement qu'à des gens du métier.

Ceci dit, je reviens à l'étude de notre Comptabilité.

Je prends mon Livre-Journal de Caisse et dresse à la sortie des espèces les opérations suivantes ; cette seule démonstration suffira, je ne répéterai donc pas les autres Livres.

18 janvier 1880

Débiteurs Comptes courants.	Séjourna	2.000	»	
Fournisseurs Comptes cour.	Dugar............	1.000	»	
Id.	A. Esquina........	3.000	»	
Lettres et Télégrammes	Timbres-poste.....	50	»	
Fournisseurs Comptes cour.	Homeyr..........	200	»	
Dépenses diverses	Voiture	2 50		
Id.	Compagnie du Gaz.	37	»	
Fournisseurs Comptes cour.	Reissac...........	100	»	
Dépenses diverses	Facteur du télégr.	» 10		
Loyers, Cont^{ons}, Assurances	Contributions.....	210	»	
Dépenses diverses	Enveloppes.......	9	»	
Id.	Timbre prop^l.....	» 40		
Claude et C°	Claude et C°......	10.000	»	
Profits et Pertes	Déficit de caisse...	10	»	16.619 00

Voici donc une sortie inscrite au fur et à mesure. Hors ligne figure le montant total de toute la journée.

Le plus pressé (car je suppose les Comptes courants établis hors du Grand-Livre) est de passer directement à ces Comptes. Pour cela en regard de chaque opération j'y inscris la nature du Compte même du Grand-Livre, afin d'aider au dépouillement. L'employé chargé de ce travail ne s'occupera donc que de ces Comptes, c'est-à-dire de tout ce qui regarde seulement *les Débiteurs Comptes courants* et *les Fournisseurs Comptes courants*, en y joignant les libellés.

Ceci fait, nous établissons les écritures au Livre-Journal-Récapitulateur et disons simplement :

18 janvier 1880

Divers	A	Caisse		

Pour espèces sorties ce jour suivant détail au Livre de Caisse, à supporter par chacun des Comptes ci-après :

Débiteurs Comptes courants...	2.000	»	
Fournisseurs Comptes courants......................	4.300	»	
Lettres et Télégrammes.....................	50	»	
Dépenses diverses..........................	49	»	
Loyers, Contributions et Assurances...................	210	»	
Claude et C°...........................	10.000	»	
Profits et Pertes...........................	10	»	16.619 »

Vous voyez que le Journal prend peu de place, et que l'on pourrait en faire beaucoup dans une journée. Nous avons récapitulé nos 16,619 fr. en créditant le Compte de Caisse par les Débits de ceux qui doivent les supporter.

Nous avons maintenant le report à faire au Grand-Livre.

CAISSE   AVOIR

1880, janvier 18, par divers f°.... 16.619 »

Débiteurs Comptes courants.

1880, janvier 18, à Caisse........ 2.000 »

Le Commerçant, trouvant toujours sur les Journaux spéciaux tous les renseignements dont il peut avoir besoin, il est inutile de libeller les articles des Comptes qui n'intéressent que lui. Le bloc suffit.

On a émis plusieurs fois l'avis que le Livre-Journal pouvait être supprimé, ce qui implique le report direct des Journaux spéciaux au Grand-Livre. Je trouve cela très défectueux. La chose est possible, car rien n'est impossible ; mais il faut en ce cas une main expérimentée et capable de prévoir ce qui pourrait détruire les Balances et même les annihiler. Or, dites-moi si dans l'article de Caisse que je viens de mettre sous vos yeux, il sera facile à tous d'en faire le compulsoire avec plus de régularité qu'en ayant recours au Livre-Journal-Centralisateur ; je ne le crois pas, à moins cependant qu'on ait l'intention d'en faire le report direct, ligne par ligne, ce qui accroît alors le travail, ou en compulsant par simples notes, ce qui est très mauvais.

Je ne terminerai pas sans vous dire que, dès que j'ai fait le report de mes Journaux spéciaux au Livre-Journal-Récapitulateur, je sais exactement si rien n'a été omis. Il est assez bizarre qu'aucun auteur n'ait jamais parlé de ce contrôle. En effet, je n'ai jamais vu s'agiter cette question, ni dans les traités pas plus que dans les conversations ; c'est pourquoi je ne crois pas être téméraire en m'en attribuant la paternité, sauf preuve contraire.

Voici la manière de procéder :

Les Journaux spéciaux, ou Livres auxiliaires si vous voulez, qu'ils soient tenus par Débit et Crédit comme la Caisse, ou de suite à suite pour la plupart des autres, sont tous additionnés sans aucune interruption. De cette observation il résulte que toutes les additions des Journaux spéciaux réunies présentent le même total général que celui exprimé par le Livre-Journal-Récapitulateur, ce qui fait que chaque jour, au moyen d'un petit Livre établi à cet effet, je me rends un compte exact, ainsi que je l'ai dit plus haut, de sorte que chaque jour l'addition du Journal est certaine. Vous comprenez l'avantage à la fin de chaque mois de ne plus être astreint, en cas d'inexactitude dans ma Balance générale, à rechercher les erreurs au Journal, puisqu'il ne peut y en avoir, et vous savez combien de fois et combien de pages on additionnait et réadditionnait rien que sur ce Livre.

Aussi, depuis que j'emploie ce moyen, je ne me rappelle pas avoir passé plus de deux heures, ou au plus une matinée, à la recherche d'erreurs de Balance, et encore j'ai toujours avec cela des Balances partielles. Je recommande ce système à tous ceux qui aiment la promptitude.

Voici comment j'établis mon Tableau de Contrôle Récapitulateur :

Caisse .... { par Doit.....................	119.000	»
{ par Avoir....................	108.000	»
Marchandises (Achats), de suite à suite...........	92.000	»
Marchandises (Ventes), »	133.000	»
Portefeuille, »	56.000	»
Acceptations et Billets à Payer, de suite à suite...	14.000	»
Opérations annexées, » ...	63.000	»
Total des Journaux spéciaux cumulés et égaux à l'addition du Livre-Journal-Récapitul^r...	585.000	»

Étudions le moyen d'obtenir rapidement les Balances, de manière à ce que tout le monde puisse les employer. Nous devons d'autant plus nous en occuper que pour proposer au Législateur de parfaire le Code de Commerce, il nous faudra appuyer notre demande des preuves les plus évidentes, au nombre desquelles on doit en première ligne placer les Balances.

M. PERROT

L'examen des Livres de Commerce au point de vue légal a remis de nouveau en discussion la question tout entière du Journal. Il ne faut pas s'en étonner et encore moins s'en plaindre, car c'est de la solution de cette question que dépendra en **grande** partie l'unification de la Comptabilité.

En mettant à l'écart le Journal unique, devenu impraticable dans l'état actuel des affaires, pour le remplacer par des Journaux spéciaux, les Comptables ont eu pour but de satisfaire aux besoins du Commerce, et ils ont eu raison.

D'un autre côté, en voulant résumer tous les Journaux spéciaux dans un Journal central, général ou centralisateur, ils ont poursuivi un autre but : satisfaire purement et simplement aux prescriptions de l'art. 8 du Code de Commerce, et ils ont eu tort, car il est permis de douter que ce but lui-même ait été atteint.

Quoi qu'il en soit, il est certain que la question devait être examinée, avant tout, au point de vue de l'utilité.

Or, je le demande, où est l'utilité du Journal central ? en quoi est-il plus utile que son aîné, le Journal unique, condamné par tous les Comptables ? quels services peut-il rendre par lui-même ? dans quelle occasion peut-il être consulté utilement ?

N'est-il pas évident que, du moment où le Journal ne pouvait plus être le point de départ de la Comptabilité, que, du moment où il devenait la conséquence des Journaux spéciaux, le sommet de la Comptabilité, n'est-il pas évident, dis-je, que ce Journal devait subir une transformation radicale, par suite de laquelle il devait ressembler à l'antique Journal unique, comme le faîte d'un édifice ressemble à la base de ce même édifice.

La logique et le bon sens indiquent clairement que ce résumé de toute la Comptabilité doit récapituler, d'après une *nomenclature des Comptes*, toutes les opérations déjà classées méthodiquement et d'une manière rationnelle dans les Journaux spéciaux.

Ce résumé doit être le lien au moyen duquel toutes les parties éparses de la Comptabilité seront fortement unies pour former un tout complet.

(A suivre.) A. GAGEY.

Revue de la Comptabilité, 7, *rue Barbette, Paris.*

Paris. — Imprimerie Wattier et Cie, 4, rue des Déchargeurs.

DE L'UNIFICATION DE LA COMPTABILITE

REPONSES A LA 7ᵐᴱ QUESTION

Comment doit-on présenter le Bilan ?

M. Perrot (*Suite*)

Ce résumé consiste dans les *Balances quotidiennes cumulées* établies avec les seuls éléments fournis par Les Journaux spéciaux, pourvu que chacun de ceux-ci comprenne, tant au Débit qu'au Crédit, trois colonnes : l'une pour recevoir les sommes affectant les *Comptes personnels*, une autre celles qui s'appliquent aux autres Comptes généraux, et enfin la troisième destinée à recevoir les *totaux quotidiens*. Il suffit d'avoir un aperçu du jeu des Comptes pour comprendre combien il est facile d'établir la Balance dans ces conditions et avec ces seuls éléments.

Ces Balances quotidiennes cumulées sont la conséquence obligée des Journaux spéciaux dont elles sont le contrôle perpétuel ; elles contrôlent également les Comptes personnels, car la Balance des soldes de ces Comptes doit toujours être en concordance avec le compte *Divers* et la Balance générale.

A tous ces titres, les Balances quotidiennes cumulées pourraient être revêtues, comme le Livre des Inventaires, des formalités légales.

M. Voulland, de Montpellier

Les prescriptions du Code de Commerce relatives à la Comptabilité, faisant l'objet des articles 8 à 14, sont pour la plupart inapplicables, notamment tout ce qui se rapporte à la tenue du Journal.

Ces prescriptions ne sont plus de notre temps ; du reste, elles sont généralement inobservées et par les Commerçants et par les Juges des Tribunaux de Commerce.

Un tel état de choses demande à être réformé, la loi doit être mise d'accord avec les opérations du Commerce et de l'Industrie moderne, et surtout, ne pas entraver et compliquer le travail de Comptabilité. De même que, dans un différend soumis à son arbitrage, le Juge pour s'éclairer a plutôt recours aux documents authenthiques qu'aux livres des parties ; de même aussi, la loi, pour connaître la vraie situation d'un Commerçant, devrait exiger la pièce comptable justificative, autrement dit la Balance de Situation. Cette Balance ne pouvant s'obtenir sans le concours des Livres régulièrement tenus, et qui lui servent de contrôle en la rendant obligatoire deux ou quatre fois par an, même davantage ; on impliquerait dans cette obligation la tenue correcte et sincère des Livres d'où elle émane.

La loi préviendrait ainsi un grand nombre de désastres commerciaux ; car, les neuf dixièmes des Chefs de Maison, bien que pourvus d'une Comptabilité, marchent complètement en aveugles d'un Inventaire à l'autre.

M. Lamy

La science étend de plus en plus ses applications dans toutes les branches de l'activité sociale. Elle nous démontre en même temps combien la Législation apporte d'entraves aux progrès et aux améliorations de toute nature. Aussi avons-nous, comme Comptables, à demander des réformes dans cette Législation pour que le travail d'aujourd'hui ne soit plus entravé par la Loi de la veille, et pour que celui de demain puisse bénéficier des découvertes récentes qui se produisent chaque jour.

En ce qui concerne la Comptabilité, nous pourrions nous borner à réclamer simplement l'abrogation de toutes les prescriptions du Code de Commerce qui en régissent la forme, y compris l'art. 84 qui n'a pas été formulé par un Comptable, et demander leur remplacement par un article unique, ainsi conçu :

« Tout Commerçant est tenu d'avoir une Comptabilité
« représentant tout son Actif et tout son Passif, ainsi que
« l'Enregistrement de toutes ses opérations, lesquelles
« doivent être justifiées.

« Cette Comptabilité doit être communiquée a tout requé-
« rant, en ce qui le concerne, quand il en a fait la demande
« régulièrement ; il a le droit d'en prendre ou d'en faire
« prendre copie. »

Mais nous avons un moyen bien plus simple et tout-à-fait à notre portée, pour obtenir ces réformes, sans l'intervention du Législateur, auquel nous ne devrions pas recourir sans cesse. Et nous devrions y recourir d'autant moins que dans un État où le peuple est souverain, chacun a le droit et le devoir de s'occuper, individuellement ou collectivement, de l'organisation sociale et de ses perfectionnements : l'initiative et le concours de chacun contribuant à diminuer ainsi les charges et à simplifier l'administration des affaires publiques.

Voici ce moyen : les Comptables n'ont qu'à se réunir pour mettre en commun leur expérience et leurs connaissances au profit de la science professionnelle. (Vous voyez que c'est bien simple et à la portée de tous les Comptables de chaque ville, dans chaque pays.) Ils pourraient ainsi, par la discussion, déterminer eux-mêmes les règles et les principes de leur profession mieux que ne sauraient le faire des étrangers. Et il leur serait bien plus facile, en outre, d'en obtenir l'application, puisqu'ils s'en chargeraient eux-mêmes. On se soumet plus volontiers aux Lois qu'on a créées qu'à celles qui vous sont imposées.

Par ce moyen, les Comptables obtiendraient d'une part l'indépendance absolue de leur science professionnelle qui ne relèverait plus que de leurs délibérations, et d'autre part, ils déchargeraient le législateur d'un travail aride et fatiguant en lui permettant ainsi de reporter ses soins sur d'autres réformes où sa compétence pourrait s'exercer avec plus de fruit ; car nous ne devons pas perdre de vue que la confection de nos Lois est très coûteuse, et que, quand nous pouvons diminuer les Frais Généraux du Pays, c'est un devoir à remplir.

Les Comptables n'ont donc qu'à se mettre à l'œuvre en organisant leur Chambre Syndicale, d'abord dans les grands centres industriels, où la vie des affaires est plus active. Une fois organisés, ils n'auront qu'à échanger entre eux ou par l'intermédiaire de la *Revue de la Comptabilité*, les résultats de leurs travaux jusqu'à ce que l'Unification des méthodes par genres d'industries et de commerce similaires soit arrêtée ; ou tout au moins une méthode uniforme dans les Comptes Généraux et dans la manière de les consigner au Grand-Livre sous forme de tableaux synoptiques : nous aurions ainsi des Balances uniformes. Ce serait un point de départ pour créer la science de la Comptabilité.

Il serait possible alors d'arriver à créer une méthode qui servirait à l'enseignement de la Comptabilité dans toutes les écoles ; surtout si elle était précédée d'une autre méthode plus élémentaire qui initierait d'abord l'enfant aux premières notions d'enregistrement et de classification des comptes, comme on en peut trouver les éléments dans la vie de famille. Nous ne tarderions pas à voir par l'uniformité des principes économiques, statistiques et juridiques, qui résulterait de cet enseignement, s'il était complet, se produire rapidement une amélioration dans les affaires privées, comme dans les affaires publiques, au grand avantage des Commerçants et des Contribuables.

RÉPONSES A LA 8ᵉ ET DERNIÈRE QUESTION

Y a-t-il lieu de provoquer des réformes dans l'application des principes ?
Si oui, quelles sont-elles ?

M. Gagey.

Nous sommes ici sur le terrain purement méthodique ; et c'est là, je crois, le cadre que le conférencier du 24 Avril 1879 avait paru vouloir tracer à nos études.

Avait-il raison ? avait-il tort ? Le Congrès jugera !

Quant à moi, j'estime que nous avons bien fait de nous étendre et d'examiner les autres questions soulevées précédemment, attendu qu'on ne peut prétendre unifier la Comptabilité sans les aborder, c'est-à-dire en se contentant d'unifier la Tenue des Livres.

Mais, après nous être expliqué sur les principes fondamentaux et sur la question légale, force nous est bien d'aborder la méthode, qui découle naturellement des principes dont elle règle l'application.

Vous avez rejeté radicalement l'*ancienne* Partie Simple ; vous avez déclaré que la Partie Double était, jusqu'alors, la méthode reconnue la meilleure ; vous avez constaté que le Journal-Grand-

Livre, tel qu'il est généralement pratiqué actuellement, n'était qu'un perfectionnement de la Partie Double, le tout sans rien préjuger de ce qui pourrait se présenter ultérieurement.

Divers auteurs vous ont soumis leurs ouvrages et j'ai tout lieu de penser que nous trouverons dans les Rapports de nos Commissions, chargées de leur examen, les éléments nécessaires pour fixer notre opinion.

Parmi ces ouvrages, je crois devoir attirer votre attention d'une façon toute particulière sur ceux-ci : 1° l'ouvrage de M. Pigier, qui est, je crois, le dernier mot en Partie Double ; 2° celui de M. Guilbault, qui est le meilleur et le plus complet des traités d'administration comptable de nos grandes industries ; 3° de M. Poitrat, qui est un système tout particulier basé sur la Partie Simple ; 4° enfin de M. Beauchery, basé sur le même principe et que vous connaissez presque tous.

M. Beauchery vous a présenté une idée nouvelle : j'estime qu'il faut l'examiner sérieusement.

La troisième Commission d'examen des Méthodes me permettra de lui dire, avec ma franchise habituelle, sans parti pris et en toute liberté d'opinion, que son Rapport sur l'ouvrage de M. Beauchery est incomplet.

L'honorable Rapporteur s'est trop attaché à relever les points saillants qui caractérisent l'originalité de ce livre. L'auteur a par trop mêlé les questions politiques à celles de la Comptabilité — je l'admets — la critique a sa valeur — mais elle est insuffisante pour nous éclairer sur cet ouvrage, au point de vue méthodique.

J'ai lu attentivement le livre de M. Beauchery, surtout son édition populaire que je préfère à la grande édition.

Vous remarquerez, Messieurs, dans cet ouvrage l'excellente classification des Comptes, ou plutôt la division logique des natures générales d'opérations et l'introduction, sur une plus large échelle et d'une meilleure disposition que le Journal-Grand-Livre, des tableaux synoptiques dont ce dernier est l'idée-mère, c'est-à-dire la première apparition du système à colonnes dans la Comptabilité, premier échec à l'antique Partie Double !

Vous remarquerez aussi dans le Système Beauchery la séparation bien nette dans les résultats du *bénéfice commercial* du *bénéfice du Commerçant.*

Je crois, comme cet auteur, qu'il est possible :

1º de *supprimer le langage* de convention *de la Partie Double*, qui rencontre de sérieuses difficultés dans l'Enseignement ;

2º de supprimer le *Journal unique*, tenu conformément à la Loi, en le remplaçant par les *Journaux spéciaux*, application passée depuis longtemps dans le domaine de la pratique ;

3º de supprimer les Comptes Généraux au Grand-Livre, en les remplaçant par des tableaux synoptiques subdivisant les Journaux spéciaux, représentants originaires des susdits Comptes Généraux.

Des tableaux synoptiques partout, voilà pour moi la Comptabilité de l'avenir !

Il est évident que, si les suppressions que je viens d'indiquer sont possibles ; si, en agissant ainsi, on obtient un Contrôle certain des écritures, il y aura économie de temps, réalisée de suite, et une plus grande sécurité pour les écritures, celles originaires n'étant plus recopiées sur aucun registre (1).

Chacun devant faire connaître ici son opinion, je me contente de poser simplement la question dans ce sens :

Peut-on supprimer les Comptes généraux au Grand-Livre qui deviendrait ainsi le véritable registre des Comptes courants personnels ??

Est-il possible de diviser les opérations de toute exploitation quelconque par catégories générales, représentées chacune par un Journal spécial, ayant, au verso le libellé, et au recto — en regard — un tableau synoptique ou à colonnes représentant les subdivisions de la nature générale d'opérations dénommée par le titre du Journal spécial ?

Peut-on, en arrêtant chaque jour les écritures de chacun des Journaux spéciaux, récapituler les totaux de leurs colonnes subdivisionnaires en un tableau synoptique mensuel semblable aux précédents et lorsqu'il y a nécessité cumuler ces totaux, en doublant les colonnes du récapitulatif, et en inscrivant chaque jour, dans chacune des colonnes dites de « cumul » le total général des opérations au jour où on passe l'écriture au moyen d'une addition composée de deux chiffres, celui du cumul de la veille joint au total quotidien du lendemain ?

(1) Ce qui suit du discours de M. Gagcy a déjà été publié — par erreur — aux pages 170 et 171.

Soit douze tableaux semblables pour l'année et un treizième pour les récapituler.

Peut-on établir sur les mêmes bases des tableaux synoptiques centraliseurs, dont chaque colonne aurait pour titre celui de chaque Journal spécial ?

Peut-on faciliter ainsi, en fin d'année, le compte-rendu des résultats d'un exercice, par la contradiction ou les différences existant entre les récapitulatifs constatant les *Entrées*, et ceux constatant les *Sorties*, le Journal de Capital étant ensuite rédigé et complété au moyen des résultats obtenus ?

Cette façon de procéder laisserait bien entendu au Journal d'Inventaire tout son caractère de Procès-verbal de constat de la situation au moment de l'Inventaire.

Quant à la Balance, il est facile de se rendre compte qu'elle peut être faite tous les jours; qu'elle est supérieure ici à celle de la Méthode de Tenue des Livres en Partie Double, en ce qu'elle est plus rapidement faite et, que, lorsqu'il existe des erreurs, elles sont vite trouvées; en effet, ce ne peut être que telle ou telle colonne du récapitulatif qui ne balance pas avec celle du Journal spécial qui a servi à son établissement.

Je n'ai pas la prétention de présenter ainsi une nouvelle méthode dont je serais l'auteur ; d'ailleurs cette façon de procéder serait-elle applicable dans toutes les Comptabilités quelconques ? — Je l'ignore, n'étant pas le comptable universel, tant s'en faut, mais je crois que les observations que je viens de présenter sous forme de questions pourraient être considérées comme un sujet d'études intéressant au point de vue de l'unification méthodique.

M. ROURA, de Marseille.

Nous avons déjà affirmé que la méthode de la Partie Double devait être la base de toute bonne Comptabilité et que, dans ce système, le Livre-Journal et le Grand-Livre indépendants présentaient les meilleures garanties ; mais, si le Journal et le Grand-Livre doivent représenter le résumé et comme l'abrégé de la Comptabilité générale, l'installation des Livres auxiliaires doit être l'objet des soins les plus assidus et être également soumise à des principes de méthode longuement étudiés.

Nous rappelons ici notre opinion antérieurement émise, que

l'installation des Livres auxiliaires devrait dépendre de la nature et de l'importance du Commerce auquel ils devraient être destinés.

Y a-t-il donc des principes d'installation à établir avant tout ?

Cela va sans dire et nous nous contentons dans cette courte notice de les énumérer :

1º Réduire les Livres auxiliaires au plus petit nombre possible en évitant cependant que le même registre puisse contenir des opérations de nature différente ;

2º Observer une réglure soigneusement étudiée et soumise à l'épreuve de l'expérience, en repoussant les colonnes inutiles ou formant double emploi ;

3º Veiller à ce que chacun des Livres auxiliaires puisse servir à des passations d'articles de Comptabilité, par groupe et par période, de façon que ces livres puissent offrir les détails et le Journal les totaux ou résumés des opérations ;

4º Une des questions les plus importantes de l'installation, est la méthode à suivre pour les Comptes courants.

Les systèmes employés peuvent se diviser en trois sortes : 1º Compte ouvert, au Grand-Livre, à chaque Client ; 2º Comptes collectifs, au Grand-Livre, par série de Débiteurs, et dans lesquels tous les éléments peuvent servir à trouver les positions. Dans ce système, les clients principaux doivent avoir des Comptes séparés ; 3º Un Livre spécial de Comptes courants, représenté par un Compte collectif au Grand-Livre ; 4º tous ces divers systèmes peuvent être modifiés suivant les exigences du Commerce ou de l'Industrie ; toute règle absolue en matière de Comptes courants et de Comptes particuliers doit être évitée ; 5º Tout bon Comptable doit se tenir en garde contre les méthodes particulières qui auront toujours le désavantage de n'être comprises et acceptées que par un petit nombre de dévots, telles sont les méthodes Américaine, Lyonnaise, de la Ligne droite, du Journal-Grand-Livre, etc. ; jamais aucun de ces systèmes ne pourra être admis pour répondre à l'Unification de la Comptabilité.

(A suivre.) A. GAGEY.

REVUE DE LA COMPTABILITÉ, 7, *rue Barbette, Paris.*

Paris. — Imprimerie Wattier et Cie, 4, rue des Déchargeurs.

DE L'UNIFICATION DE LA COMPTABILITE

RÉPONSES A LA 8ᵉ ET DERNIÈRE QUESTION

Y a-t-il lieu de provoquer des réformes dans l'application des principes ?
Si oui, quelles sont-elles ?

M. Baudran.

On doit entendre par *Unification de la Comptabilité* l'adoption de principes vrais et reconnus, et des moyens uniformes admis et pratiqués

Il faut donc un Livre spécial pour le mouvement de chaque valeur : *Marchandises*, par Achats et Ventes ; *Caisse*, par Recettes et Paiements ; *Portefeuille*, par Entrée et Sortie d'Effets, dont la première partie de chacun d'eux indique les Comptes à créditer, et la seconde partie les Comptes à débiter. *Effets à Payer* mentionnant les billets souscrits et les acceptations à passer au débit des bénéficiaires ; et leur acquittement à passer au Crédit soit de la Caisse lorsqu'on paie en espèces ces effets, soit d'un Banquier ou Correspondant qui les remet en Compte.

Par contre, les valeurs sont débitées lorsqu'on crédite les Personnes, et créditées lorsqu'on les débite.

Un cinquième Livre est nécessaire pour toutes les écritures dont l'objet ne se rapporte pas à un mouvement des valeurs précitées.

Les Comptes à débiter par ce Livre ont leur contre-partie par les Comptes à créditer.

Il y a donc ainsi constamment Balance, équilibre ou compensation, ce qui est le principe essentiel et fondamental de la Comptabilité, principe qu'il est indispensable d'appliquer, en le recommandant et en l'imposant.

M. Voulland, de Montpellier.

Les réformes à provoquer dans l'application des principes, doivent avoir pour objet : 1° de rendre semblable la Comptabilité des Maisons faisant le même genre d'affaires ; 2° de mettre la Comptabilité en harmonie avec les opérations du Commerce moderne.

Pour atteindre ce résultat, il faudrait — en prenant pour base le principe de l'Equation — codifier, pour ainsi dire — par une classification logique — les règles d'après lesquelles on doit passer écriture des faits commerciaux, suivant l'ordre dans lequel ils se produisent, et simplifier les moyens d'exécution pour les rendre beaucoup plus rapides qu'ils ne le sont en général.

26ᵉ FASCICULE de 4 pages seulement.

Il serait téméraire de penser que l'œuvre d'un seul soit parfaite et conséquemment acceptée par tous. Aussi ne doit-on voir dans la question posée qu'une invite à décrire les procédés particuliers pour fournir les éléments nécessaires à la solution du problème. Le travail ci-après a été fait à ce point de vue.

CLASSIFICATION.

Les Livres principaux de toute Comptabilité sont le Journal et le Grand-Livre. C'est à leur tenue que s'appliquent principalement les réformes à réaliser.

Journal. — Les articles du Journal doivent comprendre le mouvement des Comptes, pendant une période régulière de quinze ou trente jours, et se consigner d'après l'ordre des opérations, savoir :

Ventes.............. Achats..............	} Marchandises.
Recettes............ Paiements...........	} Caisse.
Emission de Mandats. Négociations	} Traites et Remises.
Virements .... Redressements	} Divers.

Les Comptes Généraux, affectés régulièrement des articles ainsi disposés, et ces articles eux-mêmes fournissent des renseignements très utiles que l'on ne peut avoir quand on ne procède pas dans cet ordre.

Grand-Livre. — Le classement des Comptes au Grand-Livre doit se faire de la manière suivante :

Comptes personnels (Acheteurs, Fournisseurs) ; Comptes spéciaux (Banquiers, Patrons, Commanditaires, Succursales) ; Comptes généraux (Valeurs impersonnelles).

Le Relevé des Comptes disposés dans cet ordre, dans un seul Grand-Livre ou dans plusieurs, permet de grouper par catégories tous les Comptes de même nature, avantage sur lequel il n'est pas besoin d'insister, et que ne peut procurer leur éparpillement arbitraire.

Si l'on emploie plusieurs Grands-Livres, l'un d'eux doit contenir tous les Comptes spéciaux et généraux, ceux-là même qu'il convient de soustraire à la curiosité indiscrète du personnel qui, en dehors du Comptable, a besoin de consulter les Comptes des Acheteurs et des Fournisseurs.

Dans ce cas, pour avoir dans un seul Livre toutes les données nécessaires à l'établissement des Balances, on ouvre un Compte collectif « Débiteurs » et un autre Compte collectif « Créditeurs » résumant l'ensemble des Comptes personnels qui se trouvent dans les Grands-Livres séparés.

Le Répertoire de ces derniers doit être disposé par ordre alphabétique de Villes ou Localités, a la suite desquelles on indique les noms et adresses des Clients de même résidence, en ayant soin de séparer les Acheteurs des Fournisseurs.

La même méthode doit être suivie au Grand-Livre, de manière à ce que tous les Comptes des Clients d'une même ville soient à la suite les uns des autres.

SIMPLIFICATION.

Le Journal est Centralisateur ou Unique.

Il est Centralisateur quand on reporte au jour le jour au Grand-Livre les détails des Comptes personnels pris sur les Livres auxiliaires et que, conséquemment il ne contient que le résumé de ceux-ci.

Dans le cas contraire, il est Unique et ces reports se font directement du Journal au Grand-Livre.

Le premier mode d'opérer procure une grande rapidité d'exécution, parce qu'il permet d'affecter simultanément les Comptes personnels des articles de Débit et de Crédit. Mais il a le grave inconvénient de disperser dans plusieurs Livres les éléments des Comptes que l'on a tant intérêt à réunir dans un seul. Au moyen d'articles doubles, on peut obtenir par le Journal Unique une plus grande rapidité d'exécution et d'autres avautages encore. Il suffit pour cela de disposer comme suit les opérations des Ventes et des Achats.

VENTES

LES SUIVANTS A MARCHANDISES

				Julien	de Toulouse		
410.20	au	1er nov.	2160		fact. 2 sept.	3720	410.20
				Bernard	» St-Etienne		
382.25		1^{or} oct.	2161		»	3721	382.25
				Dufresne	» Lyon		
»	»	»			»	3722	521.40
				Aubergier	» Paris		
»	»	»			6	3723	201.85
792.45	— Effets à Recevoir			Ventes à terme			
723.25	— Divers			Valeur en compte			
1.515.70							1.515.70

ACHATS

MARCHANDISES AUX SUIVANTS

			à Laurent	de Bordeaux		
2.420.00	au 30 sept.	254		fact 1er sept.	329	2.420.00
			» Roux	» Marseille		
569.45	3 nov.	255		4	330	569.45
			» Barthez	» Havre		
»	»			7	331	1.249.65
			» Honoré	» Aix		
287.30	7 oct.	256		8	332	287.30
3.276.75	— Effets à Payer		Achats à terme			
1.249.65			Valeur en compte			
4.526.40						4.526.40

On peut saisir sans autres démonstrations tout le parti que l'on tire des articles du Journal conçus de cette façon. Ayant en regard l'un de l'autre le montant des factures et celui du règlement y donnant lieu, on peut simultanément le porter au débit et au crédit des Comptes personnels.

En procédant ainsi, on ne tarde pas à s'apercevoir que cette opération est tout-à-fait inutile, les Comptes traités de cette manière étant toujours éteints.

De cette remarque on en conclut que : *les Comptes personnels dont le Débit et le Crédit sont simultanément affectés de la même somme, peuvent être supprimés.* Il sont, dans ce cas, assimilables aux Ventes et Achats au comptant, et les comptes « Effets à Recevoir » et « Effets à payer » en tiennent lieu.

Cette simplification permet à un seul Comptable de tenir les Livres principaux de très importantes Maisons, en ayant toujours ses écritures à jour. L'exécution des Balances se fait en un temps très court, et comme le travail de Comptabilité proprement dit, n'est pas divisé, les erreurs sont bien moins fréquentes que par tout autre procédé.

Dans un autre ordre d'idées, il y aurait encore à provoquer des réformes dans l'application des principes.

La principale, celle qui marquerait le progrès le plus grand en Comptabilité, serait de faire exprimer au solde du Compte de Marchandises, à quelle époque que ce soit, une valeur positive, autrement dit, le montant réel des Marchandises en magasin.

A. GAGEY.

FIN DES RÉPONSES AU QUESTIONNAIRE

(Le 27e Fascicule contiendra le commencement des Rapports des Commissions d'examen des Méthodes.)

DE L'UNIFICATION DE LA COMPTABILITE

RAPPORTS

Des Commissions d'examen des Méthodes au Comtié
d'initiative d'un Projet de Congrès pour l'Unification
de la Comptabilité.

PREMIÈRE COMMISSION

**Examen des ouvrages ou systèmes de MM. Cardonnet, Martin (de Nantes),
Guerre, Renard, Talbotier et Duboc**

Messieurs,

Commençant par l'ouvrage de M. Talbotier : *Tenue de Livres
la plus simplifiée à l'aide de laquelle chacun peut en un instant connaître et pratiquer la Tenue des Livres en partie double*, nous déclarons que ce que promet l'auteur est loin d'être réalisable : *apprendre
et pratiquer sans étude et sans travail*, pour ainsi dire.

Sa méthode, malgré ses pompeuses promesses de simplification,
de rapidité et de lucidité, n'apporte aucun perfectionnement qui soit
digne d'être noté. Elle rentre dans le système du *Journal-Grand-
Livre* avec la forme simple dans la rédaction du Journal, unie à la
forme double par les colonnes du Grand-Livre. Les contradictions
sont nombreuses, et les principes mauvais. Nous faisons toutefois
nos réserves en ce qui concerne la forme synoptique préconisée par
l'auteur dans son Tableau daté de 1843, forme de laquelle les Comptables novateurs semblent attendre les derniers progrès en Comptabilité.

Nous passons à un volumineux manuscrit de M. L.-T. Renard,
*Méthode générale de Comptabilité synoptique donnant seule le Bilan
perpétuel et instantané de la situation des Négociants, etc., etc.*,
qui contient beaucoup d'éléments étrangers à la Comptabilité.
M. Renard est un adepte du *Journal-Grand-Livre*. Bien que son
ouvrage renferme de nombreuses imperfections et des théories contradictoires, nous relèverons à son actif une bonne classification des
Comptes, assez généralement pratiquée. Nous bornons là notre
appréciation.

M. Guerre, dans son *Essai sur l'art de grouper les comptes, pour établir les Balances d'écritures,* complique les reports au Grand-Livre et augmente de beaucoup le travail courant, sous prétexte d'abréger et de faciliter les recherches lors de l'établissement de la Balance. Il suppose un mauvais système de Comptabilité et y applique un moyen de le rendre, sinon meilleur, du moins mieux contrôlé.

Disons pourtant que dans ces tableaux et par son raisonnement M. Guerre fait preuve de savoir et de compétence.

M. Martin, *Brouillon préparatoire du Journal par le système* Journal-Grand-Livre, deux feuilles manuscrites présentant le travail préparatoire et l'application d'un article de Journal : *Divers* à *Divers*, le Brouillon tenant lieu de Grand-Livre. Par ce procédé, le Journal se trouve libellé deux fois : d'abord en partie simple, dans les colonnes mentionnées ; puis en partie double, dans l'article du Journal. Ce moyen n'est usité que par ceux des Teneurs de Livres qui pratiquent cette méthode, vicieuse en principe.

Ici, Messieurs, je désirerais qu'il me soit permis de me séparer un instant de mes estimables collègues, pour émettre et soutenir une opinion personnelle. Je vois dans le travail de M. Martin, dont la forme n'est pas parfaite, autre chose qu'un moyen vicieux : c'est la tendance, — que je professe moi-même, — à rendre les Comptes indépendants les uns des autres, en débitant ceux qui reçoivent ou profitent, de même que les valeurs qui entrent ; et en créditant ceux qui donnent ou procurent, de même que les valeurs qui sortent, sans indiquer *tel* à *tel.*

Je m'arrête à cette réserve qui suffit pour me dégager, ne voulant pas paraître critiquer un principe que je défends et préconise ailleurs.

M. Cardonnet, qui annonce une *Comptabilité rationnelle et synop-tique,* est l'auteur d'un ensemble de Tableaux pour formules de Livres de Commerce. Son laborieux travail a pour but de réunir aux totaux du mouvement journalier les totaux précédents, et d'arriver ainsi à avoir toujours un total général accompagnant le total de chaque journée. Avec lui, c'est le *Brouillard-Journal-Grand-Livre* qui semblerait tout comprendre et résumer. Malgré cela, il ne donne pas, selon nous, satisfaction aux légitimes exigences du commerce, et multiplie à l'infini, et sans compensation, le travail matériel du Comptable. Nous devons reconnaître pourtant que ses autres livres auxiliaires sont établis en vue de fournir la plus grande somme possible de renseignements statistiques.

M. Duboc, *Des Frais généraux et de leur influence sur le prix de revient ou de vente*. Ceci n'est pas, on le voit, une Méthode de Comptabilité, mais, comme le titre le porte, une Etude sur les différentes subdivisions qu'il peut convenir d'apporter au Compte des Frais Généraux. Cette monographie renferme d'excellentes idées, au point de vue pratique et administratif, idées qui trouveraient leur place dans un Traité de haute Comptabilité.

En définitive, de l'examen attentif et consciencieux des différents ouvrages qui ont été soumis à notre appréciation, il résulte que ce qui y prédomine, c'est une tendance vers la forme du Journal-Grand-Livre, qui, selon les auteurs précités, présenterait les opérations résumées dans un travail synoptique.

DEUXIÈME COMMISSION

De la Tenue des Livres en partie simple perfectionnée, par M. A. Beauchery

Cette méthode n'est autre que l'ancienne partie simple modifiée de la manière suivante :

M. Beauchery emploie dans sa méthode tous les Livres auxiliaires en usage dans la partie simple ; il n'a apporté de modifications qu'au Journal, qui présente deux colonnes, Doit et Avoir.

Les écritures y sont ainsi consignées :

L'auteur reporte, pour mémoire, le résultat de son dernier inventaire, ne faisant ressortir dans les colonnes Doit et Avoir que les soldes créditeurs et débiteurs.

Pour les opérations qu'il considère comme n'ayant pas assez d'importance pour établir des Livres auxiliaires et qui, par leur nature, ne peuvent être mélangées à celles passés aux autres Livres, M. Beauchery les considère comme Comptes personnels, et leur ouvre des Comptes au Grand-Livre. — Exemple : le mobilier industriel, que nous voudrions placer ailleurs, pour ne pas voir l'auteur sortir de ses propres principes.

Toutes les écritures viennent successivement et à leur date se placer dans les colonnes Doit et Avoir, selon le cas, attendu qu'il ne figure dans ces deux colonnes que les articles faisant tel ou tel Compte créditeur ou débiteur, les autres ne trouvant place au Journal que pour mémoire.

Voici ce que dit M. Beauchery à propos de son Journal ; je le citerai mot pour mot, pour ne rien changer sur l'interprétation que l'on pourrait avoir :

« Le Journal établi d'après ma méthode, servirait également à « contrôler les écritures portées aux Comptes du Grand-Livre, « comme réciproquement à redresser ou confirmer celles passées au « Journal.

« L'addition des deux colonnes du Journal indiquera quels sont « les totaux que le relevé des Doit et des Avoir du Grand-Livre doit « fournir pour chacune de ses positions, et leur ressemblance « attestera l'exactitude des additions et des reports entre ces deux « Livres, comme leur non-absolue conformité, éveillant l'attention, « imposera les recherches nécessaires à ce que le total des Doit du « Grand-Livre soit égal au total de la colonne des Doit du Journal, « etc.

« Ainsi le système de Tenue des Livres dit en partie simple « posséderait en lui le contrôle dont jusqu'à ce jour il avait été « privé, (ce qui fut une des raisons de son délaissement, de sa « dépossession pratique, par le système de la Tenue des Livres dit « partie double). »

Est-ce bien là un contrôle effectif ?

Nous devons avouer que si c'est là le seul contrôle que M. Beauchery ait trouvé, il n'a rien fait de nouveau, attendu qu'il a été mis en pratique bien des années avant lui, et que si les gens expérimentés dans la science comptable l'avaient trouvé efficace, ils ne l'auraient pas abandonné.

Du reste, M. Beauchery dit lui-même qu'en cas d'erreurs ou de non absolue conformité, il faudra faire les recherches nécessaires pour rétablir les chiffres ; c'est ce qui peut s'appliquer et ce qu'on peut reprocher à la généralité des méthodes,

Voyons quel moyen emploie M. Beauchery pour faire sa Balance.

A la fin du mois, l'auteur l'établit en ajoutant au total du Débit et du Crédit du Journal le résultat de son dernier inventaire, plus les totaux de ses Livres auxiliaires, mais en transportant le Passif à l'Actif, et vice-versa. Ce n'est que par ce moyen qu'il arrive à obtenir l'équation.

Par ce mode de procéder, M. Beauchery n'est pas conséquent avec lui-même, attendu qu'après avoir critiqué les auteurs (M. Cornet-Bichat et autres) qui admettent que Passif et Entrée correspondent au Doit, et Actif et Sortie à l'Avoir, nous trouvons surprenant qu'il emploie ce moyen pour obtenir l'équation finale.

Nous concluons que la méthode Beauchery laisse à désirer, tant dans ses principes que dans son application, et ne nous donne rien qui puisse nous amener au but que nous recherchons, l'Unification de la Comptabilité. Nous la considérons comme une répétition de l'ancienne partie simple, ayant les mêmes inconvénients et ne présentant pas d'avantages appréciables pour la préconiser.

TENUE DE LIVRE AUTODIDACTIQUE (MÉTHODE FRANÇAISE)

Par M. VALENTIN POITRAT

Considérant que la méthode Poitrat est assez compliquée, originale et peu connue, nous croyons utile, afin de vous faire mieux comprendre les observations qu'elle nous a suggérées, de vous donner un aperçu des moyens pratiques employés par l'auteur.

Nous commencerons par l'énoncé de la nomenclature de tous les livres qui sont nécessaires.

1° Livre de liquidation (Relevé du Grand-Livre à chaque Inventaire) ;
2° Livre d'Inventaire ;
3° Livre des dépenses journalières ;
4° Copie de lettres ;
5° Recueil des lettres reçues ;
6° Livre d'achats ;
7° Livre de ventes ;
8° Grand-Livre et son répétiteur ;
9° Le journal général ;
10° Livre des balances mensuelles ;
11° Résumé des balances partielles ;
12° Livre des balances mensuelles et générales ;

13º Livre des avis de traites ;
14º Livre de caisse-portefeuille ;
15º Répétiteur des vendeurs Comptes courants réels ;
16º   Id.   des acheteurs   id.
17º   Id.   id.   Comptes courants personnels ;
18º   Id.   des vendeurs   id.
19º   Id.   portefeuille ;
20º   Id.   caisse.

M. Poitrat dit dans son avant-propos que l'on est arrivé à gonfler, boursouffler la partie double et que par son système de partie simple, il a trouvé le moyen d'éviter toutes les complications que présentent toutes les méthodes dites Partie-Double.

Voyons donc si M. Poitrat apporte des modifications avantageuses et surtout s'il est vrai dans sa critique.

Pour passer ses écritures, l'auteur opère de la manière suivante :

Il s'entoure de tous ses livres auxiliaires, de son Grand-Livre et de ses Répétiteurs, lesquels sont placés dans un ordre indiqué ; puis inscrit sur chacun d'eux ce qu'ils doivent recevoir, et termine son travail par l'établissement du Journal qu'il construit au moyen du Répétiteur.

Nous reconnaissons que ce mode de procéder peut éviter les inconvénients du pointage qu'occasionne la partie double en cas d'erreurs, attendu que par ce dernier système elles ne sont véritablement reconnues qu'au moment où la Balance est établie. Nous nous demandons s'il y a bien là un avantage réel ? Des praticiens disent oui, d'autres disent non. Cependant le Comptable est généralement un homme sérieux, qui a le soin de se contrôler, sans passer par autant de détails. Vous pouvez vous faire une idée, par la nomenclature des livres que nous vous avons donnée au commencement de notre rapport, de la place qu'à lui seul le Comptable occuperait pour procéder à la passation des écritures par le système de M. Poitrat. En outre, l'auteur pour nous démontrer sa méthode, opère sur des chiffres restreints ; si elle était mise en pratique dans de fortes Maisons, elle serait moins praticable et ne présenterait plus les mêmes avantages au point de vue de l'économie du temps.

La classification des Comptes personnels est excellente en théorie, nous n'hésiterions pas à l'adopter, si en pratique elle ne présentait pas des difficultés presque insurmontables.

Pour ne citer qu'un exemple à l'appui de ce qui précède, nous relèverons seulement ce fait, qu'une même personne peut figurer à trois catégories de Comptes différents, cas qui peut se présenter pour un très grand nombre de Comptes dans une Maison un peu importante. Ce mode de procéder présente de graves inconvénients, que nous ne croyons pas utile de développer davantage, et dont vous comprenez tous la portée. Du reste, Monsieur Poitrat comme presque tous les auteurs, choisit ses opérations pour faire ses démonstrations, sans jamais attaquer en face, celles présentant des difficultés, devant lesquelles le Comptable pratiquant sa méthode serait embarrassé.

Cependant par cette classification, M. Poitrat parvient à donner à la fin de chaque mois, ou de chaque jour, si on le juge à propos, le chiffre de ce qui lui est dû pour marchandises vendues et ce qu'il doit pour marchandises achetées. De plus, il y a un rapport direct entre le débit des acheteurs et la sortie des marchandises, et entre le crédit des vendeurs et l'entrée des marchandises. C'est un avantage que nous voulons signaler.

La classification de ses Comptes Généraux est incomplète. Nous n'approuvons pas la suppression du Compte de frais généraux, pas plus que celle des Effets à payer.

Les Comptes de Mobilier industriel et d'agencement sont enregistrés au Compte de marchandises ; ce qui l'oblige de les dégager de ce Compte au moment de l'Inventaire, pour en avoir la situation exacte. Il eut été plus simple, à notre avis, de les comprendre séparément à son Livre d'Inventaire, mais c'eut été de nouveaux signes conventionnels à rechercher.

En résumé, la Méthode française autodidactique de M. Poitrat, tout en laissant prise à la critique, a, par sa classification des Comptes personnels, un avantage sur toutes les méthodes en général, attendu qu'elle présente d'une façon absolue ce que vous devez et ce qui vous est dû, mais comme nous l'avons démontré plus haut, ses moyens pratiques ne sont pas en rapport avec l'idée excellente de l'auteur.

En réalité, c'est un progrès sur les systèmes qui l'ont précédé, c'est-à-dire :

Sur la Partie-Simple, qui n'a point de contrôle ;

Sur la Partie-Double qui débite et crédite les personnes comme les valeurs ;

Sur le Journal Grand-Livre qui, avec sa simplicité apparente, oblige à une perte de temps considérable, par les additions et les reports à chaque page.

Toutefois, ce n'est pas le dernier mot du progrès. Nous ne parlons, bien entendu, que des Méthodes connues et pratiquées jusqu'à ce jour.

MÉTHODE WARGNIES-HULOT ET P. PAQUIER

COURS DE COMPTABILITÉ

L'ouvrage de Messieurs Wargnies-Hulot et Paquier comprend deux volumes traitant la Partie-Double.

Le premier est destiné à former les élèves aux principes généraux essentiellement théoriques du Commerce et de la Comptabilité. Les éléments formant la base de la Comptabilité y sont fort bien développés et font de ce premier volume un ouvrage excellent pour l'enseignement.

Le deuxième comprend la partie pratique et la Tenue des Livres.

Les auteurs nous disent :

« Nous faisons des Livres auxiliaires de la Comptabilité, puis-
« qu'ils reçoivent les opérations commerciales au moment même où
« elles se présentent. Ces Livres auxiliaires, nous les appelons
« Journaux Particuliers. Les opérations sont reportées directement
« par voie de récapitulation au Journal Général. Ce Journal reçoit
« en outre, à mesure qu'elles se présentent, les opérations qui n'ont
« pu entrer dans les Journaux Particuliers. Les écritures sont repor-
« tées directement des Journaux Particuliers et du Journal Général
« aux Comptes du Grand-Livre. »

Il est facile de se rendre compte que le Journal réduit présenté par les auteurs, ne peut servir à rien au point de vue de l'authenticité des écritures, et que si les législateurs admettent que le Journal ainsi rédigé satisfait à la loi, nous n'aurons pas de peine à le supprimer et à le remplacer par ses divisions.

(A suivre.)

DE L'UNIFICATION DE LA COMPTABILITE

RAPPORTS

Des Commissions d'examen des Méthodes au Comtié d'initiative d'un Projet de Congrès pour l'Unification de la Comptabilité.

MÉTHODE WARGNIES-HULOT ET P. PAQUIER

COURS DE COMPTABILITÉ (*Suite*)

Il y a de graves fautes dans l'énoncé de certains principes.

Ainsi, les escomptes obtenus figurent au Livre de Ventes, et les escomptes accordés au Livre d'Achats. Par ce système, le Commerçant ne peut connaître le montant réel de ses achats et de ses ventes, sans se livrer à un travail de dépouillement toujours très long.

Les contrepassements, faits comme l'indiquent les auteurs, ont les mêmes inconvénients que les escomptes passés comme il est dit plus haut.

Si la méthode Wargnies-Hulot et P. Paquier a l'avantage de beaucoup diviser le travail, elle a cependant l'inconvénient très grand de trop séparer les opérations, et par ce fait de faciliter les erreurs par l'insuffisance de contrôle.

Nous concluons, en disant qu'avec quelques modifications rendant pratique la Méthode de MM. Wargnies-Hulot et P. Paquier, elle serait une des meilleures, mais qu'il serait dangereux de la faire mettre en pratique telle qu'elle est par un Comptable inexpérimenté.

MÉTHODE DE M. CORNET-BICHAT

La Méthode de M. Cornet-Bichat est la Partie Double ordinaire, à laquelle il a adjoint le Journal-Grand-Livre réglé d'une façon qui lui est particulière.

Cette Méthode présente tous les inconvénients de la Partie Double, sans y apporter d'avantages appréciables.

TABLEAU JOURNAL-GRAND-LIVRE DE M. VAUDIER

Le Tableau Journal-Grand-Livre de M. Vaudier est la répétition ou Journal-Grand-Livre, tableau synoptique n'offrant qu'une simple variété de la Partie Double, avec cet inconvénient, que sa disposition ne permet pas d'obtenir la Balance, les débiteurs et créditeurs figurant dans une colonne unique.

Ce travail est donc impuissant à donner tous les renseignements que l'on doit puiser dans une Comptabilité bien établie, et le considérons comme ne pouvant être préconisé.

Telles sont les appréciations des membres de la deuxième Commission sur les diverses Méthodes qu'ils ont eues à examiner, appréciations données avec toute l'impartialité que la mission dont ils ont eu l'honneur d'être chargés, leur imposait.

TROISIÈME COMMISSION

Première Partie — Méthode Beauchery

Votre troisième Commission d'étude, celle que le sort a désignée pour l'examen de la méthode de comptabilité de M. Auguste Beauchery, a bien voulu me charger de résumer la discussion dont cette méthode a été l'objet, et de vous présenter les conclusions presque unanimement formulées à son égard. Je m'acquitte aujourd'hui de de mon mandat, que les circonstances m'ont empêché de remplir plus tôt.

Composée de MM. Bonneval, Lamy, Létendard Benoit, Roulland, Croizé et Bonnaud, la Commission s'est réunie, en septembre dernier, chez M. Létendard, qui lui a offert obligeamment l'hospitalité. Elle a tenu trois séances, dans lesquelles ont été débattus les points principaux du système soumis à son étude et à son appréciation.

J'ajoute tout de suite que, le 8 mars, le Comité ayant adjoint à notre Commission deux nouveaux membres, MM. Badoux et Harang, il a été donné connaissance à ces messieurs du sujet à débattre, et, dans une séance complémentaire tenue tout récemment, ils ont, comme l'avaient déjà fait les autres membres, exprimé leurs opinions, qui se trouvent, dans leur ensemble, conformes à celles généralement émises jusqu'alors, sauf quelques dissidences, qui seront consignées plus loin.

En 1867, je lisais aux annonces d'un journal :

« Révolution dans la Comptabilité, ou Comptabilité de l'avenir ;
« Plus de partie simple ;
« Plus de partie double ;
« Plus de comptes généraux ;
« Plus de journal ;
« Ouverture de Livres avec ceux en usage, par A. Beauchery. »

Cette série de négations, et ce qu'elle présentait de contradictoire, n'étaient guère de nature, en l'absence de toute affirmation, à donner une idée du système ainsi affiché.

L'on peut bien comprendre, en effet, l'abandon de la partie simple, mais à la condition de la remplacer par la partie double. Quant à la suppression des comptes généraux, je ne m'imaginais pas comment, à leur défaut, il y avait moyen d'établir la balance, c'est-à-dire le contrôle, base indispensable des écritures régulièrement tenues. A l'égard de l'abolition du Journal, de ce livre qui est, d'après la loi, d'une obligation rigoureuse, et que d'ailleurs le simple bon sens indique comme le registre primitif, je ne voyais pas davantage à quelle interprétation il fallait s'arrêter sur ce point ; et je renonçai à la prétention de concilier ce galimatias.

Je l'avais presque oublié lorsque eut lieu, l'année dernière, le 24 avril, la conférence de M. Beauchery. Dès les premiers mots, je compris à qui nous avions affaire.

Or, les explications de l'auteur me démontrèrent tout de suite combien, se trouvant incomplète son annonce d'autrefois était fausse, je veux dire erronée, et l'étude à laquelle votre troisième Commission s'est livrée a justifié cette opinion, tout en nous mettant à même de juger sur la réalité le fond de la doctrine.

Je vais avoir l'honneur, Messieurs, de vous en indiquer les points les plus importants, et de vous signaler les observations auxquelles ils ont donné lieu dans nos délibérations, lesquelles ont suivi l'ordre de l'annonce citée ci-dessus, qui figure, du reste, en tête de l'ouvrage.

1º *Plus de Partie simple*

Il n'est pas admissible aujourd'hui qu'un Comptable de quelque expérience s'arrête à ce qu'on appelle la Partie simple, qui, par elle-même, manque du contrôle indispensable à toute Comptabilité. A ce point de vue, pas de discussion possible.

Mais, un certain nombre de praticiens, utilisant comme Journaux spéciaux les Livres connus sous le titre d'auxiliaires, et négligeant, par suite de cette disposition, les anciennes formules ainsi devenues inutiles, ont donné l'aspect de la Partie simple à un mode qui, en réalité, n'en reste pas moins Partie double, vu que les comptes généraux représentés par les registres se trouvent totalisés par périodes, le plus souvent chaque mois, et balancent de cette façon les articles compris dans l'intervalle. C'est le cas de la méthode Beauchery, bien autorisée dès lors à rejeter l'appellation de *Partie simple*, qui exprime d'ailleurs une idée fausse. Mais, voyons la suite.

2° *Plus de Partie double*

En présence de cette modification, qui, tout en conservant partiellement la manière primitive d'apparence unilatérale, établit de fait la dualité, l'équilibre, notre auteur devrait, ce semble, conclure à la Partie double, sauf à faire ses réserves sur la question de méthode, distincte de celle de système, de principe. Car, de quelque nom que l'on appelle un ouvrage basé sur l'équation, sur ce que nous désignons, en terme professionnel, par ce mot *Balance*, l'on peut dire hardiment que c'est un traité sur la Partie double. A défaut d'établir cette distinction nécessaire, M. Beauchery, ne voyant dans la Partie double que la forme surannée dont on l'avait habillée jusque-là, s'est écrié aussi : Plus de Partie double !

De sorte qu'après cette nouvelle négation, assez surprenante après la première, l'on se demande ce qui va advenir, et l'on se heurte à cette troisième exclamation : Plus de Comptes Généraux !

3° *Plus de Comptes généraux.*

Or, ces comptes généraux existent parfaitement dans le système Beauchery, puisque, quoiqu'il en dise, il s'agit de partie double, et que ce qui constitue l'essentiel de celle-ci, toute question de forme à part, c'est la *dualité*, ainsi que la dénomination l'indique.

Seulement, au lieu de figurer au journal général, — d'ailleurs supprimé ou profondément modifié dans cette méthode, — ces comptes, détaillés de premier jet aux journaux spéciaux, s'identifient avec ceux-ci, de manière qu'on peut dire indifféremment le

livre ou le compte de marchandises, le livre ou le compte de caisse,
etc. Et la transcription directe au Grand Livre, qui est bien conforme
à la loi, quoi qu'en aient dit quelques esprits timorés, vient supprimer toute répétition inutile, en nous débarrassant de ces fastidieux
résumés auxquels on s'était machinalement soumis par suite d'une
fausse interprétation de texte.

Donc, double avantage incontestable : d'un côté, facilité des recherches sur les premiers registres ; de l'autre côté, rationnelle simplification pour le report direct.

4° Plus de Journal.

C'est la conséquence de ce qui vient d'être dit. Toutefois, il faut
s'expliquer.

Plus de Journal général, c'est vrai, mais des Journaux spéciaux.
En autres termes, c'est le Journal divisé en *sections*, dont les principales sont, comme on le sait :

> Marchandises (entrée).
>   id.   (sortie),
> Caisse.
> Effets à recevoir.
> Frais généraux.
> Virements, ou Divers.

Ces livres premiers, faussement dénommés jusqu'ici *Livres auxiliaires*, sont reportés au Grand-Livre, article par article, pour les
comptes particuliers ou les comptes d'ordre qui y sont soutenus.
Quant aux totaux périodiques, qui résument les Comptes généraux,
ils balancent, cela va de soi, les autres comptes et établissent
ainsi un contrôle rigoureux.

M. Beauchery ne transporte pas ces totaux au Grand Livre,
dont, à la rigueur, ils peuvent se passer en effet. Mais, nous pensons qu'il est préférable de les y faire figurer, chaque catégorie présentant, — en quelques lignes pour chaque exercice, — une sorte
de tableau synoptique toujours facile et utile à consulter.

Parlerons-nous du Journal-Grand-Livre, méthode américaine ?

M. Beauchery, qui en rejette l'ancienne application, serait assez
disposé à l'utiliser, — mensuellement, par exemple, — comme résumé des autres journaux. Nous croyons, quant à nous, que ceux-ci suffisent, et que le rapport (mensuel ou de toute autre période)
de leurs totaux au Grand-Livre, tel que nous l'avons indiqué plus
haut, est préférable à l'emploi de cette espèce de journal-général,
qui est, comme l'ancien, une superfluité à faire disparaître. En effet,

de même que les registres particuliers remplacent avantageusement
le journal ordinaire, de même ils peuvent dans beaucoup' de cas
remplacer, par extension et avec une grande supériorité, le journal
américain, dont l'insuffisance est reconnue.

J'ai indiqué, messieurs, les principales lignes qui caractérisent
la méthode dont nous avions à vous rendre compte, et dont le point
culminant est la division du journal, innovation à laquelle tout le
reste est subordonné.

D'autres auteurs, notamment M. Pigier, avaient, il est vrai,
précédé dans cette voie M Beauchery. Mais, celui-ci, à la poursuite
d'un système simple, rationnel, ayant fini par reconnaître, après
maintes recherches très laborieuses, que le journal multiple ou, si
l'on veut, divisé, était en effet le *nec plus ultra* de la simplification,
a salué avec joie l'idée nouvelle, l'a perfectionnée dans la pratique,
l'a en quelque sorte consacrée, et s'en est fait le fervent vulgari-
sateur.

Pourquoi faut-il qu'à côté des éloges que nous accordons très
volontiers à l'œuvre de M. Beauchery, prise comme fond de doctrine,
nous ayons une réserve à faire sur la forme en laquelle cette doctrine
a été présentée ? Ouvrez ce livre, qu'il intitule *La Comptabilité de
l'avenir*, vous trouvez à tout propos des expressions que je me bor-
nerai à appeler bizarres, et qui n'ont rien à voir, absolument rien,
dans un traité de comptabilité qui vise à être simple et clair.

Que nous importent, qu'importent surtout aux élèves qui se
livrent à l'étude élementaire de la tenue des livres, les grands mots
de *subjectivité, d'objectivité*, de tant d'autres, plus ou moins empruntés
à la philosophie allemande, et qu'il est si facile de remplacer par de
modestes qualificatifs appropriés au sujet ? Certes, la science ne doit
pas être exclue de notre domaine, et la théorie doit toujours et en
tout servir de base à la pratique. Mais il ne faut abuser de rien.

Quelle nécessité encore de parler, dans un ouvrage de cette nature du coup d'Etat du 2 Décembre ? M. Auguste Beauchery l'ap-
prouve-t-il ? Ou bien porte-t-il un jugement contraire ? Je ne veux
pas le dire, messieurs, n'ayant nulle envie de m'aventurer à travers
un terrain sur lequel nous n'avons pas à discuter ici.

En somme, n'appréciant que ce qui se rattache au fond du sujet
nous disons : idées justes, donnant naissance à une méthode rationnelle, mais mal présentée dans la plupart de ses parties.

Attachons-nous donc à l'essentiel seulement. Tout le monde y
gagnera. L'auteur lui-même reconnaîtrait peut-être aujourd'hui combien les choses étrangères qu'il a mêlées à son œuvre ont pu voiler

ce qu'elle contient de précieux. Je dis ceci avec la déférence que nous nous devons entre collègues, sans vouloir toucher en aucune manière à l'incident qui a éloigné de nous le promoteur de notre comité.

Les opinions émises au présent rapport, généralement acceptées par la troisième commission, ont néanmoins donné lieu à quelques observations de M. Lamy et de M. Badoux.

M. Lamy, — nous relatons les termes mêmes de sa déclaration, — est partisan du journal centralisateur, qui, par la balance, dit-il, donne une garantie de plus aux écritures, ce journal pouvant résumer par mois, par quinzaine. par semaine ou par jour, toutes les opérations, suivant l'importance de la maison.

Inutile de faire ressortir combien cet avis se trouve refuté par ce qui vient d'être exposé avec l'adhésion de la majorité des membres.

Quand aux réserves de M. Badoux, elles consistent en ce que le journal est trop divisé dans la méthode en question. Mais, il est grand partisan de la transcription directe, qui n'est, à ses yeux, nullement contraire aux prescriptions de la loi convenablement interprétée. Accessoirement, il reconnaît que le code de commerce ordonne bien la cote, le paraphe et le visa, mais il reconnaît aussi qu'il serait désirable que ces formalités, tombées en désuétude, fussent rayées du code étant inutiles dans la pratique.

Préoccupés du résultat final à atteindre, l'Unification de la Comptabilité, nous avons émis l'avis qu'il y avait lieu de proposer un *Questionnaire*. Une Commission spéciale a été nommée depuis lors par le Comité, en vue d'élaborer ce travail. C'est pour provoquer cette décision que, le 6 octobre dernier, j'avais l'honneur de vous dire :

« Messieurs ,

« Lorsque vos quatre Commissions viendront, — prochainement, il faut l'espérer, — présenter leurs rapports sur les systèmes et les méthodes dont l'examen leur a été dévolu, j'aime à me persuader que la conclusion générale sera :

« Plus de *Partie simple*, la dualité des articles étant de principe.

« Suppression de l'expression *Partie double*, puisque la Comptabilité ne peut être que cela.

« Adoption de la méthode que je proposerai d'appeler *directe*, par opposition à la Partie double pratiquée sur l'ancien terrain. et qui peut bien être qualifiée d'*indirecte*, par les motifs ci-devant expliqués.

« Ces deux dernières qualifications remplaceraient donc à l'avenir les deux anciennes, et indiqueraient d'elles-mêmes la nouvelle phase dans laquelle entre la Comptabilité, au triple point de vue de la science, de l'art, de l'interprétation légale.

« Si, à côté de ce problème relatif aux principes, nous formulons un questionnaire à suivre graduellement dans l'étude des propositions secondaires, nous pourrons nous prononcer avec méthode sur chaque article, en consignant le nombre de voix *pour* et *contre*, et d'établir ainsi une sorte de programme qui servira, soit pour le Congrès projeté, s'il peut avoir lieu, soit, dans tous les cas, pour la partie du public, — elle est considérable, — que ces questions intéressent. »

Dans une note intitulée : *Indications relatives au questionnaire à établir et à débattre*, dont j'ai donné lecture au Comité le 1er décembre, j'ai énuméré, sous quatre titres, les dix points suivants, accompagnés d'explications concises que je m'abstiens de reproduire ici.

I. *Définition*

1º Comptabilité.

II. *Principes — Théorie — Systèmes*

2º Balance.

3º Partie simple.

4º Partie double.

III. *Méthodes — Procédés — Art*

5º Méthode élémentaire.

6º Méthode abrégée.

7º Méthode américaine, ou du Journal Grand-Livre.

8º Méthode directe.

IV. *Prescription légales — Dénomination professionnelle*

9º Conformité de la méthode directe avec la loi.

10º Comptable. — Teneur de livres.

C'est ce programme, Messieurs, que, pour notre part, nous vous présentons comme conclusion à adopter, article par article, d'une manière en quelque sorte préparatoire et provisoire, en attendant qu'il soit soumis au Congrès des Comptables, qui se prononcera souverainement sur toutes les questions.

(A suivre.)

Revue de la Comptabilité, 7, *rue Barbette, Paris.*

Paris. — Imprimerie Wattier et Cie, 4, rue des Déchargeurs.

DE L'UNIFICATION DE LA COMPTABILITÉ

RAPPORTS

Des Commissions d'examen des Méthodes au Comité
d'initiative d'un Projet de Congrès pour l'Unification
de la Comptabilité.

TROISIÈME COMMISSION

2ᵉ PARTIE

Examen des Méthodes Pigier, Baudran, Perrot, J. Baudequin (Journal-Grand-Livre), J. B. F. Guillot, de Lyon, Beauchery (Journal-Grand-Livre), et quelques appréciations générales sur les différents systèmes de logismographie.

Méthode Pigier

L'organisation des Livres Auxiliaires est la base de cette Méthode.

En raison de l'importance qu'il leur attribue, l'auteur les considère avec raison comme autant de journaux, sur lesquels il inscrit, par nature d'opération, toutes les écritures dans l'ordre où elles se produisent, avec les détails qu'elles comportent.

Ces livres journaliers ne sont autre chose que les divisions du journal, et leur ensemble forme le journal lui-même.

De ces journaux, les écritures sont reportées aux comptes des correspondants, ce qui permet à une entreprise, quelle que soit son importance, de tenir ses livres constamment à jour.

Tous les journaux s'additionnent jour par jour, et, à la fin d'une période de temps quelconque, d'un mois par exemple, il centralise les totaux des journaux au Journal général, pour les reporter de là aux comptes généraux.

Des livres que cette méthode destine à recevoir les écritures premières, il en est quelques-uns qui ont attiré tout particulièrement l'attention de la Commission.

Tels sont les Journaux d'Entrée et de Sortie des Effets à Recevoir ; la colonne des numéros d'ordre y est divisée en deux parties : l'une pour inscrire le numéro d'entrée, l'autre pour inscrire le numéro de sortie, en regard du numéro d'entrée, ce qui facilite la vérification du portefeuille.

Par la division de ses colonnes, le Journal de Caisse simplifie effectivement le groupement des opérations, le total des additions horizontales y contrôle celui des additions verticales.

Une innovation heureuse est la création d'une colonne réservée à inscrire les escomptes et rabais sur les Journaux d'Effets à Recevoir, d'Effets à Payer et de Caisse.

Cette colonne présente un avantage réel, en ce qu'elle évite de transcrire sur un autre livre ces sortes d'opérations, et permet de solder immédiatement un compte.

La Commission reconnaît toute l'utilité d'une colonne pour les agios, au Journal de Sortie des Effets à Recevoir.

Le livre de Bordereaux des Débits doit également fixer notre attention, il n'est que la reproduction sommaire des ventes de la veille.

Le comptable peut ainsi passer ses écritures sans priver le tribun du livre de Débits.

Le Journal général à trois ou cinq colonnes, suivant le cas, présente une classification très utile pour les recherches et l'affirmation du total de la balance.

Il permet d'embrasser d'un coup d'œil toutes les opérations, et de connaître à volonté la situation générale, des clients et des fournisseurs.

M. Pigier s'est particulièrement attaché à éliminer les questions théoriques au profit des questions pratiques ; ses journaux auxiliaires sont établis et divisés de façon à répondre aux besoins des maisons de commerce les plus importantes.

Ses registres ainsi organisés, et fonctionnant comme l'auteur l'indique dans sa méthode, la Commission partage l'avis qu'il exprime ainsi à propos du Journal :

« Le Journal proprement dit n'est pas un élément essentiel de
« la comptabilité ; reproduction sommaire, selon la formule, des
« écritures consignées aux livres auxiliaires, il n'exprime rien que
« ces livres ne mentionnent d'une manière plus claire et plus expli-
« cite.

« Dans la pratique, lorsqu'il y a impossibilité de faire le Journal
« on le supprime, et, considérant alors les livres auxiliaires comme
« autant de journaux, ou en fait le report jour par jour aux comptes
« courants et aux comptes collectifs. A la fin du mois ou de la pé-
« riode choisie pour la passation générale des écritures, on reporte
« les additions des livres auxiliaires aux comptes généraux sur un
« Grand Livre à part, tenu sous clé. »

Le Grand Livre, tenu à doubles colonnes, dans la méthode de
M. Pigier, est divisé en deux parties, l'une comprend les comptes
courants, l'autre les comptes propres du commerçant, tels que
comptes généraux et spéciaux.

Nous n'avons pas besoin d'insister sur cette division, dont l'importance est manifeste dans les maisons où plusieurs comptables
sont nécessaires.

Les comptes Débiteurs Divers et Créditeurs Divers offrent aussi
de grands avantages : ils font connaître au chef de maison ce qu'il
doit à ses vendeurs et ce que lui doivent ses acheteurs, sans que le
comptable soit obligé de faire le relevé de leurs comptes particuliers ;
ils signalent l'erreur d'une balance ; ils donnent le précieux moyen
de contrôler instantanément le travail des teneurs de livres ; enfin,
ils permettront d'établir en peu de temps l'Inventaire.

Nous devons encore signaler et recommander un procédé particulier, consistant dans l'emploi de signes ou de lettres alphabétiques
placés en regard des sommes réglées, lequel facilite les recherches
dans les comptes courants et abrège beaucoup la balance, en présentant constamment le solde des comptes débiteurs, comme celui des
comptes créditeurs.

On ne saurait méconnaître toute l'économie que présente ce procédé, qui dispense de reprendre toutes les opérations depuis leur point
de départ, lorsqu'on désire connaître la situation d'un compte.

M. Pigier, tenant constamment compte des usages et des nécessités de la pratique, s'est surtout attaché dans sa méthode à perfectionner ce qui est le plus généralement usité dans la Comptabilité en
France et à l'étranger.

Il n'a garde d'oublier qu'aujourd'hui plus que jamais le temps
c'est de l'argent : aussi le voyons-nous, à la fin d'un exercice, proscrire les comptes de Balance de sortie et de Balance d'entrée, conseiller même la suppression du Bilan (qui trouve sa place au livre

d'Inventaires) à la réouverture des écritures au Journal, en résumant en une seule ligne l'importance de l'Actif ou du Passif, afin de ne pas détruire le contrôle fourni par l'addition du Journal comparée à la balance des Comptes généraux.

La Commission reconnaît que les diverses améliorations apportées dans la Comptabilité par M. Pigier, abrègent considérablement les écritures du Journal et du Grand-Livre ; en fournissant ainsi au comptable des moyens de contrôle rapides, elles lui permettent d'apporter plus de soin dans l'étude, la classification et l'économie des Frais généraux et du prix de revient.

En résumé, la Commission recommande tout particulièrement l'étude de cet ouvrage, qui paraît réunir les meilleurs éléments pour la continuation des travaux du Comité.

Méthode Baudran

M. Baudran a publié en 1877 dans un journal d'Issoudun, l'*Echo des Marchés*, un cours de Tenue de Livres et de Comptabilité.

Il y est dit que cinq livres auxiliaires sont nécessaires :

Livres de Marchandises ou de Magasin ;

> de Caisse ;
> de Portefeuille ;
> d'Effets à payer ;
> de Notes ou d'Ecritures à passer.

Cette dernière dénomination ne nous paraît pas heureuse ; les écritures des autres livres ne sont-elles pas également à passer ?

Puisqu'il y a le livre de Magasin, le livre de Caisse, pourquoi ne pas appeler celui-ci, Livre de bureau.

Nous ne pouvons pas non plus nous trouver d'accord avec l'auteur, lorsqu'il dit que le *Livre de Marchandises* ou de *Magasin* est celui sur lequel on inscrit les marchandises que l'on achète et toutes celles que l'on vend.

Beaucoup de maisons n'ont qu'un seul livre pour toutes leurs opérations, le *Brouillard ;* mais aucune de celles qui ont le bon esprit d'avoir plusieurs livres auxiliaires, n'a jamais eu, que nous sachions, le même livre pour ses achats et pour ses ventes.

En marge de son livre de caisse, l'auteur indique la situation en billets de banque, or, argent, sous ; cela nous paraît excellent ; nous regrettons de n'y pas trouver une colonne pour les escomptes et rabais, tant au débit qu'au crédit, ce qui éviterait de se reporter au Livre de Notes ou de Bureau pour passer un rabais de cinq ou de dix centimes.

Son livre de Portefeuille nous paraît bien compris ; il totalise mensuellement toutes les entrées, toutes les sorties, de sorte que, pour faire la balance du Portefeuille, il n'a qu'une opération à faire, et comme il opère par mois, elle est des plus faciles.

Le Journal de M. Baudran est recommandable pour l'enseignement.

L'élève le plus récalcitrant peut le tenir dès le premier jour, c'est-à-dire du moment qu'il sait discerner un débit d'un crédit. En effet, chaque journée se divise en deux parties bien distinctes : les comptes à débiter et les comptes à créditer. On sort dans une colonne spéciale le total de ces derniers, qui est forcément égal à celui des premiers.

Rien n'est donc plus simple, aussi obtient-on d'excellents et rapides résultats.

Quand au négociant, s'il a besoin d'un renseignement, nous l'engageons à en faire la recherche sur les livres auxiliaires plutôt qu'au journal, qui, s'il est facile à tenir, n'est pas un modèle de clarté.

Son Grand-Livre a trois colonnes pour les sommes du débit, et autant pour celles du crédit. Si nous sommes tout à fait contre les Grands-Livres à colonne unique au débit comme au crédit, nous sommes également contre les trois colonnes de M. Baudran. Deux nous paraissent suffisantes.

Les balances de M. Baudran se font par débits et crédits, avec les soldes débiteurs ou créditeurs en regard.

L'Inventaire est fort bien compris et tout ce qu'en dit l'auteur est très judicieux.

Au Bilan, il porte à l'Actif :

    les Marchandises,
    la Caisse,
    le Portefeuille,
    les Débiteurs (en un article),
    le Loyer par avance,
    l'Installation,
    les Intérêts et Escomptes à régler,

et au Passif :

> les Effets à payer,
> les Vendeurs,
> les Créditeurs (en un article)
> le Capital,
>> plus les bénéfices,
> la Réserve.

En résumé, malgré les légers défauts que nous avons signalés, l'ouvrage de M. Baudran a le mérite très grand d'être clair et inté·ressant du commencement à la fin. Tout ce qu'il enseigne est très pratique et les principes y sont bien exposés.

BALANCES QUOTIDIENNES CUMULÉES DE M. J.-E. PERROT.

Les Balances quotidiennes cumulées de M. Perrot présentent plusieurs avantages dignes assurément de l'attention du Comité et qui n'ont pas échappé à sa troisième Commission.

Par la méthode de M. Perrot, les Balances, se faisant chaque jour, permettent constamment de voir et de suivre l'ensemble des opérations, sans être obligé d'attendre le travail long et pénible des Balances mensuelles, qui se trouve évité, ainsi que le pointage fastidieux auquel, hélas! il faut avoir recours trop souvent. pour retrouver des erreurs sur lesquelles on ne peut revenir quelquefois à raison de leur ancienneté; par les Balances journalières de M. Perrot, les erreurs sont, au contraire, retrouvées avant d'avoir pu porter préjudice.

Quel que soit le nombre des Comptes personnels, M. Perrot, au moyen de sa méthode, peut toujours obtenir, par quelques additions seulement, le solde débiteur ou créditeur de l'ensemble de ces Comptes, sans être obligé de faire le dépouillement ou relevé du Grand-Livre des Comptes courants.

Ces Balances sont comme la synthèse des opérations présentées journellement, synthèse dont les Journaux spéciaux bien organisés donnent l'analyse.

Le Livre des Balances quotidiennes cumulées, nullement volumineux, très maniable, puisqu'il affecte la forme et l'importance d'un agenda ordinaire, présente, l'un au dessous de l'autre, le débit et le crédit de chacun des Comptes généraux : le Débit en chiffres noirs, le Crédit en chiffres rouges pour donner la même addition.

Ce Livre ne présente pas des titres tout faits, mais des lignes en blanc, qui permettent à chacun d'inscrire les noms des Comptes qui lui conviennent le mieux, et en nombre plus grand que la plupart des tableaux imprimés auxquels on doit se soumettre et adapter son genre de commerce, exigence souvent incommode ; par la méthode de M. Perrot, chacun reste libre, au contraire, d'établir sa nomenclature de Comptes comme il l'entend. Ces titres, une fois écrits, servent pour toute la durée du Livre, sans qu'il soit besoin de les répéter à chaque page.

Le chef d'une maison de commerce ou d'un établissement quelconque, au moyen de ce seul agenda qu'il peut porter sur lui, au besoin, puisqu'il est moins embarrassant que certains portefeuilles, possède donc le résumé de toutes ses opérations et peut se rendre compte du mouvement de chacune d'elles par jour, par semaine, par mois, par année. A tous ces renseignements, il convient encore d'ajouter ceux qu'il peut trouver dans une colonne d'observations, que M. Perrot n'a pas oubliée, et qu'à son exemple on devrait réserver sur tous les Livres.

Par ces raisons, la troisième Commission approuve et appelle l'attention du Comité sur les Balances quotidiennes cumulées de M. J.-E. Perrot.

Reste à examiner la manière dont il procède pour obtenir ces Balances.

Son premier procédé consistait à se servir du chiffrier pour classer et grouper toutes les opérations au fur et à mesure qu'il les reporte au Grand-Livre, puis à additionner ces différents groupes pour obtenir les éléments de sa Balance.

Il a délaissé ce moyen pour celui-ci : division des Livres *ad hoc* en raison des Comptes généraux, qu'il ne fait plus figurer au Grand-Livre. Chacun de ses Livres *ad hoc* présente trois colonnes à gauche et trois colonnes à droite ; le texte s'écrit au milieu ; les colonnes de gauche représentent le Débit ou l'entrée de la valeur ou du Compte auquel le Livre est affecté, et les colonnes de droite, le Crédit ou la sortie.

Ces trois colonnes de gauche et de droite servent à recevoir : l'une, ce qui est afférent aux Comptes généraux ; l'autre, ce qui est afférent aux Comptes personnels ; et la troisième, l'addition des deux précédentes.

Ces Livres-Journaux ou *ad hoc* étant ainsi disposés, il lui suffit d'additionner les différentes colonnes pour avoir le total des Débits et des Crédits, ou si l'on préfère, de l'entrée et de la sortie des Comptes généraux qu'il met en jeu ; et aussi, l'addition des Débits et des Crédits des Comptes des personnes ; cela fait, il reporte les additions ainsi obtenues en regard des titres qui leur conviennent sur son Livre de Balance.

Il ne faudrait pas inférer de cette manière de procéder que, par la méthode de M. Perrot, il faille tenir 500 Livres *ad hoc* en permanence, si les Comptes généraux s'élèvent à 500 ; nullement.

De même que les Comptes des correspondants, se chiffrassent-ils par milliers, sont résumés sur un Livre unique qui donne la synthèse dont on trouve l'analyse sur le Livre des Comptes courants, de même les Comptes généraux sont résumés par genre de valeurs, de charges, de produits et de frais ; c'est ainsi que le Livre des marchandises générales donne un total à l'entrée et un total à la sortie que les différents Comptes de marchandises ouverts au Grand-Livre doivent reproduire ; comme le Livre des Comptes personnels, le Livre des Marchandises générales est le résumé dont on trouve le détail aux différentes espèces des marchandises qui ont chacune un Compte ouvert au Grand-Livre. De même pour les frais généraux, le Livre qui porte ce titre donne leur total, et les différents Comptes, qui en sont la division, ouverts au Grand-Livre, reproduisent ce même total. Il en est de même pour les autres Comptes généraux.

Les Balances quotidiennes cumulées donnent les résultats en bloc au Chef d'établissement, au jour le jour et pour ainsi dire instantanément.

Il est évident que cela n'évite pas la vérification des Comptes ouverts aux Grands-Livres, pour s'assurer que le relevé des différentes divisions d'un même Compte donnent bien le résultat annoncé à la Balance par ce Compte ; mais le Chef d'établissement n'en est pas moins renseigné, et ce, en temps utile, c'est-à-dire sans être obligé d'attendre le dépouillement et souvent même le pointage des Grands-Livres.

La troisième Commission approuve donc la manière de procéder de M. Perrot.

(A suivre.)

Revue de la Comptabilité, 7, *rue Barbette, Paris.*

Paris. — Imprimerie Wattier et Cie, 4, rue des Déchargeurs.

DE L'UNIFICATION DE LA COMPTABILITÉ

RAPPORTS

Des Commissions d'examen des Méthodes au Comité d'initiative d'un Projet de Congrès pour l'Unification de la Comptabilité.

TROISIÈME COMMISSION

2ᵉ PARTIE

Annexe au Rapport de la troisième Commission sur les Balances de M. J.-E. Perrot

---

CONCLUSIONS

M. Perrot par ses Balances tend au même but que M. Poitrat par les siennes, que M. Pigier par son Journal centralisateur, que M. Beauchery par ses tableaux de centralisation mensuelle.

Ce but est d'obtenir en temps utile et aussi souvent qu'on le désire le résultat du mouvement des valeurs et des Comptes des personnes.

L'on ne saurait trop attirer l'attention des Comptables sur les avantages que l'on peut tirer de ces renseignements dont le point important est d'être obtenus *à temps.*

En effet, que servent aux Commerçants les renseignements tardifs que donnent les Balances mensuelles ; ce n'est pas après coup, c'est-à-dire lorsque le danger est inévitable, que les Commerçants ont besoin d'être prévenus et, pour employer une image dont s'est servi M. Havard qui présidait la première Conférence de M. Beauchery : La Comptabilité étant en quelque sorte un phare qui doit constamment guider et éclairer le Commerçant, l'Industriel ou le Financier dans ses opérations, n'a pas de raison d'être si elle ne l'éclaire et ne le guide que lorsqu'il est trop tard pour parer au désastre.

C'est ce que MM. Perrot, Poitrat, Pigier et Beauchery ont parfaitement compris, et c'est pourquoi nous ne saurions trop préconiser leurs méthodes et les recommander à l'attention de tous ceux qui attendent quelques services de la Comptabilité.

MÉTHODE J. BAUDEQUIN.

M. J. Baudequin présente une méthode de Journal-Grand-Livre divisée en trois parties sur la même page. Le libellé des écritures, comme dans le système Cornet-Bichat, se trouve au milieu ; à gauche, cinq colonnes sont destinées au débit des cinq Comptes généraux, et à droite cinq autres colonnes sont destinées à leur crédit ; à la suite de celles-ci se trouve une sixième colonne contenant le montant des articles.

Les reports des Comptes au Grand-Livre, y compris ceux des clients, se font du Journal à ces mêmes Comptes, au lieu de partir de la première écriture, c'est-à-dire du Livre des Ventes.

La Balance mensuelle se fait par l'addition horizontale des cinq totaux du Débit et l'addition des cinq totaux du Crédit.

Ces totaux réunis doivent être égaux au total général de la sixième colonne qui a reçu, jour par jour, les sommes de chaque opération dont l'écriture est détaillée.

Cette Balance démontre l'exactitude des écritures passées quant aux sommes , elle est incontestable ; mais là se borne l'avantage de cette méthode.

L'auteur, préoccupé des prescriptions de l'article 8 du Code de Commerce, n'a songé qu'à leur application dans le sens le plus rigoureusement étroit du texte, en reportant au Journal, à leur date et avec détail, l'enregistrement de chaque opération.

Cette méthode, praticable dans une petite maison, ne peut absolument répondre au développement des grandes affaires ; il est du reste facile de s'en rendre compte dans toutes les maisons où elle est en usage.

Plus une maison fait d'affaires, plus elle est en retard dans ses écritures, et cela se comprend puisqu'elles doivent passer *in extenso* par les mains d'un seul Comptable.

On peut donc, d'après cette méthode, juger la prospérité d'une maison au retard de ses écritures ; mais, si elle offre des avantages au Comptable, il ne saurait en être de même pour le Chef de la maison, et nous devons admettre que le législateur n'a pu songer à imposer une méthode en contradiction avec l'intérêt du Commerçant, qui doit pouvoir toujours faire établir promptement sa situation. C'est au Comptable et non au législateur à établir la méthode qui répond aux prescriptions de la loi, et il doit en chercher, dans l'esprit et non dans la lettre, l'application, quand le texte n'est pas suffisamment explicite, en se pénétrant bien que la loi est faite pour les affaires et non les affaires pour la loi.

La méthode de M. Baudequin, d'après l'exposé qu'il nous en fait par son Journal-Grand-Livre, doit être classée parmi celles qui sont les plus condamnables et dont il faut recommander l'interdiction.

Un seul article de Divers à Divers d'un bout de l'année à l'autre, ne saurait constituer une méthode bien utile.

MÉTHODE DE M. J.-B.-T. GUILLOT, DE LYON.

Cet auteur ne procède pas de la même façon au point de vue du Journal que M. Baudequin, il ne s'attache aux prescriptions de l'article 8 du Code de commerce qu'au point de vue de l'Actif et du Passif et des Balances.

Dans ses trois modèles, dont un à une seule colonne, un à trois colonnes et l'autre à sept colonnes, l'auteur les divise les uns et les autres comme le Grand-Livre en deux parties portant au verso le Débit et au recto le Crédit. Ces deux divisions contiennent les mêmes colonnes.

Les écritures étant reportées des Livres auxiliaires au Journal, se trouvent naturellement classées par catégories. (La formule Doit et Avoir disparaît, n'ayant d'ailleurs pas besoin d'être mentionnée par cette méthode). M. Guillot inscrit simplement au Journal un tel, ma facture, tant ; tous les débiteurs sont enregistrés à la suite au Débit ; et au Crédit, il porte dans la colonne de Marchandises générales le montant de tous les débiteurs réunis qui forment la contre-partie ou le total antithétique.

Il procède de la même manière avec les fournisseurs et autres correspondants en les inscrivant au Crédit par groupes, à la suite les uns des autres, et le total de chacun des groupes du Crédit est porté au Débit pour former la contre-partie ou le total antithétique dans la colonne qui le concerne.

C'est l'application étendue et systématique de l'article : Divers à un Tel ou un Tel à Divers, qui abrége les écritures.

Ce procédé simplifie, en outre, les Balances générales mensuelles en les divisant préalablement eu Balances partielles dout les totaux se contrôlent par les totaux des Livres auxiliaires, lesquels sont laissés à l'initiative des Commerçants ; ceux-ci les divisant et les subdivisant suivant les exigences de leurs affaires.

Ce procédé que recommande M. Pigier, permet d'étendre ou de restreindre les classifications et même au besoin de ne reporter au Débit comme au Crédit que les totaux de chacune d'elles, quoique M. Guillot soit opposé à ce dernier procédé, convaincu que comme il la pratique, la répétition intégrale de tous les débiteurs au Journal est un contrôle suffisant de ces mêmes débiteurs relevés avec le même détail du Livre des Ventes.

La Commission n'est pas du même avis sous ce rapport, elle ne peut admettre qu'une liste de noms ou de sommes, identiquement la même et reportée dans le même ordre avec le même total puisse donner un contrôle utile du Livre auxiliaire au Journal. C'est le contraire qui doit se produire, c'est-à-dire que ce procédé doit augmenter les erreurs plutôt qu'en restreindre le nombre lorsqu'il y en a.

Ce Journal ouvert par débit et crédit offre cependant des avantages sérieux, dont voici les principaux :

1° Il permet au commerçant de connaître instantanément et d'une manière précise le montant des débiteurs et des créditeurs, sans en faire le relevé, renseignement de la plus haute importance, attendu qu'il représente, concurrement avec la Caisse et le Portefeuille, le capital mobile avec lequel il faut faire face aux échéances courantes.

2° Il dispense le comptable de faire précéder chaque article des mots Doit et Avoir, employés dans la partie simple et dispense également du détail des opérations qui se trouvent déjà sur les livres auxiliaires.

3° Il classe les comptes en trois chapitres :

A, les débiteurs ;

B, les fournisseurs et comptes divers ;

C, les comptes généraux,

avantage immense au moment de dresser les balances, parce que s'il y a une erreur à rechercher, elle se trouve circonscrite dans l'un ou l'autre des deux premiers chapitres, les comptes généraux étant forcément justes ; la division de ce Journal en Débit et en Crédit, permet en outre un pointage infiniment plus rapide.

4° Enfin, dans les grands établissements où les écritures sont considérables, l'on peut, pour accélérer le travail, le diviser en deux Journaux, celui des débits et celui des crédits, et cela devient forcément nécessaire, puisque les reports dans les comptes se font du Journal a lieu d'être faits du livre auxiliaire.

Avec ce Journal, le livre des balances n'a pas de raison d'être, seulement la commission ne voit pas bien comment les reports, dans les comptes se font, pour être à jour quand ces derniers se chiffrent par centaines.

La commission ne peut supposer qu'une chose, c'est que M. Guillot n'a jamais été aux prises avec cette grosse difficulté des débiteurs très nombreux.

Un livre de situations mensuelles, qui peut tenir lieu de livre d'Inventaire, est annexé à ce Journal.

M. Guillot, sans le recommander comme indispensable, le croit très utile pour les grands établissements.

Ce livre, dans des tableaux synoptiques à colonnes et sous une forme récapitulative, présente des renseignements de détails très utiles par suite de la subdivision des comptes : Marchandises générales, Frais généraux, Profits et Pertes.

On trouve dans ce livre des situations la pensée, incomplète il est vrai, des tableaux synoptiques du système Cerboni. La grande division des comptes du Journal se rapproche également de la conception fondamentale de la Logismographie.

En résumé,

Cette méthode doit être classée parmi les ouvrages qui seront à examiner de nouveau. Elle est de nature à modifier l'opinion des adversaires déclarés du Journal-Grand-Livre, système américain.

Et peut-être qu'en modifiant certaines parties, en y ajoutant les perfectionnements de la méthode Pigier et ceux d'autres auteurs de mérite pourra-t-elle nous aider à trouver la voie qui doit nous conduire un jour à cette unification, rêve idéal de tant de comptables et de commerçants, ainsi soit-il !

Système Beauchery

JOURNAL-GRAND-LIVRE

M. Beauchery qui a déjà présenté à l'examen des commissions un système de partie simple et un système de partie double, vient d'adresser à la troisième commission un exposé du Journal-Grand-Livre, dont il recommande de nouveau l'étude malgré les votes du Comité.

Il est facile de se convaincre, contrairement a l'opinion de l'auteur, que ce Journal comme il le comprend, ne pourrait aujourd'hui répondre aux prescriptions de la loi, ni aux besoins des affaires nombreuses, c'est-à-dire recevoir, jour par jour, toutes les écritures détaillées d'une administration, et que ces écritures ne pourraient y figurer que par une centralisation récapitulative des livres auxiliaires à moins que ce ne soit pour une petite maison.

Le Journal-Grand-Livre tel que le comprend M. Beauchery avec les cinq comptes généraux, ne peut-être considéré que comme un livre de balances fort incommode du reste. Ses divisions sont trop nombreuses et non raisonnées quand elles dépassent les cinq ou six comptes généraux ; elles procurent un surcroît de travail inutile, exposent facilement à des erreurs par leur multiplicité, et donnent lieu à des additions verticales nombreuses qui ne peuvent pas même, par leurs totaux réunis, contrôler la colonne géuérale sans faire de nouveaux dépouillements dans un cadre spécial à chaque page ; inconvénients nombreux et incontestables que l'auteur a reconnus lui-même.

Ce système augmente donc le travail et facilite les erreurs sans compensation aucune.

La commission croit devoir l'écarter.

(Cette partie du Rapport de la 3ᵉ Commission n'a pas été approuvée par l'un de ses membres, M. Croizé.)

LA LOGISMOGRAPHIE

Parmi les nombreux ouvrages adressés au Comité par différents auteurs italiens, la Commission a porté son attention sur un système nouveau dont l'auteur, M. Cerboni, a commencé l'application dans une partie de la comptabilité de l'Etat.

Ce système qui semble pouvoir s'appliquer à toutes les administrations publiques et privées, industrielles, commerciales et agricoles, mérite particulièrement l'intérêt de ceux qui désirent son emploi unique, comme il existe déjà chez certaines nations pour la musique, la monnaie, les poids et les mesures.

S'il n'est pas encore assez parfait aujourd'hui pour atteindre toute la perfection qu'on doit trouver dans le système cherché, il semble au moins contenir la plupart des éléments qui peuvent y conduire.

Plusieurs auteurs ont déjà travaillé à son perfectionnement.

M. Pisani de Modica, en Sicile, dans l'application qu'il en fait à l'agriculture, y a introduit une variante importante dans les tableaux synoptiques ou comptes du Grand-Livre ; cette variante consiste dans la réunion sur la page du verso de toutes les colonnes du débit, et sur le recto, toutes les colonnes du crédit. Ce procédé permet de faire les additions horizontales des totaux partiels dont les montants réunis doivent être égaux au montant de la colonne principale.

M. Busnelli, comptable dans une manufacture de Schio, en Vénétie, y a introduit une autre modification.

Tout en conservant le même ordre que M. Cerboni dans les colonnes des tableaux synoptiques, il a modifié l'atribution des colonnes du Journal en y ajoutant une autre double colonne où sont inscrits, au fur et à mesure qu'ils se présentent, les bénéfices et les pertes qu'on peut préciser.

Le fonctionnement de cette comptabilité a pour base les livres auxiliaires qui peuvent se diviser et se subdiviser suivant les besoins, sans altérer le mécanisme général du Journal où les écritures viennent se centraliser en deux grandes divisions : l'administration d'une part, et les tiers ou correspondants d'autre part.

Ces deux grandes divisions peuvent elles-mêmes se diviser aussi au gré du commerçant. Elles sont donc assez différentes de celles du Journal-Grand Livre américain avec ses cinq comptes généraux, accompagnés souvent de plusieurs autres sans raison ni méthode, qui compliquent les écritures par leur classement dans de nombreuses colonnes qu'il faut chercher et qu'on ne rencontre pas toujours bien exactement.

Un des avantages importants du système Cerboni se présente

dans les tableaux synoptiques qui permettent autant de balances partielles.

Les totaux de ces balances partielles simplifient tout naturellement les balances générales qui ne sont alors plus composées que de ces mêmes totaux.

Les tableaux synoptiques sont privés de libellés, les têtes de colonnes seules portent un titre suivant la nature des chapitres : ainsi, les comptes de personnes ont pour entête l'ancienne formule Doit et Avoir, tandis que les comptes de choses ont pour formule : Achat et Vente ou Entrée et Sortie.

Ce procédé de comptes sans libellé oblige à une grande attention, car si une erreur vient à se glisser dans les reports de sommes qui peuvent être pareilles aux sommes voisines, le contrôleur n'a pas la ressource de s'appuyer sur le libellé pour retrouver l'erreur.

Le report des écritures se fait au moyen de minutes ou bordereaux qui reçoivent dès le début l'indication de tous les tableaux synoptiques par où elles doivent passer. Le signe indicateur est une lettre alphabétique, primée ensuite pour les divisions et les subdivisions représentées par des chiffres qui sont primés eux-mêmes autant de fois que la subdivision est éloignée de la subdivision première.

Ce procédé qui remplace le foliotage que nous pratiquons, semble exposer facilement à des erreurs de report, car, une virgule en plus ou en moins fait glisser un chiffre dans une colonne plutôt que dans une autre et expose à des recherches longues et pénibles.

La base de ce système est très rationnelle et il est probable que les améliorations qui se produiront dans ses applications successives en rendront l'emploi plus facile ; nous devons constater qu'il est un progrès sur la comptabilité pratiquée jusqu'à ce jour et regrettons en même temps que les ouvrages qui le concernent n'aient pas encore été traduits en français.

(A suivre.)

Revue de la Comptabilité, 7, *rue Barbette, Paris.* (5 fr. par an)

Paris. — Imprimerie Wattier et Cie, 4, rue des Déchargeurs.

DE L'UNIFICATION DE LA COMPTABILITÉ

RAPPORTS

Des Commissions d'examen des Méthodes au Comité d'initiative d'un Projet de Congrès pour l'Unification de la Comptabilité.

QUATRIÈME COMMISSION

Examen des méthodes suivantes :

La Comptabilité rationnelle et intégrale de M. Achille Le Duc et la *Petite Comptabilité populaire*, du même auteur.

La Comptabilité commerciale démotique en partie double, par Tacaille.

La vraie Balance ou *Comptabilité en partie double formulée comme la partie simple*, par Commandeur et Nony.

La ligne droite ou *Comptabilité en partie double simplifiée*, de M. L. Conventz.

Le traité de Comptabilité et d'administration industrielle, par M. Adolphe Guilbault.

1º Comptabilité rationnelle et intégrale de M. Achille Le Duc

L'auteur, dans son exposé des principes, déclare que tout livre, produisant des articles de Comptabilité, présente implicitement ces articles sous la forme de la Partie double.

L'idée principale de cette méthode a été la suppression, dans la mesure du possible, des livres qui ne sont que la répétition des autres.

Pour arriver à ce but, M. Le Duc élève les Livres auxiliaires au rang de Livre-Journal. Il en fait des Journaux spéciaux, dont il reporte les écritures directement au Grand-Livre.

Cette simplification procure l'immense avantage d'avoir constamment à jour tous les Comptes généraux et particuliers.

Cependant, pour obéir au vœu de la loi, M. Le Duc a conservé le Livre-Journal sur lequel il reporte les écritures des Journaux spéciaux, mais en bloc, par journées, semaines, quinzaines ou par mois, *ad libitum*.

Le Journal, ainsi tenu, n'obéit pas à l'article 8 du Code de Commerce, qui est formel pour la tenue des écritures jour par jour.

L'auteur, consulté sur ce point, a répondu qu'il entendait donner pleine et entière satisfaction à la loi en tenant ainsi son Journal central.

Donc, pour tous les Comptes généraux, M. Le Duc a créé des Journaux spéciaux. Quant aux écritures résultant des opérations, qui ne donnent pas lieu à la création de Journaux spéciaux, il les passe directement au Journal, dont le but est de centraliser les écritures de toutes les opérations.

Le Grand-Livre, que l'auteur intitule le Grand-Livre Perfectionné, est disposé ainsi :

A côté d'une large marge pour le libellé des articles de Débit et de Crédit, il y a deux colonnes pour les Débits et les Crédits, et à la droite de ces colonnes, deux autres colonnes pour les soldes. C'est en un mot la disposition du Livre des Balances ordinairement employé.

L'avantage de cette disposition est d'avoir le solde débiteur ou créditeur des comptes après chaque opération, ce qui facilite la balance.

Le Bilan et la manière de fermer et d'ouvrir à nouveau les comptes sont exposés d'une manière claire et précise par M. Le Duc.

La suite de la méthode en ce qui touche l'établissement des comptes courants et d'intérêts et le système rapide pour les calculer, a mérité de sincères éloges à son auteur.

Dans une seconde partie de son ouvrage, M. Le Duc traite des comptabilités spéciales : comptabilités de Sociétés en nom collectif, en commandite, etc. Il donne la manière de passer les écritures de participation, de partage de bénéfices, répartition des charges, etc. Enfin, l'auteur donne des explications sur les différentes Sociétés de Banque ou de Crédit, et présente des modèles pour calculer le change des monnaies étrangères.

L'opinion de la Commission sur la méthode de M. Achille Le Duc peut se résumer ainsi :

Tous les exposés de l'auteur sont clairs et précis, et la méthode en général donne l'avantage, très apprécié, de la rapidité des écritures. Sous réserve de modification dans la tenue du Livre-Journal centralisateur, cette méthode peut être recommandée pour l'enseignement comme très pratique.

La Petite Comptabilité populaire, du même auteur.

Suivant l'exposé de M. Achille Le Duc, cet essai de petite Comptabilité populaire, considéré au point de vue de l'enseignement, sera très utile pour préparer les élèves à la connaissance de la grande comptabilité ; cette petite comptabilité qui présente dans un tableau synoptique quelques comptes généraux, est parfaitement établie pour régler le budget d'un intérieur de maison.

2° Méthode de Comptabilité commerciale démotique en Partie Double, par M. Tacaille

Dans son exposé, l'auteur commence par blâmer tous les systèmes de comptabilité, y compris le Journal-Grand-Livre à colonnes, dit Journal américain, dont les apparences de progrès n'ont pas été confirmées par la pratique. M. Tacaille met au même rang toute comptabilité rationnelle comme impossible. Voyons, si son système, à lui, offre les avantages que les autres n'ont pas.

Suivant M. Tacaille, sa méthode offre :

1° Une économie de temps de dix heures sur douze, et la facilité pour un commerçant de pouvoir, sans avoir jamais appris, tenir lui-même ses écritures en Partie double ;

2° Balance perpétuelle, permettant d'établir l'inventaire général instantanément ;

3° Plus de compte de capital ni de comptes généraux au Grand-Livre. Tout au Journal et rien que les comptes des particuliers au Grand-Livre.

Après cet exposé des avantages de son système, l'auteur s'extasie et demande si ce n'est pas la dernière expression de la Comptabilité commerciale.

Tous les Livres employés dans cette méthode sont à colonnes, avec entêtes imprimés. Même avec les explications de l'auteur pour la tenue de ces Livres, elle est incompréhensible. La Commission a vainement cherché dans la tenue de ces registres un des avantages préconisés par l'auteur, la célérité dans les écritures.

Le Journal démotique n'est autre chose que le Journal Grand-

Livre, quoique l'auteur s'en défende. La seule différence est dans le libellé des articles qui est moins clair dans la méthode Tacaille. Cet auteur a introduit dans son Journal démotique des divisions dans les comptes P. et P., qu'il appelle « Compte régulateur », Effets à Payer, Meubles et Immeubles. Enfin, il a ajouté deux colonnes pour le contrôle mathématique de toutes les opérations générales.

Cette multitude de colonnes est un nid à erreurs, comme l'a dit judicieusement un de nos collègues ; elle nécessite de nombreuses additions et de nombreux reports, ce qui n'est pas fait pour abréger le travail.

Le Grand-Livre de la méthode Tacaille ne contient que les noms du correspondant dans une large marge, et dans deux colonnes contigues des chiffres sans aucune désignation des Comptes généraux. Pour compléter ce Grand-Livre, l'auteur a créé un Livre de contrôle sur lequel il relève tous les soldes débiteurs et créditeurs.

La Commission n'a rien relevé de pratique dans la méthode Tacaille, et n'y a trouvé aucune heureuse innovation qui puisse la faire recommander pour l'enseignement.

3° Méthode de Comptabilité en Partie Double, intitulée la Vraie Balance, par Commandeur et Nony

Les Livres employés dans cette méthode sont au nombre de quatre seulement. Le Livre-Journal, le Grand-Livre, le Livre de liquidation du Grand-Livre, sur lequel sont relevés, à chaque inventaire, et à chaque situation mensuelle, tous les soldes débiteurs et créditeurs ; enfin le Livre des inventaires et des situations sur lequel sont reportées les Balances de quinzaine ou de fin de mois, et où sont en outre établis et formulés en chiffres rouges les inventaires annuels prescrits par la loi.

Les auteurs disent en principe que ces quatre Livres suffisent, cependant ils recommandent aussi les autres Livres auxiliaires.

Comme dans la méthode Tacaille, le Livre-Journal est à colonnes, mais il diffère dans sa disposition. Le Journal de la méthode Commandeur et Nony a son libellé au centre de la page, le côté gauche est réservé pour les Débits, et le côté droit pour les Crédits des comptes généraux. De chaque côté sont aussi ménagées des colonnes pour les comptes particuliers, qui doivent être reportés au Grand-Livre.

Au bas de chaque page, la Balance est faite, et pour ne pas reporter indéfiniment les additions, on reporte celles-ci chaque mois sur le registre intitulé « Inventaire et Situation ».

La disposition du Journal de cette méthode pourrait donner satisfaction aux adeptes du système à colonnes, mais ils trouveront au moins compliquée la réunion dans la colonne de Valeurs Diverses, les comptes de matériel, mobilier, chevaux, voitures, harnais, constructions, titres et actions, fonds de réserve, etc. En embrassant tous ces comptes divers dans un seul, ce n'est plus de la comptabilité, mais de la confusion.

Le Grand-Livre est destiné à recevoir les comptes des correspondants. Comme dans le Livre-Journal, le Débit et le Crédit sont séparés par le libellé, une colonne spéciale est réservée pour les soldes, de sorte que la position de chaque compte peut être immédiatement connue.

La même idée a présidé à la disposition de tous les Livres de cette méthode. Toujours et partout des colonnes avec entêtes imprimés. La Commission n'a pas trouvé que cette méthode donne tous les avantages préconisés par les auteurs, dont l'exposé manque de clarté et de précision.

4° Méthode Conventz, intitulée la Ligne droite, Comptabilité en partie double simplifiée.

En première ligne l'auteur dit qu'avec sa méthode on obtient des écritures régulières tenues constamment à jour ; des renseignements aussi clairs que précis ; la division et le classement des frais généraux ; une sécurité réciproque entre négociants et comptables ; le capital et les résultats à l'abri des indiscrétions ; un contrôle mathématique de l'inventaire, et enfin une économie de temps.

L'auteur classe sa tenue de livres en deux parties, étroitement liées entre elles et se résumant en quatre mots :

1° Doit et Avoir ; 2° Entrée et Sortie.

La première s'applique aux comptes particuliers, la deuxième aux comptes généraux.

Les livres employés pour cette méthode sont : le Livre extrait du grand livre, pour remplacer le Livre des Balances. Le Livre des Inventaires, qui a la même réglure que le précédent. Le Journal

d'Achats, le Journal des Ventes, le Journal des Règlements, sur lequel on écrit toutes les opérations en dehors des achats et des ventes.
Ce livre supprime d'un seul coup le livre de caisse, le livre des Traites
et Remises et celui d'annotations. L'auteur dit que si ce livre est coté
et paraphé, il supprime aussi le Journal Général.

Le Grand Livre, le Journal Général, le Contrôleur du Grand
Livre, le livre des Balances facultatives, et enfin le livre des Comptes
Généraux complètent la série des livres employés dans cette méthode.

Le Journal des Achats est tenu d'un façon peu commune. Dans
une colonne à gauche et précédant le nom du vendeur, l'auteur inscrit la somme nette de la facture, puis à la suite du nom et du libellé
à droite, il met le détail de la facture. La somme nette est reportée
au Grand Livre. Bien que l'auteur ait fait quelque chose de nouveau
dans ce livre, il trouve qu'on pourrait le supprimer en réunissant
les factures dans un classeur et en les foliotant.

Le Journal des Ventes ressemble à celui des Achats; alors l'auteur, prévoyant les erreurs qui pourraient se commettre, conseille de
marquer d'un F le livre des fournisseurs.

Le Grand Livre présente à la droite du libellé 3 colonnes, une
pour le Débit, une pour le Crédit et une troisième pour les excédents.
Seulement pour qu'on ne s'y trompe pas, l'auteur recommande de
mettre un D devant le solde débiteur, et un C devant le solde créditeur.

Le Journal Général est ainsi disposé : après le libellé, il y a
une colonne pour recevoir les comptes de débiteurs, une pour les
comptes de fournisseurs, et à la suite, à droite, une colonne de Doit
et une colonne d'Avoir pour les règlements.

D'après cette méthode, ce n'est pas le Journal qui sert à établir
le Grand Livre, mais ce dernier qui transmet au Journal les sommes
au fur et à mesure qu'il les reçoit des livres auxiliaires.

Le Contrôleur du Grand Livre ne reçoit que des chiffres, et ne
saurait reconstruire la Comptabilité.

La Commission a trouvé cette méthode impraticable et compliquée, et le système beaucoup trop tortueux pour pouvoir être appelé
la ligne droite.

5° Traité de Comptabilité administrative et industrielle, de M. Guilbault.

Cet ouvrage est plutôt une méthode d'organisation de grandes comptabilités et d'administration industrielle.

L'auteur définit les comptes généraux : 1° Ceux qui représentent les valeurs connues du capital et leurs transformations.

2° Ceux qui représentent transitoirement les variations en plus ou en moins du Capital dans les transactions, et auquels il donne le titre générique de comptes généraux d'exploitation.

M. Guilbault définit clairement l'action de chacun des comptes qui représentent le capital et qu'il appelle comptes d'apports.

Toutes les grandes questions de haute comptabilité sont traitées largement dans cet ouvrage.

Les définitions sont claires et méritent la plus franche approbation.

Cependant je dois le dire, la commission n'a pas été du même avis que M. Guilbault sur quelques questions de détail.

Ainsi dans la classification des comptes, l'auteur parle de comptes d'actionnaires, quoique ce compte ne doive pas exister.

D'après l'auteur, le prix de revient ou d'achat doit être pris pour base immuable des comptes du capital, et la comptabilité doit donner à tout instant l'état du capital au prix de revient, lequel doit être la base de l'estimation des marchandises à l'inventaire.

Ces questions ont été diversement appréciées dans le sein de la commission.

En résumé, l'ouvrage de M. Guilbault est une savante théorie de haute comptabilité et de questions d'administration industrielle, mais il est peu praticable pour le commerce.

A part cette observation, la Commission a été unanime à reconnaître le mérite indiscuté de M. Guilbault, d'avoir traité avec beaucoup de science les comptabilités des grandes industries, telles que les Sociétés Houillères, métallurgiques, Raffineries de sucre, où son système peut-être appliqué d'une manière certaine.

Ses tableaux sont un guide que l'on peut suivre pour arriver à connaître les résultats des grandes entreprises précitées.

CINQUIÈME COMMISSION

EXAMEN DES OUVRAGES

1° *Comptabilité en partie double*, Manuscrit par M. Audubert ;

2° *La Comptabilité d'après les prescriptions de la Loi commerciale française*, par M. Guillay ;

3° *Registres pour les Distillateurs, Comptes de Régie, etc.*, par M. Bégou ;

4° *Nouveau Traité de Tenue des Livres*, par M. Henri Séguier.

Nous avons également étudié avec soin un Ouvrage, dont le titre ne figure pas parmi ceux que nous a indiqués le Comité, mais qui a été remis à notre Commission par M. l'Archiviste. Cet ouvrage est intitulé : *Exemple (complet en 6 fascicules) de Livres Commerciaux applicables aux grandes Comptabilités*, par M. J. S....., ex-chef d'une Comptabilité industrielle de Lyon.

1° Comptabilité en partie double
Manuscrit par M. AUDUBERT

La Comptabilité en partie double, présentée par M. Audubert, est la Comptabilité d'un Entrepreneur en Bâtiments. Elle pourrait néanmoins servir de modèle à plusieurs autres genres d'Industrie et même à certains Commerces.

Elle se compose d'un Rôle de Journées, d'un Livre de Factures, d'une Main Courante n° 2, d'une Main Courante n° 1, d'un Journal-Grand-Livre et d'un Livre des Comptes Courants.

D'après l'examen attentif de cet ouvrage, il doit exister un autre registre sur lequel les Factures sont inscrites avec détail complet.

Le « Rôle de Journées » est un registre tenu par folio et sur chacun desquels l'Entrepreneur peut se rendre compte du nombre et de l'importance des journées d'ouvriers employées dans pas moins de 45 chantiers. Afin d'économiser l'espace, chacun de ces chantiers est représenté par 45 signes différents qu'il doit être assez difficile de fixer dans sa mémoire.

(A suivre.)

DE L'UNIFICATION DE LA COMPTABILITÉ

RAPPORTS

Des Commissions d'examen des Méthodes au Comité d'initiative d'un Projet de Congrès pour l'Unification de la Comptabilité.

CINQUIÈME COMMISSION

1° **Comptabilité en partie double**

Manuscrit par M. AUDUBERT

(Suite)

Le « Livre de Factures » comprend l'ensemble du montant des journées et des fournitures afférentes à chaque chantier. Les 45 signes indiqués sur le « Rôle de Journées » sont reproduits sur le « Livre de Factures. » Le détail des Fournitures n'est pas mentionné, il figure sur un registre spécial et mention en est faite lors de l'inscription du montant total. Le total des Dépenses y est comparé avec le montant de la soumission ou du prix à forfaits, et on obtient de la sorte le résultat acquis, soit bénéfice, soit perte.

La Main Courante n° 2 se tient par folio, elle représente le Livre-Journal; c'est le Livre prescrit par l'article 8 du Code de Commerce. La simplicité dont parle l'auteur, n'est pas une des qualités de ce registre, car il ne comporte pas moins de huit colonnes de chiffres dans lesquelles on est souvent assujetti à inscrire 4 fois le résultat d'une simple opération.

Outre le détail de chaque opération qui ne doit prendre qu'une ligne, et les huit colonnes de chiffres, il existe encore, de 3 folios en 3 folios, un tableau récapitulatif. Ce tableau est destiné à réunir le total de chacun des 3 folios qui suivent le tableau récapitulatif précédent ainsi que le total de ce dernier tableau. — Le total de cette récapitulation viendra se contrôler avec celui du folio correspondant du Journal Grand-Livre,

Sur cette Main Courante n° 2, les Comptes des Chantiers ne sont pas non plus dénommés en toute lettres ; de plus l'amour qu'a M. Audubert pour les signes cabalistiques, lui a fait remplacer le nom de ses Comptes Généraux par des signes particuliers. C'est ainsi que le Compte des Divers est représenté par une Etoile, le Compte de Caisse par une Croix de St-André, le Compte de Marchandises par un Triangle, le Compte des Divers Chantiers par un 46ᵉ signe que nous ne saurions définir, et enfin le Compte de Profits et Pertes par un Carré. Ce qui nous fait en tout 50 signes hiéroglyphiques dans une Comptabilité recommandée pour sa simplicité. Les 45 chantiers représentent les 45 clients de M. Audubert, il en résulte que s'il en avait 3,000, il lui faudrait 3,000 signes différents.

Mais M. Audubert est obligé de se convaincre lui-même que malgré la simplicité de sa méthode, simplicité que nous trouvons compliquée, sa Main Courante n° 2, qui représente le Journal, est trop simple. En effet, il nous dit que la « *Main Courante n° 1* », *n'est que le complément obligé du n° 2.*

Ce dernier livre, la Main Courante n° 1, sert à l'inscription des Opérations dont le détail n'aurait pas pu recevoir tout son développement sur la Main Courante n° 2. L'auteur a même le soin de prévenir qu'il ne faudra pas s'étonner des lacunes de date par la raison qu'on n'y rencontre que les opérations pour lesquelles un certain détail est indispensable.

Donc nous voilà déjà à la tête de deux journaux.

Ce n'est pas tout. Avec M. Audubert, il nous faut encore un Journal-Grand-Livre qui n'est, pour la partie droite, que la reproduction exacte du Journal-Grand-Livre que nous connaissons de longue date. Du reste, l'auteur s'empresse de prévenir que cette partie du Journal-Grand-Livre ne lui appartient pas.

Ce qui lui appartient, ce sont les accolades, les expressions de : à Divers Divers doivent, qui encombrent la partie gauche. Nous y retrouvons aussi en six endroits différents, et devant se rapporter à la série des 3 folios de la Main Courante n° 2, les signes cabalistiques, représentant les 5 Comptes Généraux de cette Comptabilité.

Le Journal-Grand-Livre de M. Audubert diffère encore de celui soi-disant classique par quatre lignes de chiffres disposées au rez-de-chaussée de son registre, il convient de dire aussi que le report, au ieu de se faire au haut du folio, est compris dans l'une de ces quatre g nes de chiffres.

Au Livre des Comptes Courants, un Compte est ouvert à chacun des Correspondants, cette fois sous leur vraie dénomination. Mais M. Audubert ne veut pas abandonner complètement ses signes ; en effet les Comptes de Contre-partie sont encore désignés au moyen de lettres, de chiffres, ou de figures géométriques.

En définitive, la Comptabilité en partie double de M. Audubert n'offre pas d'avantages sérieux au point de vue de la pratique et ne saurait être préconisée dans un projet d'unification.

Au point de vue de la Loi, les Mains-Courantes nos 2 et 1, et le Journal-Grand-Livre, étant la reproduction plus ou moins résumée l'un de l'autre, ne pourraient offrir au Législateur que des renseignements par trop multiples qui seraient loin de faciliter la recherche de la vérité.

2° La Comptabilité d'après les prescriptions de la Loi Commerciale Française
Par M. Guillay, ancien Notaire et Industriel

Dans l'Avant-propos, l'Auteur annonce qu'il veut démontrer que la « Comptabilité en partie simple est en Contravention formelle « avec l'esprit et la lettre de la loi commerciale, puisqu'elle supprime « le négociant lui-même à qui la loi a ordonné d'inscrire le Doit en « même temps que l'Avoir. »

Le fonds de toutes les parties de l'ouvrage de M. Guillay est là. Ainsi on y lit page 5 : « Pourquoi méconnaître les prescriptions « de la loi qui impose une Comptabilité, donnant chaque jour et à « tout instant la position exacte du Commerçant. » — Plus loin (page 8), on lit encore : « Le Journal doit être tenu en double partie. La Loi l'exige. »

L'auteur divise son travail en quatre sections.

La première section traite de « la Comptabilité d'après les prescriptions de la loi, et des Comptes. »

Nous venons d'indiquer en quelques mots ce que pense l'auteur de la Comptabilité d'après les prescriptions de la loi Commerciale.

Passons aux Comptes. — Les Comptes personnels adoptés par l'auteur sont : Capital, Marchandises générales, Caisse, Portefeuille, Pertes et Profits, Matériel, Meubles et Immeubles.

Ces divers Comptes peuvent être divisés, suivant les besoins, sur les livres auxiliaires ; mais les subdivisions doivent être centralisées pour être portées au Journal Légal qui fait l'objet de la 4e section.

Ce qui nous a frappé dans les explications données par l'auteur au sujet de ces divers Comptes, ce sont les anomalies, les contradictions et même les idées incohérentes que l'on rencontre souvent.

Il serait trop long de les citer toutes ; mais afin que le Comité soit fixé sur la valeur de l'ouvrage de M. Guillay, en voici quelques unes.

Page 4. — Des Docteurs en droit ont osé dire qu'ils regardaient comme insuffisante l'existence du seul Livre-Journal...

Nous prouverons combien ce reproche est peu fondé. Une seule critique peut être adressée à l'article 8 du Code de Commerce ; c'est de n'avoir pas fait mention du Grand-Livre qui est de première nécessité, puisqu'il complète le Journal.

Page 13. — Dans la Comptabilité en partie double, *que la Loi impose*, la création du Capital est la consécration d'une maison de **Commerce** ou d'une Société à l'être qui leur donne le souffle de vie, l'existence. — Un négociant va *posséder* un *Actif* ou un *Passif*. Qui va créer l'Actif? Le Capital, qui représente le négociant qui le fournit. De quoi se composera le Passif ? Encore et toujours du Capital qui, après sa transformation, n'est plus que le roi-fantôme de la légende, le prince au bois dormant du conte des Fées. Quel sort lui est réservé ? se réveillera-t-il un jour ? etc.

Page 14. — Un Commerçant a dans ses magasins des marchandises qu'il peut *grever* à la vente *d'une plus value*....

Page 17. — Si le gain qui excède le prix de revient *n'est pas en rapport* avec les Frais Généraux, le Commerce *sera prospère*, la clientèle sera *favorable*, et l'inventaire aura pour le Commerçant *les plus graves déceptions*.

Le Compte de Caisse constate le mouvement du Capital dont il est le dépositaire.

Page 14. — Admettons que l'Actif et le Passif dépassent de plusieurs millions, disons même d'un milliard, le Capital du Négociant ou d'une société financière ; si l'Actif peut disparaître par millions, le sort du Capital n'est-il pas dévoilé d'avance ? Ne pourra-t-on pas dire de ce Capital à un moment donné : Il est apparu comme une fleur ; puis il a été brisé; il n'est jamais resté dans le même état ; *il a fui comme l'ombre.*

Dans la deuxième section, l'auteur traite avec assez de clarté des Livres d'Entrée et de Sortie, du Livre à souche, du Grand-Livre et du Livre auxiliaire de Caisse. On peut cependant lui reprocher de n'y avoir inséré aucun autre modèle que celui du Livre auxiliaire de Caisse.

Sur ce livre les parties gauche et droite de chaque folio sont divisées en colonnes permettant de classer, par nature d'Encaissements et de Paiements, les sommes afférentes aux Comptes de Marchandises subdivisées, aux autres Comptes Généraux et aux Comptes des Clients.

Les définitions et explications de la section troisième, traitant de l'Inventaire et du Copie de Lettres sont tout à faits insuffisantes pour un élève. Nous relevons encore ici cette étrange explication, concernant l'Actif et le Passif.

« La dette active ou Actif se compose de ses effets mobiliers et immobiliers, sauf bonne fin du tout. La dette passive ou Passif consiste dans le Capital engagé aux divers Comptes de l'Actif, comprenant tous les effets mobiliers et immobiliers. »

Des modèles de Livres-Journaux font l'objet de la quatrième section. L'auteur donne trois modèles différents.

Le Journal donnant le détail le plus étendu, est tenu par folio, et les huit colonnes doubles de chiffres qui le composent, sont divisées en Actif et Passif.

Les deux autres modèles ne comportent que trois colonnes doubles de chiffres et sont affectés : le premier, à un système qui abandonnerait au Grand-Livre le Résumé et le résultat des Comptes personnels de la maison et de ses clients débiteurs et créditeurs ;

Et le second, serait employé dans l'hypothèse d'une Maison opérant au comptant.

Pour nous résumer, et après un examen attentif de la méthode de M. Guillay, nous arrivons à en tirer des conclusions qui ne lui sont point favorables.

Elle ne peut être recommandée. — Une méthode de Comptabité est faite généralement en vue de ceux qui ne savent pas. — Ici les principes y sont démontrés d'une manière tout à fait insuffisante ; les éléments de droit commercial indispensables même à un simple Teneur de livres y font complètement défaut. — Le rôle et la marche des Comptes y sont quelquefois faussés. En un mot, ce n'est pas un livre d'enseignement pratique, et le langage hyperbolique qui règne dans tout le cours de ce travail ne permet pas de le considérer comme une méthode sérieuse de Comptabilité.

3° **Registres pour les Distillateurs, Comptes de Régie, etc.,**

Par M. Bégou.

Ces registres sont spéciaux, ainsi que le dit M. Bégou, aux Marchands en gros, Entrepositaires, Distillateurs et Fabricants de Liqueurs ; ils ne peuvent donc pas être étudiés en ce qui concerne le Commerce en général.

Cependant qu'il nous soit permis de douter des services que, suivant l'auteur, l'emploi de cette série de registres procurerait à la branche spéciale de Commerce à laquelle il s'adresse.

En effet, en examinant le Livre à souche d'Entrées et de Sorties, nous remarquons que des Coupons doivent être détachés pour servir de demandes d'Expédition de Vins, d'Alcools ou de Liqueurs ; or, nous avions toujours pensé que la Régie exigeait l'emploi d'imprimés fournis par elle.

Quant au Livre de Caisse qui est également un Livre à souche, nous ferons remarquer que, d'après les instructions de l'auteur, les mêmes quittances doivent servir aussi bien pour celui qui vient payer que pour celui qui vient recevoir. La combinaison peut paraître ingénieuse. Pour nous, ces quittances sont tout au moins du superflu, puisqu'il est d'usage, et de bon usage dans le Commerce, d'exiger la quittance d'une somme payée sur la pièce, facture, relevé, mémoire ou effets de commerce qui donne lieu à paiement.

4° **Nouveau Traité de Tenue de Livres. — Parties Mixtes.**

Par M. Henri Seguier.

Cet ouvrage s'adresse particulièrement aux petits commerçants, à ceux pour lesquels, suivant l'auteur, les parties simples ne seraient pas suffisantes et les parties doubles demanderaient beaucoup de temps et une étude spéciale.

L'auteur pense avoir trouvé la réponse à la question qu'il s'est posée de savoir si l'on ne pourrait pas établir la comptabilité d'un *Négociant* suivant un autre système que celui des parties simples ou des parties doubles.

La réponse à sa question, c'est le système des parties mixtes qui consiste à adjoindre aux comptes des Clients et des Fournisseurs un compte unique représentant le Commerçant, les Marchandises, les Effets de Commerce, les Frais Généraux, les Frais d'Installation, etc.

Suivant son système, toutes les opérations sans exception seront rapportées à la Caisse.

Pour mettre sa théorie en pratique, M. Séguier ouvre un Livre-Journal à deux colonnes de chiffres destinées à recevoir l'une le Débit, l'autre le Crédit de la caisse.

Toutes les opérations sans exception seront détaillées sur ce registre, en ayant soin de ne sortir dans les colonnes de chiffres les sommes résultant de ces opérations que lorsqu'il s'agira de Recettes ou de Dépenses effectives.

Aussi l'auteur a-t-il le soin de faire remarquer que le contrôle de la caisse est facile à établir ; et comme exemple, il prend pour modèle un Commerçant qui commence ses opérations avec un Capital de 2,560 fr. se décomposant comme suit : 2,000 fr. de Marchandises, 60 fr. de frais d'installation et 500 fr. espèces.

Or, où porte-t-il ces 2,560 francs ? *Dans la colonne des Recettes de sa Caisse* ; il est vrai de dire que pendant trois mois et demi que dure l'exercice de son Commerçant, il n'essaye pas une seule fois d'établir le solde de sa Caisse.

Par contre, à la fin de l'exercice, il est obligé de se livrer à un gigantesque travail de passe-passe, pour arriver à reconstituer l'état normal de cette caisse, établir sa Balance et trouver son bénéfice.

En résumé, M. Séguier, qui a voulu créer un système préférable à la partie double, quant à la simplicité, n'a fait qu'embrouiller la partie simple.

Son ouvrage ne peut, à notre avis, être pris en considération par les Commerçants désireux de se mettre en règle avec la loi et la logique.

5° **Exemple (complet en six fascicules) de Livres Commerciaux applicables aux grandes Comptabilités**

Par J. S....., ex-chef d'une Comptabilité industrielle de Lyon.

Le but de l'auteur est résumé dans le passage suivant que nous extrayons de ses préliminaires : « Eviter les transcriptions ou « doubles emplois autrement que pour opérer les résumés et les

« concentrations si nécessaires à la bonne direction d'une maison.
« Obtenir un contrôle permanent des écritures, faciliter les
« recherches, déduire à chaque instant en quelques minutes les
« résultats généraux par une Balance permanente ; placer à côté
« les détails les plus minutieux des transactions, telles ont été nos
« préoccupations. »

Pour arriver à ce résultat, et pour éviter le double emploi qui se présente lorsqu'on transporte du Journal au Grand-Livre, l'auteur a pris pour base le principe de la division du Journal.

Cette division du Journal « consiste en un *Journal général* résu-
« mant chaque jour par une concentration normale les écritures de
« *quatre Journaux spéciaux* : le premier aux Ventes, le deuxième
« aux Achats, le troisième aux Paiements, et le quatrième aux
« Recettes. »

Ce *Journal général* ou *Journal Balance* offre à tout instant la Balance des écritures ; c'est plutôt un tableau synoptique que le Journal prescrit par l'article 8. Il peut donner assez exactement le résumé de la position du Commerçant ; il est vrai qu'il n'est pas conforme aux désirs du Législateur, puisqu'il ne présente que le résumé journalier en un seul total des opérations effectuées sur chacun des Comptes Généraux, mais les Journaux spéciaux sont créés pour obvier à cet inconvénient.

Le Journal-Balance emprunte sa forme au Journal-Grand-Livre ; il comprend huit colonnes doubles (Débit et Crédit) pour les Comptes courants, Marchandises, Caisse, Portefeuille, Effets à Payer, Frais Généraux, Profits et Pertes et Comptes Réservés.

Sous cette dernière dénomination, l'auteur entend les comptes de : Capital, Immeuble, Matériel, Mobilier, Amortissement, Banquiers, Intéressés, Voyages, etc. ; tous comptes qui, selon lui, doivent être à l'abri des indiscrétions du personnel.

Les Journaux de Ventes et d'Achats ont une disposition qui paraît appréciable. Dans chacun de ces Journaux, une colonne de chiffres est réservée aux Comptes Débiteurs et une autre colonne aux Comptes Créditeurs, de telle sorte que chaque opération, au moment de son inscription, figure immédiatement sous la forme de partie double.

Cependant nous aurions mieux aimé voir sur le Journal d'Achats, au lieu du détail complet de la facture, que le Commerçant est toujours à même de consulter au besoin sur la facture elle-même, la date de cette facture, la raison de commerce du vendeur et la somme totale.

De même sur le Journal des Ventes, nous verrions avec plaisir la totalisation et les reports pour l'ensemble des Ventes.

Quant aux Journaux des Recettes et des Paiements, ils ne sont pas présentés avec autant de simplicité que leur titre semble l'indiquer.

Comme on pourrait le croire, ces Journaux ne représentent pas exclusivement les entrées et les sorties d'Espèces. Aux colonnes de Débit et de Crédit de la caisse viennent s'accoler, et de chaque côté du folio comme dans le Journal-Grand-Livre Cornet-Bichat, des colonnes pour Portefeuille, Effets à Payer, Profits et Pertes, Marchandises, Comptes Réservés et Divers.

En d'autres termes, le Journal des Recettes reçoit l'inscription de toutes les valeurs à leur entrée ou considérées comme entrées lorsque le compte doit être débité : les espèces pour la Caisse, les Effets destinés au Portefeuille, les Escomptes subis, etc. ;

Et le Journal des Paiements enregistre à leur sortie « les valeurs de toute nature, espèces et effets, ainsi que la création des Billets à ordre, les acceptations ou engagements et la formation des chèques sur les Banquiers. »

Le *Livre des Comptes Courants* ainsi que celui des *Comptes Réservés* offrent la même particularité que les Livres-Journaux, quant à la disposition des colonnes du Débit et du Crédit.

La colonne du Débit est disposée à la gauche du folio, et la colonne du Crédit à la droite de ce même folio ; l'intervalle qui les sépare est occupé par la date des opérations, l'indication des Journaux sur lesquels l'opération est constatée, le numéro des articles et des renseignements sommaires.

Pour conclure, nous pensons que le système de M. J. S..... mérite une étude spéciale du Comité, principalement en ce qui concerne la disposition et la destination de son Journal-Balance ; et qu'il n'y aurait que des approbations à accorder à cet ouvrage, si les Journaux spéciaux de Recettes et de Paiements ne renfermaient que des opérations de Caisse, les autres opérations pouvant faire l'objet d'un ou de plusieurs autres Journaux spéciaux.

Telles sont, Messieurs et chers Collègues, les impressions qu'a fait naître en nous l'étude approfondie des ouvrages soumis à notre examen.

Puisse ce modeste travail être un acheminement au but que nous poursuivons tous : l'Unification de la Comptabilité.

POSTFACE

C'est, muni de tous les documents, que nous venons de faire passer successivement sous les yeux du lecteur, que le Comité d'initiative — animé du désir d'achever l'œuvre qu'il avait si laborieusement ébauchée — nomma dans l'une de ses dernières séances une Commission d'organisation du Congrès, dont l'ouverture fut enfin fixée irrévocablement au 12 décembre 1880, laquelle Commission, composée de tous les membres de son Bureau auxquels furent adjoints MM. les Présidents et Rapporteurs des Commissions d'examen des Méthodes, fut chargée, en même temps, d'arrêter les bases du Rapport général à présenter au Congrès. Ce Rapport fut confié à la plume intelligente de l'honorable M. Lamy, Président de la Commission de rédaction, l'un des membres les plus actifs et les plus dévoués du groupe.

Mais, il restait alors trop peu de temps au Comité pour résoudre, avec toute l'homogénéité désirable, toutes les questions soulevées au cours de ses travaux, et il préféra présenter, en connexité avec un Programme comprenant l'ensemble de la question de l'Unification à tous les points de vue, l'exposé pur et simple de ses études, sans rien préjuger des décisions du Congrès. Il était, selon nous, très logique, et tout à la fois prudent et sage, de laisser ainsi, pour un début, à cette première Assemblée scientifique et professionnelle, toute sa liberté d'action, pour se prononcer sur le fond des questions principales et ordonner, si elle le jugeait utile, la continuation des travaux, par un Comité d'études qu'elle a nommé, et qui s'est remis bravement à l'œuvre, à l'instar de son devancier.

Le Comité d'études, nous n'en doutons pas, nous apportera bientôt, dans un prochain Congrès, les résolutions que nous attendons tous de sa compétence !

Nous voici arrivé au terme de notre mandat, et nous ne craignons pas de déclarer ici en toute sincérité que le Comité d'initiative a bien mérité de la corporation des Comptables.

Le Comité n'a rien résolu — c'est vrai — nous venons d'en donner les motifs. Qui donc, d'ailleurs, songera à le lui reprocher, en présence des travaux accomplis par ce groupe de praticiens et d'auteurs compétents dont le dévouement ne s'est pas démenti un seul instant ?

La route n'est-elle donc pas toute tracée aujourd'hui ? ne s'ouvre-t-elle pas maintenant, comme le disait si éloquemment notre collègue et ami, M. Perrot, dans son savant discours sur le Journal, « large, spacieuse et dégagée de toute entrave » ? L'avenir décidera.

Avant de clore cet historique, qui forme les premières et très intéressantes archives scientifiques de notre chère corporation, nous devons remercier sincèrement MM. les membres du Comité d'initiative de l'honneur qu'ils nous ont fait en nous confiant la rédaction du Résumé de leurs travaux, ainsi que tous les adhérents de la Province et de l'Etranger, pour le concours assidu et éclairé qu'ils ont bien voulu donner au Comité au cours de ses études.

Nous remercions également tous nos correspondants des encouragements qu'ils nous ont adressés depuis l'origine de cette publication.

A. Gagey.

FIN.

Cet ouvrage, comme on le voit, contient.......................... 356 pages
Le Compte rendu *in extenso* du Premier Congrès des Comptables
    français en contient.. 84 »
La Collection, jusqu'à ce jour, de la *Revue de la Comptabilité* est de. 228 »

Les trois ouvrages, contenant ensemble...................... 668 pages vont être réunis en un beau volume, demi reliure, et mis en vente, au prix de 10 francs, par la *Revue de la Comptabilité*, qui a fait de grands sacrifices et qui en possède une centaine d'exemplaires seulement.

Chaque exemplaire sera précédé d'un tableau contenant les noms des premiers Souscripteurs à ce beau volume.

DE L'UNIFICATION DE LA COMPTABILITÉ

Table des Matières

Paris. — Imprimerie Wattier et Cie, 4, rue des Déchargeurs.

PREMIER CONGRÈS

DES

COMPTABLES FRANÇAIS

COMPTE RENDU IN EXTENSO

DES

SÉANCES DU PREMIER CONGRÈS DES COMPTABLES FRANÇAIS

Ouvert à Paris le dimanche 12 décembre 1880, à deux heures précises, à l'Hôtel
des Chambres syndicales, 10, rue de Lancry.

SOUS LE PATRONAGE

DU COMITÉ CENTRAL DES CHAMBRES SYNDICALES

ET DE

L'UNION NATIONALE DU COMMERCE ET DE L'INDUSTRIE

PRÉSIDENT D'HONNEUR

M. DIETZ-MONNIN, O ✶, Ancien Directeur de la Section Française à l'Exposition universelle de 1878, Membre de la Chambre de Commerce.

VICE-PRÉSIDENTS D'HONNEUR

MM. POIRRIER, ✶, Membre de la Chambre de Commerce, Vice-Président du Comité Central; MARIENVAL, O ✶, Ancien Président du Conseil des Prud'hommes, Vice-Président du Syndicat général de l'Union national du Commerce et de l'industrie.

Un grand nombre de Négociants, de Professeurs et de Comptables avaient répondu à l'appel que leur avait fait le Comité d'Initiative.

M. Havard, promoteur de l'idée du Congrès, à la suite de la Conférence de M. Beauchery sur l'Unification de la Comptabilité et M. Gagey, dernier président du Comité d'Initiative, qui s'était spécialement occupé de l'organisation du Congrès, font partie du Bureau.

L'ordre du jour comportait : 1° Allocution de M. le Président d'honneur; 2° Lecture du Rapport du Comité d'Initiative par M. Lamy; 3. Lecture du Règlement Statutaire et du Programme du Congrès par M. Gagey ; 4. Nomination du Comité exécutif.

Cet ordre du jour a été ponctuellement suivi et les votes qu'il comportait ont été successivement émis.

M. P. Nicole, ✶ Administrateur général de l'Union Nationale du Commerce et de l'Industrie, avait adressé la lettre suivante à M. Dietz-Monnin, Président d'honneur.

« *Décembre 1880.*

« MON CHER PRÉSIDENT,

« Une visite inattendue m'empêche d'assister à l'inauguration du Congrès des Comptables que nous sommes tous charmés et honorés de vous voir présider.

« Je vous en exprime mes bien vifs regrets et je vous prie d'agréer, mon cher Président, l'assurance de mon entier dévouement et de ma haute considération.

« P. NICOLE,

« 11, boulevard du Palais. »

Discours de M. DIETZ-MONNIN, Président d'honneur.

MESSIEURS,

Quand les honorables membres de votre Comité d'Initiative, à qui revient tous le mérite de ce Congrès, nous ont fait l'honneur, à mes chers collègues et à moi, de nous offrir la présidence de cette séance d'inauguration, ils se sont bien gardés de faire appel a notre érudition spéciale en matière de Comptabilité, nous eussions d'un commun accord décliné notre défaut de compétence.

Mais ces Messieurs ont eu soin de nous faire entrevoir dans le Congrès un but plus élevé, une tentative de développement intellectuel, une œuvre de relèvement et de considération pour notre commerce en général.

En présence d'un pareil programme, nous n'avons pas hésité un instant à nous associer à vos travaux et nous sommes heureux d'avoir à remplir envers vous, Messieurs, un premier et très agréable devoir, celui de vous souhaiter à tous la plus cordiale bienvenue dans cette enceinte. (Applaudissements.)

Comment est née l'idée de ce Congrès? Vous vous le rappelez, Messieurs, il fut décidé et le Comité d'initiative élu, à la suite d'une remarquable Conférence faite en 1879, dans cette même salle, par M. Beauchery, sur l'unification de la Comptabilité.

Sans prétendre condamner la possibilité de l'unification, les hommes dévoués et convaincus qui, sous la présidence de l'infatigable M. Gagey, ont poursuivi sans relâche la solution du problème unitaire, ont pensé qu'il était plus sage de donner à leur programme une allure plus modeste.

C'est là, à notre sens aussi, le moyen le plus sûr de répondre aux espérances que nous exposait en termes chaleureux notre sympathique et éloquent prédécesseur à cette présidence, M. Havard, que l'on est certain de rencontrer sur la brèche partout où se manifeste un progrès à réaliser. (Applaudissements.)

Or, Messieurs, quel terrain se prête mieux aux réformes utilitaires que celui de la Comptabilité usuelle?

Il suffit d'avoir pris part pendant quelque temps aux travaux des Chambres Syndicales, des Conseils de Prud'hommes ou des Tribunaux de Commerce pour emporter un souvenir pénible de l'insuffisance d'instruction professionnelle qui règne encore dans notre petit et moyen commerce. Combien d'artisans, marchands ou petits patrons, quoique doués d'une intelligence, d'une habileté de main ou d'un goût remarquables, n'ont-ils pas sombré, faute d'avoir consigné méthodiquement l'historique de leurs opérations journalières, balancé leurs recettes et leurs dépenses, fouillé d'un regard scrutateur leurs prix de revient, leurs existences en magasin? Que de déceptions évitées, que de faillites empêchées avec un peu d'ordre dans les écritures, avec une connaissance plus approfondie des prescriptions légales?

Chercher à éviter ces ruines dans l'avenir, c'est non-seulement tenter une plus large diffusion de l'enseignement pratique, mais encore consolider la prospérité générale et faire rejaillir un peu plus de considération sur la carrière commerciale, qui n'a pas réussi encore à triompher en France des préjugés sociaux, des traditions du fonctionnarisme, ni su acquérir toute l'importance que lui accordent d'autres nations. (Applaudissements.)

C'est évidemment là, Messieurs, une entreprise généreuse, à laquelle nous ne pouvons qu'applaudir, en félicitant votre Comité d'initiative d'en avoir frayé les voies avec tant d'abnégation. (Applaudissements.)

Le moment d'ailleurs est admirablement choisi pour secouer la torpeur des uns, la routine des autres et insuffler à chacun le besoin de développer son intelligence et de rehausser la dignité de sa carrière.

Quand la science et le travail dominent le monde tout entier; — quand la vapeur et l'électricité tendent à faire sortir chacun de son isolement et mettre en valeur les ressources les plus ignorées du globe; — quand les barrières s'entrouvent de toutes parts aux échanges internationaux; — quand les pouvoirs publics sont à la veille de nous octroyer le droit à l'éducation et à l'instruction, cette expression la plus haute de la solidarité sociale et le chemin le plus sûr vers le travail intelligent et fécond; — quand, opposant à l'inertie ou à l'indifférence des parents le principe de l'obligation pour tous; à la pauvreté, le principe de la gratuité pour tous; à ce qui reste de nos divisions de classes, le niveau égalitaire et l'autorité d'une loi moralisatrice et bienaisante; — l'État se montre fermement résolu à combattre l'ignorantisme jusque dans ses derniers retranchements, que reste-t-il à faire aux mœurs publiques et à l'initiative des citoyens les plus intelligents et les plus dévoués, si ce n'est de préparer, de faciliter, d'assurer à chacun sa plus large part des bienfaits d'une transformation aussi capitale! (Applaudissements.)

N'est-ce pas là le but que poursuit partiellement nôtre Congrès, en cherchant à faire pénétrer dans les masses, à inscrire comme un des pivots de l'instruction primaire, les saines et solides notions de la Comptabilité, qui imprimeront à jamais ces sentiments d'ordre, de méthode et d'économie, base première de la prospérité. *initium sapientiæ !*

La Comptabilité n'est-elle pas, comme on l'a dit avec justesse, la science positive du calcul appliquée à toutes les affaires de la vie ?

Elle s'adresse donc à tous, du haut en bas de l'échelle et si, comme nous nous plaisons à l'espérer, vous réussissez, Messieurs, à dégager, des divers systèmes connus et pratiqués dans le commerce, l'industrie, l'agriculture et l'administration, une méthode simple, claire et concise, une synthèse accessible et profitable à tous, variable suivant les applications à défaut d'être *une*, vous aurez rendu, croyez-le bien, un service inappréciable à notre fonctionnement social.

La France qui, depuis ses malheurs, est devenue plus que jamais une ruche travailleuse et dont le travail s'est affirmé si glorieusement à notre récente Exposition universelle, la France vous sera profondément reconnaissante de vos patients efforts et nous tous, Messieurs, nous aurons le droit d'être heureux et fiers d'avoir attaché nos noms à une entreprise aussi méritoire.

A l'œuvre donc, Messieurs, et bon courage ! (Applaudissements prolongés.)

De chaleureux applaudissements et l'attention soutenue de tous les assistants ont dû prouver au sympathique orateur toute la valeur que l'Assemblée donnait à ses paroles.

M. LE PRÉSIDENT. — Messieurs, l'ordre du jour appelle la lecture du rapport du Comité d'Initiative. La parole est à M. Lamy.

M. CROIZÉ. — Messieurs, notre honorable collègue, M. Lamy, se défiant de sa voix, m'a chargé de lire le rapport à sa place, ce dont je vais m'acquitter, et, Messieurs, 'espère que vous m'accorderez votre indulgente attention.

Messieurs,

Le 24 Avril de l'année dernière, M. Beauchery, auteur d'un ouvrage intitulé : *Comptabilité de l'Avenir*, fit ici même, sous la présidence de l'honorable monsieur Havard, président de la Chambre syndicale du papier, une conférence sur la nécessité de rechercher les moyens à employer pour unifier la comptabilité, moyens qu'il croyait avoir trouvés.

L'honorable M. Havard fit connaître à l'Assemblée que, d'après les communications qui lui étaient parvenues, cette question était à l'ordre du jour aux États-Unis. et que, d'un autre côté, en Italie, on s'occupait aussi de réunir un Congrès.

Il proposa ensuite de former un comité d'initiative chargé d'examiner les divers systèmes et les différentes méthodes actuellement pratiqués en France et à l'étranger, et de s'assurer si, parmi les ouvrages publiés ou manuscrits, ou même parmi les systèmes exposés verbalement il s'en trouverait un qui contiendrait les principes recherchés.

Puis, il ajouta que, dans le cas contraire, ce qui lui paraissait le mieux, c'était de réunir les éléments qui seraient soumis à l'examen en y joignant ceux, que par la discussion, les membres du Comité pourraient fournir : et enfin, de soumettre le résumé de tous ces travaux à la discussion d'un Congrès.

Cette proposition fut accueillie avec empressement, et trente membres se firent inscrire à la fin de la conférence pour prendre part aux travaux.

C'est à la suite de cette conférence — qui répondait du reste à certaines aspirations déjà manifestées diversement par d'autres comptables, — que s'est constitué le Comité d'initiative pour étudier cette grande question.

Les publications qui furent faites à ce sujet, peu de temps après, augmentèrent successivement le nombre des adhérents : et, aujourd'hui le Comité compte 81 membres dans son sein, dont 21 pour les départements.

Les encouragements ne nous manquèrent pas, et les adhérents vinrent même de l'étranger et surtout de l'Italie.

Voilà Messieurs, quelle fut l'origine du Comité qui a eu l'honneur de vous convoquer et de vous réunir en un congrès de comptables, — le premier qui aura eu lieu en France.

L'Italie nous a devancé sous ce rapport.

Dans un Congrès réuni à Rome, l'année dernière, l'on y a discuté le mérite de plusieurs ouvrages nouveaux de comptabilité et notamment celui de la logismographie ;

partie double à colonnes. M. Cerboni, auteur de cette méthode, nous a fait adresser une collection complète d'ouvrages propres à la faire bien connaître. Mais ces ouvrages n'ayant pas été traduits en français n'ont pu être examinés par tous les membres du Comité.

Il nous a paru inutile de retracer d'une façon détaillée, dans ce rapport, tous les travaux du Comité d'initiative, puisqu'ils paraîtront successivement dans la *Revue de la Comptabilité*, — publiée par notre collègue M. Harang, — et dont la plupart d'entre vous, ont déjà reçu les premiers fascicules.

Un certain nombre d'exemplaires est destiné, en outre, à augmenter les documents, déjà nombreux, de nos archives, pour être à la disposition de tous ceux qui s'intéressent à la comptabilité.

Ce qui a déjà paru, dans cette revue, concernant nos travaux, joint aux publications faites dans le journal l'*Union nationale des Chambres syndicales*, vous permettra néanmoins de vous rendre compte des efforts et des recherches auxquels le Comité s'est livré pendant plus d'une année.

Le Comité, dans ses études, a rejeté la méthode en partie simple ancienne, telle qu'elle a été généralement pratiquée jusqu'à présent, comme ne donnant aucun contrôle sérieux des écritures, ni les renseignements nécessaires à une bonne gestion.

Le Comité a reconnu que la méthode en partie double est bien supérieure à la partie simple, en raison du principe antithétique qui en est la base ; sans rien préjuger cependant de ce qui pourrait se présenter ultérieurement.

Passant à l'étude du Journal Grand Livre, le Comité ne l'a considéré que comme une variante de la partie double, d'une médiocre utilité ; mais qui peut recevoir néanmoins de notables améliorations en modifiant et en réduisant l'emploi de ses nombreuses colonnes.

Le Comité s'est préoccupé ensuite de la question légale afin de mettre autant que possible, en rapport direct, notre science professionnelle avec la loi qui la régit, loi presqu'entièrement tombée en désuétude, depuis longtemps, ainsi que le Comité a dû le reconnaître.

Les prescriptions de l'article 8 du Code de Commerce ont fixé particulièrement notre attention, et nous avons reconnu qu'aujourd'hui le Journal, en raison du développement des affaires et de leur exécution rapide, ne pourrait généralement plus répondre au texte rigoureux de la loi, à moins de grouper et de centraliser les écritures pour les reporter avec facilité au Grand Livre.

Le Comité semble désirer la réforme de cet article dans un sens plus large, non point qu'elle lui paraisse absolument nécessaire, mais pour dégager seulement les esprits timorés qui se croient tenus d'en respecter, à la lettre, les prescriptions rigoureuses, au détriment, bien souvent, de la bonne marche de leurs affaires.

En ce qui concerne les formalités de la cote, du paraphe et du visa, les avis sont jusqu'à présent très partagés, néanmoins la tendance assez marquée de la majorité du Comité paraît être pour leur suppression radicale.

La discussion générale étant terminée, et M. Gagey étant appelé à la présidence, la direction impartiale et nouvelle des travaux, déjà introduite par son prédécesseur, M. Barbier, prit un nouvel essor, grâce à une activité infatigable et une confiance sans bornes dans le résultat de l'œuvre entreprise.

Plusieurs membres revinrent prendre part aux travaux, et les discussions bien coordonnées permirent d'aborder et de discuter les principales questions qui divisent encore les comptables.

Un questionnaire, arrêté précédemment et contenant 8 de ces questions, fû adressé à tous les membres du Comité. Plusieurs réponses vous sont déjà parvenues ; elles seront reproduites successivement dans le résumé des travaux en cours de publication : mais le Comité ne s'est point prononcé sur l'opinion des auteurs.

Le nombre des ouvrages soumis à l'examen devenant, de mois en mois, plus considérable, le Comité s'est trouvé dans la nécessité de se fractionner en commissions pour activer les travaux d'étude.

En conséquence, 5 commissions, composées de 7 à 12 membres chacune, furent nommées, et les ouvrages reçus leur furent distribués.

Ces ouvrages sont au nombre de 27, dont 8 manuscrits. Ils contiennent tous des particularités intéressantes, utiles à connaître pour les comptables ; mais la plupart d'entr'eux ne peuvent répondre qu'aux besoins d'un nombre assez restreint de commerces et d'industries. — Aucun n'a paru réunir jusqu'ici les éléments qui devaient résoudre le problème de l'Unification, pas même celui qu'avait annoncé le conférencier du 24 Avril, malgré les conceptions originales et intéressantes qu'il contient.

Reconnaissant cependant que plusieurs d'entr'eux d'un grand mérite, notamment ceux de MM. Guilbaut, Pigier, Poitrat, Wargniés-Hulot, Beauchery, Courcelle-Seneuil, etc., etc., sont dignes d'une étude nouvelle et plus généralisée, le Comité est convaincu qu'en y joignant les progrès récents — mis en lumière dans ses propres discussions — il serait possible d'avancer la solution du problème qui nous occupe, surtout si l'enseignement des écoles venait à s'améliorer dans le sens des vœux que nous exprimons plus loin. Chaque commission a fait un rapport sur les ouvrages qu'elle a été chargée d'examiner. Ces rapports seront également publiés.

Parmi les questions posées par la Commission du questionnaire, celle de la pièce justificative lui a paru la plus importante : aussi, malgré sa réserve habituelle dans les votes, le Comité n'a pas hésité à déclarer, à la presqu'unanimité, que la pièce justificative était un élément indispensable de la comptabilité.

Les questions de l'Inventaire et du Bilan ont été ensuite entamées, et, il a paru ressortir de la discussion que la détermination claire et précise de l'*Actif* et du *Passif* n'est en général, dans la pratique, pas assez nettement exposée. Le Comité a pensé qu'il serait utile de faire sanctionner ces principes de clarté et de précision, par une modification et une extension de la loi qui rendrait obligatoire l'énonciation réelle du capital dans le bilan.

Quant à la preuve à faire en justice, le Comité estime également que la pièce justificative doit remplir un très grand rôle, attendu que la vérité rencontre souvent de nombreuses est insurmontables difficultés pour se faire jour, en raison des dispositions des art. 13 à 17 du Code de Commerce qui réglementent et restreignent même les cas dans lesquels la représentation et la communication des livres de commerce peuvent être exigées.

Le Comité paraît d'avis, à ce sujet, de provoquer la réforme complète de la loi, en vue surtout d'ordonner, non-seulement la représentation et la communication des pièces justificatives, mais encore celle des livres, toutes les fois que la mesure est nécessaire, sous la garantie de droit.

Le Comité appelle donc tout particulièrement votre attention sur ce point important.

Vous aurez, en outre, à examiner, Messieurs, par les éléments de la discussion qui vont se développer devant nous, si les principes généraux qui servent de base à la comptabilité, peuvent être acceptés universellement, et s'il y a lieu de les codifier pour leur donner une sanction dans les lois du pays

Vous remarquerez, Messieurs, que le Comité a abordé, tour à tour, toutes les questions de principes, de légalité et d'application sans rien préjuger de vos décisions : c'est ce qui l'a déterminé à circonscrire et à vous présenter les travaux du Congrès dans le cadre sommaire du programme que nous avons joint à notre circulaire de convocation.

Le Comité a reconnu que l'enseignement de la comptabilité dans les écoles était généralement défectueux, et qu'il avait besoin d'être entièrement transformé et complété par une instruction économique, administrative et juridique, de nature à former de bonne heure le caractère et le jugement de la jeunesse, et à développer en elle les aptitudes et les connaissances qui n'ont pu, jusqu'à ce jour, s'acquérir que par une expérience longue et souvent trop tardive.

Cet enseignement, ainsi modifié, est aujourd'hui d'une nécessité absolue pour répondre au mouvement général des affaires et surtout dans l'intérêt du pays. Mais, pour porter ses fruits, il doit avoir l'assentiment de ceux qui ont acquis les connaissances et l'expérience nécessaires pour en déterminer les règles et fixer les principes.

Le Comité croit qu'en comptabilité, — comme en toute science — les principes fondamentaux sont immuables, et qu'il est nécessaire de les déterminer pour diriger l'enseignement. Il croit, en outre, que ces principes appliqués rigoureusement doivent conduire, — dans un temps donné, — à un système unique dont les applications variées pourront s'adapter à tous les genres d'affaires.

Cet enseignement éliminerait alors la multiplicité des méthodes qui jettent souvent dans l'indécision l'esprit du professeur, et même celui du comptable expérimenté quand il s'agit d'introduire un changement important dans une administration.

D'autre part, les commerçants auraient l'inappréciable avantage de conserver leur organisation administrative quel que soit le changement du personnel.

C'est, nous le répétons, en raison de toutes ces considérations, que le Comité a tracé le programme que nous vous avons soumis, et sur lequel nous appelons la discussion.

En terminant notre Rapport, nous devons, au nom du Comité, remercier MM. les Représentants des Chambres syndicales de l'accueil bienveillant et sympathique fait à nos efforts et à nos travaux. Nous devons aussi remercier tout particulièrement l'honorable M. Havard, dont le concours puissant et dévoué n'a cessé d'accompagner nos travaux avec une sollicitude vraiment paternelle. — Et il faut ajouter aussi, que c'est au concours gracieux de M. Nicole, que nous devons de nous réunir ici depuis le commencement de nos travaux.

Il appartient au Congrès, maintenant de se prononcer sur les questions qui vont se discuter devant lui, et de décider ensuite s'il y a lieu de poursuivre l'étude de celles qui ne seront pas résolues. *Le Rapporteur :* CYRILLE LAMY.

M. GAGEY donne lecture du règlement suivant, qui doit régler les travaux du Congrès.

CONGRÈS DES COMPTABLES

RÈGLEMENT STATUTAIRE

ARTICLE PREMIER. — L'ouverture du Congrès est fixée au 12 décembre 1880, à deux heures précises. Sa durée sera de cinq jours.

ART. 2. — Les travaux du Congrès seront dirigés par le comité d'initiative, qui prendra le titre de comité exécutif, dont le bureau élu lors de la première réunion sera ainsi composé :

> Un président,
> Deux vice-présidents,
> Un secrétaire général,
> Deux secrétaires adjoints.

Relativement à cet article, la commission d'initiative a cru pouvoir, par dévouement, l'accepter. Si vous croyez devoir le modifier, nous sommes prêts à le retirer.

ART. 3. — Le Congrès se compose de :

1. Membres fondateurs, dont la cotisation est fixée à **20** francs ;

2. Membres adhérents, dont la cotisation est fixée à **10** francs ;

3. Membres de l'enseignement et comptables, dont la cotisation est fixée à **5** francs.

ART. 4. — Chaque membre reçoit une carte d'admission personnelle, qui lui donne le droit de participer aux travaux du Congrès et à ses votes.

ART. 5. — Le programme du Congrès et le présent règlement, dressés par le comité d'initiative, sera remis à chaque membre.

ART. 6. — Les questions portées à l'ordre du jour d'après le programme seront seules discutées.

ART. 7. — Chaque proposition est faite par écrit, signée et remise au président, qui la communique à l'assemblée.

ART. 8. — Les travaux du Congrès seront publiés ; il en sera remis un exemplaire à chacun de ses membres.

Cette publication contiendra la liste des membres du Congrès.

M. CROIZÉ. — Je désirerais savoir si M. Beauchery est inscrit comme membre fondateur. Je crois qu'il doit être nommé de droit membre fondateur du Congrès.

M. GAGEY. — C'est mon plus cher désir, mais je ferai observer que M. Beauchery a donné sa démission comme membre du comité, cependant il pourrait être nommé membre fondateur honoraire.

On procède au vote, et M. Beauchery est nommé membre fondateur honoraire.

M. LE PRÉSIDENT. — Je désirerais que, pour le comité exécutif, les noms des membres fussent soumis au Congrès.

M. GAGEY. — Ce n'est pas la direction des séances que nous voulons, puisque nous avons demandé la nomination d'un bureau; nous offrons notre concours actif et rien autre chose; et il est dans notre pensée de ne pas en diriger les travaux.

M. LE PRÉSIDENT. — Le comité d'initiative pourrait prendre part aux travaux et s'engager à rendre compte de ceux qui seront faits.

M. AUSSEL. — Le bureau qui va être nommé aura le pouvoir exécutif du Congrès; et, dans l'élection qui va avoir lieu, il faut que les éléments divers qui le composent y soient représentés. (Applaudissements.)

M. LE PRÉSIDENT. — Nous sommes, mes collègues et moi, très honorés d'avoir été invités à présider vos travaux, mais il nous est impossible de les présider tous les jours, nos occupations nous empêchant d'y prendre une part aussi militante.

M. AUSSEL. — Je désirerais savoir si une partie du bureau actuel assisterait à nos séances.

M. LE PRÉSIDENT. — Nous y assisterons le plus souvent possible. Néanmoins, je vous le répète, nous ne pourrons prendre une part aussi active à vos travaux, il vaut mieux nommer un bureau choisi entre vous, bureau qui nous apporterait son concours et ses lumières.

M. LE PRÉSIDENT. — Je donne la parole à M. Gagey pour nous lire le programme des travaux du Congrès.

M. GAGEY. — Messieurs, voici le programme :

TRAVAUX DU CONGRÈS

I. — PRINCIPES

1. — Des principes fondamentaux de la Comptabilité. — Définition de la science professionnelle et détermination de ses bases.

2. — Du rôle que joue ou doit jouer la pièce justificative au point de vue comptable et des moyens à employer pour en généraliser l'emploi.

3. — Du meilleur mode de dresser l'Inventaire et de la meilleure façon d'établir l'évaluation.

4. — De la meilleure manière de présenter le Bilan.

5. — Du rôle du Journal unique et de celui des Journaux spéciaux ou Livres auxiliaires dans la Comptabilité.

II. — MÉTHODES

De l'application des principes dans la pratique :

1. — De la Méthode de Tenue des Livres en Partie Simple.

2. — De la Méthode de Tenue des Livres en Partie Double.

3. — De la Méthode dite « Journal Grand-Livre ».

4. — Des divers autres systèmes ou méthodes en dehors des précédents.

III. — QUESTION LÉGALE

De la Comptabilité au point de vue légal :

1. De la sanction des principes.

2. Examen des articles 8 à 17 du Code de Commerce concernant :

    1. — Le Livre-Journal.

    2. — L'Inventaire et le Bilan.

    3. — La Cote, le Paraphe et le Visa des Livres de Commerce.

    4. — La preuve à faire en justice.

IV. — ENSEIGNEMENT

Du rôle de l'Enseignement de la Comptabilité, dans le passé, dans le présent et dans l'avenir.

V

Discussion et vote des propositions de réformes légales et professionnelles concernant la Comptabilité.

Résolutions du Congrès.

M. Gagey développe ce programme de la manière suivante :

Il est certain qu'il y a une foule d'observations à faire sur tous ces sujets : vous verrez ce que vous aurez à faire ; nous vous demanderons de dire le meilleur mode de traiter l'inventaire.

En ce qui concerne l'inventaire, nous demanderons l'unification et la détermination exacte du total de l'actif et du passif, la différence formant le capital.

En ce qui concerne le Journal, si ce n'est pas un principe, c'est une cheville d'application. Nous devons voir s'il ne nous faut pas aborder tout d'abord la question de méthode.

Nous commencerons par examiner la tenue des livres en partie simple ancienne. Le Comité l'a rejetée parce qu'elle n'offre aucun moyen de contrôle, et vous savez que là où il n'y a pas de contrôle, il ne peut y avoir de comptabilité : puis nous verrons la méthode en partie double, qui a été adoptée, parce que nous la considérons comme la méthode la plus supérieure : et ensuite la méthode dite Journal Grand-Livre, qui offre un intérêt très grand.

Nous soumettrons tout d'abord la question de principe à la sanction de l'Assemblée ; puis nous ferons successivement l'examen du journal ; nous verrons qu'aujourd'hui, Messieurs, il nous faut, non pas un journal unique, mais des journaux spéciaux ; et nous prendrons des décisions, soumises au vote du Congrès, de façon à ce que la science professionelle ne rencontre plus un obstacle de la part des lois ; de plus, la préoccupation du législateur est que nous ne nous trouvions plus en présence d'un article qui condamnerait la comptabilité. Puis nous demanderons une détermination précise de la cote et du visa, vous l'avez appris tout-à-l'heure d'après le rapport de la Commission d'initiative en ce qui concerne la preuve à fournir en justice, et le Comité d'initiative est d'avis de réformer complètement la loi à cet égard. J'appelle votre attention notamment sur la rédaction des articles 12 et 13 du Code de commerce, qui semblent se contredire l'un et l'autre.

En effet, l'article 12 permet de faire la preuve à l'aide des livres, et l'article 15 dit qu'il faut que ces livres soient signés et revêtus des formalités. Ce que nous désirons, c'est l'examen de toutes les questions de comptabilité pour le passé, le présent et l'avenir, et l'introduction de la comptabilité dans l'enseignement.

Voilà toutes les explications que j'avais à vous donner sur le programme que nous avons à vous présenter et dont nous vous demandons l'adoption (Applaudissements).

M. GUERRE. — Je crois inadmissible de discuter ainsi, attendu que la loi telle qu'elle existe aujourd'hui, est un obstacle absolu, car autrement vous ne pouvez discuter que sur des systèmes. Je crois donc qu'il vaudrait mieux d'abord examiner la loi et la réformer dans telle ou telle mesure ; voici comment nous pouvons agir : Ainsi, après avoir examiné l'article 5 du Code de commerce, vous en arriverez à discuter toutes les propositions qui pourront résulter des examens partiels faits dans la séance sur cet article.

Quand on aura discuté certains systèmes, on en arrivera à voir quel est le système à employer. (Bravos.)

M. BAUCHERY. — Messieurs, l'ordre du jour du Congrès, je l'accepte dans ses lignes principales : au troisième chapitre, je vois qu'il sera traité du Livre-Journal et des preuves à faire en justice ; je suis complètement de l'avis du comité ; ce sont des questions capitales, importantes. Or, si ce sont des questions capitales, je ne vois pas pourquoi, après les avoir discutées une première fois à l'article 5 du chapitre I, on les discuterait une seconde fois au chapitre 3.

Ces choses qui se trouvent dans le journal ne sont pas des principes de comptabilité ; quant à l'inventaire légal, la loi l'ordonne. Donc, pour ces deux raisons, je propose au Congrès le vote des résolutions suivantes :

« Considérant l'ordre du jour soumis au Congrès par le Comité d'initiative ;

« 1. *Des principes fondamentaux de la comptabilité ;*
« 2. *De l'application des principes dans la pratique ;*
« 3. *De la comptabilité au point de vue légal ;*
« 4. *De l'enseignement de la comptabilité.*

« Considérant l'excellente distribution et répartition des questions à traiter, au point de vue général et ainsi posée, mais considérant aussi, au point de vue particulier, que l'étude de la troisième question : QUESTION LÉGALE, oblige à l'examen :

« 1. *Du Livre-Journal ;*
« 2. *De l'Inventaire et du Bilan ;*
« 3. *De la preuve à faire en justice ;*

Ce qui constitue un double emploi ou une répétition avec ce qui se trouve énoncé dans la première question présentée au Congrès : DES PRINCIPES, où il est dit :

« 1. *Du Journal et des journaux ;*
« 2. *De l'Inventaire et du Bilan ;*
« 3. *De la pièce justificative* (sans doute aussi pour la preuve en justice) ;

« Considérant, en plus, que les principes fondamentaux de la Comptabilité doivent être découverts et définis en dehors de tous systèmes, de leur application dans la pratique, comme de toute méthode, en dehors de l'emploi ou de tout procédé d'emploi de tel ou tel livre, de telle ou telle pièce comptable, qu'ils sont au-dessus, qu'ils s'imposent ; que les systèmes, les méthodes comme les moyens d'application de ces systèmes, de ces méthodes, les *livres* et les *comptes*, ont pour devoir et obligation strictes de se conformer absolument aux principes découverts et définis, dont conséquemment ils ne font pas partie.

« Considérant enfin :

« 1. *Que la pièce justificative* n'est, au point de vue comptable, qu'un élément d'administration d'une *pièce légale*, non un principe de comptabil… ;

« 2. *Que l'Inventaire et le Bilan* sont des examens de conscience commerciaux et des attestations *légales* de situations commerciales, agricoles, financières et exposées d'après les principes, ayant leurs principes, mais n'étant pas des principes de comptabilité, auxquels ils sont subordonnés ;

« 3. *Que le Journal et les Journaux* sont l'enregistrement dans une forme quelconque, mais exactement dépendante des principes de la comptabilité, sous la direction desquels ils doivent être dressés, confectionnés, établis, sont l'enregistrement ordonné des faits commerciaux, des opérations financières, agricoles et industrielles, d'après les indications *légales.*

« Le Congrès décide qu'afin de respecter scrupuleusement l'ordre du jour qui lui a été tracé par le Comité d'initiative, il sera retiré de la première question, celle des principes de la comptabilité, l'étude de la pièce justificative, l'étude de l'Inventaire et du Bilan, l'étude du Journal et des Journaux, lesquelles ont déjà leurs places désignées dans la troisième question, et viendront, à leur moment normal, lors de la question *légale* d'où ils ressortent. »

. . . .

Voilà, Messieurs, ce que je propose à votre vote. (Bravos.)

M. Bauchery propose une modification au programme présenté par le Comité, en disant qu'il y a une contradiction dans les questions proposées; je trouve, et c'est l'avis de presque tous les membres du Comité, qu'il a tort, attendu que nous devons examiner les principes fondamentaux de la comptabilité, et en tête de ces principes je place l'inventaire, la manière d'arrêter le bilan, et de quelle manière l'inventaire devra être rédigé.

Je demande donc qu'avant de passer au vote l'on demande à garder le programme du Comité.

Un Membre. — Je demande l'ordre du jour.

M. le Président. — Le bureau a eu à examiner toutes ces questions. M. Bauchery a cherché tous les principes de la comptabilité, et il désirerait que tous les principes fussent arrêtés d'une façon claire. Je range d'abord la pièce justificative, l'inventaire et le bilan. Nous avons rencontré, dans l'exercice de notre profession, une foule de bilans dans lesquels il était impossible de déterminer exactement le total de l'actif et du passif sans se livrer à un travail minutieux. Nous entendons que la discussion mette, d'une façon précise, des vérités en lumière, car, selon nous, nous n'entendons pas que la science soit subordonnée à la loi, mais qu'au contraire, elle provoque la révision de la loi, s'il y a lieu. (Applaudissements.)

M. Bauchery. — Je désire qu'ici il y ait quelqu'un qui proteste contre cette décision ; mettez en question ce que vous voudrez, cela m'est indifférent; vous pouvez discuter ce que vous voudrez. Je n'admets pas que vous disiez que les pièces justificatives, le Journal et l'Inventaire soient des principes de comptabilité. S'il n'y a que moi, je protesterai ; maintenant, faites ce que vous voulez.

M. le Président. — Nous sommes en présence de l'amendement de M. Beauchery ; je le mets aux voix.

A la majorité, l'amendement est repoussé.

M. le Président. — Je mets aux voix le rapport présenté par M. Lamy.

Le rapport mis aux voix est adopté.

M. le Président. — Il nous reste à nommer la commission exécutive ; je ne sais s'il y a des mesures de prises à ce sujet. En conséquence, êtes-vous d'avis que nous suspendions la séance pendant quelques minutes pour examiner les nominations qui vont avoir lieu.

Un Membre. — Un quart-d'heure.

M. le Président. — Messieurs, je vous rappelle les prescriptions de l'article 2 ; un président, deux vice-présidents, un secrétaire général et deux secrétaires-adjoints. Je vais suspendre la séance pendant un quart-d'heure, et, à la reprise, nous procéderons au vote.

Après un quart-d'heure de suspension, la séance est reprise.

M. le Président. — Y a-t-il des propositions pour nommer un président ?

Voix. — M. Havard.

M. Havard. — J'ai déjà présidé une conférence, et je suis très sensible à l'honneur que vous me faites ; mais je ne puis l'accepter, étant occupé toute la semaine.

Voix. — M. Gagey.

M. Gagey. — Messieurs, je vous remercie de toutes vos sympathies, mais je ne peux pas accepter la présidence, désirant prendre une part active à la discussion.

Un Membre. — Je propose M. Havard comme président d'honneur.

M. Havard. — Messieurs, je vous remercie ; j'ai fait ce que j'ai pu, et je ferai encore ce que je pourrai ; mais, je vous en prie, laissez ma personne tout-à-fait de côté ; je n'en resterai pas moins tout dévoué à l'œuvre. (Bravos).

M. Croizé. — Je serais très volontiers partisan de M. Gagey, mais il essaierait de faire prévaloir ses idées dans le Congrès, involontairement, je le veux bien, mais il le ferait toujours ; c'est pourquoi je demande que l'on prenne un président qui ait été en dehors des travaux du Comité d'initiative, qui n'ait donc pas de proposition à faire prévaloir.

Je propose donc M. Blanchard comme président. Les travaux doivent être dirigés par des personnes complètement étrangères aux débats, et personne, je crois, ne peut rendre plus de services que M. Blanchard.

Un Membre. — Je demande que le vote ait lieu au scrutin de liste secret, sachant que bien des personnes, qui ne veulent pas communiquer leurs pensées tout haut sur telle personne, le feraient autrement.

Voix. — M. Blanchard! M. Blanchard!

Un Membre. — M. Blanchard est-il présent et accepte-t-il la présidence ?

M. Blanchard. — Je suis ici, et si le Congrès me fait l'honneur de me nommer président, mon devoir sera d'accepter cette fonction. (Applaudissements.)

M. le Président. — M. Blanchard acceptant, je mets sa candidature aux voix comme président du Comité exécutif du Congrès.

L'épreuve est déclarée douteuse.

Voix. — M. Guerre.

M. le Président. — La première épreuve étant déclarée douteuse, nous allons procéder à un second tour par assis et levé. Je mets aux voix l'élection de M. Blanchard.

Un Membre. — Monsieur le président, je demande que l'on procède au vote par scrutin de liste.

M. le Président. — J'ai demandé avant la séance comment l'assemblée entendait voter, et elle a désiré le scrutin public.

Il est procédé au vote, M. Blanchard est élu président à une majorité de 8 voix.

M. le Président. — Nous allons passer à l'élection des deux vice-présidents.

Un Membre. — Je crois qu'il serait du devoir de Monsieur Blanchard de se présenter.

M. Blanchard. — Vous m'avez fait l'honneur de me nommer président, je vous en remercie ; quand je prendrai place au fauteuil, je vous ferai, Messieurs, ma profession de foi.

Les noms de MM. Rey et Aussel sont prononcés pour la vice-présidence.

M. Aussel. — Je vous remercie Messieurs, de l'honneur que vous me faites de bien vouloir me nommer vice-président, mais je ne puis accepter car je fais deux cours le lundi, un le mardi et le mercredi et deux le jeudi. Dans ces conditions, Messieurs, il m'est impossible d'accepter : j'aurais voulu pouvoir le faire ; mais mon devoir m'oblige à me retirer.

(Protestations).

Un Membre. — M. Thibault, de Dijon, a fait le voyage exprès pour venir à ce Congrès ; je crois que l'on ferait bien de le nommer vice-président pour que la province se trouve ici représentée.

Une lutte de courtoisie s'engage alors entre MM. Perdreau, de Lille, et Thibault, de Dijon, qui, tous deux de province, refusent l'un en faveur de l'autre le fauteuil de vice-président.

M. le Président. — Je crois qu'il y aurait un moyen d'arranger tout ; ce serait de nommer l'un vice-président et l'autre secrétaire. (Bravos)

Sont nommés vice-présidents :

MM. Rey président du Cercle des Comptables, Thibault, président de la Chambre Syndicale de Dijon.

Secrétaire général : M. Goldschmidt.

Secrétaires adjoints : MM. Perdreau, de Lille ; Létendart, de Paris.

M. le Président. — Je suis chargé par M. Aussel de vous prévenir que dimanche, à 8 heures du soir, aura lieu la distribution des prix aux élèves des 2 sexes qui ont suivi les cours de comptabilité et de sténographie de l'Union Nationale des Chambres Syndicales, sous la présidence de M. H. Brisson.

Les membres de ce Congrès entreront sur la présentation de leur carte.

Il me reste Messieurs, à vous remercier de l'honneur que vous m'avez fait et de vous souhaiter une entière réussite dans vos travaux.

(Applaudissements prolongés.)

M. BLANCHARD. — Je vais vous dire mes intentions, j'ai été absolument étranger aux travaux du comité, je ne sais donc rien de ce qui s'y est passé. Je suis arrivé ici avec une idée complètement indépendante de tout ce qui s'y disait j'avais pu moi-même aire quelques travaux et je m'étais promis de faire quelques observations. Je les mets de côté pour remplir mon devoir de président, donner la parole à qui de droit, et laisser la plus entière liberté de discussion.

Cependant, j'ai entendu lire le rapport de la commission d'initiative et j'ai été tenté de l'approuver d'une façon absolue sauf sur un seul petit point. Cependant, Messieurs, vous pouvez compter sur mon impartialité complète. Je n'ai pas ici à préjuger ce que pourra faire le Congrès. (Applaudissements)

La séance est levée à cinq heures.

Écrire au Direct.-Gér. de la REVUE DE LA COMPTABILITÉ : H. HARANG, 7, r. Barbette.

Paris. — Imprimerie E. Perreau, 58, rue Greuéta.

COMPTE RENDU IN EXTENSO

DES

SÉANCES DU PREMIER CONGRÈS DES COMPTABLES FRANÇAIS

Ouvert à Paris le dimanche 12 décembre 1880, à deux heures précises, à l'Hôtel
des Chambres syndicales, 10, rue de Lancry.

SOUS LE PATRONAGE

DU COMITÉ CENTRAL DES CHAMBRES SYNDICALES

ET DE

L'UNION NATIONALE DU COMMERCE ET DE L'INDUSTRIE

PRÉSIDENT D'HONNEUR

M. DIETZ-MONNIN, O ✶, Ancien Directeur de la Section Française à l'Exposition universelle de 1878, Membre de la Chambre de Commerce.

VICE-PRÉSIDENTS D'HONNEUR

MM. POIRRIER, ✶, Membre de la Chambre de Commerce, Vice-Président du Comité
Central; MARIENVAL, O ✶, Ancien Président du Conseil des Prudhommes, Vice-Président du Syndicat général de l'Union national du Commerce et de l'Industrie.

DEUXIÈME SÉANCE DU PREMIER CONGRÈS DES COMPTABLES
13 Décembre 1880.

Président : M. BLANCHARD.

Vice-Présidents : MM. REY, Président du Cercle des Comptables de Paris.

THIBAULT, Président de la Chambre Syndicale des Comptables de Dijon.

Secrétaire-Général : M. GOLDSCHMIDT.

Secrétaires-adjoints : MM. PERDREAU, DE LILLE; L'ÉTENDART.

La séance est ouverte à 8 heures 1/4 du soir.

M. LE PRÉSIDENT. — Messieurs, en prenant possession du fauteuil de la présidence, mon premier devoir est de vous demander un vote de reconnaissance pour le
Comité d'honneur qui a bien voulu nous apporter un si puissant concours ; spécialement
pour M. Dietz-Monnin, dont vous avez pu apprécier le mérite ; enfin pour tous les
commerçants qui veulent bien s'intéresser à notre œuvre.

Je me trouve sur ce point d'accord avec une note qui m'a été remise, et dont je
vais vous donner lecture :

« *Projet de vote, présenté par* M. CROIZÉ.

« Le Congrès des Comptables, désirant témoigner sa reconnaissance à

« MM. DIETZ-MONNIN, POIRRIER, MARIENVAL et HAVARD,

pour le concours brillant et dévoué qu'ils lui ont prêté en acceptant de former le bureau
d'honneur de sa séance d'ouverture, leur adresse l'expression de sa gratitude et ses vifs
remerciements. »

M. LE PRÉSIDENT. — Nous ne devons pas oublier ce que le Comité d'initiative a
fait ; je crois que nous devons lui donner une preuve de notre reconnaissance, et je crois
devoir l'associer à ce vote. (Applaudissements.)

Messieurs, les débats qui vont avoir lieu sont très graves, et je les regarde comme
devant avoir un grand retentissement ; nous arriverons à faire quelque chose de
sérieux et d'utile. Je n'ai plus qu'un mot à dire, c'est de prier les orateurs d'être aussi
concis que possible, car nous n'avons que peu de temps à consacrer aux questions importantes qui sont à l'ordre du jour.

Ceci dit, je vais prier un des membres du Comité d'initiative de parler sur la première question des principes fondamentaux de la comptabilité. Quelqu'un demande-t-il la parole ? La parole est à M. Gagey.

M. A. GAGEY. — *Définition de la Comptabilité.*— La Comptabilité est la science des comptes, comme l'arithmétique, dont elle découle, est la science des nombres.

La Comptabilité prise dans un sens général, doit se diviser en deux parties bien distinctes, quoique connexes, qui sont :

1° La Comptabilité proprement dite ;

2° La Tenue des Livres.

La *Comptabilité proprement dite* comprend principalement l'ensemble de l'organisation, de la direction, du contrôle et de la centralisation des services administratifs de toute exploitation quelconque, ou de toute administration publique, de l'Etat ou autre, au point de vue comptable.

Elle doit s'entendre encore, des calculs, de la vérification, de la détermination et de la réduction arithmétique des opérations effectuées ou à effectuer, qu'elle a mission de constater et de contrôler.

La *Tenue des Livres*, au contraire, est l'art d'inscrire toutes les opérations déterminées par la comptabilité sur des registres dont la forme et la tenue sont consacrées par l'usage et la méthode, et qui sont, le plus souvent encore, créés d'après les besoins, l'intelligence et l'expérience du comptable.

Il résulte des définitions qui précèdent qu'il y a une différence assez sensible entre la comptabilité et la tenue des livres, partant entre le comptable et le teneur de livres, c'est-à-dire entre l'esprit qui conçoit et qui dirige, et la main qui exécute.

En effet, il suffit pour être un bon teneur de livres, de posséder à fond la connaissance des principes méthodiques ; mais, pour faire un bon comptable, il faut ajouter à ces connaissances pratiques, l'esprit d'initiative, la compétence et l'expérience indispensables à un bon administrateur.

Le comptable donne en outre, aux travaux qu'il dirige un caractère véritablement artistique, par le groupement intelligent des chiffres, dans l'établissement des tableaux synoptiques ou récapitulatifs, destinés à présenter la situation générale au point d'ensemble et par l'établissement régulier des Inventaires et Bilans, ainsi que des tableaux de classification générale de la comptabilité qu'il organise.

M. LE PRÉSIDENT. — Quelqu'un demande-t-il encore la parole sur cette question qui est tout à fait indépendante, et il serait désirable qu'elle fut vidée.

UN MEMBRE. — M. Perrot, craignant que sa voix ne le trahisse, m'a chargé de vous lire sa définition de la science professionnelle et de la détermination de sa base :

La condition essentielle d'une définition est d'embrasser tout le sujet, mais rien que le sujet.

Dans la définition de la comptabilité que nous soumettons à l'examen du Congrès, nous avons essayé de remplir cette condition.

Voici cette définition :

La Comptabilité est une science qui a pour objet de mettre jour par jour en évidence les modifications apportées au capital par suite des opérations effectuées, en tenant écriture de ces opérations dans un ordre méthodique en conformité avec la loi de manière à donner constamment, avec la situation, la balance des comptes.

Dans une prochaine séance nous demanderons la parole pour donner lecture au Congrès d'une étude sur la méthode et le contrôle où, nous l'espérons, cette définition est justifiée.

M. BAUCHERY. — Voici, pour moi, ce que j'entends par les principes de la comptabilité.

1. La Comptabilité doit avoir pour principe primordial d'exprimer, de traduire le *dualisme* que contient, en elle, essentiellement, toute opération humaine qui ne peut s'effectuer qu'entre deux personnes, en deux faits opposés l'un à l'autre, que par l'échange, la réciprocité, la mutualité.

2. La conséquence de ce principe en est un deuxième, c'est que chaque partie de ce dualisme, qui le constitue, est, originairement, d'une essence autre, et doit figurer distinctement, à l'intelligence, les deux faces, les deux conditions de la nature, *les personnes et les choses.*

3. Le résultat de cette opposition inhérente à l'industrie, au commerce, etc. ; est la reconnaissance d'un troisième principe, consistant dans le contrôle que chacune des

parties exerce sur l'autre, et qu'elle témoigne par l'égalité des situations, tout opposées qu'elles sont entre elles.

4. La comptabilité doit achever l'établissement de ses principes et donner pratiquement satisfaction à ceux qui précèdent ; doit indiquer les moyens d'exécution et assurer leur *unité* absolue, logique, normale, réellement ressortant de l'expérience ; en déclarant que ses deux bases fondamentales sont les *Livres* et les *Comptes* ;

A. Que les *Livres* sont destinés à l'enregistrement classifié et opposé des faits industriels et commerciaux, qui procurent aux intéressés la situation des *valeurs*, leurs mouvements et modifications, l'augmentation ou la diminution qu'elles acquièrent ou subissent ;

B. Que les *Comptes* ont pour destination la distribution spéciale et opposée de ce qui incombe aux *personnes*, de ce qui leur est imputable, par suite des valeurs qu'elles fournissent ou qu'elles reçoivent.

C. Que l'industriel, le négociant tient *ses livres*.

D. Que l'industriel, le négociant tient les *comptes des tiers, des autres*.

Ce que je viens de vous lire, doit vous montrer Messieurs, que tout commerce, toute industrie, a des livres pour enregistrer le mouvement des valeurs et des comptes, pour y consigner ce qui incombe aux personnes : or, vous savez qu'un débiteur venant pour avoir son compte, le négociant donne le compte de ce débiteur et non pas son compte à lui, négociant ; c'est pour vous montrer comment je comprends le dualisme qui est exprimé par le livre et le compte ; voici, pour le moment, ce que j'avais à vous dire à ce sujet.

M. LE PRÉSIDENT. — Nous sommes en présence de trois définitions, y a-t-il encore quelqu'un qui désire prendre la parole ? Personne n'ayant plus d'observations à faire, je vais mettre les propositions qui ont été faites, successivement aux voix pour voir si elles ont l'approbation du Congrès.

UN MEMBRE. — Il me semble qu'il est difficile de se prononcer sur une simple lecture.

M. LE PRÉSIDENT. — Il y a plusieurs moyens à employer : 1. Relire les propositions successivement ; 2. Inviter les auteurs à venir les développer.

M. ROY. — Il y a un troisième moyen que je propose ; c'est de nommer une commission chargée d'examiner les diverses propositions ; elle fera un rapport, et le Congrès statuera sur ce rapport.

M. BONNEVAL. — Dans le Comité, il avait été nommé une commission pour définir ce principe ; je crois que nous devons demander à ses membres quelle est la définition qui a été trouvée de la comptabilité.

M. ROY. — Cette proposition est identique à la mienne, elle constate seulement que la commission existait déjà au sein du comité d'initiative.

M. GAGEY. — Il n'a pas été nommé de commission chargée d'étudier la meilleure définition de la comptabilité, il a été nommé une commission, dite du questionnaires qui était chargée de discuter les questions qui seraient mises à l'ordre du jour du Congrès, et qui ont été placées dans le rapport général qui vous a été lu.

M. LABOULLAYS. — Ne serait-il pas possible de nommer tout de suite une commission qui se réunirait immédiatement et qui, dans une demi-heure ou trois quart d'heure, nous apporterait une solution.

M. BONNEVAL. — Je viens répondre deux mots à M. Gagey : il y a eu une commission nommée, dite du questionnaire, au mois d'octobre de l'année dernière, j'ai fait partie de cette commission, mais j'ai malheureusement été frappé d'une maladie de la vue, de sorte que je n'ai pu assister qu'à deux ou trois séances de cette commission, qui discutait en première ligne cette question : qu'est-ce que la comptabilité ?

Comme je n'ai pu assister aux autres séances, je demande qu'on veuille bien nous dire la solution adoptée par cette commission, de cette façon nous aurons une base de discussion.

M. GAGEY. — Je n'ai qu'un mot à répondre, et je fais appel à tous les membres du Comité d'initiative pour dire qu'il a été nommé une commisssion pour poser la question et non pour la résoudre ; nous n'avons statué sur aucune des questions.

M. Bonnaud. — Je désire donner la définition de la Comptabilité :

C'est la science qui a pour objet d'établir la statistique des quantités ou des valeurs formant le capital de l'industriel, du commerçant, du financier, etc. ; de consigner avec coordination le mouvement successif des divers éléments qui concourent à l'action de l'échange ou de la transformation, de manière à pouvoir présenter rapidement, soit sous un point de vue d'ensemble, leurs situations respectives, ainsi que celles des correspondants ; soit sous un point de vue particulier, l'état de chaque compte ; enfin de déduire le résultat des opérations auxquelles ce mouvement a donné lieu.

M. Laboullays. — Je renouvelle ma proposition de nommer une commission immédiatement pour discuter ces propositions.

M. le Président. — On demande qu'une commission de cinq membres soit nommée.

M. Groffier. — Je me reporte à ce qu'a dit antérieurement M. Bauchery ; je suis complétement de son avis ; mais c'est une définition pour les maîtres qu'il a données ; en voici une plus élémentaire et qui peut être considérée comme son corollaire :

La comptabilité est une science qui a pour but de faire connaître, par toute opération en général, le mouvement des valeurs enregistrées journellement par entrées et sorties et la situation qui en résulte pour les personnes, Clients ou Fournisseurs, et pour le chef d'établissement lui-même comme propriétaire de son exploitation.

M. le Président. — On va procéder à la nomination de cinq membres de la Commission.

M. Bonneval. — Je suis étonné de voir sur des questions d'aussi grande importance si peu de personnes voter ; je désire que les résolutions soient prises à la majorité.

M. le Président. — Le fait est exact. La commission va-t-elle se réunir de suite ?

M. Roy — La Commission ne peut pas s'absenter du Congrès : qu'il y a it autant de commissions nommées qu'il y a de questions à résoudre en comptabilité, et il n'y aura bientôt plus personne dans la salle.

On procède au vote,

M. le Président. — A l'immense majorité, le Congrès décide que la Commission se réunira de suite pour examiner les cinq propositions.

M. Roy. — Il ne reste plus à la Commission qu'à obéir aux ordres du Congrès.

. . . .

M. le Président. — Messieurs, la Commission chargée de l'examen des différentes définitions de la comptabilité vient de rentrer en séance. Ne perdons pas notre temps. Je donne la parole au rapporteur.

M. Roy, *rapporteur*. — Messieurs, la Commission que vous avez chargée d'examiner les diverses propositions relatives au premier paragraphe du titre I de votre programme, s'est constituée comme il suit :

> *Président* : M. Corrompt.
>
> *Rapporteur* : M. Roy.

Je vous apporte verbalement son rapport sommaire.

La Commission a successivement examiné les cinq propositions qui lui étaient soumises, et elle vous propose d'adopter celle de M. Beauchery qui lui a paru la meilleure et la plus complète, en ce sens qu'elle établit d'une manière savante les principes fondamentaux de la comptabilité et la détermination de ses bases ; cette proposition vous a été lue, vous pourrez donc voter sur elle en toute connaissance de cause.

Mais, Messieurs, cette rédaction de notre collègue M. Bauchery, ne répond pas d'une manière complète aux exigences du paragraphe premier du titre I de votre programme ; nous n'y avons pas, en effet, trouvé de définition de la science professionnelle. Il est donc indispensable, pour la rendre absolument parfaite, de la faire précéder d'une définition de cette science, et votre commission vous propose d'emprunter, à cet effet, au texte de la proposition de M. Perrot, la partie suivante :

« La comptabilité est une science qui a pour objet de mettre, jour par jour, en
« évidence les modifications apportées au capital. »

Telles sont, Messieurs, les propositions de la Commission.

M. le Président. — Nous avons deux propositions, l'une qui est relative au premier paragraphe du titre I, « des Principes fondamentaux de la comptabilité », et à
la deuxième partie du deuxième paragraphe « Détermination de ses bases. » C'est la
proposition Beauchery, et l'autre, relative à la première partie du paragraphe 2,
« Définition de la science professionnelle ». C'est une partie extraite de la proposition
Perrot.

Je vais mettre la proposition de M. Beauchery aux voix.

Le Congrès a adopté à la majorité de 46 voix.

Nous allons passer à la partie empruntée à la proposition Perrot.

Elle est mise aux voix et adoptée.

M. le Président. — La seconde question est celle du rôle que doit jouer la pièce
justificative et des moyens à employer pour en généraliser l'emploi. Qui demande la
parole sur ce point ?

La parole est à M. Gagey.

M. A. Gagey. — La comptabilité doit avoir pour base fondamentale l'intégrité.

Le qualificatif est universel ; il comprend la *sincérité*, *l'exactitude* et le
contrôle.

Ces principes sont autant d'axiomes, partant ils sont indiscutables ; ils doivent
être sanctionnés dans les lois du pays et lorsque nous aborderons la question légale,
nous indiquerons comment nous entendons cette sanction.

Toute comptabilité doit donc être sincère, régulière et complète : c'est là, pour
nous, un principe fondamental que nous souhaitons vivement que le Congrès inscrive
en première ligne de ses délibértations à prendre.

Au point de vue administratif général et pratique, la comptabilité doit avoir pour
base fondamentale, la *Pièce justificative*, *l'Inventaire* et le *Bilan*.

La pièce justificative est la garantie des contractants, des tiers et du comptable.

Heureux serions-nous, comptables et commerçants, si toutes les opérations constatées sur les livres de commerce étaient toutes appuyées d'une pièce comptable !

En effet, chacune des opérations commerciales forme en elle-même un *contrat*.

Lorsque le contrat est écrit, l'opération est régulièrement constatée par la pièce
justificative, qui en énonce l'importance et les conditions.

Alors, si l'écriture qui relate l'opération sur les livres est irrégulièrement passée,
il est bien facile de réparer l'erreur.

Au contraire, lorsque le contrat est *verbal*, ce qui arrive forcément dans bien des
cas, en raison de la variété et de la multiplicité des opérations, en raison aussi de leur
peu d'importance et de la nécessité qu'on est d'en d'agir ainsi, en présence de la
rapidité avec laquelle certaines de ces opérations s'effectuent, il n'existe aucune
garantie, aucun moyen de contrôle sérieux de l'opération effectuée; par suite, impossibilité complète de redresser l'erreur si elle existe ; aucun moyen de répondre d'une
façon indiscutable, c'est-à-dire avec pièces à l'appui, si une contestation vient à
s'élever.

Conséquence : désaccord, discussion, procès la plupart du temps : toutes choses
auxquelles le comptable ne reste pas toujours étranger, dont on le rend quelquefois
responsable, moralement tout au moins, souvent à tort.

Il est utile, selon nous, de remédier à un tel état de choses, en vulgarisant l'emploi
de la pièce justificative par tous les moyens possibles.

Nous présenterons donc au Congrès cette proposition de vote :

« La pièce justificative est la base fondamentale de la comptabilité, son existence
« régulière met la responsabilité de tous à l'abri de tout reproche. elle doit être
« rendue légalement obligatoire toutes les fois qu'elle peut être établie. » ;

M. Abraham fait une proposition que le Congrès décide de joindre à celle de
M. Gagey, la voici :

« La *Pièce justificative* doit être exigée le plus souvent possible ; mais, comme
dans beaucoup de cas, il est difficile de l'obtenir, nous déclarons indispensable la
Pièce-comptable. »

M. le Président. — La parole est à M. Goldschmidt.

M. Goldschmidt. — Tout acte d'administration, toute transaction commerciale doit se confirmer par un écrit quelconque. Dès longtemps on a reconnu la nécessité de ne pas se confier à la mémoire ou à la bonne foi des parties contractantes.

La pièce justificative est née spontanément des besoins créés par les progrès du commerce, de l'industrie, et de la nécessité où se sont vues les administrations, tant publiques que privées de rendre des comptes avec preuves à l'appui de leur sincérité, soit à leurs commanditaires, actionnaires, administrateurs ou commissaires, soit pour les administrations publiques du gouvernement, qui lui-même est responsable devant la nation de ses actes et de la bonne gestion des deniers publics.

En restreignant la question au point de vue du commerce, l'industriel devenant commerçant lorsqu'il s'occupe du négoce des produits de son industrie, je crois qu'il est hors de doute que la pièce justificative existe toujours ou peut toujours être créée.

Je n'entends parler que des opérations à terme : les ventes au comptant ont aussi leurs pièces justificatives, mais, dans ce cas, leur valeur est bien amoindrie, des espèces reçues compensant la sortie des marchandises.

La pièce justificative ne peut être astreinte à aucun type de forme ni de libellé, je lui impose une seule condition, que je considère comme primordiale : elle doit émaner d'un tiers et en aucun cas ne peut être signée par le comptable, quand bien même, chose possible, il ait été obligé de la rédiger et de l'écrire.

Elle est toujours représentable, pour avérer des écritures auxquelles elle a donné lieu, toute transaction demandant le concours de deux personnalités : souvent l'une d'elle seule possède l'original de la pièce créée, en cas de contestation entre les contractants, pour établir un contrôle des écritures lorsqu'un négociant soupçonne des falsifications dans ses livres, ou lorsqu'un tiers se trouve lésé par l'opération conclue, on pourra toujours en requérir la présentation au détenteur.

Je ne vois aucune difficulté à prendre la pièce justificative comme base des écritures commerciales, je verrais au contraire un danger à vouloir l'éliminer, car sans que l'on y ait ajouté jusqu'aujourd'hui une grande importance, elle existe dans presque tous les cas, il suffit d'en généraliser l'emploi et d'en faire connaître la portée ; certains négociants se demandent encore si la comptabilité elle-même est indispensable à la réussite de leur entreprise.

Au point de vue purement industriel la pièce justificative se présentant à un autre moment et formant un double contôle demande d'être étudiée d'une manière spéciale.

Dans ce cas, la matière entrant aux magasins en sort transformée et se présente à la vente chargée de divers frais qui en ont augmenté sensiblement la valeur, la question se complique, et une première fois la pièce justificative doit être établie à l'entrée des magasins de vente.

Elle est alors créée par un des agents surveillant la fabrication, elle justifie l'emploi des matières premières, elle charge l'objet des frais de main-d'œuvre qu'il a occasionné, et arrivant au magasinier préposé à la vente, celui-ci fait supporter au produit sa part des frais généraux et de bénéfice que l'on est en droit de réclamer comme compensation des capitaux engagés et des soins que l'on apporte à toute gérance.

A partir de ce moment, l'objet fabriqué devient un article de commerce qui, vis-à-vis de la pièce justificative doit remplir les mêmes conditions que toute marchandise offerte à la vente ; il reste à en établir la sortie.

Il me semble inopportun de disséquer ici la charpente d'une comptabilité complète pour faire voir que dans tous les cas la pièce justificative se produit, pour ainsi dire d'elle-même, réclamée qu'elle est par l'une ou l'autre des parties intéressées.

J'éloigne du sujet la pièce justificative de la comptabilité d'une administration publique, car dans l'espèce elle est surabondante, chacun sait toutes les formalités écrites que l'on doit remplir lorsque l'on a affaire aux préposés de l'État.

Les grandes administrations privées sont dans le même cas, et là il n'y a qu'un vœu à exprimer, c'est que les entraves existant dans les relations soient supprimées et les formalités réduites au simple établissement d'une pièce justificative unique pour chaque transaction spéciale.

Il reste à examiner la seconde partie de la question proposée : Quels sont les moyens d'en généraliser l'emploi ?

La réponse me semble facile, quoique je sois convaincu que la pratique n'adopte pas les conclusions dictées par une sage théorie.

La routine est d'un exercice trop commode pour que beaucoup prêtent leur concours au fonctionnement de l'idée nouvelle ou mieux nouvellement émise.

Il faudrait pouvoir prouver à chacun, selon les conditions spéciales où il se trouve, tous les avantages à retirer d'un engin qu'il a sous la main ou qu'il peut obtenir sans froisser ni ses intérêts ni ceux de ses correspondants.

La loi, faite pour sauvegarder la sincérité des opérations commerciales quelconques, devrait ajouter à son code comme complément des articles imposant des livres et les écritures en règle du négociant, que celui-ci pourrait être appelé à les justifier au moyen de pièces écrites émanant des tiers avec lesquels il a traité.

Je conclus : Au point de vue comptable, la pièce justificative est la base de tout article inscrit dans les livres de commerce, elle sauvegarde la responsabilité du comptable ou du teneur de livres, mettant en ses lieux et place celui qui l'a créée.

Elle évite toute contestation entre négociants, ou du moins elle éclaire de suite les parties sur leurs droits respectifs.

Au point de vue des tiers intéressés, elle est un document qu'ils sont en droit de se faire produire chaque fois qu'ils le croient urgent.

Devant la justice elle est un auxiliaire précieux qui fixe la conscience du juge et sert de point de départ à ses arrêts.

Mettant en jeu l'Unification de la Comptabilité, est-il une base plus sérieuse à lui donner que la pièce justificative qui devrait s'appeler la pièce comptable puisqu'elle établit la responsabilité et l'assigne à celui qui doit l'assumer.

L'adoption de cette assise sera une première pierre posée pour former les éléments qui nous serviront de gradins pour arriver à la réalisation de cette vaste idée, digne d'un siècle de progrès industriel et commercial: « l'Unification de la Comptabilité.»

M. PERDREAU. — Pour la pièce juridique je soutiens qu'elle a sa raison d'être, mais il importe qu'elle soit authentique. Elle devrait donc porter un numéro d'ordre qui se reproduirait dans les écritures, de cette façon la pièce authentique aurait sa place dans les écritures commerciales.

M. LE PRÉSIDENT. — Le point que soulève notre collègue doit trouver sa place dans la pratique, mais en ce moment nous discutons des questions théoriques. Plus-tard, nous examinerons comment il devra être fait dans la pratique.

M. FARRET, chef de comptabilité au Crédit Parisien. — Je ne conteste pas, et au contraire je reconnais l'utilité de la pièce justificative : et, par un moyen que j'ai trouvé, l'on peut tenir la comptabilité à l'aide de cette pièce. Je reconnais toute la valeur de cette pièce, qui a sa production dans le commerce, dans l'industrie, etc.

Je prétends et je soutiens que la pièce justificative est de toute rigueur ; que l'on peut la compulser avec les bordereaux, et qu'elle doit être aux archives. Je crois en avoir assez dit pour prouver l'utilité de cette pièce.

M. LE PRÉSIDENT. — Nous sommes tous d'accord sur l'utilité de la pièce justificative.

M. LEFEBVRE. — Ainsi que je l'ai déjà fait connaître dans le sein du Comité, j'a donné à la pièce justificative un caractère tout différent de celui que l'on donne à la pièce comptable, en un mot, c'est une pièce authentique, la consécration d'un fait accompli.

La pièce comptable est une pièce dont on se sert seulement pour faciliter les travaux ; tandis que la pièce justificative est la consécration du fait accompli.

Voilà ce que je voulais vous dire à ce sujet. (Bravos.)

M. GAGEY. — Je demande à ajouter un mot à ce qui vient d'être dit ; je veux seulement demander au Congrès de voter que la pièce justificative devra être exigée toutes les fois qu'elle pourra être établie ; de cette façon on arrivera à en vulgariser l'emploi. Nous nous trouvons quelquefois en présence de contestations ; si nous arrivions à nous servir de cette pièce, les difficultés seraient bien vite tranchées.

M. LE PRÉSIDENT. — Quelqu'un demande-t-il la parole sur ce sujet ? Quelqu'un propose-t-il une résolution ? Vous connaissez la résolution présentée par M. Gagey.

UN MEMBRE. — Elle n'engage à rien.

M. Baudran. — Messieurs, je vous demande pardon, je n'étais pas préparé pour la discussion, mais, cependant, il faut que j'oppose quelques observations concernant l'étude de l'unification de la comptabilité, il faut se placer au point de vue du commerce, or, Messieurs, l'on vient ici demander de compliquer le travail, on vient proposer des classifications à l'appui de bordereaux, de factures, etc., le commerce ne nous comprendra pas. (Murmures.) La pièce justificative ou plutôt la pièce de caisse qui vient à l'appui des dépenses existe déjà ; si elle n'existe pas, nous tendrons à ce que la loi l'oblige, mais pour la pièce justificative la loi ne saurait atteindre son but en en généralisant l'emploi ; cependant si la loi nous y forçait nous nous y soumettrions.

Mais je crois qu'il ne faut pas aller aussi loin et ne pas considérer la pièce justificative comme la base fondamentale de la comptabilité. On a soutenu qu'une comptabilité n'était pas possible sans elle, et que la pièce était supérieure aux livres ! eh bien, ayez une comptabilité avec la pièce et sans livres !

M. Libéra. — J'ajoute quelques mots ; comme notre collègue l'a dit, il résulte que plusieurs font confusion entre la pièce justificative et la pièce comptable. Dans certaines petites maisons où il n'y a pas de livres de commerce, on se sert de la pièce justificative : mais on est forcé d'avoir alors des quantités de papiers ; en deux mots je désire que l'on établisse d'une façon bien claire la différence qui existe entre la pièce justificative et la pièce comptable, car je désire que l'inconvénient de la confusion des deux n'existe pas.

M. Bonnaud. — Il est de règle que lorsque l'on a conclu un marché, il doit rester un acte, c'est pourquoi je conclus que la pièce justificative est de rigueur en comptabilité, et je soutiens qu'il ne peut y avoir d'autre définition plus claire et plus nette ; je demande donc qu'il reste toujours une pièce qui serait cette pièce justificative, car il n'est pas de comptable qui puisse faire sa comptabilité sans avoir de pièces justificatives.

M. Abraham. — Cela n'est pas toujours possible dans le commerce ou dans la finance, où il se fait des paiements sans avoir aucune pièce. Exemple : vous payez des honoraires à un avocat vous donne-t-il un reçu ? Non.

Voix. — Si ! si !

M. Feurot. — Non, non, jamais pour les honoraires ; pour les actes notariés, si. Maintenant, dans le commerce, ce n'est pas possible ; je vais vous citer en exemple les transports maritimes : vous avez contre la remise de votre marchandise quatre connaissements. L'un accompagne la marchandise et est remis au capitaine, les trois autres sont remis à l'expéditeur, il en donne deux et il est obligé de se dessaisir du dernier quand sa marchandise est arrivée : où est la pièce justificative ? '

Au point de vue financier, je crois que vous pouvez faire des pièces justificatives mais au point de vue commercial, ce n'est pas possible.

M. Gagey. — Je m'étonne que le Congrès se trouve entraîné dans des questions de détail, je crois que la pièce authentique et la pièce comptable sont bien souvent la même chose à un point de vue général, il est de toute évidence que la pièce justificative est la base de la comptabilité, et, nous n'avons qu'une seule chose à souhaiter, c'est qu'elle soit obligatoirement légale tant qu'elle peut être établie ; quand nous nous trouvons en présence de difficultés, le juge compétent dans ces sortes de choses, a à examiner, pour l'opération qui fait l'objet de la discussion, s'il y a eu une pièce authentique.

M. Libera. — Selon mon opinion, Messieurs, il faudrait que la pièce justificative fut adoptée. On dit que dans un contrat de Société cette pièce existe, mais un contrat, vous le savez, se compose d'une cinquantaine de pages ; s'il fallait lire ces cinquante pages chaque fois que l'on a besoin de s'éclairer sur un point quelconque, l'on perdrait un temps infini. Puis, pour les marchandises venant des transports maritimes vous savez tous les ennuis qui surgissent ; il faut avoir des volumes de papiers, les factures, les bordereaux, les acquits, etc.; il faut, pour éviter les pertes de temps, réunir tous ces documents en un seul, en une pièce, pour pouvoir rétablir les écritures ; la pièce est toujours exigible.

M. Bonneval. — Messieurs, je vais être aussi bref que possible ; vous voyez dans cette discussion une confusion qui existe entre la pièce justificative et la pièce comptable. Il est établi en principe que toute bonne comptabilité doit être établie sur des pièces comptables, j'appelle toutes les pièces, devant servir à la comptabilité, des pièces comptables ; dans l'esprit de quelques-uns, les pièces comptables représentent un reçu ; pour moi, ce sont celles que vous conservez dans vos archives. Eh bien, dans l'industrie comme dans le commerce, il n'y a pas de comptabilité bien tenue sans pièces comptables. Vous êtes dans le vrai.

M. le Président. — Je désire que quelques personnes présentent des résolutions que je vais faire voter.

Un Membre. — Votre inventaire est fait, mais il n'a aucune valeur, au fond, votre conscience ne doit pas être satisfaite, car, Messieurs, il y a des inventaires très longs, c'est vrai, mais vous faites ce que j'appellerai un résumé de cet inventaire, où toutes les pièces comptables doivent être justifiées.

M. le Président. — Je mets la proposition de M. Gagey aux voix.

A la majorité de 6 voix, la proposition est adoptée.

<hr>

M. le président. — Nous allons traiter du « meilleur mode de dresser l'inventaire. »

Un membre, délégué par M. Perrot, lit ce qui suit :

Du meilleur mode de dresser l'inventaire et de la meilleure façon d'établir l'évaluation.

Au sujet de l'évaluation des valeurs qui doivent figurer à l'actif de l'inventaire, un certain nombre de comptables veulent prendre pour base le prix d'achat ou de revient ; d'autres, au contraire, prétendent que le cours du jour des valeurs et des marchandises doit être le seul guide : enfin d'autres encore estiment que l'évaluation doit être établie d'après des cours moyens.

Nous croyons devoir émettre cet avis, d'établir d'abord l'inventaire tel qu'il résulte des écritures en prenant pour base le prix d'achat ou de revient, point de départ qui ne doit jamais être perdu de vue. Puis, dans la page de gauche, à la droite de la colonne de l'article où l'on a eu soin de ménager une double colonne pour recevoir les variations qui sont la conséquence des cours du jour, inscrire dans l'une les *plus-values réalisables* et dans l'autre les moins-values. Le solde de cette double colonne qu'il soit en faveur des plus-values ou des moins-values lorsqu'il sera mis en regard du capital net de l'inventaire donnera satisfaction aux partisans du second système tout en complétant le premier, mais les valeurs ou marchandises au prix de revient devront toujours, selon nous, rester le nouveau point de départ.

M. Perrot a joint à son exposé un spécimen d'inventaire dont voici la description

ACTIF. — 1re colonne intitulée : *Composition de l'actif d'après les prix de revient.* Espèces en caisse : 20,000 »» ; Effets à recevoir : 16,000 »» ; Valeur d'un terrain de 1,000m acheté à 6 fr. le mètre : 6,000 »» ; 10 pièces de vin achetées à 200 fr. : 2,000 »» ; Mobilier : 3,000 »» ; Débiteurs divers : 12,000 »». *Total de la 1re colonne :* 59.000 »».

2me colonne intitulée : *Plus-values réalisables d'après le cours du jour.* Plus-value de mon terrain, à 4 »» le mètre : 4,000 »» ; plus-value de mes dix pièces de vin, à 50 »» l'une : 500 »». Total de la 2me colonne : 4,500 »».

3me colonne intitulée : *Moins-values d'après le cours du jour.* Moins-value de mon mobilier : 200 »».

PASSIF. — Colonne unique intitulée : *Sommes composant le passif.* Effets à payer : 10,000 »» ; Créanciers par comptes : 17,000 »». Total : 27,000 »» ; Capital net 32,000 »». Ensemble : 59,000 »».

RÉSUMÉ. — Capital net avec les prix de revient : 32,000 »» ; Balance des plus-values : 4,300 »». Total du capital réalisable : 36,300 »».

M. Goldschmidt. — L'article 9 du code de Commerce dit que tout commerçant est tenu de faire, tous les ans, sous seing-privé, un inventaire de ses effets mobiliers et immobiliers et de ses dettes actives et passives et de le copier année par année, sur un registre spécial à ce destiné.

L'inventaire se compose donc de deux parties distinctes : 1· Les soldes débiteurs ou créditeurs des divers comptes ouverts aux correspondants ; 2· L'état détaillé des marchandises en magasin, des espèces en caisse, des effets en portefeuille, et des valeurs mobilières et immobilières présentes le jour où il est dressé.

Pour établir l'inventaire d'une façon équitable et vraie il faut que tout l'actif soit réalisable à bref délai au taux pour lequel il figure en compte.

Les créances irrécouvrables devront être annulées, celles qui offrent des chances de pertes importantes devront être réduites à leur valeur minimum.

L'estimation ne devra porter que sur les articles qui font le sujet du commerce ou de l'industrie exploitée par celui ou ceux qui dressent leur inventaire.

Les immeubles figureront toujours au prix d'achat, le matériel et le mobilier industriel ou commercial subiront une dépréciation déterminée pour compenser la moins-value produite par les services rendus.

Quant au petit outillage, aux outils proprement dit, ce sont des articles que l'on ne doit pas porter à l'actif d'un inventaire, puisque souvent ils disparaissent d'un exercice à l'autre étant sujet à être mis hors de service après un temps d'emploi plus ou moins long.

Ces considérations sont prises en vue d'un inventaire annuel ou plus fréquent mais après lequel la maison de commerce ou l'établissement industriel continue ses opérations.

Il devrait en être tout autrement pour un inventaire précédant une liquidation immédiate.

Dans ce cas les dettes actives et passives seraient portées à leur valeur immédiatement réalisable, les créances douteuses estimées autant que possible aux taux recouvrables.

Les immeubles, le mobilier et le matériel estimés à dire d'expert et les valeurs cotées au cours du jour de l'inventaire.

Il pourrait être convenu entre les parties intéressées qu'un premier inventaire serait considéré comme un exposé de la situation, et qu'après la réalisation de la partie la plus importante de l'actif, il en serait dressé un second où l'on remplacerait les chiffres d'estimation par les chiffres vrais.

Dans l'inventaire commercial régulier les marchandises en magasin doivent être cotées au prix d'achat à moins qu'elles n'aient subi une détérioration ou une moins-value par suite de leur séjour au magasin.

En aucun cas on ne peut les faire bénéficier d'une hausse sur la matière, des profits résultant de cette situation ne doivent entrer en ligne de compte que lorsqu'ils sont réalisés.

Le négociant n'est pas un spéculateur.

De même la marchandise ayant subi une baisse sur le marché ne doit la supporter qu'au moment de sa sortie.

On pourra me reprocher de présenter ainsi un inventaire qui semblerait n'être pas réel, je ferai observer qu'en tenant compte des fluctuations du marché on n'est pas plus dans la vérité.

En effet, une marchandise ayant un cours très élevé le jour de l'inventaire ne sera vendue que plus tard, elle a été conservée soit par les circonstances, soit en prévision d'une hausse probable et le contraire a eu lieu, la baisse s'est déclarée et l'article ne peut plus être réalisé qu'avec perte.

S'il est resté estimé à son prix d'achat la perte sera moins sensible que si on l'avait déjà fait profiter d'un bénéfice espéré basé sur son cours actuel.

L'inventaire commercial n'est jamais la situation absolument vraie, car s'il fallait réaliser l'actif à bref délai il y aurait des désillusions, d'un autre côté il pourrait se rencontrer un acquéreur qui, voulant reprendre la suite des affaires, ferait bénéficier le détenteur actuel d'une somme importante le récompensant des peines qu'il s'est données pour créer une maison et s'assurer une clientèle.

Le fonds de commerce, la valeur des relations acquises devraient donc être cotés à l'inventaire pour s'approcher de la vérité ; je considère la chose comme impossible, car alors il faudrait prévoir le premier cas où par la cessation des affaires les pertes résultant ou pouvant résulter d'une vente forcée à bref délai devraient également être mises en compte dans l'inventaire.

Ce sont les chances à courir par celui qui se retire d'une entreprise qu'il cède à un tiers ou dont il clôt les opérations.

L'inventaire prévu par la loi est destiné à éclairer le commerçant sur sa situation mais non d'une manière absolument exacte quoique s'approchant le plus possible de la vérité, mais bien de façon à ce qu'il se rende compte de la prospérité de ses affaires ou des résultats défectueux qu'elles donnent..

Je conclus : l'inventaire, pour être équitable, doit présenter :

Les dettes actives et passives pour leur valeur réalisable ;

Les marchandises, au prix d'achat ou de revient, diminuées des dépréciations apportées par leur séjour dans les magasins ;

Les meubles et le matériel avec un dégrèvement annuel compensant leur usure ;

Les valeurs au cours du jour ;

Les immeubles au prix d'achat.

En tous les cas un inventaire doit être sincère, et le négociant ou l'administrateur de société, qui, dans le but de présenter un bénéfice fictif, s'écarterait sciemment de la vérité dans les appréciations de l'actif et du passif, devra être considéré par la justice comme coupable de faux en écritures de commerce et serait appelé à rendre compte aux intéressés, dont il aurait ainsi abusé de la confiance, des torts à eux causés par sa mauvaise gestion masquée derrière une situation fausse et les laissant dans une parfaite ignorance des résultats obtenus.

M. LEDUC. — L'inventaire sert principalement à établir l'estimation des marchandises ou tous produits existant en magasin.

L'inventaire de ce qui existe dans les magasins ou en route doit être fait le plus exactement possible ; c'est-à-dire, que l'on ne peut considérer comme étant acquis des bénéfices sur des marchandises non réalisées. Donc, tout en tenant compte des cours du jour, au moment de l'inventaire, il faut prévoir des chances de baisse et estimer les marchandises non vendues plutôt au-dessous qu'au-dessus de leur valeur réelle ou supposée.

M. BAUDRAN. — Messieurs, je n'ai pas l'intention d'entrer dans les détails de l'inventaire, je ne veux pas non plus vous entretenir de faits sur lesquels nous sommes tous généralement d'accord.

A côté du compte de marchandises générales je propose d'établir un compte de marchandises en retour.

VOIX. — A la question.

M. BAUDRAN. — Si l'on ajoute aux marchandises en magasin celles qui ont été retournées par les acheteurs on augmente le chiffre des achats. (Aux voix !) De même si l'on ajoute aux ventes les marchandises que l'on rend on augmente le chiffre des ventes, de sorte que ni le chiffre des achats ni celui des ventes n'est exact. (Aux voix ! à la question !)

M. BAUDRAN. — Je crois que c'est une question de principe. On trouve à l'inventaire en partant du compte marchandises générales, frais généraux, profits et pertes....

VOIX. — Tout cela n'est pas dans la question.

M. BAUDRAN. — Je demande aussi que M. le président m'accorde la parole à la fin de la discussion.

M. LE PRÉSIDENT. — Je vous la donnerai.

M. BAUDRAN. — Quant au prix de l'évaluation des marchandises je crois que l'on doit leur appliquer le cours du jour.

Pour les immeubles, je propose non pas le prix d'achat, qui peut être modifié en plus ou en moins, mais un prix en rapport avec le revenu.

UN MEMBRE. — Et les valeurs ?

M. BAUDRAN. — J'ai dit que je n'entrerais pas dans les détails.

L'exposé de M. Goldschmid me paraît très complet ; cependant il y a une contradiction qui m'a surpris. M. Goldschmid estime les marchandises au prix d'achat, et il présente les immeubles également au prix d'achat, et il n'ajoute pas qu'il fait le compte des immeubles d'une façon différente de celui des marchandises.

M. BONNEVAL. — Messieurs, je crois qu'à ce moment-ci nous en sommes arrivés à faire un cours de comptabilité élémentaire. Certainement nous savons tous comment on doit présenter l'inventaire. Il doit présenter la vérité exacte de tous les comptes tant en marchandises qu'en immeubles et en valeurs.

Inévitablement vous devez pour être sincères présenter vos valeurs aux cours du jour, non à la valeur vénale au moment où vous faites votre inventaire.

Il faut donc faire l'évaluation selon la valeur réelle.

Vous devez présenter la vérité exacte, et voilà la seule manière de dresser un inventaire. (Bravos.)

M. Delon. — On vient de dire que l'inventaire doit présenter une situation absolument exacte et je suis complètement de cet avis. Mais, en dehors de cela, je voudrais voir tous les commerçants faire une dépréciation sur ces évaluations, afin que les bénéfices ne soient pas tout à coup diminués par les fluctuations des cours. Je voudrais que les valeurs et les créances fussent divisées en deux catégories : les créances et valeurs réalisables et les irréalisables ; de sorte, Messieurs, qu'à un certain moment, vous ne soyez pas obligé de prendre dans votre caisse une partie de votre capital sans vous en apercevoir.

M. Gagey. — Dans certains métiers, Messieurs, le calcul au cours du jour n'est pas bien facile, il y en a même qui n'ont pas de cours ; par exemple, dans les objets de luxe ou de mode, il y a des objets qui valent 150 fr. aujourd'hui, tandis que 15 jours après, les mêmes articles sont vendus pour 20 fr. Selon moi, ces évaluations-là ne sont pas du ressort des comptables, il faut que ce soient les gens du métier qui y procèdent en toute connaissance de cause.

M. Perdreau. — J'adhère pleinement à ce que vient de dire M. Gagey, je ferai seulement une distinction ; je désirerais que l'on dît si les biens de la femme sont compris dans l'inventaire.

M. Bouchery. — La discussion en ce moment tend à estimer les marchandises au cours du jour ou au prix d'achat. Je suis partisan de l'estimation au prix d'achat. Si le négociant a à modifier le prix coûtant de certaines marchandises, par suite d'une détérioration qui pourrait survenir sur tel ou tel produit, c'est à lui à l'apprécier. Mais l'estimation au cours du jour fausse le plus souvent les situations, la réalité.

Ayant mal acheté, un homme qui a mal géré peut faire des bénéfices par suite du cours le jour de son inventaire, ce qui est désastreux. Un autre qui aurait très bien géré n'éprouverait que des pertes, car la différence de prix change du jour au lendemain ; en hausse ou en baisse. Je me rallie complètement au rapport de M. Goldschmid (Bravos.)

M. Rey. — Messieurs, de tout ce qui vient de vous être dit, nous devons retenir que l'inventaire doit être fait au cours du jour ou au prix d'achat.

Messieurs, je crois que le cours du jour est le meilleur prix. En effet, combien de commerçants peuvent acheter des marchandises dans l'année et ne pas être sûr de les vendre avant la fin de cette même année. Il n'y a aucun négociant qui ne puisse dire j'ai un bon ou un mauvais résultat. Il doit donc établir ses marchandises, non pas au prix d'achat, mais au cours du jour.

M. Bonnaud. — Il faut, Messieurs, un principe absolu de l'existence réelle des marchandises, vous pouvez avoir gagné sur la fabrication et perdre sur le stock. Vous devez établir le prix d'achat et de revient d'un côté, et de l'autre ce qui vous reste en stock. D'un côté, vous voyez ce que vous gagnez et de l'autre, vous voyez votre situation. Vous avez depuis longtemps des marchandises et vous faites de très bonnes affaires, mais néanmoins, Messieurs, votre marchandise a perdu de sa valeur ; donc, il faut que ces marchandises soient évaluées au cours du jour, de cette manière, il n'y aura jamais de discussion à ce sujet.

M. Bonneval. — Je n'ai que deux mots à dire pour résoudre la question. Le commerçant, à mon avis, recherche sa situation au jour où il dresse son inventaire, il doit donc évaluer sa marchandise au cours du jour.

Il fait son inventaire de façon à savoir ce qu'il a exactement, et il ne doit pas procéder d'une autre façon ; car, sans cela, non-seulement il se trompe, mais encore il peut tromper les intéressés.

M. Libéra. — Dans la pratique, ce n'est pas cela, et je crois que l'orateur lui-même serait le premier à ne pas accepter des déclarations de prix d'après l'inventaire.

M. Boullaud. — Je ne m'étendrai pas sur l'évaluation, mais pour les immeubles, Messieurs, il est impossible de calculer sur les cours du jour, par la raison bien simple que vous ne pouvez répondre de l'avenir, et que vous ne pouvez savoir s'il y aura une plus-value ou une moins-value. Ce sont des bénéfices qui se passent en même temps qu'ils sont réalisés ; de cette façon, le commerçant ne peut être suspect et sa bonne foi ne peut être mise en cause (Très bien.)

M. Croizé. — Un inventaire n'est nullement fait pour vérifier les pertes ou les bénéfices.

M. Boullaud. — Si, si, car le Tribunal recherche toujours les inventaires afin de trouver la vérité. Je demande donc de faire figurer à l'inventaire la perte ou le bénéfice fictif.

M. Beauchery. — Tout à l'heure, un orateur disait qu'il ne fallait pas évaluer les mmeubles d'après le cours du jour, car on ne pouvait pas répondre de l'avenir ; je suis absolument de cet avis, mais je dis qu'il faut, pour être logique, appliquer ce raisonnement à tous les produits, car il en existe qui subissent des oscillations continuelles, tels que les métaux.

Le prix coûtant n'est pas, il est vrai, complètement juste, mais je crois que l'on approche avec lui plus près de la vérité (Bravos.)

M. Baubran. — Je n'ai que deux mots à dire ; je suis d'avis d'appliquer le prix de revient.

Un Membre. — Messieurs, je ferai toujours l'évaluation de la valeur vénale ; nous irons dans les vues d'un jugement de la Cour de cassation.

La clôture de la discussion du 3ᵉ paragraphe est votée.

M. Gagey. — Dans les valeurs qui constituent la fortune d'un négociant, il y a des valeurs cotées et les valeurs non cotées ; que ferez-vous pour les valeurs qui ne le sont pas ?

Par exemple, une robe ne vaut pas aujourd'hui ce qu'elle vaudra dans quinze jours.

Un Membre. — La proposition de M. Golschmid est identique.

M. le Président. — Voici la proposition de M. Golschmid.

De la meilleure manière de présenter le bilan

Le bilan doit représenter seulement les comptes actifs et passifs qui restent subsister après la clôture de l'inventaire.

Les comptes auxiliaires tels que, main-d'œuvre, frais généraux, profits et pertes, doivent être compris dans un état annexé au bilan et simplement pour que chaque intéressé puisse se rendre compte des virements opérés pour arriver à une situation nette.

Le bilan comprendra donc les correspondants débiteurs et créditeurs groupés en un seul article;

Les marchandises en magasin d'après l'inventaire ;

Le capital à son début de l'exercice, augmenté ou diminué des modifications qu'on lui a fait subir pendant le laps de temps écoulé depuis le dernier inventaire;

Le mobilier et le matériel d'exploitation avec les dégrèvements apportés par l'inventaire ;

Les immeubles pour leur prix d'achat;

Les valeurs au cours du jour de l'inventaire ;

La Caisse pour les espèces existantes;

Les effets à recevoir et à payer pour l'existence du portefeuille et des engagements souscrits ou acceptés;

Enfin, le compte de profits et pertes pour son solde débiteur ou créditeur suivant e cas ;

L'état présenté séparément pour justifier ce compte, devra développer d'une part, au débit, les virements qui annulleront les comptes devant disparaître, tels que main-d'œuvre, escomptes et bonifications, frais généraux, etc.

D'autre part, au crédit sera inscrite la balance du compte marchandises, pour ramener le solde des écritures de ce compte à l'existence réelle constatée en magasin.

La balance du compte profits et pertes, soit en bénéfices ou en pertes, sera alors divisée d'après les diverses attributions prévues soit par un contrat de Société, soit par statuts, soit si le négociant est seul propriétaire de son commerce, avec la plus grande discrétion lorsqu'il y a des bénéfices en prévision d'années moins heureuses.

Lorsqu'un fonds de réserve aura été créé, on pourra y inscrire les pertes qui se diminueront d'autant ; cette sage mesure préviendra tout désastre et tout imprévu.

Je me résume et conclus :

Le bilan doit être établi de telle sorte, qu'avec ce seul document, on puisse ouvrir une comptabilité et commencer les opérations d'une maison de commerce ou d'un établissement industriel.

Il est inutile de dire que le bilan doit être sincère et complet.

Au besoin, il doit pouvoir être affirmé sous serment, donc il doit présenter :

La vérité, toute la vérité, rien que la vérité.

Aux voix ! aux voix !

M. le Président. — Il me semble que plusieurs de ces propositions pourraient être déposées, et, si vous voulez, nous allons statuer sur chacune d'elles, celles qui seront rejetées seront mises de côté.

M. Gagey. — Je tiens à rappeler au Congrès que ma proposition ne vise pas l'évaluation, mais le côté administratif de l'inventaire et surtout sa sincérité.

M. le Président. — Je mets aux voix la proposition de M. Goldschmid.

La proposition est adoptée à la majorité de 28 voix.

M. le Président. — Nous avons ensuite la proposition de M. Gagey.

M. Gagey. — On me demande de reporter ma proposition au bilan, je n'y vois pas d'inconvénient.

M. le Président. — C'était là mon avis, personne ne s'y oppose ?

La proposition est renvoyée au paragraphe 3.

Les propositions Le Duc, Croizé, Fabrique, sont rejetées. M. Bonneval se rallie à la proposition de Goldschmid qui est seule adoptée.

La proposition suivante, de M. Laboulays, est adoptée à l'unanimité :

« Prière au Congrès des comptables de vouloir bien décider que les séances commenceront tous les jours à huit heures très précises.

« Vu le peu de jours que nous avons à nous réunir,

« Vu le grand travail que nous avons à faire pour arriver à quelque chose de bien.

« Je demande l'urgence et le vote de ma proposition. »

FIN DE LA DEUXIÈME SÉANCE

TROISIÈME SÉANCE DU PREMIER CONGRÈS DES COMPTABLES

PRÉSIDENCE DE M. BLANCHARD

M. le Président. — La séance est ouverte. — La lettre suivante nous est adressée par M. Gagey :

« Paris, le 14 décembre 1880.

« *A Monsieur le Président du Comité exécutif du Congrès des comptables.*

« Monsieur le Président,

« J'ai l'honneur de vous remettre sous ce pli le manuscrit de l'allocution prononcée par M. Dietz-Monnin, à l'ouverture du Congrès, que M. le Président d'honneur a eu l'obligeance de m'adresser aujourd'hui, pour être publiée en tête du compte-rendu.

« Je vous serais reconnaissant de faire connaître au Congrès si les divers écrits seront reproduits *in extenso* dans le compte-rendu, ou seulement les propositions de vote, ou seulement celles de ces propositions qui seront votées.

« Recevez, Monsieur le Président, l'assurance de ma considération très distinguée,

« A. Gagey. »

M. le Président. — Je communique au Congrès une lettre adressée à M. Gagey, ainsi conçue :

Lyon, 9 décembre 1880.

« Monsieur le Président,

« J'ai reçu le Programme et le Règlement du Congrès qui s'ouvre le 12 courant. Merci cordial de cet envoi. J'aurais désiré trouver un bulletin de souscription ; mais *je vous prie de me considérer comme un des plus chauds et des plus dévoués partisans de votre entreprise.* Il me sera fort agréable de suivre et de recevoir les travaux du Congrès, et je désire qu'ils soient les plus complets possibles. Je n'ai qu'un regret, c'est que l'époque, mes occupations et la distance ne me permettent point d'assister à vos séances qui seront si bien remplies, et de participer à vos discussions si utiles, si intéressantes, si fécondes pour le progrès. Qu'un plein succès couronne tant d'efforts généreux ! ce n'est que justice : ce sera la gloire et la récompense des vaillants initiateurs du Congrès, comme c'est le vœu le plus sincère de celui qui s'honore d'être, Monsieur, un de vos plus humbles collaborateurs et

« Votre tout dévoué serviteur,

« Hurbin LEFEBVRE. »

M. LE PRÉSIDENT. — Maintenant, Messieurs, ne croyez-vous pas qu'il soit bon de réunir les exemplaires des journaux qui parlent de notre Congrès. J'ai déjà à vous signaler : le *Rappel*, l'*Evénement*, le *Messager de Paris*, la *Petite Presse*.

Nous lisons chacun notre journal favori. Je serai reconnaissant à tous de signaler au bureau les journaux qui parleront du Congrès.

Voici une proposition qui intéresse toutes les délibérations. Elle est signée par MM. Mourre, Lefebvre et l'Etendart :

« Conformément à l'art. 4 du règlement, nous demandons à ce qu'à chaque vote l'on veuille bien prendre à la main sa carte de fondateur, adhérent ou comptable, afin de reconnaître les ayants-droit au vote des simples auditeurs. »

UN MEMBRE. — Messieurs, je crois qu'il faut employer le mode de vote le plus simple, par conséquent je demande que l'on conserve le mode que l'on a employé jusqu'à présent, c'est-à-dire par assis et levé.

M. LE PRÉSIDENT. — Mais l'on pourrait lever la main avec la carte.

PLUSIEURS VOIX. — Tout le monde n'a pas de carte, ou l'on peut l'avoir oubliée.

M. LE PRÉSIDENT. — Je mets aux voix la question de savoir si l'on doit continuer à voter comme par le passé.

(La proposition, mise aux voix, est adoptée).

M. LE PRÉSIDENT. — Je donne la parole à M. le secrétaire général pour la lecture du procès-verbal de la première séance qui est accepté à l'unanimité.

M. LE SECRÉTAIRE GÉNÉRAL donne lecture du procès-verbal de la deuxième séance.

M. BAUCHERY. — Dans ce procès-verbal on aurait dû relater les principes de la comptabilité admis par le Congrès ; on l'a fait au sujet de l'inventaire, mais je crois ne pas l'avoir entendu pour les principes.

M. GOLDSCHMIDT. — M. Bauchery a raison, je n'ai pas cru devoir les introduire.

M. LE PRÉSIDENT. — M. le secrétaire aurait peut-être dû les rappeler, c'est une lacune, qui sera comblée, et les propositions seront reportées au procès-verbal, telles qu'elles ont été adoptées par le Congrès.

M. GAGEY. — Je désire que toutes les propositions de vote adoptées soient reproduites *in extenso* dans le procès-verbal.

M. LEFEBVRE. — J'avais quelques observations à faire non pas sur le procès-verbal, mais sur un vote qui a été émis.

M. LE PRÉSIDENT. — Je ne puis pas vous donner la parole ; mon devoir est d'interdire de revenir sur ce qui a été voté.

Je mets aux voix l'adoption du procès-verbal sous le bénéfice de la rectification demandée.

Le procès-verbal, mis aux voix, est adopté.

M. LE PRÉSIDENT. — Nous passons au paragraphe 4 de l'article premier : le Bilan.

La parole est à M. Gagey.

M. GAGEY. — Messieurs, me plaçant au point de vue administratif et non au point de vue méthodique, je déclare que l'Inventaire doit contenir et énoncer d'une façon suffisamment claire et précise, sans qu'il soit besoin, pour en comprendre les termes, d'être initié à la science professionnelle dans sa pratique, l'UNIVERSALITÉ des valeurs composant l'*actif* du commerçant, et des dettes ou *passif* grévant cet actif ; et, par suite, le chiffre exact de son *capital*.

Je viens de dire l'*universalité de l'actif*, la prétention peut paraître exorbitante au premier abord ; et, à ce sujet, il m'a été fait une observation d'une grande valeur qui, quoique contraire à mon opinion, doit être signalée au Congrès et qui pèsera certainement sur ses décisions. On m'a posé cette question : Pour quelle raison voulez-vous, qu'un commerçant possédant une fortune cinq ou six fois plus importante que ne le nécessite son commerce, soit tenu de révéler l'importance de cette fortune à des tiers, par exemple à son personnel comptable, alors qu'il n'a aucun créancier, qu'il paie tout comptant qu'il n'a par conséquent besoin de présenter aucune garantie de sa gestion commerciale ?

Certes, Messieurs, cela m'a donné à réfléchir, car si toutes les maisons de commerce se trouvaient dans cette situation il serait arbitraire de demander des garanties à leur comptabilité. Cependant je crois devoir maintenir mon opinion ; j'estime que tout commerçant, si fortuné qu'il soit, est, par le fait même de son commerce, exposé, surtout lorsque ce commerce est considérable, à des chances de ruine complètement indépendantes de sa volonté et à des pertes considérables qui peuvent réduire à néant les fortunes les plus brillantes, que d'ailleurs, le plus grand nombre de travailleurs intelligents, courageux et économes, et qui à force de persévérance, d'énergie, d'ordre, de bonne administration arrivent, à l'aide d'un petit capital au début à édifier leur fortune à venir ; que ces derniers, à raison même du crédit si bien mérité dont ils jouissent, sont le plus souvent détenteur d'un actif, double, triple ou quadruple de leur capital réel ; qu'il faut à ces situations une garantie, celle de l'énonciation sincère de tout ce qu'ils possèdent sur leurs livres ; qu'enfin c'est là pour tous une sécurité indéniable, qu'ils sont très heureux d'avoir su conserver, lorsque le malheur vient à les frapper et qu'ils ont à rendre compte de leur gestion commerciale et à en établir régulièrement l'intégrité.

Je ne considère, me plaçant toujours dans ce même ordre d'idée, le Bilan que comme une récapitulation sommaire de l'Inventaire, dans lequel je suis d'avis qu'il est utile non seulement d'énoncer et de grouper intelligemment d'une façon bien frappante toutes les valeurs similaires composant l'actif et de même pour les dettes du passif ; mais encore je demande que les totaux de l'actif et du passif soient bien déterminés et par suite le chiffre exact du capital, afin de voir bientôt disparaître ces états de situations périodiques, dans lesquels, au respect du système de l'équation mis en pratique, au moyen de l'application de la Tenue des Livres en partie double, on groupe sous les rubriques « *actif et passif* » tous les soldes du Grand Livre indifféremment et où l'on voit par suite figurer à l'actif les « *frais généraux, les pertes,* » etc., etc., et au passif les bénéfices réalisés et le capital subdivisé.

Oui ! nous verrons aussi disparaître également ces bilans fantaisistes contenant en outre un certain nombre de « *comptes d'ordre* » et dressés avec un tel art et une telle habileté, qu'il est souvent presque impossible, même pour un comptable expérimenté, de déterminer le montant RÉEL de l'actif et du passif, ainsi exposés, sans o livrer à un travail laborieux, à une étude approfondie, qui restent quelquefois sans résultat.

Sous le bénéfice des considérants qui précèdent, je propose ce vote au Congrès :

« Le Congrès déclare que tout Bilan doit contenir l'universalité des valeurs composant l'actif et des dettes composant le passif du commerçant et que les totaux de l'actif et du passif portant le chiffre du capital doivent y être nettement déterminés. »

M. GROFFIER. — Parmi l'universalité des biens composant sa fortune, le commerçant possède des biens en dehors de son commerce.

M. Croizé.—Je désirerais que M. Gagey nous fît connaître ce qu'il entend par la fortune des Sociétés, car il y a plusieurs sortes de Sociétés commerciales : or, comme elles sont responsables différemment, je crois qu'il faut distinguer au lieu de parler dans un sens général.

M. Gagey. — Je considère la Société comme un être moral ; la fortune d'une Société n'est composée que de ce que la Société possède : pour la Société en nom collectif, des apports de chacun; si c'est une Société en commandite, vous savez que la commandite est bornée, pour le commanditaire, à la responsabilité de son apport ; si c'est une Société anonyme, c'est le capital social qui est la fortune de la Société. Je n'ai pas d'autres explications à vous donner.

M. Bauchery. — Je demande la parole.

M. le président. — Vous avez la parole.

M. Bauchery. — Je désire que M. Gagey veuille bien relire ses conclusions au sujet du bilan.

M. Gagey. — Relit sa proposition de vote.

M. Groffier. — Messieurs, hier j'ai écouté avec une grande attention le discours prononcé sur le bilan, mais il m'a semblé qu'il pouvait se diviser en deux parties 1. la question de principes, question à laquelle je tiens énormément, et 2. la question de détails. Voici selon moi la première question qui est celle des principes :

Le bilan, ou exposé de l'inventaire, devra contenir l'intégralité des valeurs actives et passives, s'il n'a été fait aucune déclaration ou publication de l'apport commercial.

Mais si, en vertu d'une nouvelle disposition à introduire dans le code de commerce, en vue de renseigner les tiers intéressés, cette publicité a eu lieu, dans les formes qui seraient déterminées par la loi, le bilan ne contiendrait alors que le capital primitivement déclaré, avec les modifications en plus ou en moins qui résulteraient des opérations, c'est-à-dire sans que les bénéfices puissent en être distraits, et là se bornerait la responsabilité effective du négociant.

Cette disposition nouvelle aurait pour objet de ménager les intérêts de la famille contre les imprudences et la non-réussite du chef de la communauté. Semblable disposition existe déjà pour les biens appartenant en propre à la femme mariée sous le régime dotal. Elle existe aussi dans les Société en commandite pour les commanditaires. C'est cette mesure tutélaire qu'il conviendrait d'élargir, et d'admettre pour tous les cas individuels, mais avec condition de publicité pour la garantie des correspondants.

Voilà pour la question de principes. Puis voici la question de détails, l'assemblée l'adoptera ou la rejetera ceci m'importe peu car pour moi ce ne sont que des questions d'ordre secondaire.

Au point de vue des détails, le bilan ne contiendra que des valeurs actives et passives, soient qu'elles résultent d'une estimation, soit qu'elles proviennent du solde des comptes.

Il ne devra pas être confondu avec une balance générale, et être chargé de certains comptes qui ne doivent pas y figurer.

Mais on y comprendra, du côté de l'actif, le compte de loyer payé d'avance, pour la partie non encore échue; les approvisionnements en frais généraux, dans le cas d'un reste important ; et le compte de premier établissement, pour la partie non encore amortie.

Dans certaines Sociétés ou grandes administrations, il existe un fonds de réserve, Fonds d'amortissement, et quelquefois un excédant de bénéfices reporté à l'exercice suivant. Dans ce cas, ces différents comptes ne me semblent pas devoir être portés dans le corps du passif, comme cela a souvent lieu, mais être ajoutés au passif, pour balance, sauf à donner à part les détails de ce chiffre de balance.

Dans les grandes associations, on doit y annexer aussi la justification de l'inventaire, résultant du mouvement et du résultat des opérations, par rapport à l'inventaire précédent.

Voilà, messieurs, quelles étaient mes deux popositions, sur lesquelles je demande la discussion, et que je soutiendrai dans toute la force de mes moyens.

M. **le président**. — M. Goldschmidt a la parole.

M. **Goldschmidt**. — La proposition qui vient de vous être lue remplissant parfaitement le but que je m'étais proposé, je n'ai pas à prendre la parole.

M. **Gagey**. — Le bilan doit représenter surtout la totalité de l'actif et du passif. d'une façon bien claire et bien nette.

M. **le président**. — Quelqu'un demande-t-il encore la parole ?

M. **Perdreau**. — Je me rallie complètement à la plupart des opinions qui viennent d'être présentées par M. Gagey parce qu'elles sont la justification de l'inventaire et des conclusions que j'ai déjà fait connaître.

M. **le président**. — Quelqu'un demande-t-il encore la parole ?

M. **Libéra**. — Délégué par M. Lamy lit les développements (qui nous manquent) à la proposition suivante :

« Le bilan est le résumé sommaire de l'inventaire ; il est en même temps la représentation du solde de tous les comptes au grand livre. Il représente, par conséquent, la situation active et passive du commerçant en faisant ressortir exactement le montant de son capital. »

« L'auteur a retiré sa proposition en voyant que les développements dont elle était suivie paraissaient un peu longs à l'assemblée. »

M. **Delon**. — Ce que j'avais à proposer pour le bilan ayant été développé par M. Goldschmidt, ma tâche a été facilitée, il a présenté les détails de ce que je voulais ajouter. Voici cependant ma proposition :

Considérant que l'inventaire général doit présenter avec la situation réelle du négociant son bénéfice ou sa perte.

Considérant aussi que le bénéfice ou la perte s'obtiennent avec la valeur des marchandises restant en magasin à leur prix de revient.

Considérant enfin que l'on ne fait figurer sur le bilan que le premier de ses éléments, je demande que le 2ᵐᵉ élément y figure également, afin que l'on puisse voir sur le bilan même d'où provient ce bénéfice ou cette perte.

M. **Bonneval**. — Messieurs, je crois que la question se complique au point de vue de la manière de dresser un bilan. Tous les orateurs qui sont venus à cette tribune sont d'accord sur la manière de présenter un inventaire ; or il y a l'inventaire et le bilan. Dans l'inventaire, je comprends que vous soyez obligés de détailler les diverses opérations de l'actif et du passif, et c'est au moyen de votre inventaire que vous arrivez à faire votre bilan qui doit représenter tout simplement le résumé de votre inventaire.

Le bilan de la Banque de France qui réalise de gros bénéfices, représente en somme les dettes actives et passives, et jamais le capital n'est augmenté ou diminué. On dit que dans les Sociétés ceci n'est pas possible ; mais, messieurs, si dans les Sociétés il y a des pertes et des bénéfices, il y a qu'un moyen c'est de les passer aux profits et pertes et ne jamais augmenter ou diminuer le capital.

Il faut que l'inventaire représente toujours les dettes actives ou passives, et qu'elles soient passées au Grand Livre.

Un **membre**. — Je demande que l'on ne parle en aucune façon du Grand Livre, car à ce sujet nous ne savons encore rien.

M. **le président** — Pour que l'orateur présente ses observations, il faut bien, Messieurs, qu'il relate la façon dont il entendrait passer les écritures.

M. **Beauchery**. — J'ai entendu M. Gagey parler du compte de pertes et profits, et M. Libéra de la comptabilité en partie double, je crois, Messieurs, qu'il ne faut pas entamer ces questions qui seront discutées ultérieurement, car autrement ce serait nous engager pour l'avenir.

M. **Gagey**. — Je demande de répondre à M. Beauchery pour ma proposition de vote :

« Le bilan doit être établi de façon à ce qu'il comprenne l'universalité de l'actif et du passif. »

Tout le reste n'est que des considérants qu'il est inutile de relire.

Un membre. — Je demande que l'assemblée se borne à discuter les questions de principe.

M. Gagey. — Je suis dans la question de principe !

M. le président. — Quelqu'un demande-t-il la parole.

M. Cornompt. — Messieurs, je viens dire deux mots : dans une société anonyme, lorsqu'il y a pertes ou profits, on dit de porter l'un ou l'autre au compte de profits et pertes. Je dis, moi, qu'il y a diminution ou augmentation du capital.

M. Bonneval. — Messieurs, je désirerais bien ne pas entrer dans des questions de détail, je parle pour la question de principe. Il a été dit que les bénéfices devaient agir sur le capital, cela est vrai pour un négociant : mais au point de vue de certaines sociétés, il est impossible qu'il en soit ainsi. La Banque de France a son capital fixé d'une manière légale et absolue. Dans les grandes sociétés, le capital reste toujours le même, il ne change pas.

M. Rougier. — On vient de présenter la question au point de vue de la comptabilité, en s'inquiétant seulement des grandes sociétés, en s'inquiétant des actions et non des actionnaires.

Vous avez des sociétés anonymes qui ont un capital de 60 millions. Les actionnaires demanderaient toujours que le capital restât intact, parce que quelquefois, quand ils arrivent, il n'y a plus rien.

Il y a eu des sociétés gérées par d'habiles ou soi-disant habiles administrateurs, et qui, Messieurs, en raison des pertes présentaient des bilans fictifs. Vous l'avez vu malheureusement plus que moi, vu mon âge, vous avez vu, dis-je, des sociétés qui tombèrent tout à coup et arrivèrent à décliner tellement qu'elles perdirent leurs fonds. Je demande donc que dans les bilans de sociétés le solde du compte, profits et pertes, soit ajouté en plus au capital s'il y a du bénéfice et en moins s'il y a de la perte.

M. Bauchery. — Je crois, Messieurs, que l'orateur est en dehors de la question, car en ce moment nous n'avons pas à discuter des questions de société.

M. Rougier. — J'ai dû le faire, puisque ces questions avaient été soulevées.

M. le président. — Personne ne demande plus la parole. J'ai diverses propositions, je vais les soumettre au Congrès comme nous avons fait hier, c'est-à-dire voter sur chacune de ces propositions et éliminer celles qui auront été rejetées. Nous formerons ensuite un ensemble de celles qui auront été adoptées.

M. Groffier. — Nous avons entendu chacune des propositions et nous n'avons jamais discuté, ainsi nous n'avons pas eu de discussions sur la proposition Gagey.

M. le président. — Mais, mon cher collègue, c'est ce que nous faisons en ce moment, c'est à vous de demander la parole.

M. Groffier. — Nous devons provoquer la révision de la loi, ces questions sont de premier ordre, je demande donc une discussion.

M. le président. — Je veux bien la discussion, je la désire et je l'appelle.

La première proposition est celle de M. Gagey. Elle est adoptée à 10 voix de majorité.

Celle de M. Goldschmidt est adoptée à 30 voix de majorité.

Celles de MM. Delon et Groffier ne sont pas adoptées.

Nous en avons fini avec le paragraphe 4 ; nous passons au paragraphe 5. Qui est-ce qui demande la parole ?

M. Bonnaud. — Je demanderais que la discussion de cet article fût reportée à l'article du Livre-Journal, car nous avons à examiner la question légale, je crois qu'il y a peut-être double emploi dans ces paragraphes.

M. Gagey. — Le programme a été adopté par le Congrès, je demande donc que le Congrès veuille bien suivre le programme.

M. le président. — Le Congrès, Messieurs, est toujours maître de ses décisions ; quoiqu'il ait fait une déclaration antérieure, il peut parfaitement dire que le paragraphe 5 serait mieux à sa place dans le titre 2.

M. Bonnaud. — Remarquez bien, Messieurs, que je ne suis pas d'avis de le rejeter, il y a en ce qui concerne le Livre-Journal, une disposition légale touchant à l'article 8 du code de commerce. Il constitue une question de méthode de tenue de livres. La discussion serait donc parfaitement à sa place dans les questions de méthode en partie double, sauf à examiner la garantie légale qu'on devra donner.

M. LE PRÉSIDENT. — Personne ne demande la parole ? Vous maintenez votre demande M. Gagey ?

M. GAGEY. — Parfaitement, le programme ayant été adopté je demande que l'ordre en soit suivi.

M. LE PRÉSIDENT. — Je n'ai pas à juger tout seul, le Congrès est le maître. Je vais mettre aux voix l'interversion proposée. (L'interversion mise aux voix est adoptée.)

M. ROY. — Je demande que l'étude du journal unique, se reporte à la suite de l'étude des méthodes. Quelques mots seulement pour le prouver. Quels sont les systèmes de tenue de livres desquels nous aurons à nous occuper : de la partie simple, de la partie double, du journal grand-livre et des méthodes en dehors. Il y a d'autres méthodes qui viendront lorsque nous parlerons de cette question. Nous demandons que la discussion sur le journal soit mise à la suite de la discussion des méthodes.

M. LE PRÉSIDENT. — Je demande au Congrès s'il veut reporter le paragraphe 5 à l'article 2.

Cette proposition est adoptée.

M. LE PRÉSIDENT. — Nous arrivons à la question de la méthode de compabilité en partie simple. M. Daunay a la parole.

M. DAUNAY. — Il expose le système de tenue de livres en partie simple perfectionné par M. Beauchery qui le complète par le fonctionnement intelligent des livres auxiliaires. Le travail suivant contient tous les développements que l'orateur a donné à la tribune.

Dans un travail manuscrit sur le « *système de Tenue des livres en partie simple* » qui a été soumis à l'examen du comité d'initiative d'un projet de congrès pour l'unification de la comptabilité, M. A. Beauchery a établi pour une série d'articles le parallélisme des deux système de Tenue des livres, partie simple et partie double et il a montré que la partie simple intelligemment pratiquée pouvait donner les mêmes résultats que la partie double, avec la mise en œuvre des livres, dits livres auxiliaires.

C'est ce travail que nous allons reproduire et développer de manière à en faciliter l'étude.

La tenue des livres en partie simple, dans les cas très rares où elle est encore pratiquée, donne au commerçant la situation générale de ses dettes et de ses créances, mais sans aucun contrôle permettant de vérifier l'exactitude du report des écritures du journal au grand-livre.

Elle ne fournit au commerçant aucun renseignement sur l'origine de sa maison, sur l'ensemble de ses opérations, sur le détail des frais généraux. Elle ne fait point connaître le mouvement des espèces, marchandises ou autres valeurs que le négociant possède ; elle ne garde en un mot la mémoire que des mouvements des comptes personnels.

Pour connaître la situation à un moment donné, il faut faire un inventaire, opération toujours longue et laborieuse.

On a donc dû abandonner ce système de tenue des livres.

La partie double, au contraire, donne à l'origine de la maison l'actif et le passif; et elle permet, quand elle est bien pratiquée, de suivre jour par jour les modifications du capital par l'ouverture de comptes généraux en tête desquels figurent les chiffres de l'inventaire et où viennent se grouper, dans leur ordre chronologique, les opérations similaires par le fait même du commerce. Elle permet, en outre, le contrôle du report des écritures du journal au grand-livre.

Ce serait là assurément des avantages incontestables : et ce second système de tenue des livres est assurément bien supérieur au premier.

Peut-on avec la tenue des livres en partie simple assurer le contrôle du report des écritures au grand-livre, et donner au négociant les renseignements précieux qui lui sont fournis par les comptes généraux de la partie double ?

M. Bauchery a répondu affirmativement aux deux questions : et voici comment il procède.

Il dispose d'abord son journal avec deux colonnes intitulées doit et avoir et il y inscrit les soldes débiteurs et créditeurs des comptes donnés par l'inventaire : puis il classe dans ces colonnes les mouvements de ses comptes personnels au fur et à mesure qu'ils ont lieu. Il est bien évident que si les écritures sont reportées exactement du journal au grand-livre, la somme des débits des comptes au grand-livre devra être égale au total de la colonne débit du journal : et inversement pour les crédits.

Il prend ensuite les livres usités dans la partie double sous le nom de livres auxiliaires et le livre d'inventaire. Il reporte sur ces livres d'achats, de caisse, d'effets à recevoir, etc. les chiffres du bilan et il enregistre sur chacun d'eux, et en les spécialisant, les mouvements des valeurs, marchandises, espèces, effets, etc. au fur et à mesure qu'ils ont lieu, en introduisant dans le calcul les frais généraux et les pertes et profits.

A un moment quelconque de l'exercice, il fait les totaux de chacun de ses livres et il les inscrit au-dessus du total des colonnes débit et crédit du journal. Il obtient ainsi des totaux égaux entre eux et égaux à ceux que donneraient les écritures tenues en partie double pour la même période d'exercice.

C'est là ce que nous allons démontrer.

Pour fixer les idées, supposons que le bilan d'une maison de commerce affecte la forme suivante. (Nous emploierons dans tout ce qui va suivre des chiffres simples pour ne pas compliquer le calcul).

INVENTAIRE AU 31 DÉCEMBRE 1879	PASSIF	ACTIF
Marchandises	»»	25
Espèces	»»	5
Effets à recevoir	»»	10
Effets à payer	4	»»
Mobilier industriel	»»	3
Débiteurs	»»	6
Créditeurs	5	»»
Capital.	9	49

Traduit dans le système de tenue de livres en partie double, le bilan présentera au journal la forme suivante :

JOURNAL. — 1er janvier 1880		TOTAL
Les suivants à Capital :		
Marchandises.	25	»»
Caisse	5	»»
Effets à recevoir.	10	»»
Mobilier industriel.	3	»»
Débiteurs (un seul).	6	49
Capital aux suivants :		
à effets à payer	4	»»
à créditeurs (un seul).	5	9
Total.		58

Ouvrons au grand livre les comptes : capital, marchandises, caisse, effets à recevoir, effets à payer, mobilier industriel, puis les comptes de chacun des débiteurs et de chacun des créditeurs (pour simplifier le calcul, nous supposerons qu'il n'y a qu'un seul débiteur et un seul créditeur). Reportons à ces comptes les chiffres du bilan transportés sur le journal et faisons le relevé du grand-livre. La balance présentera la forme suivante :

BALANCE AU 1er JANVIER 1880

	DÉBITS	CRÉDITS
Capital.	9	49
Marchandises.	25	»»
Caisse	5	»»
Effets à recevoir.	10	»»
Mobilier industriel	3	»»
Débiteur A.	6	»»
Effets à payer	»»	4
Créditeur A . . . , ...	»»	5
TOTAUX (partie double). . .	58	58

La somme des débits des comptes du grand-livre étant égale à la somme des crédits et au total du journal, nous en concluons que le report est fait exactement.

Traduisons maintenant le même bilan dans le système de la partie simple, en employant le journal à deux colonnes et un grand livre, puis les livres d'inventaires, d'achats, de caisse, d'effets à recevoir, d'effets à payer, etc., usités dans la partie double.

En tête de chacun des livres journal, achats, etc. reportons les chiffres du bilan ; puis reportons au grand-livre les comptes personnels, c. a d. celui du débiteur A et celui du créditeur A. Établissons maintenant la balance.

Le relevé du grand-livre nous donnera, si le report est fait exactement, 6 à la somme des débits et 5 à la somme des crédits : car le grand-livre n'est autre chose que le journal mais sous une autre forme. Relevons de même sur chacun des livres énoncés ci-dessus les totaux qui y figurent. Nous arriverons à former le tableau suivant :

BALANCE (partie simple) AU 1r JANVIER 1880

	DÉBITS	CRÉDITS
Totaux du journal (conformes au relevé du gr.-livre)	6	5
Capital	9	49
Marchandises	25	»»
Espèces	5	»»
Effets à recevoir	10	»»
Mobilier industriel	3	»»
Effets à payer.	»»	4
Totaux (partie simple) égaux à ceux de la partie double.	58	58

En comparant les totaux de cette balance à ceux de la balance de la partie double nous voyons qu'il y a identité.

Il est facile de montrer que cette identité subsiste à un moment quelconque de l'exercice.

Pour cela, voyons comment vont se modifier, par suite même du commerce, les chiffres du bilan, et introduisons dans le calcul les ventes, les retours, les frais généraux et les pertes et profits, chacune de ces nouvelles opérations étant enregistrée, au fur et à mesure qu'elle se produit, sur un livre spécial.

Le chiffre 25 des marchandises se trouvera modifié par des achats à terme et au comptant, par des ventes à terme et au comptant, par des retours.

Le chiffre 5 des espèces se trouvera modifié : 1° par toutes les recettes faites pour ventes au comptant, effets encaissés, sommes reçues des débiteurs ; 2° par les paiements tels que, achats au comptant, effets à payer acquittés frais généraux, sommes versées aux créditeurs, et ainsi de suite pour les autres chiffres du bilan. Nous pourrons, en un mot, représenter par le tableau ci-dessous les variations subies, pendant une période quelconque d'exercice, par les éléments du capital à l'inventaire.

COMPTES	OPÉRATIONS	Total	Débit et entrée	Crédit et sortie
Marchandises	Achats à terme	3	3	»
	Achats au comptant.	1	1	»
	Retours.	1	1	»
	Ventes à terme	5	»	5
	Ventes au comptant	2	»	2
Caisse	Ventes au comptant.	2	2	»
	Effets à recevoir encaissés .	1	1	»
	Reçu de divers clients .	1	1	»
	Achats au comptant.	1	»	1
	Effets à payer acquittés.	1	»	1
	Remis aux clients	2	»	2
	Frais généraux payés	1	»	1
Effets à recevoir . . .	Reçu des (débiteurs) clients .	1	1	»
	Remis aux clients	1	»	1
	Encaissés	1	»	1
Effets à payer. . . .	Acquittés	1	1	»
	Souscrits aux clients.	1	»	1
Mobilier	Achat à terme.	1	1	»
	Vente à terme.	1	»	1
Frais généraux	Payé.	1	1	»
Pertes et profits . . .	Escomptes accordés.	1	1	»
	Escomptes obtenus	1	»	1
Débiteurs divers. . . .	Débit des comptes 5+2+1+1 +1+1)	11	11	»
Et créditeurs divers. .	Crédit des comptes (3+1+1 +1+1+1)	8	»	8
		50	25	25

Nous pourrions traduire en partie double et en partie simple (pratiqué comme nous l'avons dit plus haut), chacune des opérations consignées dans le tableau précédent. Mais, comme nous ne ferions que répéter, pour chaque série de mouvements, ce que nous pouvons dire de l'une d'elles, nous nous contenterons, pour abréger, d'exprimer dans les deux systèmes les variations subies, par le chiffre 25, des marchandises et celles des autres comptes ou valeurs qui y correspondent.

Nous serons ainsi amenés à écrire en partie double :

JOURNAL. — 10 février 1880		TOTAL
Report de l'inventaire. . .	»	58
Marchandises aux suivants :		
à Créditeur A	3	»
à Caisse.	1	»
à Débiteur A	1	5
Les suivants à Marchandises :		
Débiteur A.	5	»
Caisse.	2	7
Total . .		70

Reportons ces articles au Grand-Livre ; mettons y en évidence, à chaque compte, le total du crédit : puis, dressons, la balance.

Nous obtiendrons le résultat suivant :

BALANCE du 10 février 1880 (partie double).	Débit	Crédit
Capital	9	49
Marchandises (25+5 débit) — crédit 7. .	30	7
Caisse (5+2 débit) — 1 crédit	7	1
Effets à recevoir	10	»
Mobilier industriel	3	»
Effets à payer.	»	4
Débiteur A (6+5 débit) — 1 crédit . . .	11	1
Créditeur A (5+3 débit).	»	8
Totaux (partie-double) . .	70	70

Traduisons maintenant ces articles en partie simple :

JOURNAL 10 février 1880	Doit	Avoir
Report de l'inventaire.	» 6	5
Avoir les suivants :		
Débiteur A (retour) .	1 »	»
Créditeur A (achat). .	3 »	4
Doit :	—	
Débiteur A (vente). .	5	»
Totaux. . .	11	9

LIVRE DES ACHATS et des ventes et retours 10 février 1880	Ret.	Ach.	Ventes
Report de l'inventaire.	»	25	»
Créditeur A, sa facture..	»	3	»
Achat au comptant . . .	»	1	»
Débiteur A, son retour. .	1	»	»
Débiteur A, ma facture..	»	»	5
Vente au comptant . . .	»	»	2
Totaux . .	1	29	7

LIVRE DE CAISSE 10 février 1880	Recettes	Paiements
Report de l'inventaire.	5	»
Vente au comptant. . . .	2	»
Achat au comptant. . . .	»	1
	7	1

En pratique, il y a un livre pour les achats, un livre pour les ventes et un livre pour les retours. Si nous avons réuni ces opérations, c'est pour ne pas avoir eu à tracer trois livres au lieu d'un.

Dressons maintenant des écritures en inscrivant au-dessous des totaux du Journal 11 et 9, les totaux des livres d'achats, de ventes, de retours, de caisse, d'inventaire, d'effets à recevoir, etc.

BALANCE AU 10 FÉVRIER 1880 (partie-simple)	Doit et entrée	Avoir et sortie
Journal.	11	9
Achats	29	»
Ventes	»	7
Retours	1	»
Espèces	7	1
Capital.	9	49
Effets à recevoir.	10	»
Mobilier industriel.	3	»
Effets à payer.	»	4
Totaux (partie simple). . .	70	70

égaux à ceux de la partie double.

L'identité des totaux des balances (partie simple et partie double), que nous avions constatée à l'Inventaire, subsiste donc à un moment quelconque de l'exercice. C'est là un résultat très important et qui nous amène à formuler cette conclusion :

La loi qui préside au contrôle des écritures et à l'égalité des totaux est indépendante des comptes généraux ouverts en partie double sur le Grand-Livre et des formules qui indiquent ces comptes sur le Journal.

Cette loi repose sur la dualité ; ce principe régit toutes les opérations commerciales qui ne peuvent jamais être isolées, mais qui ont toujours une contre-partie.

Ainsi, à l'origine, le capital représenté par l'actif et le passif a pour contre-parties les marchandises, les espèces, les effets à recevoir, etc.

A un moment quelconque de l'exercice, les variations à l'entrée et au débit ont toujours en correspondance des variations égales à la sortie et au crédit. A un achat (entrée de marchandise) correspond toujours un crédit pour le vendeur, si l'achat est fait à terme, ou une sortie d'espèces, si l'achat est fait au comptant, etc.

On peut du reste se rendre compte de ce fait en se reportant au tableau général d'opérations que nous avons dressé plus haut. En distribuant dans les deux colonnes qui le terminent les chiffres placés dans la colonne totale et en en faisant les totaux, on obtient deux totaux égaux entre eux.

Ainsi, on peut, avec le système de tenue des livres en partie simple, pratiqué comme nous venons de l'exposer, obtenir le contrôle du report des écritures du Journal au Grand-Livre ; et, en employant les livres d'inventaire, d'achats, de ventes, etc., usités dans la partie double, on arrive à faire la balance des écritures. Les totaux de ces livres remplacent d'ailleurs les comptes généraux de la partie double, et avec des avantages incontestables, savoir : authenticité absolue, puisqu'ils forment le tout d'opérations inscrites, au moment même où elles se passent, et économie de temps.

M. Beauchery.—*Conclusions.* La partie simple telle qu'elle a été pratiquée jusqu'à ce jour, doit être abandonnée. Mais il y a lieu de prendre en considération le perfectionnement apporté dans ce système de tenue des livres par M. Beauchery ; car cette pratique plus intelligente de la partie simple met en évidence la puissance des livres dont les totaux combinés avec ceux des comptes permettent d'arriver dans les balances aux mêmes totaux que la partie double ; elle permet en outre d'arriver à cette conclusion :

La loi qui préside au contrôle des écritures et à l'égalité des totaux des balances établies, en partie simple et en partie double, est indépendante des comptes généraux que la partie double a ouverts sur le grand livre et des formules qui indiquent ces comptes sur le journal.

Cette loi du contrôle est une application du principe même de la dualité que le congrès a déclaré par son vote être le principe même de la comptabilité.

M. Corrompt. — Je combats la méthode exposée par M. Daunay au nom de M. Beauchery. Je trouve qu'il y a des cas où les écritures ne pourraient être régulièrement passées, par exemple, pour les virements. Par conséquent la méthode préconisée par M. Beauchery n'est pas bonne.

M Beauchery. — Messieurs, dans ce qui se présente devant nous, il existe une grande difficulté. Nous sommes tous nés avec la partie double ; nous avons tous dans notre cerveau la partie double, de là une grande difficulté pour admettre la nouvelle idée.

La partie double contient indiscutablement la dualité, mais elle l'exprime par des comptes. Au contraire, en partie simple, pour arriver à la dualité, il faut se servir des livres et des comptes.

M. le président. — Quelqu'un demande-t-il la parole.

M. Corrompt. — Je demande à M. Beauchery comment avec sa méthode il pourra établir un chiffre juste de ses frais généraux. Comment un commerçant pourra-t-il dire j'ai réalisé tant de bénéfices. Je n'en vois pas la possibilité, et, à mon avis, je crois que c'est une méthode qui doit être abandonnée.

Un membre. — Je crois que M. Beauchery commet une erreur, car il nous parle de la partie simple et parle en même temps du dualisme. Or, Messieurs, dualisme veut dire double, je crois qu'il serait bon de clore la discussion et de passer à la partie double.

M. Benoit. — Je viens purement et simplement vous prier d'écouter mes conclusions.

La tenue des livres proprement dite en partie simple ne répond plus, à mon avis, aux besoins actuels : elle n'offre pas plus au commerçant qu'au comptable, les moyens sûrs d'une bonne gestion : elle ne sauvegarde pas plus les intérêts de l'un que la resresponsabilité de l'autre. Cette méthode s'applique exclusivement au jeu des comptes de personnes sous la rubrique des mots doit et avoir, sans bénéficier d'aucun des avantages et des contrôles que procure aux autres méthodes la marche régulière des comptes généraux.

Je considère donc que cette méthode ne peut subir au sein de notre congrès une longue discussion.

Je prierai mes honorables collègues de vouloir bien constater que tout en combattant le principe de la tenue des livres en partie simple, je ne prétends pas vanter pour cela telle ou telle méthode. Le moment n'est pas opportun d'établir dès maintenant la différence qui existe entre la tenue des livres en partie simple et celle en partie double ou journal-grand-livre. Tout à l'heure nous aurons à les discuter, mais je tiendrais à établir dès maintenant ceci : c'est que, à mon point de vue, bien entendu, je considère la tenue des livres dite en partie simple comme bien inférieure à toutes celles qui donnent au commerçant à tous les instants sa situation exacte.

La situation d'un commerçant ne peut s'établir que, je le répète, par la marche régulière des comptes généraux ; or, la tenue des livres en partie simple les exclue totalement. En suivant cette méthode que certains auteurs ont appelée bâtarde, le commerçant qui veut à tel ou tel moment de l'année connaître sa situation présente, est obligé de faire un inventaire général, et encore la connaît-il véritablement sa situation? J'en doute.

Je termine, Messieurs, par la proposition suivante :

« Attendu que le Congrès ne peut disposer que d'un laps de temps fort court, et afin que les discussions ne s'égarent pas sur des systèmes ne donnant plus aujourd'hui la garantie nécessaire aux intérêts commerciaux. Le Congrès des comptables rejette de son programme l'étude de la Tenue des Livres en partie simple, pour se livrer tout entier à l'étude des autres méthodes. »

M. Bauchery. — Il est d'usage que lorsqu'un commerçant ordonne d'ouvrir les livres en partie double, on ouvre les comptes de personnes, de marchandises, d'effets à payer, etc.; tandis que dans la partie simple, vous n'ouvrez seulement que des comptes débiteurs et créanciers. Donc, il y a dualisme par opposition et non double par répétition comme avec les comptes.

Voix. — La clôture.

M. le Président. — On demande la clôture.

La clôture mise aux voix est prononcée.

M. le Président. — Nous avons, Messieurs, à statuer sur deux propositions; celle de M. Bauchery que j'ai résumée tout à l'heure en disant que la partie simple, secondée par les livres auxiliaires, donne les mêmes résultats que la partie double.

Nous allons procéder au vote :

A la majorité de 18 voix, la proposition n'est pas adoptée.

L'autre proposition est de M. Benoit, il propose de rejeter la partie simple, comme système de comptabilité.

A l'unanimité moins une voix, la proposition est adoptée.

M. le Président. — Je n'ai pas d'autres propositions, nous passons au second paragraphe. Quelqu'un désire-t-il la parole?

M. Perrot. — Messieurs, permettez-moi, en commençant cette étude, d'exposer devant vous les considérations qui, je crois, doivent nous guider en établissant les bases d'un enseignement théorique et pratique de la comptabilité pour en faire ressortir l'unification.

En comptabilité, méthode et contrôle sont deux termes inséparables.

Le contrôle pour être efficace doit être permanent.

Il repose sur l'équation.

L'équation existe dans chaque opération et présente des caractères variables selon les intérêts engagés.

Ces intérêts, quelque nombreux qu'ils soient, ne sont jamais que de deux sortes : d'une part, ceux de l'intérieur ou de l'entreprise, représentés dans la nomenclature des comptes par les *comptes généraux* ; et, d'autre part, ceux de l'extérieur ou des correspondants représentés dans la nomenclature par un compte appelé *divers*, *comptes personnels* ou *comptes courants*.

L'équation considérée au point de vue des intérêts ne peut revêtir que l'un des trois caractères suivants :

« Ou les deux termes de cette équation n'intéressent que les comptes généraux, ce qui donne lieu à une transformation du capital, ou à la disposition d'une partie de ce capital : affaires exclusivement intérieures ;

« Ou ils intéressent tout à la fois les comptes généraux et ceux des correspondants, affaires intérieures et affaires extérieures, d'où résulte : dette d'une part et créance de l'autre ;

« Ou, enfin ils n'intéressent que les comptes des correspondants, opérations de virements de comptes, affaires exclusivement extérieures qui ne modifient pas la situation du négociant. »

Si l'on veut faire de la comptabilité un instrument de précision, fonctionnant sans le moindre frottement, il ne faut pas, en construisant le mécanisme, perdre de vue un seul instant les trois caractères d'équation que nous venons de passer en revue : là est la clef de l'unification de la comptabilité.

Parlons maintenant de l'instrument.

Des journaux spéciaux. — La plupart des comptables sont entrés dans la bonne voie en introduisant dans la comptabilité les livres auxiliaires, que quelques-uns appellent avec plus de raison des journaux spéciaux, où les écritures sont classées par nature d'opérations. S'ils avaient donné à cette idée, si vraie, si juste et si simple tout à la fois, toute l'extension dont elle est susceptible, l'unification de la comptabilité serait faite depuis longtemps.

Mais là, malheureusement, s'est arrêté le progrès. Ce progrès eut suivi sa marche ascendante si, pour obéir aux prescriptions de la loi, les comptables n'avaient pas eu cette idée de résumer les écritures des journaux spéciaux dans un journal central. En opérant ainsi c'était s'éloigner du but que nous poursuivons tous, c'était, permettez-moi l'expression, faire du désordre avec de l'ordre.

Le résultat eut été tout autre si, pour récapituler les journaux spéciaux on avait employé les balances quotidiennes se cumulant pour constituer une balance perpétuelle. Cette marche naturelle, logique, eut conduit nos honorables collègues à faire cette remarque d'une importance capitale, que le classement dans les journaux spéciaux est incomplet si l'on n'y tient pas compté du caractère de l'équation. La force des choses les eut amenés à réparer cet oubli en modifiant comme il est indiqué ci-dessous le tracé de ces journaux.

TOTAUX	DÉBIT par le Crédit des Comptes		JOURNAL SPÉCIAL	CRÉDIT par le Débit des Comptes		TOTAUX
QUOTIDIENS	personnels	généraux	d	personnels	généraux	QUOTIDIENS
fr. c.	fr. c.	fr. c.		fr. c.	fr. c.	fr. c.

Chaque journal spécial doit donc contenir, tant au débit qu'au crédit, une colonne pour recevoir les sommes qui n'intéressent que les comptes généraux ; une autre colonne pour recevoir celles qui, tout en intéressant les comptes généraux intéressent également les comptes personnels ; et, enfin une troisième destinée à ne recevoir que les totaux quotidiens.

De cette manière ce que la nature des choses a séparé est ici séparé ; ce qu'elle a réuni est ici réuni : l'esprit de l'élève n'est plus mis à la torture pour comprendre ce qu'il doit comprendre, car il le voit, il le touche ; il aperçoit dans les journaux spéciaux les éléments tout préparés de la balance ; il voit que les totaux quotidiens sont les éléments de cette balance en ce qui concerne les comptes généraux ; il voit que ces mêmes éléments en ce qui concerne les comptes personnels doivent-être centralisés à la fin de chaque jour pour compléter la balance. On lui fait comprendre que pour cela rien n'est plus facile, qu'il suffit de les prendre en bloc dans les comptes généraux où ils se trouvent classés pour les porter et les totaliser dans un journal spécial des comptes courants tracé comme les précédents. On lui fait comprendre en outre que dans ce journal des comptes courants on portera également, s'il y a lieu, les virements de comptes, équation du troisième caractère dont nous avons parlé en commençant.

Tels doivent être, selon nous, les journaux spéciaux écritures d'origine, base de la comptabilité, ou même, à la rigueur, toute la comptabilité, puisque là se trouvent les éléments tout préparés des balances.

Balances quotidiennes cumulées. — Les éléments des balances étant ainsi tout préparés dans les journaux spéciaux, ces éléments sont portés, à leur date et à leur place respective, dans le livre des balances préparé à cet effet, débits et crédits dans la même colonne, ceux-là en noir et ceux-ci en rouge pour donner séparément le même résultat. C'est la synthèse des écritures dont on peut refaire l'analyse avec la plus grande facilité par le moyen des dates sans le secours d'aucun signe algébrique.

Ces balances quotidiennes se cumulant avec reports d'une page à l'autre constituent, comme nous l'avons dit, la balance perpétuelle, avec une somme de travail moindre, à beaucoup près, que celle que nécessite le Journal central qui, de l'aveu de tous, ne peut jamais être consulté d'une manière utile.

Grand-Livre. — Le Grand-Livre n'est qu'un auxiliaire de la Comptabilité, mais un auxiliaire indispensable. Il contient les développements du Compte divers ou Comptes personnels, mais il peut contenir également les développements de certains Comptes généraux, tels que Magasin, Frais généraux, etc. Ces développements comportent autant d'articles et même de sous-articles que l'exigent l'importance et la multiplicité des affaires. Leur vérification doit se faire par groupe correspondant à un Compte de la nomenclature et au moyen des soldes.

Ainsi la vérification des Comptes personnels du Grand-Livre se fera au moyen des soldes à des époques déterminées suivant les circonstances. Cette balance des soldes devra toujours être en concordance avec le Compte divers des balances quotidiennes cumulées, c'est-à-dire, que les différences de part et d'autre devront être égales.

On vérifiera de la même manière les différentes divisions du Compte Magasin portées su Grand-Livre en quantités et en valeurs. Il en sera de même des divisions du compte Frais généraux si ces divisions sont portées au Grand-Livre.

On voit par ce qui précède que les Comptes généraux, peu nombreux à la nomenclature, peuvent avoir au Grand-Livre de nombreuses divisions et même des subdivisions. Ce sont là des arrangements qui doivent naturellement varier selon la nature et le genre des affaires. Ce n'est pas en cela que consiste l'unification de la Comptabilité.

Cette unification ne peut consister que dans la forme et l'emploi des journaux spéciaux, et leur rectification au moyen des balances. Si cette unification n'est pas faite encore, il est juste d'en attribuer la cause à l'article 8 du Code de commerce que, par un sentiment louable du respect de la loi, nos meilleurs comptables ont voulu respecter. On ne peut pas leur en faire un reproche, mais tous ceux que la Comptabilité intéresse ont lieu de le regretter. Donc, si l'on veut que l'unification de la Comptabilité devienne bientôt un fait accompli, il y a urgence d'abattre cette barrière mise en travers de la route du progrès : ceci regarde le législateur; les praticiens comptables feront le reste.

M. LE PRÉSIDENT. — Voilà la question : eh bien, nous n'avons plus rien à dire, nous allons entrer dans la discussion des différents systèmes. Y a-t-il quelqu'un qui demande la parole ?

Nous avons rejeté la partie simple : il ne reste donc que la partie double. Y aurait-il d'autres méthodes.

De ce qu'on a rejeté la partie simple, il s'ensuit que la partie double est acceptée.

VOIX. — Non, non,

UN MEMBRE. — Le troisième système est, pour moi, le journal Grand-Livre qui peut être rédigé avec les formules de la partie simple. Puis une autre qui n'ouvre pas de comptes aux choses est celle de M. Bauchery, qu'il a appelée la comptabilité de l'avenir. Je demande que le Congrès suive la ligne de conduite qu'il s'est tracée.

UN MEMBRE. — Le Congrès a voté sur la partie simple, on ne doit plus y revenir.

M. LE PRÉSIDENT. — Quelqu'un demande-t-il la parole.

M. DELON. — Je reconnais bien deux méthodes, la partie double et la partie simple, ce que je demande c'est l'application, car selon moi, il y a plusieurs méthodes et pas deux d'application. (Assentiments-réclamations).

VOIX. — Aux voix.

M. LE PRÉSIDENT. — Vous ne pouvez contester l'opinion de l'orateur, si vous avez des observations à faire, je vous donnerai la parole.

M. LIBERA.— On vient de parler de la partie simple ; il n'a pas été décidé ce qu'on entend par dualisme, car. dans la partie double, vous avez un compte de capital ; on revient sur ce compte à la fin de l'année. Je dis que la méthode de comptabilité doit être suivie : qu'une bonne comptabilité doit pouvoir renseigner le commerçant à chaque instant, doit suivre le capital dans toutes ses fluctuations.

On va me dire qu'elle est impossible ; s'il en est ainsi, il vaut mieux s'en aller; il n'y a rien d'impossible. Il est démontré que la comptabilité ne résoud par certains problèmes, car pour les résoudre il faut les étudier.

Toutes les méthodes n'ont point de contrôle, et c'est pourquoi dans la partie double il y a des recherches à faire, des réformes à réaliser, étudions et ce sera tout.

M. GAGEY. — Messieurs, je crois que ce serait étrangler la discussion que de dire que l'on ne discutera que sur la partie double ; il n'est pas de méthode qui ne puisse être soumise à la discussion. Nous avons, par exemple, certains ouvrages, tels que ceux de M. Poitrat et de M. Bauchery, et beaucoup d'autres méthodes dont leurs auteurs prétendent avoir fait autre chose que de la partie double. Or, vous ne pouvez pas décider, vous n'êtes pas suffisamment éclairés pour juger ce qui sera décidé ultérieurement, car il y a beaucoup d'auteurs qui n'ont rien dit.

Donc, Messieurs, comprenons dans nos études tout ce qui peut nous conduire au progrès dans la comptabilité. Laissez se dérouler devant vous toutes les propositions qui pourront être faites. C'est en agissant ainsi que vous répondrez aux plus légitimes désirs du Comité d'initiative.

M. LIBERA, — Il a été cependant voté sur la partie simple.

VOIX. — C'est fini !

M. LE PRÉSIDENT. — On a décidé, Messieurs, que la discussion sur la partie double passerait aux articles 3 et 4. Quand vous aurez discuté, vous déposerez vos propositions et le Congrès statuera.

Je propose, vu l'heure avancée, le renvoi de la suite de la discussion à la prochaine séance. (Adopté.)

La séance est levée à dix heures vingt-cinq minutes du soir.

FIN DE LA TROISIÈME SÉANCE

QUATRIÈME SÉANCE DU PREMIER CONGRÈS DES COMPTABLES

15 Décembre 1880.

Président : M. BLANCHARD.

Vice-Présidents : MM. REY, Président du Cercle des Comptables de Paris.

THIBAULT, Président de la Chambre Syndicale des Comptables de Dijon.

Secrétaire-Général : M. GOLDSCHMIDT.

Secrétaires-adjoints : MM. PERDREAU, DE LILLE ; L'ÉTENDART.

La séance est ouverte à 8 heures 1/4 du soir.

M. LE PRÉSIDENT. — Messieurs, la séance est ouverte : La parole est à M. le secrétaire général pour la lecture du procès-verbal de la dernière séance.

M. le secrétaire général lit le procès-verbal.

M. LE PRÉSIDENT. — Personne ne demandant la parole, je mets le procès-verbal aux voix. (Le procès-verbal est adopté).

M. BONNEVAL. — Je demande la parole. On vient de voter l'exactitude du procès-verbal. (Réclamations.)

M. LE PRÉSIDENT. — Il ne peut pas y avoir maintenant de discussion, le procès-verbal ayant été adopté. C'est un moyen de rouvrir la discussion. Je ne crois pas devoir le faire. (Assentiment.)

M. BONNEVAL. — On vient de lire le procès-verbal. Il est bien conforme et toutes les propositions écrites qui ont été déposées y sont relatées.

Nous aurons sans doute un compte rendu in extenso de nos séances dans lequel ces propositions seront reproduites. En sera-t-il de même de celles qui n'ont pas été écrites ? Il ne suffit pas de dire que tel ou tel orateur a dit ceci ou cela et que telle ou telle proposition a été adoptée. Je demande — puisque nous avons des sténographes — que toutes les propositions et toutes les discussions soient également reproduites.

M. LE PRÉSIDENT. — Cela a déjà été proposé, mais quel que soit le mode de publicité qui sera adopté pour le compte rendu des séances toutes les discussions, seront reproduites in extenso.

VOIX. — Très bien.

M. LE PRÉSIDENT. — Avant de commencer nos débats, je dois lire une proposition relative à cette publication, et que M. Harang nous a fait remettre, elle est ainsi conçue :

« Permettez-moi, Messieurs, de faire précéder ma proposition relative au compte rendu in extenso des séances du congrès de quelques réflexions concernant la *Revue de la Comptabilité.*

« Mais est-il bien nécessaire devant ce congrès de développer longuement l'utilité, l'indispensabilité pour une corporation comme la nôtre d'un organe où chacun puisse émettre ses idées, se tenir au courant de ce qui se fait, de ce qui se dit, de ce qui s'écrit concernant notre profession ? Je me garderai de vous faire une telle injure ! Nous sentons tous le besoin de communiquer ensemble : sans cela nous ne serions pas ici.

« Quand j'eus la certitude que *Le Comptable* ne ressusciterait pas, je résolus — en la fondant — d'annexer la *Revue de la Comptabilité* aux travaux du comité d'initiative dont j'avais déjà entrepris la publication. Un certain nombre d'abonnés est naturellement nécessaire pour faire face aux frais d'impression. Malheureusement, malgré plus de 6,000 exemplaires de numéros envoyés comme spécimen, la revue n'a pas la moitié de ce qu'il lui en faut.

« Je profite naturellement de cette occasion pour vous demander de faire de la propagande et dans le même but, je fais la proposition de publier, dans le 6e numéro de la *Revue de la Comptabilité*, le Compte Rendu in extenso des séances du Congrès.

« Je m'engage à envoyer ce numéro exceptionnel à tous les membres du congrès.

« Permettez-moi de vous déclarer en terminant qu'il n'y a de ma part dans l'œuvre que j'ai entreprise aucun intérêt personnel. Ainsi que je l'ai déclaré à quelques-uns d'entre nous, mon but sera atteint lorsque je pourrai dire à la corporation : La *Revue de la Comptabilité* suffit à ses besoins : c'est notre organe, prenez-la, mais ne la laissez pas mourir. Je ne vous demande pas autre chose. »

VOIX NOMBREUSES. — Très bien ! très bien !

M. LE PRÉSIDENT. — Eh bien, Messieurs, il s'agit de nous mettre à l'œuvre. Je recommande l'offre de M. Harang, surtout au point de vue de l'utilité qu'elle a pour notre corporation.

M. Rey, vice président me fait remarquer qu'il ne faut pas que M. Harang se trouve lésé par suite d'une concurrence. Il est entendu qu'il aura seul la publication des délibérations du Congrès. Il va être procédé au vote sur sa proposition.

A l'unanimité, le privilège de publier les discussions *in extenso* du congrès est concédé à M. Harang.

M. LABOULLAYS. — J'ai déposé un projet de loi que je désire discuter ; je désirerais le lire d'abord.

M. LE PRÉSIDENT. — Vous proposez un nouveau congrès qui finira ce que nous avons commencé, cette proposition viendra plus utilement à la fin du congrès.

Je rouvre la discussion au point où nous l'avons laissée hier, sur la méthode de tenue des livres en partie double. On a proposé de faire un ensemble des paragraphes 2, 3, 4 et 5 et de faire alors une discussion d'ensemble. Je crois devoir vous donner lecture d'une proposition d'urgence déposée par M. Félix Bonnaud.

« Considérant qu'au cours de la séance d'hier, il s'est produit, à propos des mots *partie double*, deux interprétations différentes, et qu'il importe, avant de continuer la discussion sur ce point d'en déterminer la signification générale, en dehors du sens restreint qui lui est appliqué quelquefois.

« Je propose au Congrès d'expliquer ainsi cette appellation :

« La partie double est, — contrairement à la conception de la partie simple, dont l'usage est condamné, — le principe unique et fondamental en vertu duquel la passation des écritures présente, toute question de forme à part, un caractère de *dualité*, comme l'expression *double* l'indique, c'est-à-dire un mouvement d'échange, ce qui forme opposition, réciprocité, équation, ou, suivant le terme professionnel, *balance*; et cela, abstraction faite de toute méthode, chaque méthode n'étant qu'un mode d'application particulière du principe unique sus-rappelé. (Très bien.)

M. LE PRÉSIDENT. — Vous avez bien entendu ; je mets la proposition aux voix.

M. BEAUCHERY. — Je proteste contre cette définition d'autant plus que vous avez adopté les principes de la comptabilité, en vous basant sur ce que le dualisme devait exister par des livres en face de comptes, les livres contenant les opérations sur les valeurs. Nous avons donc adopté ces principes en connaissance de cause tels que les auteurs les expliquent.

M. LE PRÉSIDENT. — Voulez-vous venir défendre votre proposition à la tribune.

M. BEAUCHERY. — Je n'ai pas autre chose à dire.

M. CROIZÉ. — Messieurs ,

J'ai déposé tout à l'heure sur le bureau deux projets de vote que je vous demande la permission de développer,

Il m'a paru à la dernière séance que la discussion tendait à s'égarer. Hier, on a soutenu en effet, qu'il y avait des méthodes de comptabilité qui n'étaient ni la partie simple, ni la partie double. C'est contre cette manière de voir que je viens m'inscrire et vous soumettre quelques explications fort courtes mais péremptoires.

Qu'est-ce que la partie double, ou plutôt comment s'est trouvée créée la partie double ?

Je ne crois pas nécessaire de m'étendre sur ce point puisque je m'adresse à des comptables.

Je passe donc de suite à la conclusion qui caractérise la partie double.

Dans ce système, on tient des comptes pour soi-même (*comptes des valeurs*) et avec soi-même (*compte du capital et ses divisions*) en même temps qu'on en tient avec les autres (*comptes des correspondants*). Il résulte que chaque opération figure au moins à deux comptes, au doit de l'un et à l'avoir de l'autre, par la raison qu'un compte ne peut recevoir sans qu'un autre fournisse, ou être *débiteur* sans qu'un autre soit créancier ou *créditeur* comme on dit en tenue de livre.

De là le nom de partie double donné à cette méthode.

La partie double se trouve par suite composée de trois éléments :

Les comptes du commerçant ; les comptes de ses valeurs ; les comptes de ses correspondants.

Eh bien ! je vous le demande, Messieurs, que ces éléments soient présentés *ou* dans des comptes au grand livre : *ou* dans des colonnes comme au journal grand livre, *ou* dans les livres comme dans les méthodes de MM. Beauchery, Poitrat et plusieurs autres : est-ce que cela change le principe ? est-ce que cela modifie la nature des éléments qui constituent la partie double ?

Vouloir nous persuader qu'il en est ainsi n'est-ce pas nous inviter à prendre le change et nous engager à dire que c'est l'habit qui fait le moine ?

En notre qualité de comptables, c'est-à-dire d'hommes positifs, j'espère que vous repousserez ce que je considère comme une subtilité.

Je soumets donc aux votes du Congrès les propositions suivantes :

Considérant que la *Partie double* est constituée par ses éléments et non par la manière de les consigner ; que ces éléments correspondent à *trois catégories de comptes :*

1. Les comptes du commerçant ;
2. Les comptes de ses valeurs ;
3. Les comptes de ses correspondants ;

Que ces éléments peuvent être, il est vrai, présentés sous différentes formes, ou *dans des comptes*, ou *dans des colonnes*, ou *dans des livres* ; mais que cela n'altère en rien leur nature, puisqu'ils donnent toujours le même résultat.

Le Congrès est d'avis de considérer toutes les méthodes renfermant ces trois éléments dans leur intégralité comme des applications diverses et plus ou moins rationnelles de la Partie double dont elles dérivent. (Très bien !)

De cette façon le terrain sera déblayé et nous pourrons passer à l'examen des différentes méthodes pour rechercher quelle est la meilleure application de la Partie double.

M. Daunay. — Les considérants que j'ai développés hier, font supposer que je ne suis pas de l'avis de M. Croizé. Je dis que le principe de la dualité est le principe le plus général de la Partie double. Et quel est le principe de l'équation sur laquelle reposent les écritures ?

Que le capital égale actif moins passif ; crédit de capital moins débit de capital égale actif moins passif. Voilà l'équation primitive sur laquelle repose la comptabilité. Comment la Partie double formule-t-elle cette équation pour arriver au contrôle ? elle réunit tous les comptes et obtient des totaux égaux, elle se contente de reporter tous les totaux, et elle obtient également la même balance.

Il est vrai que je vais entrer dans des que tions autres que celles du programme, c'est que ceux que je viens de nommer se servent de ces équations, mais en faisant ce raisonnement, et s'appuyant sur ces principes, que les personnes et les choses sont parfaitement indentiques : dès lors ils réunissent dans le premier membre les comptes, le capital, les débiteurs et les créditeurs, et dans l'autre les valeurs: et il y a identité ; par conséquent ce mode de contrôle est un cas particulier de la formule générale.

M. Croizé. — M. Daunay vient de nous rééditer ce qu'il nous avait dit à la dernière séance, à savoir que la partie simple donnait des équations de même que la partie double. Il vient de nous dire aussi une chose qui n'est pas nouvelle, que la dualité existait avant la partie double, qu'elle existe depuis que le monde est monde: la partie double n'est venue que plus tard. Mais je dis que M. Daunay fait une distinction entre les hommes et les choses, qu'il porte ce qui concerne les personnes dans les comptes du grand livre, et ce qui concerne les choses dans les livres. Cependant, je maintiens absolument mes conclusions.

M. Beauchery. — Messieurs, pour me faire comprendre, et j'espère parler pour la dernière fois sur ce sujet, je suis obligé de remonter à votre décision de lundi: il est incontestable que vous avez parfaitement compris ce que vous votiez. Voici ce que vous avez voté lundi dernier :

« La Comptabilité doit avoir pour principe primordial d'exprimer, de traduire le *dualisme* que contient en elle, essentiellement, toute opération humaine, qui ne peut s'effectuer qu'entre d'eux personnes, en deux faits opposés l'un à l'autre, que par l'échange, la réciprocité, la mutualité. » (Voir la suite à la deuxième séance, page 14).

Je n'admets pas que vous n'ayez pas compris les principes.

Voix. — Mais si on les a saisis.

M. le président. — Continuez.

M. Beauchery. — Il en résulte qu'à ce moment vous ignoriez ce qu'était la partie simple et la partie double, vous ignoriez ce qu'était le grand livre, vous ignoriez tout. Vous saviez seulement qu'il fallait un dualisme dans tous les systèmes. Je suis les questions, j'arrive au grand livre en partie double.

M. Croizé. — Je demande à répondre à M. Beauchery sur la partie double.

M. le président. — La question en ce moment est seulement sur les méthodes.

M. Beauchery. — Hier, M. Daunay a bien voulu expliquer pour moi les perfectionnements qu'il est possible d'apporter à la partie simple : plusieurs d'entre nous ont pu être saisis de ses développements. Depuis notre enfance, nous sommes habitués à la partie simple tant elle est complète, et quand j'enseigne à des jeunes gens la comptabilité je commence toujours par la partie simple, puis je fais passer les mêmes écritures en partie double. Il en résulte que l'on ne connaît pas la partie double et, néanmoins, l'on comprend le dualisme.

Au point de vue logique supérieur, je voudrais que le Congrès ne mélangeât pas la partie simple, la partie double et tous les autres systèmes, car nous savons que lorsque nous ouvrons des livres en partie double, nous ouvrons aussi les comptes en partie double.

M. le Président. — M. Croizé, vous avez demandé la parole, je vous la donne.

M. Croizé. — Je viens répondre quelques mots à M. Beauchery. Je suis aussi bien placé que qui que ce soit pour raisonner sur ce point. M. Beauchery vient de dire que lorsque nous avons voté ces principes nous ne connaissions rien : il fait erreur. Certains des membres qui formaient la Commission ont voté sa proposition, ses principes, parce qu'ils émettaient l'idée de la dualité, c'est-à-dire de la partie double.

Mais personne, j'en suis bien certain, personne dans la Commission n'a eu l'idée de prendre à la lettre, les déductions de ses définitions, à savoir que les inscriptions relatives aux valeurs devaient être portées sur les livres, et les inscriptions relatives aux personnes sur les comptes: c'eût été entrer dans la question de méthodes. Quant à moi, je me dégagerais s'il en était ainsi, me réservant d'écouter les raisons de M. Beauchery, qui fait une grande distinction entre les choses et les valeurs, parce que cette distinction a sa raison d'être.

Mais ce n'est pas la question en discussion en ce moment-ci, à savoir que les méthodes dérivent toutes de la partie double.

M. BENOIT. — Messieurs, je serai bref. La Tenue des Livres en partie simple a été rejetée hier par le Congrès, nous avons donc aujourd'hui à discuter la partie double proprement dite, et les divers autres systèmes qui, quoique ayant la prétention de ne pas s'appeler partie double, n'en sont pas moins des dérivés, des auxiliaires directs.

Pour bien faire comprendre cette théorie, j'établis en principe qu'il n'y a que deux façons d'établir une Tenue des Livres.

La partie simple et la partie double.

Que cette dernière méthode ait subi des transformations d'application, qu'elle s'appelle :

« Méthode Journal Grand-Livre ;

« Méthode de la Comptabilité de l'avenir, etc., etc, »

Du moment qu'elle donne l'existence à la dualité, elle prend par ce fait même le titre indiscutable de partie double.

Je ne veux pas discuter ces différents systèmes, je m'attacherai tout spécialement à celui-ci :

Je considère la Tenue des Livres en partie double avec Journal et Grand-Livre séparés, et elle est, je crois, la plus répandue, comme pouvant offrir un bon système d'unification.

J'établis un journal unique centralisant toutes les opérations d'une maison de commerce, tenu conformément à la loi, c'est-à-dire sans blanc, râtures, ni marge. Les articles sont inscrits d'abord pêle-mêle sur le livre Brouillard, puis reportés méthodiquement au Journal à l'aide des rubriques :

Débiteurs à marchandises, s'il s'agit d'une vente à crédit ;

Caisse à marchandises, s'il s'agit d'une vente au comptant ;

Divers à débiteurs, s'il s'agit d'un paiement, effectué par un débiteur, avec deux valeurs différentes : à Caisse, pour les espèces ; à Effets à recevoir, pour les billets à échéance, etc., etc.

Tous les articles inscrits au Journal sont reportés au Grand-Livre à chacun des comptes qu'ils mettent en jeu, comptes de personnes et comptes généraux.

J'établis la Balance avec les soldes des comptes, et pour les maisons de détail possédant 1500 ou 2000 clients, j'ouvre à la fin du Grand-Livre un compte intitulé Clientèle.

Au débit de ce compte, je porte journellement le montant des ventes à crédit, montant qui m'est fourni par le crédit de Marchandises Générales, et au crédit tous les paiements des débiteurs.

La simple soustraction de l'Avoir du Doit, me donne l'état exact des Débiteurs Remarquez bien, Messieurs, que ce compte appelé Clientèle, et qui semble ici faire double emploi, n'est pas officiel, il pourrait être établi seulement, je le répète, par les maisons qui possèdent un grand nombre de clients, cela épargnerait au moment d'établir la Balance, le travail un peu long d'arrêter 1500 ou 2000 comptes Débiteurs.

J'établierai également un compte à Fournisseurs, dans le sens contraire.

De sorte que pour établir la Balance de ces deux comptes, Clientèle et Fournisseurs, je procéderai comme avec les comptes généraux, dont ils seront en quelque sorte des subdivisions.

Cette méthode, Messieurs, ai-je besoin de le dire, je ne l'ai pas créée, elle existai bien avant moi, c'est la véritable méthode en partie double, celle que je considère aujourd'hui comme la plus répandue.

On objectera que je ne simplifie pas, en proposant ce système, puisque j'établis un Journal, un Grand-Livre, sans compter tous les livres auxilliaires nécessaires à l'établissement de cette comptabilité, — je n'économise pas le papier, c'est possible, mais j'économise les chiffres et c'est beaucoup.

Je me résume, Messieurs, en déposant sur le bureau du Congrés, la proposition suivante :

« Je propose au Congrès des Comptables d'adopter, comme moyen d'unification la théorie que je viens de développer sur la méthode de tenue de livres dite en partie double, méthode adoptant le journal unique et centralisatenr, tel qu'il est prescrit par la loi et exigeant le report méthodique des articles à chacun des comptes généraux et de personnes groupés au Grand-Livre. »

M. DAUNAY. — Messieurs, la question vient d'être égarée, c'est-à-dire que l'on vient de nous déposer... (interruption) permettez, j'ai le droit de parler, à moins que M. le président ne me retire la parole, et voici pourquoi, c'est que le précédent orateur vient de parler de la tenue des livres en partie double, et qu'à mon avis, elle venait d'être soumise à cette tribune.

Je pose donc une question qui est celle-ci : oui ou non, la commission qu'a nommée le Congrès lundi dernier a-t-elle fait un rapport ? Oui, et bien, nous pouvons savoir ce qu'ont voté les membres de cette commission.

M. LE PRÉSIDENT. — Un membre a soulevé cette question, mais seulement en disant : Voici comment j'ai voté.

Voix. — On a dit tous les membres.

M. LE PRÉSIDENT. — L'orateur qui a parlé au nom de la commission que nous avons nommée, a seulement voté la nécessité du dualisme sans se préoccuper de la forme dans laquelle le principe pouvait être appliqué.

M. ROY, *rapporteur de la commission.* — C'est bien cela : La Commission a adopté des principes généraux, indépendamment de toute question dont elle n'était pas saisie.

M. LE PRÉSIDENT. — La question est vidée : il n'y a pas à y revenir. Je voudrais bien que quelqu'un prenne la parole pour formuler une proposition.

M. PERROT. — Je viens proposer au Congrès une motion tendant à ce qu'il vote sur les méthodes qui renferment les trois éléments dont on a parlé : de cette façon, nous abrégerons le chemin, la partie simple ayant été rejetée. Si nous rejetons aussi la partie double, nous n'aurons plus à discuter que les autres propositions. je demande que M. le Président veuille bien faire procéder au vote du projet que je dépose.

« Considérant que la méthode de M. Perrot, variété de la Partie double, se composant :

« 1. De journaux spéciaux disposés de façon à classer les écritures, d'après les caractères de l'équation pour faire ressortir chaque jour les éléments de la balance ;

« 2. D'un livre de balances quotidiennes, recevant jour par jour les éléments précités et permettant de cumuler les balances pour constituer une balance perpétuelle ;

« 3. D'un grand livre qui contient les développement des Comptes personnels et, suivant le genre des affaires, le développement de certains Comptes généraux.

« Considérant que cette méthode offre d'immenses avantages tant sous le rapport du contrôle que sous le rapport des services qu'elle est appelée à rendre au commerce.

« Le Congrès déclare que cette méthode mérite son approbation. »

M. GAGEY. — Je crois que la discussion s'égare complétement. On demande si nous voulons confondre toutes les méthodes de comptabilité en partie simple et en partie double.

Je reconnais que les opérations commerciales reposent sur des principes immuables et que rien ne peut déranger. (Interruptions.)

Mais à côté de cela, il y a différentes méthodes de tenue de livres, il y a la partie simple, la partie double, le journal grand-livre ; il y en a encore d'autres, parmi celles-là, celles de MM. Poitrat et Beauchery : par conséquent je crois que l'on ne peut pas voter que la comptabilité repose sur la comptabilité en partie double ; d'ailleurs, je m'étonne qu'un membre de la commission d'initiative comme vous, M. Croizé....

M. LE PRÉSIDENT. — Pas d'attaques personnelles.

M. GAGEY. — Je ne fais pas de personnalités ; je dis qu'il y a une différence entre le dualisme et la comptabilité en partie double ; maintenant j'ai l'honneur de déposer la proposition suivante :

« Le Congrès, considérant que la recherche de l'unification de la comptabilité mise en avant par notre collègue, M. Beauchery, dans sa conférence du 24 avril 1879, possède toutes ses sympathies ; mais, considérant aussi qu'il ressort tant des travaux du Comité d'initiative que des débats auxquels la question méthodique a donné lieu au sein de cette assemblée, que cette question est impossible à résoudre actuellement vu la grande division qui règne encore entre tous les auteurs et praticiens à raison de leurs opinions réciproquement contraires.

« Ajourne à statuer.

« Décide qu'il y a lieu de poursuivre par l'étude la recherche de l'unification, donne mandat à un Comité exécutif de prendre toutes mesures nécessaires à ce sujet et passe à l'ordre du jour, »

M. CROIZÉ. — Ce n'est pas pour la question personnelle. M. Gagey a dit..... (Interruptions).

M. LE PRÉSIDENT. — Vous ne pouvez pas répondre, je vous retire la parole.

M. BONNEVAL. — Messieurs, le Congrès a été formé sur l'initiative du comité ; ce comité depuis plus d'un an a étudié toutes les questions qui doivent être résolues dans ce Congrès. Diverses commissions ont été formées dans son sein. Je demande, pour faciliter la discussion, que le comité veuille bien nous donner les conclusions qui ont été adoptées dans la commission; parce que il est impossible d'aboutir sans cela.

M. LE PRÉSIDENT. — Je suppose que la question de principe doit passer avant tout ; or, il a été déposé plusieurs propositions. Celle de M. Bonnaud, dont j'ai déjà donné lecture, ayant eu la priorité, je vais la mettre aux voix.

Cette proposition est adoptée à une majorité de 47 voix.

M LE PRÉSIDENT. — Vient ensuite la 2e proposition Croisé. J'en donne lecture.

« Considérant que la partie double est la seule méthode pouvant donner satisfaction, à raison de ce qu'elle permet de suivre toutes les modifications et variations du capital et d'obtenir tous les renseignements quelconques que l'on peut désirer : — qu'elle se contrôle par ses propres écritures :

« Le Congrès consacre par son vote la partie double, sans rien préjuger de la meileure application qui peut en être faite. »

M. LE PRÉSIDENT. — Je vais consulter le Congrès afin de savoir s'il entend mettre ces explications à la suite de l'autre proposition.

(Cette proposition est adoptée à la majorité.)

La discussion est ouverte sur toutes les méthodes.

M. ROY. — Je crois qu'il serait bon, avant de continuer la discussion, de statuer sur la proposition Gagey.

M. LE PRÉSIDENT. — Cette proposition viendra à la suite du Congrès, attendu qu'il est dit que les questions seraient discutées dans un autre Congrès qui aurait lieu ultérieurement.

M. LEDUC. — Les beaux jours du *Journal unique* sont passés et je suis persuadé que dans quelques années il n'en sera plus question. C'est vous dire, Messieurs, que je suis tout à fait partisan des *Journaux spéciaux*, succédant aux livres auxiliaires.

Donc, plus de livres auxiliaires, mais autant de journaux spéciaux qu'il faut, ou faudra, afin de satisfaire à toutes les exigences commerciales, industrielles, de banque ou autres. C'est-à-dire qu'il faut des Journaux de Caisse, d'Effets à recevoir (entrée et sortie), d'Effets à payer, d'Achats, de Ventes, de Comptes de frais, de Compte, de Fret, de Comptes de Ventes, de Virements, d'Escomptes, de Retours, etc., etc. Puis un *Journal central*.

Chaque *Journal spécial* présente l'histoire écrite des opérations qui lui incombent particulièrement, et le *Journal central* donne le *résumé* de tous les articles passés sur chacun des *Journaux spéciaux*.

Par l'emploi des journaux spéciaux, on obtient le précieux avantage de pouvoir reporter *directement* au *Grand-Livre*, toutes les écritures *immédiatement* après leur création sur différents journaux spéciaux.

Cet ensemble de livres et de comptes donne à la comptabilité une *précision parfaite* et permet d'avoir des livres *constamment à jour*.

J'ai la bonne fortune d'être complètement d'accord avec notre cher collègue, M. Perrot, touchant l'emploi des journaux spéciaux. M. Perrot et moi, trouvons dans ce genre de comptabilité un véritable instrument de précision, pour me servir de son heureuse expression.

J'espère aussi donner satisfaction à notre cher collègue. M. Libéra, relativement à la possibilité de connaître promptement la situation du commerçant.

Grâce aux journaux spéciaux et au report direct au Grand-Livre, plus de retards dans les écritures ; donc, rapide établissement des balances.

Grâce aussi aux Journaux spéciaux, le compte de *Marchandises* présente chaque jour sa situation nouvelle ; et, pour connaître la position exacte du Compte de marchandises, il suffira d'estimer la valeur de ce qui existe dans les magasins.

Le compte de Marchandises ou les comptes *similaires* sont nécessairement représentés par le *Journal d'achats* et le *Journal de ventes*. Ne pourrait-on pas les diviser en *Journaux d'achats* et en *Journaux de ventes?* Mais parfaitement ; et ce, en autant de volumes que l'exigence commerciale ou industrielle le demande.

Ces divers Journaux pourront être sous la dépendance d'un seul compte, par exemple, le compte de *marchandises* : ou être soumis à d'autres comptes, exemple, les comptes de cotons, laines, métaux, matières, etc., etc.

Je suppose un négociant s'occupant d'une grande variété d'articles et voulant connaître la marche certaine, positive de quelques-unes de ses opérations. Comment procéder ? C'est bien simple :

On établira un Journal d'achats et un Journal de ventes pour *chaque nature d'opérations*. Par cette méthode, le *résultat*, bénéfice ou perte, ressortira d'une manière évidente.

Le commerçant, rien qu'en ouvrant les Journaux d'achats et de ventes établis selon la nature et l'importance de ses affaires, verra tout de suite, dans quelle situation se trouve tel article, tel compte, et cela sans avoir même recours au Grand-Livre.

Supposons un Journal d'achats et un Journal de ventes pour des *Cotons*.

Les diverses colonnes du Journal d'achats étant additionnées accusent les chiffres de 10 balles, pesant ensemble net 1,000 kil., ayant coûté 1.000 francs.

Le Journal de ventes annonce que 9 balles, pesant ensemble net 900 kil., ont produit une somme de . . . . Fr.   990

Le négociant verra immédiatement qu'il lui reste en magasin 1 balle pesant environ net 900 kil. Cette balle ne lui coûte plus que la somme de 10 francs. Mais que peut valoir cette balle ?

C'est la fin d'une partie, cette balle est d'une qualité inférieure, et on ne peut la réaliser que pour la somme de.   60

Soit ensemble . . . . Fr.   1.050

Somme annoncée au Journal de ventes.

Le Journal d'achats indique. 1.000

Soit un bénéfice de 50 francs, ainsi qu'il résulte des deux Journaux, achats et ventes.

Je dois ajouter que les Journaux d'achats et les Journaux de ventes sont d'excellents moyens de contrôle des livres de magasin ; lesquels livres servent à constater l'entrée et la sortie des marchandises.

A mon avis, les Journaux spéciaux rendent des services qu'on ne peut contester.

M. LE PRÉSIDENT. — J'ai les conclusions de M. Luther ; demande -t-il la parole sur le Journal Grand-Livre ?

M. LUTHER. — Messieurs, nous touchons aujourd'hui au paragraphe 3 de l'article 2.

De la méthode dite « Journal-Grand-Livre », sujet sur lequel je désire présenter quelques observations.

Beaucoup de mes honorables collègues ici présents, ont probablement pratiqué, ainsi que moi, cette méthode, et parmi eux il y en a sans doute qui la pratiquent encore.

Pour ma part, et dans la limite du possible. je suis assez partisan du « Journal-Grand-Livre ». 1° Parcequ'il présente au jour le jour. en capitaux, le mouvement de l'Actif et du Passif; 2° Parce que ces deux additions principales « Débit et Crédit » contrôlent en même temps l'ensemble des additions, des colonnes réservées aux Comptes Généraux qui régissent la maison, l'établissement financier ou industriel qui se sert de cette méthode.

Cependant, je suis d'avis, qu'il convient de ne pas accepter le Journal-Grand-Livre pour un chef-d'œuvre d'habileté en comptabilité.

Il peut s'appliquer facilement à une maison d'escompte de peu d'importance, de même qu'à une maison de commerce dont le nombre de Comptes Généraux n'atteint qu'un chiffre limité. Mais du moment où l'on ajoute la quantité à la qualité, si je puis m'exprimer ainsi, le Journal-Grand-Livre devient d'un grand embarras.

De même que nous discutons les méthodes simples et claires à appliquer aux commerçants, qui forment la majeure partie de ceux qui sont l'objet de notre sollicitude ; de même vous voudrez bien m'accorder, Messieurs, d'aborder ce que l'on appelle « la haute comptabilité. »

J'ai dit que, dans certains cas, le Journal-Grand-Livre devient un embarras ; et en effet :

Les institutions financières qui s'en servaient, l'ont pour la plupart abandonné au fur et à mesure que leur mouvement d'affaires prenait du développement et voici pourquoi :

Dans la finance, aussi bien que dans le commerce, les comptes généraux forment la base de la comptabilité : journellement ces comptes généraux sont alimentés par 100, 200 et jusqu'à 500 comptes personnels. Or, pour satisfaire dans ces conditions un compte général, on remplit plusieurs pages du Journal ne frappant que sur ce seul compte général ; et, le comptable n'en est pas moins obligé de reporter autant de fois les 40 ou 50 additions des colonnes qui n'ont pas été alimentées. Ce qui double ou triple le travail. Souvent un homme, même deux ne suffisent pas à la tâche d'une journée de 8 à 10 heures d'un travail assidu et fatigant.

En finance, nous avons donc pour la plupart abandonné la méthode dite : Journal-Grand-Livre ; Et par quoi l'avez-vous remplacé, me demanderez-vous ? La réponse, Messieurs, est bien simple. Nous l'avons remplacée par La Minute ou par L'Echelle.

La comptabilité de Banque simplifiée, et telle que je la comprends, repose sur trois données principales :

1° La caisse: 2° La correspondance et 3° La bourse.

J'en néglige d'autres qui ne sont que le complément des trois qui précèdent.

Ces trois services me fournissent la base de la comptabilité, comme suit :

Le premier, par une feuille de caisse relatant les écritures à passer. Elle est accompagnée des pièces justificatives et des pièces comptables dont il a été parlé dans les précédentes séances.

Le second, me fournit une main-courante, extraite de la correspondance, dont les écritures sont groupées et classées par catégories de comptes généraux.

Et enfin, le troisième, m'est donné également par une main-courante du service de bourse.

Du moment, que ces trois services me fournissent régulièrement leur travail, la reproduction d'une journée sur la minute ajoutée aux additions de la veille ; me permet de produire en deux ou trois heures le résultat de l'actif et du passif.

Veuillez aussi remarquer, Messieurs, que les additions (en capitaux) de cette minute, marchent de concert avec celles des divers Journaux réunis « ce qui revient à dire que j'admets le système de plusieurs journaux pour une même comptabilité ». Ces additions marchent aussi d'accord avec celles (en capitaux) de la Balance générale, qui, elle-même est accompagnée de ses balances partielles donnant à leur tour, en détail, le résumé de chaque chapitre de la minute « actif et passif ».

La seconde méthode consiste en un registre appelé : Echelle. L'Echelle est fort peu ou presque pas connue en France. J'ai apporté cette méthode de la Belgique (mon pays natal, où elle fonctionne dans les plus importantes maisons et notamment dans la première institution financière, la Banque nationale.

En Allemagne elle est connue sous le nom de « Staffelrechnung ».

Elle est également connue en Amérique et en Angleterre où l'on s'en sert pour établir les intérêts débiteurs et créanciers en comptes courants.

L'Echelle consiste en additions et soustractions, de manière à présenter de minute en minute le solde de chaque chapitre faisant partie de l'actif et du passif. — Elle sert surtout à contrôler instantanément les comptes personnels dont on peut ainsi vérifier la position, sans même avoir recours au registre « comptes courants »

J'ai lieu d'espérer, Messieurs, vous avoir démontré, que l'une ou l'autre de ces deux méthodes, jointe à un ou à plusieurs Journaux bien ordonnés, remplace avantageusement celle dite Journal-grand-livre

En conséquence, j'ai l'honneur de proposer au Congrès des comptables de France, de vouloir bien prendre ces deux méthodes en considération, d'en proposer l'étude au comité exécutif en vue de les adopter comme étant d'un contrôle simple et pratique pour les comptes personnels en même temps qu'une institution utile pour établir promptement la situation « actif et passif » de tout mouvement commercial, industriel, et financier.

M. Fabreque. — Une maison qui a des succursales en province peut toujours se rendre compte de l'état de ces succursales en province si elle a un Grand-livre-journal.

La maison mère a aussi le moyen de forcer ses succursales à lui rendre compte tous les mois de l'état de la caisse, et même au jour le jour : ce qui a lieu en banque a aussi bien lieu dans l'industrie et le commerce : or, je conclus que l'utilité du Journal-Grand-Livre comme partie double, est essentiellement pratique et peut amener à l'unification de la comptabilité.

M. Perdreau. — Messieurs, nous avons à résoudre une grande question, une réforme de comptabilité, et nous nous sommes arrêtés au Journal. Il y a bientôt quatorze ans que je pratique dans une maison industrielle un mode de comptabilité que vous connaissez probablement. J'ai des livres pour toutes les valeurs commerciales et je divise ces livres en séries : marchandises, achats et marchandises ventes, effets à recevoir, effets à payer et au besoin un livre spécial pour les frais généraux. Voilà la première partie d'une dualité comptable. J'ai pour les marchandises achetées, le livre d'entrée des marchandises : si j'ai besoin de connaitre les différentes sortes de marchandises, j'y consacre une colonne. J'inscris l'opération telle qu'elle se présente. Je divise la page en sept ou huit colonnes, selon les besoins de l'industrie. Bien entendu la seconde colonne porte des francs. Une colonne sera réservée pour les factures d'achats, je ferai un total par jour, la seconde colonne aura le total de tous les comptes débiteurs de sorte que le commerçant n'aura pas à attendre à la fin de l'année pour avoir sa situation.

Supposons que j'arrive au commencement de l'exercice, je reporte dans ma seconde colonne des marchandises la situation de celles faites à l'inventaire, puis je porte toutes les factures d'achats dans la première colonne, à la fin du mois je les additionne et je mets le total dans la seconde colonne, total augmenté de ce qu'il y avait de marchandises le jour de l'inventaire : pour le Grand-Livre, je procède de la même façon. Je série mes marchandises s'il y a une seriation. Pour les ventes, j'inscris toutes mes factures au moyen de mon facturier, je porte la somme au crédit du compte de mon fournisseur, de cette façon la comptabilité contient bien les éléments voulus. Pour le mois de janvier vous avez bien compris les écritures, pour le mois de février cela n'offre pas plus de difficultés. A la fin du mois de février, je dois rencontrer les chiffres des achats de janvier plus le total des chiffres de l'inventaire qui ont été portés.

Ceci dit, nous pouvons passer au livre des effets à recevoir que je considère comme très utile. Les effets doivent être entrés, un par un, comme cela se fait généralement. Pour la sortie des effets, quand je négocie mes valeurs, je les inscris sur mon bordereau, alors qu'au préalable j'ai fait l'addition première. Je vérifie mes calculs et de cette façon, je n'ai jamais relevé d'erreurs sur une remise à un banquier.

C'est à l'aide de cette sortie d'effets que je fais de la dualité dont il a été question. Pour le livre de caisse chacun le comprendra, je débite et crédite à l'aide des effets à payer.

Les frais généraux sont pour moi la subdivision du livre de caisse. Pour avoir

Je vous ai expliqué comment je procède depuis quatorze ans ; il y a dix-huit ans que je suis dans cette maison, il y en a quatorze qu'elle m'a autorisé à introduire ce système de comptabilité : elle m'a permis de venir au Congrès.

Les frais généraux sont divisés comme le livre des achats et de la même façon. Il y a des frais de fabrication pour lesquels un livre spécial serait peut-être à établir.

Il arrive quelquefois que ne pouvant retrouver une erreur commise, pour quelque cause que ce soit, vous êtes obligés d'attendre un an avant de retrouver cette erreur, surtout si elle a été commise le lendemain du jour de l'an.

Un Membre. — Comment feriez-vous pour retrouver vos erreurs?

M. Perdreau.. — Je vous en fournirai les moyens quand vous voudrez, j'ai des preuves. Voilà donc les livres spéciaux établis ; d'un côté il y a le livre d'inventaire, vous savez comment il s'établit, et cependant il n'a pas encore été bien compris, car hier j'entendais deux de mes collègues qui disaient « il nous faudra une page pour l'actif, une page pour le passif, etc. » J'ai vu dernièrement un inventaire d'environ 400,000 fr., il s'y trouvait 80 pages en blanc.

Vous aurez donc un autre livre qui n'aura pas de cadre, vous écrirez à gauche dans la première colonne le Doit de votre compte qui est le passif et non pas l'actif comme on l'a dit à tort, et à droite l'avoir qui sera votre actif. Je vous engage, Messieurs, a bien comprendre ces réformes complètes dans l'établissement de votre inventaire. Puis il y a le compte de profits et pertes, vous passerez à la page de gauche toutes les pertes et dans la page droite tous les bénéfices.

De plus, Messieurs, et c'est là une grande question, ce compte se divisera en deux catégories. Car remarquez que vous ne pouvez pas confondre le commerce et le commençant, c'est-à-dire qu'il ne faut pas que les escomptes ou rabais soient confondus avec les intérêts et escomptes de valeurs.

Il est essentiel que le négociant sache les bénéfices ou les pertes de ses affaires, et qu'il connaisse aussi les bénéfices nets qu'il réalise par rapport à la question de la capitalisation de l'argent.

Si nous achetons des marchandises, nous aurons une série de comptes que nous appellerons les comptes de fournitures; nous aurons après cela le compte des acheteurs. Eh bien, Messieur, je commence mon Grand-Livre au commencement pour les fournisseurs et à la fin pour les acheteurs de sorte que je finis par le milieu. En voici la raison : si les comptes étaient mêlés il me faudrait les trier pour faire mes relevés de situation, en les divisant aucun tri n'est nécessaire.

Maintenant, mon Grand-livre est divisé en deux parties selon les besoins du commerce. On peut faire le débit et le crédit sur la même page. La première colonne porte la date de l'année, puis le mois, puis le jour, puis le folio du livre sur lequel j'a écrit l'article pour le porter ou au débit ou au crédit.

J'ai fait mon premier mois de janvier sur mon compte au Grand-livre; j'établis à la fin du mois de février les sommes de janvier avec celles de février, ce qui fait qu'au premier aspect je me rends compte de la situation : et si je veux la faire à la fin du mois, j'ai tous les éléments possibles et sans difficultés. Le chef de la maison peut faire vérifier mes livres, je ne crois pas que l'on eine trouvdes erreurs. J'en suis même certain maintenant que je fais mes *Balances par soldes* d'après les procédés indiqués dans la *Revue de la Comptabilité* par notre collègue Haraug.

Je soutiens, Messieurs, qu'en comptabilité, il ne peut-être autrement parlé que d'après des principes mais je ne veux pas m'en occuper.

Un membre. — Mais pour les virements, les rappels les réfractions?

M. Perdreau. — M'y voici : sur mon livre de Profits et pertes, dans la colonne spéciale, je passe tous ces articles, puisqu'il est admis que j'ai un Journal-centralisateur où tous les jours seront marquées les opérations. Et au sujet de ce livre j'aurai à vous montrer une difficulté que j'ai eue, je serai court. Il y a quelques années j'avais organisé la comptabilité dans plusieurs maisons, j'avais, pour chacune d'elles, un livre Journal-centralisateur que j'avais à soumettre au visa. Le livre fut envoyé et je ne reçus pas de réponse. Je me suis présenté au greffe où il me fut répondu que l'on ne visait pas ces livres et que l'on ne voulait pas le recevoir. « J'en demande le motif au greffier : puisque, lui dis-je, vous êtes fonctionnaire vous devez me répondre. Ah! me dit-il, si vous le voulez je vais aller vous le chercher. — Non je n'en veux pas, je veux en référer à la chambre du Conseil. » Je me suis adressé à M. Verley de l'honorable maison Verley, Decroix et Cie, et trois jours après, chacun de mes clients avait reçu ses livres paraphés. Si quelqu'un veut me faire des objections, je suis prêt à y répondre.

. . . .

M. le président. — Permettez-moi de faire une observation :

L'orateur vient d'entrer dans des détails de tenue de livres dont nous n'avons pas à nous préoccuper. (Applaudissements).

Nous cherchons à déterminer la meilleure méthode, meilleure et non pas la meilleure pratique ; si je me trompe, je prie le Congrès de me le faire savoir.

Donc il s'agit de dire des méthodes : sont-elles bonnes? sont-elles mauvaises ? Mais ne recherchons pas de quelle manière il faut s'y prendre pour faire une addition. (Applaudissements).

M. Croizé. — Messieurs, nous n'avons plus qu'une soirée: or, comme l'a dit très bien M. le Président, nous devons aller le plus vite possible. Nous nous sommes éloignés du but qui était de savoir quelle est la méthode la meilleure.

Il s'en présente trois. Je crois que l'on pourrait aller très vite : la méthode en partie double si on veut la conserver ou bien, le Journal-grand-livre ou bien les méthodes plus nouvelles ou moins connues qui, je crois, sont supérieures, parce qu'elles donnent le même résultat avec cet avantage de présenter au jour le jour l'état des écritures.

Je veux parler de celles de MM. Poitrat et Bauchery. Si nous arrivons à la partie double ancienne, il nous reste à examiner les systèmes de MM. Bauchery et Poitrat. Nous pourrons les accepter en bloc ou bien voter sur chacune d'elles pour préciser celle des trois que l'on doit adopter.

M. le Président. — Laissez moi résumer la question : nous ne nous occupons que de la partie double, le reste est ce que j'appellerais la cuisine du métier.

M. Croizé. — D'un côté nous avons la méthode Poitrat, je n'ai pas à faire son exposé, parce que je serais obligé de rentrer dans de trop grands détails, du reste nous la connaissons tous, pour moi elle n'est autre chose que la partie double avec un très grand nombre de journaux, au lieu d'avoir un journal central ou vous avez toutes vos opérations.

M. le Président. — Nous avons à statuer sur ces propositions ; y en a t-il d'autres? Tout ce que je demande c'est que l'on ne revienne pas sur les questions qui ont été votées, et que les orateurs qui prendront la parole nous apportent un peu de nouveau.

M. Bauchery. — Beaucoup d'entre vous savent que je suis non pas auteur d'une méthode mais d'un système. Vous avez entendu un de mes amis venir ici développer pour moi une modification à la partie simple, vous vous êtes peut-être demandé pourquoi je venais discuter la partie simple puisque j'étais l'auteur d'un système, c'est pourquoi je demande à présenter quelques observations sur le Journal-grand-livre. On a dit que nous le connaissions, c'est une erreur: tout-à-l'heure je disais que le Journal-grand livre était la première attaque contre le système en partie double: en effet, car vous avez dans ce livre des comptes de personnes et de valeurs, et, dans les principes, il est dit qu'il n'y a que des comptes de personnes.

La situation que vous recherchez, vous la trouvez aux livres auxiliaires, ainsi qu'aux livres d'achats et de ventes.

Vous ne voyez plus en tête du compte : doit et avoir, vous voyez avant doit, recettes et avant avoir, dépenses.

Il y a cependant quelque chose de très difficultueux ; ceux qui sont dans l'enseignement expliquent quelquefois imparfaitement à l'enfant. Le professeur dit : mettez-vous bien dans la tête que tout compte qui reçoit doit ; je suis fixé: or, un chef de maison reçoit par héritage ou autrement une somme de fr. 50,000 qui vient augmenter son capital ; le capital reçoit, donc il faut le débiter; au contraire, il faut mettre au crédit : pourquoi? je ne sais pas.

Maintenant, il s'agit d'un bénéfice ; l'enfant dit: je reçois quelque chose, je vais débiter; non. Pourquoi? C'est une exception! comme il y en a tant dans la langue française, et vous voulez que les jeunes intelligences s'y reconnaissent? La partie double avec ses comptes généraux, je n'en veux plus ; je lirai tout à l'heure les quelques notes que j'ai apportées et que j'avais déjà soumises au Comité.

A Bruxelles, voici comment j'ai vu pratiquer : on divise le Grand-Livre-Journal en deux parties et il en résulte une grande utilité.

Voilà, Messieurs, les quelques considérants que je voulais vous faire savoir. En conséquence, je dépose les conclusions suivantes :

En raison des développements motivés qui viennent d'être soumis au Congrès, je lui propose donc le projet de vote jadis élaboré.

Le système Journal-Grand-Livre procurant :

1º L'application rigoureuse et complète du principe, non absolu en la Tenue des Livres en parties-doubles, *que tout compte qui reçoit doit*, puisqu'il n'y a plus à son Grand-Livre que des comptes de personnes ;

2º Permettant la non subjectivation des valeurs, des choses en transposant les comptes généraux de la Tenue des Livres en parties doubles sur le Journal, dans des colonnes, qui acceptent compréhensiblement et volontiers les titres de : Passif, Actif; Pertes, Profits; Entrée, Sortie, etc.;

3· Ne souffrant aucune gêne de la suppression des formules du Journal de la Tenue des Livres en parties doubles, puisque instantanément les opérations peuvent être transcrites dans des colonnes qui ne les comportent pas;

4· Satisfaisant davantage à la loi que la Tenue des Livres en parties doubles, laquelle ne permet que d'*inscrire* jour par jour, au Journal, les opérations, alors que la loi veut que celui-ci *présente* jour par jour ces opérations, ce que le tableau synoptique du système Journal-Grand-Livre permet seul;

Le Congrès déclare que ce système, conçu ultérieurement à celui de la Tenue des Livres en parties doubles, est, jusqu'ici, ce que la théorie et la pratique peuvent désirer de préférable, surtout si on adopte la séparation de ce livre en deux parties.

M. Beauchery. — On me fait une objection, c'est que ce système n'est pratiqué que par les petites maisons ; c'est une erreur, les grandes administrations s'en servent aussi. (Réclamations).

M. Beauchery. — Je soutiens que les administrations de chemins de fer se servent des tableaux synoptiques.

M. Tissot. — M. Beauchery a dit que la méthode Tissot était la copie de M. Poitrat.

M. le Président. — A la tribune.

M. Tissot. — Je dois prendre la parole, car je considère cela comme une diffamation. Monsieur Tissot, mon frère, étant décédé, je crois de mon droit de prendre sa défense.

M. Beauchery. — Mais je n'ai pas dit cela.

M. Croizé. — C'est moi qui ai parlé de cela, mais pas dans le sens indiqué par M. Tissot.

M. le Président. — C'est bien, la discussion devant continuer, l'incident est clos.

M. Croizé. — Je n'ai voulu diffamer personne, j'ai tout simplement donné mon appréciation sur la méthode Tissot.

Voix. — Il n'y a pas de diffamation.

M. le Président. — Monsieur Tissot, retirez l'accusation de diffamation ou, sans cela, je vous rappelle à l'ordre.

Voix. — La clôture.

M. Courtin. — Je propose au Congrès de supprimer le Journal et de le remplacer par le livre du résumé des opérations commerciales, lequel ne doit être que la récapitulation de tous les livres auxiliaires ; mais avec la condition absolue que la division de ces livres et leur tracé seront en parfaite corrélation avec le livre du résumé des opérations, afin que le report de chacun d'eux y soit facile.

Je pratique, moi-même, ce système de comptabilité, et je puis vous en certifier le mécanisme facile dans l'application.

M. le Président. — Je suis obligé de vous dire que c'est toujours la même chose : nous savons bien que les additions d'un livre doivent être reportées pour être suivies. Je trouve que nous faisons de la Tenue de Livres et que nous ne faisons pas de la Comptabilité.

M. Laboullays. — Je demande la parole pour lire une proposition qui est ici tout à fait à sa place.

Considérant : 1. Que le rôle et la mission du Comité d'initiative ont été terminés le jour même de la constitution du Congrès ;

2. Que le rôle du Comité exécutif du Congrès prendra fin au moment de la dissolution du Congrès lui-même, et que sa mission sera terminée dès qu'il aura pris les dispositions nécessaires pour assurer la publication des travaux du Congrès ;

3. Que l'œuvre du 1ᵉʳ Congrès des Comptables Français sera forcément incomplète au moment de sa dissolution en raison du peu de temps qu'il a pu y consacrer et de 'étendue de cette œuvre :

Plaise au Congrès de décider ce qui suit :

1. Un 2ᵒ Congrès des Comptables Français se réunira à Paris dans la deuxième quinzaine d'octobre 1881, de plein droit.

2. Une Commission de 15 membres sera nommée au scrutin secret par le Congrès, elle prendra le nom de : Commission préparatoire du 2ᵉ Congrès.

3. La mission de cette Commission sera de préparer la réunion du 2ᵉ Congrès des Comptables français pour la deuxième quinzaine d'octobre 1881.

4. Pour arriver à ce but elle devra se réunir périodiquement tous les 15 jours ; les propositions quelles qu'elles soient devront lui être adressées, et elle devra préparer la solution de toutes ces propositions.

5. Aussitôt nommée, cette Commission se réunira et nommera au scrutin secret : 1ᵒ Un président, 2ᵒ Un vice-président, 3ᵒ |Un secrétaire et, 4ᵒ enfin, un secrétaire-adjoint.

6. Dès qu'elle sera constituée, elle le fera connaître au Congrès qui lui en donnera acte.

7. A l'ouverture du 2ᵉ Congrès des Comptables Français, cette Commission devra déposer le rapport de tous ses travaux et l'énumération de toutes les propositions qui lui auraient été adressées, ainsi que la solution qu'elle aura donnée ou qu'elle proposera au Congrès de leur donner.

8. Une Commission semblable sera nommée à chaque Congrès afin de préparer l'ouverture du suivant.

M. LE PRÉSIDENT. — L'ordre du jour ayant été demandé, je mets aux voix l'ordre du jour qui est voté à une majorité de 37 voix.

M. GUYARD. — Je demande que l'on ne dise pas que la comptabilité est simplement destinée à un usage particulier, il faut que le capital puisse être divisé en deux ou trois parties et que, néanmoins l'œil central puisse connaître l'ensemble et le diriger tous les jours. On a pensé qu'il n'était pas possible de tenir jour par jour des comptes de valeurs. Mais ce que je soutiens c'est que les livres auxiliaires donnent plus de travail que la comptabilité elle-même. Je demande que le Comité examine à nouveau toutes les méthodes qui ont été et pourront être présentées ; nous avons tenu 72 séances au Comité d'initiative sans que l'on ait pu s'entendre sur les propositions. Je demande donc que le Comité cherche les moyens d'unifier la comptabilité au point de vue du Commerce et de l'Industrie.

C'est pourquoi je crois vous dire quelque chose d'utile, comme j'ai fait partie du Comité d'initiative, il faudrait poser la question carrément ; je sais cependant que bien des personnes se sont proposé de faire des modifications, et qu'il y a qui prétendent que l'unification est impossible.

On a dit : « Mais la comptabilité d'un transformateur n'est pas celle d'un marchand de vins ». Non, parce que vous aurez la nomenclature des comptes de transformation. . Est-ce que vous croyez que le banquier ne s'en servira pas ?

J'ai l'honneur de vous proposer que le Congrès constate la possibilité de faire l'unification.

M. LE PRÉSIDENT. — La proposition de M. Laboullays a été repoussée par l'ordre du jour.

Le bureau me fait remarquer ceci : c'est qu'il y a une différence. M. Laboullays avait manifesté un désir, tandis que vous, vous dites que les renseignements recueillis par le Congrès n'étant pas complets, mais reconnaissant que le principe d'unification qui a déterminé sa réunion est acceptable, nomme une commission pour étudier cette unification.

M. GAGEY. — J'ai déposé un projet en ce sens.

M. LE PRÉSIDENT. — Vous avez lu votre proposition en l'exposant, mais nous ne sommes que le bureau du Comité exécutif.

Voix. — Où est le Comité exécutif?

M. Gagey. — Voici l'article 2 du règlement :

« Les travaux du Congrès seront dirigés par le Comité d'Initiative, qui prendra le titre de Comité Exécutif, dont le Bureau, élu lors de la première réunion, sera ainsi composé :

« Un Président, deux Vice-Présidents, un Secrétaire général, deux Secrétaires adjoints. »

Par conséquent, il n'existe pas de Comité d'initiative : il n'existe que le Bureau. Il y a en effet deux membres dans le Bureau qui sont de la province ; on pourvoira à leur remplacement.

Un membre. — Je demande que cette Commission soit nommée parmi les membres de ce Congrès.

Voix. — Parfaitement.

M. le Président. — C'est au Congrès de savoir s'il veut renvoyer la proposition au Comité exécutif.

Voix. — Non ! non !

M. le Président. — Alors, on va lire le projet de résolution, et je le soumettrai au vote s'il n'est pas proposé de nouvelles modifications.

Veuillez relire, M. le secrétaire.

M. le Secrétaire. — Le Congrès déclare qu'il n'est pas suffisamment éclairé sur la valeur des différentes méthodes qui ont été discutées devant lui. En conséquence, il sursoit à statuer et, considérant que l'unification de la Comptabilité paraît être un problème possible à résoudre, décide qu'un Comité nouveau sera formé pour en poursuivre l'étude et que ce Comité soumettra le résultat de ses travaux à un deuxième Congrès qu'il convoquera dans le délai d'un an.

Cette proposition est adoptée à l'unanimité.

On procède à la nomination des membres du Comité.

Sont nommés : MM. Daunay, Perrot, Courtin, Goffignon, Abraham, Benoist, Guyard, Harang, Gagey, Fabrecque, Libéra, Lamy, Roy, Hy, Bourraud, Lefebvre, Leduc, Talon, Wallard, Maurel, avec faculté de s'adjoindre les membres de bonne volonté qui désireront prendre part à ses travaux,

M. le Président. — Demain, on reprendra la suite de la discussion, et on traitera « de la question légale ».

M. Beauchery. — Le Journal n'est pas un système de comptabilité; c'est un des éléments de la comptabilité. Il s'agit d'avoir des questions derrière les mots pour donner satisfaction à tous ceux qui ont intérêt; il faudra que la loi soit appliquée.

FIN DE LA QUATRIÈME SÉANCE

CINQUIÈME SÉANCE DU PREMIER CONGRÈS DES COMPTABLES

PRÉSIDENCE DE M. BLANCHARD

Composition du bureau.

MM. Marienval O✳, ancien président du Conseil des Prud'hommes, vice-président du Syndicat général.

MM. Rey et Thibault, vice-présidents ;

Goldschmith, secrétaire général ;

Perdreau, secrétaire adjoint ;

Roy, membre du Congrès, remplaçant M. L'Étendart, empêché.

M. le président. — Messieurs, notre secrétaire M. Goldschmith et moi avons vu ce matin tous les membres du comité d'honneur qui ont bien voulu faire l'ouverture du Congrès. Nous comptions les avoir ce soir, mais deux d'entre eux, MM. Dietz-Monin et Poirrier étant engagés pour toute la semaine, nous avons le regret de vous annoncer que nous serons privés de leur présence.

Nous avons eu le bonheur d'être plus heureux auprès de M. Marienval qui vient continuer auprès de nous l'œuvre du comité d'honneur.

M. Roy veut bien nous prêter son concours pour cette circonstance, M. Létendard étant empêché ce soir. Il faut que notre œuvre soit terminée ce soir ; c'est vous dire que je recommande à tous les orateurs d'être très brefs et très précis, de manière que le secrétaire puisse faire son procès-verbal pour qu'il soit voté à la fin de la séance.

Je donne la parole à M. Goldschmidt pour la lecture du procès-verbal de la dernière séance.

M. Golschmidt. — Lit le procès-verbal de la séance précédente.

M. Beauchery. — Au premier procès-verbal, je me suis plaint que l'on n'ait pas reproduit mes aperçus sur l'inventaire et les prix de revient ; cela a été corrigé. Aujourd'hui, je me plains de ce qu'il n'a pas été dit un mot du Journal-Grand-Livre, alors que je crois avoir émis une idée nouvelle à son sujet, je demande que ceci soit également rectifié ; la sténographie peut donner des renseignements.

M. Goldschmidt. — Puisque le Secrétaire général ne se souvient de rien, la sténographie reproduira complètement le compte-rendu.

M. le président. — A quel moment voulez-vous que l'on mette votre rectification.

M. Beauchery. — Au moment où cela a eu lieu.

M. le président. — C'est vous qui faites la réclamation, aidez-nous à faire la rectification.

M. Rey, vice-président. — Après M. Perdreau et avant M. Tissot.

M. le président. — Note est prise de la rectification que vous avez faite.

M. Harant. — Je n'ai pas entendu prononcer le nom de M. Mourre, et cependant quand on a nommé les membres de la commission, j'avais entendu prononcer plusieurs fois ce nom.

M. Mourre. — Je n'ai pas accepté.

M. le président. — Personne ne demande plus la parole... alors le procès-verbal est adopté sous réserve de la rectification faite par M. Beauchery.

M. le président. — Nous reprenons nos travaux, nous avons à traiter de la question légale. Il est bien entendu, Messieurs, qu'aujourd'hui nous n'avons absolument qu'à discuter des questions de principe, puisque dans nos précédentes séances nous avons vu ce qu'étaient le Journal-Grand-Livre, l'Inventaire, etc. Il s'agit donc aujourd'hui de savoir si la loi peut accorder de nouvelles prérogatives au point de vue des livres du commerçant. La parole est à M. Bonnaud.

M. Bonnaud. — Messieurs, des dix articles que la loi consacre, dans le code de commerce, aux livres de comptabilité, l'un d'eux, l'article 8, en son premier paragraphe, relatif à l'obligation pour tout commerçant d'avoir un Livre-Journal, a donné lieu dès sa naissance à une interprétation abusivement littérale, qui, ne cadrant pas toujours avec les nécessités de la pratique, a été la source d'une longue suite de commentaires, de contradictions, de malentendus.

L'expérience, le raisonnement, une étude plus attentive de la loi considérée dans son ensemble, ont amené la plupart des praticiens à mieux déterminer la partie de ce paragraphe en ce qui concerne l'unité du livre en question. Car, c'est là que gît le problème.

Le Journal doit-il être en un seul volume? Ou bien a-t-on la faculté de le tenir en plusieurs volumes ou sections, correspondant aux divisions générales de la comptabilité?

M. le président. — Mais, Monsieur Bonnaud, parce qu'il y a le mot de Journal dans la loi, il ne faut pas nous faire une nouvelle théorie de la comptabilité,

M. Bonnaud. — C'est la loi

M. le président. — C'est la loi mais la discussion a eu lieu. Je ne veux cependant pas que le président ait l'air de vouloir étouffer la discussion; je laisserai juge le Congrès qui se prononcera quand il le croira convenable.

M. Bonnaud. — Avant d'aborder cet examen citons le texte de la loi :

« Tout commerçant, dit l'article 8, est tenu d'avoir un Livre-Journal qui *présente*, jour par jour, ses dettes actives et passives, les opérations de son commerce, ses négociations, acceptations ou endossements d'effets, et généralement tout ce qu'il reçoit et paie, à quelque titre que ce soit ; et qui *énonce*, mois par mois, les sommes employées à la dépense de sa maison; le tout indépendamment des autres livres usités dans le commerce, mais qui ne sont pas indispensables. »

En ne tenant compte que du sens purement grammatical, il est certain que nous avons ici, quant à l'indication du livre, le singulier non le pluriel: un Journal, non des Journaux. Mais, s'il y a la lettre de la loi, il y a aussi l'esprit de la loi, et lorsqu'il y a ainsi contradiction, réelle ou apparente, entre l'un et l'autre, il faut consulter le sens rationnel qui résulte de l'ensemble des dispositions légales.

Or, le législateur, exigeant — à juste titre — que le Journal enregistre, *jour par jour*, *toutes* les opérations du commerçant, est-il admissible qu'il ait voulu contraindre celui-ci à se servir pour cela d'un simple livre, lorsque l'importance ou la multiplicité des affaires lui commande d'en utiliser plusieurs ? En vérité, ce serait subordonner le principal à l'accessoire, et dans bien des cas, sacrifier l'essentiel à une question de forme, c'est-à-dire rendre impossible tout travail sérieux, surtout dans les maisons ou établissements qui traitent de nombreuses affaires.

Notez bien, en effet, Messieurs, ce double caractère du Journal : être écrit *jour par jour*, soit dans l'ordre chronologique, et contenir *tout*, comme il vient d'être indiqué ci-dessus.

Ce qu'on a appelé longtemps Journal, ou même Journal général, n'est qu'une récapitulation plus ou moins abrégée des livres d'origine, de premier jet auxquels on a conservé le titre modeste, ou plutôt le faux titre d'auxiliaires, tandis qu'ils sont, eux,

— ou, si l'on veut, devraient être, — de vrais Journaux, et, dans leur ensemble, le véritable Journal général, qui doit remplacer l'ancien, lequel n'est qu'une superfluité à tous les points de vue.

Quoi ! vont s'écrier quelques-uns, vous supprimez le Journal, le vieux, le vénérable Journal, celui qu'il faudrait sauver le premier en cas d'incendie ou de tout autre sinistre.

Tranquillisez-vous, Messieurs : ce prétendu Journal est devenu sans objet, quoi qu'on en dise, à partir du moment où, ne pouvant enregistrer la totalité des opérations, il a dû s'incliner devant le salutaire principe de la division du travail.

Si l'unité matérielle du Livre Journal est ainsi détruite, l'unité harmonique de la comptabilité n'en est que mieux établie, au milieu de la coordination des comptes en des registres appropriés, destinés à recevoir, chacun par sa spécialité, toutes les écritures, lesquelles sont directement reportées au Grand-Livre, le vrai centralisateur, complété par le livre des Balances.

Ainsi se trouvent évitées les nombreuses répétitions, qui sont à la fin une perte de temps et une source d'erreurs. Car, contrairement à l'opinion des partisans du Journal de l'ancienne méthode, nous sommes d'avis que, lorsque les livres originaires sont bien tenus et impliquent leur propre contrôle, comme cela doit être, les répétitions d'écritures ne sont que d'inutiles doubles emplois.

L'expérience parle, et vous pouvez en croire, Messieurs, ceux qui libre du préjugé attaché au Journal soi-disant récapitulatif, ont toujours mis en pratique la comptabilité par la méthode directe, et cela dans les établissements les plus importants comme dans les plus modestes.

A l'égard de cette appellation d'auxiliaires, mal à propos attribuée aux livres qui, de l'aveu de tout le monde servent maintenant de base à la Comptabilité, n'est-ce pas le cas de dire que, sous l'empire de la routine, on risque de perdre de vue le *pourquoi* des choses, et de bouleverser ainsi le sens des mots sans s'en apercevoir ?

De toutes les questions qui ont été traitées au sein du comité d'initiative, et que le présent Congrès est appelé à son tour à examiner, l'une des plus importantes est cette innovation du Journal multiple, que préconisent aujourd'hui les hommes les plus experts dans la pratique de la comptabilité. Et ce serait une erreur de croire que les registres, dans cette méthode sont plus nombreux que ceux de la méthode ancienne. Ce sont les mêmes, ou à peu près. C'est seulement la manière de les utiliser, — autant que les circonstances le permettent, — au moyen du report immédiat au Grand-Livre, qui caractérise en grande partie la nouvelle méthode, à laquelle, par cette raison, je donne le nom de méthode *directe*.

Il est d'ailleurs à remarquer que, notamment pour les marchandises et les frais généraux, on peut pratiquer un certain nombre de colonnes qui permettent de subdiviser le travail, et d'avoir ainsi une quantité assez importante de chapitres qui donnent satisfaction à tous les renseignements.

Les comptables prévenus contre ce procédé objectent que c'est la dispersion des écritures, sans réfléchir qu'elles sont de même disséminées d'après toute autre méthode, tant qu'elles ne sont pas portées au Grand-Livre, qui, avec les Balances, ainsi qu'il a été dit tout à l'heure, est le seul livre centralisateur, non le Journal prétendu tel, car il faut distinguer entre centralisation et confusion.

Parmi les auteurs qui sont entrés dans la nouvelle voie de progrès, il faut particulièrement citer M. Pigier et M. Beauchery.

Voici comment le premier, dans sa *Méthode pratique*, arrive graduellement à conclure, quoique sous une apparence conditionnelle, à la suppression du Journal général :

« L'article 8 du code de commerce impose à tout commerçant l'obligation d'enregistrer jour par jour sur ce livre toutes les opérations relatives à son négoce. L'inscription des opérations devant avoir lieu en même temps qu'elles se produisent, et dans l'ordre même de leur arrivée, il est évident que les prescriptions du législateur ne peuvent sortir leur plein et entier effet que dans certaines limites. On comprend, en effet, que dans les maisons où les écritures sont peu importantes et ne se composent chaque jour, que d'un très petit nombre d'articles, on comprend, disons-nous, la possibilité pour un employé de les passer isolément avec tous les détails que chaque opération comporte ; mais si les écritures se multiplient, si elles sont telles qu'un employé ne suffise plus à leur *passation*, à mesure qu'elles se présentent, la tenue du Livre-Journal, comme la loi l'ordonne, devient alors matériellement impossible. Dans ce cas, en effet, il est indispensable d'établir des livres auxiliaires destinés à l'inscription des opérations, d'après leur nature : un livre de caisse est confié à un caissier, qui y mentionne ce qu'il reçoit et paie à quelque titre que ce soit : un livre de débit sert entre les mains d'un tribun, à l'enregistrement des ventes etc., etc. Ces livres auxiliaires sont autant de sources où l'on puise des renseignements nécessaires à la confection du Journal, qui ne peut être ainsi que la reproduction *sommaire* des opérations consignées *in extenso* aux livres auxiliaires.....

« Les choses se passent ainsi dans la pratique, et le double emploi auquel donne lieu l'usage du Journal pouvant occasionner des erreurs qu'on ne répare qu'avec une collation faite avec soin sur les livres auxiliaires, il serait à propos, à notre avis, que tous les livres fissent foi en justice. Cette mesure nous paraît d'autant plus rationnelle, que le juge en a depuis longtemps senti la nécessité, puisqu'il ordonne l'exhibition des livres auxiliaires, chaque fois qu'il s'agit d'éclaircir un point litigieux, et que les partis ne peuvent produire les pièces justificatives. »

L'on voit, par ces considérations, écrites dès les premières pages de son ouvrage, que l'auteur tout en faisant ressortir l'inutilité du Journal (ancien mode), n'ose pas encore en conseiller l'abolition. Mais, vers la fin, à propos de remarques sur le même sujet, il aboutit à la solution suivante :

« Le Journal proprement dit n'est pas un élément essentiel de la comptabilité ; reproduction sommaire selon la formule des écritures consignées aux livres auxiliaires, il n'exprime rien que ces livres ne mentionnent d'une manière plus claire et plus explicite. Dans la pratique, lorsqu'il y a impossibilité de faire le Journal, on le supprime, et, considérant alors les livres auxiliaires comme autant de journaux, on en fait le report jour par jour aux comptes-courants et aux comptes collectifs. A la fin du mois, ou de la période choisie pour la passation générale des écritures, on reporte les additions des livres auxiliaires aux comptes généraux ».

Telle est l'opinion de ce praticien expérimenté, M. Pigier.

Toutefois, au lieu de dire simplement que, *lorsqu'il y a impossibilité de faire le Journal, on le supprime*, n'eût-il pas été préférable de pousser la logique jusqu'au bout, et d'avouer qu'il y a lieu de faire absolument disparaître de la pratique ce livre reconnu inutile? Les Journaux spéciaux contenant *tout*, suivant le vœu de la loi, que peut-il rester pour l'autre ?

Quant à M. Auguste Beauchery, après avoir laborieusement cherché le moyen de simplifier d'une manière rationnelle la tenue des livres de commerce, il a résolument érigé en principe cette division du Journal, que M. Pigier avait, comme on vient de le voir, reconnue nécessaire dans la plupart des cas.

On peut dire, c'est notre avis, que la solution préconisée par ces deux auteurs de mérite, agrandit l'horizon de la Comptabilité générale

Déjà, au dix-septième siècle, le célèbre Claude Irson, qui avait composé un livre de comptabilité sur l'ordre de Colbert, disait : « Les livres auxiliaires sont des jour- « naux particuliers, et comme les membres d'un corps dont l'ensemble forme le Journal général. »

Nos législateurs de 1807 n'avaient probablement pas approfondi ce sujet. Néanmoins, nous persistons à croire que l'article 8, combiné avec les articles suivants qui se rapportent au même objet, autorise l'emploi de plusieurs Journaux, et qu'il n'est pas besoin, pour cette pratique, d'invoquer la désuétude de la loi sur ce point, comme on pourrait le faire, par exemple, en ce qui touche le paragraphe, la cote et le visa, aujourd'hui presque inconnus dans notre profession.

Je ne me permettrai pas de me prononcer sur la question de savoir s'il est bon, s'il est utile, que la loi stipule des dispositions en matière de livres de Commerce, à une époque où le Commerce et l'Industrie se sont généralisés dans des proportions que n'avaient certainement pas entrevues les auteurs du Code au commencement de ce siècle, mais je crois être fondé à dire que si le Pouvoir législatif supprimait en entier le titre 2, la force des choses remplacerait avantageusement les dispositions de ce titre, à moins qu'il ne fût réduit à cet article unique :

« Le commerçant est tenu d'avoir des livres pour l'enregistrement régulier de « toutes les opérations. »

S'il y a lieu de ne constituer le Journal général que par l'ensemble des Journaux spéciaux, les seuls authentiques, les seuls formant la véritable *unité*, s'il y a lieu, par conséquent, d'abolir l'intermédiaire né d'un malentendu qui n'a que trop duré, pourquoi insisterait-on pour conserver, à un titre quelconque, cet inutile résumé, quand le progrès de nos jours tend à faire disparaître le résumé du président devant les tribunaux ? Quand les témoins ont parlé, des témoins véridiques, qu'est-il besoin d'intermédiaire pour éclairer les juges ?

Je persisterai donc à conclure, Messieurs, comme j'ai déjà eu l'honneur de le faire devant le Comité d'initiative, à la séance du 6 octobre 1870, et, ultérieurement, dans le rapport présenté au nom de la 3ᵉ Commission sur la méthode Beauchery :

« Voilà donc l'antique préjugé du Journal récapitulatif, et prétendu légal, qui se « déracine. Il se déracine peu à peu, c'est vrai, — la routine a la vie dure, — mais, « enfin, le plus grand effort est fait, et le moment est venu, tel est du moins mon sen- « timent, de propager hardiment la doctrine qui a pour but de simplifier l'art du comp- « table, comme d'en préparer, en ce qui est possible, l'unification, objet de nos « travaux ».

Je complèterai, Messieurs, cette conclusion par le vœu suivant, qui, bien qu'en apparence étranger à mon sujet, s'y rattache d'une manière intime :

« Plus de *partie simple*, la dualité des articles étant de principe.

« Suppression de l'expression *partie double*, puisque la comptabilité ne peut être « que cela.

« Adoption de la méthode que je proposerai d'appeler *directe*, par opposition à la « partie double pratiquée sur l'ancien terrain, laquelle peut bien être qualifiée d'*indirecte* « par les motifs ci-devant expliqués.

« Ces deux dernières qualifications remplaceraient donc à l'avenir les deux ancien- « nes, et indiqueraient d'elles-mêmes la nouvelle phase dans laquelle entre la compta- « bilité, au triple point de vue de la science, de l'art et de l'interprétation légale. »

M. LE PRÉSIDENT. — La parole est à M. Daunay.

M. DAUNAY. — Les opérations commerciales ont été faites tout d'abord, *exclusivement au comptant* ; mais, on a été amené, par la suite, à faire des opérations à *terme* ; et il a fallu, dès lors, en garder la mémoire.

On a adopté pour cela le moyen qui se présentait naturellement à l'esprit.

Les opérations s'enregistraient couramment sur un livre de notes appelé *Brouillard*, où *chaque employé* inscrivait l'opération qu'il venait de faire. C'est de ce livre qu'on extrayait ensuite les éléments nécessaires pour établir les comptes de ceux avec lesquels on avait fait des transactions.

Le Brouillard contenait donc pêle-mêle, les achats, les ventes, les recettes, les dépenses, etc. ; et, comme il était tenu *par tous*, *indistinctement*, sa rédaction, faite au courant de la plume, et à une époque où l'instruction était beaucoup moins répandue qu'aujourd'hui, laissait généralement à désirer.

Aussi, lorsqu'il y avait des difficultés entre commerçants, la conscience du juge se trouvait mal éclairée par ces renseignements hétérogènes.

C'est alors que la loi est intervenue et qu'ont été édictées les ordonnances de 1673 ; et, beaucoup plus tard, en 1807, l'article 8 du code de commerce qui, énumérant d'une manière plus complète les énonciations exigées dans le *Livre-Journal*, est ainsi conçu :

« Tout commerçant est tenu d'avoir un Livre-Journal qui présente, jour par jour, ses dettes actives et passives, les opérations de son commerce, ses négociations, acceptations et endossements d'effets, et généralement tout ce qu'il reçoit et paie, à quelque titre que ce soit ; et qui énonce, mois par mois, les sommes employées à la dépense de sa maison : le tout indépendamment des autres livres usités dans le commerce, mais qui ne sont pas indispensables. »

Pour se conformer à la loi, on a donc dû coordonner les notes du Brouillard et les inscrire *en détail* sur le Journal pour en extraire ensuite les comptes du Grand-Livre.

Mais, bientôt, la multiplicité des affaires, a obligé les commerçants à diviser le Brouillard ; et, on est arrivé à remplacer ce *mémorandum* par une série de livres spéciaux à chaque transaction, tels que : livres d'achats, de ventes, de recettes et dépenses, etc.

Logiquement, la loi qui avait suivi l'usage en ordonnant un *Journal*, alors qu'il y avait un *Brouillard*, eût dû laisser au commerçant la possibilité de tenir *plusieurs Journaux* puisque la force des choses imposait *plusieurs Brouillards*.

Mais, il n'en a pas été ainsi : on est resté en présence *d'un Journal*. Toutefois, il a fallu introduire dans sa rédaction, une modification ; car, le Brouillard *divisé* étant tenu par *plusieurs personnes*, il eut été impossible à *un seul* employé quelque habile calligraphe qu'il fut, de copier, dans un ordre méthodique, le détail des opérations consignées aux Brouillards. On s'est dès lors contenté d'inscrire sur le Journal le total de chaque opération.

Ainsi, par exemple, avait-on vendu, dans un jour, des marchandises à quatre acheteurs, on rédigeait cette partie du Journal en y inscrivant tout simplement le nom de l'acheteur qu'on faisait suivre des mots : ma facture, puis du total de cette facture ; et on opérait de même pour les achats, recettes, paiements, etc.

Le Journal ainsi rédigé pouvait servir encore à la confection du Grand-Livre : « mais il fallait atteudre, en tous cas, qu e Journal fut établi pour opérer ce report » : « ce qui amenait nécessairement un retard dans l'établissement du Grand-Livre.

« C'est alors qu'est née une conception hardie due à M. Poitrat : celle de reporter « directement les écritures des Livres-Brouillards sur le Grand-Livre, pour dresser « ensuite le Journal, *le livre de la loi, quand on en avait le temps.* »

Bientôt, dans plusieurs maisons, on a été dans l'impossibilité de construire ainsi le Journal, on a été amené à n'y enregistrer, *jour par jour, absolument que les totaux d'opérations similaires.* Ainsi pour reprendre l'exemple cité plus haut, au lieu de débiter nominativement les quatre acheteurs auxquels on avait vendu des marchandises dans la journée, il a fallu les débiter en bloc et dire :

« Doivent Divers ou Divers à Marchandises, mes factures du jour, etc., suivant le système de tenue des livres adopté. »

De ce mode de rédaction du Journal, absolument imposé par la force des choses, à celui qui consiste à n'y inscrire les totaux d'opérations similaires que toutes les semaines, toutes les quinzaines, tous les mois, il n'y avait qu'un pas à faire, et ce pas a été fait.

Nous pouvons donc affirmer que la rédaction du Journal arrivera à ne comprendre, en général, absolument que les totaux relevés, mois par mois, sur les livres de premier jets ; et que, ce qui n'est encore indispensable que pour les grandes entreprises, le deviendra bientôt pour la majorité des commerçants.

Le Journal ainsi rédigé est-il conforme à la loi ?

Peut-on soutenir que le Journal, ne renfermant que des dates, des libellés caractérisant sans doute les opérations en bloc, mais ne renseignant d'une manière spéciale sur aucune d'elles, et des totaux, peut servir à éclairer, à un moment donné, la conscience du juge ?

Le simple bon sens autoriserait à répondre non. Mais, consultons, avant de nous prononcer, les *comptables* et les hommes de loi.

Voyons ce qu'ils disent à ce sujet.

Si nous nous adressons d'abord aux comptables, les avis sont partagés.

On nous dit, d'une part : le Journal doit contenir, sinon le détail des opérations, au moins leur indication sommaire : « de telle sorte que si tous les autres livres venaient à manquer, le Journal seul puisse établir à nouveau toutes les écritures. »

D'autre part, on avance ce fait : « il suffit d'enregistrer jour par jour en bloc les » opérations similaires. »

On affirme enfin « qu'en élevant au rang de Journaux les livres de premier jet, il suffit de récapituler les opérations par périodes, par mois, par exemple, sur le Journal général. »

Les comptables traduisent, en un mot, par leurs réponses, les nécessités du milieu où ils sont appelés à opérer.

Mais, ce désaccord n'a rien d'étonnant, puisque la plus part d'entre nous n'ayant point étudié le droit, il nous manque, peut-être, les connaissances nécessaires pour interpréter convenablement la loi.

Si nous nous adressons maintenant aux hommes de loi, nous voyons *que la même contradiction existe.*

Les uns disent qu'il faut un Journal unique: les autres plusieurs Journaux, spéciaux à une condition, cependant, c'est que ces Journaux soient centralisés mois par mois.

Nous voyons donc se reproduire encore chez ceux qui doivent connaître à fond la loi, les mêmes contradictions que nous avons déjà constatées chez les comptables.

Nous pourrions citer nombre de preuves pour et contre. Mais comme je sais que plusieurs de mes amis, M. Beauchery et M. Gagey entr'autres, doivent apporter à cette tribune des preuves d'un côté et de l'autre, je me contenterai de rapporter ici une consultation écrite donnée à M. Wargnies-Hulot lorsqu'il a publié son ouvrage en 1874.

CONSULTATION DE M. BONNIER

(Extrait de l'ouvrage de M. Wargnies-Hulot).

Le soussigné, consulté sur la question de savoir si un commerçant doit se borner à avoir un seul Livre-Journal, ou s'il peut avoir plusieurs Livres-Journaux se résumant en seul, a émis l'avis qui suit :

Toute la difficulté se concentre dans l'application qu'il est permis de faire des dispositions de l'article 8 du Code de commerce qui, énumérant d'une manière plus complète que l'article correspondant de l'ordonnance de 1673, les énonciations exigées dans le Livre-Journal, est ainsi conçu :

« Tout commerçant est tenu d'avoir un Livre-Journal qui présente, jour par jour, « ses dettes actives et passives, les opérations de son commerce, ses négociations, « acceptations et endossements d'effets, et généralement tout ce qu'il reçoit et paie, à « quelque titre que ce soit; et qui énonce, mois par mois, les sommes employées à la « dépense de sa maison : le tout indépendamment des autres livres usités dans le com- « merce, mais qui ne sont pas indispensables »

Faut-il prendre cet article à la lettre et exiger, en conséquence, que le commerçant ait *un seul Livre-Journal*, comprenant le résumé de toutes les opérations ?

Pour soutenir l'affirmative, on peut dire que les livres de commerce constituent un mode de preuve solennel, en dehors du droit commun, puisque le créancier peut s'y faire un titre à lui-même; ces livres faisant foi, aux termes de l'article 12 du Code de commerce, pour faits de commerce entre commerçants.

On fait remarquer qu'aux termes du même article 12, cette importante prérogative n'est accordée aux livres qu'autant qu'ils *sont régulièrement tenus :* d'où la nécessité de se conformer scrupuleusement au texte, qui veut un *Livre-Journal*. On ajouterait que la multiplicité des livres peut engendrer la prolixité, et qu'il importe au juge de commerce de pouvoir embrasser d'un coup-d'œil la situation d'un commerçant. Ne pourrait-on pas craindre, d'ailleurs, qu'une tenue irrégulière ne donnât ouverture à l'application de l'article 586, 6°, du Code de commerce, qui fait des livres irrégulièrement tenus un cas de banqueroute simple pour le négociant, s'il tombe en faillite ?

Bien que ces arguments aient une certaine gravité apparente, ils ne nous semblent point de nature à résister à une discussion sérieuse : s'ils se fondent sur la lettre, ils sont en opposition avec l'esprit de la législation commerciale.

Qu'ont voulu, en effet, les rédacteurs du Code de commerce? Précisant les obligations déjà établies par l'ordonnance de 1673 (tit. III, art. 1er), ils ont exigé un *Livre-Journal* présentant *jour par jour* toutes les opérations du commerçant. Mettre la situation en pleine lumière, voilà quelle a été la pensée du législateur. Dès que l'on satisfait à cette prescription essentielle, peu importe qu'on le fasse en un seul. Le but de la loi se trouve toujours atteint, surtout si, comme le suppose le consultant, un Journal général reçoit, à des époques déterminées (que nous voudrions mensuelles d'après l'esprit de l'article 8), les totaux des opérations consignées aux Journaux particuliers. C'est le cas de dire : *Quod abundat, non vitiat.* Veut-on se placer au point de vue de l'article 12? Les développements donnés dans chacun des Livres d'achats, de ventes, de portefeuille, etc., ne pourront que donner plus de lumière au juge de commerce. Quant à l'article 586, 6°, il n'a voulu atteindre, suivant le texte même, que les documents *n'offrant point la véritable situation active ou passive*, tandis que le mode proposé ne fait que la présenter d'une manière parfaitement équivalente, sinon plus complète.

Le procédé proposé, bien qu'il nous semble à l'abri de toute critique sérieuse, est réellement nouveau ; aucun jugement, à notre connaissance, n'a statué sur cette question. Ni dans les traités généraux sur le Code de commerce, ni dans les ouvrages spéciaux sur la comptabilité, il n'est fait aucune mention de la possibilité de fractionner le Livre-Journal. Il y a seulement une induction à tirer, comme l'a fait le consultant, du commentaire de l'article 8 par M. Rogron. Ce judicieux et regrettable jurisconsulte, en admettant que le Livre-Journal peut suppléer au Livre de caisse, admet implicitement que le Livre de caisse suffirait pour constater ce qu'a reçu le commerçant.

On cite toutefois, dans la pratique commerciale allemande, des exemples de division appliquée, non au Livre-Journal, mais au brouillard.

Cette observation n'est pas sans importance en raison de l'usage, qui se répand de plus en plus actuellement de confondre jusqu'à un certain point ces deux livres, en faisant du Journal la mise au net du Brouillard.

Dans tous les cas, ce dont nous sommes convaincus, c'est que tout ce que le Code de commerce a voulu exiger, c'est que le commerçant *tienne au moins un Livre-Journal*. Nous estimons, en conséquence, que le consultant peut suivre le procédé qu'il nous expose sans contrevenir à la loi.

Délibéré à Paris, le 4 novembre 1873.

Signé : E. BONNIER,
Docteur en droit, Professeur à la Faculté de droit de Paris.

(Nous demandons pardon à M. Wargnies-Hulot d'avoir fait, sans le consulter, un emprunt à son ouvrage : et, nous espérons qu'il nous excusera, puisque cet emprunt nous sert à plaider ce que nous croyons être la bonne cause).

Que conclure de tout ce qui précède ?

C'est assurément que l'article 8 du Code de commerce n'est pas assez explicite puisqu'il prête à des interprétations aussi diverses.

Il faut donc qu'il soit changé.

En quel sens ?

Telle est la question.

Comme il est impossible de soutenir que le Journal construit mois par mois avec des totaux peut, SEUL, suffire à éclairer la conscience du juge, il y a lieu d'émettre un vœu tendant à une réforme de la loi ainsi conçue :

« Tout commerçant peut avoir un ou plusieurs Journaux : mais, quand les jour-
« naux seront multiples, ils devront être récapitulés au moins une fois par mois sur
« un journal centralisateur qui servira à renseigner systémathiquement le commer-
« çant sur sa situation générale, comme les journaux détaillés le renseignent analy-
« tiquement sur chaque série d'opération. »

M. Lefebvre. — La cote et le paraphe sur deux des livres ordonnés par la loi ont pour but de rendre authentiques les écritures passées sur ces livres.

La loi a voulu marquer d'un sceau les livres, qui peuvent être appelés à témoigner en justice. De plus, elle protège le commerçant contre lui-même, et le garantit de toute espèce de fraude en matière d'écritures.

En effet, l'impossibilité matérielle de substituer un livre à un autre, ou d'enlever et remplacer des folios du Journal général et du livre d'Inventaires, impose au commerçant l'obligation de n'inscrire sur ces livres que des opérations et des situations vraies ; car le commerçant sait que, si des inscriptions sont fausses, il lui serait impossible de les faire disparaître.

Donc, quels que soient les livres adoptés par telle ou telle méthode de comptabilité, il faut que le livre d'Inventaires et le Journal général ou tous autres livres admis à le remplacer, soient marqués de ce sceau d'authenticité, que nous appelons la cote et le paraphe. L'intérêt du commerçant l'exige tellement, que, si la loi n'existait pas, nous devrions la demander.

En conséquence, je propose au Congrès de déclarer que l'utilité de la cote et du paraphe sur les principaux livres de commerce est suffisamment démontrée.

M. Gagey. — Nous ne sommes pas des législateurs, c'est vrai, mais à raison de nos connaissances professionnelles, nous pouvons expliquer nos tendances sous forme de vœux, relativement aux articles 8 à 17 du Code de commerce, concernant la comptabilité : c'est le point aussi sur lequel tous les auteurs sont le plus divisés. Je ne suis pas de l'avis de ceux qui expliquent le texte de la loi : mais je considère le Journal comme le principal livre, celui qui doit tout contenir, et qui a été considéré par le législateur comme un registre capable à lui seul de reconstituer la comptabilité si tous les autres livres venaient a être détruits. Vu le grand développement donné aux affaires, il est impossible de tenir le Journal d'après l'ordonnance de 1673 et la loi de 1808, car les livres auxiliaires ont pris un grand développement et sont aujourd'hui des Journaux spéciaux. La loi est donc tombée en désuétude. Je tiens donc à expliquer l'unité du Livre-Journal d'après le texte de 1808, et j'appose la doctrine d'un jurisconsulte M. Bédarrides qui dit, page 323 — 205 — 2e alinéa :

« ... L'art. 8 exige que le Livre-Journal présente, jour par jour, les dettes actives et passives, les opérations de son commerce, ses négociations, acceptations et endossements d'effets, et généralement tout ce qu'il reçoit et paie, à quelque titre que ce soit.

« La généralité de ces dernières expressions, succédant à des spécialités qui, dans leur ensemble, constituent à leur tour une véritable généralité, ne permet pas ce doute sur l'intention de la loi. « Ce que doit renfermer le Livre-Journal, ce n'est pas seule- « ment le détail des opérations relatives au commerce, c'est le tableau complet de la « position du négociant et la relation de tout ce qui se réfère à ses ressources pécu- « niaires, à sa fortune. »

« Ainsi, on ne devrait pas distinguer dans les dettes actives et passives, elles doivent être inscrites au Journal, alors mêmes qu'elles résulteraient d'actes notariés et de causes étrangères à son commerce.

« Il en serait de même des recettes. Il ne faut pas que le commerçant puisse en dissimuler aucune pour s'affranchir de l'obligation d'en justifier l'emploi. Aussi, la discussion au Conseil d'Etat prouve que son obligation à cet égard comprend la mention de la dot qu'il aurait reçue de sa femme, et celle de ce qui lui serait obtenu du chef de celle-ci, ou de son propre chef, par succession, donation ou autrement. »

« Telle était au reste la doctrine que la jurisprudence avait induit de l'ordonnance de 1673, malgré que ces termes fussent moins généraux que ceux du code, malgré qu'elle ne parlât que des lettres de change ce qui semblait exclure les simples billets. Savary cite notamment un arrêt rendu par le parlement de Paris, le 22 juillet 1868, jugeant qu'un marchand est obligé de représenter ses livres pour justifier la vérité de sa créance, quoiqu'il ait pour titre une reconnaissance passée devant notaire. On n'eut certes pas décidé ainsi si *l'obligation d'inscrire ces sortes de créances sur le Livre-Journal* n'avait été admise. »

En présence de cette déclaration, de ces doctrines autorisées peut-on prétendre qu'on peut avoir foi dans un Journal récapitulé, et ne contenant que des opérations sommaires ? peut-on dire qu'on a rempli le but de la loi ? sérieusement non.

Regnault de Saint-Jean d'Angely, au sein de la commission préparatoire du code s'exprimait ainsi :

« Le marchand a également d'autres registres renfermant le relevé partiel de son Livre-Journal, mais la section a pensé qu'il ne fallait faire porter l'obligation que sur LE Livre-Journal, c'est-à-dire le Livre *général* qui représente l'UNIVERSALITÉ des opérations et qui est indispensable dans toute maison de commerce. »

Bédarrides dit encore plus loin page 340 art. 217 et 218.

« La loi en *tolérant* les livres auxilliaires, a par cela même autorisé les commerçants à les invoquer, mais ce secours n'est légal qu'en temps qu'il a pour objet de renforcer les indications du Journal. Évidemment la production de celui-ci rendrait non recevable la prétention tendant à contraindre la représentation de ceux-là, mais, à défaut de cette production, le commerçant ne saurait être admis à la remplacer par celle de ses livres auxiliaires, quelques réguliers qu'ils fussent d'ailleurs.

Art. 218. — « Il est une seule hypothèse où l'on pourrait admettre le contraire, à savoir, s'il était établi que le Journal a péri par une circonstance *majeure*, indépendante de la volonté du commerçant. L'équité commanderait alors d'admettre à l'appui de sa demande tous les documents qui auraient survécu au naufrage, et conséquemment les livres auxiliaires. »

Plus loin, page 375.

« ..... en cas de contradiction entre les énonciations, la préférence est due au

Journal. Il est donc certain que les livres auxiliaires ne peuvent être invoqués que concurremment et conjointement avec les livres obligatoires. Ainsi un commerçant qui n'aurait ou qui ne représenterait pas ceux-ci ne pourrait utilement recourir à ceux-là quelque régulièrement tenu qu'ils parussent. D'ailleurs, leur régularité est nécessairement subordonnée à celle du Journal que le défaut de production empêche de reconnaître et de constater. D'autre part, *ils peuvent* bien compléter ou expliquer celui-ci mais le *remplacer, jamais.* »

Vous voyez que les auteurs ont parfaitement séparé le Journal des Livres auxiliaires ; par conséquent déclarer que les subdivisions du Livre-Journal sont des auxiliaires valables c'est s'opposer à cette jurisprudence.

Voici, Messieurs, l'opinion de divers jurisconsultes. Je l'ai dit tout à l'heure, ce sont des opinions contradictoires, et vous voyez parfaitement qu'il y a contradiction, dans l'interprétation de l'art. 8 ; d'autre part dans votre esprit, les livres auxiliaires ont les véritables qualités de journaux ; il y a lieu à des réformes à la loi ; j'en demande spécialement, de la façon suivante :

« Le Congrès, considérant que la science professionnelle ne peut-être en désaccord avec la loi qui la régit ; qu'il en est cependant ainsi actuellement attendu, que le Journal unique est prescrit par l'art. 8 ; que le développement des affaires depuis la confection de la loi a obligé le négociant à transgresser cette prescription légale ; que bon nombre de comptabilités ont forcément abandonné la tenue du Journal unique, afin que les écritures soient constamment à jour ; que la loi doit être tutélaire et non faire échec à la science professionnelle ; qu'il y a lieu de rétablir l'accord entre cette dernière et la loi, émet le vœu de voir réformer l'art. 8 dans le sens de la pluralité *facultative* des Livres-Journaux, à l'aide de ce simple changement, au lieu de dire : « Tout commer-« çant est tenu d'avoir un Livre-Journal ; dire : Tout commerçant est tenu d'avoir un « ou plusieurs Livres-Journaux. »

A l'égard de l'inventaire sanctionné par l'art. 9 actuel, je trouve la loi incomplète ; j'en désirerais la réforme de la façon suivante :

« Le Congrès considérant qu'il y a lieu de réformer l'art. 9 du Code de commerce qui règle l'obligation pour le commerçant de faire inventaire, émet le vœu que cette réforme soit faite en ce sens :

« Tout commerçant est tenu de faire, au moins une fois chaque année, un inventaire exact, complet et détaillé de toutes les valeurs composant son *Actif* et de toutes les dettes ou Passif qui grèvent cet Actif.

« Le total de l'Actif et celui du Passif y doivent être nettement déterminés.

« Il doit y être fait, en suite de l'Inventaire, une récapitulation sommaire ou bilan, des sommes qui le composent, dressée dans le même ordre.

« Le bilan ne peut jamais tenir lieu d'inventaire.

« L'inventaire et le bilan doivent être copiés en entier d'année en année sur un registre spécial à ce destiné. Ils doivent être certifiés sincères et véritables, conformes aux écritures, datés et signés, de la main même du négociant ; pour les sociétés en nom collectif, par tous les associés : pour les sociétés en commandite simple, par tous les associés en nom : pour les sociétés en commandite par actions, par le gérant et le président du Conseil d'Administration et les commissaires-censeurs.

« Tout commerçant dont l'inventaire sera reconnu inexact, irrégulier ou incomplet, ou non revêtus des formalités ci-dessus prescrites sera passible de..... (Pénalité à déterminer par le législateur). »

A propos du visa il est certain que le Congrès n'ayant pas fait son choix, il y a lieu d'ajourner la réforme de ces formalités, jusqu'à ce que nous ayons vu ce que nous adopterons à titre de méthode. Attendu qu'en effet je reconnais qu'il y aurait impossibilité complète de remplir ces formalités si tous les négociants établis voulaient les remplir.

Par conséquent, au sujet du visa, je dépose cette proposition de vote :

« Le Congrès, considérant que ce n'est qu'à raison du système méthodique qu'il aura adopté, qu'il pourra faire connaître judicieusement son opinion sur ce point, ajourne toute discussion et toute résolution de cette question au prochain Congrès des Comptables.

Pour la preuve à faire en justice, j'estime également qu'il y a contradiction entre les art. 12, 13, 15 et 17 à ce sujet : les art. 12 et 13 sont pour ainsi dire opposés l'un à l'autre. Feront preuve ou ne feront pas preuve, quoique réguliers, s'ils ne sont pas revêtus des formalités prescrites. Tout cela constitue des difficultés considérables pour le triomphe de la vérité, et c'est pourquoi je dépose le vœu suivant :

« Le Congrès, considérant que les art. 12, 13, 14, 15 et 17 du Code de commerce présentent dans leurs textes respectifs des contradictions et des restrictions qui nuisent souvent au triomphe de la vérité dans les nombreux cas litigieux continuellement soumis aux tribunaux consulaires, émet le vœu d'en voir opérer la refonte complète dans ce sens :

« 1. Les livres de commerce régulièrement tenus et revêtus des formalités prescrites peuvent être admis par le juge pour faire preuve en demandant comme en défendant quelle que soit la qualité des parties et la nature du litige.

« 2· La communication ou la représentation des livres peut toujours être ordonnées d'office par le tribunal ou le juge qui instruit l'affaire.

« 3· La pièce justificative est obligatoire pour tous, toutes les fois qu'elle peut être établie. Elle doit contenir toutes les indications suffisantes, propres à établir sans conteste et à justifier, le contrat intervenu, l'opération effectuée.

« 4· La représentation ou la communication des pièces justificatives est ordonnée et autorisée de droit, partout et dans tous les cas où la mesure est reconnue nécessaire, toutes les fois que cette communication ne peut porter aucun préjudice à celui qui en est détenteur en dehors du fait à établir et à prouver.

M. LE PRÉSIDENT. — Je prendrai la liberté de dire un mot. La Commission et le Congrès ont examiné toutes les questions et tous les articles du Code ayant trait à ce que nous discutons. Mais, Messieurs, elle en a oublié un, c'est l'article 84. En effet, dans cet article il est dit que le livre ne doit pas contenir de chiffres (rires), on l'oublie et cependant c'est une réforme à poursuivre. En ma qualité de président je ne veux pas prendre part à la discussion, seulement j'appelle l'attention du Congrès sur ce point.

M. BOULLAUD. — Nos amis et collègues qui ont pris la parole, sauf M. Gayet qui s'est reporté à des époques bien éloignées, ne nous ont pas dit si l'article 8, visant la tenue du Journal, obligeait de tout détailler sur ce livre, ou s'il n'entendait exiger qu'un résumé des opérations.

A mon avis, tout, *d'après la loi*, doit y être détaillé. Et, c'est si vrai, que, dans certaines branches industrielles telles que la bijouterie, on exige même le détail des factures ; à plus forte raison les écritures qui découlent de celles-ci.

Je suis donc porté à croire que si des commerçants ne remplissent pas cette formalité, c'est que MM. les Juges appelés à se prononcer dans les constatations qu'ils avaient à juger, l'ont toléré, comprenant toute la difficulté que l'on éprouvait à faire un détail aussi complet.

Je conclus donc et forme le vœu suivant :

« Suppression des articles 8 à 17 du Code de commerce pour être remplacés par un article unique au point de vue de la comptabilité

« Art.   Tout commerçant pourra, pour enregistrer toutes ses opérations employer « autant de livres qu'il le jugera nécessaire pour la bonne gestion des affaires, à charge « par lui d'en faire la *déclaration intégrale* au tribunal de commerce. Ces livres « pourront lui être demandés par ledit tribunal, toutes les fois qu'il aura des preuves à « fournir en justice. »

Je crois, Messieurs, que cet article remplirait le but de tout ce qu'on pourrait demander.

M. BIMONT. — On a dit que M. Dalloz faisait foi ; et bien, Messieurs, je viens vous lire un jugement datant de 1872 :

Chemins de fer de l'Ouest contre la Compagnie des bateaux du Calvados.

La Compagnie des chemins de fer de l'Ouest condamnée par défaut envers le sieur Adeline au payement de 837 fr. 80 c. pour une balle de draperie à elle remise à destination de Lille, et, égarée, a formé une opposition et appelé en garantie la Compagnie des bateaux du Calvados. Celle-ci a prétendu que la balle ne lui avait jamais été remise, et demandé pour établir ce fait la représentation de deux registres de la Compagnie de l'Ouest; le registre des colis manquants et le registre de correspondances des gares de Trouville et de Lisieux. Jugement d'avant faire droit du tribunal de commerce de Lisieux, en date du 23 janvier 1872, ordonnant la représentation de ces deux registres.

Pourvoi de la Compagnie de l'Ouest pour violation de l'article 15 du Code de commerce, et en ce que le tribunal a ordonné la représentation des registres d'ordre, de correspondance et de comptabilité intérieure, qui ne sont pas les livres de commerce dont la production en justice peut être ordonnée.

Arrêt. — La Cour; — Sur le moyen tiré de la violation sur l'art. 15 C. comm. ;

Attendu que les livres dont l'art. 15 C. comm., permet d'ordonner la représentation ne sont pas uniquement ceux dont la loi exige et règle la tenue pour les commerçants; qu'il appartient aux tribunaux de se faire représenter aussi *les autres livres ou registres auxiliaires* qui sont tenus dans les maisons de commerce, et dont l'examen est propre à éclairer leure religion; — qu'ainsi le jugement attaqué, en ordonnant dans ces circonstances, la production de registres, dont il a, d'ailleurs, constaté l'existence dans les bureaux de la Compagnie demanderesse, n'a pu violer l'art. 15 C. comm. : — Rejette.

M. Beauchery. — Messieurs, vous savez pour la plupart que je suis l'auteur d'un livre en tête duquel il y a : plus de Journal, par conséquent, vous connaissez ma pensée. A ceux qui n'ont pas assisté à ma deuxième conférence je dirai que depuis un an j'ai adressé à la Chambre des députés une pétition demandant le droit pour le négociant, de tenir un ou plusieurs Journaux, soit la réforme de l'art. 8.

Je ne sais ce qu'est devenue cette pétition, mais il est certain que si vous vous ralliez à cette modification, alors elle aura chance de succès.

Messieurs, tout ce que j'avance sur la comptabilité, et bien d'autres choses, est écrit avec détails dans la *Révolution dans la comptabilité*, comme ce que je vais vous exposer sur le Journal. Vous me permettrez donc, en ce qui me concerne, de ne pas me citer.

Qu'est-ce que le Journal? d'où vient-il? à quoi sert-il? Interrogeons la loi. L'art. 8 du code de commerce, titre 2, s'exprime ainsi :

« Tout commerçant est tenu d'avoir un livre Journal qui *présente*, jour par jour, ses dettes actives et passives, les opérations de son commerce, ses négociations, acceptations ou endossements d'effets, et généralement tout ce qu'il reçoit et paie, à quel titre que ce soit ; et qui *énonce*, mois par mois, les sommes employées à la dépense de sa maison (le tout indépendamment des autres livres usités dans le commerce), mais qui ne sont pas indispensables. »

A se tenir au texte de la loi (et sans profiter de l'issue que M. T. Paoli, expert teneur de livres près le Tribunal de commerce à Lyon, fournit en ces mots : — le Journal doit *présenter* jour par jour les opérations du négociant, ce qui ne *signifie* pas qu'il doive y *inscrire* jour par jour ces opérations) ; à se tenir au texte de la loi, on comprend qu'il faille inscrire les opérations d'un commerçant journellement, autant que possible, et qu'elle présente, et.

Mais présenter, comment ? Quelqu'un a dit que s'il ne faut qu'*un* livre, cela n'impose pas *un* seul volume. C'est encore éluder la loi.

Faut-il un libellé explicatif avant, après, ou avec les sommes ?

Faut-il le libellé des parties simples ou celui des parties doubles ?

La somme seule, dans une colonne dont l'en-tête procure la signification, ne suffit-elle pas à cette présentation? d'autant plus qu'il ne faut qu'*énoncer* les sommes employées à la dépense d'une maison. Énoncer ! Comment et de quelle manière énoncera-t-on ?

Or, il a dû y avoir des discussions, des travaux préliminaires à la confection de la loi ? Des hommes sérieux, des sommités, n'ont pas dû prendre une décision à la légère. Interrogeons-les. Voici l'extrait du procès-verbal de la séance du 13 janvier 1807 du Conseil d'Etat :

« Art. 7 correspondant à l'art 8 du code. — M. Joubert désirerait qu'on retrouvât dans cet article la disposition de l'ordonnance de 1673, qui obligeait les marchands à énoncer sur *leurs registres* leurs dettes tant actives que passives. — M. Regnaud, de

Saint-Jean d'Angely, observe que l'article dit plus encore, lorsqu'il oblige les marchands à porter sur leurs *livres-Journaux* toutes leurs opérations de commerce. Il y a plus : l'ordonnance n'obligeait de mentionner que les lettres de change : or, le négociant peut aussi s'obliger par billets à ordre. L'article 7 (8) veut qu'il l *exprime* sur ses registres. »

D'où on peut conclure que les Conseillers d'Etat, au moins, à la veille de la promulgation de la loi, n'étaient pas fixés sur le Journal, puisqu'ils discutent (eux les conseils du gouvernement) sur *les Journaux*.

Cherchons ailleurs.

Les Conseillers d'Etat, en discutant, rappellent les Ordonnances de 1673 ; ils rappellent ce précédent, s'y appuient. Qu'étaient-elles, de par Louis XIV ? Voici l'essentiel ; Titre III :

Art. 1. — Les négociants et marchands, tant en gros qu'en détail, auront *un* livre qui contiendra tout leur négoce, etc.

Art. 2. — Les agents de change et de banque tiendront *un* livre-Journal, etc.

Art 5. — Les livres *Journaux* sont écrits d'une même suite par ordre de date, sans aucun blanc, etc. — Et l'art 4 du titre 1er :

« L'aspirant à la maîtrise sera interrogé sur les *livres* et *registres* à partie double et à partie simple. » Ces tenues de livres étaient officielles, alors.

Revenons au Titre III :

Art. 6. — Tous négociants, marchands et agents de change et de banque, seront tenus dans les six mois après la publication de notre ordonnance, de faire de nouveaux livres, *Journaux* et registres, etc.

Art. 9. — La représentation ou communication des livres *Journaux*, registres ou inventaires, ne pourra, etc.

Art. 10. — Au cas, néanmoins, qu'un négociant ou un marchand voulut se servir de ses livres *Journaux* et registres, ou que, etc.

Cette ordonnance, comme l'esprit de l'art. 8 de notre code de commerce, qui la répète, veut l'inscription des articles d'une même suite, par ordre de date, et non par spécialité d'opérations ; mais elle accorde au moins le droit d'avoir plusieurs Journaux.

Or, il s'agissait de la Tenue des Livres en parties doubles suivant l'édit de 1664 que voici, portant l'établissement de la Compagnie des Indes Orientales.

Art. 14. — Les comptes seront rendus à la manière des marchands, et les livres de raison de la dite Compagnie (tant de la dite direction générale que des particuliers) sont tenus en partie double, auxquels livres sera ajouté foi en justice.

D'après Philippe Bornier, lieutenant particulier en la sénéchaussée de Montpellier, en 1749, l'article XX du réglement de la place des changes de la ville de Lyon, porte que tous marchands et boutiquiers, vendant en détail, seront obligés de tenir des livres *Journaux*.

Il informe encore que par arrêté du Conseil d'Etat du 3 avril 1674, les livres *Journaux* des marchands et négociants seront faits et compulsés sur, etc.; et qu'à Florence un marchand n'est pas tenu de représenter ses livres *Journaux*.

Par déclaration du roi Henri III, du 18 février 1578, les marchands ne pourront être déssaisis de *leurs livres* de raison, etc. ; ce qui est confirmé par l'édit de Henri IV du mois de septembre 1595, et par Louis XIII au mois de juin 1615.

Interrogeons maintenant les professeurs.

De la Porte (en 1712) enseignait l'usage des livres Journaux.

Boucher (en 1803) disait que le Journal à *parties simples* peut se tenir divisé en Journal d'achats, Journal de ventes, Journal de caisse, etc. — Le Journal à *parties doubles* n'est pas la base de tous les autres livres, il n'est que la conséquence, le résultat des livres auxiliaire.

Ress Etienne (en 1816) préconise les livres d'achats et de ventes, des effets à recevoir, de caisse, etc.

Vautro, anglais (en 1829) prétendait que le Brouillon est une nullité.

Vincent Croizet (en 1840) dit, ainsi que M. Bedarride, que les livres auxiliaires sont l'extrait du Journal.

Claude Boyer (en 1641) retranche le Journal et préconise le livre d'achat, le livre de vente, le livre de caisse, desquels les parties sont rapportées dans un livre de Raison (G. livre) de ration qui veut aussi bien dire compte que raison.

Claude Irson (en 1678) d'après l'ordre de Colbert, fit un livre sur la comptabilité. Le roi en recommanda l'usage, lui donna, par lettre spéciale, le privilège de vente. Or, pour lui, les livres auxiliaires sont des Journaux particuliers, comme les membres d'un corps dont l'ensemble forme le Journal général.

Samuel Ricard (en 1709) adopte les livres soulageant ou livres auxiliaires spéciaux, soulageant les livres principaux : Mémorial, Journal, Grand-Livre.

Venons plus près, interrogeons le Comité d'initiative, précurseur du Congrès, et demandons le compte rendu de sa pensée à l'*Union Nationale*, qui l'a publiée.

Numéro du 15 septembre 1879 :

« L'importance actuelle de certaines industries et commerces démontrent cependant que la tenue d'un livre-journal unique est impraticable, en ce qu'elle entraverait la prompte exécution des écritures quotidiennes. »

Numéro du 6 octobre 1879 :

« M. Bonneval. — *A*ujourd'hui les affaires nécessitent des livres nombreux et ne permettent plus l'application du paraphe sur le Livre-Journal qui est divisé en *plusieurs journaliers* ou mains courantes. Les affaires commandent et la loi ne vient qu'après pour régler et assurer sa protection. On ne fait donc pas des affaires pour se soumettre à une loi qui a été praticable à l'époque de sa promulgation, mais qui ne l'est plus aujourd'hui. »

Numéro du 20 octobre 1879 :

« M. Cardonnet. — Admettant d'une manière générale que, quelles que soient les récriminations qu'on qu'on peut faire contre la société toute entière, le nombre des gens honnêtes est de beaucoup supérieur au nombre des gens malhonnêtes, je désirerais donc que la liberté la plus grande fût laissée aux commerçants à l'égard de leurs livres, je voudrais un article ainsi conçu :

« Tous les livres de commerce indistinctement *font foi en justice;* en conséquedce,
» il est de l'intérêt de tout commerçant de tenir tous ceux qu'il croit utiles pour se
» renseigner sur ses affaires et éclairer les juges qui, au besoin, en requerraient
» l'examen. »

Numéro du 15 novembre 1879 :

« M. Libéra. — Presque tous les auteurs de traités de tenue de livres, et beaucoup de praticiens routiniers, disent et soutiennent que le Journal est le pivot, le centre de toute comptabilité, vu l'article de la loi qui l'impose.

» Cela pourrait être vrai pour une comptabilité de peu d'importance, mais dans une grande administration, ou plusieurs employés sont attachés à cet important service, où la division du travail et la multiplicité des livres est nécessaire, le Journal ne joue qu'un rôle secondaire dans la comptabilité générale. Souvent en retour des écritures, rarement consulté, les opérations n'y sont inscrites qu'en bloc (et il serait impossible d'agir autrement), résumées par semaines, quinzaines et même par mois, en les relevant des registres spéciaux auxiliaires.

» Malgré cela, la comptabilité n'en marche pas moins bien et les opérations ne subissent aucune entrave.

» Permettez-moi qu'en m'adressant aux comptables, je leur demande si, lorsque nous avons besoin d'un renseignement nous nous adressons au journal ? Non ! presque jamais, sauf de très rares exceptions. Le Journal, presque toujours, ne sert que pour coordonner et distribuer les différentes opérations sur le grand-livre et avoir le contrôle du report des écritures, et encore pour les maisons seulement qui, par le petit nombre de comptes, ne tiennent pas de livre des comptes courants, elles n'ont que le Grand-Livre sur lequel se trouvent ouverts les comptes généraux et personnels. »

Numéro du 29 novembre 1879 :

« M. Gagey. — J'ai déposé sur votre bureau une proposition de vote tendant à provoquer la modification dudit art. 8 dans les conditions restreintes dont les termes, jadis, vous out été soumis par M. Beauchery, à l'opinion duquel je me suis rallié sur ce point. »

M. Bonnaud vient admirablement le seconder dans cette pensée que les livres auxiliaires se transforment, de par la loi, en livres-journaux, et il conclut en ces termes :

« Il est vrai que M. Monginot avait d'abord trouvé cette comptabilité beaucoup trop morcelée ; mais M Beauchery lui avait, avec raison, opposé ceci dans sa *Révolution dans la comptabilité:* — J'avoue que si les registres existent il y a morcellement ; que si l'on parle de les utiliser pour leur faire embrasser toute la comptabilité, il n'y a pas augmentation de morcellement ; qu'alors c'est une question à examiner et à débattre, non à rejeter, et que ceux qui l'ont émise n'ont fait que d'avoir la complète conception de ce dont M. Monginot n'avait que l'intuition, en voulant démontrer que la partie simple est double par les livres auxiliaires.

Parmi mes notes je trouve celle sur M. Léautey. Mais, comme cet écrivain jadis demandait plusieurs journaux, et que, continuant à se contredire sur cette question ainsi qu'il l'a fait sur toutes, il prétend aujourd'hui qu'on ne peut et ne doit se servir que du Journal unique, je récuse son autorité.

Je ne fais, Messieurs, que de vous indiquer, toutes les opinions. Cependant je suppose que ce coup d'œil rapide suffira à faire disparaître le Journal unique, quoiqu'il ne faille pas se dispenser d'une centralisation. (Applaudissements).

Et M. Guibault, administrateur distingué, auteur, lui aussi, dit .

« Le Journal est le pivot, le centre de la comptabilité. »

Cependant :

« Dans les grandes affaires industrielles ou financières, il devient nécessaire de diviser le travail. On a, dans ce cas, un Journal spécial à un seul genre ou à plusieurs genres d'opérations. On peut avoir un grand livre pour chaque Journal. »

Du Journal auxiliaire, page 19. — Quand le teneur de livres a besoin de former des divisions spéciales et détaillées, soit pour la caisse, soit pour le portefeuille, pour les effets à payer, pour les magasins, etc., il organise *un Livre-Journal particulier* pour chacune de ces divisions.

Page 20. — Tous les jours, toutes les semaines, tous les dix jours ou même tous les mois, on relève ces livres au Journal général par un seul article pour chaque livre. Le Journal général, dans les grandes comptabilités, n'étant plus qu'un résumé, un répertoire méthodique, on pourrait se dispenser de la législation pour ce livre. En pratique, cependant, on ne légalise que celui-là. Comme les chiffres qui y sont portés reproduisent, en définitive, ceux des livres auxiliaires, *les prescriptions de la loi se trouvent sauvegardées.*

Du Journal-Grand-Livre. page 76. — Il peut aussi n'être qu'un répertoire. Dans ce cas, il peut permettre la division du travail entre plusieurs employés, au moyen de *Journaux* et de Grands-Livres auxiliaires représentés par les colonnes d'émargement du Journal-Grand-Livre.

Si le Journal-Grand-Livre n'est tenu qu'en résumé (et alors son nom devrait être plutôt celui de Journal-Balance, Journal général), on pourrait avoir les Journaux de détail suivants, comme auxiliaires : Journal de magasin, Journal des effets à recevoir, Journal des comptes courants, Journal de caisse, Journal des effets à payer.

Un seul employé pourrait toujours tenir le Journal-Balance à lui seul. On diviserait le travail des autres en un nombre d'employés suffisant.

Du Journal, page 72. — La comptabilité des grandes associations financières ou industrielles a une manière différente de procéder. — La division du travail y devient d'une nécessité absolue. — Les livres auxiliaires y prennent une importance extrême. Le Journal général ne sert plus que de point de repère, de répertoire aux faits accumulés dans les livres auxiliaires. — Il ne s'agit plus *d'un seul Journal auxiliaire* pour le mouvement de chacune des valeurs principales : il faut, comme la Banque de France, des divisions spéciales du *Journal de caisse* ou du *Journal* d'effets à recevoir, etc.

M. Joanès Spazin, représentant des usines de la Malatière, à Lyon, ex-chef d'une comptabilité industrielle à Lyon dit, dans la publication de sa méthode de tenue de livres (Journal-Grand-Livre) : nous avons pris pour base le principe de la *division du Journal* qui est adopté dans la Banque depuis longtemps et qui s'admet peu à peu dans le commerce. — Or, les Journaux qu'il indique ne sont autres que les livres auxiliaires d'achat, de vente, de recette, de paiement.

Déjà, antérieurement, M. Monginot avait dressé une comptabilité avec trois Journaux.

M. Bonneval. — Messieurs, je ne voulais vous dire que quelques mots au sujet de la question légale. Quel est le but du Congrès? C'est de mettre la comptabilité en rapport avec la loi, ou bien de réformer cette loi. Mais ce but ne peut être atteint que par la pratique de chacun. On nous a cité tout à l'heure l'opinion de beaucoup d'auteurs au point de vue des Journaux spéciaux, et vous avez vu qu'il y avait contradiction.

Il s'agit donc de savoir quel est le mode le plus pratique possible à employer, et de voir si la loi est d'accord avec lui. On nous a cité la loi de 1673, mais les livres aujourd'hui ont une tout autre signification.

Dans l'esprit du législateur, le mot Journal était bon, car les opérations n'étaient pas encore aussi étendues qu'elles le sont maintenant, et il était facile d'inscrire chaque opération.

De la multiplicité des affaires, il est arrivé qu'un seul journalier est devenu insuffisant. Cependant, certains comptables disent que l'on ne peut faire de comptabilité qu'avec un Journal unique, et les autres disent qu'ils sont partisans des Journaux spéciaux. M. Beauchery vous a indiqué sa manière de voir, et elle est tellement pratique, qu'il est impossible d'en être autrement.

Si nous pouvons faire un vœu, c'est de dire qu'il y aura un ou plusieurs journaux, et il n'y aura plus d'inteprétation au sujet du Journal.

M. Salmon. — Messieurs, si vous voulez me permettre de lire l'art. 8, je crois que je vais résoudre la question.

Il y a une différence entre les mots énoncer et présenter, donc il y a une distinctinction ; le commerçant doit présenter tous les détails de son commerce, et énoncer mois par mois ce qui se passe dans sa maison.

M. le Président. — Messieurs, vous avez entendu ce que des auteurs bien différents les uns des autres viennent de dire ; si on consulte les auteurs qui ont traité de la comptabilité, c'est la même chose.

Je demanderai donc pour conclure sur ce point de renvoyer tous projets de vœux au prochain Congrès.

M. Gagey. — Suivant les opinions qui viennent de vous être présentées, il en résulte que le Journal a la même sanction que les Journaux spéciaux.

M. le Président. — Légalement.

M Gagey. — Faire de la légalité n'est pas faire de la comptabilité. Et je soutiens qu'il faut laisser la science professionnelle libre de toutes ses opinions dans la pluralité facultative des Livres-Journaux. L'article 8 rédigé doit l'être pour longtemps, sinon pour toujours. Car tenez un Journal, tenez des Journaux, vous serez toujours dans la loi.

M. Guyard. — Messieurs, nous sommes parfaitement d'accord sur ce point, c'est que le Journal doit centraliser toutes les écritures, de façon à ce que l'on ait plus qu'à prendre les totaux, mais, où nous ne sommes plus d'accord, c'est en disant qu'il y a un Journal ou des Journaux, car moi je soutiens qu'il faut des Journaux.

M. le Président. — Messieurs, toutes les opinions ont été discutées, il ne nous reste plus qu'à passer à la d'scussion des propositions. M. Baudran, membre absent aujourd'hui, écrit de le considérer parmi les opposants à l'idée d'émettre un vœu quant à la question légale.

DU ROLE DE L'ENSEIGNEMENT DE LA COMPTABILITÉ DANS LE PASSÉ, DANS LE PRÉSENT ET DANS L'AVENIR

M. Gagey développe une proposition tendant à rendre obligatoire dans toutes les écoles publiques l'enseignement de la comptabilité.

M. Bimont lit et dépose la proposition suivante :

. . . .

M. LE PRÉSIDENT. — M. Bimont nous fait prendre une décision que nous n'avons pas prise.

M. CROIZÉ. — Je vous demande pardon, cette résolution a été prise : nous avons voté ceci : que toutes les comptabilités qui possédaient les éléments de la partie double quelle que soit leur application, n'étaient que des variations de la partie double.

M. LE PRÉSIDENT. — Mais cette question est vidée.

M. GAGEY. — Je vois que nous n'avons plus que quelques minutes de discussion, nous ne pouvons pas discuter aussi rapidement sur cette grande question ; car il y a, selon moi, la question de méthode réservée pour le prochain Congrès. Or, Messieurs, il faudrait savoir quoi enseigner en comptabilité, la partie simple ayant été rejetée. Vous avez pu prendre une décision quelconque, mais vous n'avez pas pris de décision en ce qui concerne la méthode en partie double.

M. LE PRÉSIDENT. — Je vais relire ce qui a été fait sur une motion de M. Bonnaud ; ..... le Congrès n'a pas dit qu'il *adoptait la partie double.*
Voilà la proposition.
Et cela ne veut pas dire qu'il accepte la partie double comme la meilleure comptabilité, Je suis le serviteur du Congrès ; cette proposition ne peut pas être soumise au Congrès.
M, Bimont se rallie-t-il à la proposition de M. Gagey ?
Vous trouvez votre proposition plus claire ? C'est votre droit.

M. CROIZÉ. — On a voté, tout à l'heure, sur la proposition proposant la définition du mot partie double, comme principe.

VOIX. — C'est entendu ! c'est fini ! la clôture !

M. LE PRÉSIDENT. — La proposition de M. Gagey sur l'enseignement est ainsi conçue :

« Le Congrès, considérant que l'insuffisance d'instruction en matière de comptabilité, chez le petit et le moyen commerce surtout, est de notoriété publique, émet le vœu que l'enseignement de la comptabilité soit introduit dans toutes nos écoles, depuis l'école primaire jusqu'à l'école supérieure, et que le concours soit ouvert à tous et en particulier à la corporation des comptables pour enseigner la comptabilité. »
Cette proposition est adoptée à l'unanimité.

M. LE PRÉSIDENT — Nous complétons cette proposition par celle de M. Bimont :

« Considérant,

« Que la comptabilité est la science des comptes ;
« Qu'elle crée, coordonne et réunit, quelque divisés et étendus qu'ils puissent être, tous les éléments, toutes les règles qui fixent les fortunes publiques et privées ;
« Que, de plus, elle a pour mission de déterminer, conformément aux prescriptions de la loi, la situation active et passive du commerçant ;
« Qu'à ces divers titres, elle doit être regardée comme étant d'ordre public.

« Considérant,

« Que son étude a non-seulement pour but de la rendre compréhensible à tous, de lui donner de l'impulsion, mais encore celui d'inculquer les principes d'ordre et d'économie.

« Considérant en outre,

« Que son enseignement dans les écoles est reconnu notoirement insuffisant, donné d'une façon par trop restreinte, et dans tous les cas purement théorique.

« Le Congrès émet le vœu :

« Qu'elle soit désormais enseignée au point de vue pratique à tous les degrés, dans toutes les écoles de filles et de garçons, par la méthode dite partie double.

« Et décide,

« Que sous forme de requête la présente proposition, une fois adoptée, sera transmise par les soins de son bureau au ministre compétent, en lui demandant de vouloir bien, dans l'intérêt social et commun, en faire ordonner l'application. »

M. LE PRÉSIDENT. — La question de l'enseignement est résolue. Le paragraphe suivant est ainsi conçu : RÉSOLUTIONS DU CONGRÈS.

M. GAGEY. — Il est bien entendu que l'on ne doit plus prendre la parole.

M. LE PRÉSIDENT. — Mais, monsieur Gagey, laissez-moi faire mon devoir de président (Rires). Je croyais qu'en montant à cette tribune vous alliez nous apporter quelque chose de nouveau.

En effet, tout est discuté maintenant. Il y a la proposition de M. Thibault. Je la lis :

« Le Congrès,

« Considérant que les comptables et employés de commerce sont soumis, pour les cas de contestations avec leurs patrons, à la juridiction des tribunaux de commerce, composés exclusivement de patrons, ce qui — toute idée de suspicion étant écartée — est contraire aux principes d'égalité et d'équité.

« Émet le vœu que les contestations entre les comptables ou employés de commerce et leurs patrons, ressortissent des conseils de Prud'hommes, et qu'une section spéciale soit créée à cette fin dans lesdits conseils. »

La proposition est adoptée à l'unanimité moins une voix.

M. LE PRÉSIDENT. — Je crois avoir épuisé toute la discussion ; cependant, non, il reste la proposition de M. Libéra sur une Chambre syndicale pour les comptables. Je donne lecture de cette proposition :

« Considérant que la comptabilité, par l'extension prodigieuse du commerce et de l'industrie, est devenue indispensable et son utilité incontestable, son enseignement intéressant au plus haut degré le développement de nos relations commerciales aussi bien que le perfectionnement de nos diverses industries ;

« Considérant que dans l'intérêt de la profession, de la science et des professeurs, il importe de s'occuper sérieusement de cette étude ;

« Considérant que l'on arriverait ainsi à établir les principes fondamentaux de l'enseignement et à donner solution à de nombreuses questions que la pratique et l'expérience permettent seules de résoudre, et devant lesquelles on est souvent embarrassé ;

« Le Congrès fait des vœux pour qu'une Chambre syndicale professionnelle soit formée pour s'occuper de tout ce qui concerne la comptabilité, de son enseignement très incomplet (les notions théoriques et pratiques indispensables pour faire un bon administrateur ayant été délaissées jusqu'ici), de tracer un programme des connaissances nécessaires aux comptables pour l'exercice de leur profession, et enfin de protéger et défendre les intérêts de la corporation. »

La proposition avait été discutée par le Comité d'initiative.

M. GAGEY. — Je n'ai qu'un mot à dire sur cette question, nous n'avons pas à discuter l'urgence d'une Chambre syndicale : on n'a qu'à consulter sa conscience et à répondre par un vote.

La proposition est adoptée à l'unanimité.

M. LIBÉRA. — Afin de compléter ce qui a été dit et pour laisser une entière liberté à la Commission, il serait peut-être bon de préciser qu'elle ne s'occupera pas de la loi.

M. LE PRÉSIDENT. — La nouvelle Commission fera ce qu'elle entendra ; mais permettez-moi de donner un conseil : cette Commission n'a pas de tête pour la réunir.

Je vous propose de nommer comme président provisoire M. Pérot qui est doyen parmi nous.

M. Pérot refusant, je propose M. Guyard.

M. Guyard accepte-t-il ?

Il s'agit seulement de convoquer les membres de la Commission pour une première séance.

M. Guiard acceptant, c'est une affaire entendue.

Je vous propose d'adresser une lettre personnelle d'abord à tous les membres du bureau d'honneur, ensuite à M. le président du Comité central des Chambres syndicales, et à tous les journaux qui ont parlé de notre Congrès. Il n'est que trop juste de laisser une trace de notre reconnaissance. (Applaudissements).

M. THIBAULT, de Dijon, vice-président, remercie le Congrès au nom de M. Perdreau de Lille — secrétaire adjoint—et au sien de l'accueil sympathique qui a été fait aux comptables de province qui sont venus prendre part à ses travaux.

M. LE PRÉSIDENT. — Je voulais justement demander au Congrès un vote de remerciements pour nos collègues de province qui sont venus de si loin pour assister à nos séances.

Enfin, Messieurs, s'il m'est arrivé dans le cours des débats de blesser quelques susceptibilités, j'en demande pardon. (Bravos).

M. MARIENVAL. — Messieurs, M. Dietz Monnin, qui a eu l'honneur de présider dimanche dernier la première séance du Congrès, espérait pouvoir venir ce soir, mais il n'a pas pu, et il m'a prié de vous exprimer tous ses regrets. J'en profite pour vous remercier, au nom des Chambres syndicales, de vos votes excellents.

Je suis sûr que Monsieur Dietz Monin se ferait un plaisir d'assister è vos intéressants travaux; je demande donc en son nom et au mien, la permission de nous rendre quelquefois dans la commission. Nous serons heureux d'écouter ce qui s'y discutera. (Applaudissements.)

M. LE PRÉSIDENT. — Quand vous daignerez venir à nous, monsieur, nous nous inclinerons, avec empressement pour vous recevoir. Nous ne devons pas oublier que les portes doivent vous être d'autant plus grandes ouvertes que vous êtes chez vous.

MM. Marienval et Blanchard se serrent la main.

M. GAGEY. — Il nous reste maintenant à remercier notre président de l'impartialité qu'il a montrée dans les débats, et de son dévouement (salves d'applaudissements).

Lecture est faite du procès-verbal qui est adopté sans observations et à l'unanimité, M. Roy reçoit à son sujet des félicitations méritées d'un grand nombre de ses collègues.

La séance est levée à onze heures un quart.

FIN DE LA CINQUIÈME ET DERNIÈRE SÉANCE

HISTORIQUE DE LA FORMATION DU 1er CONGRÈS DES COMPTABLES DE FRANCE

DÉDIÉ AU BUREAU D'HONNEUR LE 12 DÉCEMBRE 1880

Ce qui suit aurait dû précéder le compte rendu des séances du Congrès ; mais l'éditeur, d'accord avec l'auteur, a trouvé préférable de ne placer qu'à la fin cet historique, remis en trois exemplaires aux membres du bureau d'honneur.

Il a cru, en cela, agir convenablement, afin de permettre au lecteur de recevoir une impression générale, de se former un commencement de jugement, sans être influencé ou dirigé préalablement par une conception particulière.

Après la lecture de ce document, on pourra constater, néanmoins, que le Congrès a adopté les principes de la comptabilité proposés par son signataire, ainsi que la suppression dans la pratique, du Journal unique, que depuis seize années il réclame.

Ce sont des points capitaux et gros de conséquences, pour le système à adopter, l'enseignement à donner, la science à définir et à établir.

Messieurs,

Vers la même époque qu'en Italie, où M. le commandeur Joseph Cerboni, chef de division au ministère de la guerre, découvrait la méthode de comptabilité qui reçut le nom de *logismographie* ; en France, un comptable, en 1864, découvrait un système de comptabilité qu'il dénommait : COMPTABILITÉ DE L'AVENIR, et par plus grande précision peut-être trop accentuée : RÉVOLUTION DANS LA COMPTABILITÉ.

L'auteur donnait en axiomes, dès la première page de son livre, les conclusions suivantes : — plus de *partie simple*, plus de *partie double*, plus de *Comptes généraux*, plus de *Journal*.

Cette conception, cette création, ainsi que toutes choses à leur début, passa presque inaperçue de la majorité des lecteurs intéressés au progrès de la science des comptes : l'auteur était inconnu, le comptable était perdu dans la masse, gagnant péniblement et obscurément son existence.

Quelques rares hommes jeunes furent frappés de ce qu'ils appelaient la valeur, l'originalité et la supériorité de cette découverte, et en devinrent d'ardents zélateurs, d'infatigables propagateurs, dans le cercle de relations qui leur était réparti, en province.

Puis ce fut tout !

La question comptable était encore en cet état, c'est-à-dire gravitant sans issue autour des systèmes anciens : — la *Tenue des Livres en parties simples*, première en date ; — la *Tenue des Livres en parties doubles*, deuxième en date ; — la *Tenue des Livres* dite *système Journal-Grand-Livre*, plus récente et n'ayant pas un siècle d'apparition, en France, lorsqu'en 1879 l'auteur de la *Comptabilité de l'Avenir* pensa qu'il était temps de remettre en scène, son œuvre, de la soumettre à un jugement public et solennel, de la faire connaître d'un coup et accepter ou repousser.

Ce fut ce qui suggéra l'idée d'un Congrès des comptables.

Mais, au préalable, il était nécessaire qu'il ralliât autour de son projet un assez grand nombre de personnes qui, après avoir entendu ses explications, jugé de sa compétence, entrevissent au moins la possibilité ou la nécessité d'un progrès en comptabilité, et l'aidassent, ayant confiance, dans et pour les convocations, dans et pour l'organisation.

Ce fut l'origine et la raison de la conférence du 24 avril 1879.

Avec un dévouement digne de tous éloges, M. Dujarrier, conseiller municipal de Paris, voulut bien guider le conférencier dans les démarches préliminaires inhérentes aux assemblées publiques ; il le couvrit de sa notoriété et de son honorabilité pour le faire admettre, ainsi que son idée de Congrès, par M. J.-L. Havard, président de la Chambre syndicale du papier, qui est tenu en si haute et si légitime considération à l'Union nationale par les Chambres syndicales, qui y représentent le haut commerce et la grande industrie du département de la Seine.

M. Pinet, président de la Chambre syndicale de la chaussure, consentit à compléter le bureau, et l'administration de l'Union nationale accéda, sur la prière de M. Havard, à la tenue de cette Assemblée dans la belle salle qu'elle possède en son hôtel de la rue de Lancry, n° 10, Paris.

Position de la question. — Messieurs, après avoir eu la pensée d'une grande assise tenue par les comptables de France, la pensée d'un Congrès ; il fallait avoir celle de l'objet de ce Congrès, du but qu'il pouvait se proposer à atteindre.

Or cet objet, ce but suprême, furent désignés, par ces mots :

UNIFICATION DE LA COMPTABILITÉ

Libre de ce côté, sachant dans quel sens il devait diriger ses pas, le conférencier du 24 avril 1879, n'avait plus qu'à présenter un ou le moyen d'unifier la comptabilité, dans la pratique, pour l'enseignement, c'est-à-dire son système : *la Comptabilité de l'Avenir*.

C'est ce qu'il ne fit pas et ne voulut pas faire, ainsi qu'il en agit plus tard au *Comité d'initiative*.

Prenant la question de très haut, s'efforçant de l'élever encore davantage, il rejeta son système proprement dit au quatrième plan, et remontant aux origines, il passa en revue les trois systèmes de Tenue de Livres antérieurs au sien : car, s'était-il dit, la Comptabilité est la science des comptes ; mais, pour obtenir des comptes, pour pouvoir les établir, il faut, au préalable tenir des livres d'une façon ou d'une autre, et c'est là, *en cela principalement si ce n'est pas seulement*, qu'est le moyen supérieur de :

L'UNIFICATION DE LA COMPTABILITÉ

Aussi, il soumit à l'épreuve le premier système de Tenue de Livres appliqué dans les échanges, la *Tenue des Livres en parties simples*, et, loin de le rejeter hâtivement, à l'acquiescement de tous, du reste, il s'y arrêta, et démontra qu'il permettait suffisamment le *Contrôle des écritures* et procurait également les *renseignements généraux*, qu'après lui on ne reconnaissait possible que dans et par l'emploi du deuxième système connu, de celui qui lui succéda, le système dit : *Tenue des livres en parties doubles*. — *Le Comité d'initiative* a eu cette méthode à l'étude, il *en fera connaître* son sentiment.

Il en agit de même à l'égard du système de Tenue de Livres (troisième par ordre de succession, troisième par conséquence de progression et d'amélioration) du système de Tenue de Livres dit en France : *Journal-Grand-Livre*, ailleurs : *Système Américain*.

Il fit ressortir ce que contenait, en principe, ce procédé, qui venait battre en brèche celui désigné par la qualification de : *parties doubles*, quelle était sa raison de venue dans la traduction, sur des livres, des faits et gestes du commerce et de l'industrie ; de plus, il indiqua le moyen belge qui rend vaines et déplacées les attaques qu'il subit depuis longtemps, en France, et qui étaient méritées, attaques qui se motivaient sur les additions multipliées et fréquentes qu'il nécessite au Journal, qui se légitimaient par les reports insipides et répétés qu'il impose journellement, attaques, cependant, qui n'ont plus actuellement leur raison d'être.

Alors et enfin, le conférencier crut pouvoir utilement et honorablement soumettre à l'appréciation de son auditoire le système qu'il avait conçu, et qu'il propose aujourd'hui aux suffrages de ses concitoyens réunis en Congrès, *en suivant la même voie*, ainsi que l'année dernière, en Italie, la Logismographie s'est offerte aux suffrages italiens.

Il n'est pas inutile de faire ressortir que dans cette conférence, la question du Journal unique ou multiple, fut examinée sur toutes ses faces ; qu'à ce sujet il y fut remonté jusqu'aux Ordonnances de Louis XIV, généralement inconnues aux comptables, et que même des Edits de Henri IV servirent à la démonstration de la thèse.

Depuis, ce champ d'étude présenté ainsi sous un nouveau jour, avec de nouveaux points de vue, fut largement creusé, fouillé, exploité par le *Comité d'initiative et de préparation* du Congrès, qu'à la fin de la conférence, du 24 avril 1879 l'honorable président, M. Havard, crut devoir faire se constituer, dans le but d'étudier à fond et préalablement la question.

POSITION DU PROBLÈME

En conséquence de tout ce qui précède, Messieurs, voici comment le problème a été posé et comment l'a accepté en principe le Comité d'initiative dans le préambule de son règlement, au début de son organisation :

« Les principes de la Comptabilité étant découverts, reconnus et pro-
« clamés (et, pour les fixer, quelques lignes doivent suffire) rechercher le
« système de Tenue de livres, parmi les trois systèmes anciens connus, qui

« offre le plus d'avantages au commerce et à l'industrie, à la pratique et à
« l'enseignement, et, une fois constaté, par lui-même ou les méthodes ulté-
« rieures à lui qui sont venues l'améliorer tout en le respectant, le comparer
« avec le système proposé :

LA COMPTABILITÉ DE L'AVENIR.

« et faire prononcer le Congrès. »

Alors, l'unification de la Comptabilité est possible, mieux, elle est
faite.

Veuillez, Messieurs, faire bon accueil à l'expression de toute la considération et de la reconnaissance des Membres du premier Congrès des
Comptables de France que vous avez bien voulu couvrir de votre patronage.

Le promoteur du Congrès auteur de la COMPTABILITÉ DE L'AVENIR,

AUGUSTE BEAUCHERY.

Boulevard de Belleville, 42, à Paris.

M. Gagey nous prie de rectifier comme suit les explications qu'il a
données à la première séance sur le programme du Congrès, la sténographie les ayant reproduites d'une façon un peu confuse :

« Il y a certainement, Messieurs, nombre d'observations à présenter sur
le programme dont je viens d'avoir l'honneur de vous donner lecture et
dont je vous propose l'adoption au nom du comité d'initiative.
« Nous avons adopté cette division et cette classification des quatre
points que nous soumettons à la discussion, entendant qu'il nous paraissait
utile tout d'abord de déterminer les principes ou bases fondamentales de la
comptabilité, d'en étudier ensuite les meilleurs moyens d'application, soit
les résolutions concernant la méthode.
« Tout en ne considérant pas le Journal ou les Journaux comme une
question de principe fondamental nous l'avons classé dans ce chapitre,
parce que c'est pour nous un principe d'application sur lequel théoriciens
et praticiens sont le plus divisés et qu'en somme le Journal est la cheville
ouvrière de la Tenue des Livres.
« Ce que nous vous demandons avant tout, c'est une définition claire et
précise de notre science professionnelle.
« L'Inventaire et le Bilan sont pour nous des questions de principes

fondamentaux de la comptabilité, car c'est sur eux qu'elle repose, c'est là son point de départ et d'arrivée.

« Le Comité d'initiative, si prudent et si réservé dans ses votes, n'a pas hésité non plus à déclarer, à une forte majorité, que la pièce justificative était, au point de vue pratique, la base de la comptabilité, et bienheureux serions-nous tous, commerçants et comptables si nous pouvions codifier cette formule : « *Pas d'écritures sans pièces à l'appui !* »

« Estimant que la science a le pas sur la loi, nous n'avons placé la question légale qu'en troisième ligne, parce que ce n'est qu'après avoir déterminé les principes et leur meilleur système d'application que nous pourrons discuter judicieusement de la meilleure sanction à donner à leur ensemble.

« Il existe aussi sur ce point une grande division dans les opinions, notamment en ce qui concerne l'article 8 réglementant la tenue du Journal: Le Comité a paru pencher dans le sens de la « *pluralité facultative* » des Livres-Journaux, afin que la pratique et l'emploi de ces derniers registres, nés de la nécessité, c'est-à-dire du développement des affaires depuis la confection de la loi, ne soit plus en opposition flagrante avec la législation qui la régit.

« Les articles 12 et 13 du Code de Commerce nous ont paru aussi être quelque peu en contradiction, au sujet de la preuve à faire en justice, les articles 14 à 17 présentent aussi nombre de difficultés insurmontables à ce sujet car on se trouve souvent empêché, en raison de leur texte de requérir la production des livres pour faire la lumière.

« En ce qui concerne la question de l'enseignement nous l'avons placée la dernière, car avant de l'aborder, il était nécessaire que tous les autres points fussent résolus.

« Il nous paraît tout d'abord désirable, à ce sujet, d'émettre le vœu de voir l'enseignement de la comptabilité introduit, depuis le bas jusqu'en haut de l'échelle scolaire, c'est-à-dire depuis l'école primaire jusqu'à l'école supérieure et que le concours soit ouvert à tous pour cet enseignement, notamment à la corporation des comptables. »

MEMBRES DU CONGRÈS DES COMPTABLES

Membre Fo ːdateur d'honneur

M. A. BEAUCHERY
Boulevard de Belleville, 42 (Paris).

Membres Fondateurs

Didier, secrétaire-général fondé de pouvoirs, Forges de Châtillon et Commentry, rue Charras, 4.

Dietz-Monnin, membre de la chambre syndicale, Paris, rue du Château-d'Eau, 7.

Fabrégue, chef de comptabilité au Crédit Parisien, Paris, rue Brey, 20.

Havard, président de la chambre syndicale du papier, Vincennes, avenue de la République, 46.

Hubert, Paris, rue Neuve-des-Petits-Champs, 55.

Luther, Paris, rue Michodière, 4.

Marienval, Paris, rue St-Denis, 208.

Poirrier, Paris, rue d'Hauteville, 49.

Rolin, directeur de la compagnie la France, Paris, rue Grammont, 14.

Sorano (Ed.), directeur de la Banque Orientale, Paris, avenue de l'Opéra, 16.

Thomas (Léon), vice-président de la Chambre syndicale des produits chimiques, Paris, rue Michel-Ange, 11.

Vidal (Jules), directeur de la Banque des fonds publics, Paris, rue du Quatre-Septembre, 16.

Wallerand-Wiart et Cie., manufacturiers à Cambrai, Paris, rue des Jeûneurs, 40.

Membres adhérents

Baumevielle (Aristide), Paris, rue de l'Echiquier, 4.

Delanoy (E.), liquidateur, Paris, rue de l'Echiquier, 41.

Dequeker, chef de comptabilité, Paris, rue Grammont, 19.

Foucault (Edme), Paris. rue Corbeau, 15.

Gasne (Louis), marchand de fers, Paris, rue Faubourg-du-Temple, 83.

Jacquemin (Louis), chef de comptabilité, Paris, rue St-Georges, 5.

Mabime (Alfred), chef de comptabilité, Paris, boulevard Haussmann, 21

Mignot (Charles), chef de comptabilité, Paris, rue des Batignolles, 54.

Sommé (Auguste), pharmacien, Paris. rue de Nollet, 1.

Thibault (François), président de la Chambre syndicale des comptables, Dijon.

Bonzig (Antoine), professeur de l'Université, Padoue. (Italie)

Professeurs, Comptables et Membres du Comité d'initiative

(Les noms en italique indiquent les Membres du Congrès qui ne faisaient pas partie du Comité d'initiative.)

Abraham Moïse, chef de comptabilité, Paris, boulevard de La Chapelle, 58.
Albigés, Paris, avenue de Clichy, 86.
Arnault (Auguste Aristide, Malakoff, rue de Beauvais, 38.
Arnu, Boulogne-sur-mer, rue Louis-Duflos, 27.
Aussel, Paris, rue des Halles, 11.
Auty (A.). Paris, rue du Temple, 12.
Badoux, Paris, boulevard du Temple, 33.
Bailly-Maisonneuve, Paris, Chaussée-d'Antin, 89.
Barbery, Paris, rue Faubourg St-Martin, 68.
Barbier (A), Paris, rue de Rocroy, 7.
Barrault (Jules) Paris, rue St-Joseph, 17
Bauche (E.). Paris, rue de la Butte-Chaumont, 58.
Baudran, Paris, rue Cail, 6.
Bégou, chef de service des Contributions indirectes, Pontoise. (Seine-et-Oise.)
Bernot de Charant (L.), ex-délégué cantonal de l'Instruction primaire, Paris, rue du Point-du-Jour, 69.
Bimont (Georges), Paris, cité de La Chapelle, 6.
Blanchard (Victor), Paris, rue du Bouloi, 21.
Bonnaud (F.), Paris, place du Commerce, 8.
Bonneval, Paris, rue Rochechouart, 36.
Borger (de), Paris, avenue de Villiers, 34.
Bosiers (J), Anvers, rue de la Pelle, 8.
Boudon (C.), Paris, boulevard de Strasbourg, 55.
Boulleaud (C.), Paris, rue Ramey, 59.
Buhl (J.), Montpellier, rue Montcalm, 3,
Carré (Paul), professeur de comptabilité, Paris, avenue de l'Opéra, 25.
Charnassé, chef de comptabilité, Le Mans.
Chassard (Fernand-Auguste), Paris, avenue de l'Opéra, 25.
Chemin, Metz. (Moselle annexée), rue du Petit-Paris, 8.
Cherfils, caissier-comptable, Paris, rue Morée, 4.
Claperon, professeur, Paris, rue d'Angoulème, 29.
Colombet, Paris, rue Turbigo, 6.
Conventz, professeur, auteur de comptabilité, Lyon.
Corrompt, au Crédit général Français, Paris, rue Lepelletier, 16.
Croizé, Paris, rue de la Verrerie, 62.
Cruchendeau, Paris, rue la Banque, 21.
Daunay, Bois-Colombes, rue des Aubépines, 15.
Delon (Ch.), Puteaux.
Demonceaux, Paris, rue du Faubourg-du-Temple, 46.
Desailly, Paris, rue des Halles, 19.
Didier, Dijon.
Duthu (Ern.), Dijon,
Estienne. (L.), Marseille, rue de Bréteuil, 77.
Foucault. (E.) Paris, rue Corbeau, 15.
Fleurot (Ch.), Paris, rue Tour-d'Auvergne, 46.
François (G.), Douai, rue des Ecoles, 24.
Freslon (Jules), expert-comptable, Paris, rue des Martyrs, 41.
Gagey, Paris, rue du Faubourg St-Martin, 264.
Gaud, Paris, boulevard Voltaire, 162.
Gavignet (Maurice), Paris, rue Vieille-du-Temple, 97.
Girin (Isidore). Grandris,

Goldschmidt, Paris, rue Turbigo, 65.
Grandrémy, Paris, quai de la Rapée, 28.
Groffier (aîné), professeur expert-comptable, Dijon.
Gros, Vincennes, rue de la Prévoyance, 37.
Guerre, Paris, rue de Monceaux, 93.
Guillay, à Tours, rue d'Amboise.
Guillot (J.), Lyon, rue Ferrandière, 43.
Guyard, Paris-Passy, avenue d'Eylau, 103.
Harang, Paris, rue Barbette, 7.
Haussher, Paris, rue Condorcet, 10.
Henry (D.), chef de comptabilité, Vanves, route de Châtillon, 212.
Hervy (C.), Auvers, route de la Pelle, 18 et 20.
Hiolin, Paris, boulevard Richard-Lenoir, 38.
Horne, Paris, rue Bézout, 24.
Hy (C.) Paris, boulevard Sébastopol, 14.
Laboullays (Henry), Paris, rue de Rome, 129.
Lamy (C.), Paris, rue Linnée, 16.
Laumonnier (Eugène) expert-comptable, Versailles.
Léautey, Paris, cité Rougemont, 2.
Lebourleur de Courlon, Paris, rue Chéron, 6.
Leclerc (*Alexis*), chef de comptabilité à Paris, rue Monnaie, 21.
Le Duc (**A.**), à Puteaux, avenue Saint-Germain, 43.
Lefebvre, à Paris, rue d'Arcet, 14.
Lefranc, à Paris, rue de la Butte-Chaumont, 40.
Lemire, à Paris, rue de La Chapelle, cité de La Chapelle, 11.
L'Etendart, à Paris, boulevard Voltaire, 51.
Levasseur (*Olasque*), à Paris, passage Léon, 14.
Libéra (**E.**), à Paris-Montmartre, rueAndrouet, 7.
Martenot (*Eug.*), à Dijon.
Martin (*Joseph*), à Nantes.
Maquaire (*Jules*), professeur de comptabilité à Saint-Germain, Soissons (Aisne).
Maurel, à Paris, rue d'Arcet, 11.
Merle (*Nicolas-Bernard*), à Paris, faubourg Saint-Antoine, 278.
Merveilhaud (*Renaud*), à Paris, rue Lacépède, 22.
Mine (**A.**) à Dunkerque (Nord), rue des Vieux-Remparts, 17.
Mitenne (*A.*) à Paris, rue des Boulets, 62,
Mourre, à Paris, boulevard Voltaire, 18.
Mullet (*G.*) à Paris, rue Balagny, 23.
Nasse, à Paris, rue d'Amsterdam, 80.
Nicout, à Paris, rue des Deux-Gares, 7.
Parizot (*Henri*), à Paris, boulevard Magenta, 129.
Pauzer (*Hermann*), à Paris, rue Miromesnil, 41.
Petit (Ch.), liquidateur-judiciaire, rue Jean-Jean-Rousseau, 19.
Perdreau, à Lille, rue Notre-Dame, 3.
Perrot, à Paris, rue Saint-Dominique, 91.
Pêtre, à Andrézieux.
Piard, à Paris, rue Hélène, 15.
Pigier, à Paris, rue des Halles, 19.
Pilard (*François*), à Paris, rue du faubourg Saint-Denis, 188.
Pilâtre (**E.**), à Tours, rue de Bordeaux, 18.
Pitocs, à Paris, rue Coq-Héron, 15.
Pitoiset, à Dijon.
Poitel (*Aug.-Ch.*), à Paris, rue Forest, 5.
Poitrat, à Paris, boulevard Sébastopol, 14.
Pollet (*Emile*), auteur-professeur de comptabilité, à Lille.
Poulain (*Jules*), à Paris, rue Jean-Jacques-Rousseau, 27.
Quénot (*H.*), à Dijon.
Rama, à Bourg-la-Reine, rue de la Gare, 5.
Renouard, à Paris, boulevard Malesherbes, 145.
Rey, à Levallois-Perret, rue des Arts, 50.

Rodemet, à Dijon.
Roulland, à Paris, rue Paradis-Poissonnière, 24.
Pousseau du Rocher, chef de comptabilité, à Melun.
Rosset (Jacques-Félix), 1er commis d'économat, à Evreux.
Rossignol (Antony), chef de comptabilité, à Paris, rue Richelieu, 87.
Roura, à Marseille, rue Châteauredon, 7.
Roy (Félix), à Paris, rue de la Victoire, 80.
Sauvadet, à Dijon.
Segnier (H.), à Toulouse, rue Ste-Ursule, 7.
Spazin, à Lyon, rue Centrale, 41.
Tallon, à Paris, rue du faubourg Saint-Martin, 87.
Trévelas (Antoine), chef de comptabilité, rue Madame, 16.
Vaudier, à Paris, rue de Lyon, 5.
Vermeulen, à Paris, quai de l'Hôtel-de-Ville, 32.
Visciano, à Paris, rue Saint-Martin, 329.
Viviès (Emmanuel), à Paris, rue Richelieu, 27.
Voulland, Félix, à Montpellier, rue Saint-Denis, 10.
Vélard, à Dijon.
Wargnies-Hulot, auteur-comptable, à Charleville.

Écrire au Direct.-Gér. de la REVUE DE LA COMPTABILITÉ : H. HARANG, 7, r. Barbette.

Paris. — Imprimerie E. Perreau, 58, rue Greneta.

1ᵣₑ Année

Les Abonnements partent du 1ᵉʳ de chaque mois

5 fr. par an. — Écrire au Directeur, rue Barbette, 7, à Paris

Les Abonnements sont reçus dans tous les Bureaux de poste aux frais du Journal

REVUE DE LA COMPTABILITÉ

BI-MENSUELLE

TABLE ALPHABÉTIQUE DE LA 1ʳᵉ ANNÉE

1er Octobre 1880. — N° 1. — Contenant le 4e Fascicule.

5 par an. — S'adresser au Gérant, **M. HARANG**, rue Barbette, 7, à Paris.

REVUE DE LA COMPTABILITÉ

BI-MENSUELLE

PUBLIANT L'OUVRAGE

DE L'UNIFICATION DE LA COMPTABILITÉ

RÉSUMÉ DES TRAVAUX DU COMITÉ D'INITIATIVE

D'UN PROJET DE

CONGRÈS DES COMPTABLES

D'après les Procès-verbaux de ses Séances tenues
à l'Hôtel de l'Union Nationale des Chambres Syndicales, 10, rue de Lancry, à Paris.

Pour tout ce qui concerne la Rédaction des Fascicules, écrire à **M. GAGEY**,
rue du Faubourg-Saint-Martin, 264.

La Rédaction de la REVUE est entièrement indépendante du Comité et de la Rédaction des Fascicules. Cette déclaration nous a paru nécessaire pour éviter tout malentendu dans l'esprit du lecteur, et mettre le Comité à l'abri de toute responsabilité.

Les Souscripteurs à l'ouvrage : *De l'Unification de la Comptabilité*, pourront transformer leur Souscription en un abonnement à la *Revue*; mais ceux qui s'en tiendront à leur première Souscription, ne sont engagés que pour un maximum de 50 fascicules à raison de 10 centimes par exemplaire, dont le paiement ne sera réclamé qu'après la publication du dernier fascicule. Pour les abonnés à la *Revue*, le prix des fascicules est compris dans le prix de l'abonnement de 5 francs.

Prix de la Revue avec fascicule : **30 centimes le Numéro.**

PRIX DES FASCICULES SANS LA REVUE :

15 centimes le Fascicule, 10 centimes par Abonnement.

Pour les Abonnements, s'adresser par lettre à **M. Harang**, rue Barbette, 7

EN VENTE

CHEZ **M. E. MEURIOT**, LIBRAIRE

51, RUE DES FRANCS-BOURGEOIS, PARIS.

SOUSCRIPTEURS

qui recommandent l'ouvrage de l'*Unification de la Comptabilité*.

DATES 1880	NOMS.	VILLES.	RUES.
	MM.		
15/8	**Thellier**, avocat.	Paris.	Rue David, 2.
16/8	**Baudran**, comptable-vérificateur.	Paris.	Rue Cail, 6.
16/8	**E. Laumonrier**, expert-comptable près le Tribunal de Commerce.	Versailles (S.-et-O.).	Rue de Satory, 57.
22/8	**Léautey** (E.).	Paris.	Cité Rougemont, 2.
28/8	**Couchot.**	Clamart (Seine).	Rue de Paris, 76.
23/8	**Folleau** (Louis-Édouard).	Suresnes (Seine).	Rue Sainte-Appoline, 8.
30/8	**Galoteau.**	Paris-Belleville.	Rue des Rigoles, 53.
31/8	**Ducroquet** (E.).	Paris.	Rue des Tournelles, 24.
1/9	**Beauchery** (A.).	Paris.	Boulevard de Belleville, 42.
2/9	**La Chambre synd. des Comptables.**	Toulouse.	Rue Rempart-Villeneuve, 2.
3/9	**Picard** (Paul).	Paris.	Rue de Belleville, 53.
4/9	**Lamy** (Cyrille).	Paris.	Rue Linnée, 16.
6/9	**Goldschmidt.**	Paris.	Rue de Turbigo, 65.
6/9	**Lefebvre.**	Paris.	Rue d'Arcet, 14.
6/9	**Daunay.**	Bois-Colombes.	Rue des Aubépines, 25.
7/9	**Kraus.**	Deuil (S.-et-O.).	Rue Haute, 9.
7/9	**Potier** (Charles).	Paris.	Boulevard de la Chapelle, 46.
7/9	**Besnard** (E.).	Paris.	Rue Turenne, 62.
7/9	**Berthold** (Ed.).	Paris.	Rue Charlot, 6.
8/9	**Porion.**	Paris.	Rue de Flandre, 60.
8/9	**Viron** (E., insp.-compt. de l'Union (Inc.).	Nogent-sur-Marne.	Allée de Bellevue, 17.
12/9	**Nicolle** (Félix).	Paris.	Rue Saint-Gilles, 1.
10/9	**Voulland** (Félix).	Montpellier.	Rue Saint-Denis, 10.
10/9	**Valdignié.**	Toulouse.	Rue Saint-Aubin, 33.
10/9	**Barascud** (Émile).	Montpellier.	Rue Domvaissette, 16.
12/9	**Pigier.**	Paris.	Rue des Halles, 19.
15/9	**Beauvisage** (E.).	Paris.	Boulevard Magenta, 14.
16/9	**Rousseau du Rocher**, chef de comptabilité.	Melun (S.-et-M.).	Faubourg Saint-Liesne.
16/9	**Valentin.**	Ivry (Seine).	Rue de la Belle-Croix, 5.
27/9	**Gélas** (Amédé).	Paris.	Rue de l'Odéon, 7.
2/10	**Le Cercle des Comptables.**	Paris.	Boulevard Montmartre, 14.
2/10	**Rey** (Emile), président du Cercle des Comptables.	Paris.	Rue de Miroménil, 124.
2/10	**Auvray.**	Paris.	Avenue de Clichy, 84.
2/10	**Brière.**	Paris.	Chaussée d'Antin, 10.
2/10	**Sèchès.**	Levallois-Perret.	Rue de Courcelles, 55.

REVUE DE LA COMPTABILITÉ

N° 1. — 1er Octobre 1880.

Possibilité de l'Unification de la Comptabilité.
Améliorations dans la Tenue des Répertoires, des Balances et des Grands-Livres. — Utilité des Tableaux de contrôles.

Nous croyons devoir préciser l'opinion de plusieurs de nos collègues sur l'unification de la Comptabilité, opinion que nous partageons complètement.

Vouloir unifier la Comptabilité absolument, serait vouloir l'impossible : Imposer — comme disait l'un de nous — un Livre d'effets à un Commerçant qui ne fait que des affaires au comptant serait une chose insensée. — Vouloir imposer les mêmes registres, les mêmes réglures, au Commerce, à l'Industrie, à la Banque, à l'Agriculture, etc., ne serait pas plus raisonnable.

Ce qu'il faut entendre par l'unification de la Comptabilité, c'est la découverte ou la création, puis l'adoption d'un système dans lequel chacun puisse trouver ce qui lui convient ; un système comme celui des Poids et Mesures ou ceux-ci trouvent le Mètre, ceux-là le Gramme, d'autres le Litre, ainsi que leurs multiples et sous-multiples.

Sans doute, l'élaboration d'une œuvre aussi importante est difficile. Elle demandera beaucoup de travail et sera très longue, mais elle n'est pas impossible. Avec le concours de tous les Comptables et de tous ceux qui s'intéressent à la Comptabilité, les résultats ne sont pas douteux. Déjà des travaux ont été faits, d'autres sont en chantier, le Comité redouble d'ardeur, le premier Congrès va s'ouvrir : tout nous fait espérer que l'œuvre sera menée à bonne fin.

— 4 —

Après les Chefs de Maisons, ceux surtout qui sont le plus intéressés à l'unification sont, sans contredit, les Comptables; ce sont eux qui ne doivent rien négliger pour que l'œuvre se fasse promptement et bien. Quoique, en général, ils soient de tous les employés — par la nature de leurs fonctions — les plus stables, il en est peu qui n'aient exercé leur profession dans plusieurs maisons : qu'ils se remémorent ce qu'ils y ont vu et pratiqué de vraiment utile à faire connaître. La *Revue de la Comptabilité* se met à leur disposition pour publier leurs observations desquelles nous en sommes convaincu, le Congrès tiendra compte au profit de toutes les maisons commerciales, industrielles et administratives, aussi bien qu'au profit de la corporation des comptables.

Pour notre part, dès aujourd'hui, nous apportons notre grain de sable à l'édifice. Nous allons nous occuper des sujets ci-après, en faisant remarquer que les *améliorations* que nous proposons peuvent être mises en pratique immédiatement, quel que soit le système de Comptabilité adopté : partie simple ancienne, partie simple améliorée, partie double, partie mixte, etc. — Quinze année de la pratique de ces *améliorations* nous autorisent à en garantir tous les avantages.

Tableaux Répertoires : Promptitude et facilité du foliotage.

Balances par Soldes à l'aide desquelles on peut reconstituer le total du Journal.

Tenue des Grands-Livres : Contrôle immédiat des transports des articles aux Grands-Livres; contrôle immédiat des additions du Grand-Livre.

Tableaux de Contrôles : Détermination, avant aucune écriture — des totaux des Grands-Livres, des Journaux et des Balances.

Des Tableaux Répertoires.

Les Répertoires, tels qu'ils sont généralement tenus, sont les TUE-VUE des Comptables. Toutefois nous ne les supprimons pas parce qu'ils sont utiles pour les Adresses, les Escomptes, le Terme et les Notes de solvabilité: mais pour le foliotage, nous les remplaçons par des tableaux. Pour faire ces tableaux, nous prenons trois feuilles de cartes que nous faisons réunir par un cartonnier. Un tableau unique suffit pour une maison qui n'a pas plus de 12 ou 1,500 comptes. Il est divisé en 22 colonnes verticales. Le nombre des lignes horizontales étant de 120, on pourrait écrire 2,640 noms de comptes dans les colonnes. On inscrit ces noms par ordre alphabétique en ayant soin de laisser entre les séries autant de lignes blanches qu'il y en a d'écrites. Exemple : pour 12 noms commençant par *Bab*, on laisse 12 lignes avant de commencer les noms en *Bad*. Le folio du Grand-Livre se met avant le nom, dans une petite colonne verticale ménagée à cet effet.

Des Balances par soldes.

Beaucoup de Maisons sont privées de *Balances mensuelles* parce que, dès qu'il faut opérer sur un certain nombre de Comptes, le travail des Balances par Débits et Crédits est trop grand. On en peut juger en réfléchissant qu'au bout de six mois, dans certaines maisons, 1.500 comptes ont pu travailler, Débits et Crédits, ce qui impose l'inscription sur la Balance de 1,500 sommes au Débit et 1,500 au Crédit, soit 3,000 sommes qu'il faut ensuite additionner. Si le Total obtenu ne correspond pas au Total du Journal, c'est une vérification de 3,000 sommes qu'il faut faire ; c'en est une de 6,000 la seconde fois et de 9,000 la troisième fois !

Les Balances par Débits et Crédits ne disent rien au Chef de maison à moins qu'on inscrive les *Soldes* dans une troisième colonne. Mais les *Soldes* c'est l'essence même des Balances par Soldes. Si les Balances par *Débits* et *Crédits* leurs sont préférées, c'est parce que ces *Débits* et ces *Crédits* sont égaux, chacun, au total du Journal. La preuve allant être faite tout à l'heure qu'on peut toujours avec le total des Balances par Soldes, Débit et Crédit, reconstituer le total du Journal, il en résulte que les Balances par Soldes *offrent les mêmes garanties* que les Balances par Débits et Crédits. Tout le monde sait que sur 1,500 Comptes il y en a généralement les deux tiers de Soldés. C'est donc une économie de 3,000 sommes qui est faite au moyen des *Balances par Soldes.*

En résumé, voici les avantages que présentent ces Balances :

1° Comptes bâtonnés au fur et à mesure qu'ils sont Soldés ;

2° Suppression, sur la Balance, de tous les Débits et de tous les Crédits des Comptes soldés ;

3° Suppression de la Fermeture et de la Réouverture des Comptes à chaque Inventaire.

Voici comment nous prouvons qu'avec les Balances par Soldes on peut toujours reconstituer le Total du Journal.

Pour faire notre démonstration sur les Balances de juin, nous rappelons :

1° Que les Balances de mai étaient :

Pour les Débits des Comptes de clients 359,775 70

Pour les Crédits 139,588 30

BALANCE OU SOLDE DÉBITEUR 220,187 40

Pour les Crédits des comptes généraux 1,310,256 60
Pour les Débits. 1,090,069 20

         BALANCE OU SOLDE CRÉDITEUR. 220,187 40

2° Que le Dépouillement des Écritures du mois de juin a présenté :

84,771 »» de Débits de Comptes de clients
         et pour les Crédits de Comptes de Clients . . 55,673 45
         Pour les Crédits des Comptes Généraux. . . . 310,082 55
280,985 »» de Débits de Comptes Généraux.

365,756 »»   TOTAL DU JOURNAL. . . . . 365,756 »»

Ce qui précède est la base des Calculs suivants :

LA BALANCE DES COMPTES DE CLIENTS AU 30 JUIN est égale à la Balance ou Solde Débiteur du 31 mai 220,187 40

Plus les Débits de juin . . . . 84,771 »»
Moins les Crédits de juin 55,673 45

Solde Débiteur des Clients du mois de juin . . 29,097 55

TOTAL DE LA BALANCE OU SOLDE DÉBITEUR AU 30 JUIN. 249,284 95

Mais le Solde Débiteur des Clients 29,097 55
déduit des Débits. . . . . 84,771 »»

         Soit 55,673 45
plus les Crédits des Comptes Généraux 310,082 55

est égal au Total du Journal . . . . 365,756 »»

Donc la Balance par Soldes des Comptes de Clients est partie reconstituante du Total du Journal; donc la Balance par Soldes des *Comptes de Clients* offre un contrôle aussi exact que la Balance par Débits et Crédits.

Nous allons faire les opérations contraires pour les Comptes généraux :

LA BALANCE DES COMPTES GÉNÉRAUX AU 30 JUIN, est égale à la Balance ou Solde Créditeur au 31 mai 220,187 40
plus les Crédits de juin 310,082 55
moins les Débits de juin. . . . . 280,985 »»

Solde Créditeur des Comptes Généraux du mois de juin . . 29,097 55

TOTAL DE LA BALANCE OU SOLDE DÉBITEUR AU 30 JUIN. 249,284 95

Mais le Solde Créditeur des Comptes Généraux,   29,097 55
plus les Débits des Comptes Généraux. . . . . 280,985 »»

      Soit. . . . . —————   310,082 55
plus les Crédits des Comptes de Clients. 55.673 45

est égal au total du Journal . . . .   365,756 »»

Donc la Balance par Solde des Comptes Généraux est partie reconstituante du Total du Journal ; donc la Balance par Solde des COMPTES GÉNÉRAUX offre un contrôle aussi exact que la Balance par Débits et Crédits.

H. HARANG.

(*A suivre*).

Nous avons reçu la lettre suivante :

MONSIEUR,

J'ai lu avec un vif intérêt les trois fascicules déjà parus du *Résumé des Travaux du Comité d'initiative pour l'unification de la Comptabilité.*

J'ai vu avec grand plaisir que vous joindriez à cette publication celle de la *Revue de la Comptabilité,* et que vous ouvriez les colonnes de cette dernière à tous ceux qui s'intéressent à la science comptable.

Je suis du nombre de ceux-ci. Je ne fais pas de la Comptabilité ma profession habituelle ; mais, appartenant au monde commercial et industriel, j'estime, et j'ai eu plus d'une fois l'occasion d'en vérifier l'exactitude, que là où il existe une mauvaise comptabilité, on y rencontre toujours des éléments de désordre, c'est-à-dire de ruine.

Notre éducation, à nous autres commerçants, laisse beaucoup à désirer sous le rapport de la comptabilité, et le peu qu'on nous en apprend, fort mal du reste, dans les écoles, sauf d'honorables exceptions, est oublié au moment justement de le mettre en pratique, emportés que nous sommes par le tourbillon des affaires qui ne nous laissent ni trève ni repos.

En fait d'unification, je crois qu'il nous faudrait quelque chose de très simple, quelque chose qu'on puisse, pour ainsi dire, pratiquer sans l'apprendre (ceci serait essentiel pour le petit et le moyen commerce et pour les petits industriels surtout qui, privés de connaissances, n'ont ni le temps, ni l'argent nécessaires à pouvoir disposer en faveur de la comptabilité). Il faudrait arriver à créer une sorte de comptabilité statistique qui puisse fournir à chaque instant tous les renseignements nécessaires au **chef de maison pour administrer son exploitation.**

Si vous voulez bien me le permettre, j'exposerai quelques idées à ce sujet dans votre plus prochain numéro.

Veuillez agréer, etc.

NOVATIEN.

Nous avons répondu à M. Novatien, que nous accueillerons avec plaisir toutes ses communications.

PETITE CORRESPONDANCE.

Mille remercîments à M. Émile POLLET, rue Stappaert, 2, à Lille, pour son envoi de ses *Exercices pratiques et gradués de la Comptabilité commerciale*, ainsi que de ses *Annales d'un Comptable Lillois*, dans lesquelles nous avons lu avec intérêt, entre autres choses fort curieuses, *le moyen de s'assurer, par les chiffres et les lettres qui sont sur les billets de Banque, que ces billets sont réguliers*.

Nous remercions aussi bien vivement M. Émile REY, Président du Cercle des Comptables de Paris, et M. Félix VOULLAND, de Montpellier, des souscriptions qu'ils nous ont procurées.

A M. ARCH, à Nantes, passage Pommeraye. — Vous pouvez très bien faire partie du Comité, quoique habitant la province. La cotisation n'est pas mensuelle, elle est de 5 francs pour toute la durée du Comité.

A M. Paul PACAIRE, 4, rue du Grand-Talon, à Angers. — Adressez votre cotisation à M. le Président du Comité des Comptables, 10, rue de Lancry, hôtel de l'Union nationale des Chambres syndicales, à Paris.

A M. MARTIN, rue du Commerce, 7, à Tours. — Vous avez raison ; toutes les réponses aux questions seront publiées dans les fascicules.

A M. RAG. VITO CROVETTI, *Presidente del Circolo dei Ragionieri Mantova.* — Nous sommes heureux de compter au nombre de nos souscripteurs le *Cercle des Comptables de Mantoue*. Nous prenons bonne note de le tenir au courant des progrès de la science comptable chez nous, ainsi qu'il le désire.

(Ce numéro se compose exceptionnellement de 8 pages au lieu de 4).

Le Gérant : H. HARANG.

Paris. — Imp. Grandremy & Henon, 28, quai de la Rapée.

15 Octobre 1880. — N° 2. — Contenant le 5ᵉ Fascicule.

5 par an. — Écrire au Gérant, H. HARANG. rue Barbette, 7, à Paris.

REVUE DE LA COMPTABILITÉ

BI-MENSUELLE

PUBLIANT L'OUVRAGE

DE L'UNIFICATION DE LA COMPTABILITÉ

RÉSUMÉ DES TRAVAUX DU COMITÉ D'INITIATIVE

D'UN PROJET DE

CONGRÈS DES COMPTABLES

D'après les Procès-verbaux de ses Séances tenues
à l'Hôtel de l'Union Nationale des Chambres Syndicales, 10, rue de Lancry.   Paris.

Pour tout ce qui concerne la Rédaction des Fascicules, écrire à M. GAGEY,
rue du Faubourg-Saint-Martin, 264.

*La Rédaction de la REVUE est entièrement indépendante du Comité et de la
Rédaction des Fascicules. Cette déclaration nous a paru nécessaire pour éviter tout
malentendu dans l'esprit du lecteur, et mettre le Comité à l'abri de toute responsabilité.*

Les Souscripteurs à l'ouvrage : *De l'Unification de la Comptabilité*, pourront transformer leur Souscription en un abonnement à la *Revue*; mais ceux qui s'en tiendront
à leur première Souscription, ne sont engagés que pour un maximum de 50 fascicules
à raison de 10 centimes par exemplaire, dont le paiement ne sera réclamé qu'après la
publication du dernier fascicule. Pour les abonnés à la *Revue*, le prix des fascicules
est compris dans le prix de l'abonnement de 5 francs.

Prix de la Revue avec fascicule : 30 centimes le Numéro.

PRIX DES FASCICULES SANS LA REVUE :

15 centimes le Fascicule, 10 centimes par Abonnement.

Pour les Abonnements, s'adresser par lettre à **M. Harang**, rue Barbette, 7

EN VENTE

CHEZ M. E. MEURIOT, LIBRAIRE

51, RUE DES FRANCS-BOURGEOIS, PARIS.

REVUE DE LA COMPTABILITÉ

N° 2. — 15 Octobre 1880

Des Balances par soldes. (*Suite*)

ERRATA

Page 6, dernière ligne, lisez :
Total de la Balance ou Solde Créditeur au 30 juin   249,284   95

Il arrive quelquefois que le *dépouillement* des écritures d'un mois présente au DÉBIT *des Comptes de Clients* une somme *inférieure* à celle du CRÉDIT, cela arrive surtout lorsqu'on fait des réglements importants. Au lieu d'être *Débiteur*, le solde des écritures de Clients est alors CRÉDITEUR et, par contre le solde des écritures des Comptes Généraux est DÉBITEUR au lieu d'être *Créditeur*. Exemple :

La Balance ou Solde Débiteur des COMPTES DE CLIENTS au 30 juin étant de **249,284** fr. 95 et *la Balance ou Solde Créditeur* des COMPTES GÉNÉRAUX à la même date, étant incontestablement de *pareille* somme ;

Le *dépouillement* des écritures du mois de juillet présentant :

33,732 05 de Débits de Comptes de Clients		
	et pour les Crédits de Comptes de Clients. . . .	53,029 30
	Pour les crédits des Comptes Généraux	182,241 20
201,538 45 de Débits de Comptes Généraux		

235,270 50	LE TOTAL DU JOURNAL EST DE	235,270 50

Ces préliminaires conduisent aux calculs suivants :

LA BALANCE DES COMPTES DE CLIENTS AU 31 JUILLET est égale à la Balance ou Solde Débiteur du 30 juin 249,284 95

Moins les Crédits de juillet	53.029 30	
Plus les Débits de juillet . . , ...	33,732 05	
Solde Créditeur des Clients du mois de juillet. .		19,297 25

TOTAL DE LA BALANCE OU SOLDE DÉBITEUR AU 31 JUILLET.   229,987 70

Mais le Solde Créditeur des Clients	19,297 25	
Plus les Débits.	33,732 05	
Soit		53,029 30
Plus les crédits des comptes généraux		182,241 20

est égal au total du Journal. 235,270 50

Donc la *Balance par Soldes des Comptes de Clients* est — comme dans le précédent exemple — partie reconstituante du TOTAL DU JOURNAL ; donc la *Balance par Soldes des Comptes de Clients* offre un contrôle aussi exact que la *Balance par Débits et Crédits*.

En opérant sur les Comptes Généraux on trouve :

LA BALANCE DES COMPTES GÉNÉRAUX AU 31 JUILLET est égale à la Balance ou Solde Créditeur du 30 juin. 249,284 95

Moins les Débits de juillet 201,538 45

Plus les Crédits de juillet. 182.241 20

Solde Débiteur des Comptes Généraux du mois de juillet . . . 19,297 25

TOTAL DE LA BALANCE OU SOLDE CRÉDITEUR AU 31 JUILLET. . 229,987 70

Mais le Solde Débiteur des Comptes Généraux. 19,297 25

Déduit des Débits des Comptes Généraux. . . 201,538 45

Soit 182,241 20

Plus les Crédits des Comptes de Clients. 53,029 30

est égal au total du Journal 235,270 50

Donc la *Balance par Soldes des Comptes Généraux* est — comme dans l'exemple n° 1 de cette Revue, — partie reconstituante du TOTAL DU JOURNAL ; donc la *Balance par Soldes des Comptes Généraux* offre un contrôle aussi exact que la *Balance par Débits et Crédits*.

Maintenant que la preuve est faite, il est bon de répéter que dans une Maison où il y a 1,500 Comptes en activité, les deux tiers de ces Comptes étant généralement soldés, la Balance par Soldes n'exigera que l'inscription des 500 sommes environ, tandis que la Balance par Débits et Crédits exigera celle des 1.500 Débits et celle presque aussi nombreuse des crédits, sans dispenser des Soldes.

Les recherches d'une Balance par Soldes sont circonscrites à 500 Comptes dont beaucoup n'ont *travaillé* qu'au Débit. Celles d'une Balance par Débits et Crédits exigent l'examen de 3,000 sommes environ sans compter les soldes.

Les Balances par Soldes rendant les Balances Mensuelles praticables, les Maisons de Commerce les adopteront sans difficulté, et les Comptables qui les pratiqueront en seront récompensés par la satisfaction du devoir accompli et par la juste considération qu'un travail parfait leur fera mériter.

H. Harang.

(*A suivre*).

INVENTION DE LA PRESSE A COPIER

par **James Watt** EN 1780

Extrait de l'Éloge historique de Watt, par M. Arago.

Plusieurs Savants, amis du célèbre mécanicien, formèrent une association sous le nom de *Lunar Society* (Société Lunaire). Un titre si bizarre a donné lieu à d'étranges méprises. Il signifiait seulement qu'on se réunissait le soir même de la pleine lune, époque du mois choisie de préférence afin que les académiciens y vissent clair en rentrant chez eux.

Chaque séance de la Société Lunaire était pour Watt une nouvelle occasion de faire remarquer l'incomparable fécondité d'invention dont la nature l'avait doué. « J'ai imaginé, dit un jour Darwin à ses confrères, certaine plume double, certaine plume à deux becs à l'aide de laquelle on écrira chaque chose deux fois ; qui donnera ainsi d'un seul coup l'original et la copie d'une lettre. »

— J'espère une meilleure solution du problème, répartit Watt presque aussitôt : Je mûrirai mes idées ce soir et je vous les communiquerai demain. Le lendemain la *Presse à copier* était inventée et même un petit modèle permettait déjà de juger de ses effets.

PETITE CORRESPONDANCE

A M. Chopin, à Chanceaux. Nous avons reçu votre envoi, parfait. Recevez tous nos remerciements.

A M. Novatien. Nous regrettons que vous n'ayez pu nous envoyer votre travail pour ce numéro. Nous vous attendrons.

A M. Mignot, à Saint-Denis. Des personnes considérables par leur position sociale ont bien voulu accepter la présidence du Congrès des Comptables dont l'ouverture se fera certainement dans le courant de novembre. Nous espérons pouvoir vous fixer tout-à-fait dans notre prochain n°

Le Gérant : H. HARANG.

Paris. — Imp. Grandremy & Henon, 28, quai de la Rapée.

1er Novembre 1880. — N° 3. — Contenant le 6ᵉ Fascicule.

5 par an. — Écrire au Gérant, H. HARANG, rue Barbette, 7, à Paris.

REVUE DE LA COMPTABILITÉ

BI-MENSUELLE

PUBLIANT L'OUVRAGE

DE L'UNIFICATION DE LA COMPTABILITÉ

RÉSUMÉ DES TRAVAUX DU COMITÉ D'INITIATIVE

D'UN PROJET DE

CONGRÈS DES COMPTABLES

D'après les Procès-verbaux de ses Séances tenues
à l'Hôtel de l'Union Nationale des Chambres Syndicales, 10, rue de Lancry, à Paris.

Pour tout ce qui concerne la Rédaction des Fascicules, écrire à M. GAGEY,
rue du Faubourg-Saint-Martin, 264.

La Rédaction de la REVUE est entièrement indépendante du Comité et de la Rédaction des Fascicules. Cette déclaration nous a paru nécessaire pour éviter tout malentendu dans l'esprit du lecteur, et mettre le Comité à l'abri de toute responsabilité.

Les Souscripteurs à l'ouvrage : *De l'Unification de la Comptabilité,* pourront transformer leur Souscription en un abonnement à la *Revue;* mais ceux qui s'en tiendront à leur première Souscription, ne sont engagés que pour un maximum de 5o fascicules à raison de 10 centimes par exemplaire, dont le paiement ne sera réclamé qu'après la publication du dernier fascicule. Pour les abonnés à la *Revue,* le prix des fascicules est compris dans le prix de l'abonnement de 5 francs.

Prix de la Revue avec fascicule : 30 centimes le Numéro.

PRIX DES FASCICULES SANS LA REVUE :

15 centimes le Fascicule, 10 centimes par Abonnement

Pour les Abonnements, s'adresser par lettre à **M. Harang**, rue Barbette, 7

EN VENTE

CHEZ **M. E. MEURIOT**, LIBRAIRE

51, RUE DES FRANCS-BOURGEOIS, PARIS.

REVUE DE LA COMPTABILITÉ

N° 3. — 1ᵉʳ Novembre 1880

COMPTABILITÉ D'UN BIJOUTIER-JOAILLIER

Par M. Novatien.

Avant d'exposer aux lecteurs de la Revue le mécanisme de ma Comptabilité, il me paraît nécessaire de leur fournir quelques renseignements sur mon industrie.

Je suis fabricant bijoutier-joaillier faisant la commande.

Les spécialistes — qui sont nombreux dans ma partie — ont l'avantage de pouvoir établir leur prix de revient d'une façon certaine, sur des bases uniformes. Chez nous cela est à peu près impossible. En effet, le client commence d'abord par indiquer — d'une façon très superficielle — le genre de bijou qu'il désire ; sa forme, son poids environ, ses agréments, le nombre et la valeur des pierreries qu'il lui destine, etc. etc., puis il demande un dessin de l'objet à fabriquer et c'est sur ce dessin qu'il faut lui indiquer le coût probable du bijou. La chose n'est pas toujours facile. Malgré cela on finit par se mettre d'accord.

Lorsque la pièce sort des mains du bijoutier, on la présente « *en blanc* » (expression consacrée) au client qui, le plus souvent indique encore quelques changements à y apporter, lesquels influent plus ou moins sur le prix de revient définitif qu'on ne peut déterminer positivement que lorsque la pièce est entièrement terminée et prête à livrer, c'est-à-dire lorsqu'elle a passé par toutes les opérations supplémentaires de la bijouterie, telles que la ciselure, la gravure, le montage, le serti, le poli, etc. etc., suivant le cas.

Les principaux métaux employés dans la fabrication sont : l'or, l'argent et le platine.

Les pierreries peuvent se diviser en pierres précieuses et en pierres secondaires.

Les principales pierres précieuses sont : les brillants, les roses, les rubis, les émeraudes, les saphirs, les perles, les turquoises. etc., etc.

Les pierres secondaires sont : le jaspe, l'onyx, le jade, le grenat, le nicolo, l'œil-de-chat, etc., etc.

L'ouvrier est embauché à la journée, à des prix différents, suivant mérite ; le prix de la journée sert de base pour calculer son salaire, ce calcul est fait à l'heure.

Tous les lundis, chaque ouvrier reçoit un poids de métal nécessaire à la fabrication des pièces qui lui sont confiées.

Il prend cette matière en charge sur un petit registre personnel, tenu à peu près dans la forme du Grand-Livre — s'il rend, au cours de la semaine des pièces terminées, on le « *crédite* » de leur poids sur ce registre ; le lundi suivant on pèse : 1° ses rognures et ses limailles qu'on lui retire (et qui passent plus tard à la fonte) après l'avoir « *crédité* » de leur poids ; 2° les pièces en cours de fabrication ; 3° le métal restant à employer ; le tout doit égaler la prise en charge « *pour balance* » (on accorde généralement, sur la totalité du métal employé, un déchet variant de 2 à 3 %).

On « *débite* » alors, à nouveau, l'ouvrier du poids des pièces non terminées et de celui du métal qu'on lui remet pour les travaux de la semaine qui commence.

Voici la disposition de ce registre :

Livret d'Atelier Nº   de M

Entre le
Sorti le

Semaine du 23 au 31 Octobre 1880.

	REMIS A L'OUVRIER								REÇU DE L'OUVRIER								
DATES	Nº de Commande	Nature des Pièces	Poids.	Or.	Argent.	Platine.	Poids total.	DATES	Nº de Commande	Nature des Pièces	Poids.	Or.	Argent.	Platine.	Limailles et limailles.	Poids total.
25	457	Bague onyx.		15	»		15	28	457	Bague onyx.	9	»				9
30	469	Bracelet 1/2 jonc.		30	»		30	31	469	Bracelet 1/2 jonc.	22 5	9 »			3	34 5
										Déchet.	1 5					1
		Total . . .		45	»		45			Total . . .	31 5	10 5			3	45

Semaine du 1er au 7 Novembre 1880.

DATES	Nº de Commande	Nature des Pièces	Poids.	Or.	Argent.	Platine.	Poids total.
3	469	Bracelet 1/2 jonc	22 5	10	»		32 5
5	474	Croix jeannette arg			20	»	20

Des Balances par soldes. (*Suite*)

Dans le premier numéro de cette Revue, il a été démontré que la Balance par Soldes des comptes de Clients est toujours partie reconstituante du Total du Journal.

Dans le Numéro 2, il a été démontré que la Balance par Soldes des Comptes Généraux est également toujours partie reconstituante du Total du Journal.

Dans le premier exemple le Solde des Comptes de Clients (de la période sur laquelle on a opéré) était . . . . *Débiteur*.

et naturellement le Solde des Comptes Généraux était. . . . . . *Créditeur*.

Dans le deuxième exemple, ce dernier était. . . . . *Débiteur*.

et le Solde des Comptes de Clients était . . . . *Créditeur*.

La démonstration est donc complète et c'est un fait acquis que les BALANCES PAR SOLDES OFFRENT UN CONTROLE AUSSI RIGOUREUSEMENT EXACT QUE LES BALANCES PAR DÉBITS ET CRÉDITS.

Il convient maintenant d'exposer le plus brièvement possible, comment se fait le *Dépouillement* des Ecritures de la période sur laquelle on veut opérer. Nous prendrons pour exemple la journée du 20 juin qui paraît contenir les opérations les plus courantes de la Tenue des Livres.

Livre de Factures.

Facture à Bruno et Cie 7.124 50
　　　　　» 　à Maurice . . . . 832 75　7.957 25

Livre des Marchandises rendues par les Clients.

Rendu par Clavier . . . . 15　»

(*A suivre*).

PETITE CORRESPONDANCE

Par suite de circonstances indépendantes de notre volonté, nous n'avons pu faire paraître ce numéro dans la première semaine du mois. Le numéro 4 n'éprouvera aucun retard, il contiendra les 7e et 8e fascicules.

Le Gérant : H. HARANG.

Paris. — Imp. Grandremy & Henon, 28, quai de la Rapée.

15 Novembre 1880. — Nᵒ 4.—Contenant les 7ᵉ et 8ᵉ Fascicules.

5 par an. — Écrire au Gérant, H. HARANG, rue Barbette, 7, à Paris.

REVUE DE LA COMPTABILITÉ

BI-MENSUELLE

PUBLIANT L'OUVRAGE

DE L'UNIFICATION DE LA COMPTABILITÉ

RÉSUMÉ DES TRAVAUX DU COMITÉ D'INITIATIVE

D'UN PROJET DE

CONGRÈS DES COMPTABLES

D'après les Procès-verbaux de ses Séances tenues
à l'Hôtel de l'Union Nationale des Chambres Syndicales, 10, rue de Lancry, à Paris.

Pour tout ce qui concerne la Rédaction des Fascicules, écrire à **M. GAGEY**,
rue du Faubourg-Saint-Martin, 264.

*La Rédaction de la REVUE est entièrement indépendante du Comité et de la
Rédaction des Fascicules. Cette déclaration nous a paru nécessaire pour éviter tout
malentendu dans l'esprit du lecteur, et mettre le Comité à l'abri de toute responsabilité.*

Les Souscripteurs à l'ouvrage : *De l'Unification de la Comptabilité*, pourront transformer leur Souscription en un abonnement à la *Revue*; mais ceux qui s'en tiendront
à leur première Souscription, ne sont engagés que pour un maximum de 50 fascicules,
à raison de 10 centimes par exemplaire, dont le paiement ne sera réclamé qu'après la
publication du dernier fascicule. Pour les abonnés à la *Revue*, le prix des fascicules
est compris dans le prix de l'abonnement de 5 francs.

Prix de la Revue avec fascicule : 30 centimes le Numéro.

PRIX DES FASCICULES SANS LA REVUE :

15 centimes le Fascicule, 10 centimes par Abonnement

Pour les Abonnements, s'adresser par lettre à **M. Harang**, rue Barbette, 7

EN VENTE

CHEZ **M. E. MEURIOT**, LIBRAIRE

51, RUE DES FRANCS-BOURGEOIS, PARIS.

REVUE DE LA COMPTABILITÉ

N° 4. — 15 Novembre 1880

Dans un article publié dans l'*Événement* du 3 novembre courant, un écrivain qui a fait ses preuves et dont la haute compétence en comptabilité est bien connue, M. Eug. Léautey, a — en des termes très élogieux pour nous — recommandé notre modeste *Revue*. Nous attachons à cette recommandation toute l'importance qu'elle mérite et en remercions l'auteur bien cordialement.

H. Harang.

Des Balances par soldes. (*Suite*)

Livre de Caisse.

```
Reçu pour Ventes au Comptant. . . . . . . . . . . . .   1.234 10
   »   de Ponti      Espèces   323  » et 6 et 2 % de 28  »    351  »
   »   de Clavier       »      396  »      »     »  34 50      430 50
   »   de Huguet        »      116  »                          116  »
   »   de Hardy         »       53 85                           53 85
   »   de Courbe        »        7 30                            7 30
   »   de Dumont et Cⁱᵉ »    1.243 90 et 6 % de   79 70      1.323 60
                                                          ————————
                                                            3.516 35

Payé pour Achats au Comptant. . . . . . . . . . . . .   4.937 60
   »      Traite Jadis et Cie . . . . . . . . . . .     1.000  »
   »      Ducourt et Cie . . . . . . . . . . . . . .      325  »
   »      M. Sᵗ Buron . . . . . . . . . . . . . . .     1.000  »
   »      la Banque industrielle. . . . . . . . . .     5.000  »
   »      pour frais de voyages à M. A. B. . . . . .      460  »
   »      à la Petite Caisse. . . . . . . . . . . .       100  »
                                                          ————————
                                                           12.822 60
```

Livre de Bureau.

Avoir Banque industrielle, balance des intérêts 48 50
  »   Clavier 13.920 Bordeaux 31 octobre. . . . . 500 »
  »   Lafond   1 sur Bordeaux 25 novembre. . . . 304 75
  »   Patrice, perte par faillite. 474 25
Doit Blondel sa traite, 15 nov.   285 » et 5 % 15   300 »
  »   Paris et Cie » 30 nov. 184 » et 8 % 16   200 »
  »   Joubert et Cie » 15 nov. 153 » et 10 % 17   170 »
  »   Sauterne.   »   »   2.363 60 et 5 % 124 40 2.488 »
  »   Banque Industrielle notre Bordereau . . . . 4.050 »
  »   Achard 13.917 Paris 31 octobre. . . . . 154 »

                            —————— 8.689 50

Total des Opérations de la Journée du 30 Juin 33.000 70

BULLETIN DE DÉPOUILLEMENT

	Comptes de Clients		Comptes Généraux	
	Débits	Crédits	Débits	Crédits
Livre de Factures	7.957 25			7.957 25
» des March. Rendues par les Clients		15 »	15 »	
» de Caisse, recettes et escomptes		2.282 25	2.282 25	
» » ventes au comptant.			1.234 10	1.234.10
» » achats au comptant.			4.937 60	4.937 60
» » payé traite Jadis et C.			1.000 »	1.000 »
» » payé Ducourt et Cie.	325 »			325 »
» » payé notre sr Buron, la Banque, etc. . .			6.560 »	6.560 »
» de Bureau, Banque industr .			48 50	48 50
» » Clavier, Lafond et Patrice		1.279 »	1.279 »	
» » Blondel, Paris, Joubert, Sauterne	3.158 »			3.158 »
» » Banque industr. .			4.050 »	4.050 »
» » Achard.	154 »			154 »
	11.594 25	3.576 25	21.406 45	29.424 45

Dans la pratique on n'écrit absolument que les chiffres sur ce Bulletin.

Pour s'assurer qu'il n'y a pas d'erreur on additionne :
Les débits des Comptes de Clients . . . . 11.594 25   avec
»   »   »   Généraux 21.406 45

Total égal . . . ———————— 33.000 70

De même les crédits des Comptes de Clients . . . . 3.576 25   avec
»   »   »   Généraux 29.424 45

Total égal . . . ———————— 33.000 70

On emploie un Bulletin pour chaque journée. A la fin de la période, on totalise les Bulletins, Débits et Crédits.

Si le Total des Débits des Comptes de Clients est supérieur au Total des Crédits on a un *Solde Débiteur* et pour les Comptes Généraux un *Solde Créditeur*.

Evidemment si c'est le Total des Crédits des Comptes de Clients qui est supérieur, le Solde est *Créditeur* et celui des Comptes Généraux *Débiteur*.

Il ne faut pas oublier — dans ce dernier cas surtout — que ces *Soldes* sont ceux d'une période d'Ecritures et non les *Soldes* de la Balance.

LES BALANCES PAR SOLDES PERMETTENT DE BATONNER LES COMPTES AU FUR

ET A MESURE QU'ILS SONT SOLDÉS.

L'exemple suivant permettra de juger des avantages qu'offre le *Bâtonnage*. Situation toujours faite, clarté, précision, etc., etc.

DOIT		MAURICE A PONTOISE (S. & O.)		AVOIR
18 janv. 12 Facture . 565 85			18 fév. 25 Esp et Esc. de 28,25 565 85	
— 20 » . 832 75 1.398 86			» avr. 27 » 42,60 832 75	.
» mars 7 » . 572 35 1.405 10				
» mai 10 » . 37 50 609 85			(A suivre).	

PETITE CORRESPONDANCE

A Divers. — L'ouverture du Congrès est fixée au 12 Décembre.

Le Gérant : H. HARANG.

Paris. — Imp. Grandremy & Henon, 28, quai de la Rapée.

1er Décembre 1880. — N° 5. — Contenant le 9° Fascicule.

5 par an. — Écrire au Gérant, H. HARANG, rue Barbette, 7, à Paris.

REVUE DE LA COMPTABILITÉ

BI-MENSUELLE

PUBLIANT L'OUVRAGE

DE L'UNIFICATION DE LA COMPTABILITÉ

RÉSUMÉ DES TRAVAUX DU COMITÉ D'INITIATIVE

D'UN PROJET DE

CONGRÈS DES COMPTABLES

D'après les Procès-verbaux de ses Séances tenues
à l'Hôtel de l'Union Nationale des Chambres Syndicales, 10, rue de Lancry, à Paris.

Pour tout ce qui concerne la Rédaction des Fascicules, écrire à M. GAGEY,
rue du Faubourg-Saint-Martin, 264.

La Rédaction de la REVUE est entièrement indépendante du Comité et de la Rédaction des Fascicules. Cette déclaration nous a paru nécessaire pour éviter tout malentendu dans l'esprit du lecteur, et mettre le Comité à l'abri de toute responsabilité.

Les Souscripteurs à l'ouvrage : *De l'Unification de la Comptabilité*, pourront transformer leur Souscription en un abonnement à la *Revue ;* mais ceux qui s'en tiendront à leur première Souscription, ne sont engagés que pour un maximum de 5o fascicules, à raison de 10 centimes par exemplaire, dont le paiement ne sera réclamé qu'après la publication du dernier fascicule. Pour les abonnés à la *Revue,* le prix des fascicules est compris dans le prix de l'abonnement de 5 francs.

Prix de la Revue avec fascicule : 30 centimes le Numéro.

PRIX DES FASCICULES SANS LA REVUE :

15 centimes le Fascicule, 10 centimes par Abonnement

Pour les Abonnements, s'adresser par lettre à **M. Harang**, rue Barbette, 7

EN VENTE

CHEZ **M. E. MEURIOT**, LIBRAIRE

51, RUE DES FRANCS-BOURGEOIS, PARIS.

BUREAU ET COMMISSIONS DU COMITÉ D'INITIATIVE D'UN PROJET DE CONGRÈS

POUR L'UNIFICATION DE LA COMPTABILITÉ.

SIÈGE DU COMITÉ :

HOTEL DE L'UNION NATIONALE DES CHAMBRES SYNDICALES, RUE DE LANCRY, 10, A PARIS

Bureau :

Président..............	MM. **Gagey**
Vice-Président.........	**Mourre**
Secrétaire général........	**Goldschmidt**
Secrétaire adjoint......	**L'Étendart**
2e Secrétaire adjoint....	**Lefebvre**
Trésorier..............	**Baudran**
Archiviste.............	**Libera**

Commission d'Organisation et de Rédaction :

MM. **Lamy**, Président	MM. **Barbier**
Libera, Secrétaire	**Gagey**

Commission du Questionnaire :

MM. **Guyard**, Président	MM. **Bonneval**
Gagey, Vice-Président	**Cardonnet**
Libera, Secrétaire	**Le Duc**
Lamy, Secrétaire adjoint	**Perrot**

COMMISSIONS D'EXAMEN DES MÉTHODES.

Première Commission :

MM. Baudran	MM. Leautey
Bondon	Nicout
Goldschmidt	Vermeulen
Guyard	Visciano
Haussher	

Deuxième Commission :

MM. Barbier	MM. Drouet
Boulleaud	Libera
Cardonnet	Mourre
Colombet	Pequereau
Corompt	Tallon
Couty	Vaudier
Daunay	

Troisième Commission :

MM. Badoux	MM. Harang
Bonnaud	Lamy
Bonneval	L'Étendart
Croizé	Roulland

Quatrième Commission :

MM. Bimont	MM. Lefebvre
Gagey	Maurel
Gros	Perrot
Le Duc	Pitois

Cinquième Commission :

MM. Barbery	MM. Pigier
De Borger	De Raet
Foucault	Renouard
Nasse	

REVUE DE LA COMPTABILITÉ

N° 5. — 1er Décembre 1880

OUVERTURE DU CONGRÈS DES COMPTABLES

Ainsi que nous l'avons annoncé dans notre 4me n°, l'ouverture du Congrès des Comptables est fixée au Dimanche 12 de ce mois, mais ce que nous n'avons pu dire, c'est que le Congrès est placé **sous le Patronage du Comité Central de l'Union Nationale du Commerce et de l'Industrie,** et qu'il aura pour *Président d'honneur :*

M. **Dietz-Monnin** (O✻), Ancien Directeur de la Section Française à l'Exposition Universelle de 1878, Membre de la Chambre de Commerce.

et pour Vice-Présidents d'honneur :

M. **Poirrier** (✻), Membre de la Chambre de Commerce, Vice-Président du Comité Central,

M. **Marienval** (O✻), Ancien Président du Conseil des Prud'hommes, Vice-Président du Syndicat Général.

Des noms d'une aussi grande notoriété n'ont pas besoin de commentaires.

Les véritables amis du Congrès des Comptables n'oublieront jamais le concours puissant, dévoué et incessant de l'honorable M. HAVARD, Président de la Chambre Syndicale du papier.

Ils n'oublieront pas non plus ce que l'énergique et infatigable Président du Comité d'Initiative, M. Gagey, a fait pour mener à bonne fin l'œuvre à laquelle il a travaillé avec un zèle qui doit être donné en exemple à tous les membres de la Corporation.

Nous sommes ici l'interprète du Comité d'Initiative tout entier en remerciant Messieurs les Membres du Comité Central et du Syndicat Général, ainsi que Monsieur l'Administrateur Général de l'Union Nationale pour la généreuse hospitalité qu'il donne au *Comité d'Initiative* depuis si longtemps, et pour la mise à la disposition du Congrès de la belle salle des conférences de l'hôtel des Chambres Syndicales, pour y tenir ses séances.

Le résultat des rapports qui ont dû, à l'occasion du Congrès, s'établir entre les Comptables et les hautes Personnalités du Commerce et de l'Industrie, est de bon augure et témoigne d'une estime, dont la Corporation qui a le sentiment de la mériter, se rendra digne par ses connaissances, les services qu'elle rendra de plus en plus, et toutes les qualités qui sont l'apanage des hommes habitués à vivre en société.

H. Harang.

M. E. Léautey, l'éminent et spirituel chroniqueur de l'*Événement*
de qui nous avons sollicité la collaboration, nous autorise à reproduire son dernier article que nous appellerons *Article-Programme*.
A ce sujet, nous sommes heureux d'annoncer la bonne nouvelle que
M. Léautey va prochainement publier en un volume tous ses articles
qui ont si vivement intéressé les lecteurs de l'*Événement*.

LE CONGRÈS DES COMPTABLES

DE L'UNIFICATION DE LA COMPTABILITÉ

Est-il possible d'unifier la comptabilité, comme l'a cru un moment le comité
d'initiative d'un congrès, comme le croient encore actuellement quelques-uns
de ses Membres ? En un mot, la même méthode de tenue des livres, les mêmes
procédés comptables peuvent-ils convenir indistinctement à tous les genres de
commerce, à tous les genres d'industrie ? *That is the question.*

A cet égard, voici ce que nous disions dans notre premier article, daté du 11
octobre 1879, alors que nous venions d'apprendre que l'on préparait un congrès de comptables :

« Une réunion d'hommes pratiques ne saurait ériger en principe qu'une méthode unique de comptabilité peut satisfaire complétement aux exigences des
entreprises quelles qu'elles soient. La comptabilité des industries, où la main-
d'œuvre appliquée à mille travaux différents entre en première ligne dans le
prix de revient de chaque objet fabriqué. Ainsi, par exemple, la comptabilité
d'un constructeur de machines différera sensiblement, non dans le principe,
mais dans la forme et dans les procédés, de celle d'un négociant en vins, et une
manufacture de tissus étab'ira ses livres d'une manière tout autre qu'une
imprimerie, ou un journal, ou une compagnie d'assurances. »

Notre opinion n'a pas varié depuis lors ; au contraire, elle s'est accentuée.
Nous avons tout écouté, tout lu de ce que le comité a dit et écrit, et plus que
jamais nous sommes persuadé que l'unification intégrale est une proposition
utopique qui ne soutient pas l'examen. On peut dire que l'unification a été faite
le jour où fut formulé cet axiome fondamental de la comptabilité moderne :
*Pas de débit sans crédit, équation constante entre les comptes débités et les
comptes crédités.* La comptabilité, en effet, repose sur ce principe dont l'application peut et doit varier. En réalité, le but est partout atteint d'une façon
satisfaisante, *quels que soient les moyens comptables employés,* du moment
que l'ordre règne, que les écritures sont véridiques, les contrôles certains, les
balances rapidement faites, les résultats des entreprises *facilement obtenus et
la loi satisfaite.*

Le principe fondamental de la comptabilité demeure donc seul fixé. Quant aux applications, elles sont forcément arbitraires et facultatives, et il y a tout avantage à ce qu'il en soit ainsi. Disons même que l'unification des méthodes serait dangereuse, car enfin, une fois réalisée, on voudrait la faire durer, et l'on entraverait alors tous progrès ultérieurs. Ou bien il faudrait recommencer cette unification tous les dix ans. Cela n'est pas sérieux.

Il ne faut entreprendre que des réformes utiles, logiquement réclamées de tout le monde ; or l'unification n'est pas dans ce cas, la preuve en est qu'elle a fait immédiatement tourner le dos aux praticiens et aux commerçants. Supposons cependant qu'on poursuive cette entreprise inutile, supposons même l'unification faite sur le papier ; comment faire passer cette hérésie du domaine de la théorie dans celui de la pratique ?

La loi ne peut imposer un système quelconque de comptabilité aux commerçants ; ce serait attentatoire à la liberté autant qu'au bon sens et qu'au progrès. Le commerçant a le droit de choisir la méthode qui lui convient, qui lui semble préférable, qu'elle soit la meilleure ou non. C'est à ses risques et périls.

Et les comptables, croyez-vous qu'ils se soumettraient de meilleure grâce que les commerçants à un système préconçu qui, neuf fois sur dix, courrait la chance de n'être pas applicable ? L'Etat, disent les méthodistes intéressés, l'Etat a imposé l'unification des poids et mesures, il saurait bien imposer l'unification de la comptabilité. Fort bien ; allez démontrer au législateur qu'il y a urgence à tenter cela en faveur d'une méthode de comptabilité.

Dans tout ceci, ce qui nous étonne le plus c'est qu'il ne soit venu à la pensée de personne de dire que la comptabilité étant avant tout un art, n'est par conséquent pas unifiable.

Prétendre unifier la pratique d'un art, n'est-ce pas en effet vouloir l'abaissement de cet art, n'est-ce pas vouloir supprimer l'initiative de l'artiste ? A la condition de s'inspirer de certains principes, et des connaissances scientifiques et pratiques nécessaires, l'art ne vit que de liberté. Toute entrave lui est funeste. Des procédés différents naissent les écoles, dont les luttes fécondes sont aussi favorables à l'art que l'uniformité des méthodes lui serait fatale.

Quel éclat de rire n'accueillerait pas, par exemple, la proposition d'unifier la médecine ? Eh bien ! les différents commerces et les différentes industries n'ont-ils pas, comme l'homme lui-même, chacun leur *tempérament spécial*, qui ne peut raisonnablement s'accommoder de la panacée comptable du voisin ? Qu'on nous permette encore une comparaison. Toutes les industries se servent du marteau, cependant chaque industrie a son marteau spécial, d'une forme particulière. Allez donc proposer aux artisans d'unifier les marteaux : je vous promets un beau succès. Donc, unification intégrale des méthodes, non ; codification des principes généraux, oui.

Ce qui est pratiquement possible, ce qui pouvait être tenté, c'est l'unification de la comptabilité par *séries similaires de commerces et d'industries*. Si, dès l'origine, le comité avait écouté notre conseil, il eût fait pour cela appel au concours actif des praticiens expérimentés, et il leur eût demandé des raccourcis de comptabilité, des monographies spéciales, prises sur le vif de la pratique courante. La presse entière eût transmis un tel appel, dont le sens utilitaire n'eût échappé à personne. On eût bientôt obtenu dix, vingt, cent monographies de comptabilité de chaque branche de commerce désignée.

Alors la discussion eût pu s'ouvrir sur des éléments sérieux, *éprouvés*, parmi lesquels on fût aisément parvenu à discerner les meilleurs. Chaque négoce, chaque industriel eût fourni ses modèles, dont les auteurs réunis en sections, eussent eux-mêmes discuté la valeur, produisant chacun leurs arguments pratiques à l'appui de leurs dires et parvenant bientôt à s'entendre pour admettre un modèle définitif, un type unique pouvant désormais servir de patron aux comptables des maisons similaires. L'unification, pour nous servir de ce mot, eût été ainsi réalisée pratiquement au profit des commerçants et des industriels, avec l'aide de la corporation entière des comptables.

Telle est la voie que nous indiquions dans cet article du 11 octobre 1879 que nous citons plus haut, et où nous disions : « D'ailleurs, *si nous ne nous trompons*, le but des travaux du comité ne serait pas une unification de la comptabilité dans le *sens absolu du mot*, ce qui pourrait sembler une utopie irréalisable, mais bien la recherche patiente des procédés pratiques suivis actuellement par les meilleurs comptables, soit dans le commerce, soit dans l'industrie, soit dans la banque, soit dans l'agriculture, soit enfin dans les administrations publiques, procédés qui, mûrement examinés, puis reliés et fondus ensemble, donneraient pour *chacune des branches* de notre industrie générale un type définitif de tenue de livres. »

Voilà ce qu'il fallait faire. Pourquoi ne l'a-t-on pas voulu ? Cela a tenu à beaucoup de causes. D'ailleurs la lumière ne pénètre jamais du premier jet dans les esprits. Quoi qu'il en soit, rendons-lui justice ; saisi d'une grosse question, le comité d'initiative a beaucoup travaillé, beaucoup étudié, une soixantaine d'ouvrages lui ont passé par les mains, y compris ceux de *logismographie* italienne, et s'il n'a pas discerné dès l'abord le plus court moyen de résoudre le problème, il a du moins fait tous ses efforts pour arriver les mains pleines devant le prochain congrès, qui sera, nous en avons le ferme espoir, le point de départ d'une ère nouvelle de discussion et de vulgarisation de la science comptable.

En terminant cette série d'articles, il nous reste à répondre à la question suivante, qui nous a été posée :

« Peut-il résulter quelque chose de bon, d'utile et surtout de pratique, d'un
« congrès professionnel de comptables. En un mot, qu'est-ce que la science et
« l'enseignement d'une part, les commerçants et les comptables d'autre part,
« pourront gagner à la réunion de ce congrès ? »

Nous avons déjà répondu incidemment à cette question en traitant les divers points essentiels sur lesquels l'attention du congrès, dû à l'initiative excellente de M. Beauchery, devra se porter ; mais en cette matière il ne faut pas craindre d'insister.

Le droit humain, les grands principes moraux et sociaux, les plus séduisantes conceptions de la pensée, toutes les spéculations de l'homme, toutes ses entreprises sont tributaires de la comptabilité, science basée sur le chiffre, modérateur et régulateur suprême, qui ramène tout à la réalité et au positif ; qui, par conséquent, régit tout et domine tout ici-bas, puisque tout aboutit, on ne peut le nier, à des chiffres et à des comptes. Si la parole est d'argent, le chiffre est d'or. On n'édifie rien de solide, rien de durable, sans le chiffre, sans le compte. Et il faut que l'un et l'autre soient clairs, et il faut plus encore, il faut qu'ils soient vrais ; à moins qu'on ait en vue de s'illusionner ou d'illusionner autrui, à moins qu'on ne veuille tromper et faire des dupes.

La comptabilité est donc bien une science sociale d'une utilité universelle, et à ce titre elle est une force. Force immense qui assure le triomphe de la vérité sur l'erreur, de l'équité sur la duplicité. Science que tous devraient posséder, car elle donne à tous la possibilité de contrôler avant de croire ; car elle donne à tous aussi la possibilité de rendre des comptes exacts et de s'en faire rendre de même, par l'État comme par les particuliers ; car elle est appelée à remplacer dans toutes les entreprises humaines mal conduites la confusion et le chaos par l'ordre et la lumière.

Eh bien ! cette science indispensable à l'homme moderne, pierre de touche de toutes les théories creuses, de toutes les conceptions chimériques, — tant sociales et politiques que commerciales et industrielles, — s'efforcer de la perfectionner, de la répandre, d'en vulgariser la connaissance et l'emploi, qui donc prétendra que ce n'est pas faire quelque chose de bon, d'utile et de pratique ?

Qui donc prétendra par conséquent que l'enseignement, d'une part, les commerçants et les comptables, d'autre part, n'ont rien à gagner à la réunion de ces congrès de comptables, auxquels s'imposeront l'étude et la solution des questions suivantes :

1° Recherche des meilleurs procédés de comptabilité pratique, commerciale et industrielle, et pour cela appel direct à la collaboration, seule vraiment compétente, *des comptables, des commerçants et des industriels, réunis en sections d'entreprises similaires.*

2° Vulgarisation de ces procédés comptables au moyen des livres, des registres et *imprimés courants de chaque modèle type proposé par les sections, discuté et approuvé en congrès.*

3° Elaboration en commun ou mise au concours *de méthodes d'enseignement primaire, secondaire et supérieur de comptabilité pratique moderne.*

4° Popularisation de la comptabilité au moyen de ces méthodes, qui seules peuvent autoriser à demander au ministre de l'instruction publique un enseignement conforme à la pratique.

5° Fondation à Paris d'une chambre syndicale centrale des comptables, à la fois académie, école, chambre de conciliation, librairie et papeterie, où se publieraient les méthodes d'enseignement scolaires et les modèles types pour les différentes branches de commerce et d'industrie, enfin chambre de consultations, d'expertises et de liquidations.

6° Etude des réformes les plus nécesssaires du Code de commerce et du Code civil actuels, en ce qui touche les articles concernant les livres de commerce, le bilan, la pièce justificative, la communication des registres et documents pouvant servir à établir la preuve en justice, la lettre de change, les sociétés anonymes, les transports, etc.

A une époque où les politiciens achèvent de se déconsidérer aux yeux des hommes d'affaires, des producteurs, des travailleurs de tout ordre, et où l'on commence à comprendre, du haut en bas de l'échelle sociale ce qu'il en coûte à se désintéresser de la politique et de la gestion des deniers publics, nous croyons que le paragraphe suivant ne figurera pas d'une façon trop prématurée dans le programme que nous venons d'esquisser.

7° Etablissement du bilan de la fortune publique et privée de la France, une nation, de même qu'une maison de commerce devant connaître ses ressources, ses moyens d'action, ses pertes et profits. Par conséquent : contrôle des budgets et contrôle de la comptabilité publique par des commissions composées de comptables, choisis parmi les membres de la chambre syndicale, ainsi que de commerçants et d'industriels notables et compétents.

Un tel programme s'impose à l'attention de tous. Actuellement, répétons-le, c'est à peine si 2 maisons sur 100 dans le petit et le moyen commerce, possèdent une comptabilité régulière, avec inventaire et bilans irréprochables, ainsi que des prix de revient exacts. Actuellement, 80 % des faillites, — nous en appelons aux syndics eux-mêmes — ont pour cause le désordre des écritures, c'est-à-dire l'ignorance d'une science pratique qui devrait faire partie de l'instruction de tous,— si l'on veut endiguer ce flot montant d'eau trouble, et qui, jusqu'ici, n'est enseignée qu'exceptionnellement, et mal, dans la plupart des écoles, y compris celles de commerce. Actuellement, les commerçants sont à la merci d'un grand nombre de comptables ignorants, et les comptables eux-mêmes, bons comme mauvais, sont à la merci d'une majorité de commerçants qui considèrent la comptabilité comme un accessoire plus coûteux qu'utile.

Actuellement enfin, les comptables, dont nous voudrions le relèvement social, sont épars, sans cohésion, sans centre d'études profitables à chacun et à tous, sans moyens d'action. Il faut donc s'efforcer de préparer un avenir meilleur que le présent. Et pour cela il ne faut pas perdre de vue que c'est surtout par l'enseignement primaire obligatoire de la comptabilité qu'on dotera la France, dans un avenir relativement prochain, de générations de commerçants et de comptables à même de soutenir avec honneur les luttes futures, tant nationales qu'internationales, de la concurrence commerciale et industrielle.

EUGÈNE LÉAUTEY.

Des Balances par soldes. (*Suite*)

Voici quel était l'état de ce compte :

DOIT   MAURICE A PONTOISE (S. & O.)   AVOIR

1° Au 20 Janvier.

18.. janv. 12 Facture	565 85					
» 20 »	832 75	1.398 60				

2° Au 25 Février.

18.. janv. 12	565 85		18.. févr. 25	565 85	
» » 20	832 75	1.398 60			

3° Au 7 Mars.

18.. janv. 12	565 85		18.. févr. 25	565 85
» 20	832 75	1.398 60		
» mars 7	572 35	1.405 10		

4° Au 27 Avril.

18.. janv. 12	565 85		18.. févr. 25	565 85
» » 20	832 75	1.398 60	» avril 27	832 75
» mars 7	572 35	1.405 10		

LES BALANCES PAR SOLDES PERMETTENT PLUS SPÉCIALEMENT LA SUPPRESSION DE LA FERMETURE ET DE LA RÉOUVERTURE DES COMPTES A L'INVENTAIRE

Quelle que soit la méthode suivie dans la tenue d'un Grand-Livre, les véritables Praticiens se dispensent — avec raison — de ce travail inutile et perturbateur qui consiste à embrouiller les Comptes en les fermant *par Balance de Sortie* et en les rouvrant *à Balance d'Entrée* ou *par Compte ancien* et *à Compte nouveau*. Dans un compte bâtonné le ridicule est encore plus frappant. Exemple :

18 janv. 12	566 85		18 fév. 25	565 8»
» » 20	832 75	1.398 60	» avril 27	382 75
» mars 7	572 35	1.405 10	» juin 30 par bal. de sortie	609 85
» mai 10	37 50	609 85		
» juillet 1 à bal. d'entrée 609 85				

Que de mal il faut se donner pour embrouiller un compte ! Est-ce que ce compte n'était pas plus clair avant cette opération ? On nous assure pourtant qu'il y a encore beaucoup de comptables qui, à chaque inventaire, au moment où ils ont le plus de travail, agrémentent leurs 5 ou 600 comptes de ces formules surannées.

Les Abonnés à la *Revue de la Comptabilité* qui lui ont écrit au sujet des opérations des Balances par Soldes, trouveront certainement dans ce complément indispensable tous les renseignements qui leur sont nécessaires. Dans tous les cas la *Revue* est à leur disposition.

H. Harang.

BIBLIOGRAPHIE

On lit dans Il Corriere Italiano, *du 1er Novembre 1880* :

D'une nouvelle forme logismographique basée sur l'écriture à preuve double
comparée avec la forme logismographique Cerbonienne.

(Schio, Typogr. de Léon Marin, Auteur Gaëtano Busnelli).

L'auteur de cette monographie est un jeune comptable distingué de la manufacture de lainage Rossi de Schio. Il est par conséquent expert dans la matière qu'il traite où son jugement toujours appuyé sur la pratique d'un mouvement d'affaires commerciales étendu, ne manque pas d'autorité. L'auteur sans rejeter absolument les anciennes méthodes de comptabilité, prend en elles ce qu'elles ont de sain et de vital pour le fondre dans une nouvelle forme, qui n'est point celle de Cerboni, mais qui y tient cependant et a le grand avantage d'être plus pratique et plus à la portée des commerces ordinaires.

Le Congrès des Comptables de Bologne comble d'éloges le travail de M. G. Busnelli, et nous, nous le recommandons à l'examen de nos Comptables, moins dans l'intérêt du livre que dans celui de la comptabilité que les dernières controverses ont laissé flottante entre l'ancien système et le nouveau.

Et sur le même ouvrage dans la GAZETA DI VENEZIA, *du 4 novembre 1880* :

Ceci est un livre, aussi modeste dans la forme que pratique dans le fond, dont le chevalier François Ferruzzi, Chef Comptable de la Régie des Tabacs et l'Académie des Comptables de Bologne ont dit beaucoup de bien.

Il traite avec clarté et connaissance, la question à l'ordre du jour, de la Logismographie en la plaçant dans ses vrais termes ; et dans tout cela l'auteur se montre :

« Vergin di servo encomio

« E di codardo oltraggio., »

Il s'élève au-dessus de la question de parti : il l'examine au point de vue scientifique, professionnel et conclut avec un parallèle de faits et de chiffres, d'où il fait ressortir l'infériorité de la Logismographie Cerbonienne — que l'honorable Sanguinetti qualifia à la Chambre, d'espèce de Sténographie, avec énigme — vis-à-vis des autres formes logismographiques que peut offrir l'ancienne Partie Double.

Nous nous faisons un plaisir de reproduire ces articles qui donnent une idée de l'importance qu'on attache chez nos voisins à la Comptabilité.

Le Gérant : H. HARANG.

Paris. — Imp. Grandremy & Henon, 28, quai de la Rapée.

SOUSCRIPTEURS

qui recommandent l'ouvrage de l'*Unification de la Comptabilité*.

DATES 1880	NOMS.	VILLES.	RUES.
	MM.		
15/8	**Thelier**, avocat.	Paris.	Rue David, 2.
16/8	**Baudran**, comptable-vérificateur.	Paris.	Rue Cail, 6.
16/8	**E. Laumonnier**, expert-comptable près le Tribunal de Commerce.	Versailles (S.-et-O.).	Rue de Satory, 57.
16/8	**Bonneval**	Paris.	Rue Rochechouart, 36.
22/8	**Léautey** (E.).	Paris.	Cité Rougemont, 2.
27/8	**Delahousse**	Paris.	A la Sorbonne.
28/8	**Couchot.**	Clamart (Seine).	Rue de Paris, 76.
28/8	**Folleau** (Louis-Édouard).	Suresnes (Seine).	Rue Sainte-Appolline, 8.
29/8	**Autrique** (J.)	Paris.	Rue Menessier, 8.
30/8	**Galoteau.**	Paris-Belleville.	Rue des Rigoles, 53.
31/8	**Denard** (E.)	Neuilly-Plaisance(S.-&-O.)	Avenue Gabrielle.
31/8	**Ducroquet** (E.).	Paris.	Rue des Tournelles, 24.
31/8	**Beaufort.**	Paris.	Rue Beaurepaire, 32.
1/9	**Beauchery** (A.).	Paris.	Boulevard de Belleville, 42.
2/9	**LaChambre synd. des Comptables.**	Toulouse.	Rue Rempart-Villeneuve, 2.
3/9	**Picard** (Paul).	Paris.	Rue de Belleville, 53.
4/9	**Lamy** (Cyrille).	Paris.	Rue Linnée, 16.
6/9	**Golischmidt.**	Paris.	Rue de Turbigo, 65.
6/9	**Lefebvre.**	Paris.	Rue d'Arcet, 11.
6/9	**Daunay**	Bois-Colombes.	Rue des Aubépines, 25.
7/9	**Kraus.**	Deuil (S.-et-O.).	Rue Haute, 9.
7/9	**Potier** (Charles).	Paris.	Boulevard de la Chapelle, 46.
7/9	**Besnard** (E.).	Paris.	Rue Turenne, 62.
7/9	**Berthold** (Ed.).	Paris.	Rue Charlot, 6.
8/9	**Ramain.**	Paris.	Rue Saint-Maur, 65.
8/9	**Porion.**	Paris.	Rue de Flandre, 60.
8/9	**Véron** (E.), insp.-compt. de l'Union (Inc.)	Nogent-sur-Marne.	Allée de Bellevue, 47.
10/9	**Nicolle** (Félix).	Paris.	Rue Saint-Gilles, 1.
10/9	**Simon.**	Paris.	Rue Ménilmontant, 103,
10/9	**Voulland** (Félix).	Montpellier.	Rue Saint-Denis, 10.
10/9	**Valdiguié.**	Toulouse.	Rue Saint-Aubin, 33.
10/9	**Barascud** (Émile).	Montpellier.	Rue Dom Vaissette, 16.
11/9	**Kissei** (Ch).	Malzéville (M.-&-M).	
12/9	**Pigier.**	Paris.	Rue des Halles, 19.
15/9	**Beauvisage** (E.).	Paris.	Boulevard Magenta, 14.
16/9	**Rousseau du Rocher**, chef de comptabilité.	Melun (S.-et-M.),	Faubourg Saint-Liesne.
16/9	**Valentin.**	Ivry (Seine).	Rue de la Belle-Croix, 5.
27/9	**Gélas** (Amédé).	Paris.	Rue de l'Odéon, 7.
2/10	**Le Cercle des Comptables.**	Paris.	Boulevard Montmartre, 14.
2/10	**Rey** (Émile), président du Cercle des Comptables.	Paris.	Rue de Miroménil, 124.
2/10	**Auvray.**	Paris.	Avenue de Clichy, 84.
2/10	**Brière.**	Paris.	Chaussée d'Antin, 10.
2/10	**Sèchès.**	Levallois-Perret.	Rue de Courcelles, 55.
3/11	**Jacquin** (Alfred).	Paris.	Rue de la Perle, 3.
11/10	**Tallon** (Louis Isidore).	Paris.	Rue eu F.-St-Martin, 87.
14/10	**Hubert** (G.)	Paris.	Rue N.-des-Petits-Champs, 55
14/10	**Bisson** (Alexandre).	Asnières (Seine).	Avenue St-Pierre, 10.
15/10	**Lelion,**	Paris.	Rue Vauquelin, 22 et 23.

Paris.— Imp. Grandremy et Henon, 28, quai de la Rapée.

PREMIER CONGRÈS DES COMPTABLES FRANÇAIS

ouvert à Paris le Dimanche 12 Décembre 1880, à deux heures précises, à l'hôtel des Chambres syndicales, 10, rue de Lancry.

SOUS LE PATRONAGE DU COMITÉ CENTRAL DES CHAMBRES SYNDICALES

ET DE

L'UNION NATIONALE DU COMMERCE ET DE L'INDUSTRIE

PRÉSIDENT D'HONNEUR

M. DIETZ-MONNIN O ✻ Ancien Directeur de la Section Française à l'Exposition universelle de 1878, Membre de la Chambre de Commerce.

VICE-PRÉSIDENTS D'HONNEUR

MM. POIRRIER, ✻ Membre de la Chambre de Commerce, Vice-Président du Comité central.

MARIENVAL, O ✻, Vice-Président du Syndicat général.

Programme du Congrès

Allocution de M. le Président d'honneur.
Nomination du Bureau du Comité exécutif.
Lecture du rapport du Comité d'initiative.

Travaux du Congrès

I. PRINCIPES. — 1. — Des principes fondamentaux de la Comptabilité. — Définition de la science professionnelle et détermination de ses bases. — 2. — Du rôle que joue ou doit jouer la pièce justificative au point de vue comptable et des moyens à employer pour en généraliser l'emploi. — 3. — Du meilleur mode de dresser l'inventaire et de la meilleure façon d'établir l'évaluation. — 4. — De la meilleure manière de présenter le Bilan. — 5. — Du rôle du Journal unique — et de celui des journaux spéciaux ou Livres auxiliaires dans la Comptabilité.

II. MÉTHODES. — **De l'application des principes dans la pratique.** — 1. — De la Méthode de Tenue de Livres en partie simple. — 2. — De la Méthode de Tenue des Livres en partie double. — 3. — De la Méthode dite « Journal Grand-Livre. » — 4. — Des divers autres systèmes ou méthodes en dehors des précédents.

III. QUESTION LÉGALE. — **De la Comptabilité au point de vue légal.** — 1° De la sanction des principes. — 2° Examen des articles 8 à 17 du Code de Commerce concernant : — 1. — Le Livre-Journal. — 2. — L'inventaire et le Bilan. — 3. — La Cote, le paraphe et le Visa des Livres de Commerce. — 4. — La preuve à faire en justice.

IV. ENSEIGNEMENT DE LA COMPTABILITÉ. — Du rôle de l'enseignement de la Comptabilité, dans le passé, dans le présent et dans l'avenir.

V. — Discussion et vote des propositions de réformes légales et professionnelles concernant la Comptabilité·

VI. — **Résolutions du Congrès.**

NOTA. — Les adhésions seront reçues chez M. Baudran, Trésorier du Comité d'initiative, 6, rue Cail, à Paris.

PETITE CORRESPONDANCE

A Divers. — Les numéros envoyés en double ainsi que les mandats de souscription, sont destinés à propager la **Revue de la Comptabilité.**

A M. Az.... — Nous vous renvoyons aux numéros 1 et 2 de la **Revue de la Comptabilité,** où vous trouverez la preuve que les Balances par Soldes sont aussi exactes que les Balances par Débits et Crédits, puisque leur total est partie reconstituante du total du Journal.

M. Lib., à Paris. — A son retour d'un voyage, M. Novatien donnera la suite de sa Comptabilité d'un Bijoutier-Joaillier.

15 DÉCEMBRE 1880   N. 6

Contenant le Compte-Rendu in-extenso de la 1re Séance du Congrès des Comptables

Abonnement : 5 fr. par an. — Écrire au Directeur, rue Barbette, 7, à Paris

Vente au Numéro, chez M. MEURIOT, 51, rue, des Francs-Bourgeois et chez M. MOURRE, 18, boul. Voltaire.

Prix de ce Numéro exceptionnel : 50 cent.

REVUE DE LA COMPTABILITÉ

BI-MENSUELLE

PUBLIANT LES TRAVAUX DU COMITÉ D'INITIATIVE ET CEUX DU CONGRÈS DES COMPTABLES

D'après les procès-verbaux de leurs séances tenues à l'Hôtel de l'Union nationale des Chambres syndicales
10, rue de Lancry, à Paris.

La Rédaction de la REVUE est entièrement indépendante du Comité et du Congrès. Cette déclaration nous a paru nécessaire pour éviter tout malentendu dans l'esprit du lecteur, et mettre le Comité et le Congrès à l'abri de toute responsabilité.

Le Journal-Grand-Livre de M. Monginot

Tous les Comptables ont dû lire avec le plus grand intérêt les Fascicules, qui ont paru; il en sera de même assurément du Compte-Rendu des Séances du Congrès.

Sans rien préjuger des résolutions qui seront prises, il est permis de dire que la majorité, ou tout au moins une forte minorité, se rangera du côté de l'honorable M. E. Léautey qui, dans sa dernière causerie, fait preuve du plus pur bon sens pratique.

A l'endroit du Journal, le Journal-Grand-Livre tel que l'a établi M. Monginot, serait d'après bien des Comptables, le registre par excellence, notamment au point de vue de la rapidité du travail de vérification des écritures qui précède celui de l'établissement des Balances. Toutefois il y aurait une modification à lui faire subir, c'est la suppression du *coté* et *paraphé*. Cette formalité qu'exige la loi n'a jamais empêché et n'empêchera jamais la fraude quand on voudra l'y introduire sciemment. Le livre de Bilan seul qui résume à chaque inventaire les opérations d'un exercice et établit nettement la situation d'une Maison, devrait être côté et paraphé. Ce livre est moins matériel que le Journal puisqu'il ne contient qu'une cinquantaine de folios et n'est ni plus ni moins que la reproduction exacte et sommaire de tous les chiffres du Journal. De plus il offre une garantie sérieuse aux yeux de la loi, puisque chaque bilan est signé, certifié conforme et véritable aux écritures par le Chef de la Maison et chacun des associés s'il y en a.

Plusieurs Maisons ne font pas autrement et ne sont pas obligées tous les deux ans, quelquefois chaque année, de faire porter au Tribunal de Commerce un gros registre de 4 à 500 folios pour y être côté et paraphé.

E. F. U. à S.

Paris, 17 décembre 1880.

MON CHER COLLÈGUE,

A dater d'aujourd'hui, je vous offre mon concours dévoué et gratuit, cela va sans dire, pour la rédaction de la *Revue de la Comptabilité*. Je m'occuperais, si vous le voulez bien de la chronique.

Le Congrès et ses suites vont me donner des éléments précieux, dont j'essaierai de tirer le meilleur parti possible pour intéresser vos lecteurs.

Si vous acceptez ma collaboration, veuillez publier le premier article que je vous adresse.

Agréez, mon cher collègue, l'expression de mes sentiments fraternels.

FÉLIX ROY,

Membre du Congrès des comptables. — Membre du Bureau du
Cercle philanthropique des comptables de la Seine.

LE CONGRÈS DES COMPTABLES

Un fait considérable qui aura, nous l'espérons, une grande influence sur l'avenir de la corporation des Comptables, vient de se produire. Il mérite à coup sûr de ne pas rester inaperçu.

Le 12 décembre 1880, le premier Congrès français des Comptables, a été ouvert à l'Hôtel des Chambres Syndicales, rue de Lancry, 10, où l'hospitalité la plus large et la plus gracieuse lui a été donnée.

Le sympathique gérant de la *Revue de la Comptabilité*, ayant été déclaré par le Congrès propriétaire du Compte-rendu sténographique de ses travaux, s'était engagé à publier ce Compte-rendu dans le numéro 6 du journal; mais la coordination des travaux sténographiques et des discours manuscrits ayant demandé beaucoup plus de temps qu'il était possible de le prévoir, le Compte-rendu coordonné de la première séance, seulement, a pu lui être remis; il s'empresse de le publier. La suite paraîtra dans le premier numéro de janvier.

Inutile de dire que la publication des travaux du Congrès remplace pour ce numéro et le suivant celle des travaux du Comité d'initiative.

Nous nous occuperons de tirer les conséquences de la tenue du Congrès et des travaux dans les numéros suivants. Nous sommes obligés aujourd'hui de nous borner à une première réflexion :

Une impulsion nécessaire vient, par le fait même du Congrès, d'être donnée à la Corporation. Tous les membres comprendront qu'il est urgent pour eux de se laisser aller a cette impulsion.

C'est en produisant en commun une somme importante de travaux sérieux qu'ils feront toucher du doigt l'utilité, l'indispensabilité de leurs concours dans les maisons de commerce, et qu'ils arriveront à se faire apprécier comme ils le méritent par ceux qui les emploient.

FÉLIX ROY.

COMPTE EN SUSPENS

Il arrive presque toujours, à l'époque de l'inventaire, que, soit dans les Comptes Particuliers ou Généraux, soit dans la Balance de Vérification, des erreurs se manifestent et qu'elles échappent à toutes recherches. Elles font le tourment du Comptable qui n'aura point de repos qu'il ne les ait découvertes; car les écritures ne sauraient, sans préjudice pour la Maison, subir une interprétation trop prolongée.

Voici le moyen qu'on peut employer pour clôturer quand même un exercice.

Il suffira d'ouvrir un compte provisoire auquel le nom de Compte en Suspens pourra être donné ou celui du Compte Rectificatif. Le jeu en est fort simple. Deux exemples le mettront en pleine lumière.

Supposons d'abord que les Valeurs en portefeuille représentent une somme de 36,006 fr., tandis que le Compte *Effets à Recevoir* du Grand-Livre, n'en révèle que 30,000. Dans ce cas, on écrit au Journal :

EFFETS A RECEVOIR   à   COMPTE EN SUSPENS
Excédant du Portefeuille. . . . . 6 fr.

Au Grand-Livre on inscrit ensuite ces 6 fr., d'une part au Crédit du *Compte en Suspens*, et, d'autre part au débit du Compte *Effets à Recevoir*.

Supposons, en second lieu, qu'au Journal le total soit de fr. 428,000 tandis que la Balance présente au débit fr. 428,050 et au Crédit fr. 428,000. On écrit alors au Journal :

AVOIR COMPTE EN SUSPENS
Excédant du Débit de la Balance. . . . . Fr. 50 »»

Au Grand-Livre on crédite le *Compte en Suspens* de la même somme de Fr. 50 »».

De cette manière, les écritures concorderont parfaitement et le Comptable pourra passer outre. Cependant, la présence du Compte en Suspens, où ne figureront que des écritures borgnes, c'est-à-dire des débits sans crédits ou des crédits sans débits, ne lui permettra pas d'oublier l'erreur un instant négligée.

Mais il aura tout le loisir, jusqu'à l'inventaire suivant, de se livrer à sa convenance à de nouvelles recherches. Quand il aura trouvé son erreur, rien de plus facile que la régularisation des écritures provisoires sus visées.

Compte en Suspens   à   Pierre
Rectification de l'article du. . . . . 6 fr.

On notera à l'encre rouge cette rectification : 1° à l'article où l'erreur s'est produite, au *Journal* ainsi qu'au *Grand-Livre*; 2° à l'article du Journal et du Grand-Livre qui a constaté l'erreur.

Une écriture analogue sera nécessaire dans l'hypothèse du second exemple, le jour où l'erreur aura été trouvée, avec cette différence que le *Compte en suspens* devra être non pas crédité mais débité par le compte où l'erreur s'est produite. Les annotations à l'encre rouge sont de rigueur comme dans le premier exemple.

P. R. à H.

Le *Contrôle* du transport des articles aux *Grands-Livres* et le *Contrôle* des additions des *Grands-Livres* joints aux facilités que procurent les *Balances par Soldes* permettant de se trouver d'accord le deuxième, ou au plus tard le troisième jour, le *Compte en suspens* ne peut rendre des services qu'aux Comptables qui font leurs *Balances par Débits et Crédits*.

H. H.

Sans doute que le Journal-Grand-Livre de M. Monginot, dont il est parlé dans le 1er article de ce numéro de notre Revue, n'est pas celui qui se trouve dans l'ouvrage de l'auteur et qui a été si justement critiqué par M. Pigier. Nous espérons que notre estimable collègue voudra bien nous faire la description de celui dont il se sert.

La Comptabilité de M. Ch. BRISSET

Sous ce titre, nous aurions bien voulu publier l'article de notre collègue ; mais l'abondance des matières nous oblige à l'ajourner au numéro du 1er Janvier.

M. Brisset, qui est à la recherche d'un emploi de Comptable ou de Représentant, est personnellement connu de nous. Il présente des garanties morales, et de savoir, qui nous le font recommander à tous.

PETITE CORRESPONDANCE

A M. D... à B-C. — Quand nous donnerez-vous l'excellent travail que vous nous avez montré sur les ouvrages de M. Beauchery, le père du Congrès.

A M. W... à P.. — L'abonnement comprend tout ce qui a paru. Le prix des fascicules est compris dans le prix de la *Revue*.

Le Directeur Gérant de la REVUE DE LA COMPTABILITÉ : H. HARANG, 7, r. Barbette.

Paris. — Imp. Perreau, 58, rue Grenéta.

1ᵉʳ JANVIER 1881   N° 7.

Contenant le Compte-Rendu in-extenso de la 1ʳᵉ Séance du Congrès des Comptables

Abonnement : 5 fr. par an. — Écrire au Directeur, rue Barbette, 7, à Paris

Vente au Numéro, chez M. MEURIOT, 51, rue, des Francs-Bourgeois et chez M. MOURRE, 18, boul. Voltaire

Prix de ce Numéro exceptionnel : 1 fr. 50

REVUE DE LA COMPTABILITÉ

BI-MENSUELLE

PUBLIANT LES TRAVAUX DU COMITÉ D'INITIATIVE ET CEUX DU CONGRÈS DES COMPTABLES

D'après les procès-verbaux de leurs séances tenues à l'Hôtel de l'Union nationale des Chambres syndicales 10, rue de Lancry, à Paris.

La Rédaction de la REVUE est entièrement indépendante du Comité et du Congrès. Cette déclaration nous a paru nécessaire pour éviter tout malentendu dans l'esprit du lecteur, et mettre le Comité et le Congrès à l'abri de toute responsabilité.

A NOS ABONNÉS

Et à MM. les Membres de la Commission d'initiative et du Congrès des Comptables

Permettez, Messieurs, à la *Revue de la Comptabilité* de vous faire son petit cadeau du jour de l'an. Elle vous prie de vouloir bien accepter pour étrennes le *Compte-Rendu, in extenso, du premier Congrès des Comptables Français*.

En retour, elle a un service à vous demander, c'est de lui procurer chacun un abonné, au moins. Son existence pour l'année prochaine (août 1881 à août 1882) est à ce prix.

A cet effet, vous trouverez dans ce numéro deux mandats que vous êtes priés de faire accepter par vos amis.

Votre concours à l'augmentation indispensable de ses abonnés décidera la *Revue de la Comptabilité* à donner quatre pages de plus par numéro, ce qui permettra à la discussion de s'étendre et rendra possible la publication, par monographies, des divers systèmes de comptabilités actuellement en usage.

Lorsqu'elle aura un certain nombre d'abonnés et qu'elle pourra vivre de ses propres ressources, elle deviendra gratuitement la propriété de la corporation tout entière dont elle sera l'organe aussi bien à Paris qu'en province.

Confiante dans l'intérêt que vous lui portez, la *Revue de la Comptabilité* fait toutes sortes de souhaits pour que vous réussissiez, Messieurs, dans toutes vos entreprises et surtout dans celle qu'elle vient de vous recommander, et qu'elle vous prie, par la plume de son gérant, de vouloir bien ne pas oublier.

H. HARANG.

CHRONIQUE

Le Congrès des Comptables

Jusqu'à présent, aucune corporation n'avait, autant que la nôtre, négligé ses intérêts professionnels ; toutes les tentatives faites, notamment en 1848, pour lui donner un peu de cohésion, avaient été infructueuses; et nous avons entendu, il y a peu de temps, un comptable, de nos amis, dont les souvenirs remontent jusqu'à cette époque, nous retracer, avec douleur, les échecs nombreux de ces tentatives.

Il a fallu, dans ces derniers temps, l'initiative intelligente d'hommes comme M. Beauchery, dont les conférences remarquables ont attiré l'attention sur la valeur de la corporation ; comme M. Gagey, dont l'énergique devoûment a contribué à grouper, dans un comité d'initiative, l'élite de ses membres, pour arriver à la réunion d'un Congrès qui, nous l'espérons, aura du moins contribué à mettre en lumière les aptitudes de nos collègues à l'étude sérieuse des questions si diverses dont la connaissance est indispensable à tout comptable soucieux des intérêts importants qui lui sont confiés.

Cette œuvre sera poursuivie : les jeunes tiendront à honneur de suivre e noble exemple de travail en commun qui vient de leur être donné : nous en avons pour garant, le grand nombre de comptables qui assistaient au Congrès avec le désir évident de s'instruire et surtout le haut patronage sous lequel s'est ouvert ce premier Congrès, celui du Comité central des Chambres syndicales et de l'Union nationale du commerce et de l'industrie, représentés au bureau d'honneur par des hommes dévoués à toutes les idées de science et de progrès, comme MM. Dietz-Monnin, Poirrier, Marienval et Havard.

Le champ de nos investigations et de nos études est, en effet, très étendu ; car, comme le disait, dans son discours d'ouverture notre honorable président, M. Dietz-Monnin :

« Il suffit d'avoir pris part pendant quelques temps aux travaux des Chambres syndicales, des Conseils de prud'hommes ou des Tribunaux de commerce, pour emporter un souvenir pénible de l'insuffisance d'instruction professionnelle qui règne encore dans notre petit et moyen commerce. »

Nous ne nous exposons pas à être contredit en affirmant que la connaissance de la comptabilité est celle qui manque le plus à ce petit et à ce moyen commerce.

Il nous appartient de leur donner la facilité d'étendre ces connaissances, en mettant à la portée de tous, les notions essetielles de la comptabilité.

Nous aurons ainsi, dans la limite de notre cercle d'action, apporté notre pierre à l'édifice de reconstitution de sa fortune que la France poursuit avec une inimitable activité depuis les épouvantables évènements de 1870.

Félix Ray.

La Comptabilité de M. Ch. BRISSET

Il est reconnu, aujourd'hui que les comptes généraux sont les organes d'une bonne administration.

La division des comptes généraux appropriés à la nature de chaque groupe d'opérations, donne le moyen infaillible de connaître le mouvement et la marche de chaque groupe et de l'ensemble, au moyen d'un livre des Comptes généraux réunis, on obtient le résultat désiré : la vérité partout. — Prenons des exemples : Le compte de *Marchandises Générales* peut être divisé suivant les exigences de commerce, au débit, par achats au comptant et achats à terme ; au crédit, par ventes au comptant et ventes à terme.

Matières Premières. — Avec leurs divisions par groupes, au débit, les achats ; au crédit, les utilisations et les ventes.

Fournitures Diverses. — Les emballages suivant leur nature, fournitures de magasin, fournitures de bureau.

Frais de Commissionnaires Expéditeurs. — Au débit, toutes les notes de frais et de transports ; au crédit, les frais remboursés.

Provisions. — Au crédit, les provisions aux Voyageurs sur l'ensemble d'un exercice ; au débit, les commissions échues portées aprés rentrées des factures au crédit des comptes particuliers des Voyageurs.

Frais Généraux : Frais d'ouvriers, appointements, menus frais de petite Caisse.

Effets à Recevoir. — *Effets à Payer.* — *Articles en Cours de Fabrication.* — *Matériel.*

Enfin, *Profits et Pertes.* — Au débit, les escomptes, les rabais, les intérêts, les déchets et autres pertes ; au crédit, les bonifications de toute nature qu'on a obtenues.

L'obligation de se renfermer dans 5 Comptes Généraux produit des non-sens et de l'obscurité. Tout cela est évité par la Subdivision des Comptes Généraux qui portent avec eux la lumière, puisqu'ils sont l'expression de leur existence.

A la fin de chaque mois, on additionne chaque compte, et l'on a ains le mouvement et la marche de tous les organes administratifs, c'est à dire un vrai tableau de la situation administrative, qui en tout temps servira a Commerçant pour établir des comparaisons de revient et des aperçus en vue d'augmenter ou de restreindre ses opérations.

CH. BRISSET,
10, Boulevard Morland.

Nous avons reçu plusieurs réclamations relatives à la réception de la *Revue*. Comme nous avons la preuve que le service de distribution se fait ponctuellement, nous engageons nos Abonnés à profiter de l'estime dont ils jouissent — depuis les étrennes — dans l'esprit de leurs concierges, pour recommander à ces utiles fonctionnaires de ne pas considérer notre journal comme un simple prospectus et de le remettre avec la plus grande exactitude aux destinataires.

M. Gitton-Lefranc, ancien négociant et ancien juge au Tribunal de commerce de Rennes, nous écrit ce qui suit :

« Je suis avec la plus grande attention votre *Revue de la Comptabilité*, et sans critiquer quoi que ce soit de ce qui se fait et de ce qui se dit au Congrès, je pense qu'il y aurait danger de vouloir supprimer et la cote et le paraphe qui, quoiqu'on en dise, sont une grande garantie. »

Notre travail sur les *Balances par soldes*, publié dans les premier et deuxième numéros de cette *Revue*, nous valent chaque jour des appréciations diverses mais toujours favorables. Nous sommes heureux d'avoir réussi aussi complètement ; nous n'en sollicitons pas moins nos collègues. de nous envoyer au plus tôt leurs observations, cela nous permettrait de répondre d'une manière générale à toutes les lettres traitant la question des *Balances par soldes*.

Le Conseil d'Administration de l'Association des Comptables vient d'adresser, aux Membres de cette grande et utile Société, une circulaire par laquelle il les invite à lui signaler les hautes personnalités industrielles, commerciales ou financières qu'ils croiraient susceptibles d'accepter la présidence de l'Association, en remplacement de M. Bouffard, qui maintient sa démission, malgré les vives instances du Conseil.

M, le Président d'honneur du Congrès des Comptables, *M. Dietz-Monnin*, sera — nous assure-t-on — désigné par un grand nombre de Membres. Ce choix nous paraît très heureux.

Le Directeur Gérant de la REVUE DE LA COMPTABILITÉ : H. HARANG, 7, r. Barbette

Paris. — Imprimerie E. Perreau, 58, rue Grenéta.

15 JANVIER 1881   N° 8.

Contenant le 9e fascicule de l'UNIFICATION DE LA COMPTABILITÉ

Abonnement : 5 fr. par an. — Écrire au Directeur, rue Barbette, 7, à Paris

Vente au Numéro, chez M. MEURIOT, 51, rue, des Francs-Bourgeois et chez M. MOURRE, 18, boul. Voltaire

Prix du Numéro : 30 centimes

REVUE DE LA COMPTABILITÉ

BI-MENSUELLE

PUBLIANT LES TRAVAUX DU COMITÉ D'INITIATIVE ET CEUX DU CONGRÈS DES COMPTABLES

D'après les procès-verbaux de leurs séances tenues à l'Hôtel de l'Union nationale des Chambres syndicales
10, rue de Lancry, à Paris.

La Rédaction de la REVUE est entièrement indépendante du Comité et du Congrès. Cette déclaration nous a paru nécessaire pour éviter tout malentendu dans l'esprit du lecteur, et mettre le Comité et le Congrès à l'abri de toute responsabilité.

TENUE DES GRANDS-LIVRES

**Contrôle immédiat du transport des articles aux Grands-Livres. —
Contrôle immédiat des additions des Grands-Livres**

Dans les maisons d'une certaine importance trois Grands-Livres sont nécessaires :

Le Grand-Livre des comptes de clients,
Le Grand-Livre des comptes de fournisseurs,
Le Grand-Livre des comptes généraux.

Chacun de ces livres doit avoir une pagination spéciale, de manière qu'en voyant le folio, on puisse dire que le compte appartient à l'une des trois catégories ci-dessus. Quelques maisons adoptent les folios pairs pour les clients ; les folios impairs pour les fournisseurs ; les folios précédés d'un zéro pour les comptes généraux.

La récapitulation (avec indication des folios des Grands-Livres) des écritures du 20 juin relatées aux pages 16, 18 et 19 de cette revue peut être établie comme suit :

DÉBITS				CRÉDITS		
1030	Bruno et Cᵉ.........	7.124	50	0172	Caisse	12.822 60
1080	Maurice	832	75	0345	Ventes.............	9.191 35
0172	Caisse	3.374	15	0132	Portefeuille	4.204 »
0345	March. rendues......	15	»	0303	Effets à payer......	2.985 60
0446	Escomptes et rabais.	142	20	0272	Banque industrielle...	48 50
0303	Effets à payer.......	1.000	»	0102	Achats.............	172 40
0102	Achats	5.091	60	1100	Ponti.	351 »
0132	Portefeuille	804	75	1010	Clavier.............	945 50
0504	Erais généraux.......	560	»	1040	Huguet.............	116 »
1527	Profits et pertes.....	48	50	1060	Hardy.	53 85
0272	Banque industrielle..	9.050	»	1050	Courbe	7 30
0533	Débiteurs mauvais...	474	25	1020	Dumont.............	1.323 60
0113	N. Sʳ Buron	1.000	»	1070	Lafond.	304 75
7	Ducourt et Cᵉ.......	325	»	1090	Patrice.............	474 25
1	Blondel	300	»			
9	Pâris et Cᵉ..........	200	»			
3	Joubert et Cᵉ........	170	»			
5	Sauterne	2.488	»			
		33.000	**70**			**33.000 70**

Tels sont les articles à transporter sur les Grands-Livres dont voici l'indication de la réglure :

1° Une colonne pour l'année ;
2° Une colonne pour le mois ;
3° Une colonne pour la date ;
4° Une colonne pour le libellé ;
5° Une colonne pour les sommes,
Et 6° Une autre pour les cumuls.

Cette disposition est la même pour les crédits aussi bien que pour les débits.

Dans certaines comptabilités, il est nécessaire d'avoir une autre colonne pour le folio d'où l'article doit être transporté ; mais dans la plupart cette colonne est avantageusement remplacée par celle de l'année.

Pour s'assurer que tous les articles ont été régulièrement transportés aux Grands-Livres, un *Livret de contrôles* est nécessaire. Quelques auteurs lui ont donné le nom de chiffrier, sans doute parce qu'il ne contient absolument que des chiffres.

Nous avons à ce sujet une remarque à faire, c'est qu'aucun des chiffriers que nous avons vus ne donne le contrôle immédiat des additions du Grand-Livre. Cela tient évidemment à ce que l'on se dispense de faire le cumul à chaque article, c'est-à-dire l'addition de l'article qu'on vient de porter avec le total précédent. Notre *Livret de contrôles* a donc ce grand avantage sur le *chiffrier*, c'est de donner la preuve qu'il n'existe aucune erreur d'addition sur les Grands-Livres, et, pour ce motif, nous lui conserverons son nom de *Livret de Contrôles.*

LIVRET DE CONTROLES

Constatant l'exactitude des opérations de transport et d'addition sur les Grands-Livres.

Folios	DÉBITS AVANT	DÉBITS APRÈS	Folios	CRÉDITS AVANT	CRÉDITS APRÈS
1030		7.124 50	0172	213.431 »	226.253 60
1080	565 85	1.398 60	0345	578.945 »	588.136 35
0172	225.642 75	229.016 90	0132	111.241 15	115.445 15
0303	6.040 »	7.040 »	0303	7.040 »	10.025 60
0345	1.000 »	1.015 »	0272	6.000 »	6.048 50
0446	24.384 30	24.526 50	0102	520 »	692 40
0102	977.492 20	982.583 80	0100	» »	351 · »
0132	124.021 40	124.826 15	1010	18 »	963 05
0504	42.922 45	43.482 45	1040	284 »	400
0527	1.723 60	1.772 10	1060	» »	53 85
0272	24.255 70	33.305 70	1050	» »	· 7 30
0533	2.754 30	3.228 55	1020	1.000 »	2.323 60
0113	5.424 50	6.424 50	1070	» »	304 75
7	» »	325 »	1090	» »	474 25
1	» »	300 »		918.479 15	951.479 85
9	» »	200 »			918.479 15
3	» »	170 »			33.000 70
5	» »	2.488 »			
	1.436.227 05	1.469.227 75			
		1.436.227 05			
		33.000 70			

Comme on le voit, le *Livret de contrôles* se divise en deux parties, l'une pour les Débits et l'autre pour les Crédits.

Dans la première colonne des *Débits*, et dans la première colonne des *Crédits*, ont inscrit d'abord tous les folios des articles qui ont été transportés sur les Grands-Livres.

Cela fait, on se transporte aux folios des Grands-Livres dans l'ordre qu'ils occupent dans le *Carnet de contrôles* en commençant par les *Débits* et, dans la colonne AVANT, on inscrit la somme ou le total qu'il y avait *avant* la passation de l'écriture que l'on a à contrôler. Dans la colonne APRÈS, on inscrit le total obtenu *après* l'addition de la somme à contrôler avec la somme ou le total précédent.

Lorsque toutes les opérations sont faites, on additionne ce qu'il y avait *avant* la passation des écritures et ce qu'on a trouvé *après* cette passation. La différence doit évidemment être égale au total des écritures que l'on avait à transporter sur les Grands-Livres. On opère de même pour les crédits. Une somme, un chiffre omis dans ce transport, empêcherait la concordance aussi bien que la plus petite erreur d'addition dans les totaux du Grand-Livre.

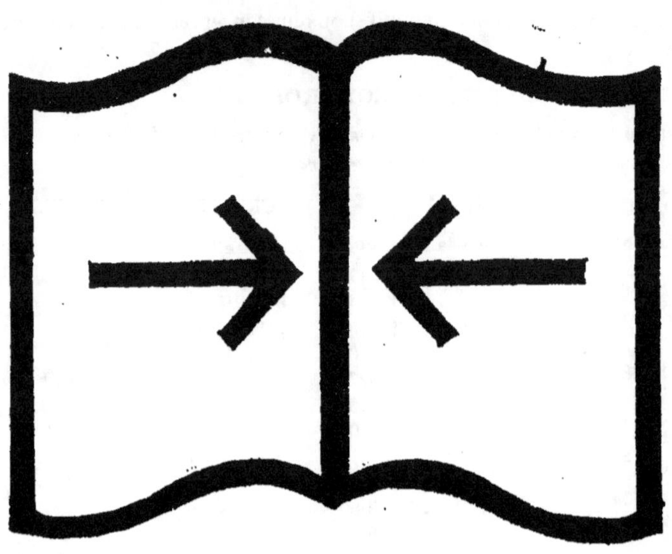

VALABLE POUR TOUT OU PARTIE DU
DOCUMENT REPRODUIT

Livre de Magasin. — Atelier

PL.1.

Remis à l'Atelier							
Dates	Ouvriers	Pièces à fabriquer			Matières			Poids total.
		N° de Com.de	Nature des pièces	Poids	Or	Argent	Platine	

Reçu de l'Atelier								
Dates	Ouvriers	Pièces fabriquées			Matières				Poids total.
		N° de Com.de	Nature des pièces	Poids	Or	Argent	Platine	Rognures Limailles	

PL.2.
Atelier
Main d'œuvre.

Récapitulatif hebdomadaire des heures de travail des Ouvriers.

Semaine du 1er au 7 Octobre 1880.

Ouvriers.	Profession	Lundi	Mardi	Mercredi	Jeudi	Vendredi	Samedi	Total.	Quarts		Total général des heures.	Prix de la journée	Prix de l'heure	Somme à payer.		Observations.
									Semaine	Dimanche 7				F.	C.	
Duquesne	C M	12	11	11	12	11	9	66	3	6	75	12	1.20	90	60	
Léonard	J	8½	10	8	8	10	11	56½	.	6	62½	10	1.00	62	50	
Maurice	J	8½	9	11	10	9	8	55½	.	3	58½	9	0.90	52	65	
Mary	J	11	10	8½	9	10½	11	60	.	4	64	10	1.00	64	.	
Batudot	B	7½	11	11	10	9	10	58½	.	3	61½	9	0.90	55	35	
Germain	B	8	10	9	8	10	11	56	.	.	56	8	0.80	44	80	
Couderc	B	5	9	8	10	11	10	53	.	6	59	7	0.70	41	30	
Duthu	G	13	8	10	11	10	11	63	1½	.	64½	7.50	0.75	48	40	
Familot	P	7½	11	9½	10	11½	10	59½	.	6	65½	8	0.80	52	40	
Regnault	C	8	12	8	9½	10	11	58½	.	.	58½	6	0.60	35	10	
		89	101	94	98½	102	102	586½	4½	34	625			546	50	

Moyenne du prix de l'heure pour la présente semaine 0f 87c.

PL.3. Atelier — Feuille de présence des Ouvriers.

Journée du 1er Octobre 1880.

Ouvriers.	Profession	Matin			Soir.			Veillée			Total des heures de travail
		Entrée	Sortie	Heures de travail	Entrée	Sortie	Heures de travail	Entrée	Sortie	Heures de travail	
Duquesne	C M	7	11	4	1	6	5	8	11	3	12
Léonard	J	8	11	3	1½	7	5½	.	.	.	8½
Maurice	J	8½	11	2½	2	6	4	8½	10½	2	8½
Mary	J	7	12	5	1	7	6	.	.	.	11
Batudot	B	9	11	2	1½	6	5½	.	.	.	7½
Germain	B	8	10	2	2	6	4	8	10	2	8
Couderc	B	9	12	3	3	5	2	.	.	.	5
Duthu	G	7	12	5	1	6	5	8	11	3	13
Familot	P	8	11	3	1½	6	4½	.	.	.	7½
Regnault	C	8	11	3	1	6	5	.	.	.	8
Totaux				32½			46½			10	89

On peut donc conclure de ce qui précède, que le *Livret de contrôles* assure l'exactitude des transports ainsi que des additions sur les Grands-Livres, et la conséquence de cette exactitude, c'est qu'une erreur quelconque de balance n'est possible que sur la balance elle-même, puisqu'il n'y en a pas et qu'il ne peut pas y en avoir sur les livres ni sur les Grands-Livres qui sont de ceux-ci la fidèle copie comme chiffres.

H. HARANG.

COMPTABILITÉ D'UN BIJOUTIER-JOAILLIER

Par M. NOVATIEN (*Suite*).

Les travaux de mon atelier, en ce qui concerne le mouvement des matières et des produits fabriqués, constatées par les écritures de chacun des livrets d'ouvriers, dont on trouvera le modèle à la page 15 de cette Revue, se centralisent dans un registre dénommé « *Livre de Magasin-Atelier* » destiné à contrôler l'ensemble des écritures de ces livrets, chaque semaine, et dont la forme est tout à fait identique à celle des livrets, à l'exception d'une colonne destinée, sur ce registre centralisateur, à recevoir le nom de l'ouvrier qui a reçu ou rendu les produits ou matières (modèle de ce registre, pl. 1).

CONSTATATION DES HEURES DE TRAVAIL DES OUVRIERS

J'ai divisé la journée de l'ouvrier en trois périodes : la *matinée*, l'*apres-midi* et la *veillée*.

A mon début dans les affaires, mon contre-maître était chargé du soin de la constatation de la présence des ouvriers à l'atelier. — Il me remettait chaque semaine l'état des heures faites par chacun d'eux et cette pièce servait à établir ma feuille de paie.

Mais, cet état était fort souvent en désaccord avec le compte que chaque ouvrier faisait par devers lui.

Pour mettre fin aux réclamations nombreuses qui m'étaient faites continuellement à ce sujet, j'imaginai de créer une feuille de présence hebdomadaire qui demeure affichée dans l'atelier toute la semaine.

De cette façon chaque ouvrier peut en l'examinant présenter sa réclamation tous les jours, et le compte se trouvant bien et dûment régularisé avant la paie, les réclamations ont été évitées (voir la pl. 3).

J'établis ma feuille de paie en récapitulant le nombre d'heures dues à chaque ouvrier au bout de la semaine, ce qui me permet de faire de suite la moyenne du prix de l'heure, renseignement qui m'est très utile pour établir mon prix de revient et de constater d'un seul coup d'œil le nombre d'heures effectivement faites par chaque ouvrier, et par l'atelier tout entier, ainsi que le nombre de *quarts* ou heures supplémentaires dont bénéficie chaque ouvrier ; c'est encore pour moi un moyen de distinguer les plus courageux, auxquels j'accorde une petite prime spéciale en fin d'exercice, dans les bonnes années.

(Voir la pl. 2)   (*A suivre*).

———————————×———————————

Nous avons reçu la lettre suivante à laquelle il ne nous a pas été possible de répondre plus tôt :

« Paris, 14 r. d'Arcet, le 29 décembre 1880.

« Mon cher Collègue,

« J'ai reçu le numéro de la Revue dans lequel se trouve le compte-rendu de la première séance du Congrès.

« J'ai remarqué quelques lacunes dans ce compte-rendu, et je suis persuadé que d'autres ont fait la même remarque.

« Peut-être a-t-on cherché à raccourcir ce compte-rendu ; mais, à mon avis, on devait reproduire les réponses aux questions posées. Ainsi, lorsque M. Guerre eût demandé, à propos du programme, que l'on s'occupât d'abord de la question légale et des changements à faire aux articles 8 à 17 du code de commerce, quelqu'un répliqua très justement que cette question ne viendrait à propos que dans le cas où la méthode, adoptée par le Congrès, ne concorderait pas avec la loi. Eh bien, cette réplique est omise dans e compte-rendu.

« Autre chose :

« Dans votre estimable feuille, vous publiez des articles qui seront vivement critiqués.

« Pour ma part, je trouve que celui intitulé : « Compte en suspens » est une hérésie en matière de comptabilité, et un subterfuge auquel un comptable sérieux n'aura jamais recours.

« Ce compte d'attente semble un faux pour pallier une erreur, et pour balancer un compte au détriment d'un autre.

« Quelque difficulté que l'on ait à trouver la balance, on ne doit jamais passer outre.

« J'ai vu avec satisfaction que M. Roy vous a offert sa collaboration. Je vous en félicite et lui aussi.

« Je profite de la présente pour vous présenter mes souhaits les plus sincères pour la prospérité de votre publication, et vous donner l'assurance de mes sentiments dévoués.

« Votre collègue et ami,

« **P. LEFEBVRE.** »

Réponse. — Nous remercions notre cher collègue de ses bons souhaits, ainsi que des observations amicales qu'il nous fait au sujet du *Compte-rendu* et de l'article *Compte en suspens* de M. P. R. à H., auxquelles nous allons répondre.

Nous n'avons nullement cherché à raccourcir le *Compte-Rendu*, mais le travail sténographique laissant beaucoup à désirer, pour n'en pas dire davantage, il nous a fallu supprimer tout ce qui était inintelligible. De là les lacunes signalées. Si chacun, comme M. Lefebvre, voulait bien prendre des notes et nous les communiquer, nous nous ferions un devoir de les publier.

Quant à l'article *Compte en suspens*, nous avouons que notre première impression a été celle de notre ami et que nous nous étions promis de le rendre à son auteur; mais, en réfléchissant que cet auteur était un praticien expérimenté et qu'il ne pouvait prêcher ce que nous appelions, nous aussi, une hérésie, nous avons relu l'article avec la plus grande attention et, en nous rappelant ce qui se passe dans beaucoup de Maisons au moment de l'inventaire, nous sommes arrivés à en trouver la publication aussi bonne qu'opportune. A cette époque de l'année, combien de Chefs de Maisons, en effet, pressés de connaître le résultat de leur inventaire, autorisent leur comptable à blanchir leur balance en portant au débit ou au crédit du compte de Pertes et Profits, la différence qu'on ne trouverait peut-être pas avant quinze jours, sinon plus. Le comptable peut-il se refuser à cet ordre? Oui, s'il est certain d'arriver au but dans trois ou quatre jours. Non, s'il n'en est pas sûr. Avec les contrôles et les *balances par soldes*, ainsi que nous l'avons dit, la chose est possible et même certaine; avec les *Balances par Débits et Crédits*, sans les *contrôles*, on ne peut rien prévoir.

Un comptable ne doit jamais blanchir une Balance sans l'autorisation du Chef de la Maison ; autrement, pour nous servir de l'expression de M. Lefebvre, ce serait commettre un faux. De même, il n'ouvrira pas de *Compte d'attente* sans y être autorisé. Mais nous trouvons une grande différence entre *Blanchir une Balance* et *Ouvrir un Compte d'attente*. En effet, dans le premier cas, toutes recherches ont cessé; tandis que dans le second cas, on ne peut se dispenser d'en faire jusqu'à ce que l'erreur soit trouvée. C'est cette considération qui nous a décidé à publier l'article de M. P. R. à H., qui peut rendre de véritables services aux comptables à qui il répugne toujours de blanchir une Balance.

H. H.

A divers. — Les Abonnements, à la première année, PARTANT DU 1er AOUT 1880, comprennent: 1. Le Compte rendu in extenso du premier Congrès des Comptables de France; — 2. Tous les fascicules de l'*Unification de la Comptabilité;* — 3. Tous les numéros de la Revue qui paraît du 1er au 10 et du 15 au 25 de chaque mois.

Le Directeur Gérant de la REVUE DE LA COMPTABILITÉ : H. HARANG, 7, r. Barbette

Paris. — Imprimerie E. Perreau, 58, rue Grenéta.

1er FÉVRIER 1882

N° 9

Contenant le 11e fascicule de l'UNIFICATION DE LA COMPTABILITÉ

Abonnement : 5 fr. par an. — Écrire au Directeur, rue Barbette, 7, à Paris

Vente au Numéro, chez M. MEURIOT, 51, rue, des Francs-Bourgeois et chez M. MOURRE, 18, boul. Voltaire

Prix du Numéro : 30 centimes

REVUE DE LA COMPTABILITÉ

BI-MENSUELLE

PUBLIANT LES TRAVAUX DU COMITÉ D'INITIATIVE ET CEUX DU CONGRÈS DES COMPTABLES

D'après les procès-verbaux de leurs séances tenues à l'Hôtel de l'Union nationale des Chambres syndicales 10, rue de Lancry, à Paris.

La Rédaction de la REVUE est entièrement indépendante du Comité et du Congrès. Cette déclaration nous a paru nécessaire pour éviter tout malentendu dans l'esprit du lecteur, et mettre le Comité et le Congrès à l'abri de toute responsabilité.

COMITÉ D'ÉTUDES DU CONGRÈS DES COMPTABLES

(Séances tous les lundis, à 8 heures du soir, à l'Hôtel de l'Union nationale des Chambres syndicales, 10, rue de Lancry, à Paris).

RÈGLEMENT

ARTICLE PREMIER. — La commission nommée dans la quatrième séance du Congrès (15 décembre 1880) prend la dénomination de :

« COMITÉ D'ÉTUDES DU CONGRÈS DES COMPTABLES. »

ART. 2. — Le Comité devra s'occuper : 1· de l'étude de tous les moyens propres à amener l'unification de la comptabilité ; 2· de la recherche de la meilleure méthode pour l'application et l'enseignement pratique.

ART. 3. — Le bureau du Comité est ainsi composé : Un président, un vice-président, un secrétaire-général, un secrétaire-archiviste, un secrétaire-trésorier.

ART. 4. — Le nombre des membres du Comité est illimité.

ART. 5. — Les demandes d'admission sont adressées au Président, qui les soumet au Comité.

ART. 6. — Chaque membre adhérent payera une cotisation mensuelle de 1 franc.

ART. 7. — L'époque de la réunion du deuxième Congrès sera fixée par le Comité.

ART. 8. — Le Comité se réunit tous les lundis non fériés à 8 heures 1.2 précises, 10, rue de Lancry.

ART. 9. — Les propositions d'ordre du jour seront écrites et signées ; elles seront remises au Président, qui en donnera connaissance.

ART. 10. — Aucune question autre que celle à l'ordre du jour ne peut être mise en discussion.

ART. 11. — Le Comité se subdivise en autant de commissions qu'il jugera utile pour l'étude et l'avancement des travaux. Les résolutions des sous-commissions sont soumises à la discussion et au vote du Comité.

Art. 12. — Les auteurs de méthodes ou de systèmes seront admis sur la présentation de la sous-commission chargée d'examiner leurs travaux, à expliquer en séance générale leur mode de comptabilité, qu'ils feront précéder d'un exposé de principes. La liberté la plus grande leur sera accordée pour le développer et en faire, livres en mains, une application pratique.

Art. 13. — Les résolutions du Comité et celles des commissions sont prises à la majorité des voix ; en cas de partage, la voix du Président est prépondérante.

Art. 14. — Un procès-verbal de chaque séance sera rédigé et signé par les membres du bureau présents.

LETTRE PROGRAMME DE M. BAUDRAN

Pour vous seconder, autant qu'il est en mon faible pouvoir, dans le but que vous vous proposez, et auquel tous les Comptables sérieux et dévoués devront se rallier, je m'empresse de vous adresser ma souscription à votre publication bi-mensuelle.

Maintenant que le Comité d'initiative a rempli sa tâche, et que l'interruption de ses séances va nous rendre les loisirs que nous lui avons consacrés pendant près de deux années, — il nous sera possible de répondre à votre appel pour la collaboration de chacun de nous, de Paris et de la Province, surtout.

Puisque votre Revue offre ses colonnes pour servir de tribune aux novateurs comme aux praticiens, c'est à nous de profiter de cet avantage pour traiter des questions professionnelles qu'il s'agit de développer et de faire progresser sans relâche ; et pour qu'on s'attache à votre œuvre et qu'on s'y intéresse, il faudra accorder à tous la même liberté.

A ceux qui voudront bien nous interroger dans votre Journal, nous répondrons par la même voie ; d'autres nous répliqueront, et nous nous instruirons ainsi mutuellement, en élucidant des points tenus obscurs jusqu'à présent, et qui resteraient sans cela indéfiniment incompréhensibles pour le plus grand nombre.

Votre devise : *Tout le monde a plus d'esprit que chacun et chacun doit profiter de l'esprit de tout le monde*, définit parfaitement le but en faisant espérer le résultat.

Nous n'avons pas la prétention d'ouvrir des horizons, de découvrir des mondes, mais simplement de faire entrevoir des aperçus nouveaux.

Si nous nous en tenions aux sujets sur lesquels nous sommes tous d'accord, il n'y aurait pas lieu d'entrer dans aucune discussion, et nous resterions dans le *statu quo* qui est loin de satisfaire aux besoins pressants, aux nécessités urgentes.

Il faut, au contraire, provoquer la critique, puisque, selon nous, il doit en sortir l'enseignement et le progrès.

Dès aujourd'hui, nous allons suivre vos articles ; et non seulement nous ne nous montrerons pas indifférent, mais, bien au contraire, des plus exigeant et disposé à combattre, en attaquant et en résistant, dans une lutte où vainqueurs et vaincus auront un égal mérite, un même avantage, un seul intérêt.

A l'œuvre, donc !

Nous partageons les idées que vient d'émettre M. Baudran ; mais refuser impitoyablement tout ce qui ne vise que des personnalités sans aucun profit pour la science sera notre règle de conduite.

Au contraire, fussent-elles diamétralement opposées à nos idées et à nos principes, nous accueillerons avec empressement toutes les communications qui traiteront de la comptabilité ou contiendront des critiques courtoises, tels que les articles suivants que nous publions en en laissant, bien entendu, toute la responsabilité à leurs auteurs.

H. H.

LA LOI COMMERCIALE FRANÇAISE

ET LE

CONGRÈS DES COMPTABLES DE PARIS

Le divorce entre la loi commerciale française et les comptables de Paris a failli être prononcé dans le Congrès qui a tenu ses assises solennelles du 12 au 17 décembre 1880.

Ce Congrès devait être international, il a été tout parisien. Le fait est d'autant plus regrettable que deux nations, à notre connaissance, auraient opéré un rapprochement certain.

Ce rapprochement sera l'œuvre du temps et de la réflexion, nous en avons l'intime conviction. Pour le préparer, nous allons faire le parallèle de la doctrine adoptée par le Congrès des comptables de Paris, et de celle qui résulte de l'ensemble de nos lois civiles et commerciales.

Aux comptables qui demandent la suppression de l'article 8 du code de commerce, jusqu'à l'article 17 inclusivement, c'est-à-dire la suppression d'un titre tout entier, nous disons : Prenez garde ! La loi civile et la loi commerciale forment un ensemble que vous paraissez ignorer. Si vous réformez l'une, il vous faudra réformer l'autre. Dans la doctrine consacrée par ces lois auxquelles le temps peut toujours apporter les changements reconnus indispensables, tout se tient, tout s'enchaîne.

Dans la prévision de ce reproche, on a reproduit la consultation d'un docteur en droit au sujet du journal unique et de la pluralité des journaux.

Ce docteur, bien embarrassé dans l'espèce (il n'était pas comptable), a donné raison à la loi, tout en accordant à son client cousultant, libre carrière pour les livres indispensables à ses opérations multiples. Pouvait-il mieux faire ? Assurément non.

Nous ne sommes point docteur en droit ; jeune, nous nous sommes incliné avec respect devant le monument admirable et gigantesque de nos lois civiles, monument qui n'est que le péristyle de l'édifice qui renferme toutes nos lois commerciales et autres. Depuis plus de 25 ans, nous sommes familiarisé avec la *méthode* de comptabilité imposée par l'article 8 du code de commerce ; nous l'avons reconnue et nous la proclamons encore rationnelle et *unifiée* dans son principe unique *le capital* ; et cela depuis que ce dernier a fait son apparition dans les transactions, époque qui se perd dans la nuit des temps.

Fort de cet axiome qui dit : que l'expérience vaut et souvent passe science, nous allons démontrer qu'il y a malentendu entre la loi commerciale française et les comptables qui la répudient. Ils ne se connaissent pas assez ; voilà tout le mal.

A une majorité de 46 voix a été adoptée la définition de la comptabilité proposée par le promoteur du Congrès (*Voir le compte-rendu in extenso, pages 14 et 15*).

Pour rendre cette proposition absolument parfaite *(textuel)*, le Congrès n'y trouvant pas la définition de la science professionnelle, a cru devoir la faire précéder de ce lambeau de phrase, emprunté à la motion d'un de ses membres, sur le même sujet :

« La comptabilité est une science qui a pour objet de mettre jour par
« jour en évidence les modifications apportées au capital. »

Un ami du promoteur du Congrès est venu développer sous les yeux des assistants le côté pratique de la comptabilité de l'ouvrier. Il a terminé son exposé par cette conclusion :

« On peut avec le système de tenue de livres en partie simple pratique,
« suivant le perfectionnement apporté par le promoteur du Congrès, obtenir
« le contrôle du report des écritures du journal au Grand-Livre. Les totaux
« des livres *(que l'on appellera des journaux)* remplacent les comptes géné-
« raux de la partie double, avec des avantages incontestables, savoir :
« authenticité absolue, puisqu'ils forment le tout d'opérations inscrites au
« moment même où elles se passent, et économie de temps. »

Les développements que nous donnerons au sujet du journal unique, imposé par l'article 8 du code de commerce, répondront victorieusement à ces assertions.

Nous devons nos sincères félicitations aux membres du Congrès qui, tout en respectant l'autorité paternelle, ont inscrit en tête de leur doctrine, la véritable définition de la comptabilité commerciale, suivant la raison et la loi française.

Nous esquisserons à grands traits l'ordonnance des préceptes de la loi, sur l'état des personnes, la définition des biens, et la manière de les acquérir.

Avec les membres du Congrès, nous laisserons la théorie de la comptabilité de l'avenir dans les régions supérieures où elle se dérobe à nos regards après s'être dérobée à notre intelligence, sous son aspect pratique.

Il y a peut-être insuffisance d'étude de notre part ; mais nous ne voyons pas comment ce système de balances donnant le débit et le crédit des clients, sans parler du débit et du crédit du négociant, pourra éclairer ce dernier sur la marche de ses opérations.

En somme, quel a été le résultat des discussions du Congrès ? Il a rejeté de son programme la comptabilité en partie simple.

Il a accepté la partie double en ces termes :

« Considérant que la partie double est la seule méthode pouvant donner satisfaction, à raison de ce qu'elle permet de suivre toutes les modifications et variations du capital, et d'obtenir tous les renseignements quelconques que l'on peut désirer ; qu'elle se contrôle par ses propres écritures ;

« Le Congrès consacre par son vote la partie double sans rien préjuger de la meilleure application qui peut en être faite. »

Pendant une année, c'est-à-dire jusqu'au 1er octobre 1881, une commission spéciale va rechercher qu'elle est la meilleure application de cette méthode, et étudier le problème dont la solution paraît possible, l'unification de la comptabilité.

Nous comptons sur ce temps de réflexion, pour amener nos collègues à reconnaître combien sont rationnels et l'esprit et la lettre de l'article 8 du code de commerce, dans le cadre d'ensemble de nos lois.

On a discouru sur la pièce justificative, l'inventaire, le bilan, etc., on a agité la question légale, on a parlé pour et contre la cote et le paraphe, mais on n'a pas osé émettre de vœu. Nous l'émettrons pour nos collègues.

Pour le bilan on a demandé : la vérité, toute la vérité, rien que la vérité.

Chose étrange ! Parmi ces adeptes initiés dès l'enfance aux secrets de la partie double, pas une voix ne s'est élevée pour signaler l'abus qui prend aujourd'hui de si graves proportions, d'admettre à l'actif du bilan, les débiteurs du capital social, dans les Sociétés anonymes.

Ne voyons-nous pas tous les jours des maisons de commerce, financières ou autres, affirmer au passif de ce même bilan, un capital dix fois, vingt fois millionnaire, alors que les millions résident sur le futur contingent des actionnaires de l'avenir dont on vise l'épargne !

Nous démontrerons que le journal imposé par la loi est l'adversaire déclaré de cet abus, de même que le soleil est l'ennemi de la nuit et des ténèbres.

(A suivre.) GUILLAY, à Tours, *rue d'Amboise.*

Sous ce titre : **La Question des Retraites** *dans la Société mutuelle des Comptables de la Seine*, M. Pierre Albigès vient de publier la troisième partie d'une brochure à la fin de laquelle nous trouvons une causerie fantaisiste qu'il nous paraît utile de reproduire.

CAUSERIE SUR L'*ACTIF* ET LE *PASSIF*

Si vous voulez bien, mon cher collègue, nous allons ensemble causer un peu de notre profession.

J'ouvre devant vous le dernier compte-rendu (février 1880), et voici ce que je lis à la page 5 : *Actif*, et à la page 6 : *Passif*.

Avec ces titres, vous croyez tout de suite que la Société a des débiteurs et des créanciers. Mais la lecture des articles qui suivent vous fait comprendre que ce sont des recettes et des dépenses courantes. Et vous avez besoin, je le vois à votre étonnement, d'avoir recours à Bescherelle pour connaître la définition exacte de ces deux mots.

Au mot *Actif*, cet encyclopédiste dit : « Les dettes actives sont celles dont on est « créancier ; par opposition à celles passives, celles dont on est débiteur. »

Or, les quittances encaissées et les frais généraux payés dans un semestre ne constituent pas un *actif* et un *passif*. Ce sont des faits qui se terminent au moment où ils se produisent : ce n'est pas « LA RÉUNION DE TOUTES LES CRÉANCES A RECEVOIR, NI CELLE DES SOMMES A PAYER. »

Ces explications paraissent ne pas vous convaincre, mon cher collègue, Bescherelle « ne tenant pas dans ses mains l'honneur et la fortune d'un négociant par le Grand-« Livre. » Consultons alors l'article 9 du code de commerce. Il est ainsi conçu : « Le « commerçant est tenu de faire, tous les ans, sous seing-privé, un inventaire de ses « effets mobiliers et immobiliers, et de SES DETTES ACTIVES ET PASSIVES, et de le copier, « année par année, sur un registre spécial à ce destiné. »

D'après ces prescriptions, il est évident qu'on ne doit pas comprendre dans les dettes actives et passives les opérations qui ne constituent ni un *doit* ni un *avoir*, comme les dons gracieux et les FRAIS EXORBITANTS DE NOTRE AGENCE. Et si nous consultions Delplanque, Monginot et tous ceux qui ont acquis une notoriété par leurs ouvrages sur la tenue des livres, nous verrions la confirmation des extraits ci-dessus.

De ce qui précède il résulte bien qu'en groupant sous le titre de dettes actives les bénéfices des bals, les dons volontaires, etc... encaissés, et sous le titre de dettes passives, le papier, l'encre, timbres-poste, etc... et payés au comptant, c'est commettre une erreur qui fait du tort à notre association.

D'après ces explications, vous êtes décidé, n'est-ce pas, à proposer qu'on remplace le mot *actif* par celui de RECETTES, et le mot *passif*, par celui de DÉPENSES ?

Eh bien ! voici la réponse qui vous sera faite probablement par un sociétaire : « On « a présenté jusqu'ici notre situation telle que vous la trouvez dans nos **comptes-rendus** « et on ne la changera pas. »

Et puis ce collègue ajoutera, d'un air suffisamment guerrier : « *Monsieur, la rou-* « *tine meurt et ne se rend pas !* »

Vous souriez !

Ah ! comme je fais des vœux pour que cette routine meure le plus vite possible ! — La routine seule, bien entendu.

. . . .

. . . .

Nous admettons les pronostics de M. Albigès. Non ! Jamais les rédacteurs du Compte-rendu financier n'en modifieront la forme ; comment pourraient-ils se déjuger, eux, des oracles !

Est-ce que dans le « *Comptable* », voilà tantôt un an, une critique à ce sujet n'a pas été faite ? Est-ce que, depuis lors, deux occasions ne se sont pas offertes pour eux de montrer qu'ils avaient profité du conseil en ne persistant pas dans une faute qui révèlerait de l'ignorance **si elle était** commise par des personnes étrangères à la Comptabilité !

En effet, comme le fait si bien ressortir M. Albigès dans les lignes **qui** précèdent, c'est la réputation de la Corporation tout entière des **Comptables** qui est en jeu, quand on voit son aréopage présenter et faire admettre un bilan dressé d'une façon aussi vicieuse.

Le mouvement des *Recettes*, c'est-à-dire des *réalisations*, y figure à l'ACTIF qui ne devrait comprendre que des valeurs à réaliser.

Les *Dépenses acquittées* figurent au PASSIF, qui ne devrait présenter que des *dettes à acquitter*.

Enfin le CAPITAL, qui n'est autre chose que l'excédant de l'*actif* sur le *passif*, présente une somme de 60,092 fr. 74, quand le CAPITAL réel est de 897,685 fr. 31.

Notre reproche ne vise aucune personnalité ; mais nous dirons, avec toute la courtoisie qu'on doit attendre de nous, aux MEMBRES qui sont à la TÊTE de l'association : « Intervenez donc pour faire cesser cet état de choses qui doit vous choquer autant que nous. Brisez vos clichés qui ont déjà trop servi jusqu'à présent, et qui n'en peuvent plus ; et montrez-nous des caractères neufs. »

B. DE CH.

M. Fleureau, 36, rue de la Folie-Regnault, nous fait la question suivante : « Un Commerçant peut-il modifier son capital dans le cours d'un exercice ? »

Notre réponse est affirmative. Voici les cas les plus ordinaires qui se présentent :

Le *capital* doit être débité : 1° des pertes pour *faillites;* 2° des *prélèvements* dépassant la moyenne que les bénéfices annuels permettent de faire ; 4° des dons d'une certaine importance, telle qu'une dot ; 4° d'un vol, etc. On crédite le capital d'un héritage et de toute augmentation importante dont la *cause serait en dehors du commerce.*

Nous engageons tous les Membres du Congrès qui auraient des communications à nous faire au sujet du *Compte-Rendu in extenso,* à nous les adresser avant le 15 courant. Il y a eu une Commission de nommée par le Comité d'études du deuxième Congrès qui statuera sur les rectifications demandées, et s'entendra avec nous pour en faire la publication.

Les rapports de bonne confraternité qui existent généralement entre les voyageurs de commerce et les comptables, nous engagent à recommander à ces derniers la lecture du Journal des VOYAGEURS de COMMERCE, Représentants, Placiers, Employés. Six mois, 4 francs, rue Jacob, 30. Dix centimes le numéro dans les kiosques : du passage Jouffroy, du boulevard Saint-Denis, 8 ; du café des Négociants, boulevard Sébastopol ; de Pymalion ; du boulevard Saint-Michel et rue Soufflot ; de la place de la Bourse ; du Printemps, rue du Havre ; Mme Cervaux, libraire, 1, rue Dupin ; M. Bodin, libraire, rue Saint-Placide.

M. Guillay, ancien notaire, dont on vient de lire un article sur le Congrès, est auteur d'un ouvrage intitulé : La COMPTABILITÉ, d'après les prescriptions de la loi commerciale française, ou la Comptabilité en partie double mise à la portée de tout le monde : *La Revue de la Comptabilité* en fait l'envoi franco contre un mandat-poste de 4 francs.

PETITE CORRESPONDANCE

A la Chambre syndicale des employés de commerce de Toulouse. — Reçu votre mandat-poste de 5 fr. pour abonnement à la première année. Bonne note est prise de votre nouvelle adresse.

Le Directeur Gérant de la Revue de la Comptabilité : H. HARANG, 7, r. Barbette

Paris. — Imprimerie E. Perreau, 59, rue Grenéta.

15 FÉVRIER 1881   N° 10

Contenant le 12ᵉ fascicule de l'UNIFICATION DE LA COMPTABILITÉ

Abonnement : 5 fr. par an. — Écrire au Directeur, rue Barbette, 7, à Paris

Vente au Numéro, chez M. MEURIOT, 51, rue, des Francs-Bourgeois et chez M. MOURRE, 18, boul. Voltaire

Prix exceptionnel de ce Numéro : 15 centimes

REVUE DE LA COMPTABILITÉ

BI-MENSUELLE

PUBLIANT LES TRAVAUX DU COMITÉ D'INITIATIVE ET CEUX DU CONGRÈS DES COMPTABLES

d'après les procès-verbaux de leurs séances tenues à l'Hôtel de l'Union nationale des Chambres syndicales 10, rue de Lancry, à Paris.

La Rédaction de la REVUE est entièrement indépendante du Comité et du Congrès. Cette déclaration nous a paru nécessaire pour éviter tout malentendu dans l'esprit du lecteur, et mettre le Comité et le Congrès à l'abri de toute responsabilité.

COMITÉ D'ÉTUDES DU CONGRÈS DES COMPTABLES

Le premier Congrès des comptables, réuni à l'hôtel des Chambres syndicales, du 12 au 17 décembre 1880, n'ayant pu, dans ce court laps de temps, résoudre qu'une partie des questions multiples et complexes de la Science professionnelle de la Comptabilité, a choisi dans son sein une Commission chargée de continuer les travaux du Comité d'initiative, dans le but : de poursuivre l'étude de l'unification de la Comptablilité, trouver une méthode d'enseignement plus pratique que celles professées jusqu'à ce jour, d'étudier la question légale, et enfin d'arriver à la formation d'une Chambre syndicale.

Les membres de cette commission, constitués en Comité d'études, font appel à la bonne volonté de tous les auteurs de méthodes et les prient de vouloir bien leur soumettre leurs ouvrages.

Ils espèrent aussi que tous les Comptables, tant ceux de la Province que ceux de Paris, prêteront leur concours à cette œuvre, qui aura certainement une grande influence sur l'avenir de notre Corporation.

LE COMITÉ,

10, rue de Lancry.

CHRONIQUE

LE CONGRÈS DES COMPTABLES

Après avoir adopté la définition de la science professionnelle, le Congrès avait à déterminer les principes de cette science et les bases sur lesquelles elle doit reposer.

De même qu'il s'était approprié la définition proposée par notre collègue, M. Perrot — un des doyens les plus respectés de la corporation — parce qu'il avait trouvé que cette définition, par sa clarté, sa concision, son exactitude absolue, répondait admirablement à l'idée générale que tous ses membres se font de la comptabilité; de même, et pour la même raison, il emprunta à M. Beauchery sa détermination des principes et des bases.

Et ici encore, le Congrès a été. selon nous, bien inspiré.

Que trouvons-nous, en effet, dans tout acte commercial, industriel, financier, nous pourrions dire dans tout acte humain ?

Le résultat de l'accord intervenu entre deux intérêts tout d'abord opposés l'un à l'autre.

Donc la comptabilité, constatation méthodique et journalière de ces résultats, ne sera complète qu'à la condition de traduire le *dualisme* qui se manifeste dans toute opération, qu'elle soit commerciale, industrielle ou financière.

Ce premier principe que le Congrès a, avec M. Bauchery,— appelé primordial, contient en lui tous les autres, et il les en a déduits immédiatement.

Nécessité, pour la comptabilité, de présenter distinctement, à l'intelligence, chacune des parties de ce dualisme, *les personnes* et *les choses*, pour trouver dans cette opposition même le contrôle des unes par les autres.

Mais ce n'est pas seulement à l'intelligence que M. Bauchery, et, avec lui, le congrès, tiennent à présenter les deux termes opposés dans lesquels doit se renfermer et se mouvoir la comptabilité. Ils ont encore voulu que ces deux termes opposés revêtissent chacun une forme extérieure différente qui les rendît sensibles à la vue, tangibles, et le Congrès a déclaré que les bases fondamentales de la comptabilité étaient *les livres* et *les comptes*, les livres pour les *choses*, les comptes pour les *personnes*.

Cette distinction peut, à première vue, paraître subtile ; il semble en effet, qu'il est peu important de traduire, sous une forme ou sous une autre, l'opposition destinée à produire le contrôle.

Nous ne voulons pas nous prononcer, quant à présent, sur ce point.

Tous nos lecteurs savent, en effet, que le Congrès, jugeant incomplètes les études faites par son Comité d'initiative, sur les méthodes, a chargé un nouveau Comité de poursuivre ces études, en s'inspirant, des décisions qu'il a prises. Ce nouveau Comité travaille actuellement ; la plus grande réserve nous est donc imposée dès que nous nous trouvons en présence de décisions pouvant avoir une influence directe sur la méthode à adopter.

Mais nous ne sortirons pas de cette réserve en disant que ces décisions du Congrès sont la condamnation de toutes les méthodes de comptabilité suivies jusqu'à présent, qu'elles s'appellent, partie simple, partie double ou Journal Grand-Livre, car aucune de ces méthodes ne répond, à notre avis, aux exigences de ces décisions, si l'on considère surtout que, dans une séance ultérieure, le Congrès a, sans appel, cette fois, nous l'espérons autant que nous le désirons, condamné à disparaître le Journal unique qui leur sert de base commune.

Félix Roy.

LA LOI COMMERCIALE FRANÇAISE

ET LE

CONGRÈS DES COMPTABLES DE PARIS

(*Suite*)

II

Doctrine relative au Commerce, prise dans nos lois civiles et commerciales

Dans un premier livre qui contient cinq cent-quinze articles, la loi établit l'état des personnes. Elle statue sur les droits civils, la paternité, la filiation, etc.; toutes choses qui ne peuvent trouver place dans le cadre que nous nous sommes tracé

Avant de terminer ce premier livre, le législateur fait connaître qu'il n'oublie pas le commerçant.

Il déclare mineur l'individu de l'un et de l'autre sexe qui n'a point encore l'âge de 21 ans accomplis. (Art. 388, Code civil.)

Le père est, durant le mariage, administrateur des biens personnels de ses enfants mineurs. Il conserve la tutelle de ses enfants jusqu'à leur émancipation.

Le mineur est émancipé de plein droit par le mariage. Le mineur, même marié, pourra être émancipé par son père, ou, à défaut de père, par sa mère, lorsqu'il aura atteint *l'âge de quinze ans révolus.*

Il peut être commerçant, mais à 18 ans seulement.

» Le mineur émancipé *qui fait un commerce* est réputé majeur » pour les faits relatifs à ce commerce. « (Art. 489, Code civil.)

Pour le mineur commerçant, la loi diffère l'émancipation de trois ans. Elle la fixe à 18 ans révolus; elle exige en outre la publicité de l'acte d'émancipation. (Art. 2, Code de commerce.)

La majorité est fixée à 21 ans accomplis; à cet âge on est capable de tous les actes de la vie civile, sauf la restriction portée au mariage. (Art. 388, Code civil,)

La loi traite ensuite des biens et des différentes modifications de la propriété.

Tous les biens sont meubles ou immeubles, dit la loi. (Art. 516, Code civil.)

En deux mots, pouvait-elle dire davantage et mieux?

« Les biens sont immeubles, ou par leur nature, ou par leur desti- » nation, ou par l'objet auquel ils s'appliquent. »

« Les fonds de terre et les *bâtiments* sont immeubles par leur » nature. » (Art. 517 et suivants.)

« Les biens sont meubles par leur nature ou par la détermination « de la loi. »

« Sont meubles par leur nature, les corps qui peuvent se transporter d'un lieu à un autre, soit qu'ils se meuvent par eux-mêmes, comme les animaux, soit qu'ils ne puissent changer de place que par l'effet d'une force étrangère, comme les *choses inanimées.* » articles 527 et 528.

Sont meubles par la détermination de la loi, les obligations et

actions qui ont pour objet des *sommes exigibles,* ou des effets mobiliers, les actions ou intérêts dans les compagnies de finance, de
commerce ou d'industrie, encore que des immeubles dépendant de ces
entreprises appartiennent aux Compagnies. Les actions ou intérêts
sont réputés meubles à l'égard de chaque associé, seulement tant que
dure la Société.

« Sont aussi meubles par la détermination de la loi, les rentes per-
pétuelles ou viagères, soit sur l'Etat, soit sur des particuliers. (Art.
529 Code civil.)

Les rapports entre ces biens et leurs propriétaires, forment le
deuxième livre.

Le troisième livre traite des différentes manières dont on acquiert
la propriété. Il contient vingt titres et quinze cent soixante-dix
articles. Plusieurs titres ont subi des modifications que le temps avait
rendues nécessaires. Elles n'intéressent pas le commerce.

C'est dans le livre qui détermine la nature et les effets des *contrats* ou *obligations conventionnelles* que nous trouverons les motifs
du rapprochement que nous espérons obtenir entre les comptables et
la loi qui les régit, en matière commerciale.

« La propriété des biens s'acquiert et se transmet par succession, par donation entre vifs ou testamentaire, et par l'effet des obligations. » (Art 911, C c.)

Qu'est-ce qu'un contrat ou une obligation conventionnelle ?

« Le contrat est une convention par laquelle une ou plusieurs
personnes s'obligent envers une ou plusieurs autres *à donner, à faire
ou à ne pas faire.* » (Art. 1101, C. c.)

Il y a complet accord entre la loi et le premier principe de la comptabilité énoncé dans la définition du promoteur du Congrès.

« Il dit : « La comptabilité doit avoir pour principe primordia
d'exprimer, de traduire le dualisme que contient en elle essentiellement toute opération humaine qui ne peut s'effectuer qu'entre deux
personnes ou deux faits opposés l'un à l'autre, que par l'échange, la
réciprocité, la mutualité. »

Il est regrettable que le promoteur du Congrès n'ait pas borné là
sa définition.

« Dans ce premier principe il en voit un deuxième qui présente distinctement à son intelligence, les deux ·faces, les deux conditions de la nature, les *personnes* et les *choses*.

« Ces deux conditions de la nature constituent un troisième principe consistant dans le contrôle que chacune des parties exerce sur l'autre.

« Puis enfin la comptabilité doit achever l'établissement de ses principes et leur donner pratiquement satisfaction en *déclarant* que ses deux bases fondamentales sont les *livres* et les *comptes*.

« Décidément, la loi civile française nous paraît plus claire et plus logique ; nous y revenons avec empressement.

(A suivre.)   GUILLAY, à Tours, *rue d'Amboise*.

POSSIBILITÉ DE L'UNIFICATION DE LA COMPTABILITÉ

De l'avis de tous les comptables, l'unification de la comptabilté est possible quant à la détermination des principes. Mais on est loin d'être aussi affirmatif en ce qui concerne la solution du problème au point de vue pratique.

Que cette unification soit une chimère, comme quelques-uns le prétendent, ou que la solution du problème puisse devenir un fait accompli, il n'en est pas moins vrai que ceux qui ont pris l'initiative dans cette question ainsi que ceux qui se sont associés à leurs recher-ches ont bien mérité de la science ; s'ils ne parviennent pas au but qu'ils espèrent atteindre, ils auront du moins le mérite d'avoir provoqué un mouvement incontestablement utile à la marche du progrès.

Mais l'unification de la Comptabilité est-elle chimérique ? Selon nous rien ne le prouve ; nous nous permettrons même d'ajouter qu'en substituant au journal unique, les journaux spéciaux, les Comptables ont résolu aux trois quarts le problème de l'unification qui peut être faite, croyons-nous, en ce qui concerne les parties principales et fondamentales, dont voici à peu près l'énumération :

1º L'inventaire dressé d'après les bases adoptées par le Congrès des Comptables ;

2º Une nomenclature des comptes, appropriée à l'entreprise que l'on veut fonder ;

3º Un Journal spécial pour chaque compte de la nomenclature ;

4º Le livre des balances quotidiennes, livre nécessaire, indispensable pour réunir en un seul faisceau tous ces comptes séparés, en les contrôlant individuellement et dans leur ensemble ;

5º Les Grands-Livres des clients et des fournisseurs.

Quant aux Grands-Livres des comptes généraux, nous pensons qu'ils exigeront dans bien des cas des tracés différents, pour pouvoir y consigner les résultats qui doivent y être mis en évidence. Cette exception avec quelques autres, sans doute, ne peuvent que confirmer le principe de l'unification au lieu de le détruire.

Pourquoi donc — et c'est ici surtout que nous appelons l'attention des comptables — pourquoi, disons-nous, l'heureuse innovation des Journaux spéciaux n'a-t-elle pas résolu le problème tout en entier ?

C'est que, en passant écritures des opérations dans les Journaux spéciaux, il n'a été fait aucune distinction dans le classement de ces écritures entre les deux caractères d'équation résultant tour à tour des opérations et qui découlent de la formule suivante :

Les DÉBITS des *comptes généraux* qui *intéressent* les *comptes personnels constituent* les CRÉDITS de *ces derniers*, comme les DÉBITS de *ceux-ci* ont leurs *contreparties* aux CRÉDITS *des premiers*.

Le secret de l'unification est dans cette simple formule qui n'est elle-même, en définitive, que la constatation d'un fait. Ce fait doit être enregistré dans les comptes généraux tel qu'il s'est produit, c'est-à-dire, que l'on doit séparer dans des colonnes distinctes ce qui intéresse les comptes personnels de ce qui ne les intéressse en aucune façon, en ayant soin, toutefois, de faire ressortir chaque jour, dans une troisième colonne, les totaux quotidiens.

La conséquence immédiate de ce qui précède est que l'équation, c'est-à-dire la balance, ressort de l'ensemble des écritures, apparente et tangible, comme d'une simple opération.

Voyons donc les éléments de cette balance :

D'abord en ce qui concerne les Comptes généraux, ces éléments sont les totaux quotidiens résumant dans chaque journal spécial les opérations de la journée.

A suivre. PERROT.

Association des Comptables. — L'Assemblée générale de cette grande et utile Société aura lieu *Dimanche 27 février courant, à midi*, dans le grand amphithéâtre de la Sorbonne. Nous remarquons dans l'ordre du jour : Nomination du Président de l'Association et Fixation de la pension de retraite pour l'année 1881. — Une Commission d'études sur les retraites ayant été nommée, par la dernière Assemblée générale, nous pensons que c'est par un oubli involontaire que le *Rapport de cette Commission* n'a pas été compris dans l'ordre du jour. — Quant à la nomination du *Président de l'Association*, nous ignorons quelle suite a été donnée à la candidature de l'honorable M. Dietz-Monnin qui avait été proposée par des Membres qui désirent le plus la continuation de la prospérité de la Société.

Nous venons d'être honoré de la souscription de la Chambre Syndicale du Papier *et des Industries qui le transforment*, dont l'honorable M. Havard est Président. Nous espérons que toutes les Chambres Syndicales suivront cet exemple, et, à cet effet, nous leur adressons ce numéro comme spécimen. Les questions de Comptabilité sont trop sérieuses et trop importantes pour que les Industriels et les Commerçants ne s'intéressent pas à notre publication.

Le mercredi, 2 mars prochain, à 8 h. 1[2 du soir, à la Mairie de Saint-Ouen ;

Et le jendi, 3 mars, à 9 heures, Salle des Écoles, place de Vaugirard (XVe arrondissement) ;

M. Eug. Baudran, dans son cours de Comptabilité, public et gratuit, traitera de l'Inventaire.

PETITE CORRESPONDANCE

M. Voulland, *à Montpellier*. Il sera fait selon vos désirs. L'ouvrage dont vous parlez paraîtra prochainement chez MM. Guillaumin et Cie, en un vol. in-8° de plus de 300 pages, sous ce titre : **Le Congrès des Comptables français,** Questions actuelles de Comptabilité et d'Enseignement commercial, série complète et considérablement augmentée des articles parus dans l'*Événement*, Examen critique des Méthodes de Comptabilité, Compte rendu analytique et critique des séances du Congrès des Comptables, par Eug. Léautey, chef de bureau à la Comptabilité du Comptoir d'Escompte de Paris, professeur de Comptabilité. — Envoi franco par la *Revue de la Comptabilité* contre mandat-poste de 3 fr.

Le Directeur Gérant de la Revue de la Comptabilité : H. Harang, 7, r. Barbette

Paris. — Imprimerie E. Perreau, 53, rue Grenéta.

1ᵉʳ MARS 1881   N° 11

Contenant le 13ᵉ fascicule de l'UNIFICATION DE LA COMPTABILITÉ

Abonnement : 5 fr. par an. — Écrire au Directeur, rue Barbette, 7, à Paris

Vente au Numéro, chez M. MEURIOT, 51, rue, des Francs-Bourgeois et chez M. MOURRE, 18, boul. Voltaire

Prix du Numéro : 30 centimes

REVUE DE LA COMPTABILITÉ

BI-MENSUELLE

PUBLIANT LES TRAVAUX DU COMITÉ D'INITIATIVE ET CEUX DU CONGRÈS DES COMPTABLES

D'après les procès-verbaux de leurs séances tenues à l'Hôtel de l'Union nationale des Chambres syndicales 10, rue de Lancry, à Paris.

La Rédaction de la REVUE est entièrement indépendante du Comité et du Congrès. Cette déclaration nous a paru nécessaire pour éviter tout malentendu dans l'esprit du lecteur, et mettre le Comité et le Congrès à l'abri de toute responsabilité.

ASSOCIATION DES COMPTABLES

6, Rue de Turbigo, 6

Les membres de cette Société, réunis en Assemblée générale, dans le grand amphithéâtre de la Sorbonne, le 27 février dernier, ont procédé à l'élection pour cinq ans, de leur Président, en remplacement de M. BOUFFARD démissionnaire.

M. TRUELLE qui a été élu à la presque unanimité, a fait une allocution chaleureusement applaudie, dans laquelle il a rappelé les services rendus à l'Association par son Prédécesseur.

Sur la proposition de son nouveau Président, l'Assemblée a nommé M. BOUFFARD, PRÉSIDENT HONORAIRE.

Le fait culminant de cette réunion. —après la nomination du Président, — a été la proposition, par le Conseil, de la radiation de M. Albigès.

M. Albigès est bien connu par ses travaux sur la Caisse des Retraites de l'Association. Avec une louable persévérance, il n'a cesssé de critiquer, dans des brochures bourrées de chiffres, le mode employé pour la fixation des Retraites. On peut ne pas partager toutes les idées de M. Albigès; mais voir, dans cette persévérance elle-même, un parti pris de dénigrer l'Association, a paru une chose excessive. A différentes reprises, l'Assemblée a manifesté toute sa sympathie pour M. Albigès qui est sorti indemne de cette affaire.

Cette solution ayant amené la démission générale du Conseil, il sera pourvu à son remplacement à la première Assemblée générale semestrielle.   H. H.

CHRONIQUE

LE CONGRÈS DES COMPTABLES

Nous pourrions certainement borner à notre dernier article, nos appréciations sur le Congrès des Comptables. Il est certain, en effet, qu'à partir de la première séance, et dès qu'il a eu renoncé à se prononcer sur la meilleure méthode de comptabilité à enseigner et à pratiquer, il aurait mieux valu qu'il suspendît, jusqu'à plus ample informé, les discussions forcément incomplètes, qu'il a cru cependant devoir aborder dans ses séances ultérieures.

Il est juste cependant de noter, qu'il s'est dit d'excellentes choses au sujet de la Pièce justificative, de l'Inventaire, du Bilan, notamment en ce qui concerne l'évaluation des marchandises, mais nous sommes obligés de le reconnaître, ces points sont incidents vis-à-vis du Comptable et de la Comptabilité.

Quel que soit en effet le mode adopté par une maison, pour établir l'évaluation des marchandises en magasin à l'inventaire, ce mode ne regarde pas le Comptable, qui n'a pas autre chose à faire que de constater le résultat de cette évaluation, et d'en faire entrer le total dans le bilan.

L'évaluation n'est pas en effet de la *compétence* du comptable ; elle n'est généralement pas de son *ressort;* donc le Congrès n'aurait dû se livrer à une discussion, après laquelle il ne pouvait donner que des conseils essentiellement platoniques, dont le commerce ne se préoccupera que médiocrement, avant d'avoir statué sur l'objet principal, celui où sa compétence était indiscutable, la détermination d'une méthode rationnelle en harmonie avec les principes qu'il venait de consacrer.

Cette appréciation de notre part, s'applique tout aussi bien à la pièce justificative qui a dû être bien étonnée de voir la large place qui lui a été faite dans le congrès, et celle qu'elle avait déjà occupée dans le comité d'initiative.

Nous n'avons pas cependant l'intention de nier l'utilité de cette pièce; nous sommes, dans la pratique, les premiers à en recommander l'emploi toutes les fois qu'elle peut être créée, mais nous n'en persistons pas moins, dans cette pensée que la discussion dont elle a été l'objet n'était pas à sa place, et qu'elle devait se réduire à cette simple observation, venant à la suite de décisions fermes sur la méthode :

Le Congrès ne saurait trop recommander au commerce d'étayer toutes les écritures de la comptabilité sur des pièces justificatives émanant des tiers.

Cela aurait amplement suffi.

Les vœux émis au cours de l'étude que le Congrès a faite de la question légale et de la question de l'enseignement, nous a suggéré une réflexion que nous voulons communiquer aux lecteurs de la « Revue »

Le lendemain même de la cloture du Congrès, il aurait pu arriver qu'un Ministre du commerce, suivant à la lettre les vœux émis, fît sanctionner par le Parlement les modifications demandées au Code de commerce : pluralité facultative des Journaux, suppression de la Cote et du Paraphe, etc.

Que diraient les apôtres de cette modification, si la méthode qui sera adoptée, ne comportait plus de Journaux ?

Que diraient, qu'enseigneraient les apologistes de l'enseignement de la comptabilité par la corporation, si le Ministre de l'Instruction Publique chargeait demain chaque membre du Congrès d'un cours dans une école ?

Ce serait un beau spectacle,

Nous verrions un joli concert : l'un ne voudrait pas démordre de la partie simple, l'autre du journal Grand-Livre, chacun apporterait dans l'application de ces méthodes les petites pratiques suggérées par l'expériance journalière ; nous affirmons qu'il serait impossible d'assister à deux cours identiques, vérité ici serait erreur là.

Donc, il fallait avoir la sagesse d'attendre et ne pas se laisser aller au plaisir de parler pour ne rien dire.

Où faut-il chercher la raison de la fausse route faite par le Congrès sur ces différentes questions ? Nous avons certainement notre appréciation à ce sujet, mais il serait imprudent de la donner ; tous ceux, en effet, qui, parmi nos collègues, ont pris part aux travaux du comité d'initiative et à la direction des travaux du Congrès étaient, avant tout des hommes de bonne volonté ; ils ont produit tout ce qu'ils ont pu ; nous ne voulons ni les blâmer, ni les décourager :

« *Pax hominibus bonæ volontatis.* »

Et laissons à l'avenir le soin de faire mieux.

Félix Roy

LA LOI COMMERCIALE FRANÇAISE

ET LE

CONGRÈS DES COMPTABLES DE PARIS

(*Suite*)

II

Doctrine relative au Commerce, prise dans nos lois civiles et commerciales

« Le contrat, dit l'article 1102, est synallagmatique ou bilatéral, lorsque les contractants s'obligent réciproquement les uns envers les autres. »

« Le contrat à titre onéreux est celui qui assujettit chacune des parties à donner ou à faire quelque chose. (Art. 1106).

« Les contrats, soit qu'ils aient une dénomination propre, soit qu'ils n'en aient pas, sont soumis à des règles générales qui sont l'objet du présent titre. Les règles particulières à certains contrats sont établies sous les titres relatifs à chacun d'eux et les règles particulières *aux transactions commerciales* sont établies par les lois relatives au commerce. » (Art. 1107, C. c.)

Il résulte de l'article qui précède que dans l'ensemble de ses lois, le législateur a toujours le commerçant présent à sa pensée.

Une transaction commerciale est un contrat synallagmatique, fait à titre onéreux. Cette convention a des règles particulières dans la loi civile. Ces règles seront édictées à propos du contrat de vente, de l'échange, etc. ; et dans les lois spéciales relatives au commerce.

Comment s'éteignent les obligations ?

Elles s'éteignent, dit l'article 1234 :

« Par le paiement.

Par la novation.

Par la compensation.

Par la confusion.

Par la perte de la chose.

Par la prescription, etc. »

« Tout paiement suppose une dette. Ce qui a été payé sans être dû est sujet à répétition. » (Art. 1235, C. c.)

Voilà ce dualisme dont parle le promoteur du Congrès, et sur la nature duquel nous allons revenir avec la loi elle-même, au sujet du contrat de vente.

« La novation s'opère de trois manières (art. 1271) : 1· Lorsque le débiteur contracte envers son créancier une nouvelle dette qui est substituée à l'ancienne, laquelle est éteinte ; 2· Lorsqu'un nouveau débiteur est substitué à l'ancien qui est déchargé par le créancier ; 3· Lorsque, par l'effet d'un nouvel engagement, un nouveau créancier est substitué à l'ancien, envers lequel le débiteur se trouve déchargé. »

« Lorsque deux personnes se trouvent débitrices l'une envers l'autre, il s'opère entre elles une compensation qui éteint les deux dettes de la manière et dans le cas ci-après exprimés. » (Art. 1289).

« La compensation s'opère de plein droit *par la seule force de la loi*, même *à l'insu des débiteurs ;* les deux dettes s'éteignent réciproquement à l'instant où elles se trouvent exister à la fois jusqu'à concurrence de leurs quotités respectives. » (Art. 1290).

« Lorsque la qualité de créancier et de débiteur se réunissent dans la même personne, il se fait une *confusion de droit* qui éteint les deux créances. » (Art. 1300).

Nous recommandons ces trois articles à l'attention des Comptables.

Dans les conventions des sociétés en nom collectif, les associés restent soumis entre eux aux règles que nous venons de constater. Ils peuvent être, dans certains cas, débiteurs et créanciers les uns des autres, et le Comptable qui n'est pas initié aux règles de la compensation et de la confusion peut commettre les plus graves erreurs.

Au sujet de la preuve des obligations et de celle du payement, la loi établit des règles reposant sur des principes d'ordre public.

Nous recommandons ces règles à l'attention de nos collègues. Bien certainement, si ces règles eussent été mieux connues, la campagne entreprise contre l'article 8 du Code de commerce par un confrère de talent et d'une valeur réelle, ainsi que les invectives violentes que ce même article a subies au sein même du Congrès, n'auraient pas eu lieu.

« Celui qui réclame l'exécution d'une obligation doit la prouver.

Réciproquement, celui qui se prétend libéré doit justifier le payement ou le fait qui a produit l'extinction de son obligation. » (Art. 1315).

Pour le simple particulier, il y a la preuve littérale, qui consiste en un acte authentique reçu par officiers publics, ou un acte sous-seing privé *reconnu* par celui auquel on l'oppose.

« Le billet ou la promesse sous seing privé (art. 1326) par lequel une seule partie s'engage envers l'autre à lui payer une somme d'argent ou une chose appréciable doit être écrit en entier de la main de celui qui l'a souscrit, ou du moins il faut qu'outre sa signature, il ait écrit de sa main un *bon* ou *approuvé* portant en toutes lettres la somme ou la quantité de la chose.

« Excepté dans le cas ou l'acte émane de *marchands, artisans, laboureurs, vignerons, gens de journée et de service.*

Puis vient la règle pour les marchands.

« Les registres des marchands ne font point, *contre les personnes non marchandes*, preuve des fournitures qui y sont portées, sauf ce qui sera dit à l'égard du serment. » (Art. 1329).

« Les livres des marchands font preuve *contre eux ;* mais celui qui veut en tirer avantage ne peut les diviser en ce qu'ils contiennent de contraire à sa prétention. » (Art. 1330).

(A suivre.) GUILLAY, à Tours, *rue d'Amboise.*

POSSIBILITÉ DE L'UNIFICATION DE LA COMPTABILITÉ

(Suite)

Quant aux éléments de cette Balance en ce qui concerne les Comptes Personnels, c'est ici que l'on reconnaît l'utilité d'avoir appliqué les principes qui se dégagent de la formule citée plus haut. En effet, chaque fois que s'est présentée une opération à enregistrer, cela a été fait dans les Comptes Généraux en se préoccupant surtout du classement d'après ces principes. Aussi, la journée terminée, voyons-nous figurer dans ces comptes *avec détails*, et *isolément tout qui se intéresse les Comptes Personnels* ainsi que les *totaux quotidiens* par nature d'opération, résumant les opérations journalières de chacun d'eux.

Tout cela, il est vrai, est en partie simple dans les Comptes Généraux, mais aussi cela va nous servir pour terminer en Partie Double ces écritures, au moyen de *trois ou quatre lignes au plus* en établissant le *Journal spécial* des *Comptes courants* qui doit nous fournir les *derniers éléments* de la Balance.

Ces Balances quotidiennes, inscrites jour par jour dans un livre spécial où elles sont cumulées, constituent, nous le répétons, la Balance perpétuelle, le lien qui, des parties isolées d'une comptabilité bien ordonnée, forme un tout complet en contrôlant chaque partie individuellement en même temps que l'ensemble de ces parties.

CONCLUSION

La première conclusion à tirer de ce qui précède et de laquelle découlent toutes les autres est celle-ci :

De l'ensemble des écritures, la Balance se dégage chaque jour aussi clairement et aussi distinctement que d'une simple opération, ce qui permet :

1° De supprimer les Balances périodiques devenues sans objet ;

2° De reconnaître et corriger les erreurs le jour même où elles se sont produites ;

3° De supprimer le Journal central remplacé avantageusement par les Balances quotidiennes cumulées ;

4° De vérifier les comptes des Grands-Livres par groupes, en constatant, quand on le juge convenable, la concordance de chacun d'eux avec le compte correspondant des Balances quotidiennes cumulées, ce qui facilite le contrôle, les erreurs étant circonscrites.

Cette vérification doit se faire de préférence au moyen des soldes, car elle est plus prompte et aussi effective.

PERROT.

FIN

15 MARS 1881   N° 18

Contenant le 14e fascicule de l'UNIFICATION DE LA COMPTABILITÉ

Abonnement : 5 fr. par an. — Écrire au Directeur, rue Barbette, 7, à Paris

On s'abonne SANS FRAIS moyennant 5 fr., dans tous les Bureaux de Poste de PARIS, des DÉPARTEMENTS et de l'UNION POSTALE à l'ÉTRANGER

Prix du Numéro : **30** centimes

REVUE DE LA COMPTABILITÉ

BI-MENSUELLE

PUBLIANT LES TRAVAUX DU COMITÉ D'INITIATIVE ET CEUX DU CONGRÈS DES COMPTABLES

D'après les procès-verbaux de leurs séances tenues à l'Hôtel de l'Union nationale des Chambres syndicales
10, rue de Lancry, à Paris.

La Rédaction de la REVUE est entièrement indépendante du Comité et du Congrès. Cette déclaration nous a paru nécessaire pour éviter tout malentendu dans l'esprit du lecteur, et mettre le Comité et le Congrès à l'abri de toute responsabilité.

COMPTABILITÉS & TENUES DE LIVRES DES PRATICIENS

Les mots *Comptabilité* et *Tenue de Livres*, *Comptable* et *Teneur de Livres* deviennent chaque jour de plus en plus synonymes. Lutter contre cette confusion serait lutter contre l'usage, bien fou qui l'essaierait.

Nous emploierons donc de préférence les nouveaux termes et quand nous nous servirons des anciens, la phrase indiquera suffisamment le sens que nous leur donnerons.

Quelques-uns de nos Collègues ayant répondu à notre appel, nous publierons sous le titre ci-dessus les moyens pratiques employés dans les Maisons dont ils tiennent ou dont ils ont tenu la Comptabilité. Nous-même, nous ferons suivre nos articles sur les *Répertoires*, les *Balances par Soldes*, la *Tenue des Grands-Livres*, par les *Tableaux de Contrôles* (ou détermination — avant aucune écriture — des totaux des Grands-Livres, des Journaux et des Balances), par la *Tenue du Journal*, etc,

Aujourd'hui nous nous occuperons du

MOYEN DE TROUVER UNE BALANCE INTROUVABLE

Toutes les écritures d'une Maison ont été passées dans le cours du dernier exercice et groupées systématiquement sur un *Livre-Journal* dont les totaux cumulés tous les mois sont égaux aux totaux des

Livres Auxiliaires ce qui prouve la justesse, la précision, l'exactitude. Malgré cela, la Balance d'Inventaire, la seule qui ait été faite dans l'année, présente une différence de fr. 850 85. Rappels sur rappels, vérifications sur vérifications, pointages sur pointages ont été faits vainement. Le Comptable a travaillé jour et nuit, fêtes et dimanches, le malheureux en a les yeux rentrés, la fièvre ne le quitte plus : fièvre d'impatience et de mauvaise humeur. Cependant le temps se passe et le Chef de la Maison a déjà demandé plusieurs fois où en était la Balance. — Que faire ? Notre brave Collègue ne se décourage pas. Il vient de mettre son crayon rouge de côté, Il réfléchit en ce moment qu'un cinquième pointage ne l'avancerait peut-être pas plus que les précédents. « Je renonce aux vieux procédés, dit-il. Je vais en créer un nouveau. Il sera long, mais il sera sûr. »

Il prend un carnet, le divise en douze mois de chacun vingt-six ou vingt-sept pages. De même qu'il a entaillé, dans la forme des Répertoires, les douze mois, de même il entaille les vingt-sept dates de chaque mois. Le carnet ainsi disposé ne montre, quand il est fermé, que les douze noms des mois et, si l'on tourne la première page de chaque mois, on voit 27 nombres représentant toutes les dates du mois. La réglure de ce carnet comporte une colonne pour les Débits précédée d'une plus petite pour les folios; les mêmes colonnes existent pour les Crédits.

Il prend ensuite son Journal qu'il ouvre à la première journée de l'exercice et inscrit, d'après ce livre, sur son carnet tous les folios (de Grands Livres) qui accompagnent les Débits, puis à droite de la colonne des Débits tous les folios des Crédits. Il en fait autant pour toutes les autres journées.

Ce travail préparatoire terminé, il se transporte au premier folio du Grand-Livre (le folio 1080) qui se trouve inscrit au débit de la première journée de son carnet et il y trouve le compte suivant :

1080

Doit				Maurice a Pontoise (S. & O.)	Avoir		
18.. janv. 2	Fact.	565	85		18.. fév. 25 Esp. et Esc. de 28,25	565	85
» » 20	»	832	75	1398 60	» avr. 27 » 42.60	832	75
» mars 7	»	572	35	1405 10			
» mai 10	»	37	50	609 85			

Il inscrit sur son carnet, à droite du folio 1080, la somme 565 85. Il opère de même pour les débits du 20 janvier, du 7 mars et du 10 mai ainsi que pour les articles du Crédit des 25 février et 27 avril.

Il revient ensuite au folio qui suit le folio 1080 sur son carnet et, passant d'un folio à un autre, il finit par remplir toutes les colonnes de ce carnet qui lui présente ainsi jour par jour la copie de son Grand-Livre, Débits et Crédits. Or, cette copie doit se rapporter exactement au Journal. Partout où il en est autrement, il y a erreur. Notre Collègue en prend note et lorsque ce travail de vérification jour par jour entre ce carnet et son journal est terminé, le relevé de ses notes lui donne exactement la différence cherchée. Sa figure s'épanouit et, triomphant, il annonce à tout le monde *qu'il l'a enfin trouvée*.

H. H.

ARTICLE RÉTROSPECTIF

Dans la chronique des deux derniers numéros (10 et 11), la *Revue de la Comptabilité* revient sur les travaux du Comité d'Initiative, et sur les décisions du Congrès, en constatant leur importance et leur valeur. On ne doit rien exagérer, ni en bien ni en mal.

Le Comité a beaucoup élaboré, comme on en peut juger par le résumé de ses travaux.

Quant à ce qui s'est passé au Congrès, on peut regretter que l'ordre du jour n'ait pas permis de s'étendre et de s'appuyer sur les questions essentielles : Principes généraux pour les moyens, méthode pour l'application. On ne devait pas aller au-delà.

Il n'appartenait pas à une assemblée qui ne comptait dans son sein aucun Légiste, aucun Juge-Consulaire, aucun arbitre parlant, de discuter la loi, et de sanctionner des délibérations qui lui fussent contraires.

Il revient aux Comptables, il leur incombe même, le droit et le devoir de rechercher la vérité et de se mettre d'accord sur les principes. Tant qu'ils n'auront pas atteint ce premier résultat, ils ne devront rien entreprendre de plus. Et qu'entend-on par Principes ? Une règle uniforme, reconnue a été adoptée par la majorité, en vertu de laquelle un même fait sera considéré sous le même rapport, et traduit dans le même sens. Les prélèvements du Commerçant doivent-ils figurer à un compte spécial ou à celui des Frais Généraux ? Question de principe. Les marchandises en retour (celles reprises), doivent-elles s'ajouter aux achats et aux ventes (celles rendues)? Question de principe. Les sommes que l'on passe aux Profits et Pertes, comme perte ou gain, en sont-elles réellement. Autre question de principe. Le prix de revient doit-il être appliqué de préférence pour déterminer le produit brut des ventes ? Encore question de principe. Il y en a d'autres, que chacun pose la sienne, et nous arriverons à quelque chose de complet et d'utile.

Après les Principes la Méthode.

Il n'y a pas lieu de discourir : l'une découlera naturellement des autres. Il n'appartiendra jamais à aucun Congrès de désigner telle ou telle méthode ; il ne faut pas que cela ressemble à un mât de cocagne. Approuver, recommander une méthode, serait barrer le chemin à toutes les améliorations. Si on doit aspirer sans cesse au perfectionnement, il faut admettre aussi que la perfection n'est pas possible. L'erreur d'aujourd'hui était vérité hier, l'utopie dans le présent deviendra vérité dans l'avenir ; et cet avenir commence demain.

On ne doit donc pas sanctionner une méthode, mais proclamer des principes ; et chacun choisira le livre qui sera le mieux conforme aux vrais principes fondés sur le raisonnement.

Là, devaient et devront se borner les investigations du Congrès.

L'enseignement aussi ne saurait reconnaître actuellement à aucun de nous, le droit de critique à l'adresse du corps universitaire. Si les professeurs ne sont pas praticiens, et s'ils enseignent comme il l'ont apprise une science devenue plus que jamais indispensable et urgente, c'est qu'aucune méthode de celles prônées partout, fournies par les librairies classiques, ne sait les convaincre, ni les sortir d'embarras.

Donc, établissons la Méthode sur les Principes; et la loi, de même que l'enseignement s'y conformeront, s'y rallieront, sans que les Comptables aient à exercer aucune pression vaine et inutile. Si on pense que le Comité d'études fera mieux dans l'avenir que le Comité d'initiative dans le passé, nous nous en réjouissons en caressant cet espoir, et nous souhaitons que le fils fasse autant que le père, sinon plus. C'est ce que nous révèlera le deuxième Congrès, et nous en attendons l'ouverture avec confiance.　　　　　B. DE CH.

LA LOI COMMERCIALE FRANÇAISE
ET LE
CONGRÈS DES COMPTABLES DE PARIS
(Suite)

II

Doctrine relative au Commerce, prise dans nos lois civiles et commerciales

« Le serment dont on vient de parler, et que la loi nomme judiciaire, est de deux espèces :

« 1· Celui qu'une partie défère à l'autre pour en faire dépendre le le jugement de la cause ; il est appelé : *décisoire ;*

« 2· Celui qui est déféré d'office par le juge à l'une ou à l'autre des parties. » (Art. 1357).

Pourquoi la loi n'a-t-elle pas accordé aux *livres* des marchands la valeur d'une pièce justificative ?

Nous y avons toujours vu une mesure parfaitement rationnelle et de l'ordre le plus élevé.

Nul ne peut se faire un titre à lui-même, pas plus que l'on ne peut se faire justice à soi-même.

Pour formuler sa pensée, le Législateur emploie les mêmes mots pour le Commerçant que pour les personnes non marchandes.

« Les registres et papiers domestiques ne font point un titre pour celui qui les a écrits. Ils font foi *contre lui* 1° dans tous les cas où ils énoncent un paiement reçu, etc. » (art. 1331).

En matière civile, la loi n'admet pas la preuve testimoniale au-dessus de cent cinquante francs. En matière commerciale, elle l'abandonne à l'appréciation des juges des tribunaux de commerce, sans détermination d'une somme quelconque, ainsi que nous le verrons ci-après.

Le Législateur a bien pensé au crédit commercial, puisque l'article

Par une *facture acceptée ;*

Par la correspondance ;

Par les *livres des parties ;*

Par la preuve testimoniale *dans le cas où le Tribunal croira devoir l'admettre.*

Enfin, la Loi commerciale détermine ce que l'on doit entendre par actes commerciaux ; elle règle la compétence des Tribunaux de commerce, en ces termes :

ARTICLE 631 *du Code de commerce.*

« Les Tribunaux de commerce connaîtront :

» 1° De toutes contestations relatives aux engagements et transactions entre négociants, marchands et banquiers ;

» 2° Entre toutes personnes, des contestations relatives aux actes de commerce. »

ARTICLE 632 *Code de commerce.*

» La Loi repute acte de commerce :

» Tout achat de denrées et marchandises pour les revendre, soit en nature, soit après les avoir travaillées et mises en œuvre, ou même pour en louer simplement l'usage ;

» Toute entreprise de manufacture, de commission, de transport par terre ou par eau ;

» Toute entreprise de fournitures, d'agence, bureaux d'affaires, établissements de ventes à l'encan, de spectacles publics ;

» Toute opération de change, banque et courtage ,

» Toutes les opérations des banques publiques ;

» Toutes obligations entre négociants, marchands et banquiers ;

» Entre *toutes personnes,* les lettres de change, ou remises d'argent faites de place en place. »

ARTICLE 638 *Code de commerce.*

» Ne seront pas de la compétence des Tribunaux de commerce, les actions intentées contre un propriétaire cultivateur ou vigneron, pour vente de denrées provenant de son cru, les actions intentées contre un commerçant, pour paiement de denrées et marchandises achetées pour son usage particulier.

» Néanmoins, les billets souscrits par un commerçant seront censés faits pour son commerce, et ceux des receveurs, payeurs, percepteurs ou autres comptables de deniers publics, seront censés faits pour leur gestion, *lorsqu'une autre cause n'y sera point énoncée.* »

ARTICLE 639 *Code de commerce.*

« Les Tribunaux de commerce jugeront en dernier ressort :

1° Toutes les demandes dont le principal n'excédera pas la valeur de *mille francs ;*

» 2° Toutes celles où les parties justiciables de ces Tribunaux, et usant de leurs droits, auront déclaré vouloir être jugées *définitivement* et *sans appel.* »

Nous croyons avoir retracé dans leur véritable harmonie les principes généraux et d'ensemble des lois civiles et commerciales qui intéressent spécialement le commerce.

Aux yeux de la loi française, le commerce n'est qu'un contrat de vente.

Les registres du commerçant ne font point preuve pour lui contre les personnes non marchandes.

(A suivre.) GUILLAY, à Tours, *rue d'Amboise.*

1er AVRIL 1881   N° 13

Contenant le 14e fascicule de l'UNIFICATION DE LA COMPTABILITÉ

5 fr. par an, 1 fr. 50 par trimestre. — Écrire au Directeur, rue Barbette, 7, à Paris

On s'abonne SANS FRAIS dans tous le Bureaux de Poste de PARIS, des DÉPARTEMENTS et de l'UNION POSTALE à l'ÉTRANGER

Prix du Numéro : 30 centimes

REVUE DE LA COMPTABILITÉ

BI-MENSUELLE

PUBLIANT LES TRAVAUX DU COMITÉ D'INITIATIVE ET CEUX DU CONGRÈS DES COMPTABLES

D'après les procès-verbaux de leurs séances tenues à l'Hôtel de l'Union nationale des Chambres syndicales
10, rue de Lancry, à Paris.

La Rédaction de la REVUE est entièrement indépendante du Comité et du Congrès. Cette déclaration nous a paru nécessaire pour éviter tout malentendu dans l'esprit du lecteur et la tire le Comité et le Congrès à l'abri de toute responsabilité.

CONGRÈS DES COMPTABLES

Les travaux se continuent avec ardeur au Comité d'études qui se réunit tous les lundis, rue de Lancry, n. 10.

Les membres y deviennent de plus en plus nombreux, et on y est entré dans une voie tout à fait pratique qui ne peut que donner d'excellents résultats qui seront appréciés par le futur Congrès, dont l'ouverture aura lieu cette année, en septembre.

Chaque auteur de traité ou de méthode est invité à faire des démonstrations au tableau. M. Corrompt a vivement intéressé ou intrigué ses collègues au début ; chacun suivait assidûment les séances pendant lesquelles il a développé sa théorie nouvelle ; mais, à la dernière, il a été moins concluant, bien qu'il pense avoir résolu un problème nouveau : la suppression du Journal. Alors que la majorité des auteurs et praticiens réclament la division du Journal unique, en autant de parties qu'il y a de valeurs en mouvement dans le commerce et les affaires en général, M. Corrompt vient tout d'un coup s'écrier à son tour : plus de Journal !

Aux questions qui lui furent posées, il répondit avec assurance : mon Grand-Livre me suffit, je lui accorde autant de colonnes qu'il y a de comptes généraux, et en additionnant chacune de ces colonnes, dont je compare les totaux à ceux de mes livres auxiliaires, je vois où l'erreur existe, quand il y en a une à rechercher. Ma balance, je la fais avant, plutôt qu'après.

C'est vraiment du nouveau ; cela paraît peu pratique et nous éloigne du but tant contesté déjà : l'unification de la Comptabilité.

M. Auguste Petit doit avoir son tour pour un sytème de Journal, unique ou divisé, selon le cas ou les nécessités, sans que cela puisse nuire au principe qu'il se propose d'exposer.

Les travaux du Comité ne passent pas inaperçus. On s'en entretient dans les régions les plus élevées, et on assure que c'est pour y faire allusion que les paroles suivantes ont été prononcées en présence des notabilités appartenant aux Chambres syndicales :

. . . .

« Ces questions qui vous touchent, nous les étudierons encore,
« si vous le voulez, non plus dans des banquets d'apparat, mais dans
« des réunions pratiques, où nous nous verrons les uns les autres, où
« nous nous soumettrons les problèmes, où nous les étudierons véri-
« tablement, *au tableau, avec de la craie*, ou un crayon à la main.

« Nous verrons ensemble ce qu'il y a de pratique, de réalisable,
« dans nos vœux.

« Nous en écarterons résolument ce qui ne nous semblera ni
« mûr, ni praticable, en laissant à d'autres plus heureux, plus sa-
« vants, mieux doués, la réalisation complète de votre programme. »

Le Comité peut donc compter sur la visite de M. Gambetta qui a l'intention de ne pas se faire annoncer.

B. DE CH.

COMPTABILITÉS & TENUES DE LIVRES DES PRATICIENS

QUESTIONS PRATIQUES

A MONSIEUR A. C. A PARIS,

Vous m'avez adressé deux questions, je vous dois deux réponses, les voici :

1° *D.* — Si un commerçant après avoir obtenu de ses créanciers, par suite d'arrangement amiable, une remise de 35 0/0 de sa dette, vient à meilleure fortune, et a le désir et l'intention de se libérer, comme c'est son devoir, comment devra-t-il passer de nouvelles écritures sur ses livres?

R. — En demandant et en obtenant remise de 35 0/0 de ce qu'il

2271 du Code Civil dit : « que l'action des marchands pour les marchandises qu'ils vendent aux particuliers *non marchands*, (la règle demeure inflexible), se prescrit par un an, et cela quoiqu'il y ait eu continuation de fournitures, livraisons, services et travaux. »

« Néanmoins ceux auxquels ces prescriptions seront opposées, peuvent déférer le serment à ceux qui les opposent, sur la question de savoir si la chose a été réellement payée. »

A propos des diverses prescriptions, la loi ajoute :

« En fait de meubles, la possession vaut titre. »

« Néanmoins celui qui a perdu ou auquel il a été volé une chose peut la revendiquer pendant trois ans, à compter du jour de la perte ou du vol, contre celui dans les mains duquel il la trouve, sauf à celui-ci son recours contre celui duquel il la tient. » (Art. 2278).

Dans des lois civiles, nous n'avons plus à mentionner que le *contrat de vente* qui résume à lui seul la dette *active et passive*, le *doit* et *l'avoir*, formant la base essentielle et indivisible de toutes les transactions commerciales.

« La vente est une convention par laquelle l'un s'oblige à livrer une chose, et l'autre à la payer. » (Art. 1582.)

« Elle peut être faite par acte authentique ou sous seing privé.

» Elle est parfaite entre les parties, et la propriété est acquise de droit à l'acheteur à l'égard du vendeur, dès qu'on est convenu de la chose et du prix, quoique la chose n'ait pas encore été livrée ni le prix payé. » (Art. 1583.)

Ce contrat de vente qui est synalagmatique entre un commerçant, sa clientèle de fournisseurs et sa clientèle d'acheteurs *commerçants*, à ses règles particulières édictées dans le Code de commerce.

ACHATS & VENTES

Article 109 *du Code de Commerce.*

« Les achats et ventes se constatent :

» Par actes publics; par actes sous signature privée, par le Bordereau d'un agent de change ou courtier, dûment signé par les parties. »

devait, c'est que son actif, ses ressources, étaient d'autant au-dessous de son passif, ses dettes et engagements.

Après cet abandon. cette remise. de la part de ses créanciers, sa situation devenait au pair : c'est donc une dette effective, convertie et restée dette morale.

S'il met trop d'empressement à se libérer, il se privera des moyens qui lui sont plus que jamais nécessaires. je dis même indispensables. Il renoncera à un capital refait, ou en voie de reconstitution, qu'il lui importe d'autant plus de conserver provisoirement, que son son crédit aura souffert, par suite de l'arrangement qui a eu lieu précédemment. Il convient donc, pour lui, de restituer à ses anciens créanciers, sous forme de crédits à leur donner par écritures, la somme qu'il en a obtenue.

Il pourra donc ouvrir un compte intitulé : *Restitution* ou *Compte de libération*, qu'il débitera en même temps qu'il créditera celui ou ceux de ses généreux créanciers.

Supposons que la remise de 35 0/0 représente 42,000 fr. à rembourser en 6 annuités de 7,000.

La première année, ou dès qu'il le pourra, il procèdera à une réserve spéciale prélevée sur ses bénéfices de chaque exercice. Quand cette réserve aura atteint 12,000 fr. pouvant suffire à l'acquittement de deux annuités environ, c'est que son capital se reformera, et lui permettra de commencer son acte de libération. Il prendra donc chaque année 2,000 fr. sur cette réserve et empruntera 5,000 fr. au compte capital, pour arriver à l'amortissement du compte ouvert pour donner crédit à ses créanciers. Son capital, au lieu de se trouver entamé, sera, au contraire, augmenté de 5,000 fr. chaque année, si ses bénéfices, en dehors de cette réserve, se montent à 10,000 fr., et si ses prélèvements pour dépenses personnelles ne dépassent pas l'intérêt revenant à son nouveau capital. En admettant que les exercices suivants s'accroissent progressivement de 1,000, 2,000, 3,000, 4,000 et 5,000 fr. par année, et que le capital ait atteint le chiffre de 60,000 f., il retrouvera 65,000, 71,000, 78,000, 86,000, 95,000 et 105,000 fr. en même temps qu'il se sera libéré de sa dette antérieure, qui n'avait été effacée que provisoirement. Quand il aura atteint ce résultat par ce moyen, il sera réhabilité ; son crédit rétabli, agrandi même, et sa situation plus prospère. C'est ainsi qu'un honnête commerçant, éprouvé par les revers de fortune, doit agir, sitôt qu'il le peut.

(*A suivre.*)   E. B.

Réponse à M. GUILLAY, de Tours

LA LOI COMMERCIALE FRANÇAISE

ET LE

CONGRÈS DES COMPTABLES A PARIS

Comme membre du Congrès, nous avons pris part aux débats concernant la question légale; et, nous ne pouvons laisser sans réplique l'intéressant article de notre collègue, M. Guillay, de Tours, publié dans la *Revue de la Comptabilité*.

Le chroniqueur adresse au Comité d'initiative un premier reproche, que nous croyons absolument immérité : celui d'avoir fait un Congrès « tout parisien ».

Le Congrès était ouvert à tous — la province (Bordeaux, Dijon, Lyon, Lille, Troyes, Toulouse, etc.) et l'étranger (Belgique, Italie, etc.) s'y trouvaient très dignement représentés, tant dans le bureau même du Congrès, que parmi ses membres actifs.

D'autre part, LE DIVORCE entre la loi française et les comptables, est bien loin d'avoir été mis à l'ordre du jour du Congrès.

Aucun membre de notre grande assise nationale, professionnelle et scientifique n'a proposé LA SUPPRESSION RADICALE des art. 8 à 17 de notre Code de commerce.

Et, cette opinion n'a pu assurément prendre naissance chez notre sympathique collègue à la suite de l'intéressante discussion à laquelle a donné lieu le commentaire du texte de l'art. 8 au point de vue de L'UNITÉ du Livre-Journal, condamné par la pratique, comme par le Congrès; à la suite des considérants professionnels, historiques et scientifiques, développés à sa barre, par un assez grand nombre d'orateurs, dont la Presse en général s'est plu à citer favorablement les divers arguments ?

Nous croyons connaître, comme M. Guillay, la connexité (non la liaison absolue, entière et complète) qui existe entre la loi civile et la loi commerciale.

Et, malgré cela, nous sommes d'avis, qu'on peut modifier la seconde, si besoin est, sans porter aucun préjudice à la première.

C'est affaire de réflexion et d'études !

Le Congrès, contrairement aux déclarations du chroniqueur, n'a pas sanctionné ce principe *que la Partie Double est* LA SEULE MÉTHODE *pouvant donner satisfaction*, ce qui serait la condamnation pure et simple de toute étude progressive sur la méthode ; mais, il a affirmé, au contraire, par un vote, le principe antithétique qui est la base de la Comptabilité, ce qui est bien différent !

Cette remarque est très importante au point de vue professionnel et pratique !

Nous suivrons, avec le plus grand intérêt, tous les développements que notre éminent collègue va donner à la question ; nous réservant, lorsqu'il aura établi et prouvé que tout est pour le mieux dans les rapports existant actuellement entre la loi et notre science professionnelle, d'essayer de démontrer le contraire.

Notre contradicteur nous pardonnera bien certainement de descendre une fois de plus dans l'arène pour combattre contre lui, et sur ce terrain ; mais, comme il nous l'écrivait lui-même, il y a quelque temps dans une charmante lettre dont nous avons gardé bon souvenir, ce sera toujours « à armes courtoises ».

De son côté, le lecteur pourra juger plus sûrement, et la cause du progrès que nous croyons défendre, ne pourra qu'y gagner.

A. GAGEY,

264, Rue du Faubourg Saint-Martin.

CORRESPONDANCE

Monsieur et cher collègue,

J'ai vu avec plaisir que la *Revue de la Comptabilité* accueillait favorablement toutes les idées qui peuvent éclairer les questions à l'ordre du jour dans le Comité d'études des Comptables. Vous nous encouragez à apporter notre pierre à l'édifice de l'Unification, je ne dis pas à l'Unification de la Comptabilité, car elle existe ; mais à celle des principes méthodiques.

Le Comité d'études n'a pas d'autre but.

Il est vrai que, dans le cours des discussions, des questions que

l'on c'oyait à tout jamais enterrées, surgissent sans qu'on sache pourquoi. Ainsi un de nos collègues a émis l'avis que l'on devait procéder
par l'étude de toutes les méthodes, en commençant par *la partie simple* perfectionnée. Je crois, pour ma part, que nous sommes suffisamment éclairés sur cette méthode perfectionnée ou non, et que nous
avons autre chose à faire.

Enfin, le programme de nos études ne me paraissant pas nettement défini, je me suis permis de faire une proposition d'étude d'application que j'ai définie de la manière suivante :

« Le Capital étant le point de départ de toute entreprise et de
« toute société commerciale, industrielle et financière, et la Compta-
« bilité étant chargée d'en rédiger l'enregistrement sur les Livres, il
« importe de résoudre le problème de l'établissement du Capital. »

En conséquence, la Commission de Rédaction est chargée de
présenter la question, avec des données, pour la formation et l'enregistrement du Capital :

1° D'un Commerçant à son début ;
2° D'une Société en nom collectif ;
3° D'une Société en commandite simple ;
4° D'une Société anonyme ou en commandite par actions.

Une copie de la question sera donnée à chaque membre du Comité qui sera invité à résoudre le problème à sa manière, et en application des principes généraux de la Comptabilité.

Chaque solution du problème sera lue et discutée au sein du Comité, qui décidera, et adoptera celle qui lui aura paru la meilleure.

Cette proposition a été soumise au Comité, qui l'a prise en considération, et a nommé une Commission spéciale de trois membres pour
l'examiner.

Mon but est très simple, comme vous le voyez, c'est de fixer
l'attention du Comité successivement sur toutes les questions d'application, en commençant par celle du Capital. Vous voyez qu'il y a là
un vaste champ d'études pour l'application de tous les principes
théoriques et méthodiques.

La question du Capital qui est la première de toute entreprise
individuelle ou collective, doit être la première étudiée et résolue ;
après elle, viendront les autres questions touchant les affaires, telles

que Echanges, Achats, Ventes, Recettes, Règlements, Virements, et enfin les questions d'Inventaire, de Bilan, de Liquidation et de Partage.

Voilà un programme d'application pratique, en ce sens qu'il fait converger toutes les idées sur un même point. S'il est suivi, j'ai la ferme conviction que de nos études sortira un travail utile et apprécié.

Recevez mes salutations cordiales,

P. LEFEBVRE,
14, rue d'Arcet.

LA LOI COMMERCIALE FRANÇAISE

ET LE

CONGRÈS DES COMPTABLES DE PARIS

— SUITE —

Le législateur a donc bien pu dire à l'article 8 du Code de commerce que sans proscrire les livres du marchand, il ne les considérait pas comme indispensables.

L'explication de sa pensée se trouve dans l'article 109 qui traite spécialement de l'achat et des ventes entre commerçants.

La différence entre la doctrine de la Loi française, et celle du Congrès des Comptables de Paris, s'accentue d'une manière sensible.

Dans la définition de la Comptabilité par le promoteur du Congrès, il y a dualisme entre les personnes et les choses.

D'après la doctrine de nos lois, la Comptabilité repose sur la tête d'un commerçant possesseur de biens meubles et immeubles. C'est en lui que se personnifie, que s'*unifie* le mouvement de ces biens meubles et immeubles représentés, *ad valorem*, (dans leur valeur) par le capital *effet et cause* de toute fortune commerciale ou privée.

La doctrine de la loi française et celle émise par le Congrès des Comptables, au sujet du capital, concordent parfaitement entre elles.

« La Comptabilité a pour objet de mettre en évidence les modifications apportées au capital. »

La reconnaissance de ce premier principe, nous donne tout espoir pour le rapprochement dont nous nous faisons l'intermédiaire entre nos collègues anti-légaux, et la loi qui prend pour base de sa doctrine, des principes d'ordre général, et qui sont la sauvegarde des intérêts de tous.

Le Législateur après avoir établi les principes généraux du contrat, ou obligations conventionnelles, fait connaître les droits et les obligations des contractants.

Il fixe les règles du paiement suspendu par le terme dans le contrat de vente. Il dit entre autres choses: « Le paiement doit être exécuté » dans le lieu désigné par la convention. Si le lieu n'y est pas désigné, » le paiement, lorsqu'il s'agit d'un corps certain et déterminé, doit être » fait dans le lieu où était au temps de l'obligation, la chose qui en fait » l'objet. Hors ces deux cas, il doit être fait au domicile du débiteur. » (Art. 1247 du Code civil.)

Les frais du paiement sont à la charge du débiteur. (Art. 1248, Code civil.)

(A suivre.)   Guillay, à Tours, *rue d'Amboise.*

---

15 Avril 1881   N° 14

*Contenant le 16° fascicule de l'*UNIFICATION DE LA COMPTABILITÉ

5 fr. par an, 1 fr. 50 par trimestre. — Écrire au Directeur, rue Barbette, 7, à Paris
On s'abonne SANS FRAIS dans tous les Bureaux de Poste de PARIS, des DÉPARTEMENTS et de l'UNION POSTALE à l'ÉTRANGER
Prix du Numéro : 30 centimes.

REVUE DE LA COMPTABILITÉ

BI-MENSUELLE

PUBLIANT LES TRAVAUX DU COMITÉ D'INITIATIVE ET CEUX DU CONGRÈS DES COMPTABLES

D'après les procès-verbaux de leurs séances tenues à l'Hôtel de l'Union nationale des Chambres syndicales
10, rue de Lancry, à Paris.

La Rédaction de la REVUE est entièrement indépendante du Comité et du Congrès. Cette déclaration nous a paru nécessaire pour éviter tout malentendu dans l'esprit du lecteur, et mettre le Comité et le Congrès à l'abri de toute responsabilité.

COMPTABILITÉS & TENUES DE LIVRES DES PRATICIENS

A MONSIEUR A. C. A PARIS. (*Suite.*)

2° D. — Quelle différence y a-t-il entre le compte Frais Généraux et le compte Profits et Pertes ; et quelles dépenses chacun d'eux doit-il recevoir à son débit ? Pourquoi les Intérêts et Agios à Profits et Pertes, plutôt qu'à Frais Généraux ?

R. — M. L. Duboc a publié sur ce chapitre une théorie très intéressante qu'il est indispensable de lire et étudier, mais qui peut paraître trop complexe pour le Commerce ordinaire. Disons simplement qu'aux Frais Généraux, on doit passer les dépenses occasionnées par les nécessités du Commerce : Loyer, impositions et assurances ; Appointements d'employés ; Commission aux placiers et voyageurs, en un mot toutes dépenses se rapportant au personnel, chauffage, éclairage ; timbres-poste, fournitures de bureau et imprimés ; frais de voyages, voitures, etc.

Aux Profits et Pertes, au débit, les intérêts et agios, timbres d'effets, escompte et rabais accordés ; au crédit, ceux obtenus. Et, en fin d'exercice, au débit, reprise du solde des Frais Généraux ; au crédit, reprise du produit brut les ventes. La balance de ce Compte, représentant le bénéfice net, doit être transmise au Compte Capital.

Pourquoi les intérêts et agios à Profits et Pertes, plutôt qu'à

Frais Généraux ? Parce que c'est un chapitre qui ne représente pas une dépense, comme on le croit généralement, en la considérant en outre comme perte ; attendu que c'est une valeur établie par le temps pendant lequel on a un capital dû, à sa libre disposition. En Banque, cet objet des intérêts, agios, et timbres, figure tout naturellement au Compte Profits et Pertes, et non pas aux Frais Généraux. Dans le Commerce, on doit pratiquer de même, pour qu'il y ait un certain accord quand il s'agit de cas analogues.

C'est peut être l'occasion de vous répéter que je blâme cette coutume de passer au Compte Profits et Pertes, comme perte, les intérêts payés pour les sommes en dépôt ou en Compte courant ; et comme gain, ceux perçus sur avances, ainsi que les agios sur bordereaux d'escompte. Il n'y a vraiment de gain ou perte que la différence entre ces deux parties du Compte, car si on raisonnait tout autrement, le commerçant pourrait, à son tour, considérer de même comme perte tout ce qu'il achète et paie, et comme gain tout ce qu'il vend et encaisse ; ce qui paraîtrait par trop invraisemblable.

Donc, au lieu d'un seul Compte de Profits et Pertes, on doit, partout en Banque, ouvrir des Comptes Spéciaux pour Intérêts, Agios, Commissions, Timbres, etc , et ce n'est que le résultat de ces Comptes qui constitue réellement le bénéfice ou les pertes ; ces dernières, grossies par les mauvaises créances ou non-valeurs qui se sont déclarées au cours de l'exercice.

En Post-scriptum, vous me faites une troisième question :

D. — Doit-on faire entrer le Capital dans le Passif d'un Bilan ?

R. — Le Bilan est le résumé de la situation du commerçant, comprenant : Ce qui lui est dû ; ce qu'il doit ; ce qu'il possède.

Le Bilan présente donc trois parties distinctes : l'Actif, le Passif, le Capital.

L'Actif se compose des espèces en caisse ; des effets en portefeuille, et créances recouvrables ; des marchandises réalisables ; du matériel et immeubles procurant utilité, produit ou revenu.

Le Passif représente des engagements à acquitter ; des dettes à rembourser, des charges à supporter.

Le Capital est l'excédant de l'Actif sur le Passif ; ou l'Actif net, c'est-à-dire libre et disponible ; dégagé de toute obligation envers des tiers. IL NE PEUT DONC PAS FIGURER AU PASSIF, comme on l'y voit dans les Bilans établis et publiés par les plus grands établissements financiers, industriels et commerciaux qui perpétuent, en la transmettant, cette forme vicieuse contre laquelle la pratique des Comptables doit réagir, comme le raisonnement contre la routine.

E. B.

CHRONIQUE

Dans son *Article rétrospectif* M. B. de Ch. refuse au Congrès et par suite au Comité d'études qui en dérive, le droit de discuter la loi commerciale et d'en demander la modification au besoin, sous le prétexte qu'il n'y a parmi nous ni légiste, ni juge-consulaire ni arbitre-parlant. Il nous refuse le droit de sanctionner, d'approuver ou de créer une méthode et de toucher à l'enseignement.

D'abord, le droit de discuter la loi et d'en demander la modification appartient non seulement aux légistes, juges-consulaires, arbitres-parlants, etc., mais à tous les Français; il est sanctionné par toutes nos Constitutions depuis bientôt cent ans; et nous avons, comme tout le monde, plus que tout le monde en matière de comptabilité, le devoir de l'exercer sous la forme correcte et légale de pétition aux pouvoirs publics.

L'exercice de ce droit incontestable peut-il avoir une utilité assez générale pour nous autoriser à nous en servir ?

Poser la question, c'est la résoudre, car si nous constatons, après nos études sur les principes, sur la méthode, qu'il y a contradiction entre nos conclusions et la loi commerciale, ce sera évidemment parce que celle-ci n'est plus en état de donner satisfaction aux besoins de notre époque, et qu'il faut la modifier.

D'un autre côté, en quoi un Congrès barrerait-il le chemin à toutes les améliorations en approuvant, en recommandant une méthode?

Son approbation, sa recommandation ne prourraient pas vouloir dire : Voilà nos principes, les vrais principes de la Comptabilité et voilà en même temps la manière *immuable* de les appliquer.

Non.

Elle voudrait dire tout simplement :

Voilà les grands principes généraux de la Comptabilité et voilà, quant à présent, la meilleure manière de s'en servir que nous ayons trouvée ou qui nous ait été fournie.

Le champ des investigations reste ouvert après comme avant et, après comme avant, chacun reste libre de chercher à mieux faire.

Et enfin, pourquoi, tout cela fait, n'aurions-nous pas le droit de dire au Corps universitaire, avec tout le respect qui lui est dû, mais avec toute la fermeté d'hommes convaincus et libres :

L'enseignement de la Comptabilité a été jusqu'à présent insuffisant d'abord, incomplet ensuite; il ne nous donne pas de praticiens assez instruits et il ne nous les donne pas en assez grand nombre. Etendez cet enseignement et améliorez-le; il y va, dans une mesure importante, de la fortune publique. Comme moyen d'amélioration, nous vous offrons nos travaux; comme moyen d'extension, nous nous mettons nous-mêmes à votre disposition, en ne vous demandant que l'honneur de devenir les plus modestes de vos collaborateurs.

Nous avons donc la conviction absolue que tel doit être le programme du Comité d'études et du futur Congrès qui, nous l'espérons, arriveront l'un et l'autre à le remplir, et qui y arriveraient bien plus sûrement si tous les efforts individuels qui se produisent en ce moment et dont l'article rétrospectif de M. B. de Ch. est une manifestation remarquable, voulaient enfin renoncer à l'isolement et venir apporter au Comité d'études le concours précieux de leurs lumières, de leur intelligence et de leur dévouement.

Félix Roy.

LA LOI COMMERCIALE FRANÇAISE

ET LE

CONGRÈS DES COMPTABLES DE PARIS

(*Suite*)

L'Echange est un contrat par lequel les parties se donnent respectivement une chose l'une pour l'autre. Dans la Vente, il y a dette
active et passive au moment du contrat ; lors de la libération, il y
a nouvelle dette active et passive, conséquence de la première. Pour
l'échange il y a confusion de droits, ou de dette.

« Il y a deux sortes de Prêt ; celui des choses dont on peut user
« sans les détruire, et celui des choses qui se consomment par l'u-
« sage qu'on en fait. La première espèce s'appelle Prêt à usage ou
« Commodat ; la deuxième s'appelle Prêt de consommation ou sim-
« plement *Prêt*. Art. 1874. C. C. »

« Le Prêt à usage ou Commodat, est un contrat par lequel l'une
« des parties livre une chose à l'autre pour son service, à la charge
« par le preneur de la rendre après s'en être servi. Art. 1875. Ce
« Prêt est essentiellement gratuit. Art. 1876. » Il n'intéresse en rien
le Commerce.

« Le Prêt de consommation est un contrat par lequel l'une des
« parties livre à l'autre une certaine quantité de choses qui se con-
« somment par l'usage, à la charge par cette dernière de lui en
« rendre autant, de même espèce et qualité. Art. 1892. C. C. »

« Par l'effet de ce Prêt, l'emprunteur devient le propriétaire de
« la chose prêtée, et c'est pour lui qu'elle périt, de quelque manière
« que cette perte arrive. Art. 1893. C. C. »

L'obligation qui résulte d'un Prêt en argent, n'est toujours que
de la somme numérique énoncée au contrat. « S'il y a eu augmen-
« tation ou diminution d'espèces avant l'époque du paiement, le
« débiteur doit rendre la somme numérique prêtée, et ne doit rendre

« que cette somme dans les espèces ayant cours au moment du
« paiement. Art. 1895. C. C. »

« La règle portée en l'article précédent n'a pas lieu, si le Prêt
« a été fait en lingots. Si ce sont des lingots ou des denrées qui ont
« été prêtés, quelle que soit l'augmentation ou la diminution de leur
« prix ; le débiteur doit toujours rendre la même quantité et qualité,
« et ne doit rendre que cela. Art. 1896 et 1897. C. C. »

Viennent ensuite les règles concernant le Prêt à intérêt.

« Il est permis de stipuler des intérêts pour simple prêt, soit
« d'argent, soit de denrées, ou autres choses mobilières. Art. 1905.
« C. C. »

« L'emprunteur qui a payé des intérêts qui n'étaient pas stipu-
« lés, ne peut ni les répéter ni les imputer sur le capital. Art. 1906.
« C. C. »

« L'intérêt est *légal* ou *conventionnel*. L'intérêt légal a été fixé
« par la loi. » (En matière civile, 5 0/0. Et pour le Commerce, 6 0/0.)

« L'intérêt conventionnel peut excéder celui de la loi toutes les
« fois que la loi ne le prohibe pas. Le taux de l'intérêt conventionnel
« doit être fixé par écrit. Art. 1907. C. C. »

Défenseur de la loi, nous sommes obligé de déclarer, en toute conscience commerciale, que cet article nous paraît illogique. Pourquoi
permettre un taux conventionnel avec un intérêt légal de 5 et 6
0/0 ? Quelles sont donc les choses pour lesquelles il est permis de
dépasser le taux légal ? Ce n'est pas clair ; c'est permettre et défendre.

En vérité, la différence entre les règles concernant la vente et
le prêt est par trop grande.

La loi dit au vendeur d'un immeuble: Vous aurez une action en
rescision de contrat si vous êtes lésé de plus des sept douzièmes,
moyennant preuve, bien entendu. Art. 1674. C. C.

Au copartageant, dans le partage d'un héritage *immobilier*, elle
dit : Si vous êtes lésé de plus du quart, vous aurez une action en
rescision. Art. 887. C. C.

Cet article intéresse les associés en nom collectif et autres,
puisque les règles concernant le partage des successions, la forme
de ce partage et les obligations qui en résultent entre cohéritiers,
s'appliquent au partage entre associés. Art. 1872. C. C.

Quant aux biens meubles, (dont fait partie le capital), la loi, à bon droit assurément, n'a fixé ni *maximum*, ni *minimum* pour la vente. Vous pouvez acheter deux francs ce que vous vendrez vingt francs ; vous pouvez vendre deux francs ce que vous avez acheté vingt francs.

Pourquoi, lorsqu'il s'agit du prêt, avoir taxé la rémunération de la chose prêtée, par un maximum que l'on ne peut dépasser sans encourir une peine ? Ne peut-on pas éluder la loi, en ne faisant pas d'écrit. En principe, la loi ne peut admettre les délations !

Nous arrivons au temps, où la liberté veut et doit se produire. Partout où elle ne se limitera pas elle-même, elle périra !

III

Accord des principes édictés dans les lois civiles avec l'art. 8 du Code de Commerce.

La théorie des lois civiles et commerciales françaises, trouve sa sanction, son application dans l'article 8 du Code de Commerce.

Nous n'y avons jamais vu qu'une méthode, sans préoccupation aucune du problème commercial. Le problème s'impose au Commerçant, c'est à lui de le résoudre. Il varie suivant le temps, les contrées, et les raisons. Ce problème est infini, puisque infini est le nombre des Commerçants.

Les membres du Congrès, se sont parfois arrogé le droit de solution de ce problème.

Nous allons reproduire l'article 8, pour prouver qu'avec l'addition d'un ou deux mots conformes aux principes et aux règles émis dans nos lois, cet article n'a pas vieilli ; il s'adopte aux besoins de notre époque ; et pourtant, quelle différence commerciale entre les vingt premières années de notre siècle, et les vingt dernières qui vont le clore.

« Tout Commerçant est tenu d'avoir un Livre-Journal qui *présente*
« (dans les vieilles éditions du code le mot est écrit en italiques), jour
« par jour, ses dettes actives et passives, les opérations de son com-
« merce, ses négociations, acceptations et endossements d'effets, et
« généralement tout ce qu'il reçoit et paie, à quelque titre que ce
« soit, et qui *énonce*, mois par mois, les sommes employées à la dé-
« pense de sa maison, le tout indépendamment des autres livres usités
« dans le commerce mais qui ne sont pas indispensables. »

(A suivre.) GUILLAY, à Tours.

1ᵉʳ **Mai 1881**   **Nᵒ 15**

Contenant le 17ᵉ fascicule de l'UNIFICATION DE LA COMPTABILITÉ

5 fr. par an, 1 fr. 50 par trimestre. — Écrire au Directeur, rue Barbette, 7, à Paris

On s'abonne SANS FRAIS dans tous les Bureaux de Poste de PARIS, des DÉPARTEMENTS et de l'UNION POSTALE à l'ÉTRANGER

Prix du Numéro : 30 centimes.

REVUE DE LA COMPTABILITÉ

BI-MENSUELLE

PUBLIANT LES TRAVAUX DU COMITÉ D'INITIATIVE ET CEUX DU CONGRÈS DES COMPTABLES

D'après les procès-verbaux de leurs séances tenues à l'Hôtel de l'Union nationale des Chambres syndicales
10, rue de Lancry, à Paris.

La Rédaction de la REVUE est entièrement indépendante du Comité et du Congrès. Cette déclaration nous a paru nécessaire pour éviter tout malentendu dans l'esprit du lecteur, et mettre le Comité et le Congrès à l'abri de toute responsabilité.

COMPTABILITÉS & TENUES DE LIVRES DES PRATICIENS

M. Fleureau, 36, rue de la Folie-Regnault, nous adresse les questions suivantes :

Que feriez-vous si, entrant comme comptable dans une maison, chez un Fabricant, par exemple, vous trouviez les écritures faites au Grand Livre et au Journal, mais non balancées, c'est à-dire non contrôlées : pas d'inventaires, rien, pas même des additions, et le Fabricant vous demandant de lui faire les inventaires par année et ceci tout en continuant les écritures journalières ? En résumé, feriez-vous une Liquidation en ouvrant un compte « Liquidation », ou feriez-vous le travail des balances, c'est-à-dire pointage, rectification, etc. par mois ou par année ?

RÉPONSE.

Pour soulever la Terre, Archimède demandait *un point d'appui et un levier assez long.*

Pour faire un Inventaire, Archimède n'aurait également demandé que deux choses : un point d'appui ou *le total des Marchan-*

dises en magasin, et un levier assez long ou *les écritures tout au long des opérations*.

Si *le point d'appui* et *le levier* manquent, les Inventaires sont impossibles. On pourra contrôler et rectifier les écritures, mais on ne parviendra jamais à établir le *Bilan* ou *Résumé de l'Inventaire*.

Il n'y a pas de liquidation à faire, ni de compte de ce nom à ouvrir. — Le travail des Balances mensuelles est ici inutile, la Balance d'Inventaire et *par soldes* suffit. — Les Contrôles doivent être substitués au Pointage ; ils se font par jour et dans la forme indiquée dans l'article intitulé : *Livret de contrôles* (Page 43. Rev. de la C. n° 8).

N. B. Dans la pratique, le *Livret de contrôles* peut se faire en n'écrivant que les différences entre les *Avant* et les *Après*.

H. H.

COMPTABILITÉ D'UN BIJOUTIER-JOAILLIER

Par M. Novatien (*Suite*).

Sur un mémorial intitulé « Commandes » j'enregistre celles qui me sont faites par ma clientèle, en leur donnant un numéro d'ordre qui se trouve rappelé, sur la « Fiche d'Atelier », au moyen de laquelle je lui transmets la commande, accompagnée des instructions nécessaires pour l'exécuter ; sur la « Fiche de Fabrication », qui sert à l'établissement du « *prix de revient* » ; et sur le « *Journal de fabrication* » destiné à l'enregistrement des commandes exécutées et livrées, à l'aide des « *fiches de fabrication* ».

Voici, du reste, le modèle des Fiches et du Journal. (Pages 99 à 102).

Ces trois monographies complètent la série des états et registres originaires concernant ma fabrication, c'est-à-dire la partie industrielle de mon exploitation, et je n'y reviendrai que pour indiquer le mode de centralisation de nos écritures qui est unique, et qui embrasse ma comptabilité tout entière.

Pour M. Novatien :

A. Gagey.

Fiche d'Atelier

Nº de la commande

———

Ouvrier :

M _____________

Commencé le _________ à ___ heures du ___

Inter-ruptions
Interrompu le _____ à ___ heures du ___
Repris le _________ à ___ heures de ___
Interrompu le _____ à ___ heures de ___
Repris le _____ à ___ heures de ___

Terminé le _____ à ___ heures de ___

Instructions pour la Fabrication

Main d'œuvre

JOURS	1re semaine	2me semaine	3me semaine	4me semaine	5me semaine	6me semaine	TOTAUX GÉNÉRAUX
Lundi ..							
Mardi...							
Mercredi							
Jeudi ...							
Vendredi							
Samedi .							
Dimanche							
Totaux .							

Fiche de Fabrication

N° d'ordre ———

JOURNAL DE FABRICATION
{ N° ———
{ F° ———

Commis par M. ———
le ———

OUVRIER
M ———
Remis à l'atelier le ———
Reçu de l'atelier le ———

PIÈCE FABRIQUÉE

DÉSIGNATION GÉNÉRALE	Numéros des Parties	QUANTITÉS	DÉSIGNATION SPÉCIALE	POIDS	SOMMES PARTIELLES	TOTAUX GÉNÉRAUX	PRIX DE REVIENT
	1		Brillants				
			Roses				
	2		Rubis				
			Saphirs				
			Emeraudes				
			Perles				
PIERRES	3		Turquoises				
			Œils-de-chat				
			Jaspe				
			Onyx				
			Jade				
			Grenat				
			Nicolos				
			Améthyste				
	Totaux						
MATIÈRES			Or				
			Argent				
			Platine				
	Totaux						
MAIN-D'ŒUVRE	Lapidaire						
	Divers		Atelier				
			Poli				
			Serti				
			Ciselure				
			Gravure				
			Email				
			Montage				
	Façons d'apprêt		Chatons				
			Brisures				
			Corps de bogue				
			Galerie				
			Tourneur				
			Matrices et poinçons				
			Divers				
	Totaux						
CONTRÔLE							
TOTAL GÉNÉRAL							

Journal de Fabrication

DATES	Nᵒˢ D'ORDRE	CLIENTS	PIÈCES FABRIQUÉES	OUVRIERS	PIERRES							
					BRILLANTS ET ROSES		RUBIS, SAPHIRS ÉMER., PERLES		PIERRES DIVERSES		TOTAUX GÉNÉRAUX	
					Poids	Sommes	Poids	Somm s	Poids	Sommes	Poids	Sommes

SUITE DU JOURNAL DE FABRICATION (*La partie C D est la continuation de la partie A B*)

MATIÈRES								MAIN-D'ŒUVRE										CONTRÔLE	PRIX DE REVIENT	PRIX DE VENTE	Fds du journal vente	BÉNÉFICE
OR		ARGENT		PLATINE		TOTAUX GÉNÉRAUX		LAPIDAIRE	ATELIER		POLI	SERTI	DIVERS		Totaux généraux							
Poids	Somm s	Poids	Sommes	Poids	Somm s	Poids	Sommes		Heures	Sommes			Ciselure Gravure Émail Montage	Façons d'apprêts								

CHRONIQUE

Dans de précédents articles nous avons dit ce que nous pensions des résultats généraux du Congrès et avons — avec la plus grande franchise — signalé les faits et les décisions qui nous semblaient le plus mériter l'attention.

Le moment nous paraît venu de songer au *Successeur* du Congrès, nous voulons dire au *Comité d'Etudes* qui a été chargé par lui de l'objet principal de ses travaux : continuer les recherches sur l'*Unification de la Comptabilité*. Nous rappelons qu'en même temps le Congrès confiait à ce Comité la mission d'étudier les moyens de donner pratiquement satisfaction aux vœux qu'il a émis concernant l'*Enseignement de la Comptabilité* et la création d'une *Chambre Syndicale*.

Plusieurs de nos Lecteurs ont été surpris de ne plus entendre parler du Comité dont la Revue de la Comptabilité leur avait donné le Règlement intérieur, l'indication du lieu où il se réunit tous les lundis, à 8 heures 1/2 précises du soir, hôtel de l'Union Nationale des Chambres Syndicales, rue de Lancry, 10. Ils s'attendaient, non pas un à Compte rendu très étendu, mais tout au moins à un résumé substantiel de ses travaux.

C'est ce *Compte rendu* que nous allons entreprendre, avec l'autorisation de nos Collègues et à l'aide des Procès-Verbaux du Comité, Quoique sommaire il aura donc un caractère absolument officiel.

Félix Roy.

LA LOI COMMERCIALE FRANÇAISE

ET LE

CONGRÈS DES COMPTABLES DE PARIS

(Suite)

« Il est tenu de mettre en liasse les lettres missives qu'il reçoit, et de copier sur un registre celles qu'il envoie. »

Dans la campagne entreprise pour préparer les voies aux Comptables lancés à la recherche de l'unification de la Comptabilité, et de a meilleure des méthodes pour y arriver, campagne où la première charge à fond do train a été faite contre l'esprit et la lettre de l'article 8, nos collègues Comptables ont prouvé qu'ils n'avaient pas la notion exacte des *principes* qui forment la base de nos lois françaises. Nous ne leur en faisons pas un crime, la faute est à l'enseignement.

Juridiquement parlant, l'acte commercial résulte d'un contrat synallagmatique ou bilatéral, fait entre deux personnes dont l'une s'oblige à donner, ou livre réellement à l'autre, une chose à la condition d'en recevoir le prix.

C'est la suspension du paiement par le terme donnant lieu à la création des valeurs fiduciaires qui remplacent le mouvement et le déplacement du capital.

La vente, le contrat à titre onéreux, peuvent être faits sans écrit. Ils prennent le nom de convention sur parole ou verbale. C'est ce qui a lieu sur une vaste échelle, dans le commerce de détail.

La loi n'ayant pu accorder aux *Livres et Registres* du marchand la preuve du contrat verbal, contre la personne non marchande, cette convention ne peut exister qu'entre personnes s'accordant une confiance entière et réciproque.

Si le législateur de 1807, dit au Commerçant : vous mettrez dans un Livre-Journal vos dettes actives et passives, c'est qu'il savait qu'il n'y a pas de dette active qui ne soit passive par l'obligation de donner et de recevoir le capital cause et effet du doit et de l'avoir.

Le Marchand qui reçoit comptant le prix d'une vente, ne devient-il pas lui-même débiteur à son compte de caisse ou de recettes de la rentrée du capital fourni en marchandises par *les registres créditeurs* des ventes, quelque nombreux qu'ils soient.

L'action de donner et de recevoir se concentre entre deux comptes ou deux livres ; qui donc représente ces deux comptes ou ces livres, si ce n'est le Commerçant? La confusion des qualités de débiteur et de créancier s'opère entre les comptes du Marchand lui-même, mais en sa personne, conformément à l'article 1300 du Code civil. Le Client n'a été qu'un comparse indifférent à la loi qui déclare que les Livres et Registres d'un Marchand ne font point preuve contre une personne *non marchande* : c'est pour lui-même que le Commerçant doit avoir une Comptabilité.

(*A suivre.*)   Guillay, à Tours, *rue d'Amboise.*

L'ouvrage de M⁰ LÉAUTEY nous est promis pour les derniers jours de cette semaine.

Le Directeur-Gérant de la Revue de la Comptabilité : H. HARANG, 7, r. Barbette.

Paris. — Imprimerie WATTIER et Cie, 4, rue des Déchargeurs.

15 Mai 1881   **N° 16**

Contenant le 18ᵉ fascicule de l'UNIFICATION DE LA COMPTABILITÉ

5 fr. par an, 1 fr. 50 par trimestre. — Écrire au Directeur, rue Barbette, 7, à Paris

On s'abonne SANS FRAIS dans tous les Bureaux de Poste de PARIS, des DÉPARTEMENTS et de l'UNION POSTALE à l'ÉTRANGER

Prix du Numéro : 30 centimes.

REVUE DE LA COMPTABILITÉ

BI-MENSUELLE

PUBLIANT LES TRAVAUX DU COMITÉ D'INITIATIVE ET CEUX DU CONGRÈS DES COMPTABLES

D'après les procès-verbaux de leurs séances tenues à l'Hôtel de l'Union nationale des Chambres syndicales 10, rue de Lancry, à Paris.

La Rédaction de la REVUE est entièrement indépendante du Comité et du Congrès. Cette déclaration nous a paru nécessaire pour éviter tout malentendu dans l'esprit du lecteur, et mettre le Comité et le Congrès à l'abri de toute responsabilité.

COMPTE RENDU

DU

BANQUET DU COMITÉ D'ÉTUDES DU CONGRÈS DES COMPTABLES

Le 23 Avril dernier, un Banquet amical et fraternel réunissait, dans les salons Wepler, MM. les Membres du Comité d'études du Congrès des Comptables, qui, sur l'initiative de M. Gagey, avaient tenu à célébrer, par une fête de famille, la date d'inauguration de leurs travaux.

Personne n'a sans doute oublié l'accueil bienveillant qui a été fait au Congrès des Comptables, au mois de décembre dernier, par les Membres les plus autorisés du Syndicat de l'Union nationale : *MM. Dietz-Monnin, Marienval, Poirrier, Havard et Nicole*, qui avaient bien voulu accepter d'être membres du Bureau d'Honneur, dont la Présidence avait été offerte à M. *Dietz-Monnin*.

Les Membres du Comité, désireux de donner à leurs honorables Protecteurs un faible témoignage de leur reconnaissance, les avaient conviés à cette fête intime qui devait tous les réunir.

MM. Dietz-Monnin, Marienval, Poirrier et Havard se sont excusés de ne pouvoir répondre à l'invitation qui leur était faite, en même temps qu'ils ont de nouveau donné au Comité l'assurance de leur constante sympathie. La Présidence d'Honneur a été offerte à M. Nicole qui avait bien voulu honorer l'assemblée de sa présence.

M. Nicole avait à ses côtés M. Fabrègue, Vice-Président du Comité et M. Beauchery, Promoteur de l'idée du Congrès des Comptables.

M. Gagey, ancien Président du Comité et M. Rey, Président du Cercle des Comptables, étaient placés à la droite et à la gauche de M. Roy, Président actuel du Comité d'études, qui lui-même occupait la seconde place d'honneur.

La plus grande cordialité n'a cessé de régner pendant toute la durée du repas et nous avons pu constater avec un sentiment d'orgueil et de satifaction bien légitime combien est grande l'union fraternelle qui relie tous les Membres du Comité.

Chacun sait que la vue du champagne pétillant dans les coupes de cristal a le don, fort louable d'ailleurs, de faire éclore les discours d'usage.

M. Roy, Président du Comité, désireux de conserver ces bonnes traditions, s'est levé à ce moment et a prononcé une allocution dont nous sommes heureux de pouvoir donner le texte :

DISCOURS DE M. ROY

Messieurs,

Le 24 avril 1879 (il y a 2 ans) M. A. Beauchery, que nous sommes heureux de compter au nombre des Membres les plus actifs du Comité, faisait, à l'Hôtel des Chambres Syndicales, une Conférence sur ce sujet :

« L'Unification de la Comptabilité »

Le Président de cette Conférence, l'honorable M. Havard, « que l'on trouve toujours — selon une heureuse expression de M. Dietz-Monnin — partout où il y a un service à rendre, un encouragement à donner, un progrès à réaliser » vit, dans le sujet traité par notre Collègue, le germe d'une idée féconde qui méritait d'être développé plus complétement qu'il n'avait pu l'être dans le cadre forcément restreint d'une conférence, quelqu'intéressante, quelque brillante même qu'elle ait été, grâce au remarquable talent du Conférencier.

Il engagea donc les auditeurs de M. Beauchery à se grouper, à se former en Comité d'initiative et à rechercher, dans une étude approfondie, les conséquences utiles de cette Conférence.

Ce fut l'œuvre qu'aborda courageusement le premier Comité, que poursuivit le premier Congrès, et qu'ils nous ont transmise.

Elle n'est pas terminée, ce qui démontre forcément son extrême importance, car nos devanciers y ont apporté, pendant tout le cours de leurs travaux, un dévouement digne des plus grands éloges.

La terminerons-nous, cette œuvre ?

Je n'hésite pas à répondre : Oui, et je sais, Messieurs, que, par cette affirmation, je viens de prendre en votre nom, un engagement important; je viens de signer un « Effet à payer » sans échéance fixe, c'est vrai, mais à une échéance morale au terme de laquelle, j'en suis certain, il ne sera pas protesté.

D'où me vient cette certitude ?

Elle vient, Messieurs, de ma foi ardente dans notre œuvre; elle a pour garanties les efforts déjà faits, les résultats déjà obtenus sous la direction de mon honorable prédécesseur et ami, M. A. Gagey; votre zèle infatigable et votre savoir professionnel auxquels je rends ici un hommage mérité; et enfin, Messieurs, la constance de précieuses sympathies dont nous avons encore à enregistrer ce soir un témoignage, celui de la présence à ce Banquet de l'honorable M. Nicole.

Aussi, Monsieur, laissez-moi vous donner rendez-vous à l'ouverture du prochain Congrès. Là encore, notre modeste groupe aura besoin de votre haute intervention et de celle des Membres du Bureau d'Honneur du premier Congrès auxquels j'envoie l'expression des regrets que nous cause leur absence. Il vous demandera cette intervention avec confiance, persuadé que vous voudrez tous assister au couronnement d'un édifice qui vous appartient presqu'au même titre qu'à nous.

Messieurs et chers Collègues,

Je porte, et je vous invite à porter avec moi, la santé de nos invités absents, MM. Dietz-Monnin, Marienval, Poirrier et Havard, en même temps que celle de M. Nicole qui a bien voulu prendre la Présidence de notre réunion fraternelle.

Je joins à ces noms respectés, et je suis sûr d'être l'interprète fidèle de votre pensée, le nom de M. Auguste Beauchery, l'initiateur de nos travaux, et celui de M. Gagey qui a pendant si longtemps dirigé nos débats, présidé à nos délibérations. J'y joins aussi tous vos noms, mes chers Collègues, car je les confonds tous dans un même sentiment de dévouement affectueux.

Je bois enfin, Messieurs, au succès de la guerre que nous avons entreprise contre l'esprit de routine, succès dont les conséquences économiques seront immenses et vers lequel nous devons faire converger toutes nos forces, toute notre intelligence, tout notre cœur.

Tous les Membres du Comité se sont associés avec le plus grand enthousiasme aux toasts portés par leur Président.

Après M. Roy, M. Nicole, en quelques paroles éloquentes et persuasives dont nous regrettons de ne pouvoir donner le texte, a vivement remercié le Comité de l'invitation qu'il lui avait faite et à laquelle il s'est rendu avec le plus grand empressement.

Notre Hôte éminent a ajouté qu'il s'estimait heureux de se retrouver au milieu des Membres du Comité, dont il avait pu apprécier déjà les heureuses qualités, le dévouement absolu et les efforts constants, qui aboutiront certainement à un succès mérité.

Parlant ensuite du grand rôle que joue la Comptabilité dans les affaires, M. Nicole s'est exprimé à peu près en ces termes :

« .... Permettez-moi, Messieurs, de me servir d'une métaphore empruntée
« à mon pays natal (je suis né au bord de la mer), pour vous bien pénétrer de
« l'extrême importance que j'attache à votre science professionnelle.

« Au milieu de la mer, on aperçoit souvent à l'horizon un point noir dont il
« est difficile de distinguer la forme. Ce point noir est un Navire. Fréquemment
« ce navire se trouve entouré de l'immensité des flots, qui n'offre aux regards du
« Capitaine aucun indice qui puisse le fixer sur la direction qu'il suit.

« Sur le pont de ce navire, un homme semble suivre alors avec le plus puissant
« intérêt, les oscillations d'un instrument vers lequel il est penché ; tout-à-coup
« cet homme se redresse, consulte une carte placée à ses côtés, et d'une voix brève
« et impérative commande une manœuvre.

« L'ordre est à peine exécuté que le navire décrit une légère courbe, dévie de
« sa route primitive et s'élance vers une direction nouvelle.

« L'homme, c'est *le Pilote* ; l'instrument : *la Boussole*.

« Eh bien ! Messieurs, dans l'immense bâtiment terrestre que j'appellerai *le*
« *Commerce*, il existe aussi un pilote, qui a mission de diriger les opérations,
« d'aider le gouvernail des affaires, de veiller avec un soin jaloux à leur marche
« régulière, d'éviter en un mot que le Navire confié à sa garde ne tombe et ne
« périsse !

« Cet homme s'aide lui aussi d'un instrument, d'une Boussole.

« L'Instrument, c'est la *Comptabilité*.

« Le Pilote, c'est le *Comptable*.

Avant de terminer, M. Nicole a renouvelé au Comité l'assurance
que son concours le plus actif, le plus dévoué lui était acquis chaque fois
que ses Membres auraient besoin d'y faire appel.

Ce discours a été souvent interrompu par des applaudissements aussi
fréquents que mérités.

M. Fabrègue, Vice-Président, a remercié M. Nicole des témoignages
d'estime et de sympathie qu'il venait d'exprimer en des termes si élevés ;
il a ensuite témoigné les regrets du Comité d'avoir vu abandonner par
M. Gagey, la place qu'il a si dignement occupée à la tête de notre groupe et
félicité le Comité de l'heureux choix qu'il a fait en la personne de M. Roy,
son successeur.

M. Fabrègue propose alors de boire à la santé des deux honorables
membres qu'il vient de nommer, auxquels il joint M. Beauchery, dont le
caractère de Fondateur de l'Association doit toujours être respecté et honoré.

M. Fabrègue, qui est doublé d'un ardent patriotisme, propose également un toast *à la France*.

Le Comité s'y associe avec empressement.

M. Gagey a succédé à M. Fabrègue :

DISCOURS DE M. GAGEY.

Messieurs,

Permettez-moi de profiter de l'occasion qui nous rassemble, pour remercier
sincèrement, au nom du Comité d'initiative, l'honorable Président d'honneur de
notre Banquet fraternel, M. Nicole, Administrateur de l Union nationale, de la
constante bienveillance qu'il a témoignée de tout temps à notre œuvre, en donnant
à nos réunions hebdomadaires une hospitalité aussi large que désintéressée.

Je suis en même temps l'interprète de tous mes Collègues, en priant M. Nicole
de vouloir bien présenter au Syndicat général l'expression de notre entière reconnaissance pour son concours si sympathique à notre premier Congrès scientifique
et professionnel auquel il a donné asile d'une façon si cordiale.

Vous n'oublierez pas non plus, Messieurs, que cette fête de famille est un
anniversaire qui rappelle notre origine, et vous vous joindrez à moi pour exprimer
à notre collègue M. Beauchery toute notre gratitude pour la courageuse pensée
qu'il a eue, par sa Conférence du 24 avril 1879, d'appeler notre chère corporation
à se grouper dans un but de progrès dans notre science professionnelle, la seule
route à suivre pour arriver à notre but : *le relèvement moral des Comptables*.

Si nous réussissons à conduire notre œuvre à bonne fin, ainsi que vous le
laissait entrevoir tout à l'heure dans des termes si éloquents M. le Président du

omité d'Etudes, ainsi que je me plais à l'espérer moi-même , notre reconnaissance pour l'Initiateur grandira avec le succès.

Continuons donc nos travaux, comme par le passé. avec confiance, avec dévouement, avec désintéressement, certains que nous sommes qu'ils porteront leurs
ruits quoi qu'il arrive, et qu'à défaut de l'Unification nous rencontrerons toujours
e Progrès sur notre route.

Je bois au succès de notre œuvre !

Ce toast a trouvé de l'écho parmi tous les convives sur la physionomie desquels se peignait la gaieté la plus franche, la satisfaction la plus
complète.

M. Beauchery s'est levé ensuite et a prononcé l'allocution suivante :

DISCOURS DE M. BAUCHERY.

Messieurs,

Au lieu de vous remercier, ainsi que c'est l'habitude, de l'honneur que vous
voulez bien me faire en célébrant commémorativement la première Conférence que
j'ai faite, dans le but de l'*Unification de la Comptabilité,* permettez-moi de vous
féliciter d'avoir compris l'Idée et de vous y être associés.

Cette première Conférence vient d'être rappelée par l'un d'entre vous. Je saisis
cette occasion pour vous rappeler moi-même les admirables paroles que j'y citais,
paroles d'un grand économiste :

« J'ai longtemps cherché, dans les ouvrages destinés à l'enseignement de
« l'Economie politique, depuis A. Smith jusqu'à M. Chevalier, pourquoi il n'est
« nullement fait mention de la Comptabilité de Commerce. J'ai fini par découvrir
« que la Comptabilité était toute l'Economie politique, et que bon nombre d'Eco-
« nomistes étaient de forts mauvais Comptables.

« Qu'est-ce que l'économie politique ? C'est la science des Comptes de la Société,
« des Lois générales de la Production, de la distribution et de la Consommation
« des Richesses.

« Or, dans chaque Etablissement industriel, il est un Employé supérieur, un
« Représentant de la loi générale, un Organe de la pensée économique; cet Em-
« ployé est le Comptable.

« C'est lui, lui seul qui peut apprécier les effets d'une division du travail bien
« entendue; dire quelle économie apporte une machine ; si l'entreprise couvre ou
« non ses déboursés; combien la vente a donné de bénéfices; quels sont les
« meilleurs débouchés, etc.

« Le Comptable, pour tout dire, est le véritable Economiste à qui une coterie
« de faux littérateurs a volé son nom sans qu'il en sut rien, et sans qu'eux mêmes
« se soient jamais doutés que ce dont ils faisaient tant de bruit sous le nom d'Eco-
« nomie politique, n'était qu'un plat verbiage sur la Tenue des Livres.

« La Comptabilité Commerciale est une des plus belles et des plus heureuses
« applications de la méthaphysique, une science qui, pour la précision et la certi-
« tude ne le cède point à l'arithmétique et à l'Algèbre.

« Les questions de Crédit public et d'Impôt sont encore des questions de
« Comptabilité commerciale appliquée à l'Etat. La Comptabilité commerciale doit
« embrasser le monde entier, et le Grand-Livre de la Société avoir autant de
« comptes particuliers qu'il existe d'individus, autant d'articles divers qu'il se pro-
« duit de valeurs. » (*Système des Contradictions Economiques*).

Voici, Messieurs, à quelle hauteur de vue je me plaçais, lorsque j'ai conçu la pensée de réunir les Comptables de France en un premier Congrès, tant j'estime notre science, tant j'apprécie la valeur générale de ses adeptes. Efforçons-nous donc de mériter les éloges de notre grand économiste.

Mais j'ai à relever un fait : Oui, Messieurs, j'ai conçu l'idée de l'*Unification de la Comptabilité*, puis celle de la réunion d'un Congrès ayant à décider sur le système d'application le plus convenable à cet effet ; j'ai réuni un Comité d'hommes d'initiative et de dévouement, s'étant donné le mandat de préparer et de faciliter la solution au futur Congrès à provoquer ; ce Comité, je l'ai présidé trois mois, tout en lui apportant le concours de mes travaux antérieurs sur la matière et de mes publications.

Cependant, après trois mois, à la suite de certaines difficultés avec un des membres, j'ai cru pour ma dignité devoir me retirer d'avec mes Collègues, et le Congrès n'aurait jamais eu lieu, sans l'énergie, la persistance, le dévouement de M. Gagey.

Je tenais à bien vous faire constater ou reconnaître le fait, car il est de la plus scrupuleuse et de la plus entière authenticité.

Des bravos unanimes ont accueilli les dernières paroles de M. Beauchery.

Après lui, nous avons eu la bonne fortune d'entendre M. Daunay, un des travailleurs les plus dévoués et les plus infatigables de notre Groupe.

Le discours de M. Daunay ne peut s'analyser, il perdrait certainement de sa valeur, et nous préférons en donner le texte même à nos lecteurs :

DISCOURS DE M. DAUNAY

Messieurs et chers Collègues,

Nous nous sommes réunis ici pour célébrer ensemble la journée du 24 Avril 1879, où un de nos Collègues, M. A. Beauchery, a fait, dans une conférence à l'hôtel des Chambres Syndicales, appel à tous les Membres de la Corporation des Comptables et les a conviés à l'étude du problème de l'Unification de la Comptabilité, dont il apportait lui-même une solution.

Cette date du 24 Avril 1879 a pour nous une grande importance, puisqu'elle marque le début des travaux techniques de la corporation : voilà pourquoi il était nécessaire de la consacrer par une réunion intime.

Du reste, en nous réunissant dans ce Banquet fraternel auquel nous fait l'honneur d'assister l'honorable M. Nicole, administrateur général des Chambres Syndicales, nous ne faisons qu'imiter tous les Groupes, toutes les Sociétés qui aiment à se rappeler chaque année le jour de leur constitution, à le fêter et à saluer avec confiance dans l'avenir la date, encore éloignée peut-être mais certaine, de leur émancipation par le travail.

En rentrant, pour ce qui nous concerne, dans cet ordre d'idées, nous ne craignons pas d'affirmer, et nous voudrions que notre voix pût sortir de cette enceinte pour se répandre au loin, nous ne craignons pas d'affirmer, disons-nous, que la Corporation des Comptables entre, elle aussi, dans la période de l'émancipation ; et voici comment nous le comprenons.

Jusqu'à présent, nous n'avons fait acte de vitalité collective que pour la création de Sociétés de Secours Mutuels qui nous permettaient de venir en aide à ceux d'entre nous que visitait la maladie ou le chômage. Ces Sociétés, disons-le, sont nées d'une grande pensée, d'une pensée généreuse et nous pouvons témoigner à ceux qui les ont fondées, notre profonde gratitude.

Mais, si intéressant que fût ce programme, si nobles qu'eussent été les sentiments de ceux qui l'avaient proclamé, ce n'était là qu'un côté de la question ; car en somme, la vie ne se compose pas que d'accidents, elle a même pour nous, dont la situation est si pré a re, un cours normal, à la condition toutefois que nous marquions notre place dans le milieu où nous sommes appelés à opérer. Or, la plupart du temps, l'Instruction Comptable que nous avons sucée sur les bancs de l'école a été insuffisante ; nous avons été obligés de la compléter, je pourrais peut-être dire d'oublier la théorie apprise à grand peine pour rentrer dans le domaine de la pratique.

Voilà pourquoi notre programme devait être complété, et nous croyons qu'il l'a été par la pensée qu'a eue M. Beauchery de nous grouper, pour que nous puissions constater avec lui que l'art si diffus de la Tenue des Livres présentait dans son ensemble les caractères communs à toutes les sciences, savoir : la simplicité dans la variété, l'harmonie dans l'universalité, l'unité dans la multiplicité. Honneur donc à celui qui nous a groupés et *qui nous a permis d'être quand nous n'avions jamais été.*

Voilà l'origine de nos travaux : en voici la suite.

C'est après la Conférence du 24 Avril que s'est formé le Comité d'initiative d'où est né le premier Congrès des Comptables français, qui a compté parmi ses Membres Fondateurs les plus hautes personnalités commerciales, les Représentants les plus autorisés de l'Industrie dans notre pays.

Nous avons assisté à bon nombre des séances de ce Comité d'initiative et nous pouvons dire, sans crainte d'être démenti, que si le résultat n'a pas été absolu, si le but à atteindre n'a pas été touché, il nous a été donné, du moins, de constater ce fait, c'est que le Comité d'initiative avait une foi ardente et que, malgré toutes les difficultés, il n'a pas déserté un seul instant le drapeau sous lequel il s'était enrôlé et où il avait inscrit ces mots : Recherche de l'Unification de la Comptabilité.

C'est au Comité d'Etudes nommé par le Congrès des Comptables à faire mieux que le Comité d'Initiative et à entrer résolument dans la voie qui lui a été tracée.

Notre Comité d'Etudes se réunit depuis bientôt quatre mois.

Assurement, nous marchons lentement ; on pourrait nous en adresser le reproche. Mais il faut penser que tout notre temps est presque entièrement absorbé par nos emplois ; mais il faut que ceux qui seraient tentés de nous critiquer sachent bien qu'il y a peut être un certain courage à venir, après une longue journée de travail, consacrer à une étude aride et absolument désintéressée le temps que d'autres consacrent au plaisir ou au repos (applaudissements).

Et c'est parce que nous voyons les études se poursuivre sans relâche, c'est parce que nous sentons la volonté de tous et de chacun que nous aussi nous avons confiance en l'avenir comme l'avait le Comité d'Initiative et que nous pouvons dire à tous ceux qui n'ont pas encore pris part à nos travaux : venez nous apporter ce que vous savez, tout ce que vous savez ; venez grossir nos rangs pour que nous marchions ensemble à l'émancipation de la Corporation en prenant pour devise : Le Travail, appuyé sur l'Union et la Concorde la plus entière, car le succès est à ce prix.

Des applaudissements prolongés ont couvert les derniers mots de cette éloquente allocution, et l'orateur a été félicité par tous ses collègues des sentiments élevés qu'il venait d'exprimer.

M. Pioche, notamment, en termes chaleureux, s'est pleinement associé aux idées émises par l'orateur, ajoutant, comme le faisait remarquer avec juste raison M. Daunay, que c'est à l'émancipation par le travail que notre corporation devra sa régénération.

Les paroles de M. Pioche ont eu l'approbation de tous les convives.

M. Chamaison, Secrétaire général, a clos en ces termes la série des allocutions :

« Si j'avais l'intention de prononcer un discours, Messieurs, il y aurait de ma « part une grande prétention à le faire après les honorables orateurs que vous « venez d'entendre et qui vous ont tenus pendant quelques instants sous le charme « de leur parole éloquente, chaleureuse et persuasive.

« Permettez-moi seulement, avant de nous séparer, de vous remercier au nom « du Bureau chargé de l'organisation de ce banquet, d'avoir bien voulu répondre « à l'appel que nous vous avons adressé.

« J'envoie à nos collègues absents le regret que nous avons de ne pas les voir tous réunis à nous dans cette Fête de famille, et enfin j'exprime l'espoir de voir renouveler ces réunions fraternelles que nous venons d'inaugurer ce soir et bien certainement resserreront plus intimement encore nos bonnes et amicales relations. »

L'enthousiasme général avec lequel ces derniers mots ont été accueillis prouve suffisamment combien les Membres du Comité sont désireux de donner suite au désir formulé.

Chacun s'est ensuite séparé, sous l'impression fort agréable qu'a laissée dans tous les cœurs cette fraternelle réunion et avec la conviction profonde que notre Groupe venait de consacrer par son attitude toute amicale un pacte de sympathie constante et sincère entre tous ses Membres.

Nous ne craignons pas d'affirmer ce fait, persuadé que personne ne nous démentira, et que nous aurons la satisfaction bien grande de n'avoir à enregistrer parmi nos Collègues que des relations cordiales qu'aucun nuage ne viendra ternir.

Que personne de nous n'oublie cette devise si honorable et si bien exprimée par notre sympathique collègue Daunay :

L'émancipation par le travail.

Tel doit être le but, le résultat, le couronnement de nos efforts empressés, l'aspiration de nos cœurs.

Le Secrétaire Général du Comité,
CHAMAISON.

L'étendue du compte-rendu du Banquet que nous publions aujourd'hui nous oblige à remettre au prochain numéro le Résumé analytique des Séances du Comité d'Etudes.

Le Directeur-Gérant de la REVUE DE LA COMPTABILITÉ : H. HARANG, 7, r. Barbette.

Paris. — Imprimerie WATTIER et Cie, 4, rue des Déchargeurs.

31 Mai 1881   N° 17
Contenant le 19° fascicule de l'UNIFICATION DE LA COMPTABILITÉ

5 fr. par an, 1 fr. 50 par trimestre. — Écrire au Directeur, rue Barbette, 7, à Paris
On s'abonne SANS FRAIS dans tous les Bureaux de Poste de PARIS, des DÉPARTEMENTS et de l'UNION POSTALE à l'ÉTRANGER
Prix du Numéro : 30 centimes.

REVUE DE LA COMPTABILITÉ

BI-MENSUELLE

PUBLIANT LES TRAVAUX DU COMITÉ D'INITIATIVE ET CEUX DU CONGRÈS DES COMPTABLES

D'après les procès-verbaux de leurs séances tenues à l'Hôtel de l'Union nationale des Chambres syndicales
10, rue de Lancry, à Paris.

La Rédaction de la REVUE est entièrement indépendante du Comité et du Congrès. Cett déclaration nous a paru nécessaire pour éviter tout malentendu dans l'esprit du lecteur, mettre le Comité et le Congrès à l'abri de toute responsabilité.

COMPTABILITÉS & TENUES DE LIVRES DES PRATICIENS

DES LIVRES DE VENTES ET DE MARCHANDISES REPRISES

Dans les petites Maisons un seul Livre de Ventes suffit ; dans les Maisons plus importantes il y en a deux : l'un pour les jours pairs et l'autre pour les jours impairs Dans d'autres, à Paris, il y en a trois : un pour Paris, un pour la Province et l'autre pour l'Etranger ; quelques unes en ont même six : trois pour les jours pairs, ayant chacun l'un des trois titres déjà indiqués : PARIS, PROVINCE, ETRANGER ; et trois pour les jours impairs avec les mêmes titres.

Dans les Maisons où il se fait chaque jour un certain nombre de *Ventes au Comptant,* un livre spécial pour ces opérations est d'une grande utilité.

Là, où le Personnel le permet, les *Débits* se font à *Deux,* ou plutôt à *Trois :* Le *Vendeur,* après avoir dressé les articles qu'il a vendus ou ceux qui lui ont été *Commissionnés,* les dicte à deux *Scribes* dont l'un écrit sur le *Livre* et l'autre sur la *Facture.* Lorsque tous les articles ont été enregistrés, l'un des Scribes les rappelle au vendeur et au deuxième Scribe qui suivent attentivement et font rectifier s'il y a lieu.

Lorsqu'on est assuré par ce *Rappel* de l'exactitude des *Quantités,* des *Désignations,* des *Numéros* et des *Prix,* les Scribes font les *Pro-*

duits ou, comme on dit à Paris, les *Tirages*, en inscrivant dans une colonne, au fur et à mesure qu'ils les obtiennent, les résultats des opérations fournies par les *Quantités* et les *Prix*. Si l'addition de ces résultats par le premier Scribe est d'accord avec celle du second, il y a toute présomption qu'aucune erreur n'a été commise. Nous disons qu'il y a toute présomption et non toute certitude, car il arrive parfois de ces erreurs de compensation, incroyables pour tout autre que pour les Praticiens. C'est pour cela que la *Vérification des Calculs à tête reposée* est nécessaire et qu'elle devrait être faite par un Employé aux Marchandises plutôt que par le Comptable, surtout dans les Maisons où les quantités sont de différentes sortes comme la *Pièce*, la *Douzaine*, la *Grosse* ; car, connaissant les Marchandises, cet Employé saura reconnaître que le prix est celui de la *Pièce* plutôt que de la *Douzaine* et surtout de la *Grosse*, tandis que le Comptable qui ne voit que des écritures ne peut pas toujours faire cette différence. Quoique quelques-uns de nos Collègues prétendent que, dans les Maisons ou les quantités ne varient pas d'espèces, des erreurs matérielles de prix se commettent encore et qu'il faut connaître les Marchandises pour les rectifier, nous pensons qu'il y a moins d'inconvénient que dans le premier cas à charger le Comptable de cette vérification.

Le Livre des *Marchandises Reprises* se tient de la même manière qu'un *Livre de Ventes* avec cette différence que, dans le premier, on fait précéder le nom des Clients du mot *Avoir*, afin de ne pas confondre ces *Articles de Marchandises Reprises* avec des *Articles de Ventes*.

Pour priver le Magasin le moins longtemps possible de ses Livres de Ventes et de Marchandises Reprises on établit des *Bordereaux* pour la Comptabilité.

Sur le Bordereau des *Marchandises Reprises*, de même que sur ceux de *Ventes*, on ne porte que les *Noms*, les *Domiciles* et les *Sommes*. On ajoute sur le *Bordereau de Ventes*, quand il en est besoin, les conditions de *Règlement* et d'*Escompte* et lorsque l'Escompte n'est pas déduit, on l'indique par la lettre B qui veut dire *Brut*.

Les Totaux *quotidiens* de chacun des Livres de Ventes ne contiennent que les *Débits cumulés* depuis le commencement du *Mois*. Il en est de même des Totaux des autres Livres.

En additionnant les Totaux des différents Livres de Ventes on obtient nécessairement le Total des *Ventes du Mois*.

La conséquence de ce qui précède, c'est le Contrôle *du Trans-*

port sur les *Bordereaux* des articles passés sur les *Livres de Ventes*, et de *Marchandises Reprises*.

Nous donnons ci-après un modèle de *Livre de Ventes*, de *Marchandises Reprises* et un modèle de *Bordereau de Ventes*. (Le *Bordereau des Marchandises Reprises* ne diffère que par le titre d'un Bordereau de Ventes.)

LIVRE DE VENTES

		20 *juin* 18...					31290	75
	BRUNO et C°							
600	. . . .	N° 47	10	»»	6000	»»		
44	. . . .	» 1005	25	»»	1100	»»		
2	. . . .	» 5200	12	25	24	50		
		20 d°					7124	50
	MAURICE							
1	. . . .	N° 2			2	75		
5	. . . .	» 658	6	»»	30	»		
160	. . . .	» 20	5	»»	800	»»	832	75
		21 d°					39248	»»

MARCHANDISES REPRISES

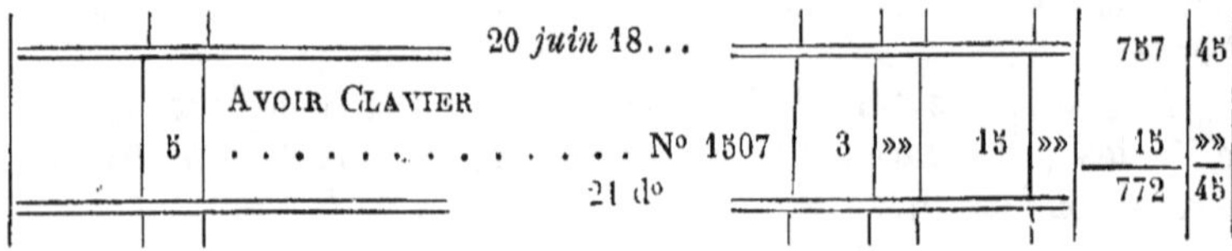

		20 *juin* 18...				787	45
	AVOIR CLAVIER						
5	. . . .	N° 1507	3	»»	15	»»	15	»»
		21 d°				772	45

BORDEREAU DE VENTES. JUIN 18..

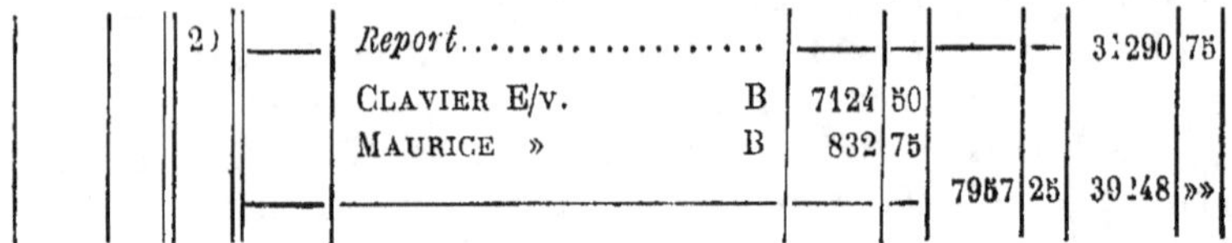

2)	*Report*..................				31290	75
	CLAVIER E/v.	B	7124	50		
	MAURICE »	B	832	75		
			7957	25	39248	»»

LIVRE DES VENTES AU COMPTANT

Ce Livre ne diffère du Livre de Ventes que par la dernière colonne qui sert au Caissier à additionner toutes les Ventes du Jour et à les cumuler avec les pré-

cédentes du même mois. Il passe sur sa Caisse les Ventes d'une Journée en un
seul article.

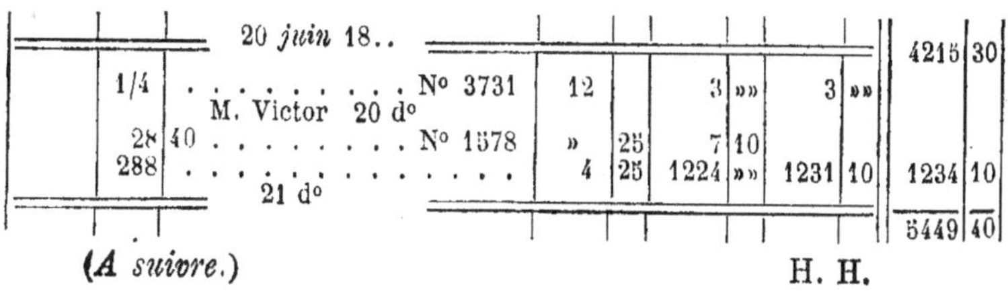

		20 *juin* 18..								4215	30
1/4		. . . . Nº 3731	12			3	» »	3	» »		
		M. Victor 20 dº									
28	40	. . . . Nº 1578	»	25	7	10					
288		. . . .	4	25	1224	» »	1231	10	1234	10
		21 dº									
										5449	40

(*A suivre.*)   H. H.

CHRONIQUE

LE COMITÉ D'ÉTUDES DU CONGRÈS DES COMPTABLES

Nos Lecteurs savent que le premier Congrès des Comptables
avait clos ses séances le 16 Décembre 1880 et qu'il avait chargé
M. GUYARD de convoquer le nouveau Comité dans le plus bref délai,
afin de se constituer et de commencer ses travaux.

Fidèle à la mission qu'il avait acceptée, M. Guyard nous réunit,
dès le 20 Décembre, à l'Hôtel des Chambres Syndicales ; cette première séance, fut, selon le programme, employée à l'élection des
Membres du Bureau et à la nommination d'une Commission chargée
de préparer, pour la séance suivante, un projet de règlement déterminant le but des travaux du Comité et les moyens à employer pour
atteindre ce but.

Ont été nommés Membres du Bureau :

Président : M. GAGEY. — Vice-Président : M. GUYARD. — Secrétaire général : M. ROY. — Archiviste : M. LIBÉRA. — Trésorier :
M. CHAMAISON.

Et Membres de la Commission : MM. *Lamy, Copigneau, Courtin,
Abraham et Fabrègue.*

La deuxième séance eut lieu le 17 Janvier 1881. Dès l'ouverture,
M. Fabrègue ayant cru devoir signaler au Comité que le *Compte
Rendu Sténographique*, publié par la REVUE DE LA COMPTABILITÉ,

contenait — comme exactitude — certaines imperfections, et — comme style — plusieurs incorrections, M. le Président répondit que le soin de veiller aux corrections utiles ne pouvait revenir à l'Editeur qui s'était chargé de publier *gratis* le Compte rendu ; que ce soin incombait certainement au Bureau du Congrès, notamment au Président et au Secrétaire général ; que ces Messieurs s'étaient abstenus de remplir cette obligation et qu'il n'y avait pas lieu, par suite, de reprocher quoi que ce soit à l'Editeur ; qu'il fallait reconnaître au contraire que, dans cette circonstance, celui-ci avait fait preuve du plus grand dévouement à la Corporation et au Congrès, et qu'il proposait au Comité de lui voter des remerciements chaleureux ; cette motion est adoptée immédiatement et à l'unanimité, M. Fabrègue retirant ses observations.

Nous nous sommes toujours élevé, personnellement, contre l'insistance de quelques-uns de nos collègues, à demander au Comité d'Etudes de s'immiscer dans la liquidation des faits et gestes du Congrès. Le Comité a reçu, à notre avis, du Congrès une mission spéciale bien définie, dans laquelle n'a jamais été comprise cette liquidation, et nous aurions désiré voir écarter, par la question préalable, toute proposition étrangère à l'objet même de son institution. Nous n'avons eu gain de cause que dans une certaine mesure — en ce qui concerne le Compte rendu — puisque, dans la suite, le Comité consentit, hors séance, à laisser certains de ses membres se former en Commission, pour examiner les modifications demandées par quelques-uns de nos Collègues. Cette Commission a admis le bien fondé de toutes les réclamations ; le dossier en est prêt, et la *Revue* ne demande pas mieux que d'être mise à même de les publier. Mais ici, elle se heurte à la question d'argent.

Il faudrait, pour cette publication, un numéro exceptionnel d'une certaine importance, et elle refuse absolument de se reconnaître responsable des erreurs signalées, puisqu'elle a publié le Compte rendu tel qu'il lui a été remis par le Bureau du Congrès.

Les frais de ce numéro exceptionnel ont donc été subdivisés proportionnellement entre les différents auteurs de rectifications ; la publication se ferait dès que ceux-ci auraient versé dans la Caisse du Journal la part qui leur incombe, mais comme il est difficile de penser que nos Collègues se résoudront à faire ce sacrifice, il est vraisemblable que ces rectifications resteront longtemps dans les cartons avant de voir le jour. Nous désirons nous tromper, bien que nous n'attachions à ces rectifications que l'importance essentiellement relative d'une satisfaction personnelle à donner à des Collègues maltraités par les jeunes Sténographes du Congrès.

Les auteurs des rectifications auront d'ailleurs satisfaction sous une autre forme : Sur la proposition de notre excellent collègue et ami, M. Felix Bonnaud, le Comité a décidé que lecture de ces rectifications serait faite dans le cours ultérieur de ses séances, de manière à en garder la trace dans ses procès-verbaux, et nous nous ferons un devoir et un plaisir de les reproduire ici dans leurs dispositions esssentielles.

Cette question du Compte-rendu des séances du Congrès étant définitivement close (nous l'espérons du moins) nous reprenons la suite des délibérations du Comité pour ne plus nous en écarter.

La fin de la 2e séance fut employée à la discussion et au vote du Réglement intérieur du Comité ; le texte en a été publié dans le numéro 9 de la Revue et nous y renvoyons nos lecteurs ; mais nous devons aujouter que, de la discussion et de l'exposé des motifs dont ce vote fut précédé, résulte la volonté manifeste du Comité de suivre, dans ses travaux, la marche qui lui a été tracée par le Congrès lui-même, en s'appuyant sur ses décisions, tout en laissant le champ le plus étendu à ses investigations.

C'est ainsi qu'il plaça, au premier rang de ses travaux, la recherche de l'*Unification de la Comptabilité*.

(*A suivre.*)

FÉLIX ROY.
80, rue de la Victoire.

N. B. Nous tenons, dès le premier jour, à prévenir nos Collègues du Comité que si, malgré notre volonté bien arrêtée, il nous arrivait, dans le cours de cette publication, de traduire leur pensée d'une manière inexacte ou incomplète, il leur suffira de nous en informer par écrit, pour que nous nous empressions, dès le numéro qui suivra leur lettre, de publier, sous la forme analytique du Compte-rendu lui-même, les rectifications qu'ils nous auront fait l'honneur de nous adresser·

F. R.

Questions actuelles de Comptabilité et d'Enseignement Commercial, par M. Eugène Léautey.

Cet ouvrage si impatiemment attendu, vient enfin de paraître à la librairie Guillaumin, 14, rue Richelieu. Nous l'avons immédiatement adressé à ceux de nos Abonnés qui nous avaient chargé de leur souscription. M. Léautey nous écrit *que le prix de 3 fr. est réservé exclusivement aux* ABONNÉS DE LA REVUE, QU'IL ENTEND UNIQUEMENT FAVORISER, *et que toute souscription autre serait de 3 fr.* 50.

Ce livre, dont nos Lecteurs ont lu le 28e chapitre dans le nº 5 de la *Revue*, jouit dès son apparition d'un succès mérité ; nous tenons de l'Auteur lui-même que ses prévisions sont dépassées.

Tant mieux !

Cela prouve contre l'indifférence générale dont se plaignaient quelques esprits moroses.

Le Négociant, le Commerçant, le Comptable, le Teneur de Livres achetant LES QUESTIONS ACTUELLES DE COMPTABILITÉ, c'est le réveil !

Allons ! Chambres Syndicales, Sociétés, Cercles, Comité d'Etudes et Congrès futur, lisez, lisez... et surtout tirez profit !

Défi, Concours et Conférences.

A Paris le doyen des Comptables, M. VALENTIN POITRAT, Boulv. de Sébastopol, 14, offre **20,000 fr.** à celui qui, par un autre sytème que le sien, arrivera à formuler 15 ou 20 articles en moins de chiffres, de textes, de barres tirées et de pages d'écritures que lui.

A Lille, M. EM. POLLET, rue Stappaert, 2, donnera **une magnifique médaille d'or** à la personne qui présentera à un Comité choisi parmi les Comptables des principaux Commerçants de Lille et de ses environs, la Tenue des Livres sans erreur aucune, la plus claire, la plus simplifiée et donnant tout à la fois un contrôle rapide des reports au Grand-Livre pour circonscrire et découvrir vivement les erreurs.

Après ce concours du commerce de *Tissus*, ouvert jusqu'au 31 octobre prochain, M. Pollet en provoquera d'autres, s'il y a lieu, pour la *Banque* ; ensuite, la *Métallurgie* avec une succursale dans une autre localité ; après, la *Filature* et *Tissage* ; encore après : *Liquidation* avec nouvelle maison, etc., etc. Ces concours seront internationaux.

D'une autre grande ville, un Comptable expert, professeur au Lycée, nous écrit qu'il faudrait organiser des Conférences dans lesquelles seraient traitées des questions qui provoqueraient assurément l'éclosion d'idées dont l'examen faciliterait l'avancement progressif d'une science des plus utiles qui n'apparaît encore qu'à l'état d'enfance.

Les Banquets se succèdent : Après celui du Comité d'Etudes, celui de l'Union des Caissiers, Comptables et Teneurs de Livres, 3, rue de la Chaussée d'Antin. Les Membres de ce Cercle se sont réunis dernièrement dans un fraternel déjeuner. On nous dit que tout le monde s'est trouvé d'accord sur la nécessité de former une Chambre syndicale des Comptables, à laquelle coopéreraient les groupes déjà existants. On ajoute qu'un toast a été porté à la prospérité de la *Revue de la Comptabilité*. Nous avons été très sensible à cette marque de sympathie et regretté que l'état de notre santé ne nous ait pas permis de prendre part à ce déjeuner pour lequel nous avions reçu une très gracieuse invitation. C'est le même motif qui nous avait privé d'assister au Banquet du Cercle d'Etudes.

Mandats de Souscription échus.

Les mandats que nous avons laissé échoir seront présentés le 5 Juillet prochain, à moins d'avis contraire.

Le Directeur-Gérant de la Revue de la Comptabilité : H. HARANG, 7, r. Barbette.

Paris. — Imprimerie WATTIER et Cie, 4, rue des Déchargeurs.

15 Juin 1881   N° 18

Contenant le 20ᵉ fascicule de l'UNIFICATION DE LA COMPTABILITÉ

5 fr. par an, 1 fr. 50 par trimestre. — Écrire au Directeur, rue Barbette, 7, à Paris

On s'abonne SANS FRAIS dans tous les Bureaux de Poste de PARIS, des DÉPARTEMENTS et de l'UNION POSTALE à l'ÉTRANGER

Prix du Numéro : 30 centimes.

REVUE DE LA COMPTABILITÉ

BI-MENSUELLE

PUBLIANT LES TRAVAUX DU COMITÉ D'INITIATIVE ET CEUX DU CONGRÈS DES COMPTABLES

D'après les procès-verbaux de leurs séances tenues à l'Hôtel de l'Union nationale des Chambres syndicales

La Rédaction de la REVUE est entièrement indépendante du Comité et du Congrès. Cette déclaration nous a paru nécessaire pour éviter tout malentendu dans l'esprit du lecteur, et mettre le Comité et le Congrès à l'abri de toute responsabilité.

COMPTABILITÉS & TENUES DE LIVRES DES PRATICIENS

DES LIVRES DE CAISSE ET DE BUREAU

Avant de parler de ces livres, voici d'abord une lettre qu'un de nos abonnés a bien voulu nous adresser :

« A la page 114 de votre dernier numéro, 7ᵉ ligne, vous parlez d'erreurs de Compensation qui se produisent quelquefois. En voici un exemple étonnant qui m'est arrivé, *à moi personnellement*, il y a quinze jours :

En dehors des Livres ordinaires, je tiens un petit Carnet sur lequel j'inscris le total, par mois, des débits de chaque client et le total des Ventes au Comptant, qui sont toutes *détaillées* sur le livre de *Ventes*. — Il est évident, n'est-ce pas, que le total de ce Carnet doit me donner le même total que le Livre de Vente ; ça, c'est élémentaire — J'étais *juste* pour Mars. Or, voici que le hasard fait découvrir à mon Patron que j'ai porté dans le dit mois, un débit de 75 fr. qui était déjà porté en Février et il me dit avec raison : *Vous avez donc fait cadrer ?* — Je soutiens mordicus que non.

Nous cherchons s'il n'y a pas une autre somme de 75 F. qui concernerait un autre Compte. Rien !

Je pointe avec mon Grand-Livre et voici l'incroyable Compensation que je trouve : **En trop** : Henri 75 F., Pierre 52.50, soit 75+52.50=**127,50**. — **En moins** : Erreur d'addition dans les

Ventes au Comptant que je n'avais pas vérifiées, me trouvant juste.
100 F. — Débiteur de passage du 23, compté 13.50, au lieu de 18,
ces deux sommes étant voisines. — Débiteur de passage du 28, omis
23 F., soit 100+4.50+23=**127.50**. *Supercoquencieux* ! n'est-ce pas ?
— Croyez-vous qu'il n'y ait pas là de quoi s'étonner. J'aurais peine
à le croire, si je n'y étais moi-même pris. Et franchement arrivant
juste sur un total de 22,601 25, je croyais bien être en droit de
penser que j'avais opéré juste. Signé : J. D. »

DU LIVRE DE CAISSE

Nous n'avons nullement la prétention, dans ce travail, de donner
comme suprême perfection, ni l'ensemble de la méthode, ni la manière
dont elle est appliquée. Notre but est, pour nous servir des termes
mêmes de l'ouvrage, excellent à tant de titres, de *M. Léautey*, page
358, de *dresser la monographie détaillée avec « fac simile » de registres,
pièces diverses, etc.*, de la Comptabilité que nous pratiquons, pour
engager nos Collègues à faire de même.

Que chacun se mette à l'œuvre et, pour faciliter la comparaison,
se serve des articles mêmes, dont nous nous sommes servis. Quelque
incomplet qu'en soit le cadre, il nous paraît suffisant pour permettre
de juger d'une méthode.

Entrons dans la voie qui nous est indiquée par le même auteur,
écrivons des monographies. La *Revue de la Comptabilité* est ouverte
à tous ; et, s'il y avait, chez elle, une place d'honneur, elle serait
surtout réservée aux monographies.

Le *fac simile* que nous donnons ci-après de notre Livre de Caisse,
nous dispense d'entrer dans des explications oiseuses. Disons seulement que les sommes sorties en marge, représentent les Escomptes
et Rabais au Débit comme au Crédit. Celles placées, entre parenthèses, à la gauche des Ventes au Comptant, de même qu'à la gauche
des Achats, représentent les totaux cumulés de ces comptes depuis le
commencement du mois. Les chiffres placés à côté des comptes indiquent les folios.

La vérification des écritures de caisse se fait en ajoutant l'encaisse du jour au total des paiements ; et, au total des Recettes,

l'encaisse du dernier jour du mois précédent. Exemple : Recettes : 35.237 10+5.177 95=**40.415 05**. Paiements : 36.651 75+3.763 30 =**40.415 05**. Nous faisons ce contrôle toutes les fois que nous avons à faire le report sur les folios qui suivent, mais nous ne l'écrivons sur la Caisse qu'une seule fois, à la fin du mois. Pour mieux nous faire comprendre, nous avons supposé dans le tableau qui est placé au-dessous de la Caisse, que les écritures du 20 juin étaient celles du 30. On voit ainsi comment s'arrêtent les écritures d'un mois. Pour compléter, nous avons fait un troisième tableau qui indique comment on les commence, et nous avons choisi à dessein la *journée* du 1er juin où se trouve l'encaisse du 31 mai portée à nouveau.

LIVRE DE BUREAU

C'est le Livre du Comptable. Il y inscrit tous les Effets qu'il crée, tous ceux qu'il reçoit et tous ceux qu'il donne, enfin toutes les écritures qui ne concernent ni les *Ventes*, ni les *Marchandises Reprise* ni la *Caisse*. Nous nous abstiendrons de toutes réflexions sur la tenue de ce livre, un modèle vaut mieux.

(*A suivre.*)   H. H.

LIVRE DE BUREAU

Folio	Libellé	Détail	Montant	Total
	20 Juin 18..			38.564 90
1527	Profits et Pertes 0272 à Banque industrielle	Bal. des int.		48 50
	20 dito			
0132	Portefeuille 1010 à Clavier			
	13920 Bordeaux 30 juin....................		500 »	
	d° 1070 à Lafond			
	13921 S/ B/ 25 juillet....................		304 75	804 75
	20 dito			
0533	Débiteurs mauvais 1090 à Patrice	Faillite		471 25
	20 dito			
1	Blondel 0303 à Eff. à P. sa T/15 juil.		285 »	
9	Paris et C° » » 1/ T/31 •		184 »	
5	Joubert et C° » » » » 15 »		155 »	
3	Santerne » » • » » »		2.361 60	2.985 60
	20 dito			
	Divers 0102 à Achats			
1	Blondel 5 °/°		15 •	
9	Paris et C° 8 °/°		16 »	
3	Joubert et C° 10 °/°		17 »	
5	Santerne 5 °/°		124 40	172 40
	20 dito			
	Divers 0132 à Portefeuille			
0272	Banque industrielle N/ bordereau suiv/ copie de lettres........		4.050 »	
0102	Achats 13917 Paris 30 juin (Achats à Renault au compt.)		154 »	4.204 »
				47.251 40

CAISSE

Doit — CAISSE — **Avoir**

	Date			Réf	Désignation				
619 55	18..		Reports : Fr.	....	....	12.211	75	31.862	95
	Juin 20	Reçu pᵣ (1.681 20)		0345	Ventes au comptant	1.234	10		
28 »		» de........		1100	Ponti	323	»		
34 50		» »		1010	Clavier...........	396	»		
		» »		1040	Huguet	116	»		
		» »		1060	Hardy...	53	85		
		» »		1050	Courbe	7	30		
79 70		» »		1020	Dumont et Cᵃ........	1.243	90		
								3.374	15
761 75						15.585	90	35.237	10
						12.822	60		
						2.763	30		

			Réf	Désignation				
10 » 18..		Reports : Fr..		....	....	..	24.829	15
Juin 20	Payé à	0113	N/ Sʳ Buron........		1.00	»		
»	»	0272	la Banque industriel.		5.000	»		
»	»	7	Ducourt et Cʳ.......		325	»		
»	» (fʳᵉ Joson...	0102	Achats au comptant.		4.000	»		
»	»Benoit (18609 10)	0102	..... dᵒ		937	60		
»	» Voyages	0504	Frais généraux......		460	»		
»	» Petite caisse.	0504	» »		100	»		
»	» Tᵉ Jadis et Cᵉ	0303	Effets à payer......		1.000	»		
							12.822	60
10 »							37.651	75

Doit — CAISSE — **Avoir**

	Recettes du mois.	35.237	10	Paiements du mois	37.651	75	
	Encaisse du 1ᵉʳ juin	5.177	95	Encaisse de ce jour	2.763	30	
761 75		40.415	05	10 »	40.415	05	

Doit — CAISSE — **Avoir**

18..	Juin 1ᵉʳ à nouveau	5.177	95	

CHRONIQUE

LE COMITÉ D'ÉTUDES DU CONGRÈS DES COMPTABLES
(*Suite*)

Au 31 janvier, le Comité était déjà saisi des méthodes suivantes : Une méthode en partie simple perfectionnée, par M. Beauchery (rapporteur M. Gros). — Une méthode en partie double perfectionnée, par M. Perrot (rapporteur M. Lefebvre). — Une méthode sur le Journal-Grand-Livre perfectionné, par M. Beauchery (rapporteur M. Chassard).

D'un autre côté, M. Corrompt commença à la séance du 7 février l'exposé d'une méthode qui lui est propre, entièrement basée sur le jeu des comptes personnels et des journaux spéciaux en nombre limité, sans Journal Central, sans Comptes Généraux au Grand-Livre, ce qui lui donne un caractère tout particulier qui la distingue des autres systèmes.

En voici l'exposé tel que nous l'avons rédigé nous-même, le lendemain du discours de M. Corrompt :

« En ouvrant tout à l'heure la discussion des Méthodes, M. le Président a dit qu'il fallait maintenant attaquer le taureau par les cornes. — Je suis de son avis ; nous nous sommes déjà trop occupés peut être de détails d'organisation intérieure, entrons dans la discussion sérieuse de choses plus importantes.

Pour cela, Messieurs, laissez-moi vous rappeler que le Congrès a voté la définition suivante de la Comptabilité :

> « La Comptabilité est une science qui a pour objet de
> « mettre jour par jour en évidence toutes les modifications
> « apportées au Capital. »

Pour moi, Messieurs, tout est là, le Congrès pouvait s'y arrêter ; point n'était besoin de se livrer à l'exposé des principes. Je vais vous le prouver.

Il me sera inutile pour cela de remonter avec M. Beauchery le cours de l'histoire jusqu'à Jésus-Christ ; il me suffira de le suivre dans cette étude rétrospective jusqu'au commencement de ce siècle.

A cette époque pourtant peu éloignée de nous, les communications étaient difficiles ; des marchandises partant de Paris pour Marseille, par exemple, mettaient un mois ou six semaines pour arriver à destination. La lenteur des transactions permettait donc à la Comptabilité de prendre son temps. De là les écritures nombreuses et compliquées des méthodes qui datent de cette époque. Aujourd'hui, les transactions et les échanges se font plus rapidement ; en 48 heures, la marchandise expédiée de Paris est à Marseille; en 15 jours, elle est en Amérique; en 6 semaines, elle est en Cochinchine ou aux Indes ; la Comptabilité qui en est encore aux errements de 1803, ne peut plus suivre la rapidité et le développement des transactions commerciales. Il faut donc la simplifier pour qu'elle puisse être établie rapidement, sous peine de la voir devenir un obstacle au progrès, qui ne connaît pas d'obstacles.

Puisque la Comptabilité a pour objet de mettre, jour par jour, en évidence les modifications apportées au capital, on peut donc diviser les opérations en deux grandes classifications principales : celles qui affectent le capital, et celles qui ne représentent que des mutations dans le capital sans en affecter la valeur.

La Comptabilité peut, sans danger, négliger ces dernières pour ne s'occuper que des premières.

Que le capital soit représenté par des espèces en caisse, des marchandises en magasin ou autres valeurs, qu'importe ! s'il ne change pas. Les *changements* dans la valeur du capital sont seuls importants pour la Comptabilité ; les simples *mutations* ne sauraient l'intéresser, et je démontrerai que les comptes de personnes suffisent à constater ces changements de valeur ; ils suffisent aussi pour faire connaître et ressortir les comptes des choses.

Il est donc inutile de faire entrer les simples mutations dans la Comptabilité et de la surcharger de comptes de choses. C'est en ne m'occupant que des seuls comptes de personnes que j'arrive à la réduire à sa plus simple expression et par suite à l'unifier.

M. Corrompt présenta des *fac simile* de sa comptabilité que le Comité remit ultérieurement à M. Beauchery chargé de les étudier de plus près, en se concertant avec l'auteur, et de dresser ensuite le rapport spécial, sur lequel le Comité statuera après avoir entendu la réponse que M. Corrompt sera appelé à lui faire.

(A suivre.)   FÉLIX ROY.

Défi, Concours, Conférences (*Suite*).

L'annonce du défi de M. Valentin Poitrat, et du concours proposé par M. Pollet, de Lille, a fait le tour de la petite et de la grande presse qui, par parenthèse, ont oublié de citer la modeste *Revue* où elles puisaient cette nouvelle à sensation.

Nous continuerons à tenir le public au courant des phases diverses par lesquelles passeront les préliminaires de ce match d'un genre inédit. Pour le quart d'heure on en est encore aux échanges de lettres. M. V. Poitrat, le vétéran, sinon des Comptables, du moins des Méthodistes, prétend qu'il s'agisse d'un concours écrit, M. Pollet veut que ce soit une conférence publique. S'entendra-t-on sur ce premier point ? *that is the question !* Le contraire ne nous étonnerait pas autrement. Car, enfin, il s'agit d'un gros denier, bien alléchant à gagner, mais non moins bon à garder. Si M. Pollet est ardent, ce qui se conçoit, M. Poitrat sera prudent et ne laissera pas aisément filer les **20,000 fr.** qu'il a peut-être eu tort de promettre.

Quoi qu'il en soit, on paraît vouloir prendre, de part et d'autre, précautions et garanties. La somme serait d'abord déposée en mains tierces. Quant au jury chargé de rendre le jugement (et c'est là le *hic*), on le veut trié sur le volet. C'est bien. Mais qui le triera ? On le voit, les difficultés ne manqueront pas.

Autre chose encore. M. Valentin Poitrat entend que l'on se serve, pour le battre, d'une autre méthode que la sienne. Cela est juste. Il entend, de plus, que, dans le concours, son rival emploie les livres exigés par la loi, et tous les livres employés dans le commerce. Voilà, si nous ne nous y trompons, qui donnera prétexte à chicane de Méthodistes et qui suffira pour empêcher le concours. Mais ce n'est pas tout. Nous apprenons que M. V. Poitrat entend laisser à son adversaire tous les frais de ce concours. M. V. Poitrat ajoute que, tout en admettant au défi les méthodes nouvelles tirées des anciennes, (il entend parler de la partie simple, de la partie double de Degrange, et du Journal Grand-Livre), il exclut toutes celles des plagiaires qui ont créé des méthodes arlequinées, faites de pièces et de morceaux pris çà et là, partie dans sa méthode, partie dans les autres. Hum ! décidément les membres du jury auront de la tablature et les **20,000 fr.** beaucoup de mal à sortir de la poche de M. Poitrat pour entrer dans celle de M. Pollet ou d'un autre.

Car le tournoi se complique d'un troisième combattant, du plus zélé partisan de la Méthode Beauchery, de M. Daunay, ainsi que nous l'apprend la lettre suivante que nous nous empressons de reproduire :

« Je vous prie de bien vouloir insérer dans votre Revue que j'accepte la proposition de M. Poitrat, me chargeant de résoudre la question à l'aide du système de M Bauchery.

« Que M. Poitrat veuille bien dicter les 15 ou 20 articles et j'en donnerai la solution.

« Signé : A. Daunay, 18, rue Dauphine. »

Et de trois ; allons, Messieurs les auteurs de Méthodes connues ou inconnues, entrez en lice, le prix est superbe, l'occasion magnifique de prouver votre supériorité et . . . . d'empocher **20,000 francs**.

Mais parlons sérieusement. Dans la pensée de M. Pollet, de Lille, ce premier concours ne doit concerner que la Comptabilité du Commerce de *Tissus* ; il serait suivi d'autres concours pour fixer la Comptabilité des *Banques*, de la *Métallurgie*, des *Filatures*, etc., etc.

C'est, en définitive, pourquoi nous croyons qu'il sortira peut-être quelque résultat de tout ceci et que l'attention de nos Industriels et de nos Commerçants finira par être éveillée.

Dernière Heure. — Le *Petit Nord* du 14 juin nous apporte la nouvelle suivante :

« *Conférence*. — Nous apprenons avec plaisir que M. le maire de la ville de Lille vient de mettre à la disposition de M. Pollet, professeur de comptabilité, la salle du Conservatoire pour une conférence publique qui aura lieu le dimanche 19 juin à 5 heures du soir.

« La conférence de Paris pour le concours où l'enjeu de **20,000 fr**. est engagé, aura lieu dimanche 26 ou lundi 27 courant. »

Notre *Monographie*, que nous voudrions terminer au plus vite, et le *Compte rendu des séances du comité d'études* nous ont forcé d'ajourner les articles pleins d'intérêt et de savoir de notre dévoué compatriote, M. Guillay, de Tours. Nous en donnerons la suite très prochainement.

Que M. Gagey veuille donc bien prendre patience pour les quelques flèches courtoises qu'il entend rompre avec M. Guillay, et attendre que nous ayons entièrement publié : La Loi commerciale française et le Congrès des Comptables de Paris.

ASSOCIATION DES COMPTABLES, 6, Rue de Turbigo

Nous apprenons qu'il n'y aura pas de réunion extraordinaire ce mois-ci, contrairement à ce que pensaient plusieurs Membres. C'est convenu, nous dit-on, avec la Commission de Révision des Statuts. L'ordre du jour de l'assemblée ordinaire du mois d'août portera : *Caisse des retraites. 1re délibération sur la révision des statuts.*

LE CONGRÈS DES COMPTABLES, QUESTIONS ACTUELLES DE COMPTABILITÉ
par Eugène Léautey

Deux éditions en quelques semaines témoignent du succès de cet ouvrage, dont le prix a été réduit par l'auteur, pour nos abonnés seulement, à 3 francs (*franco*).

Mandats de souscription échus

Les mandats que nous avons laissé échoir seront présentés le 5 juillet prochain, à moins d'avis contraire. Nous remercions plusieurs de nos abonnés qui, pour nous éviter des frais de recouvrement, nous ont envoyé le montant de leur abonnement en mandat-poste. En échange, nous leur avons retourné leur mandat de souscription qui leur sert d'accusé de réception.

Le Directeur-Gérant de la Revue de la Comptabilité : H. HARANG, 7, r. Barbette.

Paris. — Imprimerie WATTIER et Cie, 4, rue des Déchargeurs.

1er Juillet 1881   N° 19

Contenant le 21° fascicule de l'UNIFICATION DE LA COMPTABILITÉ

5 fr. par an, 1 fr. 50 par trimestre. — Écrire au Directeur, rue Barbette, 7, à Paris

On s'abonne SANS FRAIS dans tous les Bureaux de Poste de PARIS, des DÉPARTEMENTS et de l'UNION POSTALE à l'ÉTRANGER

Prix du Numéro : 30 centimes.

REVUE DE LA COMPTABILITÉ

BI-MENSUELLE

PUBLIANT LES TRAVAUX DU COMITÉ D'INITIATIVE ET CEUX DU CONGRÈS DES COMPTABLES

D'après les procès-verbaux de leurs séances tenues à l'Hôtel de l'Union nationale des Chambres syndicales

La Rédaction de la REVUE est entièrement indépendante du Comité et du Congrès. Cette déclaration nous a paru nécessaire pour éviter tout malentendu dans l'esprit du lecteur, et mettre le Comité et le Congrès à l'abri de toute responsabilité.

CONVERSION DU MATCH DE 20,000 FRANCS

EN UNE CONFÉRENCE DE M EM. POLLET, DE LILLE

M. V. Poitrat, qui ne dédaigne pas les coups de grosse caisse, a publié un prospectus ayant pour titre : RÉFORME GÉNÉRALE DE TOUTES LES COMPTABILITÉS, pour sous-titre cette provocation : SYSTÈME QUI DÉFIE TOUTES LES COMPTABILITÉS, et pour conclusion cette offre téméraire :

« M. Poitrat, doyen des Comptables, n'est pas prodigue ; mais « il est assez généreux pour offrir une prime de 20,000 fr. à celui qui, « par un autre système que le sien et autres combinaisons que les « siennes, arrivera en tout point, en se servant bien entendu de tous « les livres usités dans le commerce, à la même économie et aux « mêmes résultats que lui, soit pour le haut commerce, soit pour « celui du détail. Ce n'est que par un concours pratique que l'on peut « préciser ce fait. »

De plus, M. Poitrat a fait insérer dans maints journaux cet incroyable *défi à prime fixe* que nous avons reproduit sommairement dans notre avant dernier numéro, en annonçant que le défi était accepté par M. Em. Pollet, de Lille, et M. Daunay, de Paris. Depuis, nous avons appris que M. Beauchery, lui aussi, relevait le gant si imprudemment jeté dans l'arène de la Comptabilité.

Après un échange de lettres, où rien ne faisait pressentir la retraite abracadabrante de M. Poitrat, M. Pollet entreprend le voyage de Paris, et se présente à l'improviste chez le *Grand Tombeur* des Méthodes passées, présentes et futures, pour prendre jour et heure..... La réponse du doyen des Comptables au lutteur lillois, rappelle celle de cette bonne à un visiteur : « *Madame m'a dit de dire à Monsieur que Madame était sortie.* » Bref, M. Poitrat balbutie qu'il lui a écrit qu'il était à la campagne pour huit jours..... Jamais le système *français autodidactique* n'avait, depuis sa naissance, reçu pareil camouflet. Et par qui ? par son propre auteur ! par son propre père ! ! Encore quelques horions, que MM. Pollet, Daunay et Beauchery ne lui ménageront pas, et l'enterrement de ce système est un fait accompli. Il n'en sera bientôt pas plus question que du Cocher dans la constellation duquel se voit aujourd'hui la comète. Et sur la pierre qui la recouvrira, une main inconnue gravera ces mots par amour de la vérité vraie : *Ci gît dans les ténèbres la plus ténébreuse et la plus algébrique des méthodes.*

M. Pollet ne voulant pas avoir fait un voyage en vain pour l'art ou la science comptable, au lieu de mettre les **20,000 fr.** dans son escarcelle, a mis la méthode Poitrat dans le sac aux oublis et s'est immédiatement occupé d'une Conférence qu'il a faite mardi soir, devant un nombreux auditoire, dans la grande et belle salle des Chambres syndicales, rue de Lancry, n° 10, à 8 heures précises.

Nous avons demandé quelques notes au Conférencier sur sa méthode, pour la faire connaître à nos lecteurs.

Voici le *fac simile* de la Main-Courante, qui est le livre qui joue le *grand premier rôle* dans cette méthode. A l'exception des opérations de VENTES et de PETITE CAISSE, qui ne se passent sur ce livre qu'à la fin du mois en un seul article, toutes les autres opérations y sont inscrites au moment même où elles se font.

Numéros d'ordre	Folios des Débits du Grand Livre.	Folios des Crédits du Grand Livre.	Ligne d'où partent les Débits.	Ligne d'où partent les Crédits.	Ligne d'où partent les Libellés.	Main-Courante.			
						28 Juin 18..			
591		438	X			Jean Tavernier Soldé mes fres 27 et 31 mai			
			X			3 Effets................... 1.022	»		
			X			Espèces................... 100	»		
			X			Timbres-poste...... 3	»		
			X			3 0/0 et rabais............. 40	»	1.165	»

Le transport des articles de la Main-Courante au Grand-Livre se fait directement.

Ce Grand-Livre est fait en trois parties distinctes : 1° les Clients, 2° les Fournisseurs, 3° les Banquiers, Associés, Comptes de Subdivision, etc., etc.

Le Livre de Caisse se fait d'après la Main-Courante.

Les Effets à Recevoir sont enregistrés sur un livre d'Effets très judicieusement simplifié par M. Pollet.

JOURNAL-RÉSUMÉ

Dates	Nos d'ordre	NOMS	Grand Livre Débits	Grand Livre Crédits	Crédits des Comptes généraux M. G^les Ventes	Caisse Paiements	Portefeuille Sorties	Esc^t et Rab. Obtenus	Prof. et pert. etc Frais remb.	Dates	Nos d'ordre	NOMS	Grand Livre Crédits	Grand Livre Débits	Débits des Comptes généraux M. G^les Achats	Caisse Recettes	Portefeuille Entrées	Esc^s et rab. Accordés	Prof. et pert. timb. etc. Frais divers
18..		Reports								18..		Reports							
										juin 28	591	Tavernier	1165			100	1022	40	3

« La tenue du Livre-Journal-Résumé est tout ce qu'il y a de « plus simple et le Comptable le fait quand il a le temps. Pour ce « travail, il procède comme suit :

« D'abord, il n'a besoin que de la Main-Courante et si le compte « a été débité du côté gauche au Grand-Livre, il écrit également du « côté gauche au Journal.

« Si, au contraire, le compte a été crédité au Grand-Livre, il « écrit du côté droit du Journal : telle date, tel numéro d'ordre, tel « nom, telle somme, et cette somme est ensuite décomposée *sur la* « *même ligne* et dans chaque colonne respective, suivant le détail « stipulé à la Main Courante. »

Les Balances sont d'une trop grande importance en Comptabilité pour les passer sous silence, celles de M. Pollet surtout. Voici comment il opère :

Il établit sur un cahier, pour les Débits et pour les Crédits, autant de colonnes qu'il y a de 200 folios dans le Grand-Livre. Il y a donc une colonne pour les f^os de 1 à 199, une autre pour les f^os de 200 à 399, etc., etc. On répartit ensuite dans ces colonnes toutes les opérations détaillées du mois, d'après la Main-Courante et le ou les Livres de Ventes.

Après l'addition de ces colonnes, on fait celles des Balances par séries correspondant aux mêmes nombres de folios. Evidemment, les additions des Balances *doivent être égales* aux additions du cahier. Les erreurs qui ont pu être commises se trouvent ainsi localisées et par conséquent très faciles à découvrir.

H. H.

Ce que nous avons dit au commencement de cet article ne doit en rien diminuer l'estime que la Corporation doit à M. Poitrat. Ses travaux ont stimulé les esprits et fait faire à la Comptabilité un progrès considérable.

H. H.

LE DÉTOURNEMENT DE DEUX MILLIONS

Pièce justificative. — Contrôle.

Il s'agit de caissiers, comptables d'administration, qui passent devant les tribunaux pour répondre d'abus, vols ou détournements, ou qui croient échapper au déshonneur, en se suicidant. Comment de pareils faits se reproduisent-ils avec la Pièce justificative, dont on s'est tant appliqué à faire ressortir les avantages dans la Comptabilité de l'Etat principalement? C'est que l'existence de cette pièce ne peut que faire supposer une précaution, une surveillance qui ne s'exercent qu'imparfaitement, puisqu'elles n'empêchent pas les fautes qu'elles devraient prévenir. La Pièce justificative fabriquée, modifiée et altérée, dépendant de ceux-là mêmes contre qui elle devrait être créée, n'offre donc aucune sécurité. D'autant plus que sa dénomination indique qu'elle est en faveur du comptable qui doit justifier de ses dépenses. Mais ce dont on ne se préoccupe pas, c'est de la Pièce *accusative*, celle qui viendrait contre le dit comptable, en l'obligeant à rendre compte de la valeur qui vient à sa charge ; ce n'est qu'ensuite que la Pièce justificative remplirait un rôle utile, en le déchargeant en totalité ou en partie de la valeur dont il se dessaisit dans son service. On parle de Commissions nommées pour rechercher les modifications à introduire dans les rouages de la Comptabilité administrative, nous pensons devoir appeler, à ce sujet, l'attention sur ce point.

. . . .

Si l'on a à enrégistrer des fraudes, ce n'est pas seulement dans l'Administration. Le Commerce, l'Industrie, la Banque nous fournissent de nombreux et regrettables méfaits. Arrêtons-nous à ce qui s'est passé dans une richissime maison de la rue du Sentier, dont le nom n'a pas été dissimulé.

N'y a-t-il pas lieu d'être stupéfaits quand on apprend qu'un caissier a réussi à soustraire et détourner près de deux millions ! dans un laps de temps relativement court. Comment se fait-il que des maisons aussi importantes ne soient pas organisées de manière à ce qu'un contrôle rigoureux rende une soustraction de 1,000 fr. et même de 100 fr. impossible ! C'est ce qui ne pourrait pas se produire dans une petite maison de commerce bien dirigée et prudemment surveillée ; à plus forte raison, ces abus ne devraient pas avoir lieu pour une somme aussi fabuleuse, dans une maison de premier rang. Ah ! c'est qu'on se récrie bien fort, lorsqu'on prononce le mot de contrôle ; et ce n'est pas l'employé qui se scandalise le plus, c'est le chef de maison souvent ! Il faudrait pourtant convenir d'une vérité, et l'admettre ; c'est qu'on n'est jamais trompé que par celui en qui on a une trop grande confiance ; et le fonctionnement du contrôle ne devrait pas surgir dans des circonstances qui le rendent blessant pour le personnel qu'on n'y a pas habitué ; il n'y a pas de bonne Comptabilité sans un contrôle prompt, facile et certain.

Qu'on demande à Dœr s'il n'aurait pas mieux aimé vivre honnêtement avec 5 ou 6,000 francs, plutôt que d'être laissé livré à lui-même, dissiper ce qu'il détournait, et vivre grandement à Ermont. Aujourd'hui, il ne serait pas à Mazas ; et la maison Dolfus Mieg aurait ses deux millions, bien qu'elle puisse s'en passer.

Il y a tantôt 12 à 15 ans, même fait se produisait par le caissier Taillefer de la Compagnie l'Union. Si les caissiers ne résistent pas toujours à la tentation, les patrons ne se corrigent guère de leur négligence.

Il paraît que ce qui avait beaucoup plu à MM. Dolfus, et les avaient mis en si grande confiance à l'égard de Dœr, c'est que ce dernier mettait un acharnement inouï à retenir les centimes sur les factures qu'il acquittait, sans jamais s'y soumettre lui-même, lorsqu'il encaissait. Cela ne nous étonne pas.

Répétons donc à cette occasion, ce que nous avons déjà dit : Que le contrôle est indispensable, et qu'il suffit qu'il soit établi et exercé pour qu'il paraisse inutile, (tant mieux dans ce cas), et qu'il n'est jamais sans effet : il approuve ou redresse, et l'employé comme le patron y ont en même temps avantage et intérêt.

E. B.

CHRONIQUE

LE COMITÉ D'ÉTUDES DU CONGRÈS DES COMPTABLES
(*Suite*)

Nos lecteurs ont déjà pu se rendre compte, par ce que nous avons dit, de l'idée sur laquelle repose le système de M. Corrompt. Il est certain que notre très intelligent collègue a fait preuve dans l'étude qu'il nous a apportée d'une connaissance approfondie de la Comptabilité générale, d'une très grande érudition, et qu'il restera, dans le Comité, une impression très vive de ses théories comptables.

Si nous ne craignions pas de commettre une indiscrétion, nous dirions que le point de départ des recherches de M. Corrompt a été la haine, parfaitement justifiée d'ailleurs, du Journal de la partie double, haine qu'il étend sans hésitation à tout ce qui lui ressemble, à toutes les formes de la centralisation des Journaux spéciaux et même à la forme synoptique.

Mais n'anticipons pas sur la discussion du système ; qu'il nous suffise de dire que les séances des 14-21 et 28 février furent employées par le Comité à l'audition des détails de ce système, à la réfutation par l'auteur des objections de ses collègues, et attendons le rapport de M. Beauchery et sa discussion.

Malheureusement, la séance du 7 mars 1881 vit se produire un incident à la suite duquel M. Gagey, notre vaillant Président, crut devoir donner sa démission et résister à toutes les instances de ses collègues qui lui demandaient de la retirer.

Refus de la démission à l'unanimité des membres présents, sollicitations de ses meilleurs amis, tout fut inutile.

Il ne restait plus aux collaborateurs de M. Gagey dans le premier bureau du Comité qu'un témoignage de cordiale sympathie à lui donner : c'était de se solidariser avec lui en remettant au Comité leur démission collective, et ils s'empressèrent de le faire.

Tous ceux qui nous ont fait l'honneur de lire dans la *Revue* les quelques articles que nous y avons publiés depuis le Congrès savent quels sont nos sentiments personnels pour M. Gagey ; ils savent comment nous avons toujours apprécié ses qualités et son dévouement. Nous le redisons hautement :

Monsieur Gagey est un caractère, et les caractères sont rares ;

il y avait encore pour lui des services à rendre au groupe ; il y en avait beaucoup et personne n'a plus que nous regretté sa détermination de retraite à l'heure prématurée où elle s'est produite.

Nous avons eu d'autant plus à regretter cette détermination que le Comité, appelé à la séance suivante (14 mars) à pourvoir à la vacance du Bureau, nous confia la lourde succession de notre honoré collègue.

Nous avons bien vivement ressenti l'honneur qui nous était fait par le Comité, mais le fardeau est lourd pour nos faibles épaules et nous aurions peut-être dû le refuser ; nous nous en apercevons tous les jours davantage.

Cependant, le Comité compléta le Bureau de telle manière que notre refus était impossible ; il nomma :

Vice-Président : M. Fabrègue ; Secrétaire général : M. Chamaison ; Secrétaire-Archiviste : M. Libéra ; Trésorier : M. Courtin.

Il ne pouvait certainement pas nous donner des collaborateurs plus sympathiques et plus dévoués.

Rompu à la pratique des affaires, familier avec tous les rouages de la Comptabilité et de l'administration, joignant à ces qualités un dévouement absolu, tel est M. Fabrègue, le nouveau Vice-Président du Comité.

M. Chamaison, Secrétaire général, possède à un très haut degré les qualités de ses fonctions ; il a l'esprit délié, l'intelligence vive, la mémoire admirable, la rédaction extraordinairement facile ; son style est élégant et réussit à rendre intéressants les procès-verbaux des séances les plus arides.

Nous n'avons plus à présenter à aucun de nos collègues, M. Libéra, Secrétaire-archiviste ; il était déjà investi des mêmes fonctions au Comité d'initiative, et chacun a rendu hommage à son zèle éclairé.

M. Courtin, Trésorier, est un esprit sérieux, travailleur infatigable, studieux par amour de la science, car, au point de vue professionnel et pratique, il est depuis longtemps à la hauteur de toutes les fonctions comptables.

Il nous a paru utile de présenter à nos lecteurs les membres du nouveau Bureau, non point pour essayer de leur faire une popularité dans la corporation ; ils ne la recherchent pas ; point davantage pour le plaisir de leur adresser des compliments qui les toucheront d'autant moins qu'ils les méritent mieux, mais tout simplement parce que leurs qualités sont la meilleure et la véritable raison de notre acceptation.

Nous devons ajouter que M. Gagey a quitté la Présidence du Comité en emportant l'estime, la sympathie, les regrets de tous. Nous souhaitons — sans oser l'espérer — de mériter un jour le même témoignage de notre successeur.

(*A suivre.*) Félix Roy.

DE L'INDIFFÉRENCE CHEZ LES COMPTABLES

Extrait du livre intitulé : *Questions actuelles de Comptabilité*, par M. E. Léautey, chef de bureau à la Comptabilité du Comptoir d'Escompte de Paris, vol. in-8° de 360 pages. Prix 3 fr. 50. Pour les abonnés de la *Revue de la Comptabilité*, 3 fr. seulement, franco.

Dans la magnifique préface de ce livre, par M. Edmond Magnier, directeur du journal l'*Evénement*, préface que nous regrettons de ne pouvoir reproduire *in extenso*, nous trouvons sur notre corporation le passage suivant, sur lequel nous appelons l'attention de nos Collègues.

« Il faut bien reconnaître que cantonné, routinisé pour ainsi
« dire dans un travail habituel qui ne tarde pas à devenir machinal,
« l'employé — celui notamment des banques, des compagnies de che-
« mins de fer, des grandes administrations quelconques — se désin·
« téresse beaucoup trop de sa profession et s'accoutume à tout attendre
« de l'ancienneté, des circonstances favorables, des recommandations.
« Cette tranquilité de vie dont il jouit, cette assurance qu'il a du len-
« demain déterminent chez lui un laisser-aller, un engourdissement
« fatal qui s'opposent au développement de ses aptitudes profession-
« nelles, de ce savoir comptable sans lequel il ne peut cependant pré-
« tendre à aucune situation sérieuse. Aimer le métier dont on vit, tra-
« vailler à s'y perfectionner devrait être la devise de tous : l'intérêt
« particulier est ici d'accord avec l'intérêt général, car l'avenir de
« l'individu et celui des corporations est, en raison de la somme d'ef-
« forts intelligents faits par chacun, pour s'élever intellectuellement
« et professionnellement. M. Eug. Léautey a donc raison d'essayer de
« secouer cette torpeur qui annule tout ressort et toute initiative chez
« l'employé. »

Le Directeur-Gérant de la Revue de la Comptabilité : H. HARANG, 7, r. Barbette.

Paris. — Imprimerie WATTIER et Cie, 4, rue des Déchargeurs.

15 Juillet 1881   N° 20

Contenant le 22ᵉ fascicule de l'UNIFICATION DE LA COMPTABILITÉ

5 fr. par an, 1 fr. 50 par trimestre. — Écrire au Directeur, rue Barbette, 7, à Paris

On s'abonne SANS FRAIS dans tous les Bureaux de Poste de PARIS, des DÉPARTEMENTS et de l'UNION POSTALE à l'ÉTRANGER

Prix du Numéro : 30 centimes.

REVUE DE LA COMPTABILITÉ

BI-MENSUELLE

PUBLIANT LES TRAVAUX DU COMITÉ D'INITIATIVE ET CEUX DU CONGRÈS DES COMPTABLES

D'après les procès-verbaux de leurs séances tenues à l'Hôtel de l'Union nationale des Chambres syndicales

La Rédaction de la REVUE est entièrement indépendante du Comité et du Congrès. Cette déclaration nous a paru nécessaire pour éviter tout malentendu dans l'esprit du lecteur, et mettre le Comité et le Congrès à l'abri de toute responsabilité.

COMPTABILITÉS & TENUES DE LIVRES DES PRATICIENS

DU JOURNAL

Scrupuleux observateur de la Loi, nous avons un Journal. S'il ne nous sert à rien, il ne nous en faut pas moins un temps considérable pour le faire.

L'essentiel, pour une Maison de Commerce, étant d'avoir ses écritures à jour, surtout celles des Clients, nous passons nos écritures directement des *Livres auxiliaires* aux *Grands-Livres*; c'est pour cela que le *Journal* n'est d'aucune utilité dans les rouages de notre Comptabilité.

De toutes les manières de tenir ce registre, nous n'en connaissons que deux qui méritent qu'on en parle. La première, celle qui a infiniment de rapport avec le Journal de M. Baudran, consiste à inscrire, par journée, d'abord tous les *Débits*, dont on sort le total dans la dernière colonne. On inscrit ensuite tous les *Crédits*, dont on écrit le total au-dessous de la dernière somme que l'on a eu soin de souligner. Naturellement, ce *Total des Crédits* est égal au *Total des Débits*. Nous l'appelons le JOURNAL DE DIVERS A DIVERS.

L'autre manière est celle que nous préférons, dont nous voudrions être l'inventeur. Où es-tu, obscur génie ? Qui dira ton nom à la postérité ! Tu as peut-être fait cette merveille de l'art sans t'en douter, comme M. Jourdain faisait de la prose !....

Pour aider les futurs historiens de notre science professionnelle, nous dirons que nous avons vu et pratiqué ce Journal pour la première fois vers 1862, dans l'honorable Maison *Beaumont et Duquénois*, rue du Temple, n° 17. M. Jules Beaumont l'avait importé quelques années auparavant des Forges de Châtillon et Commentry, quai de la Rapée, où il avait fait son apprentissage de Comptable.

Faute donc d'en savoir le nom, nous l'appellerons le JOURNAL-

Controle-Perfectionné. Nous donnons le *fac simile* de ces deux Journaux, nous réservant de dire dans un autre numéro, comment se trouvent contrôlés le *Total de la journée* : 33,000 fr. 70, et le *Total cumulé* : 160,935 fr. 45. Voici d'abord le

JOURNAL DE DIVERS A DIVERS

20 juin 18..

							127.934	75
	Divers	à		**Divers**				
1030	Bruno et Cᵒ	N/Fᵉ............	7.124 50		7.957	25		
1080	Maurice	—	832 75					
0172	Caisse	à Divers............		3.874	15			
0345	March. Reprises ...	à Clavier		15	»			
0446	Escomptes et rabais	à Divers............		142	20			
0102	Achats	à Caisse et à Portefeuille de 154 »		5.094	60			
0132	Portefeuille	à Divers............		804	75			
0504	Frais généraux	Petite Caisse.......	100 »	560	»			
	—	Frais de voyages.....	460 »					
0527	Profits et pertes...	à Banque industrielle.......		48	50			
0272	Banque industrielle	N/Bordereau	4 050 »	9.050	»			
	—	N/Remise espèces	5 000 »					
0533	Débiteurs mauvais.	Faillite Patrice...........		474	25			
0113	N/ S/ Buron.......	Espèces............		1.000	»			
7	Ducourt et Cᵉ......	»		325	»			
1	Blondel	S/Tᵉ 15 jᵉˢ et 5 % de. 15 »		300	»			
9	Pâris et Cᵒ	» 30 » » 8 % » . 16 »		200	»			
5	Joubert et Cᵒ......	» 15 » » 10 % » . 17 »		170	»			
3	Santerne..........	» » » » 5 % » . 124 40		2.488	»			
0303	Effets à payer.....	Tᵉ Judis et Cᵒ............		1.000	»			
							33,000	70
	0172 à Caisse	par Divers............		12.822	60			
	0345 à Ventes......	» » 7.957 25		9.191	35			
		» Caisse 1.234 10						
	0132 à Portefeuille .	» Divers............		4.204	»			
	0303 à Effets à payer	» ✱		2.985	60			
	0272 à Banque ind..	Bal. des Int............		48	50			
	0102 à Achats	par Divers		172	40			
	1100 à Ponti.......	Esp. et 6 et 2 % de... 28 »		351	»			
	1010 à Clavier	» ... 396 »	945	50				
		13.920 Bordeaux 30 juin.. 500 »						
		Repris. .... 15 »						
		6 et 2 % 34 50						
	1040 à Huguet	Esp............		116	»			
	1060 à Hardy	»		53	85			
	1050 à Courbe......	»		7	30			
	1020 à Dumont et Cᵒ	» et 6 % dé 79 60		1.323	60			
	1070 à Lafond......	13921 S/B/25 jᵉˢ		804	75			
	1090 à Patrice	par Déb. mauv. fail...........		474	25			
			Égal Fr....	33.000	70			
							160.935	45

JOURNAL-CONTROLE-PERFECTIONNÉ

F°	Débit	Libellé	F°	Crédit	
	127.934 75	════ 20 Juin 18..			127.934 75
1030	7.124 50	Bruno et Cie, N/Fre.	345	à Ventes	
1080	832 75	Maurice, »			7.957 25
0172		Caisse.		à do	
	1.234 10	» au cpt.		1.234 10	9.191 35
	323 »	Esp. et Este de .... 28 »	1100	à Ponti........... 351 »	
	116 » »	1040	à Huguet......... 116 »	
	53 85 »	1060	à Hardy.......... 53 85	
	7 30 »	1050	à Courbe..... 7 30	
	1.243 90 » et Este de.... 79 70	1020	à Dumont et Cie.... 1.323 60	
3.374 15	396 » » » 34 50	1010	à Clavier.... 430 50	
0345	15 »	Marchses Reprises.		do .... 15 »	
0132		Portefeuille.		do	
	500 » 13920 Bordeaux 30 juin.		500 »	945 50
804 75	304 75 1 S/R! 25 jet.	1070	à Lafond......... 304 75	
0527	48 50	Pertes et Profits, Bal. des Int.	0272	à Banque industrlle. 48 50	
0102	4.937 60	Achats, Fres de divers au Cpt.	0172	à Caisse... 4.937 60	
0113	1.000 »	N/S Buron, Espèces.		1.000 »	
0303	1.000 »	Effets à payer, Te Jadis et Cie.		1.000 »	
7	325 »	Ducourt et Cie, Espèces.		325 »	
0504		Frais généraux.		à do	
	460 » Frais de voyage.			
	560 »	100 » Petite caisse.		560 »	
0272		La Banque industrielle.		à do	
	5.000 » N/Remise espèces.		5.000 »	12.822 60
	9.050 »	4.050 » » Bordereau.	0132	à Portef... 4.050 »	
0102	154 »	Achats, no 13317, Paris 30 juin, pr Fre		Renault au Cpt. 154	4.204 »
0533	474 25	Débiteurs mauvais, faillite.	1090	à Patrice......... 474 25	
1	300 »	Blondel, Este 15 » et S/Te 15 jet	0303	à Effets à payer 285	
9	200 »	Paris et Cie, » 16 » » L/ » 31 »		184 »	
5	170 »	Joubert et Cie, » 17 » » » » 15 »		153 »	
3	2.488 »	Santerne, » 121 40 » S/ » » »		2.363 60	2.985 60
	172 40		0102	à Achats.......... 172 40	
	142 20	Escptes et Rabais 142 20			
	160.935 45	════ 21 do			160.935 45

(A suivre)

H. H.

LES 20,000 FRANCS DE M. POITRAT

Monsieur le Directeur,

Sur la foi de racontars absolument fantaisistes, dont je ne veux pas rechercher l'origine, vous annoncez à vos lecteurs qu'après avoir offert 20,000 francs au comptable qui démontrerait la supériorité de sa méthode sur la mienne j'aurais reculé devant M. Pollet, de Lille, venu pour relever ce défi.

Vous profitez de la circonstance pour octroyer un enterrement de première classe à ma méthode qui continue toujours à se fort bien porter.

J'ai le droit de relever les nombreuses inexactitudes de votre article et j'en veux profiter.

Il faut s'entendre une fois pour toutes.

Les conditions d'un défi doivent-elles être posées par celui qui le propose en risquant son argent ou par ceux qui l'acceptent avec l'espérance d'en profiter ?

Evidemment les concurrents ne peuvent réclamer que les garanties nécessaires à l'absolue sincérité du jugement, sincérité sans laquelle le concours n'aurait pas sa raison d'être.

Or, ces garanties se trouvent dans mon programme et c'est justement là ce qui chiffonne M. Pollet, de Lille.

Voulez-vous avoir une idée des propositions qui me sont faites par mon adversaire à l'égard du jury ? Jugez-en :

« A la fin de la conférence publique et gratuite dans laquelle nous exposerons chacun notre méthode, le compétent auditoire, NON PRÉVENU D'AVANCE, *votera secrètement par oui ou par non, si votre méthode est trouvée supérieure. »*

Il est difficile d'admettre que, dans une réunion *publique* et *gratuite,* tout le monde sera compétent. J'aime à le croire, mais rien ne m'en répond.

Rien ne me répond également que cet auditoire ne serait pas *prévenu d'avance* en faveur de tel ou tel système de comptabilité, car rien n'empêcherait un ou plusieurs concurrents d'introduire dans la réunion un certain nombre de leurs amis.

Vous comprendrez donc facilement, Monsieur, qu'en présence de garanties aussi illusoires, je n'aie pas accepté les propositions de mon adversaire.

J'attache une trop grande importance au résultat de ce concours pour négliger de prendre, moi qui mets l'enjeu, les mêmes sûretés que j'offre à ceux dont le seul risque sera de..... recevoir !

D'ailleurs. M. Pollet, de Lille, n'est pas le seul que les 20,000 francs promis aient alléché ; bien d'autres m'ont écrit, qui veulent aussi tenter la chance.

Nous aurons tous les mêmes articles à passer, et le jour du concours chacun des concurrents tracera au tableau, en les expliquant, les articles en question.

M. Pollet, de Lille, pourra alors trouver le placement de sa petite conférence, s'il la juge opportune.

Mais j'ai bien peur qu'il ne vienne pas.

Voici la conclusion de ma lettre :

M. Poitrat n'a pas pensé un seul instant à retirer le défi qu'il a porté et les 20.000 fr, sont toujours à la disposition des amateurs.

Je ne doute pas, Monsieur le Directeur, que vous ne soyez fort heureux de faire l'annonce suivante à vos lecteurs :

« M. Valentin Poitrat, boulevard de Sébastopol, 14, l'auteur du
« système français autodidactique, donne ci-dessous, les conditions
« du défi qu'il a porté.

« Arriver en tous points par un autre système que le sien et
« d'autres combinaisons que les siennes aux mêmes résultats que lui.

« Il sera établi un comité ou tribunal arbitral, composé de deux
« experts jurés en comptabilité, — accrédités près le tribunal de
« commerce de la Seine, l'un choisi par M. Poitrat et l'autre par ses
« concurrents, avec adjonction d'un tiers expert, — en cas de dé-
« saccord, à désigner par les experts mêmes.

« Les frais nécessités par la formation du Comité, seront sup-
« portés *proportionnellement* par chacun des concurrents, tant pour
« les honoraires des experts que pour la location du local et autres
« menus frais.

« La nomenclature des articles à traduire sera remise à chaque
« concurrent, moyennant la somme de 500 fr., qui seront versés
« contre reçu chez MM. Cahagne et Favrot, boulevard de Sébasto-
« pol, 47 et qui seront affectés au paiement des frais mentionnés
« ci-dessus.

« Les 20 000 francs offerts sont en dépôt dans la même maison.

« D'après cette nomenclature, chaque concurrent sera obligé
« de faire une Comptabilité, selon sa méthode, en se servant des
« livres usités dans le Commerce : Inventaire, Livre d'achats, de

« ventes, Brouillard de règlement, Journal, Caisse, Grand Livre et
« Liquidation, et composer un tableau synoptique résumant tous les
« livres et écritures ci-dessus.

« Pour terminer le concours, chacun des concurrents devra
« passer au tableau, dans une séance publique, tous les articles qui
« auront fait le sujet de l'épreuve écrite.

« M. Poitrat, en raison de son grand âge de 85 ans, ne peut
« prolonger ce concours au-delà du 31 juillet. »

Signé : V. Poitrat.

Telle est la lettre dont M. Poitrat nous a demandé l'insertion.

Si nous avons été heureux d'apprendre que le *Doyen des Comptables* maintenait son défi, qu'il nous soit permis de lui dire — avec tout le respect que nous lui devons — que nous regrettions de trouver, dans les conditions du Concours qu'il propose, l'obligation pour chaque Concurrent de verser 500 fr. d'arrhes destinés au paiement des frais d'honoraires d'experts et de location de salle. Il nous semblait que ces frais devaient incomber à l'heureux et glorieux Vainqueur. En effet, qu'elle source de bénéfices ne serait-ce pas pour le Triomphateur, que la rec nnaissance, dans cette lutte épique, par un *Jury compétent*, de la supériorité de sa méthode! Si, comme en est convaincu l'auteur du défi, les pa mes triomphales lui étaient octroyées, les regi tres de la Maison Poitrat se vendraient à wagons. Le chiffre d'affaires serait centuplé et les deux ou trois douzaines de louis qui seraient sorties de sa caisse ne l'amoindriraient pas plus qu'une poignée de sable ne diminuerait les dunes de la presqu'île de Quibéron.

Oui, nous craignons que ce paragraphe des conditions ne soit consitéré par tout le monde comme un pas d'écrevisse et qu'il ne devienne le *Requiem* de la Méthode autodidactique.

Cette méthode, à laquelle nous ne reprochons que ses obscurités, a pourtant du bon et beaucoup de bon : ses *contrôles*. Sans ces ob-curités, nous en serions, peut-être, un des plus chauds partisans, ainsi d'ailleurs que nous en avons fait la déclaration à son auteur lui-même, qui a reconnu que si elle avait été abandonnée dans plusieurs Maisons, la cause devait en être attribuée à l'insuffisance de connaissances chez ceux qui étaient chargés de la pratiquer. Pour nous, cela veut dire que tout le monde n'est pas à même de la comprendre. « Je saisis « parfaitement le système — nous disait récemment un Chef de Maison — il « n'y a que le journal où je n'y vois goutte. »

Les résultats qu'on obtient sont indéniables, mais si, sur 3 ou 4 Comptables auxquels un Négociant peut avoir affaire dans le cours de son existence commerciale, il n'y en a qu'un qui puisse suivre la méthode, il sera exposé à avoir du gâchis avec les 2 ou 3 autres.

Finalement, nous le répétons, nous regrettons les restrictions apportées au défi primitif par les conditions *d'argent* et de *temps* (la date du 31 juillet est trop rapprochée). Elles nous paraissent rendre le concours impo-sible. C'e-t dommage! il en serait peut-être sorti quelque chose. La montagne a bien accouché d'une souris !

H. H.

Au moment de mettre sous presse, nous recevons, par huissier, s'il vous plaît! le supplément suivant à la lettre de M. Poitrat :

« Je sais, Monsieur, que des esprits étroits et jaloux feront tout leur possible « pour empêcher ce concours.

« Les uns allégueront que la somme de cinq cents francs demandée par moi, « comme garantie des frais qui seront faits est un empê hement majeur. On leur « rira au nez s'ils ont la prétention de me faire payer tout.

« Si nous sommes deux, je paierai la moitié, si nous sommes dix je paierai le « dixième, si je suis seul, je paierai tout.

« Une fois le compte des frais établi, chacun des concurrents pourra retirer « la somme qui lui revient.

« D'autres prétendront qu'un mois n'est pas suffisant pour passer quinze ou
« seize articles, et que la date du trente-un juillet est trop rapprochée. ceux-ci,
« seront de mauvais comptables, car le travail se peut faire en une heure.

« Quant à ceux qui déclareront ma comptabilité obscure, qu'ils viennent
« montrer la clarté de la leur.

« Ainsi donc. mauvaises raisons, mauvais combattants, les absents se décla-
« reront inférieurs. »

CHRONIQUE.

LE COMITÉ D'ÉTUDES DU CONGRÈS DES COMPTABLES

(Suite)

Nous demandons à nos lecteurs la permission d'abandonner aujourd'hui la
forme chronologique, que nous avons suivie jusqu'à présent dans la rédaction du
compte rendu des séances du comité, pour les mettre en garde contre les sollicitations dont ils vont être l'objet au sujet de la création immédiate d'une Chambre
syndicale.

Personne ne comprend mieux que les membres du comité l'utilité de cette
création ; nous rappelons que c'est sur l'initiative de l'un de ses membres, notre
ami M. Gagey que le congrès de 1880 a émis le vœu de voir la corporation se
grouper en syndicat.

Dans toutes les occasions, le comité manifeste la volonté bien déterminée de soumettre au congrès de 1881, — en octobre ou novembre prochain, par conséquent,
— un projet complet de statuts qu'il a déjà fait élaborer par une commission, qui
viendra en délibération en temps utile, et que la corporation tout entière réunie en
congrès sera appelée à ratifier.

Mais le comité institué par le congrès de 1880, avec une mission déterminée,
ne reconnaît qu'au congrès de 1881 le droit de statuer sur ses actes et sur ses propositions ; il s'élève avec énergie contre les agissements d'individualités sans
mandat, *étrangères à la corporation*, et qui, sous le prétexte de défendre ses intérêts, qu'ils ne connaissent ni ne comprennent, voudraient se servir d'elle, de son
influence, de sa réputation intellectuelle, pour l'entraîner dans certaines combinaisons plus financières que professionnelles où elle ne pourrait que laisser une
partie de cette réputation acquise au prix du travail collectif de plusieurs générations.

C'est ainsi que nous avons reçu dans la séance du 4 juillet, la démission d'un
membre qui se sépare du groupe, pour poursuivre en dehors de lui, sous le nom
de Chambre syndicale des Comptables de Paris, nous ne savons quelle combinaison
utopique.

Nos collègues ne se prêteront pas à ces fantaisies d'une autre époque; réunis
en congrès, ils ont donné mission à un groupe dévoué, de préparer la réalisation
d'un certain nombre de vœux. Ce groupe ne faillira pas à son mandat, et il arrivera, avec des solutions toutes prêtes sur chacune des questions qui lui ont été ren-
voyées, et au nombre desquelles se trouve la Chambre syndicale, devant le 2ᵉ
congrès qui statuera.

Mais pour cela, il faut que la corporation qu'il représente évite de se laisser
entraîner à la suite de certains irréguliers, de certains indisciplinés *qui ne lui appartiennent à aucun titre*, et qui ne partagent dans aucune mesure ses responsa-
bilités, et ses travaux de chaque jour.

Ce sont ces individualités tapageuses, à idées préconçues et fausses qui ont
toujours arrêté sa marche vers une organisation qui, sans elles, serait aujourd'hui
sans aucun doute complète et définitive.

(A suivre).

FÉLIX ROY.

LE MATCH BEAUCHERY-POLLET

Ici nous sommes à l'aigre ou plutôt au vinaigre. O courtoisie d'un peuple aimée, pourquoi fuir de nos rangs! Pourquoi, ô impartialité! nous commander d'initier nos lecteurs à des querelles! Ne vaudrait-il pas mieux s'occuper de savantes discussions! Pourquoi, ô M. Beauchery! nous demander l'insertion de la lettre suivante! Qu'y gagnera la science des comptes?.......

« Vous avez inséré dans la *Revue de la Comptabilité* la prétendue défaillance
« de M. Poitrat; je vous prie d'insérer dans votre prochain numéro celle de
« M. Pollet, qui est certaine.

« M. Pollet, par sa lettre *recommandée* du 23 juin dernier, m'a invité à assister
« à la conférence qu'il faisait le 28, à Paris. rue de Lancry, 10, et m'a proposé d'y
« présenter mon *système* de comptabilité en parallèle avec sa *méthode*.

« Par retour du courrier je lui ai répondu que j'acceptais avec joie cette
« joute publique, (par lettre recommandée).

« Or, le jour de sa conférence, non seulement il n'a pas dit un mot de cette
« proposition; non-seulement il n'a pas prononcé mon nom; non seulement il n'a
« provoqué aucune observation sur toutes ses assertions comptables si sujettes à
« réfutations; mais il a rapidement levé la séance, n'ayant pas un bureau élu et
« représentant l'assemblée.

« Je me propose d'aller à Lille rejoindre ce tombeur des braves, lorsqu'ils ne
« sont pas là. En attendant, j'essaie près de vous cette deuxième tentative de ré-
« tablissement de la vérité, espérant qu'elle aura plus de succès que la première,
« quoique n'osant pas l'espérer, étant données les circonstances. »

Cette lettre est de miel auprès de celles qu'à publiées *Le Petit Nord* dans ses numéros des 8 et 9 juillet; dans ce dernier numéro, M. Pollet riposte énergiquement et déclare s'en rapporter à l'Association des Comptables de Lille, qui décidera s'il y a intérêt d'accepter le défi de M. Beauchery.

Nous tiendrons nos lecteurs au courant de cette monomachie... si monomachie il y a!

DE L'INDIFFÉRENCE CHEZ LES COMPTABLES

(*Suite*)

« Isolés, épars, sans lien entre eux, que peuvent des subordon-
« nés dont la dépendance est plus grande encore que celle de l'ou-
« vrier? Ils ne peuvent rien collectivement ; et individuellement la
« soumission absolue leur est de règle.

« Au contraire, par l'union des individus, par la fédération in-
« telligente des groupes, tout change et s'améliore ; il devient pos-
« sible de conquérir une plus grande place sous le soleil, je veux
« dire le rang social, correspondant à l'importance des fonctions
« remplies. »

(Vol. in-8° de 360 pages. 3 fr. *franco*, pour les abonnés de la *Revue de la Comptabilité*, seulement).

Le Directeur-Gérant de la REVUE DE LA COMPTABILITÉ: H. HARANG, 7, r. Barbette.

Paris. — Imprimerie WATTIER et Cie, 4, rue des Déchargeurs.

1ᵉʳ Août 1881 **2ᵉ Année** **N° 21**
Contenant le 23ᵉ fascicule de l'UNIFICATION DE LA COMPTABILITÉ

5 fr. par an. — Écrire au Directeur, rue Barbette, 7, à Paris
On s'abonne SANS FRAIS dans tous les Bureaux de Poste de PARIS, des DÉPARTEMENTS et de l'UNION POSTALE à l'ÉTRANGER
Prix du Numéro : 30 centimes.

REVUE DE LA COMPTABILITÉ

BI-MENSUELLE

PUBLIANT LES TRAVAUX DU COMITÉ D'INITIATIVE ET CEUX DU CONGRÈS DES COMPTABLES

D'après les procès-verbaux de leurs séances tenues à l'Hôtel de l'Union nationale des Chambres syndicales

La Rédaction de la REVUE est entièrement indépendante du Comité et du Congrès. Cette déclaration nous a paru nécessaire pour éviter tout malentendu dans l'esprit du lecteur, et mettre le Comité et le Congrès à l'abri de toute responsabilité.

A NOS ABONNES

La 1ʳᵉ année de notre publication est terminée. Elle se compose des 22 fascicules de l'*Unification de la Comptabilité*, soit........... 176 pages
des 2 numéros du Compte rendu in-extenso des séances du Congrès des Comptables, petit texte, compacte....................... 84 »
et de 20 numéros de la *Revue*.............................. 144 »

Total ...... 404 pages

Nous commençons donc aujourd'hui la 2ᵐᵉ année. L'œuvre que nous avons entreprise commence à être comprise. De tous côtés nous recevons des encouragements. Chacun comprend qu'un organe est indispensable à notre Corporation. La propagande se fait en Province comme à Paris et, à ce sujet, nous adressons nos plus vifs remerciements aux plus dévoués propagateurs de la *Revue* :

MM. Albigès,	MM. Gagey,
Beauchery,	Léautey,
Couchot,	Pollet,
Courtin,	Rey,
Daunay,	Roy,
Demonceaux,	Séchès,
Fleureau.	Voulland.

Nous avons deux catégories de souscripteurs : les souscripteurs aux fascicules *de l'Unification de la Comptabilité* et les souscripteurs à la *Revue de la Comptabilité*. Nous prions ceux de la première catégorie (les souscripteurs aux fascicules) qui désirent continuer à recevoir la *Revue*, de souscrire à la 2ᵐᵉ année, en versant 5 fr. dans un Bureau de Poste quelconque. Ils devront insister pour que leur souscription se fasse sans aucun frais et porter plainte en cas de refus, les formalités ayant été rémplies, ainsi que le constate une lettre du 14 mars dernier qui nous a été adressée par l'Administrateur du ministère des Postes et Télégraphes. Ceux qui ne feront pas cette souscription dans le courant du mois d'août ne recevront plus que les fascicules, dont le paiement se fera à raison de 10 centimes par fascicule, dès que le dernier aura paru, ainsi qu'il en a été convenu.

Les abonnés à la *Revue de la Comptabilité* continueront à recevoir les fascicules dont le prix est compris dans celui de leur souscription. Nous les prions également de vouloir bien renouveler leur abonnement comme il vient d'être dit ci-dessus, c'est-à-dire en versant 5 fr. seulement dans un Bureau de Poste de Paris, des départements ou de l'Union postale, à l'Etranger. Ce mode de souscription diminuera nos frais généraux, sans causer trop de dérangement à nos abonnés qui profiteront de la première occasion pour faire ce renouvellement.

COMPTABILITÉS & TENUES DE LIVRES DES PRATICIENS

LE JOURNAL-CONTROLE

Si le nom de son inventeur est inconnu, le Journal-Contrôle pourrait l'être moins que nous le supposions.

Un praticien compétent, M. Lefebvre, 14, rue Darcet, nous envoie le *fac simile* de ce Journal tel qu'il le pratique. Comme il s'agit des mêmes articles, la comparaison avec le nôtre en sera facile pour nos lecteurs. M. Lefebvre accompagne son envoi des réflexions suivantes :

« J'ai suivi les opérations indiquées sur le nº 20 de la *Revue de la Comptabilité*, et les ai groupées à ma manière.

Pour les raisons suivantes, jai ouvert un Compte à Ventes au comptant, et à Renault ; c'est ce qui produit une différence en plus dans la somme totale des additions.

Un achat au comptant payé en espèces, peut être passé par caisse ; mais il est toujours préférable, si l'achat n'est pas insignifiant, d'ouvrir un compte au vendeur.

Dans le cas où son achat au comptant est réglé par un effet, comme celui fait et réglé à Renault, je ne le considère pas ainsi, et je trouve qu'on ne peut se dispenser d'ouvrir un Compte à Renault.

Quant aux Ventes comptant, j'ai pour habitude de les passer au débit d'un Compte, intitulé : Ventes comptant, au lieu de créditer le Compte de Marchandises générales par le débit de Caisse.

Pour ce qui est du Compte de Débiteurs mauvais, je procède autrement que vous. Lorsqu'une créance me paraît douteuse, je passe une partie ou la totalité de la créance à un Compte de Dépréciation, qui vient ainsi compenser la perte supposée sur cette créance. De cette manière, j'ai d'un côté la somme entière au Débit du client mauvais ou douteux, et j'ai au Crédit d'un compte d'ordre la somme compensant la non-value de ma créance.

Malgré cette dernière observation, j'ai passé l'écriture comme vous pour la faillite Patrice. »

Il résulte de ce que dit notre excellent collègue et ami, que nous sommes d'accord sur beaucoup de points ; mais qu'il en est quelques-uns où nous ne le sommes plus, ce qui prouve l'impérieuse nécessité de nous entendre sur le nom des Comptes, leur classification et la manière de **passer** les articles. Si le Cercle d'Etudes ne résout pas ces questions ou du moins n'en présente pas l'ébauche au Congrès, c'est à la Chambre Syndicale future qu'il appartiendra de se prononcer et de nous mettre tous d'accord.

M. Lefebvre est convaincu que les raisons qu'il fera valoir pour sa manière de passer les Ventes au Comptant est la meilleure. Eh bien ! la main sur la conscience, nous disons et pensons la même chose.... des nôtres. Critiquez tant que vous voudrez notre article d'*Achats à Portefeuille*, nous vous affirmons que nous rivaliserons d'opiniâtreté avec vous et que les arguments que nous donnerons nous paraîtront valoir les vôtres. Voyons, franchement, n'en sommes-nous pas tous là ? et changerons-nous, tant que nous ne nous serons pas entendus sur la valeur des mots et le choix des moyens les plus simples en même temps que les plus logiques ? Non, n'est-ce pas. C'est pour cela que nous souhaitons ardemment et attendons impatiamment la *Codification des moyens pratiques de la Comptabilité* par des hommes compétents et autorisés.

Terminons en félicitant M. Lefebvre de pratiquer le *Journal-Contrôle* qui pourrait bien ne pas être inconnu non plus de M. Voullaud de Montpellier, car il nous semble que, dans sa réponse à la 8ᵉ question, qui sera prochainement publiée, il y a quelque chose d'approchant.

JOURNAL-CONTROLE

			20 juin 18..			
	127.934	75			127.934	75
			Les Suivants à M. Gˡᵉ.			
1038	7.124	50	Bruno et Cᵉ n/ fact. 3 0/0 30 jours.			
1080	832	75	Maurice.... n/ fact. net à 90 jours	345	9.345	35
			Ventes comptant			
0200	1.234	10	n/ fact. net.........			
0536	154		Renault.... n/ fact. net compt....			
			20 dᵒ			
			Caisse aux Suivants			
			Esp. en compte Ponti à Paris.	1100	323	
			Esp. » Huguet......	1040	116	
0127	3.374	15	Esp. » Hardy.......	1060	53	85
			Esp. » Courbe......	1050	7	30
			Esp. » Dumont et Cᵉ.	1020	1.243	90
			Esp. » Clavier......	1010	396	
			Esp. pour v. Ventes compt...	0200	1.234	10
	140.654	25			140.654	25

Fo	Débit		Libellé	Fo	Crédit	
	140.654	25	**20 juin 18..**		140.654	25
			Portefeuille aux Suivants			
			13920 s/ Bordeaux 30 juin Clavier	1010	500	
0132	804	75	13921 s/ B/ Paris.. 25 janv. Lafond	1070	304	75
			20 d°			
			M. G^{les} à Clavier			
0102	15		March. reprises s/ fact. 15 juin	1010	15	
			20 d°			
			P. et P. aux Suivants			
			Banque Ind..			
			Balance des Intér	0272	48	50
0527	190	70	Escompte Ponti	1100	28	
			id. Dumont et C°	1020	79	70
			id. Clavier......	1010	34	50
			20 d°			
			Les Suivants à Caisse			
0102	4.937	60	M. G^{les}. Esp. achat compt.....			
0113	1.000		N/ S/ Buron. Esp. prélèvem........			
0303	1.000		Eff. à payer. Esp. Jadis et C°.......	0172	12.822	60
7	325		Duccurt et C°. Esp. en compte.......			
			Frais généraux :			
			460 Esp. frais de voyage.........			
0504	560		100 » petite caisse.........			
0272	5.000		Banque Ind. Esp. n/ remise........			
			20 d°			
			Les Suivants à Portefeuille			
0536	154		Renault 13317 s/ Paris 30 juin......	0132	4.204	
0272	4.050		Banque Ind. 5 effets, n/ border......			
			20 d°			
			Débiteurs mauvais à Patrice			
0533	474	25	Faillite................	1090	474	25
			20 d°			
			Les Suivants à Effets à payer			
0531	285		Blondel, accept. de s/ tr. au 15 janv.			
0539	184		Paris et C° id. id. 31 janv.	0303	2.985	60
0535	153		Joubert et C° id. id. 15 janv.			
0503	2.363	60	Santerne id. id. 15 janv.			
			20 d°			
			Les Suivants à Escompte et Bonifi.			
0531	15		Blondel, Esc. s/ facture......			
0539	16		Paris et C°, Esc. » »	0175	172	40
0535	17		Joubert et C°, Esc. » »			
0503	124	40	Santerne, Esc. » »			
			21 d°			
	162.323	55			162.323	55

LA LOI COMMERCIALE FRANÇAISE

ET LE

CONGRÈS DES COMPTABLES DE PARIS

(*Suite*)

Pour les achats du Commerçant, se présente la même dette active et passive. Elle a une importance autrement grave que celle de la revente.

Pour acheter, il faut payer; pour payer, il faut posséder ce métal, fils du soleil et de la terre qu'elle recèle dans son sein, mais qui, conventionnellement c'est vrai, représente la valeur des choses dans le nouveau comme dans l'ancien Monde.

Dans une maison de commerce ou autre, voit-on jamais le numéraire ou capital apparaître par création spontanée? Si le marchand compte sur la vente d'un objet pour en payer le prix, il peut se faire que la vente ne se réalise pas; s'il vend lui-même à terme, les valeurs, qu'il pourra créer pour la rentrée de son capital, peuvent ne pas inspirer de confiance; il n'aura pu éteindre l'obligation contractée envers son vendeur, et son commerce aura vécu ce que vivent les roses, l'espace d'un matin!

En imposant au Commerçant l'obligation de mettre dans *un* de ses Livres-Journaux, sa dette active et passive, la loi le force avant toute opération, à compter avec lui-même.

Qui donc peut établir l'actif de sa fortune, sans énoncer le *chiffre* du Capital qui est représenté par son actif? Quel est le millionnaire qui détienne son capital sans *activité?*

Nous le redisons avec assurance, la Comptabilité est unifiée dans son principe, le Capital, cause et effet du doit et de l'avoir résultant des opérations commerciales.

Nous avons toujours pensé que l'article 8 impose au Commerçant la méthode de Comptabilité en double partie, en raison de l'indivisibilité de la dette active et passive dont l'une est la création et la re-présentation de l'autre.

Notre croyance se trouve confirmée pour les recherches scientifiques du promoteur du Congrès qui a cité une ordonnance de 1664, où il est question de livres tenus à la manière des marchands, c'est-à-dire en double partie.

Nous avons dit qu'avec un ou deux mots et le rappel des principes de nos lois, nous allions présenter un article 8 plein de jeunesse, qui trouvera grâce devant nos collègues, nous l'espérons du moins. Voici cet article :

« Avec les registres et les livres-*journaux* usités dans le com-
« merce, mais qui ne sont indispensables *ni pour la vente au comptant*
« *ni pour la preuve à faire contre les personnes non-marchandes*, tout
« Commerçant est tenu d'avoir un livre-journal *réflecteur de sa si-*
« *tuation active et passive, ou de doit et d'avoir*, résultant de ses opé-
« rations *créées* par le mouvement du capital qu'il reçoit et qu'il paye,
« et les valeurs fiduciaires qui représentent le capital engagé dans
« les opérations commerciales.

« Tous les mois, il inscrira ses frais de maison, etc. »

Nous prouverons dans le parallèle des méthodes que celle imposée par l'article 8 mérite tous égards et toute préférence. Nous en donnerons la preuve. Nous allons du reste en faire l'application immédiate.

Au lieu de nous élever au-dessus des nuages, nous nous bornons pour le moment aux principes de nos lois.

Imbu de ces principes nous comparons les opérations commerciales à une *Danse Macabre* dans laquelle le doit et l'avoir à chaque instant changent de main.

Ce mouvement vertigineux se fait autour de cet être inanimé que nous appelons le Capital ou le tout-puissant, qui souvent reste immobile dans *sa majesté passive*, tandis que les valeurs qui doivent *exactement* et *fidèlement* le représenter s'agitent autour de lui !

Il s'endort, le prince charmant, mais qui peut dire s'il aura un bon ou un mauvais reveil ? Son existence dépend de la main plus ou moins habile, plus ou moins chanceuse qui lui imprime son mouvement presque aussi souvent fictif que réel.

(A suivre.)   GUILLAY.

DE L'INDIFFÉRENCE CHEZ LES COMPTABLES

(*Suite*)

(Extrait des *Questions actuelles de Comptabilité*, par M. E. Léautey. Vol. in-8° de 360 pages. 3 fr. *franco*, pour les abonnés de la *Revue de la Comptabilité*, seulement).

La prose de M. Poitrat, qui nous est arrivée si inopinément, par ministère d'huissier, a obligé notre metteur en pages de tronquer la fin de la belle préface du Livre de M. Léautey, par M. E. Magnier. La voici telle qu'elle devait être :

« Il est certain que l'indifférence professionnelle ne conduit à
« rien de bon, et que lorsque cette indifférence gagne une corpora-
« tion, c'en est fait de sa vitalité. La corporation des comptables, —
« si peu cohérente, et à ce point réfractaire au groupement qu'elle
« en est encore à se constituer en Chambre syndicale, — fera donc
« bien de méditer les excellents conseils contenus dans ce livre.

« Isolés, épars, sans lien entre eux, que peuvent des subordon-
« nés dont la dépendance est plus grande encore que celle de l'ou-
« vrier ? Ils ne peuvent rien collectivement ; et individuellement la
« soumission absolue leur est de règle.

« Au contraire, par l'union des individus, par la fédération in-
« telligente des groupes, tout change et s'améliore ; il devient pos-
« sible de conquérir une plus grande place sous le soleil, je veux
« dire le rang social correspondant à l'importance des fonctions
« remplies.

« Donc, une chambre syndicale tout à la fois : école, académie,
« chambre d'expertises, de liquidations, de conciliation, en même
« temps que librairie et papeterie, où se publieraient les méthodes
« d'enseignement et les modèles types de comptabilité adoptés en
« commun, — une telle chambre syndicale, voilà désormais votre ob-
« jectif, Messieurs les employés comptables. A l'œuvre, et bonne
« chance ! Et si, — de concert avec vos patrons des chambres syn-
« dicales du commerce et de l'industrie, trop libéraux pour ne pas
« prendre en main une telle œuvre, — vous remplissez le programme
« que vous trace ce livre; si vous dotez l'enseignement commercial des
« méthodes qui lui manquent, et la pratique comptable de « l'unifor-
« misation » rationnelle de ses meilleurs procédés, M. Eug. Léautey
« a raison de le proclamer, vous aurez ensemble accompli une grande
« et belle tâche, et le pays sera bien réellement votre débiteur. »

A propos de ce Livre dont toute la presse s'est occupée et s'occupe encore, nous apprenons que le Promoteur du Congrès lui prépare en ce moment une réponse où, sans doute, nous trouverons un parallèle érudit entre l'*Unification* et l'*Uniformisation*.

RABAIS DE 475 FR. — M. V. Poitrat nous informe qu'il prend à sa charge tous les frais du concours à son défi de 20.000 fr. Il ne demande plus à chaque concurrent que 25 fr. destinés aux pauvres et reporte au 14 août la date de ce concours.

L'idée est excellente de faire la part des pauvres. Ce que nous ne pouvons pas comprendre, c'est que cette part, de même que les frais, ne soient pas supportés par le lauréat ; car, ainsi que nous l'avons déjà dit sous une autre forme, celui-ci ne marchanderait pas assurément quelques centaines de francs en présence des avantages de toutes sortes, profits et honneurs, que lui vaudra sa victoire.

Les autres conditions du concours ne sont pas non plus du goût de tout le monde. M. Beauchery nous écrit qu'il récuse surtout les juges, les témoins que M. Poitrat à la prétention d'imposer. Il l'engage à venir au Comité d'études qui n'est pas composé de personnes choisies et où il ne lui sera demandé ni 20.000, ni 500, ni même 25 francs.

CHAMBRE SYNDICALE DES COMPTABLES A LYON. — Lors de la dernière conférence faite par M. Beauchéry, le 30 juin, au Palais du Commerce, sous la présidence de M. Charlot, chevalier de la Légion d'honneur, il avait été convenu, sur la motion de M. Hurbin-Lefebvre, chef de Comptabilité à l'Ecole supérieure de Commerce et de tissage, qu'un Comité provisoire des Comptables serait immédiatement constitué en vue de rechercher quels sont les meilleurs systèmes de Tenue de Livres et d'étudier les moyens de se grouper en association. Pour la réalisation de cette décision, une première réunion a dû avoir lieu le 18 juillet.

Ainsi voilà Lyon, Lille, Dijon, Toulouse, etc., qui ont leur Chambre syndicale de Comptables, et Paris attend encore la sienne ! Si c'est le 2° congrès qui doit la lui donner, qu'il se hâte, le 2° congrès !

ASSOCIATION DES COMPTABLES, 6, rue Turbigo. L'Assemblée générale semestrielle aura lieu le Dimanche 21 août 1881, à midi, dans le grand amphithéâtre de la Sorbonne.

LE JOURNAL DES EMPLOYÉS, bi-mensuel. Un an : 3 fr. 50, rue Réaumur, 58.

LE REPRÉSENTANT DE COMMERCE. Hebdomadaire. 6 mois, 7 fr. ; 34, rue des Halles.

PROGRÈS MERVEILLEUX ! LA CLEF DE L'ORTHOGRAPHE SELON L'ACADÉMIE simplifie complètement l'étude de l'orthographe et permet de l'apprendre *sans maître* très promptement. — Pour recevoir cet ouvrage *franco*, par le retour du courrier, adresser 2 fr. (mandat ou timbres-poste) à M. BAHIC, éditeur à Poitiers.

Le Directeur-Gérant de la REVUE DE LA COMPTABILITÉ : H. HARANG, 7, r. Barbette.

Paris. — Imprimerie WATTIER et Cie, 4, rue des Déchargeurs.

15 Août 1881 **2ᵉ Année** N° 22

*Contenant le 24ᵉ fascicule de l'*UNIFICATION DE LA COMPTABILITÉ

5 fr. par an. — Écrire au Directeur, rue Barbette, 7, à Paris

On s'abonne SANS FRAIS dans tous les Bureaux de Poste de PARIS, des DÉPARTEMENTS et de l'UNION POSTALE à l'ÉTRANGER

Prix du Numéro : 30 centimes.

REVUE DE LA COMPTABILITÉ

BI-MENSUELLE

PUBLIANT LES TRAVAUX DU COMITÉ D'INITIATIVE ET CEUX DU CONGRÈS DES COMPTABLES

D'après les procès-verbaux de leurs séances tenues à l'Hôtel de l'Union nationale des Chambres syndicales

La Rédaction de la REVUE est entièrement indépendante du Comité et du Congrès. Cette déclaration nous a paru nécessaire pour éviter tout malentendu dans l'esprit du lecteur, et mettre le Comité et le Congrès à l'abri de toute responsabilité.

RENOUVELLEMENT D'ABONNEMENT

La Poste reçoit les abonnements à la première et à la deuxième année de la *Revue* au prix net de 5 fr. par année. Insister auprès des Employés qui prétendraient que ce Journal ne serait pas au Catalogue. Il y a eu envoi d'Instructions à son sujet en Mars dernier.

M. E. LÉAUTEY, OFFICIER D'ACADÉMIE

Voilà une nouvelle qui va certainement faire plaisir à tous les Comptables. Tous verront dans ce fait le signal d'une nouvelle ère dans laquelle va sûrement entrer l'enseignement de la Comptabilité, dont M. Léautey a si éloquemment réclamé la *popularisation* au moyen des Ecoles primaires. Au reste, le Ministre de l'Instruction publique, dans un récent discours, a insisté sur ce point que l'enseignement devait s'efforcer de devenir pratique.

Autre chose qu'il est bon de remarquer, c'est que le livre, qui vaut cette haute distinction à son auteur, attaque l'enseignement actuel comme étant incomplet. N'en citons qu'un passage parmi tant d'autres :

« Nombre de Commerçants, de Financiers, de Comptables distingués ont passé par l'Ecole supérieure du Commerce, mais on peut dire que la pratique des affaires les a faits ce qu'ils sont devenus. Que de choses leur restait à apprendre ! Par contre, que de choses à désapprendre, notamment en Comptabilité, et combien de fois — nous en appelons à leur sincérité — n'ont ils pas désavoué *in petto* leurs premiers maîtres. Quant à des professeurs aptes à développer et à perfectionner l'enseignement commercial, nous ne croyons pas que l'Ecole en ait jamais formé un seul, du moins nous n'en connaissons pas. »

Toutes nos félicitations donc au courageux lauréat qui n'a pas craint de dire la vérité, et au Ministre qui n'a pas été effarouché de l'entendre.   H. H.

LA QUESTION DES MÉTHODES

M. Achille Le Duc, 43, avenue de St-Germain à Puteaux (Seine), est auteur des opuscules suivants dont il vient de nous faire gracieusement l'envoi :

1° *La vérité sur le mode de calculer les Intérêts* ;
2° *Le spécimen du Grand-Livre perfectionné ;*
3° *La Petite Comptabilité populaire* ;
4° *L'Extrait de la Nouvelle Comptabilité ;*
5° *Une Leçon de Comptabilité ou la vérité sur les Journaux spéciaux ;*
6° *Le Tableau synoptique de la Comptabilité rationnelle.*

L'envoi de M. Le Duc était accompagné de réflexions pleines d'intérêt et d'actualité que nous nous empressons de publier :

« Peut-on obtenir le Contrôle des Ecritures présentées sous la forme de la Partie simple ? — *Oui.*

Toutes les écritures peuvent-elles être établies eu Partie simple ? — *Non.*

Dès l'instant qu'on établit les écritures de manière à en prouver l'exactitude, on a fait par cela même de la Partie double ; mais de la Partie double présentée sous une forme rationnelle. De là ma formule : *Tout Livre produisant des articles de Comptabilité présente implicitement ces articles sous la forme de la Partie double.*

En conséquence, j'appelle les choses par leur nom et je désigne sous le titre de « Tenue des Livres en Partie Double » toute méthode de Comptabilité par laquelle on obtient le Contrôle indispensable des écritures, quel que soit le mode employé pour établir ce Contrôle ; que ce soit par l'opposition des Comptes débiteurs aux Comptes créditeurs, au moyen de la Balance, ou par l'opposition des Comptes débiteurs ou créditeurs à des Livres de Débits ou de Crédits ; ou bien encore à l'aide de l'ingénieux système de *M. Perrot (Balances quotidiennes cumulées)* ; ce système est, en réalité, une vraie Balance perpétuelle par Comptes.

J'ose appeler l'attention de mes honorables collègues sur la question très importante des Méthodes (méthode en Partie double et méthode en Partie simple). Que ceux d'entre eux qui seraient portés à voter *la Mort* de la Partie double veuillent bien se pénétrer de cette idée, que la Partie double peut seule donner pleine et entière satisfaction aux intérêts des Tiers, et c'est un point essentiel.

Le Commerçant est aussi fortement intéressé à la conservation de la Partie double : en cas de Procès, rien de plus éloquent, devant les Tribunaux, qu'un article de Comptabilité correctement établi ; article par lequel on démontre, *grâce à une rédaction claire et précise*, que tel Compte personnel doit à tel autre Compte personnel.

C'est dans de semblables occurrences que l'on peut s'écrier : « Le temps ne fait rien à la chose ». Oui, certes, la Comptabilité peut s'établir rapidement, mais n'oublions pas qu'il se présente des cas où trop de rapidité peut avoir des conséquences fatales ; c'est-à-dire, que certaines écritures ont besoin d'un examen approfondi avant d'être exprimées définitivement sur les Livres.

La Comptabilité ne peut donc entrer dans le domaine de la fantaisie et il est nécessaire en matière de chiffres, de leur accorder tout le temps qu'il convient pour les expliquer d'une manière irréfutable. »

COMITÉ D'ÉTUDES DU CONGRÈS DES COMPTABLES
10, rue de Lancry
(Hôtel des Chambres syndicales)

Le Comité a l'honneur de porter à la connaissance de la Corporation des Comptables de Paris qu'il vient de faire élaborer, par une de ses Commissions, un avant-projet de Statuts de *Chambre syndicale corporative*.

Cet avant-projet sera soumis, sous peu de jours, à la discussion du Comité, en séance plénière du Lundi, en même temps que deux contre-projets dus à l'initiative de deux de ses membres.

Dès que les termes de cet avant-projet auront été définitivement arrêtés, le Comité convoquera la Corporation toute entière pour les soumettre à sa ratification, et l'inviter à constituer la Chambre syndicale.

Le vœu émis à ce sujet par le premier Congrès des Comptables de France, tenu à Paris en Décembre dernier, recevra ainsi satisfaction.

Ceux de nos collègues qui désireraient prendre part à la discussion préparatoire dont il est parlé plus haut, ainsi qu'aux travaux du Comité sur l'Unification de la Comptabilité, sont priés d'en adresser la demande au Président, 10, rue de Lancry, et de se présenter le Lundi suivant, à 8 h. 1/2 du soir.

La cotisation provisoire est de 1 franc par mois.

Paris, le 4 août 1881.

Pour le Comité :

Le Président : Félix Roy.

LES COMPTABLES EN MOUVEMENT

Tel est le titre qui frappe l'attention dans l'*Avenir de l'Orne*, du samedi, 30 juillet.

Il n'est pas permis à tout le monde d'avoir des relations les moyens de publicité dans les journaux de Paris, c'est pourquoi un de nos collègues est allé frapper aux colonnes d'un journal de province.

Il s'agit donc de Comptabilité, du Congrès des Comptables, et aussi du Livre de M. Eug. Léautey, dont nous n'avons plus à parler. Malgré cela, nous regrettons, faute d'espace, de ne pouvoir reproduire cet article écrit dans un style simple et familier qui plaît toujours. Si quelque journal généreux et hospitalier voulait bien suppléer à l'insuffisance de la *Revue de la Comptabilité*, nous lui en serions reconnaissant et lui fournirions l'article de M. B. de Ch. dont nous respectons le voile plus ou moins transparent.

CHRONIQUE

LE COMITÉ D'ÉTUDES DU CONGRÈS DES COMPTABLES

(*Suite*)

Nos lecteurs voudront bien nous accorder un congé que nous sommes *obligé* de prendre probablement jusqu'au 1er octobre. Nous leur promettons pour cette époque l'ensemble du Compte rendu des séances du Comité d'Etudes.

Mais, avant de les quitter, nous devons rectifier une erreur qui s'est glissée dans notre Chronique du 15 juillet relative à la Chambre syndicale.

Le vœu émis à ce sujet par le Congrès a été voté sur la proposition de M. Libéra, et nous avons attribué cette proposition à M. Gagey qui nous en a fait l'observation.

D'un autre côté, quelques-uns de nos collègues ont cru comprendre que M. Gagey avait quitté le Comité en donnant sa démission de Président. Il n'en est heureusement rien. M. Gagey reste l'un des membres les plus assidus du Comité, auquel il n'a jamais cessé de donner le concours le plus brillant.

Et maintenant, chers lecteurs, au 1er octobre.

Félix Roy.

LA LOI COMMERCIALE FRANÇAISE

ET LE

CONGRÈS DES COMPTABLES DE PARIS

(*Suite*)

LE JOURNAL DES JOURNAUX

Présentant chaque jour la situation active et passive du Commerçant imposé par l'art. 8 du Code de Commerce

Nous invoquons les circonstances atténuantes en faveur des détracteurs de la loi ; ils ne pouvaient l'interpréter en toute connaissance de cause. Leurs travaux, leurs discussions auront eu toutefois une immense portée, et produiront les résultats les plus favorables.

Les vrais principes de la Comptabilité commerciale vont se fixer enfin. La Loi commerciale française, mieux connue, fera disparaître ce manque de cohésion qui existe dans la Comptabilité chargée de constater les transactions commerciales.

Nous même, nous nous estimons heureux de nous être trouvé dans l'obligation de réétudier l'ensemble des principes de nos Lois, pour pouvoir prendre en main la défense de ces lois qui nous régissent et dont nous sommes fiers, à tant de titres.

Pour ne plus revenir sur ce sujet, nous allons encore reproduire ici l'esprit et la lettre de l'art. 8, objet de tant de doléances et de controverses, et démontrer l'enchaînement logique des préceptes du titre 2 de notre Code de Commerce.

« Tout Commerçant est tenu d'avoir un Livre-Journal qui
« PRÉSENTE, jour par jour, ses dettes actives et passives (*disséminées*
« *dans ses Livres et registres régulièrement tenus et constatant le*
« *mouvement du Capital et des Valeurs qui le représentent*), les opé-
« rations de son Commerce, ses négociations, acceptations et endos-
« sements d'effets, et généralement tout ce qu'il reçoit et paie à
« quelque titre que ce soit ; le tout indépendamment des autres
« Livres usités dans le Commerce, mais qui ne sont pas indispen-
« sables. »

Quels sont donc les Livres qui ne sont pas indispensables ? Ce sont ceux qui constatent les Ventes et les Prêts verbaux, qui ne font point preuve contre les personnes non marchandes, des fournitures qui y sont constatées au comptant.

Mais, si la nature et l'importance des opérations verbales l'exigent, la Loi n'a point prohibé le nombre de Livres et de Registres que chacun croira devoir employer suivant ses besoins. Elle a lancé à ces Livres le trait du Parthe, c'était son droit. Et encore ce trait pour nous, vise la vigilance du Marchand. Nous l'interprétons par ces mots : *Caveant mercantores !*

ATTENTION ET PRUDENCE, Marchands ! voilà votre devise de tous les jours....

L'art. 8 est fidèle aux vrais principes juridiques. Il ne demande qu'une situation active et passive, chaque jour, dans un Journal de récapitulation.

L'art. 9 impose l'Inventaire annuel. C'est l'époque que nous fêtons dans la succession des jours de notre existence. Pendant ce temps-là, la Comptabilité, du *Commerçant notamment*, a enregistré chaque jour des Ventes frappées par lui d'une plus-value dont IL A SEUL LE SECRET ; c'est à l'expiration d'une année, au plus tard, qu'il devra discuter son actif personnel et celui de ses Clients débiteurs, afin de savoir si les Bénéfices l'emportent sur les Pertes et Frais.

L'art. 10 oblige le Commerçant à soumettre son Livre de situation et le Livre des Inventaires à la Cote et au Paraphe. Il ne parle nullement des Livres auxiliaires.

A l'art. 11 sont désignées les personnes qui pourront coter et parapher ces deux Livres. Nous reviendrons sur cette obligation.

Le Législateur, dans l'art. 12, rappelle ce qu'il a dit dans les Lois commerciales : que les Livres de Commerce, régulièrement tenus, peuvent être admis par le Juge pour faire preuve *entre Commerçants*. Ici, les Livres auxiliaires *dominent* le Livre de situation ; le Législateur leur ACCORDE UNE LÉGITIME PRÉFÉRENCE.

Les art. 13, 14, 15, 16 et 17 forment, avec l'art. 8 susénoncé, tout le titre 2 de notre Code de Commerce. Ces derniers articles posent des règles pour les faillites et les contestations, qui seront soumises à l'appréciation des Juges commerciaux.

C'est ce Titre deuxième dont les Membres du Congrès ont demandé la réforme et même la disparition, parce que l'Enseignement ne leur a jamais expliqué ni fait comprendre les principes d'ordre public et d'ordre privé qui forment la base des règles édictées dans les dix articles qui forment ce titre de la Loi commerciale. Nos Collègues du Congrès ont tout droit aux circonstances atténuantes.

Excusons-les également pour cette allégation formulée par l'un d'eux : que dans la Comptabilité le Code de Commerce prohibe les chiffres. Art. 84. On l'a cité.

Cette allégation qui dénotait l'insanité de la Loi, a beaucoup fait rire, paraît-il. Eh bien ! il s'agissait encore d'un article de loi mal compris.

La Loi de Ventôse, an 11, impose aux notaires l'obligation de ne mettre aucun chiffre dans la *rédaction des conventions entre les Partis* ; l'art. 84 du Code de Commerce impose la même obligation aux *Agents de Change*. En conséquence, les Notaires et les Agents de Change énoncent *en toutes lettres* les sommes objet des Conventions, avant d'inscrire le chiffre qui est indispensable dans une addition ou une soustraction.

Rien de semblable n'a été imposé au Commerçant. Mais aussi, le Législateur savait qu'en rendant obligatoire un Livre de situation où la dette active est inscrite en même temps que la dette passive, la Comptabilité ne peut pas dire que l'Actif représente 2, tandis que le Passif représente 2 et une centmillionième partie de millime. Non, c'est impossible ; la vérité du *chiffre* et de l'*équation* s'y oppose !

(*A suivre.*) GUILLAY, à Tours.

LE DÉFI DE 20,000 FRANCS DE M. V. POITRAT. — Dans notre prochain numéro, nous rendrons compte du résultat du concours qui a eu lieu hier dimanche, à deux heures précises, rue de Lancry, 10.

L'UNION DU COMMERCE, 19, boulevard de Sébastopol. Voici quelques renseignements extraits du Compte rendu de l'Assemblée générale du 20 mars 1881 : Au 31 décembre dernier : 10.471 Membres ; capital social : fr. 370.124 10; Secours médicaux : fr. 188.289 30; Secours pécuniaires : fr. 5.960 30; Pensions de secours à 9 membres : fr. 3.907 10. A la page 30, nous trouvons ce passage, qui ne sera pas lettre morte, espérons-le du moins, pour les Membres intelligents de cette grande Société. « Tous les cours sont utiles, nécessaires à notre association, prin-
« cipalement la Comptabilité. En effet, la Comptabilité est l'âme d'une Maison de
« Commerce ; aujourd'hui vous êtes employés, demain vous pouvez être Chefs de
« Maison ; il faut donc travailler pour acquérir les connaissances indispensables
« au bon fonctionnement d'un établissement ; qu'il soit grand, qu'il soit petit, il
« faut pouvoir se rendre compte de tout. »

UNION *des Caissiers, Comptables et Teneurs de livres,* 3, rue de la Chaussée d'Antin. — Résultats d'Avril et Juillet : 53 admissions ; 1 démission; Encaissé, 227.80, payé, 78.10; 7 obtentions d'emplois sur 32 offerts; pour les 25 autres, qui auraient pu convenir à de jeunes comptables de 18 à 20 ans, la Société n'avait pas de sujet. Aucun des membres n'est sans emploi.

QUATRIÈME ÉDITION ! *Questions actuelles de Comptabilité,* par M. E. Léautey, chef de bureau à la Comptabilité du Comptoir d'Escompte de Paris, vol. in-8° de 360 pages. Prix 3 fr. 50. Pour les abonnés de la *Revue de la Comptabilité,* 3 fr. seulement, franco.

ASSOCIATION DES COMPTABLES, 6, rue Turbigo. L'Assemblée générale semestrielle aura lieu le Dimanche 21 août 1881, à midi, dans le grand amphithéâtre de la Sorbonne; la séance sera ouverte à une heure précise.

LE JOURNAL DES EMPLOYÉS, bi-mensuel. Un an : 3 fr. 50, rue Réaumur, 58.

LE REPRÉSENTANT DE COMMERCE. Hebdomadaire. 6 mois, 7 fr. ; 34, rue des Halles.

PROGRÈS MERVEILLEUX ! LA CLEF DE L'ORTHOGRAPHE SELON L'ACADÉMIE simplifie complètement l'étude de l'orthographe et permet de l'apprendre *sans maître* très promptement. — Pour recevoir cet ouvrage *franco,* par le retour du courrier, adresser 2 fr. (mandat ou timbres-poste) à M. BAHIC, éditeur à Poitiers.

Le Directeur-Gérant de la REVUE DE LA COMPTABILITÉ : H. HARANG, 7, r. Barbette.

Paris. — Imprimerie WATTIER et Cie, 4, rue des Déchargeurs.

1er Septembre 1881   **2e Année**   **No 23**

Contenant le 25e fascicule de l'UNIFICATION DE LA COMPTABILITÉ

5 fr. par an. — Écrire au Directeur, rue Barbette, 7, à Paris

On s'abonne SANS FRAIS dans tous les Bureaux de Poste de PARIS, des DÉPARTEMENTS et de l'UNION POSTALE à l'ÉTRANGER

Insister auprès des Employés qui prétendraient que ce Journal ne serait pas au Catalogue.
Il y a eu envoi d'Instructions à son sujet en Mars dernier.

REVUE DE LA COMPTABILITÉ

BI-MENSUELLE

PUBLIANT LES TRAVAUX DU COMITÉ D'INITIATIVE ET CEUX DU CONGRÈS DES COMPTABLES

D'après les procès-verbaux de leurs séances tenues à l'Hôtel de l'Union nationale des Chambres syndicales

La Rédaction de la REVUE est entièrement indépendante du Comité et du Congrès. Cette déclaration nous a paru nécessaire pour éviter tout malentendu dans l'esprit du lecteur, et mettre le Comité et le Congrès à l'abri de toute responsabilité.

ASSEMBLÉE GÉNÉRALE DE L'ASSOCIATION DES COMPTABLES

dont le Siège social est 6, rue de Turbigo

On lit dans divers journaux :

Le Société de secours mutuels des Comptables de Paris s'est réunie hier en assemblée générale, dans le grand amphithéâtre de la Sorbonne, sous la présidence de M. Truelle, juge au Tribunal de commerce, assisté de MM. Fauger, Pigeon, Bouffard et Blanchard.

Après une ouverture exécutée par la Société philharmonique des Comptables, M. Truelle a donné lecture d'une lettre du Ministre de l'intérieur, mentionnant les récompenses accordées à la Société.

M. Aumont, trésorier, a obtenu une médaille d'argent et M. Lempereur une mention honorable.

Après une courte allocution du président et la lecture du procès-verbal de la séance générale du 27 février dernier par M. Fauger, secrétaire, M. Blanchard, rapporteur, a constaté dans un très remarquable compte rendu, souvent applaudi, l'état réel de prospérité des Comptables de Paris. La Société comprend, en effet, actuellement 2,863 membres, et son capital peut être évalué à plus de 1,100,000 fr.

Parlant de ce qui s'est passé au premier congrès des Sociétés de secours mutuels qui s'est tenu à Paris, en juin dernier, M. Blanchard estime qu'on y a posé des questions de sentiment plutôt que des questions de principe ; que tout est à refaire, et que les Sociétés de secours, au lieu de s'adresser à l'Etat, doivent tout attendre de leur initiative.

Faisant allusion aux troubles qui ont marqué la dernière séance générale, M. Blanchard a rappelé qu'ils ont été en partie causés par la tendance qu'ont certains membres à vouloir faire sortir les Sociétés de leur rôle de secours mutuels pour en faire des caisses de retraite. « Si elles marchaient dans cette voie, dit-il, elles iraient fatalement à la ruine. » Espérant que les Comptables de Paris ne s'y engageront pas, M. le rapporteur a fait appel à leur esprit de concorde et d'oubli.

Divers orateurs ont ensuite pris la parole ; l'un a demandé l'admission des femmes dans la Société des Comptables. Cette proposition a été très vivement combattue et finalement repoussée.

A six heures, la séance a été levée.

A cet article, le Rapporteur de la Commission des Retraites répond par la lettre suivante :

MONSIEUR LE DIRECTEUR,

Dans son remarquable compte rendu, M. Blanchard se plaît à constater l'état de prospérité de l'Association des Comptables. — M. Blanchard est vraiment bien bon. Il faut reconnaître qu'il ne lui a pas fallu de grands efforts pour arriver à cet aveu en présence du capital social actuel s'elevant à 1,103,000 fr.

Je souligne ce passage : « Faisant ensuite allusion aux troubles qui ont marqué » la dernière assemblée générale, le Rapporteur en fait remonter la cause aux » *tendances qu'auraient*, selon lui, *certains membres*, à *faire sortir la Société* » *de son rôle de secours mutuels pour faire une caisse de retraite, ce qui serait* » *pour elle la ruine.* »

M. Blanchard me permettra-t-il de lui demander ce qu'il compte faire des excédants de recettes qui montent annuellement de 90 à 100,000 francs?

A quel emploi prétend-il réserver d'aussi importants bénefices ? Pourrait-il m'expliquer comment il se fait qu'étant un des promoteurs de l'augmentation de la cotisation en vue de créer une caisse de retraite, il trouve maintenant qu'une société marche à sa ruine en proportionnant à ses ressources le chiffre de la pension. Y aurait-il encore indiscrétion à prier le rapporteur d'expliquer comment, en 1874, il trouvait que, d'après des travaux faits par lui — prétendait-il — la Société pouvait servir 300 fr. de pension, tandis qu'aujourd'hui, après avoir constaté sa prospérité croissante, il juge que le modeste chiffre de 100 fr. est devenu un maximum dont encore il ne faut user qu'avec la plus grande réserve.

M. Blanchard ne me trouvera pas trop exigeant, j'aime à le penser, en me bornant à lui demander de mettre un peu plus de conformité entre ses déclarations d'hier et ses conclusions d'aujourd'hui.

Mais au fait, peut-être ai-je tort de taxer d'inconséquence la conduite de M. Blanchard. Elle est peut-être en réalité beaucoup plus logique qu'on ne serait tenté tout d'abord de le penser. Il suffit de s'entendre. Quand il poussait à l'augmentation du chiffre de la cotisation, peut-être avait-il des vues secrètes bien différentes de celles que l'on faisait miroiter alors aux yeux des partisans de la retraite.

Qui ne se rappelle, en effet, les beaux projets d'entreprise de M. Bouffard d'abord, qui aurait voulu fonder un hôpital ; de M. Bonneval ensuite, qui aurait lancé notre Société dans les affaires par la création d'une banque, et enfin ceux de M. Blanchard lui-même, qui, jaloux des idées lumineuses de ces Messieurs, eat rougi sans doute de leur paraître inférieur en conceptions grandioses ? N'a-t-il pas rêvé et ne rêve-t-il pas encore la fondation d'écoles uniquement destinées aux enfants des sociétaires ?

J'avoue que, si tel est le fond de la pensée de M. Blanchard et consorts, ils feront bien d'accumuler pendant de longues années encore, les ressources disponibles de la Société. Mais je le demande à tout sociétaire impartial qui a horreur de l'utopie et qui ne doit donner sa confiance qu'à des hommes dévoués à ses intérêts bien compris et véritablement pratiques, à des hommes sérieusement ménagers de ses deniers, ne serait-ce pas le cas ou jamais de pousser avec plus de vérité le cri d'alarme de M. Blanchard, et d'affirmer bien haut que la poursuite de semblables projets, en faisant **sortir la Société de son rôle de secours mutuels — serait pour elle la ruine?**

Veuillez, etc.

CARCHAN,
Président et Rapporteur de la Commission des Retraites.

Qu'il nous soit permis à notre tour de dire notre petit mot sur ce grand discours du Compte rendu. Jamais nous n'avions entendu dans un rapport d'aussi belles et bonnes choses. Quelle diction ! quel organe ! c'était pour nous une véritable fête intellectuelle ! Que nous voudrions n'avoir que des éloges à faire jusqu'au bout ;

mais hélas ! nous ne pouvons pas exiger la perfection de l'imperfection humaine, à laquelle il est si difficile de se soustraire.

Que M. le Rapporteur médite sur ce qu'il a dit des cercles de Comptables jusque et y compris le paragraphe où il parle des Journaux qui traitent de Comptabilité, et du fond de sa conscience une voix lui criera que la haine est mauvaise conseillère. S'il en était autrement, si le mal étouffait le bien, nous nous exclamerions, en parodiant un vers fameux :

Tant de fiel entre-t-il dans l'âme d'un Comptable !

H. H.

UN TOURNOI DE COMPTABLES

Sous ce titre, le *Gil Blas* du 10 et l'*Opinion* du 20 août ont donné un compte rendu sommaire de la séance où devait se juger le défi de 20,000 francs porté à tous les comptables par M. V. Poitrat.

Dire qu'il y a dans les assertions de ces journaux, à ce sujet, autant d'erreurs que de points et de virgules, n'est véritablement pas une exagération. Prenons le *Gil Blas*. « Ce n'est pas seulement dans les réunions politiques que les discussions tournent à l'aigre. (*Hélas !*) L'affreuse discorde sait se glisser même dans les réunions dont le caractère devrait être essentiellement pacifique. (*C'est malheureusement d'une exactitude réaliste.*) M. Poitrat se trouve en butte, paraît-il, à la jalousie des membres du Congrès des Comptables. (*Erreur, erreur !*) Aussi ceux-ci ont-ils essayé de susciter des interruptions pendant la séance et de provoquer des troubles. (*Pas un mot, même d'approbation, n'a été prononcé pendant la longue exécution des 22 articles.*) M. Poitrat explique sa méthode (VANTE, *M. G. B.*, *s. v. p.* et non EXPLIQUE) et offre de répondre à tous ceux qui s'y montreraient opposés. (*Demandez à MM. Beauchery, Corrompt et Trévelas quelle réponse ils ont obtenue.*) Le seul concurrent qui se présente, sans aborder la question de comptabilité (*pardon, c'est le contraire*) il commence (*il finit*) par émettre des doutes sur la véracité du pari de 20,000 francs (*non, il dit qu'il n'a jamais pris les 20,000 fr. au sérieux*). Ces paroles sont applaudies par les membres du Congrès des Comptables qui font partie du bureau. (*Vous leur en voulez donc bien pour interpréter ainsi leurs sentiments d'étonnement*). Et le mot mystification est prononcé. (*N'était-il donc pas juste, alors ?*) M. Poitrat proteste par la bouche de M. J. Cardon. Le président retire ce mot malheureux (*il eût été plus juste de dire que le bureau tout entier donne tort à M. Delon*), mais l'effet n'en est pas moins produit, et le concours se termine sans se terminer effectivement — sur les propos les plus vifs et les moins conciliants. » (*De la part de MM. Cardon père et fils surtout, n'est-ce pas ?*)

Voyons maintenant l'*Opinion* : « Ce défi s'est jugé dimanche (*nous venons de voir qu'il s'est terminé — sans se terminer*) dans un concours public (*mais auquel on avait omis avec intention, de convier les Comptables*). Au début de la séance, notre confrère Jules Cardon, secrétaire du Comité d'organisation (*les 20,000 fr. de M. Poitrat à qui a vu ce Comité !*) soumet au public les propositions plus ou moins fantaisistes de quelques adversaires de M. Poitrat. Cette communication, impossible à contredire, puisqu'elle s'appuie sur des lettres échangées de part et d'autre, provoque cependant de vives interruptions de la part de quelques membres du Congrès des Comptables présents au Concours. (*Impatientés, comme tout le monde, d'entendre tout autre chose que la fameuse méthode*). Afin d'éviter toute contestation ultérieure, le secrétaire (*Comme il n'y avait sur l'estrade que M. Cardon, ce monsieur paraissait cumuler les ; onctions tétradiques de Secrétaire, de Président, de Bureau et de Comité*). directement interpellé, provoque la nomination d'un bureau (*lui! le fonctionnaire tétradique, jamais de la vie!*) M. Poitrat explique (*mais non! vante*) la marche de sa méthode et passe (*fait passer*) au tableau les 22 articles qui font l'objet de son défi (*ce qui n'a pas amusé du tout, du tout, une heure vingt minutes ! pensez donc!*) Il ne nous appartient pas de faire une réclame quelconque à cette méthode; (*le renard disait des raisins qu'ils étaient trop verts, parce qu'il ne lui était pas plus facile de les gober que vous la Méthode.*) Nous devons remarquer cependant qu'aucune observation ne lui a été faite, aucune contestation opposée. (*Pas davantage qu'en ; rait un Roumain à un discours en bas breton.*) M. Delon, le seul concurrent qui se soit présenté (*et M. Beauchery, et M. Corrompt, et M. Trévelas?*) commence la lecture d'un volumineux rapport contre le Journal exigé par la loi, (*Corrigeons la coquille : contre le journal la* Revue de la Comptabilité *qui préconise le remplacement de ce livre légal par un tableau synoptique.*) Arrivant cependant à parler du Concours, il laisse échapper une phrase malheureuse que le président du bureau s'empresse de ramasser pour la retourner contre M. Poitrat, qu'il n'a pas l'air d'aimer du tout, du tout! (*Oh! par exemple!*) Il parle de mystification faite par l'honorable doyen des comptables et propose un vote de blâme. (*Est-ce qu'il n'eût pas été mérité si, comme le faisait supposer M. Delon, il y avait eu entente entre lui et M. Poitrat.*) M. Jules Cardon prouve, lettres en mains, que M. Poitrat a agi avec la plus grande loyauté. Il somme le bureau de retirer le mot mystification, ce qui est fait. (*Il eut été beaucoup plus conforme à la vérité de dire que le bureau s'est empressé de reconnaître la bonne foi de M. Poitrat dans cette circonstance.*) Bref, le concours finit sans que M. Poitrat ait perdu ses 20,000 francs et sans qu'une seule attaque ait été faite à sa comptabilité (*Personne n'y ayant rien compris.*)

La protestation suivante a été adressée aux journaux que nous venons de citer :

« En notre qualité de Membres du Bureau de la réunion tenue le dimanche 14 août, présent mois, à l'hôtel des Chambres syndicales, 10, rue de Lancry, à Paris, réunion provoquée par l'honorable M. Valentin Poitrat, doyen de la corporation des Comptables, pour lequel nous professons la plus grande estime, nous venons vous prier d'insérer dans votre plus prochain numéro les rectifications suivantes, à l'article paru sous ce titre : « *Un Tournoi de Comptables,* » dans le n° ... de votre estimable journal, portant la date du .. août 1881.

» Cet article est malveillant à l'endroit des Membres du Congrès des Comptables, dont M. Poitrat fait partie, et, plus particulièrement encore, à l'endroit des soussignés.

» De plus, il a dénaturé complétement les faits en reproduisant la physionomie de la réunion d'une façon tout à fait inexacte.

» Nous avons le devoir de rétablir ces faits en toute leur exactitude, devant l'opinion publique qu'on cherche à égarer et nous ne faillirons pas à cette tâche.

» L'Assemblée qui nous a fait l'honneur de nous appeler, par acclamation, à la présider, considérerait certainement comme une lâcheté de notre part, la réserve que nous pourrions garder au sujet d'une réunion aussi quasi-comique que celle qu'a tenté de tenir son « Comité organisateur » qui a jugé prudent, malgré les instances de l'Assemblée, de garder l'anonyme, alors qu'il eût dû y tenir la première place, et sans doute, en raison de son peu de compétence en matière d'organisation.

« Non, M. Poitrat n'est pas *en butte à la jalousie des Membres du Congrès des Comptables.*

« Nos sentiments de solidarité et de bonne confraternité sont meilleurs que votre chroniqueur se permet de le supposer.

« Lors de l'adhésion de M. Poitrat comme Membre du Comité d'initiative du Congrès des Comptables, il fut salué par nous avec tout le respect dû à son grand âge et toute la sympathie que la personne de ce vaillant lutteur du progrès méthodique nous inspire.

« Non, M. Poitrat n'a pas offert de répondre à tous ceux qui se montraient, non pas opposés à sa méthode dans le sens radical du mot, mais prêts à entrer en lutte.

« Sur la déclaration qui lui fut faite à cet égard par plusieurs Membres de l'Assemblée, notamment par MM. Beauchery, Corompt, Trévelas, Baudran, etc., M. Poitrat fit observer qu'il était *trop tard* et qu'il n'admettait comme concurrent que M. Delon, le seul qui se soit fait connaître et qui, au moment où le Bureau suspendit la séance pour se rendre un compte aussi exact que possible des conditions du débat qu'il allait avoir à diriger, n'avait même pas encore effectué le versement de 25 fr. exigé par M. Poitrat.

« Non, ce concurrent n'a pas *commencé par émettre des doutes sur la véracité du pari de 20,000 fr. fait par son adversaire.*

« M. Delon, au contraire, dans les paroles qu'il a prononcées à ce sujet, a été, vis à vis de M. Poitrat, d'une courtoisie qui l'honore, en déclarant *que, dans le cas où l'issue de la lutte lui serait favorable, il n'entendait nullement encaisser les* 20,000 *fr. d'enjeu*, mais il s'est ainsi déjugé, vis à vis le Bureau qui lui avait fait observer avant de rentrer en séance qu'il entendait présider une lutte sérieuse dans laquelle toutes les conditions posées seraient scrupuleusement remplies, et si le mot *mystification* a été prononcé par le Président, il s'adressait très justement à M. Delon et non à M. Poitrat.

« M. le Président fit même obsersver de plus à M. Delon qu'il était malséant de se jouer ainsi d'un vieillard honorable en faisant tourner la réunion au comique sans profit pour personne.

« Nous sommes donc bien loin, Monsieur le Directeur, d'avoir *applaudi* à cette malencontreuse déclaration, puisqu'au contraire, nous l'avons relevée vertement comme une injure faite à M. Poitrat et au nombreux et compétent auditoire dont nous avions à défendre la dignité ainsi compromise.

« L'un de nous fit même observer à l'Assemblée qu'il considérait les débats comme très sérieux et par conséquent comme très grave la responsabilité du Bureau, que M. Poitrat avait déclaré choisir lui même pour Tribunal-Arbitre, et qu'il se proposait à l'issue du Jugement qui serait porté par ledit Tribunal sur la supériorité d'une méthode sur l'autre, de demander à l'Assemblée de vouloir bien discuter ou sanctionner ce jugement par un vote couvrant la responsabilité des Arbitres.

« Un seul Membre de l'Assemblée, M. Baudran, a fait connaître qu'il s'était rendu chez MM. Cahagne et Favrot, pour qu'on lui montrât le livre sur lequel les 20,000 fr. de M. Poitrat étaient inscrits, et qu'on lui avait répondu qu'il n'y avait eu aucune écriture de passée à ce sujet, mais que le compte de M. Poitrat était créditeur d'une somme supérieure.

« Nous protestons donc énergiquement, tant en notre nom personnel qu'au nom du Congrès des Comptables attaqué par l'article incriminé, qui est erronné dans tout son contenu.

« Nous croyons devoir ajouter en terminant que ni la personne de M. Poitrat, ni ses ouvrages, n'ont jamais fait l'objet d'aucune critique déplacée au sein du Comité d'initiative du Congrès, ou de son Comité d'études, ainsi que leurs procès-verbaux respectifs en font foi.

« Paris, le 20 août 1881. »

Les Membres du Bureau :

FÉLIX ROY,   E. REY, A. GAGEY,
président.   *assesseurs.*

Ce qui précède nous dispense d'en dire bien long dans ce compte rendu que nous avons promis.

Le soin particulier que M. Poitrat avait mis à choisir son auditoire, en n'invitant officiellement à cette réunion que des Négociants, alors que notre Corporation avait bien, il nous semble, quelque droit d'y être représentée, avait excité le mécontentement général de quelques-uns de nos collègues qui n'avaient eu connaissance de ce défi que par la presse, mécontentement qui se traduisit, au début de la séance, par une interpellation que M. Rey adressa à M. J. Cardon avec une verve à laquelle ce dernier était loin de s'attendre. « Vous avez, dit M. Rey, adressé quatre ou cinq mille invitations à des Négociants, Industriels et Commerçants et vous voilà en face de leurs représentants, de leurs comptables, ce à quoi, paraît-il, vous ne vous attendiez pas précisément. C'est qu'il en sera toujours ainsi, lorsque vous vous adresserez à nos patrons,. car nous possédons leur confiance, et du moment qu'il s'agit de comptabilité, ils s'en rapportent à nous. Maintenant permettez-moi de vous dire que, si c'est une conférence que vous faites, nous n'avons qu'à vous écouter. Si, au contraire, c'est un concours en réunion publique, nommons un bureau pour nous trouver dans les termes de la loi sur les réunions publiques.

Le bureau est nommé et M. J. Cardon est prié de remplir les fonctions de secrétaire.

M. Poitrat prend la parole. Il cite toutes les maisons de Paris qui ont adopté sa méthode et les nombreuses villes de France où elle est en faveur. Bref, il se décerne un certificat de supériorité universelle qui lui attire une réplique de M. Beauchery.

Il n'y a qu'un seul concurrent admis par M. Poitrat, c'est M. Delon. A MM. Corrompt et Trévelas, qui demandaient à concourir sur place, il leur a été répondu *qu'il était trop tard.*

Vu son grand âge, M. Poitrat se fait remplacer par son *Appariteur* qui reproduit à la craie, sur des tableaux de toile vernie tout tracés, le tableau synoptique des vingt-deux articles distribué gratuitement à l'entrée. Aucune explication, aucune démonstration ne vient troubler ce travail machinal, admirablement et calligraphiquement exécuté d'ailleurs. Le premier quart d'heure voit s'en aller une centaine d'auditeurs ; le second en voit disparaître une autre centaine. Encore cent autres s'éclipsent dans le suivant. La craie marche toujours, l'heure s'écoule et la foule aussi. Enfin, après une heure vingt minutes de travail, l'*Appariteur* pose son dernier chiffre. De 600 à 700 personnes, en reste-t-il cent ? Tenez, deux cents, si vous voulez. Ces deux cents sont des bons, je vous en réponds, des *illuminés* sans doute, comme dirait M. Léautey ; car qui d'autres eussent résisté à cette longue et monotone litanie de débits et de crédits. Eh bien quelque compétents que soient ces... dévoués, *pas un seul* n'a compris la fameuse méthode, et s'il avait fallu rendre un jugement, c'est le bureau, je vous en réponds, qui eût été embarrassé. A moins d'être Salomon en personne, je ne vois pas comment il se serait tiré de là !

Mais M. Delon était là. Le bureau lui doit une fameuse chandelle!.... et les pauvres 25 francs que M. Delon a dû payer, conformément aux conditions imposées par M. Poitrat.

Sur la proposition de M. Rey, la réunion est déclarée nulle et sans effet et.... la séance est levée.

A bientôt la mise en robe de chambre de la Méthode Poitrat !

NOTRE BUT

Le but de la *Revue de la Comptabilité* est de vulgariser, de populariser *la science de l'ordre*, comme l'appellent nos voisins transalpins. Quand tout le monde connaîtra la Comptabilité et se rendra compte de ce qu'elle est réellement, les Comptables seront estimés, considérés et convenablement rétribués. Qu'ils ne redoutent pas la concurrence par suite de cette popularisation, il y en aura moins qu'aujourd'hui, car connaître la Comptabilité et la pratiquer sont deux choses aussi différentes que la théorie est différente de la pratique. Tout le monde possède aujourd'hui assez de géométrie pour faire une opération de métrage et d'arpentage, et pourtant, quand il s'agit d'un travail sérieux, personne ne se passe du *Métreur* ni de l'*Arpenteur*. Ce qui fait qu'actuellement il y a tant de Comptabilités au rabais de 15, 12 et 10 sous l'heure (c'est pénible à dire !), — c'est que les Commerçants ne connaissent pas la Comptabilité, sans cela ils se rendraient compte du mérite d'un bon Comptable et n'hésiteraient pas à rémunérer largement son travail.

Grâce à la collaboration qui lui est acquise de la part d'un grand nombre de ses abonnés, la *Revue de la Comptabilité* continuera de mettre ses lecteurs au courant des diverses méthodes et procédés qui sont pratiqués. C'est le parachèvement des connaissances comptables indispensables à celui qui a quelque souci de l'avenir et de sa réputation de bon Comptable. Il ne faut pas qu'on puisse se trouver embarrassé lorsque par hasard on change de Maison, quelque système, méthode ou procédé qui se présente, fût-ce cette méthode qui semble s'être évertuée à présenter la Comptabilité sous des aspects tellement hiéroglyphiques, qu'il faut une dose vraiment peu commune de courage et de patience pour en saisir le mécanisme. Tout le monde sait déjà que nous voulons parler de la méthode Poitrat. Ce n'est pas la séance du 14 août qui l'aura rendue plus claire et partant popularisée ; car, sur les 100 ou 150 personnes non initiées qui ont eu la persévérance d'attendre la fin de la... *pratique* de cette méthode, il n'en est peut-être pas dix qui l'aient comprise, ce qui n'empêche pas qu'elle a du bon, nous voulons dire des Contrôles immédiats, ce qui manque à la plupart des autres méthodes. Pour cette raison et surtout parce qu'elle est suivie dans un certain nombre de fortes et de très honorables maisons, nous devons tous la connaître, pour ne pas être pris au dépourvu, si le hasard voulait que nous eussions à la pratiquer. Eh bien ! la *Revue de la Comptabilité* se propose de la faire comprendre en la mettant en *robe de chambre*, passez-nous l'expression, s. v. p. C'est un service qu'elle croira rendre aux Négociants en même temps qu'aux comptables, et alors M. Poitrat — nous en avons l'assurance — ne nous enverra plus de *papier marqué*, car il reconnaîtra que si nous nous élevons contre le caractère énigmatique, algébrique, cabalistique, hiéroglyphique ou logogriphique de sa méthode, nous n'en contestons nullement les excellents résultats.

La *Revue de la Comptabilité* restera ce qu'elle doit être ; elle s'élèvera au-dessus des mesquineries, des petites fantaisies haineuses, des caprices ou des humeurs de toutes les coteries, quelles qu'elles soient. Elle se retranchera dans sa conscience et fera son devoir. Elle s'occupera de préférence de la Tenue pratique des Livres. Elle donnera le plus souvent possible des *fac-simile* d'écritures. C'est, suivant nous, un excellent moyen d'initier chacun à tous les systèmes. Les Négociants autant que leurs Comptables ont besoin de cela, car ils peuvent être appelés à éclaircir une affaire, comme créancier ou à tout autre titre.

Et puis, qui sait s'il ne sortira rien des travaux du Comité d'Initiative, du 1er Congrès des Comptables, du Comité d'Etudes et du 2e Congrès futur. Ces travaux en fin de compte, touchent davantage encore les intérêts des Négociants et des Industriels que ceux des Comptables. — Qui donc, plus que les premiers, profiterait d'une réforme telle que celle par exemple du remplacement du Journal légal actuel par un Journal synoptique qui présenterait en 25 ou 30 lignes toutes les opérations d'un mois ? — Qui donc, plus qu'eux, profiterait de cette manière de passer les écritures directement des Livres auxiliaires sur les Grands-Livres (plusieurs Maisons déjà n'opèrent pas autrement) ?

Non, les Chefs de Maison ne peuvent pas se désintéresser de questions qui les touchent aussi directement. C'est aux Comptables à les en bien persuader.

Nous ne pouvons pas nous dispenser de parler, en terminant, de ce que contient la première année de notre publication. Les travaux du Comité d'Initiative ont été supérieurement coordonnés, (et beaucoup d'entre eux rédigés) par M. Gagey, son Président, à l'énergie de fer de qui le premier Congrès de France a dû son existence. Les questions de principes, de Méthodes y sont traitées d'une manière d'autant plus remarquable qu'elles l'ont été par un groupe de Comptables épris de leur profession. C'est une œuvre qui a le mérite de n'être pas personnelle. Le Compte rendu in-extenso du Congrès en petit-texte compacte, ne contient pas moins de 84 pages. Si le style de sa rédaction pèche en plus d'un endroit, le fond est réel et l'on y trouve des choses excellentes qu'aucun Comptable ne doit ignorer.

Quant à la *Revue* proprement dite, nous devons signaler l'excellent Article-Programme de M. Léautey (N° 5). Les savantes dissertations de notre zélé compatriote, M. Guillay, de Tours, ancien notaire, sur *la Loi Commerciale Française et le Congrès des Comptables de Paris*, dont nous continuons actuellement la publication. La Comptabilité d'un bijoutier, par M. Novatien. Nous y trouvons (N°ˢ 1 et 2) *les Balances par soldes*, dont nous tairons le nom de l'auteur, pour le vexer, malgré tous les services qu'elles ont rendu, depuis qu'on a la preuve que leur montant est partie constituante du total du Journal. Avec elles on fait facilement des Balances mensuelles, tandis qu'avec les *Balances* par *débits* et *crédits* égaux chacun au total du Journal, les Balances trimestrielles et même..... pouvaient seules se... rêver. Les premières offrent sur les secondes une économie des 2/3, et ce sont de *vraies Balances* où les *Débiteurs* et les *Créditeurs figurent pour ce qu'ils valent chacun*, et non de ces plaisantes Balances dans lesquelles ces mêmes comptes sont englobés dans deux *Comptes collectifs*. Du même piocheur, nous avons eu (N° 8) le *Livret des contrôles constatant l'exactitude des opérations de transport et d'addition sur les Grands Livres*; le moyen de trouver une Balance introuvable ; etc., etc., même 12 lignes d'un tout petit Compte rendu de notre dernière Assemblée générale qui ont attiré sur les épaules du pauvre les foudres de nos Jupiters. Les Chroniques et le Compte-rendu des séances du Comité d'études par son président, M. Roy ; le Compte-rendu du banquet de ce Comité par M. Chamaison ; plusieurs articles de M. B. de Ch. qui signe aussi B. tout court.

INSTITUT POLYGLOTTE, rue de Richelieu, 106 (à partir du 3 octobre, *rue de la Grange-Batelière*, 16). — Par la multiplicité des cours et des conférences, l'*Institut Polyglotte* constitue un véritable progrès dans l'enseignement des langues modernes. Aussi la Presse lui a-t-elle généreusement accordé la plus large publicité.

Inaugurée il y a quelques mois, l'œuvre est désormais vivante et son avenir est assuré. — L'*Institut Polyglotte* doit compter, en effet, sur l'adhésion de tous ceux qui, par goût ou par nécessité, veulent arriver promptement à la connaissance théorique et surtout pratique des langues étrangères ; il peut compter également sur le sympathique concours des hommes d'initiative, sur le bienveillant appui des grands industriels et négociants, des banquiers, etc., protecteurs naturels d'une œuvre qui favorisera le développement de nos relations internationales.

PROGRÈS MERVEILLEUX! LA CLEF DE L'ORTHOGRAPHE SELON L'ACADÉMIE simplifie complètement l'étude de l'orthographe et permet de l'apprendre *sans maître* très promptement. — Pour recevoir cet ouvrage *franco*, par le retour du courrier, adresser 2 fr. (mandat ou timbres-poste) à M. BAHIC, éditeur à Poitiers.

Le Directeur-Gérant de la REVUE DE LA COMPTABILITÉ : H. HARANG, 7, r. Barbette.

Paris. — Imprimerie WATTIER et Cie, 4, rue des Déchargeurs.

15 Septembre 1881 2e Année N° 24

*Contenant le 26e fascicule de l'*UNIFICATION DE LA COMPTABILITÉ

5 fr. par an. — Écrire au Directeur, rue Barbette, 7, à Paris

On s'abonne SANS FRAIS dans tous les Bureaux de Poste de PARIS, des DÉPARTEMENTS et de l'UNION POSTALE à l'ÉTRANGER

Insister auprès des Employés qui prétendraient que ce Journal ne serait pas au Catalogue.
Il y a eu envoi d'Instructions à son sujet en Mars dernier.

REVUE DE LA COMPTABILITÉ

BI-MENSUELLE

PUBLIANT LES TRAVAUX DU COMITÉ D'INITIATIVE ET CEUX DU CONGRÈS DES COMPTABLES

D'après les procès-verbaux de leurs séances tenues à l'Hôtel de l'Union nationale des Chambres syndicales

La Rédaction de la REVUE est entièrement indépendante du Comité et du Congrès. Cette déclaration nous a paru nécessaire pour éviter tout malentendu dans l'esprit du lecteur, et mettre le Comité et le Congrès à l'abri de toute responsabilité.

LES 22 ARTICLES DU TABLEAU SYNOPTIQUE DE M. V. POITRAT

Passés suivant la Partie Double

Avant d'examiner le mécanisme de la *Méthode Française Autodidactique*, nous allons passer les 22 articles suivant la Méthode en Partie Double.

Ces 22 articles nous paraissent pouvoir se classer comme suit :

```
SITUATION au 1er juin.   Débiteurs : David            1.895
                                     Barbier  1.225   3.120
                                     Dupré, banquier   3.500
                                                       ──────
                                                       6.620
                                                       ══════
                         Créditeurs : Richemont        1.245
                                      Martinot            877   2.122
                                      Echéances                   500
                                                                ──────
                                                                 2.622
                                                                ══════

BILAN au 1er juin.   Actif :  Débiteurs           6.620
                              Marchandises        25.250
                              Portefeuille         3.000
                              Caisse               2.540
                              Fonds de commerce    3.000
                              Loyer d'avance       1.500
                              Mobilier industriel  5.000
                     Passif :     Créditeurs                 2.622
                                  Capital                   44.288
                                                   ──────   ──────
                                                   46.910   46.910
```

Report. . 46.910

2 JUIN 18.. (Première journée)

```
Facture de Richemont . . . . . . . . . . . . . . . . .   647
   »      » Martinet . . . . . . . . . . . . . . . . .   922
                                                              1.569
   »      à David . . . . . . . . . . . . . . . . . .  2.400
   »      » Barbier . . . . . . . . . . . . . . . . .  1.223
                                                              3.623
Règlement de David      1 Eff. 1.500 ; Esp. 357 ; Esc. 38    1.895
    »       à Richemont  1  »  1.200    »   647   »   45      1.892
    »       » Martinet   m/ B/ 400   » 1.499   »   20        1.919
Négociation à Charron, banquier      » 1.785  Int. 15 pr 1 Ef. 1.800
        Total de la Journée du 2 juin. . . . . . . . . . . . . 12.698   12.698
        Total des Ecritures d'Inventaire et de la 1re journée . . . . .   59.608
```

30 JUIN 18.. (Deuxième journée)

```
Règlement de David      1 Eff. 1.500
                        1  »  1.250  2.750 Esp.  695 Esc. 55   3.500
    »       » Barbier . . . . . . . . . . . .  » 1.200  »  25  1.225
Bordereau  à Dupré B/   1 Eff. 1.500
                        1  »  1.250  2.750 (n/ passons cet art. direc-
                                      tement au crédit de David)
Reçu      de   dᵒ      Esp. . . . . . . . . . . . . . .  1.500
  »       Ventes au comptant. . . . . . . . . . . . . .    895
Payé      m/ B/ o/ Dubois . . . . . . . . . . . . . . .    500
  »       Achats au comptant . . . . . . . . . . . . .    250
  »       Frais de Maison . . . . . . . . . . . . . . .    125
        Total de la Journée du 30 juin . . . . . . . . . . . . .  7.995
        Total des Ecritures d'Inventaire et des deux journées. . . . 67.603
```

```
SITUATION au 1er Jet 18.. Débitrs · Barbier         1.223
                                    Martinet          120
                                    Cptes Gx et Spx 45.155
                                                            46.498
                          Crédits : David                   1.100
                                    Comptes Gx et Spx       45.398
                                                            46.498
```

L'*Inventaire* est une nomenclature détaillée de tout ce que possède une *Maison de commerce*. Le *Résumé* de cette nomenclature ou *Ecritures d'Inventaire* est généralement désigné sous le nom de Bilan. Voici comment nous passons celui-ci :

BILAN au 1er Juillet

ACTIF		PASSIF	
1.223	Client débiteur	Client créditeur	1.100
120	Fournisseur dᵒ	Effets à payer	400
4.750	Dupré, banquier	Capital au 1er juin	44.288
23.454	Marchandises en magasin	Bénéfices	710
1.500	Portefeuille	Capital au 1er juillet	44.998
5.951	Caisse		
3.000	Fonds de commerce		
1.500	Loyer d'avance		
5.000	Mobilier indust.ᵉl		
46.498			46.498

Nous allons répartir ces articles sur nos Livres d'*Achats*, de *Ventes*, de *Bureau* et de *Caisse*.

LIVRE D'ACHATS

2 Juin 18..

1.245	»	1.892	»	21	21	Richemont d'Elbeuf s/ F^re	647	»	
877	»	1.799	»		23	Martinet d'Orléans » »	922	»	1.569 »
2.122		3.091	»						
		2.122							
		1.569	»						

Pour ce Livre comme pour le suivant nous avons des Bordereaux avec contrôle des écritures du Grand-Livre. La première colonne contient les totaux qui existaient au Grand-Livre **avant** l'écriture du jour ; la seconde colonne contient les totaux obtenus **après** l'écriture du jour. La différence — s'il n'y a pas d'erreur — est évidemment égale au total des sommes que l'on avait à passer. **On obtient ainsi un contrôle infaillible des opérations d'addition et de transport sur le Grand-Livre.**

LIVRE DE VENTES

2 Juin 18..

1.895	»	4.295	»		10	David de Lille m/ F^re	2.400	»	
1.225	»	2.448	»		12	Barbier de Cambray m/ F^re	1.223	»	3.623 »
3.120	»	6.743	»						
		3.120	»						
		3.623							

LIVRE DE BUREAU

2 Juin 18..

101							
2		0132	Portefeuille	10 a David			
3	—		T^e de *** s/ Louis, Paris 30 J^et			1.500	»
4				2 d^o			
5		0527	Pertes et Profits	0132 a Portefeuille			
6			Agio s/ n°3 Négocié à Charon B/		15	»	
7		21	Richemont	a d^o			
8			Lille 31 J^et		1.200 »	1.215	
9				2 d^o			
110		23	Martinet m/ B/ 15 J^et	0303 a Effets a payer		400	»
1				30 d^o		3.115	
2		01	Dupré B/	10 a David			
3	—		B/ David Lille 31 J^et		1.500		
4	—		T^e » s/ Nantes 15 aout		1.250	2.750	»
5						5.865	»
6							

Toutes les lignes de ce livre étant numérotées, le Livre d'enregistrement d'Effets devient inutile ; il suffit pour cela de donner à l'effet le numéro de la ligne où on l'inscrit. Un trait horizontal à côté de ce numéro indique que c'est un numéro d'Effet. Dans la deuxième colonne, on met le numéro de Sortie de l'Effet. (Le livre de Sortie contient le numéro et la date de la Sortie, l'échéance et la somme.)

DOIT   CAISSE DU MOIS DE JUIN 18..   *AVOIR*

	2	En caisse.			2.540	
	»	N° 1, E/ à Charon 0132		Portefeuille.	1.785	
38 »	»	Reçu de	10	David.	357	2.142
					4.682	
					2.146	
					2.536	
	30	Reçu de	01	Dupré B/.	1.500	
25 »	»	»	12	Barbier.	1.200	
55 »	»	»	10	David.	695	
»	»	»	0345	Ventes.	895	4.290
					6.826	(6.432 recettes du mois).
					875	(2.540 l'encaisse du 1er juin).
118 »					5.951	65 »
						8.972

45 »	2	Payé à	21	Richemont	647	
20 »	»	»	23	Martinet	1.499	2.146
	30	Payé fre ***	0102	Achats.	250	
	»	» m/B/	0303	Eff-ts à payer	500	
	»	» pr le	020	Ménage.	125	875
				Paiements du mois.		3.021
				Encaisse le 30 juin.		5.951
						8.972

Nous rappelons à nos lecteurs qu'en marge du Débit de la Caisse nous inscrivons les Escomptes que nous accordons, de même que nos inscrivons ceux qui nous sont accordés en marge du Crédit.

Le contrôle des opérations d'addition et de transport au Grand-Livre des écritures des livres de Bureau et de Caisse se fait à l'aide d'un livret dont on a un *fac simile* à la page 43 du 8ᵉ numéro de la *Revue.*

JOURNAL SYNOPTIQUE DE JUIN 18..

DATES	LIVRES D'ACHATS	TOTAUX du Livre d'Achats	LIVRE DE VENTES	TOTAUX du Livre de Ventes	LIVRE DE BUREAU	TOTAUX du Liv° de Bureau	DÉBITS DE LA CAISSE	TOTAUX des Déb. de la Caisse	CRÉDITS DE LA CAISSE	TOTAUX des Cr. de la Caisse	ESCOMPTES ET RABAIS	TOTAUX des Esc. et Raba s	ESCOMPTES D'ACHATS	TOTAUX des Esc. d'Achats	TOTAUX QUOTIDIENS	TOTAUX GÉNÉRAUX
														Ecrit. d'Inv.		46.910
2	1.509		3.623		3.115		2.142		2.146		38		65		12.698	59.608
30					2.750	5.865	4.290	6.432	875	3.021	80	118			7.995	67.603

La confection de ce Journal ne demandant que quelques minutes par jour, on passe immédiatement ses écritures aux Grands-Livres directement des Livres auxiliaires. Mais tant que l'art. 8 du Code de Commerce ne sera pas changé, l'on est obligé de tenir un Journal relatant toutes les opérations et *à l'aide duquel il serait possible de reconstituer les Livres auxiliaires.* Notre choix s'étant arrêté sur le *Journal Contrôle perfectionné,* voici comment nous avons passé sur ce Livre les écritures qui précèdent :

JOURNAL-CONTROLE-PERFECTIONNÉ.

			2 Juin 18..				
	46.910	»	Ecritures d'Inventaire.			46.910	»
10	2.400	»	David m/fact.	0345	à Ventes.		
12	1.223	»	Barbier » »			3.623	»
0102			Achats.	23	à Richemont.		
			647 » s/fact.			647	»
	1.569	»	922 » » »	21	à Martinet.	922	»
0527			Pertes et profits.	0132	à Portefeuille.		
	15	»	Agio s/nº I.			15.	
0172			Caisse.		à dº		
			1.785 » nº 1 Escompté à Charron B/.			1.785.	1.800	»
	2.142	»	357 » Esp.	10	à David 357.		
	38	»	Escomptes et rabais.		à dº 38.		
0132	1.500	»	Portefeuille nº 3 Paris 31 juill.			1.500.	1.895	»
21			Richemont.	0132	à Portefeuille.		
			1.200 » 2 Lille 31 juill.			1.200	»
	1.892	»	692 Esc. 45 et Esp.	0172	à Caisse 647.		
23			Martinet.		à dº		
			1.519 Esc. 20 et »			1.499,	2.146	»
	1.919	»	400 m/B/15 juill.	0303	à Eff. à payer.	400	»
			65 Esc. de divers	0102	à Achats.	65	»
	59.608	»	30 dº			59.608	»
0172			Caisse.	0345	à Ventes.		
			895 Fact. au compt.			895	»
			1.500 Esp.	01	à Dupré B.	1.500	»
			1.200 » et Esc. 25 »	12	à Barbier.	1.225	»
	4.290	»	695 » » » 55 »	10	à David 750.		
01			Dupré B/.		à dº		
			1.500 nº 4 s/B 31 juill.			1.500.		
	2.750	»	1.250 » 5 Lille 15 août.			1.250.	3.500	»
0102	250	»	Achats f. de *** au cpt.	0172	à Caisse 250.		
020	125	»	Ménage Esp.			125.		
0303	500	»	Effets à payer m/B/à l'o/ de Dubois			500.	875	»
0440	80	»	Esc. et rabais à divers. 80 »				
	67.603	»				67.603	»

Nous ne donnons ici les folios des Comptes Généraux que pour indiquer la faculté que l'on a de remplacer, par des Comptes au Grand-Livre, notre tableau de Répartitions, qui peut parfaitement et économiquement en tenir lieu.

Les folios précédés d'un zéro sont ceux du Grand-Livre des Comptes Généraux; les folios pairs ceux des clients et les folios impairs ceux des fournisseurs.

GRANDS-LIVRES DES CLIENTS ET DES FOURNISSEURS

10 — *DOIT*   DAVID, A LILLE, 2, R. Stappaert.   *AVOIR*

18 juin	1er	Solde débiteur du fo 4	1.895				18 juin	3	No 3 Paris 31 Jet	1.500	
»	2	Fre	2.400	4.295	C	1.100	»	»	Esp. et Este de 38	395	1.895
							»	30	No 12 s/ B/ 31 Jet	1.500	
							»	»	» 12 s/T° 15 août s/ Nantes	1.250	
							»	»	Esp. et Este de 55	750	3.500

12 — *DOIT*   BARBIER, A CAMBRAI.   *AVOIR*

18 juin	1er	Report du fo 6.	1.225		18 juin	30	Esp. et Este de 25	1.225
»	2	Fre	1.223	2.448			

21 — *DOIT*   MARTINET, A ORLEANS,   *AVOIR*

18 juin	2	No m/ B 15 Jet	400				18 mai	25	Fre		877	
»	»	Esp. et Este de 20	1.519	1.919	D	120	» juin	2	»		922	1.799

23 — *DOIT*   RICHEMONT, A ELBEUF.   *AVOIR*

18 juin	2	No 8 Lille 31 Jet	1.200			18 mai	20	Fre	1.245	
»	»	Esp. et Este de 45	692	1.892		» juin	2	»	647	1.892

01 — *DOIT*   DUPRÉ, BANQUIER, Rue Chauchat, 20.   *AVOIR*

18 mai	15	M/ Bordereau	3.500				18 juin	1	Esp.	1.500
» juin	30	»	2.750	6.250	D	4.750				

02 — *DOIT*   EFFETS A PAYER (ou ÉCHÉANCES)   *AVOIR*

								1	2	3	4	5	6	7	8	9	10	11	12		No
18.. Juin	30	Caisse no 1	500				18.. Avr.	24	B/O/Dub.						30	500					500		1
							Juin	2	B/O/Mart.								15	400					400	900	2
																						3
																						4
																						5

Entre le Débit et le Crédit de ces Comptes, une colonne est ménagée pour les situations. D indique que le Compte est Débiteur et C qu'il est Créditeur.

COMPTES RÉSERVÉS

DOIT CAPITAL *AVOIR*

			18 juin	1er	Suivant inventre.	44.288
			»	30	Bénéfice.	710	44.998

DOIT FONDS DE COMMERCE *AVOIR*

18 juin	1er	Suivant inventre.	3.000

DOIT LOYER D'AVANCE *AVOIR*

18 juin	1er	Suivant inventre.	1.500

DOIT MOBILIER INDUSTRIEL *AVOIR*

18 juin	1er	Suivant inventre.	5.000

DOIT MÉNAGE *AVOIR*

18 juin	30	Espèces.	125		18 juin	30	Par Pertes et Profits	125

RÉPARTITIONS

DATES	ACHATS		VENTES		CAISSE		PORTEFEUILLE		EFFETS à payer		PERTES et Profits		COMPTES réservés		CLIENTS		FOURNISSEURS		TOTAUX Clients et Fourniss.		TOTAUX Comptes généraux		TOTAUX par jour	TOTAUX généraux	DATES
1	25.250				2.540		3.000			500			13.000	44.288	3.120			2.122	3.120	2.122	43.790	44.788	46.910		1
2	1.569	65		3.623	2.142	2.146	1.500	1.785 1.215		400	38 15				3.623	357 38 1.500	2.146 65 1.200 400	1.569	7.434	3.464	5.264	9.234	12.698	59.608	2
30	250			895	4.290	875				500	80		2.875	1.500		2.750 1.200 695 25 55				4.725	7.995	3.270	7.995	66.603	30
	27.069	65		4.518	8.972	3.021	4.500	3.000	500	900	133		15.875	45.788	6.743	6.620	3.811	3.691	10.554	10.311	57.049	57.292	67.603		
	258	4.518	4.518								125	258		125											
	710	23.454				5.951		1.500	400				30.748	710		123		120							
	28.037	28.037	4.518	4.518	8.972	8.972	4.500	4.500	900	900	258	258	46.623	46.623	6.743	6.743	3.811	3.811							
	23.454				5.951		1.500			400				30.748	123		120								

Le compte de Ménage, des Comptes réservés, se solde par celui des Pertes et Profits. : Pertes et Profits à Ménage........ 125 »

Le Compte de Ventes par celui d'Achats............ : Ventes à Achats............ 4.518 »

Les Marchandises inventoriées se portent au Crédit du Compte d'Achats, exercice courant, et au débit de ce compte, exercice futur. (Il est préférable d'avoir un compte de marchandises à l'Inventaire.) : Achats, exercice futur à Achats, exercice courant..... 23.454 »

Le Compte de Pertes et Profits se solde par celui d'Achats.............. : Achats à Pertes et Profits........ 258 »

Le Compte d'Achats se solde par le Compte Capital............ : Achats à Capital, bénéfice net...... 710 »

Les autres Comptes Généraux se soldent par Débit à nouveau ou par Crédit à nouveau.

Aucun changement, pour cause d'inventaire, ne doit être fait aux Comptes de Clients et de Fournisseurs.   H. H.

COMITÉ ORGANISATEUR DE LA SÉANCE DE M. POITRAT

Nous approuvons les Membres de ce Comité de se faire connaître. Nous regrettons qu'ils n'aient pas pris cette décision en séance même, cela nous eût empêché d'*accuser* Monsieur son Secrétaire d'un cumul *tétradique* ; nous lui en faisons nos plus sincères excuses. Voici la lettre courtoise que nous recevons de ces Messieurs :

Comme vous avez émis des doutes sur l'existence du *Comité d'organisation* du Concours de Comptabilité du 14 août, nous désirons vous fixer à cet égard.

Ce Comité, composé de Comptables et d'amis de M. Poitrat, s'était donné pour mission d'éviter à ce dernier, vu son grand âge, les soucis des derniers jours (location de la salle, impression et préparation des cartes et lettres d'invitation, démarches à la préfecture, etc., etc.).

M. Poitrat présidait ces séances intimes, et le plus jeune des membres du Comité, M. Jules Cardon, avait été chargé des fonctions de Secrétaire. Vous le voyez, notre rôle n'avait rien d'officiel, il était purement amical.

M. Poitrat ayant payé la salle, contrairement à ce que croyaient MM. Roy, Gagey et Rey, qui voulaient faire voter des remerciements aux Chambres syndicales, notre Comité avait le droit de diriger la séance comme il l'entendait et pouvait refuser la nomination d'un bureau par l'assemblée.

Si notre secrétaire a consenti à la nomination de ce bureau, c'est qu'il a voulu mettre jusqu'au dernier moment les concessions du côté de M. Poitrat.

LEMAIRE, *caissier ;* GACK, *comptable.*
(Maison Letellier et Verstraet, rue Turbigo, 47.)

P. CARDON, *comptable.*
Rue de Lancry, 20.

RICHARD, *comptable.*
(Maison Amédée Charpentier et Cᵉ, boulevard Sébastopol.)

BIET, *comptable.*
(Maison Maurey Deschamps et Cᵉ, rue Turbigo.)

LA BANQUE BONNEVAL

Notre Collègue de l'Association des Comptables, M. V. Bonneval, nous permettra de donner ce titre à la lettre suivante qu'il nous adresse :

Dans la *Revue de la Comptabilité* du 1ᵉʳ septembre 1881, à la suite d'un compte rendu de la dernière assemblée générale de l'Association des Comptables, vous avez publié une lettre de notre collègue Carchan, président et rapporteur de la dernière Commission des Retraites.

Dans cette lettre, qui n'est en somme qu'une critique sentimentale du rapport du Conseil d'administration et qui vise tout particulièrement le rapporteur, je lis l'entrefilet ci-dessous :

« *Qui ne se rappelle, en effet, les beaux projets d'entreprise de M. Bouffard d'abord, qui aurait voulu fonder un hôpital ; de M. Bonneval ensuite, qui aurait lancé notre Société dans les affaires par la création d'une banque ?... »*

C'est la seconde fois que cet amusant cliché voit le jour, et toujours à propos de la question des Retraites ; la première fois, c'était en 1875 ; un de nos camarades avait publié sur la question un travail dans lequel il imprimait ceci :

« Les membres de la majorité de la Commission spéciale (*non pas de la der-*
« *nière, mais de l'autre, de la grande*) étaient composés au contraire d'auteurs de
« propositions présentées, *ou à présenter* (*vous voyez, c'est un comble*, OU A
« PRÉSENTER). »

Puis il y a un renvoi.

Ce renvoi apprend à tous que : « Il y a trois projets qui occupent l'esprit de
« plusieurs collègues. (*Notez que ce ne sont pas des propositions, mais bien des*
« *projets dans l'esprit, comme c'est drôle tout de même*) Le premier consiste dans
« la création d'une école gratuite pour les enfants des Sociétaires. Le second
« serait plus ruineux que le premier, on voudrait créer une maison de santé pour
« nos vieillards. Le troisième aurait pour but de fonder une maison de banque ! »

Vous voyez que les clichés se ressemblent bien ; mettez le premier projet le dernier, ce dernier le second, changez la maison de retraite en hôpital, et vous obtiendrez le même effet d'hilarité.

En 1875, j'ai déjà répondu au premier cliché ; je pensais que, le chef-d'œuvre paru, le cliché avait été détruit; mais comme on en reproduit aujourd'hui une seconde édition, je me dois à moi-même, je dois à vos lecteurs, nos collègues et camarades, quelques explications et je compte sur votre impartialité et nos bonnes relations pour obtenir une place dans un de vos prochains numéros.

M. Barberet, rendant compte d'une intéressante discussion qui eut lieu à l'Assemblée générale de la Société des Comptables de la Seine au sujet de la Caisse des Retraites, terminait par ces réflexions :

« De tout cela, nous avons à tirer des déductions. En ce qui concerne la So-
« ciété de secours mutuels, il est fort difficile aux Comptables de mieux faire ;
« selon nous, la principale raison d'être de cette Société, c'est son bureau de pla-
« cement ; elle est donc à même de procurer de bons emplois à ses Sociétaires.
« Cela seul suffit pour faire reconnaître sa grande utilité.

« D'autre part, étant donné la nature du travail des Comptables, il leur est à
« peu près impossible de produire collectivement à leur propre compte ; leur af-
« franchissement dans le travail ne peut s'opérer que par leur association indivi-
« duelle avec des associés des divers autres métiers. »

Il résultait pour moi, de cette appréciation, que les Comptables paraissaient incapables, seuls, de suivre le mouvement progressif de l'évolution sociale et que jamais, seuls, ils ne pourraient espérer arriver à l'émancipation.

J'ai voulu réagir contre cette idée fausse, que les Comptables qui, par la nature même de leurs travaux, dépensent et semblent ne rien produire, selon le sentiment des personnes inexpérimentées dans les affaires, étaient au contraire capables de faire seuls et par conséquent ne pouvaient être condamnés à devenir les ilotes de l'avenir.

Sous cette impression, je répondis à M. Barberet la lettre ci-dessous :

« J'ai lu avec la plus grande attention votre excellent article sur les caisses « de retraite en général, et je vous remercie sincèrement d'avoir saisi l'occasion « de l'intéressante discussion sur la caisse de retraites dans l'Association des Comp-« tables de la Seine, pour démontrer d'une façon péremptoire que, malgré notre « organisation toute spéciale et notre expérience des chiffres, malgré nos ressources « relativement élevées, il est impossible de mieux faire dans cet ordre d'idées, et « que les retraites dans les Sociétés de secours mutuels ne sont que de généreuses « illusions, si nous entendons par RETRAITES l'assurance contre la misère dans la « vieillesse.

« Oui, vous avez raison ; le mutualisme n'est en effet qu'un palliatif ; le re-« mède, le salut se trouvent dans le syndicat et la coopération, mais vous faites « erreur en écrivant ceci :

« *Etant donné la nature du travail des Comptables, il leur est à peu près* « *impossible de produire collectivement à leur propre compte ; leur affranchis-* « *sement dans le travail ne peut s'opérer que par leur association individuelle* « *avec des associés des divers autres métiers.* »

« Permettez-moi de ne pas être de votre avis à ce sujet. Pour bien faire « pénétrer une idée juste, il faut ouvrir les voies par tous les moyens pratiques « et ne pas décourager d'avance les esprits timorés par des impossibilités moins « sérieuses qu'imaginaires.

« Pour moi, et pour vous-même, il doit être aussi facile aux comptables qu'à « tout autre groupe, de se syndiquer et de fonder une Société coopérative, à la « condition seule d'avoir en mains l'outil principal, c'est-à-dire le Capital.

« Croyez-vous qu'il soit impossible, à un moment donné, que l'association des « Comptables syndiqués put fonder par exemple une Banque populaire coopérative, « un Etablissement financier quelconque ; pensez-vous que l'Association, être « collectif, étant à la fois Comptable, financier et Capitaliste, ne pourrait pas « produire avec ses propres ressources, au profit de cet être collectif, ce qu'ont « produit dans leur intérêt personnel certains groupes financiers avec les capitaux « d'autrui.

« Quant à moi, je cherche et je ne trouve pas l'impossibilité ; au contraire, « j'admet la possibilité certaine de ce progrès, et ensuite je verse constamment à « la collectivité tous les bénéfices résultant d'une exploitation coopérative quel-« conque, et alors, par déduction, vous pouvez calculer quelle pourrait être la « situation des Sociétaires ayant rempli toutes les conditions statutaires.

« Mais il nous faut attendre encore des années ; il faut avant tout que notre « éducation soit faite et que notre capital soit formé, simple question de temps.

« Aussi tant qu'il nous restera quelque chose à faire, votre mission ne sera « pas terminée. Vous luttez contre l'ignorance et les préjugés. Mais prenez cou-« rage, car vous combattez au nom de la vérité et de la justice. »

« Vos lecteurs et nos amis pourront maintenant apprécier et se rendre compte ; il leur sera facile de voir que M. Carchan, involontairement, a confondu Associa-tion des Comptables, Société de secours mutuels, avec une Association de Comp-tables groupés en Chambre syndicale ; dans la matière il est bien excusable, car *errare humanum est* !

NÉCROLOGIE

La mort vient de nous ravir l'un de nos plus dignes et plus sympathiques collègues, M Louis-Edm Foucault, décédé dans sa 48ᵉ année.

La part active qu'il prenait aux travaux du Comité de la rue de Lancry ; le dévouement et le talent qu'il déployait comme professeur à l'Association polytechnique ; les services qu'il rendait à la maison dont il dirigeait la Comptabilité, l'ont fait connaître, apprécier et regretter de tous ceux avec qui il se trouvait en rapport.

Tant de courage qu'il montrait en toutes circonstances ne pouvait laisser supposer qu'il ne jouissait que d'une faible santé, luttant directement contre la maladie qui le consumait, et accablé sous le poids des plus durs chagrins, car il avait récemment subi une épreuve cruelle en perdant son jeune fils.

D'un esprit distingué, d'une conduite exemplaire, d'un caractère à la fois élevé, doux et ferme, conciliant et énergique, M. Foucault, sans qu'il le cherchât, s'attachait fortement tous ceux qui l'approchaient et le remarquaient ; et ses qualités rares et modestes, ses capacités étendues et rée les, son tact et sa courtoisie, sa réserve et son élan, lui méritèrent la confiance et l'estime de tous.

Aussi a-t-il été accompagné *directement* à sa demeure dernière par de nombreux amis attristés de cette séparation. Bien d'autres, non moins désolés, qui n'ont pu venir accomplir envers lui un si douloureux devoir, s'adressent à la famille éplorée pour lui exprimer tous leurs regrets, et dire combien ils partagent ses peines, et souffrent avec elle de la perte irréparable qui la rend inconsolable.

E. B.

ASSOCIATION DES COMPTABLES, 6, rue Turbigo. — L'agent principal ayant donné sa démission, le Conseil invite les sociétaires qui désirent concourir pour cet emploi, à produire leur candidature le plus tôt possible. — Le Conseil d'administration fait appel au dévouement de ceux des sociétaires qui voudraient bien se réunir à la Commission de notre Bal annuel et lui apporter leur concours. Plus cette fête aura d'éclat, plus nos vieux sociétaires verront s'élever leur pension de retraite, et plus s'accroîtra la considération dont jouit notre association.

CERCLE DES COMPTABLES, 24, boulevard Montmartre. 300 membres.

CERCLE DE L'UNION des Caissiers, Comptables et Teneurs de Livres, 3, Chaussée d'Antin.

IL RAGIONIERE, *Rivista di Contabilita* (Hebd de Turin, 8 L. pour l'Italie, 12 fr. pour la France) dit : « J'avoue franchement qu'on apprend plus en lisant les criiques de M. Léautey qu'on lisant et en étudiant les deux tiers des auteurs qu'il examine : « Confesso fracamente che simpara di piu legg ndo le critiche del « Léautey, che non leggendo e studiando i due terzi degli autori da lui esamitati. »

Nos abonnés seulement recevront franco, contre mandat ou timbres-poste de **3 fr.** les *Questions actuelles de Comptabilité*, vol. in-8° de 360 pages, du prix de fr. 3,50, par M. E. Léautey, officier d'Académie.

PROGRÈS MERVEILLEUX ! La clef de l'orthographe selon l'Académie simplifie complètement l'étude de l'orthographe et permet de l'apprendre *sans maître* très promptement. — Pour recevoir cet ouvrage *franco*, par le retour du courrier, adresser 2 fr. (mandat ou timbres-poste) à M. Bahic, éditeur à Poitiers.

REVUE DE LA COMPTABILITÉ. — On s'abonne sans frais moyennant 5 fr. dans tous les Bureaux de Postes de Paris, des Départements et de l'Union Postale à l'Etranger.

Le Directeur-Gérant de la Revue de la Comptabilité : H. HARANG, 7, r. Barbette.

Paris. — Imprimerie Wattier et Cᵉ, 4. rue des Déchargeurs.

1ᵉʳ **Octobre 1881**   **2ᵉ Année**   **N° 25**

*Contenant le 27ᵉ fascicule de l'*Unification de la Comptabilité

5 fr. par an. — Écrire au Directeur, rue Barbette, 7, à Paris

On s'abonne SANS FRAIS dans tous les Bureaux de Poste de PARIS, des DÉPARTEMENTS et de l'UNION POSTALE à l'ÉTRANGER

Insister auprès des Employés qui prétendraient que ce Journal ne serait pas au Catalogue.

Il y a eu envoi d'Instructions à son sujet en Mars dernier.

REVUE DE LA COMPTABILITÉ

BI-MENSUELLE

PUBLIANT LES TRAVAUX DU COMITÉ D'INITIATIVE ET CEUX DU CONGRÈS DES COMPTABLES

D'après les procès-verbaux de leurs séances tenues à l'Hôtel de l'Union nationale des Chambres syndicales

La Rédaction de la REVUE *est entièrement indépendante du Comité et du Congrès. Cette déclaration nous a paru nécessaire pour éviter tout malentendu dans l'esprit du lecteur, et mettre le Comité et le Congrès à l'abri de toute responsabilité.*

NOUVELLES PROTESTATIONS DE M. POITRAT

Malgré toute l'envie que j'ai de ne pas entrer dans des discussions mesquines, je ne saurais laisser passer, sans protester, l'article paru dans votre avant-dernier numéro.

Je ne m'occuperai pas des allégations contenues dans cet article. M. Jules Cardon les réduit à leur juste valeur dans une lettre qu'il vous a adressée et qu'il m'a communiquée.

Les attaques violentes, dirigées contre mon œuvre avec un évident parti-pris, n'ont pas le don de m'émouvoir, car chaque jour voit s'augmenter le nombre des adhérents à ma méthode.

Il est un fait, cependant, que je tiens à bien préciser et que personne ne pourra contester.

Un mois et demi avant le concours, mon défi était annoncé par votre journal ainsi que par la grande majorité de la presse parisienne et par quelques journaux de province.

Quelques jours plus tard, ces mêmes journaux donnaient les conditions de mon défi.

Personne ne peut donc arguer de l'ignorance du concours, et MM. Beauchery, Corrompt, Trévelas, Baudran, etc., sont mal venus à se plaindre, car ils étaient des mieux placés pour le connaître.

Je n'ai reculé devant personne après avoir provoqué tout le monde. Au contraire, j'ai facilité à tous l'accès de ce concours, et la preuve, c'est qu'après avoir demandé 500 fr. à chaque concurrent en garantie de sa part de frais, dans la réunion, j'ai pris ces frais à ma charge, ne demandant à mes adversaires, comme droit d'inscription, qu'une somme de vingt-cinq francs destinée aux pauvres.

Donc, je le répète, les absents se sont déclarés inférieurs.

A la suite du compte rendu de la séance du 4 août, vous annoncez que vous allez mettre ma méthode en *robe de chambre* afin de l'enseigner à vos lecteurs.

Je vous prie de n'en rien faire.

Signé : V. POITRAT.

LETTRE DE M. JULES CARDON

En vérité, monsieur, je ne sais par quel bout commencer, tant vous avez accumulé de *contre-vérités* dans votre article et dans vos parenthèses.

Vous n'avez pas, heureusement, l'autorité nécessaire pour contester les comptes rendus d'une dizaine de journaux, de nuances diverses, parlant de M. Poitrat, en mêmes termes flatteurs, du bureau et des interrupteurs de la réunion en mêmes termes sévères.

Je ne relèverai donc pas les rectifications sans portée que vous opposez à deux de ces journaux.

Vous dites que le *Comité d'organisation* dont j'étais le secrétaire n'existait pas. Ce Comité vous a adressé une protestation. *Il écrit, donc il est.*

Vous niez l'animosité des membres du Congrès des Comptables contre M. V. Poitrat.

Comment se fait-il alors qu'un M. Baudran ait osé demander à M. Poitrat s'il avait réellement déposé chez MM. Cahagne et Favrot les 2,000 francs promis, comme cela était annoncé ?

Etait-ce convenable ? Etait-ce poli vis-à-vis d'un homme aussi honorablement connu que l'est M. Val. Poitrat ?

Comment se fait-il aussi que le Président, forcé de retirer un mot malheureux qu'il avait prononcé sans rime ni raison, ait répété ce mot dans plusieurs groupes, une fois la séance levée, ce pourquoi j'ai dû le prendre à partie vertement.

Etait-ce de l'animosité de sa part, ou n'en était-ce pas ? La réponse est toute faite.

Je n'ai pu m'empêcher de sourire en lisant la protestation que ce Président et ses deux assesseurs ont fait paraître dans votre journal, à défaut d'autres feuilles. Il fait bon voir les contradictions les plus flagrantes s'y heurter à chaque ligne.

J'y lis par exemple : *Le bureau entendait présider une lutte sérieuse dans laquelle* TOUTES LES CONDITIONS POSÉES SERAIENT SCRUPULEUSEMENT OBSER-VÉES. Et le même bureau s'étonne, un peu plus haut, que M. V. Poitrat ait dit qu'il *était trop tard*, à MM. Beauchery, Corrompt, Trévelas, Baudran, etc., etc., alors qu'aucun de ces messieurs n'avait rempli les conditions exigées, parues un mois à l'avance dans la *Revue de la Comptabilité* et dans une vingtaine d'autres journaux.

Ces conditions stipulaient que chaque concurrent devait remettre, avant de concourrir, un tableau synoptique des vingt-deux articles proposés par M. Poitrat. M. Delon, ayant remis ce tableau synoptique, a été accepté ; et si les autres ont demandé à concourir sur place, c'est qu'ils savaient parfaitement qu'on était forcé de les refuser. Il en est un surtout, M. Beauchery, que nous poussions dans ses derniers retranchements, depuis un mois, pour le décider à s'inscrire, et qui s'éclipsait constamment. Le jour de la réunion, il était parmi les interrupteurs, après avoir hésité à faire partie du concours.

Cette protestation, en même temps *chair et poisson*, n'a donc aucune portée.

Du reste, il y manque une signature, la mienne, pour que le bureau soit complètement représenté. On s'est bien gardé de venir me la demander.

Quant au soin particulier que M. Poitrat avait mis à choisir son auditoire, vous savez pertinemment que cela est faux.

Nous tenons, du reste, à la disposition de qui voudra les voir, 25 à 30 journaux des plus répandus, annonçant que le concours était *public* et *gratuit*. Vous même l'avez annoncé dans votre feuille.

Tout le monde pouvait venir ; nous n'avons refusé personne. S'il nous a plu d'envoyer des cartes à la presse et d'adresser, d'après le Botin, quelques milliers de lettres d'invitation à des négociants, c'était une marque de déférence que nous ne devions pas à leurs comptables, et que personne n'était en droit de nous reprocher, pas même M. Rey, dont l'interpellation n'avait pas le sens commun. Que reste-t-il maintenant, Monsieur, de toutes les allégations exprimées dans votre dernier numéro ? *Signé :* JULES CARDON.

Les *attaques violentes* que nous reproche l'honorable et très estimable M. Poitrat ne sont en définitive que des critiques un peu vives peut-être de sa méthode, mais qui ne sortent nullement des bornes.

Au lieu de voir M. Poitrat récriminer sans cesse sur des généralités et affirmer que son système est le meilleur, nous préférerions qu'il nous en donnât la preuve dans une polémique courtoise qui porterait plus de fruits qu'on n'en retirera jamais de lettres du genre de celle de M. Jules Cardon, par exemple, surtout dans un journal exclusivement professionnel. H. H.

RECTIFIONS, COMPLÉTONS

M. Chiffrefort (*quel beau nom pour un Comptable!*) de Villetaneuse (*! ! !*) nous fait remarquer que la même colonne, dans les tableaux du *Journal Synoptique* et des *Répartitions*, porte deux titres différents. Pourquoi, dit-il, l'appeler *Totaux quotidiens* dans le premier et *Totaux par jour* dans le second? (*Il n'y a en effet aucun motif, mais le cas n'est pas pendable.*) — Pourquoi le mot *Livre* est-il au pluriel dans la colonne *Livres d'Achats* du Journal Synoptique et au singulier dans la colonne *Livre de Ventes*? (*Il y a un s de trop. Il ne s'agit ici que d'un* LIVRE D'ACHATS *et d'un* LIVRE de VENTES; *mais, suivant les besoins, on peut avoir plusieurs* LIVRES d'ACHATS *et plusieurs* LIVRES DE VENTES.)

Dans la colonne des Totaux Généraux du tableau des *Répartitions* (page 176), si l'on ajoute au *total général* du 2 juin, qui est de..................................... 59.608

le *total par jour* du 30 juin qui est de... 7.995

on obtient.......... 67.603

Pourquoi ne trouvez-vous que 66.603? (*Il faut assurément 67.603; mettez un 7 à la place du 6, s. v. p.*)

Quelque chose de plus grave. (*Oh! oh!*) En additionnant les soldes d'après les *Répartitions* : 23.454   400

5.951   30.748

1.500

123

120

on trouve... 31.148   31.148

Tandis que le Bilan porte 46.498! Je voudrais bien savoir comment vous vous tirerez de là. (*A vos ordres, M. Chiffrefort..., de Villetaneuse... : les trois colonnes du Tableau des Répartitions* COMPTES RÉSERVÉS, CLIENTS, FOURNISSEURS, *représentent trois groupes dans chacun desquels il peut se trouver des Comptes débiteurs et des Comptes créditeurs, ainsi que des Comptes soldés ou éteints. Ces derniers n'existant plus, il ne faut s'occuper que des deux autres. Notons en passant que, dans ces articles de M. Poitrat, il ne reste à l'Inventaire qu'un Compte Fournisseur qui, chose rare! se trouve débiteur. Qu'au lieu et place des soldes des groupes dont il s'agit, M. Chiffrefort veuille bien mettre les différents Comptes qui composent ces groupes et il aura :*

Client débiteur . . . . 1.223. . . . . . . 1.223
    Client créditeur . . . . 1.100. . . . . 1.10
Différence égale aux Répartitions.   123
       Capital . . . . 44.998. . . . . 44.998
Banquier . . . . 4.750. . . . . 4.750
Fonds de Commerce . . . . 3.000. . . . . 3.000
Loyer d'avance . . . . 1.500. . . . . 1.500
Mobilier industriel . . . . 5.000. . . . . 5.000
           14.250
Différence égale aux Répartitions 30.748
En ajoutant : le **Fournisseur Débiteur** 120
      les **Marchandises en magasin** 23.454
      la **Caisse** 5.951
      le **Portefeuille** 1.500
     Et les **Effets à payer** 400
On obtient des Totaux égaux à ceux du Bilan . . . . . . 46.498. . . . . . 46.498

Pour satisfaire aux exigences de notre méticuleux correspondant, que nous renvoyons au dictionnaire de Bescherelle pour la signification du mot *tétradique*, nous complétons, comme ci-après, notre tableau des Répartitions.

RÉPARTITIONS

DATES	ACHATS		VENTES		CAISSE		PORTEFEUILLE		EFFETS à payer		PERTES et Profits		COMPTES réservés		CLIENTS		FOURNISSEURS		TOTAUX Clients et Fourniss^rs		TOTAUX Comptes généraux		TOTAUX par jour	TOTAUX généraux	DATES
1	25.250				2.540		3.000			500			13.000	44.288	3.120			2.122	3.120	2.122	43.790	44.788	46.910		1
2	1.569	65		3.623	2.142	2.146	1.500	1.785 1.215		400	38 15				3.623	357 38 1.500	2.146 65 1.200 400	1.569	7.434	3.464	5.264	9.234	12.698	59.608	2
30	250			895	4.290	875				500	80		2.875	1.500		2.750 1.200 605 25 55				4.725	7.995	3.270	7.995	67.603	30
	27.069 258 710	65 4.518 23.454	4.518	4.518	8.972	3.021 5.951	4.500	3.000 1.500	500 400	900	133 125	258	15.875 30.748	45.788 125 710	6.743	6.620 125 123	3.811	3.691 120	10.554	10.311	57.049	57.292	67.603		
	28.037	28.037	4.518	4.518	8.972	8.972	4.500	4.500	900	900	258	258	46.623	46.623	6.743	6.743	3.811	3.811							
	23.454				5.951		1.500		400					30.748	123			120							
													14.250	44.998	1.223	1.100		120	1.223	1.100	45.275	45.398	46.498		

SYSTÈME POITRAT

CAISSE-PORTEFEUILLE

Nous commencerons par féliciter M. Poitrat d'avoir ménagé dans la disposition de ce Livre deux colonnes pour le pointage : l'une pour le pointage des *Noms* et l'autre pour le pointage des *Sommes*. Ne traitons pas de puéril ces procédés dus à une longue pratique et à la connaissance approfondie des meilleurs moyens d'éviter ces erreurs qui, sans eux, se commettent journellement par les Comptables les plus sérieux, les plus attentifs.

La Caisse-Portefeuille se divise en deux parties : la première occupe le verso du Livre ; elle contient les 8 colonnes suivantes : 1, folios du Grand-Livre ; 2, Dates ; 3, lettres et signes indiquant la nature des articles ; 4, pointage de noms ; 5, libellés ; 6, signes indiquant les articles soldés ; 7, pointage des sommes ; 8, sommes. *C'est de cette première partie, seule, dont on se sert pour passer les articles au G.-L.*

La deuxième partie occupe le recto, elle se compose de dix colonnes dont l'entête indique la destination. L'Auteur dit qu'elle contient « toutes les sommes qui figuraient ordinairement pêle-mêle « dans le texte du Brouillard des autres méthodes, tels que les Ef-« fets à Recevoir entrés et sortis, les espèces entrées et sorties, etc., « que l'on était obligé de recopier sur le journal par les expressions « ridicules de tel à tel, divers à divers, etc., que l'on était obligé « encore de relever sur le Grand-Livre.

« Quel travail inutile ! tandis que le livre de Caisse-Portefeuille « représente trois comptes généraux, sans répéter les sommes ail-« leurs, ce qui permet de faire une situation journalière du Porte-« feuille et de la Caisse, opération qui a lieu ici à la journée du 2 et « du 30.

« Pour faire cette situation on prend en tête du livre de Caisse-« Portefeuille ce qu'il y avait de quantités d'effets lors de l'inventaire « et leur valeur, on y ajoute ce qui est entré de quantités d'effets et « leur valeur, montants desquels on déduit le nombre de ceux sortis, « puis leur somme, et le résultat trouvé s'inscrit dans le texte.

« Dans les maisons importantes il est préférable d'avoir deux

« livres de Caisse-Portefeuille, un pair et l'autre impair, pour passer
« plus facilement les écritures au Grand-Livre.

« On arrête la caisse-Portefeuille par deux lignes, dans le milieu
« desquelles on écrit, pour la situation du 2 juin, 1 effet pour 1,500
« francs, et espèces 2,536 ; puis on continue jusqu'au 30 juin, où
« pareille situation a été établie, en opérant de même, avec les effets
« qu'il y avait à l'inventaire ainsi que les espèces de la Caisse. »

Eh bien ! avouons-le, nous ne tombons pas d'émerveillement
devant cet amalgame et cet enchevêtrement de *Sommes* et de *Numéros*
dans la deuxième partie, et de *Débits* et de *Crédits* dans la première
partie. Nous aimons les choses nettes, claires, précises, qui sautent
aux yeux, comme dans les Livres de Bureau et de Caisse en partie-
double dont nous avons donné des *fac simile* dans le numéro 24.
Nous donnons le *fac simile* de la Caisse-Portefeuille (journée du 30)
pour que le lecteur puisse comparer et juger. Une colonne étant réservée sur la Caisse en partie-double pour les Escomptes et Rabais
que fait le Négociant, et une autre pour ceux qui lui sont faits, on se
fera peut-être la réflexion qu'a dû se faire M. Poitrat : Puisque les
Escomptes et Rabais figurent sur la Caisse, les Effets à Recevoir
peuvent bien également y figurer. A cela il peut être répondu que
rien n'empêcherait, non plus, d'y passer les *Marchandises Reprises*
et les *Marchandises* rendues qui, elles aussi, font souvent partie des
règlements. Mais cela serait au détriment de la clarté.

Nous critiquerons aussi de toute notre force le procédé de passer,
sur ce livre, tous les articles, Débits et Crédits, *suite à suite, à la queue
leu leu*, sans autres marques distinctives que les lettres A et D ; cela
ne suffit pas. Si encore une démarcation était observée dans la disposition des libellés, telle — par exemple — que celle qui a été faite
à la page 169 pour séparer le Passif de l'Actif dans le Bilan du 1er
Juin, rien que cela ferait disparaître l'obscurité en grande partie.
Mais quel que soit le replâtrage, on n'obtiendra jamais cette clarté
limpide que produit dans un Compte le Débit d'un côté et le Crédit
de l'autre. Sans doute que si le procédé *à la queue leu leu* avait été
suivi, pratiqué au lieu et place du procédé par *Débit et Crédit séparé*,
l'Auteur de la Méthode Autodidactique se serait empressé d'inventer
ce dernier et nous l'en féliciterions chaudement.

Pour en finir avec le procédé *à la queue leu leu*, si nous le condamnons avec force dans la tenue d'un Livre de Caissse, c'est de
toute notre énergie que nous le réprouvons dans les Comptes de
Grands-Livres.

CAISSE-PORTEFEUILLE

FOLIOS DU GRAND-LIVRE	ANNÉES MOIS et Dates	D A — O	POINTS DU RAPPEL DES NOMS	LIBELLÉ DES ARTICLES	ARTICLES SOLDÉS D	POINTS DU RAPPEL DES SOMMES	TOTAUX à reporter aux Gr.-Livre et Journal D A — O	PERTES diverses Escomptes et Rabais D	BÉNÉFICES divers Escomptes et Rabais A	NUMÉROS DES EFFETS ENTRÉS et report	PORTEFEUILLE EFFETS A RECEVOIR Entrée D	Fos et Nos corresp de caisse	des effets (Tot. des Nos par jour)	Sortie A	NUMÉROS DES EFFETS SORTIS et report	CAISSE ESPÈCES Entrée A	Sortie D
				Reports (situation au 2 juin : 1 effet 1,500 fr., espèces, 2,536 fr.)				53	65	3	1.500	1	2	3.000	2	2.142	2.145
1	18.. Juin 30	A	·	Dupré, banquier, sa remise en espèces		·	1.500									1.500	
1	»	A	·	David, Lille, solde et supplément		·	3.500										
				S/B/ 31 juillet						4	1.500	1	2				
				Effet 15 août s/Lille						5	1.250	1	4				
				Escompte et espèces				55								605	
1	»	D	·	Dupré, banquier, M/Bordereau, 2 effets		·	2.750										
				Paris 31 juillet										1.500	3		
				Lille, 15 août				25						1.250	4		
1	»	A	·	Barbier, Cambrai, pour solde		·	1.225										
				Escompte et espèces												1.200	
2	»	D	·	Echéances O/Dubois acquitté		·	500										500
		—	·	Achats. Comptant	—	·	250										250
		O	·	Ventes. »	O	·	895									895	
				Pertes. Dépenses de Maison				125									125
				1 Effet 1,500 fr., Espèces 5,951 fr.				258	65	5	4.250	2	2	5.750	4	6.432	3.021

(A suivre)

PETITE CORRESPONDANCE. — Nos occupations professsionnelles nous retenant toute la journée à notre bureau, nous prions nos collègues de vouloir bien nous envoyer par la poste toutes les communications qu'ils auraient à nous faire.

COMITÉ D'ÉTUDES DU CONGRÈS. 10, rue de Lancry. — Tous les lundis, à 8 heures du soir. On reçoit des membres correspondants des départements et de l'étranger. Écrire au Président.

ASSOCIATION DES COMPTABLES, 6, rue Turbigo. — Le Conseil d'administration fait appel au dévouement de ceux des sociétaires qui voudraient bien se réunir à la Commission de notre Bal annuel et lui apporter leur concours. Plus cette fête aura d'éclat, plus nos vieux sociétaires verront s'élever leur pension de retraite, et plus s'accroîtra la considération dont jouit notre association.

CERCLE DES COMPTABLES, 24, boulevard Montmartre. 300 membres.

CERCLE DE L'UNION des Caissiers, Comptables et Teneurs de Livres, 3, Chaussée d'Antin.

IL RAGIONIERE, *Rivista di Contabilita* (Hebdo de Turin, 8 L. pour l'Italie, 12 fr. pour la France) dit : « J'avoue franchement qu'on apprend plus en lisant les critiques de M. Léautey qu'en lisant et en étudiant les deux tiers des auteurs qu'il examine: « Confesso francamente che s'impara di piu leggendo le critiche del « Léautey, che non leggendo e studiando i due terzi degli autori da lui esaminati. »

Nos abonnés seulement recevront franco, contre mandat ou timbres-poste de **3 fr.** les *Questions actuelles de Comptabilité,* vol. in-8° de 360 pages, du prix de fr. 3,50, par M. E. Léautey, officier d'Académie.

PROGRÈS MERVEILLEUX ! La clef de l'orthographe selon l'Académie simplifie complètement l'étude de l'orthographe et permet de l'apprendre *sans maître* très promptement. — Pour recevoir cet ouvrage *franco,* par le retour du courrier, adresser 2 fr. (mandat ou timbres-poste) à M. Bahic, éditeur à Poitiers.

LE COMPTABLE. — Collection des 13 n°⁸, exemplaire unique entièrement neuf. Prix : 20 fr.

SYSTÈME PRATIQUE-BEAUCHERY ET ANNOTATIONS-TRAPET. — Les deux réunis, fr. 1,75. Envoi franco par la *Revue de la Comptabilité.*

REVUE DE LA COMPTABILITÉ. — On s'abonne sans frais moyennant 5 fr. dans tous les Bureaux de Postes de Paris, des Départements et de l'Union Postale à l'Etranger.

Le Directeur-Gérant de l Revue de la Comptabilité: H. HARANG, 7, r. Barbette.

Paris. — Imprimerie Wattier et Cᵉ, 4. rue des Déchargeurs.

15 Octobre 1881   2ᵉ Année   Nᵒ 26
Contenant le 28ᵉ fascicule de l'UNIFICATION DE LA COMPTABILITÉ

5 fr. par an. — Écrire au Directeur, rue Barbette, 7, à Paris
On s'abonne SANS FRAIS dans tous les Bureaux de Poste de PARIS, des DÉPARTEMENTS et de l'UNION POSTALE à l'ÉTRANGER
Insister auprès des Employés qui prétendraient que ce Journal ne serait pas au Catalogue.
Il y a eu envoi d'Instructions à son sujet en Mars dernier.

REVUE DE LA COMPTABILITÉ
BI-MENSUELLE
PUBLIANT LES TRAVAUX DU COMITÉ D'INITIATIVE ET CEUX DU CONGRÈS DES COMPTABLES
D'après les procès-verbaux de leurs séances tenues à l'Hôtel de l'Union nationale des Chambres syndicales

La Rédaction de la REVUE est entièrement indépendante du Comité et du Congrès. Cette déclaration nous a paru nécessaire pour éviter tout malentendu dans l'esprit du lecteur, et mettre le Comité et le Congrès à l'abri de toute responsabilité.

LA LOI COMMERCIALE FRANÇAISE
ET LE
CONGRÈS DES COMPTABLES DE PARIS
(*Suite*)

Nous allons établir notre *Journal des Journaux* chez un Banquier. Le Livre que nous avons fait, pour donner le modèle du Journal du petit Commerçant, Journal qui peut être *unique*, nous dispense d'en parler ici. Il peut être unique, si la vente et l'achat se font au comptant.

Chez le Banquier, nous trouvons un avantage majeur ; toutes les Banques ont un Livre de compte de Pertes et Profits qui, avec des Livres et Comptes divisionnaires de frais généraux, donnent chaque jour l'accroissement et la diminution du Capital engagé dans les opérations. Ces Comptes ne sont que des représentants du Capital. Nous allons les supprimer dans notre Livre de situation ; le Capital va prendre de suite les accroissements et diminutions qui se forment autour de CET ÊTRE INANIMÉ, ainsi que cela a lieu pour les fonds de terre riverains d'un fleuve, qui augmentent d'un côté et diminuent de l'autre.

Nous ne nous préoccuperons point du temps passé à nous fournir des Balances. À en juger par le grand nombre de Livres et de Grands-Livres résumant tous les Comptes des clients débiteurs et créditeurs de cette Banque, et ses propres Comptes personnels, on a dû y consacrer un long temps.

Le Journal ordonné par la loi commerciale française, au moyen de trois seuls Comptes à l'Actif et de deux autres au Passif (parce que les opérations se font à terme), donnera instantanément et tous les jours au Banquier sa situation active et passive, objet de toute sa sollicitude.

GUILLAY, à Tours.
ancien notaire

(*A suivre, voir ci-contre le Journal des Journaux*)

15 juillet 1881

Nous savons que le Passif n'est autre chose que le *chiffre* du Capital engagé dans l'Actif, puisqu'il en est le créateur; aussi commençons-nous par constater le chiffre du Capital porté aux Grands-Livres. N'est-il pas le soufle de vie de la maison? Celle-ci se dit créancière d'un capital de dix millions, ci (*au crédit du compte*...

La Balance des comptes créditeurs, en compte courant, s'élève au débit à cinq millions, et au crédit à dix millions, ci...

Nous passons directement au compte de capital, celui de Pertes et Profits. Il n'est que son *autre lui-même*. Il est débiteur de 120,000 fr. et créditeur de 300,000 fr, ci...

Le solde débiteur des trois comptes de l'Actif que le capital a créés, doit représenter le solde créditeur des deux comptes du Passif. Le Doit et l'Avoir ayant toujours é'é inscrits simultanément, les débits et les crédits sont égaux : Voilà le contrôle des écritures. Nous allons le démontrer avec la plus grande facilité.

La balance des comptes débiteurs de la Banque du Progrès donne les chiffres suivants :

Tous les comptes débiteurs à terme donnent au débit vingt millions, et au crédit dix millions...

Le compte des opérations (dit portefeuille, négociations, etc.) est débiteur de 10,000, et créditeur de 5,000,000, ci...

Enfin le compte de caisse est débiteur de 25,300,000 fr. et créditeur de 25,120,000 fr., ci...

Par l'équation, ou égalité des débits et des crédits qu'elles doivent donner, nous nous assurons comme suit que les écritures sont bien passées :

		DÉBIT.	CRÉDIT.
1	Clients débiteurs à terme..	20,000,000 »	10,000,000 »
2	Compte d'opérations	10,000,000 »	5,000,000 »
3	Caisse	25,300,000 »	25,120,000 »
4	Capital personnel	120,000 »	10,300,000 »
5	Capital étranger	5,000,000 »	10,000,000 »
	Totaux égaux	60,420,000 »	60,420,000 »

Dans les opérations suivantes d'un jour, nous allons nous servir des mots : *Doit* et *Avoir* et de la phrase elliptique qui, dans la comptabilité en double partie, les remplace toujours avec avantage.

Les suivants à Caisse.

DOIT. — 1° M. DUTERTRE,
Espèces à lui versées ce jour, ci .... 25,000 »

DOIT. — 2° M. DUPUY,
Espèces à lui versées ce jour, ci .... 55,000 »

TOTAL, en compte porté ou à porter aux gr.-livres. 80,000

AVOIR. — CAISSE. — 80,000 fr. versés cejourd'hui à MM. Dutertre et Dupuy.

Voilà les Débiteurs et le Créancier ou la Banque portés simultanément.

A reporter .... 20.080.000 | 10.000.0

Tableau en regard du journal :

CRÉÉ PAR LE CAPITAL — COMPTE des DÉBITEURS A TERME DOIT	AVOIR	ACTIF (engagé dans les opérations de la maison) — COMPTE des OPÉRATIONS DE LA MAISON DOIT	AVOIR	COMPTE de caisse ou MOUVEMENT DU CAPITAL DOIT	AVOIR	PASSIF (chiffre identique du capital qui a créé l'actif) — CAPITAL PERSONNEL A LA BANQUE DOIT	AVOIR	CAPITAL engagé PAR LES CLIENTS CRÉDITEURS DOIT	AVOIR
							10.000.000		
								5.000.000	10.000.000
						120.000	300.000		
20.000.000	10.000.000	10.000.000	5.000.000						
				25.300.000	25.120.000				
20.000.000	10.000.000	10.000.000	5.000.000	25.300.000	25.120.000	120.000	10.300.000	5.000.000	10.000.000
25.000									
55.000									
					80.000				
20.080.000	10.000.000	10.000.000	5.000.000	25.300.000	25.200.000	120.000	10.300.000	5.000.000	10.000.000

JOURNAL LÉGAL

De la Banque du Progrès

OU DU CRÉDIT POUR TOUS

Column groups:
- *Créé par le capital* — **COMPTE des DÉBITEURS A TERME**
- **ACTIF** (engagé dans les opérations de la maison) — **COMPTE des OPÉRATIONS DE LA MAISON** and **COMPTE de caisse ou MOUVEMENT DU CAPITAL**
- **PASSIF** (chiffre identique du capital qui a créé l'actif) — **CAPITAL PERSONNEL A LA BANQUE** and **CAPITAL engagé PAR LES CLIENTS CRÉDITEURS**

Journal	Débiteurs à terme DOIT	Débiteurs à terme AVOIR	Opérations de la maison DOIT	Opérations de la maison AVOIR	Caisse ou mouv. du capital DOIT	Caisse ou mouv. du capital AVOIR	Capital personnel DOIT	Capital personnel AVOIR	Capital clients créditeurs DOIT	Capital clients créditeurs AVOIR
Report...................	20.080.000	10.000.000	10.000.000	5.000.000	25.300.000	25.200.000	120.000	10.300.000	5.000.000	10.000.000
Portefeuille (ou *compte d'opérations*) aux suivants.										
DOIT Portefeuille, savoir :										
1° à M. Dutertre, effets par lui remis, s'élevant à.... 20,000 »										
2° à M. Dupuy, sa remise, s'élevant à............. 45,000 »										
Total............ 65,004 »			65.000							
AVOIR les susnommés :										
1° M. Dutertre, sa remise, déduction des agios..... 19,400 »		19.400								
2° M. Dupuy, — — 43,135 »		43.135								
AVOIR. Pertes et Profits — ou Capital :										
1° 600 fr. prélevés pour intérêts et agios sur la remise de M. *Dutertre*................... 600 »								600		
2° 1,575 fr. prélevés pour même cause sur la remise de M. *Dupuy*.............. 1,575 »								1.575		
Somme égale à l'entrée en portefeuille........ 65,000 »										
Le tout s'inscrit sous les yeux, pas d'erreur possible! Le débit est bien égal au crédit. La vérification est facile.										
DOIT Portefeuille = Valeurs escomptées ce jour aux guichets de la Banque et portées sous leurs numéros matricules, au livre d'entrée, ci.............			200.000							
AVOIR les suivants :										
1° Caisse, 184,000 fr. payés pour billets présentés à l'escompte, ci................. 184,000 »						184.000				
2° Pertes et Profits ou Capital, retenue sur les valeurs escomptées, ci.............. 16,000 »								16.000		
Somme égale à la remise.............. 200,000 »										
Crédit toujours égal au débit.										
Les suivants à Portefeuille.										
DOIT Caisse = Reçu pour encaissement des valeurs fournies par le portefeuille et échues ce jour............. 100,000 »					100.000					
DOIT Capital = ou Pertes et Profits, Valeurs du Portefeuille, que l'on affirme être irrécouvrables... 50,000 »							50.000			
Total.................... 150.000 »										
AVOIR Portefeuille. Valeurs fournies par lui, échéance de ce jour, 150,000 fr..............				150.000						
Caisse à M. Clément.										
DOIT Caisse = 100,000 fr. déposés en compte courant par M. Clément, propriétaire à Pontoise, ci.............					100.000					
AVOIR — M. Clément = 100,000 fr. par lui déposés en compte courant avec prévenance à quinzaine, ci (au capital étranger)..										100.000
M. de Comble à Caisse.										
DOIT — M. de Comble, propre à Fontenay-aux-Roses, 50,000 fr. par lui retirés de son compte-courant; (capital étranger)...									50.000	
AVOIR — Caisse = 50,000 fr. versés à M. de Comble, ci......						50.000				
Totaux..................	20.080.000	10.062 825	10.065.000	5.150.000	25.500.000	23.484.000	170.000	10.318 175	5.050.000	10.100 000

Résumé des Balances Mensuelles et Générales

DIVERS RÉELS		DIVERS EN COMPTE		DIVERS RÉELS PARTICULIERS		DIVERS EN COMPTE PARTICᵣˢ	
SIGNE des Débiteurs réels	SIGNE des Créditeurs réels	SIGNE des Débiteurs en compte	SIGNE des Créditeurs en compte	SIGNE des Débiteurs réels particuliers	SIGNE dés créditeurs réels particuliers	SIGNE des Débiturs en compte particuliers	SIGNE des Crélitrs en compte particuliers
D o	A —	D	A	D x	A x	D .	A .
3.120	2.122	»	»	3 500	500	»	»
3.623	. 1.569	3.691	5.520	2.870	1.500	500	1.500
6.743	3.691	3.691	5.520	6.370	2.000	500	1.500

(Suite ci-dessous)

MARCHANDISES		PORTEFEUILLE		CAISSE		PERTES	BÉNÉFICES
D	A	D	A	D	A	D	A
25.250	»	3.000	»	2.540	»	»	»
1.819	4.518	4.250	5.750	6.432	3.021	258	65
27.069	4.518	7.250	5.750	8.972	3.021	258	65

(Suite)

SYSTÈME POITRAT

(Suite.)

C'est dans ce tableau : *Résumé des Balances mensuelles et générales* que nous pouvons le mieux étudier les *quatre Comptes divers* qui sont l'âme de la méthode et même davantage, si nous nous en rapportons à cette *Remarque* de la page 30 de la Tenue de Livres autodidactique, édition de 1876. Prix : 6 fr. chez l'auteur, boulevard de Sébastopol, nº 14.

« REMARQUE. — *Nous ne pouvons passer sous silence que cette*
« *ingénieuse combinaison, qui est Mathématique, Physique et Artis-*
« *tique, représente une des plus riches découvertes de notre siècle, tant*
« *par sa simplicité, que clarté, sécurité, discrétion, ordre et économie,*
« *œuvre de quarante années de recherches consécutives et d'expériences*
« *sans cesse répétées ; car continuellement sur le métier, l'auteur remet-*
« *tait son œuvre.* »

Nous nous en voudrions d'avoir retranché une virgule à cette citation. Que les inventeurs se ressemblent bien tous par l'exagération de l'importance de leurs découvertes !

Qu'y a-t-il donc dans ces quatre fameux Comptes *Divers réels*, *Divers en Compte*, etc. ? Eh bien ! il y a ceci, c'est que les Divers réels se composent de :

Débiteurs réels ou *Clients* qui achètent à terme ;

Et de *Fournisseurs* de qui l'on a acheté à terme.

Ce Compte de Divers réels ne peut répondre qu'à ces deux questions baroques :

Combien les Clients ont-ils acheté y compris ce qu'ils devaient à l'inventaire ?

Combien les Fournisseurs ont-ils vendu y compris ce qui leur était dû à l'inventaire ?

Car, pour savoir ce qui est dû par les Clients, il faut s'adresser au voisin, nous voulons dire aux *Divers en Compte*.

En effet, les *Divers en Compte* contiennent les créditeurs en compte, c'est-à-dire les sommes reçues des clients, pour marchandises.

Donc, si les Débiteurs réels s'élèvent à.............. fr. 6.743 »
et que les Créditeurs en Compte s'élèvent à........... 5,520 »

il n'est plus dû par les Débiteurs réels (ou pour mar-
    chandises vendues) que........................ fr. 1.223 »

De même, pour les Fournisseurs qui s'élèvent à....... fr. 3,691 »
Le voisin complaisant, *Débiteurs en Compte*, accusant
    une somme égale..................................... 3,691 »

on en conclut qu'il n'est rien dû aux Créditeurs réels (ou
    pour marchandises achetées).

(A suivre.)   H. H.

RIPOSTES A M. POITRAT

« Assez, assez, il faut que ça finisse ! »
(Refrain d'une chanson inédite.)

Les.... *gracieusetés* de M. Poitrat et de son conseiller nous ont valu des protestations dont nous prions les signataires de ne pas exiger l'insertion. Il doit suffire de les résumer.

M. Baudran qui, « quoiqu'on en ait dit, ne s'est jamais présenté pour concou- « rir, n'accepte pas la leçon de politesse et de convenance qu'a prétendu lui don- « ner — sans prêcher d'exemple — le jeune secrétaire du Comité d'organisation. » Il « voulait une preuve que le défi n'était que de la réclame et il l'a eue par la « déclaration qui lui a été faite que le dépôt de l'enjeu de 20.000 fr. n'avait pas « été effectué. C'est ce point qu'il a voulu constater et pas autre chose. »

M. Beauchery répond à ces deux Messieurs que « ce qu'ils avancent n'est « pas » et que « le premier — secondé par le second — ne cherche qu'à faire de « la réclame à ses dépens. Il en est de même au Havre où, dit-il, le Représentant « de M. Poitrat place en tête de ses circulaires un titre qui n'appartient qu'à lui, « M. Beauchery : *Révolution dans la Comptabilité.* » « Je leur prouverai que je « ne me suis jamais éclipsé et que mon système est supérieur, et cela en séance « publique et gratuite, avec tout le monde pour juge, sans écriture au tableau, « rue de Lancry, 10, quand ils le désireront. J'attends leur acceptation. »

Maintenant, à notre tour, un dernier mot, et, comme dit la chanson, *que ça finisse* : Que ceux qui ont assisté à la fameuse séance nous relisent. Nous les prenons pour juges. Qu'ils relisent également les *tout ce qu'on voudra* de ces Messieurs et qu'ils déclarent de quel côté se trouve la courtoisie, la convenance, la politesse ; qu'ils disent si nous n'avons pas fait preuve de la plus entière bonne foi et de la plus grande impartialité.   H. H.

Le Cercle philanthropique des Comptables est au n° 14 du boulevard Montmartre, et non au n° 24, comme il a été dit dans notre précédent numéro.

Nos abonnés seulement recevront franco, contre mandat ou timbres-poste de **3 fr.** les *Questions actuelles de Comptabilité*, vol. in-8° de 360 pages, du prix de fr. 3,50, par M. E. Léautey, officier d'Académie.

PROGRÈS MERVEILLEUX ! LA CLEF DE L'ORTHOGRAPHE SELON L'ACADÉMIE simplifie complètement l'étude de l'orthographe et permet de l'apprendre *sans maître* très promptement. — Pour recevoir cet ouvrage *franco*, par le retour du courrier, adresser 2 fr. (mandat ou timbres-poste) à M. BAHIC, éditeur à Poitiers.

LE COMPTABLE. — Collection des 13 n°ˢ, exemplaire unique entièrement neuf. Prix : 20 fr. Envoi franco par la *Revue de la Comptabilité.*

COMPTABILITÉ-PRATIQUE-BEAUCHERY ET ANNOTATIONS-TRAPET. — Les deux réunis, fr. 1,75. Envoi franco par la *Revue de la Comptabilité*

RÉPONSE A M LÉAUTEY, par M. A. BEAUCHERY. Prix : 1 fr. *franco* pour les abonnés de la *Revue de la Comptabilité.*

Le Directeur-Gérant de la REVUE DE LA COMPTABILITÉ : H. HARANG, 7, r. Barbette.

Paris. — Imprimerie Wattier et Cᵉ, 4, rue des Déchargeurs.

1ᵉʳ Novembre 1881   2ᵉ Année   Nᵒ 27

Contenant le 29ᵉ fascicule de l'UNIFICATION DE LA COMPTABILITÉ

5 fr. par an. — Écrire au Directeur, rue Barbette, 7, à Paris

On s'abonne SANS FRAIS dans tous les Bureaux de Poste de PARIS, des DÉPARTEMENTS et de l'UNION POSTALE à l'ÉTRANGER

Insister auprès des Employés qui prétendraient que ce Journal ne serait pas au Catalogue.
Il y a eu envoi d'Instructions à son sujet en Mars dernier.

REVUE DE LA COMPTABILITÉ
BI-MENSUELLE

RENSEIGNEMENTS COMMERCIAUX ISOLÉS

Aux mêmes prix que par abonnement

Sur Paris et Marseille..........................	0 fr. 50	affranchissement
Sur les départements (Algérie et Corse comprises)	0 » 65	de retour compris
Sur l'Étranger (Europe)......................	1 » 50	

NOTRE PRIME

Nous venons de faire un traité avec une Agence très sérieuse, qui nous permet de procurer à nos abonnés des renseignements précis sur toute personne dont ils auraient besoin de connaître la situation commerciale, soit pour leur propre compte, soit pour celui des Maisons avec lesquelles ils se trouvent en rapport.

On comprendra que les frais de poste occasionnés par notre entremise ne peuvent nous incomber; chaque demande devra donc être accompagnée d'un timbre-poste supplémentaire de 15 centimes. On rendrait ces frais insignifiants si l'on nous demandait d'avance plusieurs bulletins, 5, 6 ou 10, par exemple, qu'on utiliserait au fur et à mesure de ses besoins et qu'on adresserait directement à l'Agence qui les retourne sans frais.

En voyant la modicité de nos prix, les Chefs de Maison sauront assurément gré à leurs Comptables de leur procurer les avantages que la *Revue de la Comptabilité* offre à ses abonnés.

Nous citerons les améliorations apportées, au service ordinaire des meilleures Maisons de Renseignements, par M. Gueyrard-Baux, ancien Chef de Service des Ministères des Finances et de l'Intérieur, 22, quai de Béthune, Fondateur — et Directeur depuis 22 ans — de l'Agence Commerciale et Industrielle avec laquelle nous nous sommes mis en relation et dont voici un extrait de sa circulaire nᵒ 17.

« 1ᵒ *Chaque renseignement est pris à nouveau.* Vous n'ignorez pas que cer-
« taines agences annotent leurs bulletins d'après des fiches datant de plusieurs
« mois et n'offrant plus aucune garantie d'exactitude.

« 2ᵒ *Je m'engage, en cas de non-paiement d'une personne donnée comme*
« *solvable, à poursuivre à mes risques et périls, quant aux frais.*

« 3ᵒ *Mes prix sont de beaucoup inférieurs* à ceux de mes concurrents sérieux. »

LA RÉFORME D'UN GRAND ABUS

Nous avons lu, ces jours derniers, dans un Journal, qu'il allait être présenté à la rentrée des Chambres, un projet de réforme fiscale, dû à l'intelligente initiative d'une Commission privée, tendant à ce que les droits de *mutation par décès*, qui — jusqu'à présent — sont perçus sur l'Actif *brut* des successions, ne le soient plus que sur l'Actif *net*, c'est-à-dire, Passif déduit, autrement dit sur le *Capital net*.

La question de l'impôt étant du ressort de la Comptabilité, nous croyons devoir attirer l'attention de nos lecteurs sur ce projet de réforme, qui intéresse tout le monde — car personne n'échappe à cet impôt formidable — et qui regarde plus particulièrement encore le Commerce et l'Industrie, voici pourquoi :

En cas de décès, n'est-ce pas le Commerce et l'Industrie — détenteurs forcés d'un Actif *brut*, souvent important — qui se trouvent les plus impitoyablement frappés par le mode de perception actuel des droits de mutation par décès ?

Quiconque sait compter, se convaincra facilement qu'il existe dans ce mode de perception une iniquité flagrante que nous ferons ressortir aux yeux de tous, à l'aide de deux exemples, qui suffiront pour démontrer toute l'opportunité de la réforme projetée.

1ᵉʳ Exemple :

Notre cousin germain décède, nous laissant pour seul et unique héritier, habile à recueillir sa succession, qui présente un Actif de 35,000 fr. et un Passif de 65,000 fr.

La succession de notre parent est désastreuse : mais notre position aisée, l'honneur de notre famille, les sentiments d'affection qui nous unissaient particulièrement au défunt, nous engagent à faire un sacrifice. Nous acceptons, recueillons sa succession et acquittons ses dettes, autrement dit, nous déboursons de nos deniers 25,000 fr.

D'après le mode de perception actuel les droits de mutation par décès, étant donné le tarif de ces droits ainsi déterminés, voyons ce que nous aurons à payer :

En Ligne directe.......................... 1 0/0 sur l'Actif brut.
Entre Époux .... 3 0/0 —
Entre frères, oncles, tantes, neveux, nièces 6.50 0/0 —
Entre grands oncles, petits neveux, cousins germains........................... 7 0/0 —
Entre parents au delà du 4ᵉ degré jusqu'au 12ᵉ 8 0/0 —
Entre personnes non parentes............. 9 0/0 —
(plus 2 décimes 1/2, soit le 1/4 du droit principal)

Donc, pour avoir le droit de mettre à exécution une résolution aussi honorable, il nous faut payer à l'Etat les droits de Mutation suivants :

7 0/0 sur l'Actif brut (35,000 fr.) soit............ fr. 2.450 »
Double décime 1/2 .... » 612 50

Ensemble... fr. 3.062 50

soit 12,25 0/0 du Passif que nous prenons volontairement à notre charge !

Est-ce équitable ?

Combien hésiteront à nous imiter, en présence d'un impôt aussi lourd, grèvant une bonne action !

Et, si nous délaissons la succession, qu'arrive-t-il ?

Nous n'aurons rien à payer ; mais, l'Etat est constitué créancier de ces droits ; il vient au marc le franc, comme les autres créanciers, diminuant ainsi dans la même proportion leur dividende, c'est-à-dire augmentant d'autant la perte qu'ils ont à subir !

2e Exemple :

Si notre parent est commerçant, s'il possède du crédit, il peut se trouver forcément détenteur d'un Actif *brut* important, sans pour cela posséder un gros Capital ; il peut décéder, par exemple, laissant un Actif de 100,000 fr. et un Passif de 80,000 fr., soit un Capital de 20,000 fr. dont nous héritons.

Mais, dans ce cas, il faut payer à l'Etat les droits de Mutation suivants :

7 0/0 sur l'Actif brut (100,000) .... fr. 7.000
Double décime 1/2 .... » 1.750

Total.., fr. 8.750

soit 43,75 0/0 de la somme que nous recueillons ! ! !

Nous le répétons, le mode de perception de ces droits manque totalement d'équité.

Il y a donc là un abus criant à redresser et qui a frappé certainement les initiateurs du projet de réforme.

Honneur donc à la Commission d'initiative et bonne chance au député qui en sera le porte-parole au Parlement !

A. Gagey.

DE L'UTILITÉ DES TABLEAUX SYNOPTIQUES

PROBLÈME

Sans avoir égard à la forme méthodique, dresser un tableau synoptique présentant, de la façon la plus claire, mais aussi la plus succincte possible, le Compte de Liquidation de la Société au nom collectif *Bernard et Anselme*, sachant :

1° Qu'au jour de la dissolution, il a été fait un Inventaire général présentant les résultats suivants ;

ACTIF			PASSIF		
Espèces en caisse	3.634	25	Effets à payer en circula-		
Loyers d'avance	2.000	»	tion	3.400	»
Dépôt à la Comp. du Gaz	200	»	Créanciers divers	4.264	»
Marchandises en magasin	17.922	80	Total du Passif...	7.664	75
Débiteurs divers	8.609	35			
Valeurs de Bourse	84.624	»	Capital de la Société	124.325	65
Fonds de commerce estimé	15.000	»			
Total de l'Actif...	131.990	40	Total égal à l'Actif...	131.990	40

2° Que la Société a été prorogée en fait, d'accord entre les associés, jusqu'au jour du règlement de Compte, et qu'Anselme l'a administrée depuis le jour de l'Inventaire, sous sa responsabilité ;

3° Qu'au cours de son administration, Anselme a encaissé pour Ventes au comptant 7,936 fr. 20 ; qu'il a payé pour frais d'administration 2,728 fr. 55 et en acquit d'une partie du Passif porté à l'Inventaire 3,931 fr. 40 ; qu'enfin il a acheté à crédit des marchandises pour 1,425 fr. 15 ;

4° Qu'Anselme s'est rendu acquéreur du Fonds de commerce exploité par la Société, ainsi que des créances à recouvrer sur divers au jour de l'Inventaire, le tout ensemble pour une somme de 25,000 fr. ; qu'il a repris les marchandises en magasin au jour de son entrée en jouissance, pour celles existant à l'Inventaire, au prix y porté ; et au prix de facture, pour celles qu'il a achetées depuis ;

Qu'Anselme est donc devenu cessionnaire du bail consenti par le propriétaire au profit de la Société, lequel bail a encore six années à courir ;

Qu'enfin, Anselme sera chargé d'acquitter le Passif de la Société restant dû au jour du règlement de compte.

(La *Revue de la Comptabilité* publiera dans son numéro du 1er décembre le travail qui lui paraîtra le mieux résoudre ce problème.)

LA LOI COMMERCIALE FRANÇAISE

ET LE

CONGRÈS DES COMPTABLES DE PARIS

(*Suite*)

Tel est le Journal reproduisant l'esprit et la lettre de l'article 8 du Code de Commerce.

Il donne à tous les instants du jour la situation active et passive du commerçant relevée sur les *Livres* et *Registres-Journaux* ou *Journaliers* qui, dans tous les Commerces, enregistrent chaque jour l'entrée et la sortie des Marchandises et Valeurs représentant le Capital. N'est-ce pas le cercle inflexible dans lequel se meuvent, chaque jour, les opérations commerciales, malgré leur diversité infinie, présente et future, tant que le Capital en sera l'effet et la cause ?

La Méthode imposée par l'article 8 du Code de Commerce français prime en fait la Méthode *Italienne*, dite *Logismographie Cerbonnienne*. Cette Méthode, qui s'adresse surtout aux grandes administrations, a obtenu à l'Exposition de 1878 une Médaille d'or, que la France lui a décernée.

Depuis 1807, nous autres Français, faute d'enseignement spécial, nous ignorons que cette Méthode est inscrite dans le livre de nos Lois pour la Comptabilité commerciale !

Nous préconisons l'avantage du *Journal Légal Français*, parce que sa supériorité s'affirme pour la démonstration suivante, qui a une affiliation marquée avec les sciences exactes

	BALANCES GÉNÉRALES de tous les Comptes débiteurs et créditeurs		SITUATION ACTIVE ET PASSIVE ou Solde des Comptes débiteurs et créditeurs	
	DÉBITS	CRÉDITS	ACTIF Soldes débiteurs	PASSIF Soldes créditeurs
Clients débiteurs à terme..........	20.080.000 »	10.062.825 »	10.017.175 »	
Comptes personnels à la Banque Compte de Portefeuille......	10.265.000 »	5.150.000 »	5.115.000 »	
Caisse........	25.500.000 »	25.434.000 »	66.000	
Capital de la Banque.....	170.000 »	10.318.175 »		10.148.175 »
Clients créditeurs. Leur Capital....	5.050.000 »	10.100.000 »		5.050.000 »
Egalité parfaite des Débits et des Crédits, et de l'Actif et du Passif, ci........	61.065.000 »	61.065.000 »	15.198.175 »	15.198.175 »

En quelques minutes, nous obtenons la Balance de tous les Comptes débiteurs disséminés dans des MILLIERS de folios de Grands-Livres et autres Livres auxiliaires, quel que soit leur nombre.

Le solde de cinq Comptes donne INSTANTANÉMENT la dette active et passive.

Quelle est pour la Banque du Progrès cette situation active et passive ?

Son Capital est intact, garantie indispensable de ses déposants, et cela malgré une perte de 50,000. Cette perte est causée par les remises des Clients escompteurs. Le Capital, de sa nature, est timoré ; pour se livrer, il veut des garanties. La Banque va donc redoubler de vigilance. Elle a gagné dans les 15 jours 148,175, malgré sa perte de 50,000.

Le Capital étranger et celui personnel à la Banque sont intacts. Les frais généraux et les intérêts pourront s'élever à un million, en fin d'année. Si pendant ce laps de temps, les bénéfices se maintiennent dans la proportion de la quinzaine, sans perte, on voit l'avenir se présenter sous les plus favorables auspices.

GUILLAY.

A LA CORPORATION DES COMPTABLES

L'opinion publique, la presse française elle-même, avaient accueilli très favorablement la tentative de relèvement moral et intellectuel de la Corporation des Comptables.

De leur côté, le Commerce et l'Industrie, principaux intéressés dans cette affaire, s'étaient très largement associés à l'œuvre entreprise, tant par la présence de leurs chefs les plus autorisés au Bureau d'honneur du Congrès de 1880, que par le haut et puissant patronage accordé à ce dernier, par toutes les Chambres Syndicales patronales, à la suite des persévérants efforts du Comité d'initiative du Congrès.

Tous les Comptables et tous les Commerçants attendent donc du Comité d'études, nommé par le Congrès de 1880, le résultat de ses travaux.

Une des questions les plus importantes que le Comité d'études avait à résoudre était « l'UNIFICATION MÉTHODIQUE, » c'est-à-dire l'unité dans la forme et le mécanisme de la la Tenue des Livres.

Or, pourquoi, si la question est aujourd'hui résolue, et il y a tout lieu de le penser, ne pas soumettre la solution acquise à l'approbation générale, dans un deuxième Congrès, ainsi du reste qu'il en avait été convenu à la clôture du premier, avant que d'entreprendre une campagne pédagogique, qui pourrait bien n'être qu'une œuvre personnelle.

Pourquoi, en un un mot, lisons-nous dans un Journal, portant la date du 29 octobre 1881, une annonce ainsi conçue :

« Unification de la Comptabilité. Le Comité d'études nommé par le Congrès,
« commencera prochainement ses Cours. Les inscriptions sont reçues chez, etc. »

D'autre part, nous apprenons de bonne source que le Comité d'études n'a pas
statué sur cette mesure, et que la question n'aurait même pas été portée à l'ordre
du jour de ses délibérations.

Le fait est-il exact ?

Oui ou non le Comité a-t-il autorisé cette mesure ?

A-t-il ainsi abdiqué toutes ses prérogatives, conquises par le travail et par
l'étude, tant par lui-même que par ses devanciers ?

Ou bien, au contraire, a-t-on abusé du titre de l'œuvre et du nom du Comité
pour commettre une illégalité sans précédent ?

Nous réclamons la lumière, sur ce grave incident et demandons au Bureau du
Comité d'études de s'expliquer publiquement.

Un Comptable

LE CERCLE DU BOULEVARD MONTMARTRE N° 14

**Les comptables, membres ou non de l'Association des Comptables, sont
invités, dans l'intérêt du groupement de la corporation, à se rendre tous les
samedis, de huit heures et demie à minuit, au Cercle philantropique des comptables, café du Cercle, 14, boulevard Montmartre.**

Cet appel, qu'un des membres du Comité de ce Cercle nous avait
obligeamment communiqué, a déjà paru dans plusieurs journaux.

C'est une excellente idée que cette Convocation ; car, quoique
— en général — de caractère casanier et routinier, les comptables
sont avant tout des gens intelligents et que rallient aisément les
sentiments de mutualité, sinon de solidarité, de philantropie et de
bonne confraternité : nous en avons la preuve dans l'Association des
Comptables qui compte près de 3,000 membres et dans le Cercle
Philantropique qui — quoique ayant déjà plus de 300 adhérents —
en comptera bientôt le triple et le quintuple, grâce à cette convocation qui va le faire connaître.

L'accroissement de ses membres lui permettra de s'ouvrir prochainement, deux ou trois fois par semaine. Chacun alors pourra
choisir son jour et venir passer une ou deux heures au milieu de ses
collègues, les connaître et s'en faire connaître, *philantroper* avec
eux, prendre part à leurs causeries et à leurs délassements récréa-
tifs : faire rouler l'ivoire sur le drap vert, remuer et aligner des
cubes, battre les rois, les valets et les dames (revanche innoffensive
quelquefois !...)

Qu'ils viennent donc, nos collègues, une fois, une seule fois...
et ils voudront revenir, les uns pour refaire une partie, les autres
pour reprendre la conversation sur la Caisse de Retraites avec MM.
Bonneval, Carchan et Carré. Nous ne parlons pas de ces groupes
où l'on cause Comptabilité, Systèmes, Méthodes : il y en a qui, sur
ce chapitre, ne tarissent pas et, sans le gaz qu'on éteint l'Aurore aux
doigts de rose ouvrirait les portes du soleil, qu'ils causeraient encore.

Les questions irritantes n'ont point accès dans ces paisibles réunions et il règne entre tous les membres un accord et une courtoisie parfaits.

Nous ne parlerons ni de la régénération, ni du relèvement moral de la Corporation, par la raison qu'il n'y a — selon nous — ni décadence, ni même dégénérescence ; mais nous devons nous connaître pour juger de notre valeur, soutenir notre dignité et mériter l'estime générale qui nous est acquise.

L'*Isolement tue et le Groupement vivifie*, c'est un axiome dont chacun sent en lui-même la justesse. L'effet moral que produiront ces rapprochements, ces entrevues, ces entretiens, sera immense pour la Corporation, et partant très profitable pour chacun de ses membres.   H. H.

Nous continuerons dans notre prochain numéro l'étude du système Poitrat.

LE FABRICANT, LE NÉGOCIANT ET LE MARCHAND
DOIVENT-ILS CONNAITRE LA COMPTABILITÉ ?

Nous détachons le passage suivant d'un article remarquable de M. Henri Lefèvre, au sujet des *Questions actuelles de la Comptabilité, par M. E. Léautey, (que nous envoyons franco à nos abonnés contre un mandat poste de 3 fr).*

« Ce n'est pas une petite affaire que de secouer les gens de leur torpeur, même sur les questions qui les intéressent le plus directement. Combien a-t-il fallu d'épidémies pour faire comprendre le besoin de l'air, du jour et de la propreté ? Combien faudra-t-il de sinistres, de faillites, de catastrophes privées et publiques, commerciales et financières, pour faire comprendre la nécessité d'un art bien simple : la Tenue des livres ou Comptabilité, qui est à l'hygiène de l'industrie et du commerce ce que la lumière est à la santé du corps ?

« Sait-on combien il y a de commerçants et d'industriels dont les livres sont mal tenus et la Comptabilité mal organisée? Au moins 90 sur 100, nous dit M. Leautey ..... »

Le Directeur-Gérant de la REVUE DE LA COMPTABILITÉ : H. HARANG, 7, r. Barbette.

Paris. — Imprimerie Wattier et Cᵉ, 4. rue des Déchargeurs.

15 Novembre 1881   **2° Année**   **N° 28**

*Contenant le 30° fascicule de l'*Unification de la Comptabilité

5 fr. par an. — Écrire au Directeur, rue Barbette, 7, à Paris
On s'abonne SANS FRAIS dans tous les Bureaux de Poste de PARIS, des DÉPARTEMENTS et de l'UNION POSTALE à l'ÉTRANGER
Insister auprès des Employés qui prétendraient que ce Journal ne serait pas au Catalogue.
Il y a eu envoi d'Instructions à son sujet en Mars dernier.

REVUE DE LA COMPTABILITÉ
BI-MENSUELLE

PRIME

Renseignements commerciaux isolés aux mêmes prix que par abonnement

Sur Paris et Marseille......................... 0 fr. 50) affranchissement
Sur les départements (Algérie et Corse comprises) 0 » 65) de retour compris
Sur l'Étranger (Europe)...................... 1 » 50)

Toute demande doit être accompagnée d'un timbre-poste de 15 cent. pour nos frais de transmission à l'Agence. Pour diminuer ces frais, on peut demander d'avance 5, 6 ou 10 Bulletins, qui seraient adressés directement, au fur et à mesure des besoins, à M. Gueyrard-Baux, directeur de l'Agence Commerciale et Industrielle, quai de Béthune, n° 22.

AVIS

Les occupations professionnelles du Directeur de la *Revue de la Comptabilité* ne lui permettant d'être chez lui que le soir, les personnes qui ont à lui faire des communications sont priées de les lui envoyer par la poste. Les manuscrits ne sont pas rendus

CHAMBRE CONSULTATIVE DE COMPTABLES

Puisque les Comptables ne parviennent pas à former leur Chambre Syndicale, pourquoi ne créeraient-ils pas une Chambre Consultative de Comptables ?

Autant la première a rencontré et rencontrera d'obstacles et de difficultés, autant une Chambre Consultative trouverait de facilités et d'encouragements.

Au lieu d'être un groupe de résistance, comme le sont en général la plupart des Chambres Syndicales, la Chambre Consultative serait un groupe d'entente où se mutualiseraient les connaissances professionnelles. Le travail y remplacerait les luttes impuissantes et stériles.

L'Industriel, le Négociant, le Commerçant y trouveraient tous les renseignements qu'ils pourraient désirer concernant la Comptabilité. Il faudrait même qu'ils puissent y faire exécuter certains travaux, certains mémoires, certains rapports, et cela à des prix rémunérateurs pour ceux des membres qui voudraient ou pourraient s'en charger; plus une prime légère, pour l'entretien et la prospérité de la Chambre.

Une fois constituée sur cette base productive, son fonctionnement se développerait promptement et l'organisation d'un Conseil Judiciaire ne se ferait pas attendre. Une Caisse de Frais Judiciaires suivrait de près et chacun des adhérents trouverait à la Chambre Consultative, dans des mesures à déterminer, conseils et secours, quand il en aurait besoin.

Les rapports, entre les Chefs de Maison et la Chambre Consultative, devenant de plus en plus fréquents, le moment *psychologique* de l'*Unification* ou de l'*Uniformisation de la Comptabilité* sera venu. La Chambre aura établi des *spécimen* des différentes Comptabilités pratiques que l'on viendra consulter fructueusement des deux côtés.

(*A suivre.*)

L'ENSEIGNEMENT COMMERCIAL

Les Cours publics et gratuits pour les adultes organisés par les différentes Associations d'Enseignement populaire — sont ouverts dans tous les Arrondissements de Paris.

Les Programmes de ces Cours comprennent généralement : la Comptabilité, professée par des praticiens. Ceux de nos Ecoles municipales dites commerciales, telles que Turgot, Lavoisier, Colbert, J.-B. Say, Arago, etc., s'étendent beaucoup sur certaines parties du commerce de Banque : changes, arbitrages, participations. On s'arrête même rêveur devant certaines formules, *Comptes simulés*, par exemple, et l'on se demande ce que cela peut bien vouloir dire. Nous aimons à croire que l'enseignement pratique de cette bonne partie double, qui a fait ses preuves et qu'on trouve partout, tiendra bientôt une large place dans ces programmes et que les sages avis, les excellents conseils qu'on trouve dans l'ouvrage de M. Léautey finiront enfin par être écoutés. Dans un avenir, qui ne peut être loin maintenant, le véritable enseignement commercial aura la place qu'il mérite et le programme d'admission à l'*Ecole des hautes études commerciales*, qui n'en fait pas mention cette année, ne l'oubliera pas l'année prochaine.

Il serait surprenant, en effet, que la Comptabilité ne fut point exigée des candidats à cette magnifique et splendide institution, où ils doivent s'y fortifier, s'y compléter pour pouvoir un jour diriger, avec fruits, nos grands établissements industriels, financiers et commerciaux !

Le programme, rédigé pour les aspirantes au Brevet de Capacité de degré supérieur, qui comprend les sciences physiques, la géométrie, etc., ne parle pas de la Comptabilité. Est-ce un oubli ?

L'Ecole des hautes études commerciales n'a qu'un professeur de Comptabilité, quand, selon nous. il lui en faudrait quatre ! Oui, quatre, en divisant la matière en deux grandes parties : pratique et théorie; et le cours en deux années, avec un professeur spécial pour chacune de ces quatre divisions; car quelles que soient les ressources et les moyens de l'unique professeur, pourra-t-il suffire à un cours aussi important ?

A côté de cela, on vient d'ouvrir un Cours d'Enseignement commercial à la mairie du IXe Arrondissement, sous le patronage d'un Comité d'encouragement pour l'enseignement commercial en France. Ici, nous trouvons trois branches scientifiques : Géographie et Statistique, par M. Pigeonneau; Economie politique, par M. Simonnin; et Droit commercial, par M. Lyon-Caën. On ne peut souhaiter un meilleur choix; mais il y a lieu, pour l'avenir, que ce programme s'étende jusqu'à la Comptabilité, si la fondation Bamberger ne s'y oppose pas.

Heureusement qu'en présence de cet oubli de la Comptabilité qu'il nous est pénible de signaler, l'initiative privée poursuit son œuvre de progrès et que des établissements libres offrent ce qui manquent dans nos établissements publics.

L'institution de jeunes filles de Mme Victor Paulin, de la rue Ganneron; l'institution Rama, à Bourg-la-Reine; l'école de la rue d'Hauteville, dirigée par Mme C. Carot, celle de Mlle Marie Vinçard, rue de Belleville; de Mlle Scribe, rue Chabrol, etc., doivent être placées au premier rang pour l'enseignement de la Comptabilité.

Cette liste, publiée à dessein, tend à démontrer que l'Enseignement commercial pour les femmes, surtout, comporte, un besoin, une nécessité, et qu'il faut y pourvoir sérieusement, sans attendre davantage.   E. B.

Réponse à M. Guillay, de Tours

(*Suite*)

LA LOI COMMERCIALE FRANÇAISE
ET LE CONGRÈS DES COMPTABLES A PARIS

Dans notre première réponse à l'honorable M. Guillay, nous avons relevé et mis à néant quelques inexactitudes d'appréciations de sa part, sur notre premier Congrès scientifique et professionnel, savoir :

Que nous n'avions pas tenu un Congrès *tout parisien*; qu'au contraire, il était ouvert à tous, la Province (Lille, Dijon, Lyon, Bordeaux, Toulouse, etc.) et l'Etranger (Suisse, Belgique, Italie, etc.) y ayant été très dignement représentés, jusqu'au sein même de son Bureau.

Qu'au point de vue *légal*, le **divorce** entre la Loi française et les Comptables, était loin d'avoir été mis à l'ordre du jour du Congrès.

Et qu'au point de vue *professionnel*, le Congrès n'avait pas déclaré que la Partie Double *était la* seule Méthode pouvant donner satisfaction; mais qu'il avait seulement proclamé le principe anthithétique, qui est la base de la Comptabilité.

Il n'aurait pu d'ailleurs en être autrement, la première partie de la définition de la Comptabilité, présentée par M. Beauchery et acceptée par le Congrès, ainsi conçue :

« *La Comptabilité doit avoir pour principe primordial d'exprimer, de tra-*
« *duire de* DUALISME *que contient en elle, essentiellement, toute opération humaine*
« *qui ne peut s'effectuer qu'entre deux personnes, entre deux faits opposés l'un*
« *à l'autre, que par l'échange, la réciprocité, la neutralité...* »

Et que M. Guillay paraît accepter, puisqu'il écrivait dans son premier article :

« *Il est regrettable que le promoteur du Congrès n'ait pas borné là sa défi- nition.* »

Nous pensons que c'est là un premier point d'UNIFIÉ, et il suffira doré- navant de qualifier le *dualisme* de *Partie Double*, pour donner satisfaction à la généralité de nos collègues.

C'est-là, la base fondamentale de la Comptabilité !

C'est là, le SYSTÈME, lequel dit M. Littré : « est inflexible, absolu, fait « passer tout le monde par la même filière... »

Mais à côté du *Système*, il y a la *Méthode*, qui développe dans chaque sujet ses particularités spéciales, met en relief le caractère propre et l'origi- nalité qui le distinguent ; et ces qualités une fois constatées, le dirigent vers le but.

Il faut donc distinguer entre la *Méthode* et le *Système*.

En Comptabilité, il ne faut donc pas confondre *la Méthode de Tenue des Livres en Partie Double*, avec le *dualisme* ou *Partie Double*, certains Compta- bles entendant parfaitement respecter le Système, tout en appliquant une autre Méthode que la Tenue des Livres en Partie Double — le fait a été dé- montré et prouvé surabondamment par nos éminents collègues MM. Daunay et Corompt.

Il suffit, pour convaincre le lecteur de l'exactitude de nos déclarations, de le renvoyer au Compte rendu *in extenso* du Congrès, publié par la *Revue de la Comptabilité* et à l'excellent ouvrage de M. Eugène Léautey.

La question à ce sujet, nous parait donc vidée et nous n'y reviendrons plus.

Dans notre premier article, nous avons exprimé tous nos regrets, que nous réitérons ici, d'avoir à combattre une aussi vaillante plume, si progres- siste dans la forme et si conservatrice au fond !

Mais, M. Guillay nous permettra de lui faire remarquer que sa critique, parfois acerbe, ne tend rien moins, sinon à établir, du moins à laisser sup- poser que les travaux du Comité d'initiative, et par suite ceux du Congrès, sont empreints d'un certain caractère d'inopportunité, contre lequel nous nous empressons de protester.

Notre œuvre ressemblerait-elle donc aux pays décrits par Thomas Morus et par Cabet. Désireux que le lecteur se fasse une juste idée des travaux entrepris, nous n'avons pas hésité à reprendre notre poste de combat. Nous allons donc, contradictoirement avec M. Guillay, faire de nouveau un petit voyage dans l'Icarie de la Comptabilité *légale* en engageant les abonnés de la « Revue » à nous accompagner.

QUE L'UNIFICATION DE LA COMPTABILITÉ considérée en elle-même, dans l'acception radicale du mot, soit une utopie, c'est possible ! encore faudrait-il le prouver d'une façon beaucoup plus persuasive que nous l'avons vu faire jusqu'à présent !

Quant à la recherche de la solution du problème unitaire, faite de la façon la plus large, la plus impersonnelle et la plus désintéressée ; telle, en un mot, que nous comprenons qu'elle doit être entreprise et poursuivie, c'est-à-dire, le progrès dans la science professionnelle conduit, autant que faire se peut, jusqu'à son extrême limite, nous ne comprendrons jamais que la corporation des comptables toute entière, et avec elle le Commerce et l'Industrie, puis- sent s'en désintéresser.

Il est assurément plus méritoire, ainsi que le rappelait dernièrement notre éloquent collègue. M. Daunay, de *consacrer à une étude aride et absolu-*

ment désintéressée, le temps que d'autres donnent au plaisir et au repos que de critiquer ainsi, sans motif et sans portée, les efforts de nos courageux travailleurs de la pensée !

M. Guillay place de nouveau la question sur le terrain légal. Il prétend avoir prouvé qu'il n'y a aucune modification à apporter au texte des articles 8 à 17 de notre Code de Commerce.

Nous remercions sincèrement notre contradicteur de l'excellente leçon de droit qu'il nous a donnée et dont nous avons fait notre profit; mais, nous récusons la preuve, qu'il prétend avoir faite, de l'excellence de la Loi concernant les Livres de Commerce, ainsi que la liaison absolue et complète de la Loi commerciale avec la Loi civile.

Nous commencerons donc par opposer notre opinion à la sienne, en ce qui concerne l'art. 8, qui forme le fond du débat qu'il a soulevé.

Il importe, tout d'abord, par conséquent, non pas de démontrer l'utilité de faire disparaître ledit art. 8, que M. Guillay, par une métaphore brillante, compare *au phare lumineux qui, dans la nuit, permet au pilote d'éviter les écueils et de rentrer au port sans danger*; mais, au contraire, celle de le modifier, fort peu d'ailleurs en tant que texte, dans le sens de *la pluralité* FACULTATIVE *des Livres-Journaux*, proposition présentée au Comité d'initiative par M. Beauchery, et à laquelle nous nous sommes ralliés, la considérant en parfait accord avec la pratique actuelle de la Tenue des Livres, en raison du développement des affaires depuis la confection de la Loi (1673-1808).

Cette proposition a d'ailleurs été votée par le Congrès à une écrasante majorité, les Comptables ayant parfaitement compris tous les avantages et toute l'opportunité d'une semblable mesure, en même temps que l'ampleur de la modification désirée.

Ce modeste projet de réforme, si conséquent en lui-même est-il donc une utopie? Nous ne nous expliquons pas comment il a pu nous faire prêter, par M. Guillay, la pensée d'un *divorce* avec la Loi !

Où prend-il donc un caractère révolutionnaire? Alors qu'il laisse subsister tout le reste de l'excellent texte de l'art. 8, au sujet duquel nous avons écrit ailleurs : *le Législateur a paru lui donner une importance capitale, car il en a précisé les termes avec une minutie qu'on ne rencontre pas toujours dans nos textes de Loi.*

On ne s'explique pas comment une telle clarté, une telle précision, puissent donner lieu à des interprétations si différentes !

Ce qui nous divise, sur ce point, c'est la question de savoir si, étant donné l'art. 8 à respecter, un Journal qui n'est qu'une centralisation d'écritures, qu'une récapitulation sommaire des Livres auxiliaires, est un Journal *légal* (comme l'appelle M. Guillay) si c'est bien là la pensée du Législateur — si ce Journal donne ainsi pleine et entière approbation à la Loi.

Ou bien, si au contraire, le Législateur, en dehors de tous autres livres et sans avoir égard à aucune méthode, n'a pas entendu obliger la Commerçant a tenir UN *Journal unique, suffisamment détaillé.*

(A suivre).   A. GAGEY.

SYSTÊME POITRAT

(*Suite.*)

Nous avons vu, page 195, que la combinaison des QUATRE COMPTES DIVERS représente, d'après M. Poitrat, UNE DES PLUS RICHES DÉCOUVERTES DU SIÈCLE.

Sans la réserve que nous nous sommes promis d'observer, nous ajouterions que l'auteur aurait pu la placer parmi les Sept Merveilles du Monde, à côté de la Tour de Babel, par exemple. Mais taisez vous, Dame Critique, vous avez une langue qui nous conduirait à la Mairie du Temple, section de la Justice de Paix.

Nous avons dit que

LES DIVERS RÉELS

AU DÉBIT	AU CRÉDIT
représentent les Clients	*représentent les Fournisseurs*

LES DIVERS EN COMPTES

AU DÉBIT	AU CRÉDIT
représentent les règlements des Fournisseurs	*représentent les règlements des Clients*

N'auraient-ils donc pas été plus judicieusement classés comme suit :

COMPTE DE CLIENTS   COMPTE DE FOURNISSEURS

DÉBIT	CRÉDIT	DÉBIT	CRÉDIT
leurs achats	*leurs paiements*	*nos paiements*	*nos achats*

Mais cela aurait diantrement ressemblé aux Comptes collectifs :

DIVERS DÉBITEURS   DIVERS CRÉDITEURS

de notre ami Pigier, à qui nous avons entendu répéter maintes fois que la classification Poitrat était une imitation peu heureuse de la classification Pigier.

Il nous reste à examiner les *Divers Réels Particuliers* et les *Divers en Compte Particuliers.*

DIVERS RÉELS PARTICULIERS

DÉBIT	CRÉDIT
Argent prêté, effet protesté, etc.	*Argent emprunté, etc.*

DIVERS EN COMPTE PARTICULIERS

DÉBIT	CRÉDIT
Remboursement des sommes empruntées, etc.	*Remboursement des sommes prêtées, etc.*

Voilà encore deux comptes de voisinage dont le Débit de l'un est le frère du Crédit de l'autre, et vice-versa.

Si l'on ne trouve pas cette invention ingénieuse, merveilleuse, c'est qu'on est difficile. Mais pourquoi, nous dira-t-on, n'avoir pas fait les deux comptes suivants qui sont beaucoup plus clairs, beaucoup plus compréhensibles ?

COMPTE DE PRÊTS, etc.

DÉBIT	CRÉDIT
Sommes prêtées, etc.	*Remboursement des sommes prêtées, etc.*

COMPTE D'EMPRUNTS, etc.

DÉBIT	CRÉDIT
Remboursement des sommes emprun- tées, etc.	*Sommes empruntées, etc.*

Pourquoi, insistez-vous, l'auteur de la méthode autodidactique n'a-t-il pas préféré ces deux comptes, pourquoi ?

That is the question.

(*A suivre.*)

H. H.

TABLETTES DE QUINZAINE

.˙. La statistique des machines à vapeur :

Actuellement la France compte 49,500 chaudières fixes ou mobiles, 7,000 locomotives et 1.800 chaudières de navires ; l'Allemagne, 59.000 chaudières, 10,500 locomotives et 1,700 chaudières de navires ; l'Autriche, 12,600 chaudières et 2.800 locomotives.

La force équivalente aux machines à vapeur en activité représente :

Pour les Etats-Unis, 7 millions 1/2 chevaux vapeur ; l'Angleterre, 7 millions ; l'Allemagne, 4 millions 1/2 ; la France, 3 millions, l'Autriche, 1 million 1/2.

Dans ces chiffres ne sont pas comprises les locomotives dont le nombre s'élève, dans les deux mondes, à 105,000, roulant sur 350,000 kilomètres de chemin de fer, et représentant une force totale de 30 millions de chevaux ; en y ajoutant la force des autres machines, on arrive au chiffre de 46 millions de chevaux vapeur.

En principe, le cheval vapeur a la puissance de trois chevaux vivants, le cheval vivant celle de sept hommes. Les machines à vapeur fonctionnant dans le monde entier représentent donc la force de près d'un milliard d'hommes, plus du double de l'effectif des travailleurs correspondant à la population du globe, qu'on estime être de 1.455,923,000 habitants.

La vapeur a, par conséquent, triplé la puissance du travail de l'homme, tout en lui permettant de ménager ses forces physiques et d'étendre ses connaissances intellectuelles.

.˙. Le comble de la discipline militaire en Allemagne :

Un soldat de la garnison de Munich vient d'être condamné à trois jours de prison pour avoir appelé le cheval de son officier « sacré animal ». Le rapport porte ce texte : « Propos inconvenant vis-à-vis d'un cheval d'officier ».

.˙. Le comble de la plaidoirie, au sujet d'un vol de 80.000 francs par un caissier :

Oui, messieurs, une faute a été commise, une faute grave ; mais le patron de mon client est le seul coupable. Celui que je défends était son homme de confiance. Et, je vous le demande, pouvait-il la placer plus mal ? Mon client est encore jeune, il a des passions, il se laisse facilement entraîner. Si on ne lui avait pas confié des fonds considérables, il n'aurait jamais songé à se les approprier. A-t-il forcé la caisse ? Non. Pourquoi lui en avoir remis les clefs ? Pour le tenter, pour le faire tomber dans le piège — et le perdre !

Je vois clairement une préméditation dans la conduite de ce banquier, qui va chercher un homme jusque-là honorable et l'expose à toutes les tentations. Il y a un déficit de 80,000 fr. en caisse ; eh bien ! puisque vous aviez confiance en cet homme, il fallait attendre qu'il vous le rendît.

N'est-il pas cruel, d'autre part, de le faire brutalement arrêter au moment où, pressé par le repentir, il se disposait à aller cacher sa honte à l'étranger ? Il ne demandait qu'à oublier, lui, et vous lui rappelez impitoyablement une légèreté, une erreur de quelques instants, dont la responsabilité doit retomber sur vous seul !

Tenez, messieurs, je le dis franchement, c'est le plaignant qui devrait être assis sur le banc des accusés !....

INSTITUT POLYGLOTE

16, RUE DE LA GRANGE-BATELIÈRE

La connaissance des langues étrangères s'impose aujourd'hui à la plupart des Comptables des grandes maisons. Aussi croyons-nous leur être utile en leur signalant à nouveau les conférences et les cours qui ont lieu tous les soirs, à 8 h. 1/2, à cet Institut.

Soutenue par la presse de tous les partis, cette œuvre vraiment française a réuni déjà 600 adhérents; ce succès est dû à la régularité et au caractère sérieux des cours, ainsi qu'à la modicité de la redevance annuelle (25 francs).

Poursuivant son but et sachant que, lorsque les mères de famille pourront elles-mêmes apprendre à leurs enfants les langues vivantes, nous cesserons d'être inférieurs, à cet égard, à tous nos voisins, le Directeur vient de créer des cours spécialement réservés aux jeunes filles.

Ces cours ont lieu tous les jours, de 2 à 5 heures du soir. L'âge minimum d'admission est fixé à dix ans. La redevance annuelle est de trente francs.

Le programme des cours du soir et de la journée se trouve rue de la Grange-Batelière, n° 16.

CONVOCATIONS

Cercle philanthropique des Comptables, 14, boulevard Montmartre. — Les Membres du Cercle Philanthropique des Comptables sont convoqués en Assemblée Générale ordinaire, conformément à l'article 18 des Status, pour le dimanche 20 novembre, **à la Mairie du IX° arrondissement, 6, rue Drouot**. — La séance ouvrira à 2 heures très précises. — Ordre du jour : 1° Lecture et adoption du procès-verbal de l'Assemblée du 24 avril 1881 ; 2° Compte rendu de la situation morale et financière jusqu'au 30 septembre 1881 ; 3° Ratification des radiations prononcées par le Conseil ; 4° Communication relative à un membre du Cercle ; 5° Communication des propositions déposées ; 6° Vote pour le renouvellement du tiers sortant du Conseil (3 membres à élire).

Association des Comptables, 6, rue de Turbigo. — L'Assemblée Générale extraordinaire aura lieu le Dimanche 27 Novembre, à midi, dans le grand Amphithéâtre de la Sorbonne. — Le 14° Bal aura lieu le Samedi 3 Décembre, dans les salons du Grand Hôtel, boulevard des Capucines. — Sauf le cours de Comptabilité qui a commencé le 8 Novembre et qui se continuera tous les mardis, de 8 à 9 heures du soir, au Siège social, les autres cours (langues étrangères) sont supprimés momentanément, faute du nombre nécessaire d'adhésions à leur ouverture.

PROGRÈS MERVEILLEUX ! LA CLEF DE L'ORTHOGRAPHE SELON L'ACADÉMIE simplifie complètement l'étude de l'orthographe et permet de l'apprendre *sans maître* très promptement. — Pour recevoir cet ouvrage *franco*, par le retour du courrier, adresser 2 fr. (mandat ou timbres-poste) à M. BAHIC, éditeur à Poitiers.

LE COMPTABLE. — Collection des 13 n°ˢ, exemplaire unique entièrement neuf. Prix : 20 fr. Envoi franco par la *Revue de la Comptabilité.*

COMPTABILITÉ-PRATIQUE-BEAUCHERY ET ANNOTATIONS-TRAPET. — Les deux réunis, fr. 1,75. Envoi franco par la *Revue de la Comptabilité*

CARNET DU VENDEUR indiquant au Commerçant le Résultat vrai de ses Ventes, par Eug. BAUDRAN. Prix 1 fr. en timbres-poste aux abonnés de la *Revue de la Comptabilité.*

Le Directeur-Gérant de la REVUE DE LA COMPTABILITÉ : H. HARANG, 7, r. Barbette.

Paris. — Imprimerie Wattier et Cᵉ, 4, rue des Déchargeurs.

1er Décembre 1881   **2e Année**   **No 29**

Contenant le 31e fascicule de l'UNIFICATION DE LA COMPTABILITÉ

5 fr. par an. — Écrire au Directeur, rue Barbette, 7, à Paris

On s'abonne SANS FRAIS dans tous les Bureaux de Poste de PARIS, des DÉPARTEMENTS et de l'UNION POSTALE à l'ÉTRANGER

Insister auprès des Employés qui prétendraient que ce Journal ne serait pas au Catalogue.
Il y a eu envoi d'Instructions à son sujet en Mars dernier.

REVUE DE LA COMPTABILITÉ

BI-MENSUELLE

PRIME

Renseignements commerciaux isolés aux mêmes prix que par abonnement

Sur Paris et Marseille........................	0 fr. 50	affranchissement
Sur les départements (Algérie et Corse comprises)	0 » 65	de retour compris
Sur l'Etranger (Europe)......................	1 » 50	

Toute demande doit être accompagnée d'un timbre-poste de 15 cent. pour nos frais de transmission à l'Agence. Pour diminuer ces frais, on peut demander d'avance 5, 6 ou 10 Bulletins, qui seraient adressés directement, au fur et à mesure des besoins, à M. Gueyrard-Baux, directeur de l'Agence Commerciale et Industrielle, quai de Béthune, no 22.

UNE DETTE EST-ELLE UNE DETTE?

Un débiteur dont le créancier a disparu, a-t-il des moyens de se libérer?

A ces deux questions qui n'en font qu'une, nous nous hâtons de répondre par l'affirmative. Nous avons souvent entendu bien des versions sur ce sujet délicat. Quelques-uns ont même parlé de prescription. Mais si la prescription existe dans la loi, est-ce qu'elle existe dans la conscience!......

Un créancier peut oublier qu'il lui est dû; mais un débiteur aura beau faire et beau dire, le temps ne fera qu'augmenter, de plus en plus le souvenir de sa dette. Pour se débarrasser de ce souvenir importun, il n'y a qu'un moyen, c'est de payer. — Mais payer à qui? nous dira-t-on. — Ma foi! ce n'est pas bien difficile : S'il s'agit d'une personne qui a disparu, il y a la Caisse des dépôts et consignations. S'il s'agit au contraire d'une Société, — d'une Société, par exemple, qui aurait été fondée, il y a une quinzaine d'années par des Collègues, tous membres de l'Association des Comptables ; si cette Société n'existe plus, son débiteur ne peut pas être embarrassé. Nous lui conseillerions la chose du monde la plus simple. Payez à l'Association des Comptables, lui dirions-nous. — Mais si elle ne veut

pas recevoir ? — Si, elle recevra ce que vous devez, si vous lui dites
que c'est un *don* : ses statuts l'y obligent. Mais supposez le cas impossible où un refus vous serait fait ; ne vous découragez pas pour
cela. Il y a une Administration, une très grande Administration qui
ne refuse jamais les dons, par la raison que, quelles que soient ses
ressources, elles sont malheureusement toujours au-dessous de ses
besoins. Chacun a deviné que nous voulions parler de l'Assistance
publique.

Si, comme nous le laisse supposer notre correspondant, c'est
quelqu'un d'entre nous que cette question intéresse, il n'a qu'à suivre
nos conseils, nous sommes convaincus qu'il s'en trouvera bien et que
tous ses collègues le lui prouveront, sans réserve, sans arrière pensée, en lui accordant l'estime et la considération qui accompagnent
toujours une bonne action. Et nous, nous nous féliciterons d'avoir
rendu au calme une conscience troublée.   H. H.

Quelques-uns de nos abonnés nous prient d'attendre leur réponse au Problème
jusqu'au 15 décembre. Nous nous empressons de satisfaire à leur désir. Nous
rappelons que ce Problème se trouve à la page 200 du n° 27 de la *Revue de la
Comptabilité*. Au lieu de 4,264, il faut 4,264.75 pour les Créanciers Divers.

A M. G. P., à Paris. — Vous pouvez supposer tel bénéfice que vous voudrez ;
cependant, nous vous approuvons de vous arrêter à celui de 20 0/0. C'est tout ce
que nous pouvons vous dire.

A LA CORPORATION DES COMPTABLES

II

Dans l'avant-dernier numéro de la *Revue*, nous avons appelé
l'attention de nos lecteurs sur une annonce qui tendait à faire supposer que le Comité d'études du Congrès des Comptables de décembre 1880 avait abdiqué en faveur d'une personnalité quelconque.

Nous avions demandé à ce sujet quelques explications au Bureau
du Comité — demande que justifiait la susdite annonce — le Bureau
du Comité a cru devoir garder le silence : Aux lecteurs d'apprécier !

Nous sommes néanmoins heureux de constater que l'auteur de
l'insertion a compris toute l'inopportunité de ce ... « ballon d'essai, »
car nous lisons avec plaisir dans le même journal, numéro du 19
courant, une nouvelle annonce, qu'il est de notre devoir de reproduire ici, et qui est ainsi conçue :

« *Unification de la Comptabilité*. — Nous avons annoncé dans
« notre numéro du 29 octobre dernier, que le Comité d'études, nom-
« mé par le Congrès, commencerait prochainement ses cours, et que

« les inscriptions seraient reçues chez . . . . C'EST UNE ERREUR ! le
« Comité n'a pas encore pris de décision, et par suite, aucune ins-
« cription n'est reçue chez. . . . . Un avis ultérieur fera con-
« naître la décision du Comité à cet égard. »

Nous félicitons l'auteur de la méprise de cette détermination, et
nous ne doutons nullement que le Comité n'ajourne toute décision à
cet égard, jusqu'à ce qu'il ait soumis la question au prochain Congrès, dont la date ne peut tarder à être fixée, notre première assise
professionnelle ayant ajourné à une année son ouverture.

Que le Comité d'études le sache bien, l'opinion publique est favorablement saisie de la question ; et, nombre de Comptables et de
Commerçants, qui ne peuvent ou ne veulent, pour diverses raisons,
prendre part à ses études, s'intéressent beaucoup à la solution du
problème *unitaire* et aux laborieux travaux de nos Réformistes.

Que le Comité d'études continue donc son œuvre avec confiance,
en lui conservant surtout *un caractère absolument impersonnel*, condition principale et essentielle du succès qui doit en être la conséquence, et aucune sympathie ne lui fera défaut.

UN COMPTABLE.

Réponse à M. Guillay. de Tours

(*Suite*)

LA LOI COMMERCIALE FRANÇAISE
ET LE CONGRÈS DES COMPTABLES A PARIS

En suivant, pas à pas, les développements de l'activité humaine et par
conséquent de la comptabilité, qui en contrôle le mouvement et les résultats,
il est facile de se rendre compte qu'au début, le commerçant enregistrait ses
opérations sur un seul livre : le *journalier*, comme on l'appelait alors ; que ce
n'est qu'en présence de l'importance des écritures, qu'il a procédé à la création
de registres auxiliaires, spéciaux à certaines natures d'opérations. A l'origine,
ces livres étaient de véritables émanations du *journalier*, et c'est en compulsant
ce dernier registre qu'on procédait à leur rédaction. Plus tard, pour éviter
la fatigue, les longueurs et les erreurs, auxquelles ce travail donnait lieu, et
les affaires grandissant, les écritures furent passées directement aux livres
auxiliaires pour être ensuite recopiées au Journal. C'est à partir de ce
moment que le Journal commença à perdre le caractère légal que lui avait
donné le Législateur. Petit à petit, le Commerçant y supprima certains
détails, et, il en est arrivé aujourd'hui, à le mettre complètement de côté ou
à n'y plus reporter les écritures que très sommairement, par semaines, par
décades, ou même par mois. Le Journal (légal !) n'est plus aujourd'hui
qu'une centralisation d'écritures !

Et, si la tolérance des Tribunaux consulaires, à cet égard, dans les litiges comptables qui leur sont journellement soumis et dans lesquelles, dans la pensée du Législateur de 1808, le Journal devait jouer le principal rôle, s'exerce de nos jours pour ainsi dire ostensiblement, c'est qu'étant avant tout des Tribunaux d'équité, chargés de statuer sur des faits professionnels, ils ont compris, depuis longtemps déjà, toute la caducité de l'art. 8, au sujet de l'UNITÉ du Journal qui ne répond plus aux besoins actuels!

Nous soutenons que le Législateur de 1673, comme celui de 1808, a voulu *un Journal unique suffisamment détaillé;* et ce, en dehors de tous autres registres employés dans le commerce, ne considérant pas ces derniers livres comme indispensables, et laissant ainsi, fort sagement du reste, toute initiative au Commerçant, sur le choix de la méthode à appliquer, dont le Législateur n'avait et ne peut avoir à se préoccuper en quoi que ce soit.

M. Guillay soutient absolument le contraire, ainsi que nous l'établirons bientôt : les lecteurs jugeront !

Il ne suffit pas, en pareille matière, de nous déclarer que la Loi commerciale est bien telle qu'elle est; et, qu'elle répond à tous les besoins actuels; et de s'écrier, avec notre sémillant collègue et ami M. Maurel, que *si elle n'existait pas, il faudrait l'inventer !* il faut prouver qu'on a raison, et faire cette preuve avec d'autres arguments que cette théorie subtile, que nous avons entendu tant de fois exposer, à savoir : qu'il y a la *lettre* et l'*esprit* de la *Loi, qu'au lieu d'unité, on peut lire* PLURALITÉ, *division, centralisation,* etc., *ad libitum.*

Cette théorie est par trop commode! Elle est par trop contraire au texte de l'art. 8, pour être admise un seul instant. *L'esprit* de la Loi, ainsi interprété, dominerait à ce point la *lettre* qu'il arriverait à l'annuler complétement !

M. Guillay présente, du reste, la chose d'une façon très ingénieuse dans la reproduction qu'il nous fait de l'art. 8, dans ses articles ; voici comment il distingue la *lettre* de l'*esprit* de la Loi : La LETTRE : « *Tout commerçant* « *est tenu d'avoir un Livre Journal qui* PRÉSENTE *jour par jour ses dettes* « *actives et passives.* (L'ESPRIT : DISSÉMINÉS DANS SES LIVRES ET REGISTRES « RÉGULIÈREMENT TENUS ET CONSTATANT LE MOUVEMENT DU CAPITAL ET DES « VALEURS QUI LE REPRÉSENTENT DANS) *les opérations de son commerce,* etc..... « *le tout indépendamment des autres Livres usités dans le Commerce, mais qui ne* « *sont pas indispensables...* »

Il faut, en vérité, la perspicacité très remarquable de notre contradicteur pour lire ainsi entre les lignes ! Mais M. Guillay y voit plus encore, il a découvert que *la Méthode en Partie Double* est *inscrite dans les Livres de nos Lois, pour la Comptabilité commerciale,* puisqu'il écrit page 8 de son ouvrage :

« *Le Journal doit être tenu en double partie,* LA LOI L'EXIGE... »

et page 13 :

« *Dans la Comptabilité en Partie Double,* QUE LA LOI IMPOSE... »

N'est-ce donc aussi que pour la Comptabilité commerciale qu'il en est ainsi ? Et l'Industrie, l'Agriculture, la Finance, sont-elles obligées de chercher ailleurs ?

Si notre contradicteur est dans le vrai, ce que jugeront les lecteurs de la *Revue,* après nous avoir lu, nous comprenons sans peine que nous accusant de méconnaître la Loi *en poussant des charges contre elle,* et plus encore, de la connaître trop insuffisamment pour nous permettre de la commenter et de la discuter, M. Guillay « *invoque les circonstances atténuantes en faveur des* « DÉTRACTEURS DE LA LOI » (comme il nous qualifie gracieusement) *qui ne* « *peuvent l'interpréter en toute connaissance de cause.* »

Mais consolons-nous, nous ne sommes pas seul coupable d'une aussi grande ignorance, car M. Guillay ne craint pas d'écrire aussi « TOUS LES

« AUTEURS FRANÇAIS *qui ont écrit sur la Comptabilité et à qui il n'a manqué*
« *qu'une chose essentielle, connaître la Loi de leur pays et ses préceptes.....* »

Tous ignorants. M. Guillay reste seul pour *prendre en main la défense
des Lois qui nous régissent et dont il est fier à tant de titres.*

Mais revenons au coté sérieux de la question. M. Guillay considère donc,
qu'un *Journal centralisateur* d'un côté, et les *Livres auxiliaires* de l'autre, au
point de vue légal, cela forme un *tout indissoluble* : LE JOURNAL.

Cependant il se contredit quelque peu à cet égard ; il écrit, **page 21** de
son ouvrage :

« Un Fournisseur qui fait plusieurs livraisons dans un mois, *peut n'être*
« *porté créditeur que tous les mois, après facture vérifiée* ; retarder plus long-
« temps serait un manque d'ordre (nous en sommes certains !) et une infrac-
« tion à la Loi... »

(M. Guillay, retarder d'un jour sur l'autre est une infraction à la Loi,
les *dettes* actives et *passives* doivent être portées *jour par jour au Journal —*
article 8).

Mais il écrit page 25 :

« *D'après la Loi*, la *Caisse* doit être *inscrite jour par jour au Journal*.....
« nous ne pouvons admettre le relevé du Livre auxiliaire de Caisse au Jour-
« nal à la fin de chaque mois, ainsi que le font certains Comptables. *Dans le*
« *Journal légal, il y aurait confusion de dates*, inacceptable et *réellement con-*
« *traire à la Loi et à la vérité...* »

Il y a donc deux poids et deux mesures dans le Journal légal de M. Guillay ? — pour les achats, l'inscription mensuelle suffit pour satisfaire l'art. 8 ;
— pour les opérations de Caisse, c'est différent ! — Est-ce donc encore dans
l'*esprit* de l'art. 8, que M. Guillay a découvert cette divergence pratique ?
Nous croyons avoir rendu la contradiction bien frappante, aux yeux du
lecteur !

Il est vrai que le *Journal légal de M. Guillay*, présente un grand avantage qu'il est bon de rapporter ici.

Il écrit à ce sujet, page 27 de son ouvrage :

« Le Modèle de ce Journal nous fournira l'occasion de présenter à nos
« lecteurs l'accroissement de la fortune d'un industriel ou d'un commer-
« çant qui, avec une faible somme au début, pourra gagner un million en
« dix ans.

« Nous donnerons le SECRET de cette fortune possible, mais bien
« rare ! »

(*A suivre*).   A. GAGEY.

Errata : Page 207, 3e ligne en commençant par la fin, lire : *Mutualité* au lieu
de *Neutralité*.

Page 209, 4e ligne en commençant par la fin, lire : *Satisfaction* au
lieu de *Approbation*.

La proposition d'un Banquet a été approuvée à l'unanimité par les Membres
du CERCLE PHILANTHROPIQUE DES COMPTABLES (14, boulevard Montmartre),
réunis en Assemblée générale, le 20 novembre dernier. La Commission d'organi-
tion de ce Banquet fera connaître sous peu ses décisions.

Le service des *Facteurs de la Poste*, ou des *Concierges*, chargés de la distribution de notre Journal, donnant lieu à de nombreuses réclamations, il suffira à
l'avenir de nous envoyer une simple feuille de papier blanc, sous bande affranchie

d'un centime seulement, portant l'adresse de celui qui fait l'envoi ainsi que le numéro réclamé, qui devra précéder les mots : *Envoi de, etc.*

Sous l'impulsion de MM. Lenoir, Parry, Coillard, Deschamps et Maitre, la Chambre syndicale des Comptables de Lyon aura bientôt ses Statuts, ses Commissions et son fonctionnement régulier.

Dans son Assemblée spéciale de dimanche, l'Association des Comptables a pris en considération les propositions de M.J. Carré, concernant les retraites. Le résultat du vote par *oui* et par *non* sur ces propositions est, sur 716 membres présents et 691 votes exprimés : **648** oui, **38** non et **5** bulletins blancs. Nos pensionnaires auront donc 163 francs environ en 1882. La somme de 157 fr., dont il a été parlé au cours de la discussion, avait été fournie par des calculs sur l'année 1881.

TABLETTES DE QUINZAINE

On crie à la gasconnade quand on entend ce commandant de la Garde Nationale raconter que, lorsqu'il était maréchal des logis, il lui est arrivé de rester 27 heures à cheval dans la même journée.

Eh bien ! les remises à *huitaine* et à *quinzaine* de nos tribunaux sont à peu près de la même force.

La façon originale dont la célèbre Madame Comptemal a été amenée à se rendre à l'évidence au sujet de l'expression : *d'aujourd'hui en huit*, qui se trouve dans le même cas, mérite d'être rappelée.

M. Chiffrefort. — Est-il vrai, Madame, que vous vous proposiez de faire un voyage à Genève ?

Mme Comptemal. — Oui, Monsieur, à votre service.... Si vous avez quelque commission à faire, je m'en chargerai volontiers.

Monsieur. — Cela n'est pas de refus, et j'aurai recours à votre obligeance. L'époque de votre départ est-elle fixée ?

Madame. — Oui, je pars *d'aujourd'hui en huit.*

Monsieur. — Bien !... J'ai le temps de me préparer. C'est aujourd'hui *lundi* ; ainsi vous ne partirez que le *mardi* de la semaine prochaine.

Madame. — Non, ce sera le lundi : je vous ai dit : *d'aujourd'hui en huit.*

Monsieur. — Pardon ! Madame, *d'aujourd'hui en huit* ce sera *mardi.*

Madame. — Mais non, en vérité, ce sera lundi.

Monsieur. — Pardon ! Je le répète ; les semaines ne sont que de *sept* jours ; à la fin de chacune, les jours recommencent dans le même ordre....

Madame. — Certainement, vous vous trompez.... On a toujours compté comme je le fais.

Monsieur. — Ce qui ne prouve qu'une chose, c'est qu'on s'est toujours trompé. Permettez que je vous le fasse comprendre d'une autre manière : *d'aujourd'hui en huit* signifie, dites-vous, *d'aujourd'hui en huit jours.* Eh bien !

<pre>
    dans 1 jour nous serons à mardi,
    dans 2 jours   —   à mercredi,
    dans 3   —   —   à jeudi,
    dans 4   —   —   à vendredi,
    dans 5   —   —   à samedi,
    dans 6   —   —   à dimanche,
    et dans 7 —   —   à .... ?
</pre>

Madame. — Non vraiment, c'est une erreur.... Je n'ai pas bien suivi votre raisonnement, mais vous vous trompez.... Ah ! m'y voilà, j'en étais bien sûre : il faut toujours compter le jour où l'on parle et celui dont on parle, puis six jours intermédiaires, ce qui fait bien huit.

Monsieur. — Il faudrait alors en conclure que *d'aujourd'hui en deux,* ce sera *demain.* Cela me semblerait bien extraordinaire.

Madame. — Allons, il est impossible de raisonner avec vous... Vous ne savez ce que vous dites, et si vous m'impatientez, je ne ferai pas votre commission.

Monsieur. — A Dieu ne plaise !... je ne veux pas me mettre mal avec vous pour une bagatelle, et je conviens, puisque vous y tenez, que vous partirez lundi prochain. (*Réfléchissant*) Voudriez-vous me dire, Madame, l'année de votre naissance.

Madame (*surprise et embarrassée*). — En vérité, Monsieur, voilà une question fort singulière !... Il faut avouer que vous êtes passablement curieux... et indiscret !

Monsieur. — Il est vrai que j'aurais pu vous éviter l'embarras d'y repondre, et je vais le faire pour vous... Vous êtes née au mois de novembre 1842, au moment ou je partais pour l'Anjou. Nous sommes au mois de décembre 1881, ainsi vous avez 40 ans.

Madame (*se récriant*). — Comment, 40 ans... mais c'est une horreur, une infamie que vous dites là... Moi, 40 ans !... Certes non, je ne les ai pas, je ne les ai jamais eus, je ne les aur... je n'en ai tout au plus que 39... je vous le dis, vous vous trompez étrangement... Moi 40 ans !... Oh !...

M. CHIFFREFORT. — C'est d'après votre propre manière de raisonner, Madame, que je vous les donne. En effet, en comptant l'année de votre naissance 1
l'année ou nous sommes 1
et les années intermédiaires 38

il y a bien 40 ans ;

de même qu'il y a huit jours selon vous, d'aujourd'hui à lundi prochain. Mais si vous consentiez à ce qu'il n'y en eût que 7, comme je le crois, vous n'auriez véritablement que 39 ans, et je le crois aussi.

Mme COMPTEMAL (*réfléchissant*). — Eh bien ! oui, Monsieur, je reconnais que vous aviez raison... c'est clair comme le jour... je partirai donc lundi, ou d'*aujourd'hui en sept*. Préparez vos commissions.

M. CHIFFREFORT. — Je suis ravi que vous partagiez mon opinion. Vous le voyez, il ne s'agissait que de s'entendre.
Bt.

Le jeune et heureux propriétaire du beau domaine dont nous annonçons la mise en vente dans ce numéro, est un de nos meilleurs amis et l'un de nos abonnés qui s'intéressent le plus à notre petit journal.

Il nous offre une prime de Deux Mille francs, à partager avec celui de nos collègues qui lui procurerait un acquéreur.

Comme la proposition nous parait mériter la peine qu'on s'en occupe, nous invitons tous les Comptables des grandes Maisons à faire connaître notre annonce à leurs Patrons. S'ils ne les trouvaient pas disposés à faire cette acquisition, ils pourraient peut-être — par leur entremise — découvrir quelqu'un à qui l'affaire conviendrait et ferait même plaisir.
H. H.

INSTITUT POLYGLOTE
16, RUE DÉ LA GRANGE-BATELIÈRE

La connaissance des langues étrangères s'impose aujourd'hui à la plupart des Comptables des grandes maisons. Aussi croyons-nous leur être utile en leur signalant à nouveau les conférences et les cours qui ont lieu tous les soirs, à 8 h. 1/2, à cet Institut.

Soutenue par la presse de tous les partis, cette œuvre vraiment française a réuni déjà 600 adhérents; ce succès est dû à la régularité et au caractère sérieux des cours, ainsi qu'à la modicité de la redevance annuelle (25 francs).

Poursuivant son but et sachant que, lorsque les mères de famille pourront elles-mêmes apprendre à leurs enfants les langues vivantes, nous cesserons d'être inférieurs, à cet égard, à tous nos voisins, le Directeur vient de créer des cours spécialement réservés aux jeunes filles.

Ces cours ont lieu tous les jours, de 2 à 5 heures du soir. L'âge minimum d'admission est fixé à dix ans. La redevance annuelle est de trente francs.

Le programme des cours du soir et de la journée se trouve rue de la Grange-Batelière, n° 16.

CONVOCATION

La première Assemblée générale du **Cercle de l'Union des Caissiers Comptables et Teneurs de Livres**, 3, rue de la Chaussée d'Antin, aura lieu le dimanche 11 décembre, à deux heures précises, à la mairie du IXᵉ arrondissement, rue Drouot, 6, sous la présidence de M. Albigès, président.

ORDRE DU JOUR : 1° Rapport sur la situation financière et le développement du Cercle. — 2° Approbation des comptes. — 3° Nomination d'une commission de contrôle. — 4° Election des membres du Conseil.

Ouvrages à prix réduits envoyés *franco* par la *Revue de la Comptabilité*, à ses
abonnés seulement, contre mandat ou Timbres :

QUESTIONS ACTUELLES DE COMPTABILITÉ, par M. E. Léautey, officier
d'Académie, chef de bureau à la Comptabilité du Comptoir d'Escompte de Paris,
1 vol. in-8° de 360 pages. Au lieu de 3 fr. 50, prix..................... 3 »

CARNET DU VENDEUR indiquant au Commerçant le Résultat vrai de ses
Ventes, par Eug. Baudran. Prix................................... 1 »

COMPTABILITÉ-PRATIQUE-BEAUCHERY ET ANNOTATIONS-TRAPET. — Les
deux réunis. Prix.. 1 75

NOUVELLE TENUE DES LIVRES, dite Méthode pratique de simplification et
de centralisation, — et REFUTATION des ouvrages de M. Monginot et de
M. Vannier, par M. Pigier. Les deux réunis, au lieu de 7 fr., Prix....... 6 »

LA TENUE DES LIVRES DE LA TENUE DES LIVRES. Le 1er vol. de 730 pages,
ou Partie Commerciale et Industrielle, par M. A. Marguerat. Turin 1856, au
lieu de 10 fr., prix... 8 »

UNIFICATION DE LA COMPTABILITÉ, projet par Charles Delon. Prix. 1 »

TABLEAU SYNOPTIQUE DES FACTEURS, servant à calculer, au moyen de
deux opérations seulement, les *escomptes* et les *intérêts* de tout capital, à tous les
taux et pour un nombre quelconque de jours, par Ch. Delon. Prix....... 2 »

N. B. La *Revue de la Comptabilité* procure à tous ses abonnés aux prix de
librairie, mais *franco*, tous les ouvrages qui lui sont demandés. — La collection
unique du *Comptable* est vendue; nous regrettons de ne pouvoir satisfaire aux
deux demandes qui nous sont parvenues depuis.

Traductions commerciales anglaises et allemandes. —
Ecrire à M. Neumegen, comptable et traducteur, 111, rue Saint-Germain, à
Puteaux (Seine). — Prix modérés.

PROGRÈS MERVEILLEUX ! La clef de l'orthographe selon l'Académie
simplifie complètement l'étude de l'orthographe et permet de l'apprendre *sans
maître* très promptement. — Pour recevoir cet ouvrage *franco*, par le retour du
courrier, adresser 2 fr. (mandat ou timbres-poste) à M. Bahic, éditeur à Poitiers.

A vendre. Très belle Propriété d'un revenu net de 25,000 fr. Elle est
située dans un bon et beau pays, à proximité de deux gares de chemins de fer et
à 24 kilomètres seulement de plusieurs stations balnéaires très fréquentées. —
200 hectares d'un seul tenant. — Maison de maître avec chapelle. — Vaste cour
d'un hectare. — Jardin avec pièce d'eau au milieu, le tout de 3 hectares 50 centiares et entouré de murs. — 4 grandes belles et bonnes Fermes. — Prairies et
verger plantés de plus de 500 arbres à fruits. — Avenues splendides de plus de
deux kilomètres plantées de chaque côté de trois rangées d'arbres, pour la plupart
centenaires. — Paiement à la volonté de l'acquéreur, soit au comptant, soit à
terme de tout ou partie.
On la vendrait 50,000 fr. de moins qu'elle ne vaut réellement.
Pour tous renseignements, écrire à la *Revue de la Comptabilité.*

Le Directeur-Gérant de la Revue de la Comptabilité : H. HARANG, 7, r. Barbette.

Paris. — Imprimerie Wattier et Cᵉ, 4. rue des Déchargeurs.

15 Décembre 1881   **2° Année**   **N° 30**

Contenant le 32° et dernier fascicule de l'UNIFICATION DE LA COMPTABILITÉ

5 fr. par an. — Écrire au Directeur, rue Barbette, 7, à Paris

On s'abonne SANS FRAIS dans tous les Bureaux de Poste de PARIS, des DÉPARTEMENTS et de l'UNION POSTALE à l'ÉTRANGER.

Insister auprès des Employés qui prétendraient que ce Journal ne serait pas au Catalogue.

Il y a eu envoi d'Instructions à son sujet en Mars dernier.

REVUE DE LA COMPTABILITÉ

BI-MENSUELLE

PRIME

Renseignements commerciaux isolés aux mêmes prix que par abonnement

Sur Paris et Marseille........................ 0 fr. 50 ⎞ affranchissement
Sur les départements (Algérie et Corse comprises) 0 » 65 ⎬
Sur l'Etranger (Europe)..................... 1 » 50 ⎠ de retour compris

Toute demande doit être accompagnée d'un timbre-poste de 15 cent. pour nos frais de transmission à l'Agence. Pour diminuer ces frais, on peut demander d'avance 5, 6 ou 10 Bulletins, qui seraient adressés directement, au fur et à mesure des besoins, à M. Gueyrard-Baux, directeur de l'Agence Commerciale et Industrielle, quai de Béthune, n° 22.

ÉCOLE DES HAUTES ÉTUDES COMMERCIALES

La Comptabilité est évidemment la pierre angulaire des entreprises de commerce bien conduites, et même de toutes les entreprises humaines, aussi avons-nous été frappé de ne pas voir figurer, comme il convenait, l'enseignement de cette science dans le programme de l'Ecole des hautes études commerciales, dont l'inauguration, très brillante d'ailleurs, a eu lieu dimanche.

Est-ce un oubli, ou est-ce volontairement que l'on a relégué à l'arrière-plan dans le programme de la nouvelle école un enseignement bien autrement nécessaire à de futurs commerçants que la cosmographie, par exemple, ou l'histoire, qu'ils savent déjà, ainsi que la géographie, ou même le droit?

Qu'ils sortent des écoles de l'enseignement secondaire ou, — en qualité de boursiers, — de celles de l'enseignement primaire, les élèves entreront aux Hautes études à peu près étrangers aux questions de tenue des livres, et à plus forte raison de Comptabilité commerciale, industrielle, financière ou agricole, qu'on dédaigne jusqu'ici d'enseigner, ou qu'on enseigne si mal là où l'on s'y résoud.

La durée des études étant de deux ans dans le nouvel établissement, il y faudrait dès maintenant, selon nous, au moins trois professeurs pour la faculté dont nous parlons : un de tenue de livres, un de Comptabilité appliquée, et un troisième, par exemple, l'*unique* professeur actuel, à qui reviendrait l'honneur de créer un cours de *Comptabilité comparée*, cours qui nous semble tout indiqué dans une école de hautes études commerciales.

L'école nouvelle est construite dans des proportions grandioses, rien n'a été ménagé, trois millions ont été dépensés par la Chambre de commerce, on a fait un palais aux élèves. Eh bien, tout en rendant justice aux bonnes intentions, nous regrettons que le programme des études ne soit pas, sous plus d'un rapport, à la hauteur des sacrifices accomplis, et nous croyons qu'il en eût été autrement, si l'on avait pris soin de mettre ce programme au concours, de faire appel aux lumières de tous, notamment de praticiens et d'auteurs comme MM. A. Guilbault, Lefèvre, etc., qui ont traité à fond de la Comptabilité, du Change, de la Banque, de la Bourse, du commerce en un mot.

Les commerçants se sont montrés généreux jusqu'à la prodigalité ; on ne saurait trop les en féliciter, ils ont fait œuvre de prévoyance vraiment patriotique. Leur école coûtera, en effet, bon an, mal an, intérêt du capital compris, environ 400,000 fr.

Voilà qui est prêter en grands seigneurs. Au directeur, aux professeurs, aux élèves surtout, boursiers et fils de négociants, à profiter et à faire profiter le pays de ces largesses, dont ils vont bénéficier. — Je ne vous dirai pas : Enrichissez-vous, mais : Enrichissez le pays, s'est écrié M. Léon Say en terminant très heureusement ainsi sa chaleureuse harangue.

Nous suivrons avec le plus vif intérêt les travaux de la nouvelle école, les progrès de ses méthodes, ceux surtout de ses élèves, et nous ne marchanderons pas l'éloge, s'il y a lieu. Mais que M. Jourdan, le jeune et actif directeur, choisi pour mener l'entreprise à bien, ne perde pas de vue qu'à l'Ecole des hautes études commerciales, la Comptabilité doit avoir la place d'honneur, absolument comme sur un navire, la boussole et le gouvernail. Nous avons déjà démontré ailleurs ce qu'il en coûte au commerce français de ne pas se rendre à cette vérité évidente.

Eugène Léautey.

LA LOI COMMERCIALE FRANÇAISE
ET LE CONGRÈS DES COMPTABLES A PARIS

Nous pensons comme M. Guillay que le cas doit être bien rare ; et, si le *secret* est dans son Journal légal, c'est un précieux talisman que ce registre !

Nous sommes d'une opinion tout à fait opposée à celle de l'honorable M. Guillay ; et, considérant surtout l'époque de la confection de la Loi ; époque à laquelle, l'importance des livres auxiliaires, acquise forcément depuis, n'était alors nullement démontrée, n'existait pas, nous pensons, avec tous les commentateurs autorisés de notre Code de Commerce que, le Législateur, en obligeant le Commerçant à tenir UN Journal unique, a entendu qu'il soit tenu par ordre chronologique, relatant tous les détails nécessaires, pour ne laisser aucun doute sur les opérations qu'il constate, ainsi que sur les conditions dans lesquelles ces opérations se sont effectuées.

En d'autres termes, le Législateur a considéré le Journal comme un Registre-archives, capable à lui seul de permettre de reconstituer la Comptabilité toute entière, dans le cas où tous les autres livres viendraient à disparaître.

Voici, du reste, l'opinion de quelques auteurs, que nous **avons déjà** cités, lorsque la question s'est présentée devant le Comité d'initiative **et** devant le Congrès :

1° *Unité du Journal. — Sa rédaction détaillée.*

LYON-CAHEN : — « LE Journal est *la base* de toute la Comptabilité, IL DOIT TOUT CONTENIR...... »

BEDARRIDES : — « ..... ce que doit renfermer LE Livre-Journal, ce « n'est pas seulement LE DÉTAIL DES OPÉRATIONS relatives au Commerce, « c'est *le tableau complet* de la position du négociant et la relation de tout ce « qui se réfère à ses ressources pécuniaires, à sa fortune.... »

REGNAULT DE SAINT-JEAN D'ANGELY (Commission préparatoire du Code de Commerce) »..... LE Livre-Journal..... le *Livre général* « qui présente L'UNIVERSALITÉ DES OPÉRATIONS »

SATAYRA : — « LE Livre-Journal est impérieusement exigé, TOUT DOIT Y ÊTRE INSCRIT.... »

BŒUF : — « LE Journal étant un livre essentiel, POURRAIT SUF- FIRE A LA RIGUEUR.... » et *tutti quanti !*

Ces citations prouvent surabondamment aussi, que le Législateur a entendu que, l'obligation prescrite étant scrupuleusement remplie, cet unique registre, à raison des détails nécesssaires qu'il devrait contenir, suffirait pour éclairer la religion du Juge et des parties, sur tous les cas litigieux qui pourraient se présenter.

Etant donné l'exactitude de cette situation, que nous venons de prouver, il est impossible d'admettre l'indissolubilité du Journal avec les Livres auxiliaires, attendu que le Législateur ne pouvait prévoir, au moment de la confection de la Loi, l'importance que prendraient ces derniers registres dans l'avenir. En effet, les auteurs sont également unanimes à reconnaître l'infériorité des Livres auxiliaires dans l'esprit du Législateur, qu'ils considèrent comme des émanations du Journal, c'est-à-dire rédigés après coup, pour les besoins du commerçant et non pour ceux des Tribunaux consulaires.

Voici leur opinion sur ce point :

2° *De la distinction à faire entre le Journal et les Livres auxiliaires.*

BEDARRIDES : — « ...Ces Livres (les Livres auxiliaires) ne sont pas indispensables. EMANATIONS DU JOURNAL, ils « n'ont pour objet que de faciliter la gestion...... »

« ....Comme on le voit, *ces Livres* ne sont que *des rameaux divers par-* « *tant d'une souche commune, le Livre-Journal.* Ils ne font que *séparer* des « opérations que celui-ci confond nécessairement, puisqu'il doit SANS « DISTINCTION les inscrire par ordre de date et à mesure qu'elles se réalisent. « ......LE JOURNAL LES SUPPLÉE TOUS, ILS NE SAURAIENT LE REMPLACER...... »

DEVILLENEUVE ET MASSÉ : — « Il est d'autres Livres appelés auxiliaires et que tiennent généralement toutes les Maisons de commerce..... »

« Mais, il faut observer que tous ces livres, *tenus seulement pour la com-* « *modité* et la plus grande clarté dans les affaires, ne sont *considérés que comme des fractions du Livre-Journal, dont ils ne doivent servir qu'à corroborer les énonciations...* »

RIVIÈRE : « Les Commerçants tiennent souvent *selon leurs besoins,* d'au- « tres Livres qui ne sont pas exigés par la Loi. Les plus connus sont : etc

« Ces Livres, ne sont en général que des *suppléments du Journal dont ils* « *développent ou corroborent les énonciations....* »

Ces dernières citations prouvent donc que, dans la pensée du Législateur, ces livres auxiliaires n'étant que des émanations du Journal, des suppléments dont on pourrait se passer à la rigueur, n'ont aucun lien avec lui.

Telle était la situation, en 1808, au moment de la confection de la Loi.

Eh bien, chacun sait que, le Journal UNIQUE, tenu dans les conditions prescrites par l'art. 8, n'est plus possible aujourd'hui dans la majeure partie des cas. Il n'est plus, au point de vue pratique, qu'une centralisation d'écritures, qu'une récapitulation sommaire des livres auxiliaires, qui sont ainsi devenus de véritables Journaux spéciaux, puisqu'ils ont pris la place et jouent aujourd'hui le même rôle dans la comptabilité et dans le contentieux comptable, que l'antique *Journalier.*

C'est ici, que le temps et la pratique ont déjoué les prévisions du Législateur ; si on procède ainsi actuellement, c'est qu'avant tout, il faut autant que possible avoir les écritures à jour ! C'est au fur et à mesure que la nécessité d'en agir ainsi, s'est affirmée d'avantage, que le Journal a perdu son caractère légal, par la force des choses ; mais, il n'en est pas moins vrai qu'il ne le possède plus.

Or, étant donné que la science doit avoir le pas sur la Loi ; et, que cette dernière doit sanctionner ses préceptes, il est absolument démontré qu'il est opportun de rétablir une concordance logique entre elles.

C'est préoccupé de cette situation, qui prouve à elle seule toute la caducité de l'art. 8, au point de vue de l'UNITÉ du Journal seulement, telle que nous l'avons établie et démontrée, que nous sommes entré en campagne « en « vue d'obtenir, si nous en possédons un jour les moyens, la modification « du dit art. 8, dans le sens de la *pluralité facultative des Livres Journaux.* »

Et nous estimons que, sans cette modification qui est peut-être la base de l'unification de la Comptabilité, qui sera d'une grande sécurité pour la Comptabilité de l'avenir, le progrès dans la science professionnelle, reste pour ainsi dire enrayé, attendu qu'il est illogique de modifier la méthode dans un meilleur sens pratique, si cette modification est condamnée d'avance par la Loi! Voilà pour l'art. 8, voilà toute la révolution entreprise par le Comité d'initiative et le Congrès des Comptables, sur ce point !

A. Gagey, 264, Faubourg Saint-Martin

Réponse de M. Guillay, de Tours, à M. Gagey, de Paris.

Monsieur et honorable Collègue,

Immédiatement après le Parallèle des Méthodes de la Tenue des livres commerciaux, Parallèle qui sera ma première réponse à vos objections, et où je prouve que la loi commerciale a été un progrès aujourd'hui méconnu, je prendrai vos contredits, un à un, et je les refuterai, afin que les lecteurs de la *Revue,* comme vous le dites sagement, puissent se prononcer en toute connaissance de cause pour ou contre la loi que je défends.

En attendant, je vous serre cordialement la main.

Guillay, rue d'Amboise.

QUESTIONS

« Doit-on porter immédiatement au débit d'un Compte courant le montant « d'un ordre d'achat fait en Bourse pour le compte d'un client, aussitôt cet ordre « exécuté? Ou bien doit-on attendre que l'envoi des titres composant son ordre « d'achat lui soit fait pour en porter le montant à son débit? »

Réciproquement,

« Doit-on porter immédiatement au Crédit d'un Compte courant le montant « d'un ordre de vente fait en Bourse pour le compte d'un client, aussitôt cet ordre « exécuté? Ou bien doit-on attendre que ce client ait envoyé les titres composant « son ordre de vente, pou les porter à son Crédit? »

RÉPONSES. — A la première question : Oui, on porte immédiatement au Débit d'un Comte courant, *valeur du jour de l'achat,* le montant de cet achat relevé sur le bordereau de l'agent de change, timbre et commission compris. L'envoi des titres se fait ultérieurement.

A la seconde question : On opère de même pour une vente, mais on crédite, d'ordinaire, le compte *valeur cinq jours après la vente.* Il est d'usage de faire accompagner l'ordre de vente des titres dont on se défait.

Quand il s'agit d'un titre nomminatif, il faut, pour que l'agent puisse opérer la vente, que le vendeur signe une feuille de transfert.   E. L.

Nous rappelons que le jeune et heureux propriétaire du beau domaine dont nous annonçons de nouveau la mise en vente dans ce numéro, est un de nos meilleurs amis et l'un de nos abonnés qui s'intéressent le plus à notre petit journal.

Il nous offre une prime de Deux Mille francs, à partager avec celui de nos collègues qui lui procurerait un acquéreur.

Comme la proposition nous parait mériter la peine qu'on s'en occupe, nous invitons tous les Comptables des grandes Maisons à faire connaitre notre annonce à leurs Patrons. S'ils ne les trouvaient pas disposés à faire cette acquisition, ils pourraient peut-être — par leur entremise — découvrir quelqu'un à qui l'affaire conviendrait et ferait même plaisir.   H. H.

Solution du Problème. — Notes explicatives.

La prorogation de la Société jusqu'au jour du règlement de compte entre les associés a modifié la situation. Il faut donc dresser le Bilan de la liquidation.
On y procède de la façon suivante :

ACTIF DE LA LIQUIDATION :

1° *Espèces en Caisse* (voir ci-après le compte de l'administrateur)
2° *Loyers d'avance*. Le Bail ayant encore 6 ans à courir, l'adjudicataire doit les rembourser à la Société, ci...................... 2.000 «
3° *Dépôt à la Compagnie du Gaz*. Même cas que ci-dessus, le transfert en sera fait au profit de l'adjudicataire, ci................. 200 »
4° *Marchandises cédées à l'adjudicataire.*
On en établit le montant de la façon suivante :

Marchandises en Magasin au jour de l'inventaire.....	17.922 80	
Marchandises achetées par Anselme au cours de son administration	1.425 15	
Ensemble..........	19.347 95	
Marchandises vendues par Anselme au cours de son administration................. 7.936 20		
A déduire : Bénéfice réalisé 20 0/0......... 158 70		
Reste net en marchandises *sorties*..... 7.777 50	7.777 50	
Marchandises cédées à l'adjudicataire, ci.....	11.570 45	11.570 45

5° *Créances à recouvrer et Fonds de commerce* cédés à l'adjudicataire. Ensemble........................ 25.000 »
6° *Valeurs de Bourse*, celles en Portefeuille....................... 84.624 »
7° *Reliquat de Compte de l'administrateur*, lequel s'établit comme suit :

Espèces en Caisse au jour de l'Inventaire.............	3.624 25	
Recettes effectuées par Anselme au cours de son administration....................................	7.936 20	
Ensemble fr........	11.560 45	
Paiements effectuées par Anselme :		
Frais d'administration..................... 2.728 55		
Acquit d'une partie du Passif.............. 3.931 40		
Ensemble à déduire.......... 6.659 95	6.659 95	
Reliquat du Compte de l'administrateur, ci..........	4.900 50	4.900 50

Total de l'Actif de la liquidation................ 128.294 95

PASSIF DE LA LIQUIDATION

Le Passif au jour de l'Inventaire étant de.........................	7.664 75
Anselme ayant payé sur ce Passif.....................................	3.931 40
Il restait dû.................	3.733 35
Anselme ayant acheté des marchandises à crédit pour..............	1.425 15
La liquidation doit donc.........	5.158 50
L'Actif de la liquidation étant de..................... 128.294 95	
Et le Passif étant de................................. 5.158 50	
Le Capital de la liquidation est de.....................	123.136 45
Dont la moitié est de........	61.568 20

Somme revenant à chacun des associés pour solde de Compte.

M. Mansuy, route de Rennes, 101, à Paris, doit être mentionné tout particulièrement pour son travail sur ce problème. MM. Pollet, de Lille, et Guillay, de Tours, nous ont également envoyé des travaux très intéressants, mais dont nous trouvons les développements un peu longs.

Résumé de la Liquidation de la Société Bernard et Anselme

Actif de la liquidation......	128.294|95	Part de Bernard......	61.568|20
Passif de la liquidation.....	5.158|50	Part d'Anselme......	61.568|25
Capital de la liquidation....	123.136|45	Egalité........	123.136|45

ÉNONCIATIONS	ACTIF	PASSIF	BERNARD	ANSELME
Loyers d'avance.............	2.000 »»			2.000 »»
Dépôt à la Compagnie du Gaz.	200 »»			200 »»
March. cédées à l'adjudicataire	11.570 45			11.570 45
Créances et Fonds de com.. d°	25.000 »»			25.000 »»
Valeurs de Bourse	84.624 »»		42.312 »»	42.312 »»
Reliquat de compte de l'admin^r	4.900 50			4.900 50
Anselme détenteur de........				85.982 95
Passif de la liquidation		5.158 50		5.158 50
Anselme débiteur de.........				80.824 45
Bernard créditeur de........			19.256 20	19.256 20
Capital de la liquidation		123.136 45		
	128.294 95	128.294 95	61.568 20	61.568 25

Un Comptable.

Cercle philantropique des Comptables, 14, boulevard Montmartre. — L'appel que le Comité de ce Cercle a fait à la corporation, a produit d'excellents résultats.

Tous ceux qui ont pu assister à son Assemblée générale du 20 novembre ont pu constater que son effectif continue sa marche progressive. Dans cette réunion, le Vice-Président, M. Carré — l'auteur de la proposition sur la Caisse des Retraites, qui vient d'être acceptée par l'Association des Comptables — a fait un rapport éloquent et complet de la situation prospère du Cercle et les aspirations toutes philantropiques de ce groupe ouvert à tout Comptable.

La Commission concernant le banquet dont nous avons parlé dans notre dernier numéro, est formée. Nous ne saurions trop engager nos amis à ne pas laisser échapper cette occasion de se réunir et de vider la coupe d'amitié.

Communication. — Dimanche, 11 décembre, les membres de l'*Union des Caissiers, Comptables et Teneurs de livres*, se sont réunis, en Assemblée générale, sous la présidence de M. Albigès.

Après le compte-rendu de la situation du Cercle, et la lecture du Rapport, qui ont été approuvés à l'unanimité, il a été procédé à un double scrutin pour la nomination du nouveau Conseil auquel est réservé le soin de constituer le bureau, et d'une Commission de contrôle.

Nous approuvons les termes des Statuts, qui ne permettent pas de réélire les membres sortants aux mêmes fonctions. C'est une excellente mesure qui empêche que les mêmes membres demeurent indéfiniment à la direction d'une Société dont ils finissent par paralyser les tendances. Après une année d'interruption, les anciens membres du Conseil peuvent être réélus et, dans ce cas, leur rappel procure une plus grande satisfaction que leur maintien, en même temps qu'il est une marque de confiance plus libre et plus réelle.

La séance a été courte ; l'accord le plus parfait a distingué cette réunion ; et nous souhaitons le développement de ce Cercle, appelé à rendre de sérieux services à ses sociétaires, ainsi qu'aux Commerçants et aux Administrations, auxquels il peut fournir des employés dignes et capables.

Toutes questions de Comptabilité peuvent être soumises au Bureau, qui s'empressera d'y répondre par le concours dévoué et varié de tous ses membres.

Écrire, 3, rue de la Chaussée d'Antin. B. DE CH.

Association des Comptables du Commerce et de l'Industrie du département de la Seine, 6, rue Turbigo. — Les Sociétaires remplissant les conditions statutaires, qui désirent se présenter pour les fonctions de membre du conseil d'administration, sont priés de faire parvenir leurs candidatures au siège social dans le plus bref délai.

Ouvrages à prix réduits envoyés *franco* par la *Revue de la Comptabilité*, à ses abonnés seulement, contre mandat ou Timbres :

Eug. Baudran. — *Carnet du Vendeur*, indiquant au Commerçant le résultat vrai de ses ventes.. fr. 1 »

Ch. Delon. — *Projet d'unification de la Comptabilité*.................... 1 »

Ch. Delon. — *Tableau synoptique des Facteurs* servant à calculer, au moyen de deux opérations seulement, les escomptes et les intérêts de tout capital, à tous les taux et pour un nombre quelconque de jours.. 2 »

Eug. Léautey, officier d'Académie, chef de bureau à la Comptabilité du Comptoir d'Escompte de Paris. — *Questions actuelles de Comptabilité.* 1 vol. in-8° de 360 pages. Au lieu de 3 fr. 50.................... 3 »

Marguerat. — *La Tenue des Livres de la Tenue des Livres.* 1 vol. de 730 pages (Partie Commerciale et Industrielle). Turin, 1856, belle édition en français. Au lieu de 10 fr..................... 8 »

Pigier. — *Nouvelle Tenue des Livres*, dite Méthode pratique de simplification, et *Réfutation* des ouvrages de M. Monginot et de M. Vannier. Les deux réunis, au lieu de 7 fr.................... 13 »

N. B. La *Revue de la Comptabilité* procure à tous ses abonnés aux prix de librairie, mais *franco*, tous les ouvrages qui lui sont demandés.

Institut polyglote, 16, rue de la Grange-Batelière.

Traductions commerciales anglaises et allemandes. — Écrire à M. NEUMEGEN, comptable et traducteur, 111, rue Saint-Germain, à Puteaux (Seine). — Prix modérés.

A vendre. Très belle Propriété d'un revenu net de 25,000 fr. Elle est située dans un bon et beau pays, à proximité de deux gares de chemins de fer et à 24 kilomètres seulement de plusieurs stations balnéaires très fréquentées. — 200 hectares d'un seul tenant. — Maison de maître avec chapelle. — Vaste cour d'un hectare. — Jardin avec pièce d'eau au milieu, le tout de 3 hectares 50 centiares et entouré de murs. — 4 grandes belles et bonnes Fermes. — Prairies et verger plantés de plus de 500 arbres à fruits. — Avenues splendides de plus de deux kilomètres plantées de chaque côté de trois rangées d'arbres, pour la plupart centenaires. — Paiement à la volonté de l'acquéreur, soit au comptant, soit à terme de tout ou partie.

On la vendrait 50,000 fr. de moins qu'elle ne vaut réellement.

Pour tous renseignements, écrire à la *Revue de la Comptabilité.*

Le Directeur-Gérant de la REVUE DE LA COMPTABILITÉ : H. HARANG, 7, r. Barbette.

Paris. — Imprimerie Wattier et Cᵉ, 4, rue des Déchargeurs.

RED.:

21

graphicom
379.89.70

0 1 2 3 4 5 6 7 8 9 10

MIRE ISO N° 1
NF Z 43-007
AFNOR
Cedex 7 - 92080 PARIS-LA-DÉFENSE

www.ingramcontent.com/pod-product-compliance
Lightning Source LLC
LaVergne TN
LVHW050821060726
842527LV00001BA/79